清华

开发者书库

STC15 MCU Developing

MCS-51, Four Axis Aircraft and Excellent Products

STC15单片机实战指南
（C语言版）

从51单片机DIY、四轴飞行器 到优秀产品设计

刘平 刘钊◎编著

LiuPing LiuZhao

清华大学出版社

北京

内 容 简 介

本书从工程实践的角度出发，整理了作者在单片机学习、实践中的大量经验，旨在引领读者熟练应用STC 公司最新的单片机。本书共 20 章，内容由浅入深，由点到面：首先，从最基本的概念、开发工具入手，引领读者走进单片机的大门，深入浅出地学习 STC15 单片机内部资源（如定时器、中断、串口）和经典外围电路（如 LED、数码管、按键、液晶、点阵、EEPROM、温度传感器、时钟、红外线解码、收音机、触摸按键、A/D、D/A），以及一些 C 语言和基础电路的知识；其次，扩展了一些工程中常用的知识点，如模块化编程、PCB、实时操作系统等；最后，以两个工程项目为例，手把手教大家如何 DIY 一个属于自己的"神器"——四轴飞行器，飞出单片机的大门。

为了方便读者学习，特别录制了配书视频，同时所有的工程源码采用模块化编程，后面章节的程序，更是引入库函数的概念，并且这些源码可直接移植到以后的工作项目中，帮助读者快速由初学者进阶到高手的行列。本书还提供与之配套的单片机开发板，视频、书籍、开发板三合一，真正做到理论、实践相结合，达到事半功倍的效果。

本书适合刚接触单片机的初学者自学，也可作为高等院校电子工程等相关专业的单片机教材和学生进行课程设计、毕业设计、电子竞赛等的参考用书，以及电子工程技术人员的工程用书。

图书在版编目（CIP）数据

STC15 单片机实战指南（C 语言版）：从 51 单片机 DIY、四轴飞行器到优秀产品设计/刘平，刘钊编著.--北京：清华大学出版社，2016（2022.1重印）
（清华开发者书库）
ISBN 978-7-302-43658-4

Ⅰ．①S… Ⅱ．①刘… ②刘… Ⅲ．①单片微型计算机－C 语言－程序设计 Ⅳ．①TP368.1②TP312

中国版本图书馆 CIP 数据核字（2016）第 084782 号

责任编辑：盛东亮
封面设计：李召霞
责任校对：李建庄
责任印制：宋　林

出版发行：清华大学出版社
　　　　网　　　址：http://www.tup.com.cn，http://www.wqbook.com
　　　　地　　　址：北京清华大学学研大厦 A 座　　　　　　　邮　　编：100084
　　　　社 总 机：010-62770175　　　　　　　　　　　　　邮　　购：010-83470235
　　　　投稿与读者服务：010-62776969，c-service@tup.tsinghua.edu.cn
　　　　质量反馈：010-62772015，zhiliang@tup.tsinghua.edu.cn
　　　　课件下载：http://www.tup.com.cn，010-83470236
印　装　者：大厂回族自治县彩虹印刷有限公司
经　　　销：全国新华书店
开　　　本：186mm×240mm　　印　张：34.75　　插　页：3　　字　数：776 千字
版　　　次：2016 年 9 月第 1 版　　　　　　　　　　　　　印　　次：2022 年 1 月第 7 次印刷
定　　　价：89.00 元

产品编号：064627-02

学 习 说 明
Study Shows

为便于读者迅速学习,高效动手实践,作者精心制作了大量配书学习资料。这些资料包括:

(1) 全部教学视频;

(2) 全部案例源码;

(3) 全部教学课件;

(4) 电路原理图;

(5) 作者的单片机学习历程;

(6) 单片机开发必须的工具软件;

(7) Altium Designer 15 的常用封装库;

(8) STC 单片机官方文档。

学习资料下载地址是 http://pan. baidu. com/s/1hs13AD2,下载密码可通过电子邮件向作者索取。

注意:为了不断更新学习资料,作者将配书光盘改成了网络下载;其中教学课件及案例源码仅限购买本书读者学习使用,不得以任何方式传播!

技术支持

QQ 学习交流群:143406243(验证信息:刘平)

作者电子邮件:xymbmcu@163.com

滴塔技术官网:www. szdita. cn

配套开发板:FSST15 开发板及配件购买网址:http://z. elecfans. com/75. html 或 http://fsmcu. taobao. com

飛天淘宝二维码

作者微信二维码

赞 誉
REVIEWS

《STC15单片机实战指南(C语言版)》一书,倾注了作者在单片机研究使用方面多年的体会和心得,可以看作一本关于STC单片机的实用手册。其海量的开源例程、代码或电路,对初学者或者相关行业工程师均具有一定的参考价值。

——白仲明 西北民族大学电气工程学院副院长

这是一本讲如何玩转单片机的书。书的最大特点一是通俗易懂,二是简单实用。我们很多人对C语言是非常熟练,但一到工程应用时就问题多多。这本书由软件到硬件、由理论到应用做了很好地沟通。玩中带学,玩以致用,真是玩转了单片机。

——张生果 教授,清华大学博士

作为资深的嵌入式系统开发工程师,作者以其极为丰富的实战开发经验,凝聚成这本引导单片机工程师从"学徒"成为"高手"的宝典。本书从单片机控制开发实例入手,对于底层硬件资源、嵌入式操作系统和C语言编程的知识不断"抽丝剥茧",步步为营,最终深入到高级单片机应用阶段。本书摒弃令人望而生畏的传统讲述方式,转而以"解决实际问题"的实践先导为抓手,为单片机开发的初学者和中级人员快速提升为高级开发者提供了很好的经验参考。

——于寅虎 《电子技术应用》总编

很偶然的机会在咱们电子发烧友论坛上接触到刘平,我们邀请他做了一期社区之星的专访,通过采访和后续的合作深入了解到他是一个全身心投入到电子行业的追梦人!他与单片机度过了无数个日日夜夜,也就有了这本《STC15单片机实战指南(C语言版)》。很荣幸有机会阅读了样章,可以感受得出来,该书作者是真正用"心"在撰写的,作者是站在初学者和当前工程需要的角度上面分享总结自己多年的学习经验,并且结合工程项目实例进行分析讲解,书的内容很丰富、结构清晰明了,完全能满足市场大众的学习需求,更能让读者将理论和工程实际结合起来。希望读者能与作者牵手,一起以"玩"的方式学会单片机,并"玩"好单片机。

——陈晨 电子发烧友推广部经理

8051相关的书,市面上已经非常丰富了,大多是讲C语言以及8051的数据手册。有幸读到这本书的样章,受益颇多,全书由浅入深,由局部到项目,以STC15为主体穿插C语言,完美地将二者融合在一起,从LED、GPIO、电容按键等基本片内外设,到IIC、SPI等协议,再到RTX51实时操作系统及PCB的制作。书中借助51为载体,传递出更多的是一种编程的思想,以及项目开发的经验,是一本嵌入式入门和提高的好书。

——顾天任　云汉电子社区经理

从"会考试"到"能做事"之间其实是有一道鸿沟的,但本书恰好就是这么一座能帮助工程师们轻松跨越这道鸿沟的桥梁。在单片机开发这条路上,能有一位具备深厚开发经验的前辈深入浅出地分享开发实战经验,一定会帮助工程师更加游刃有余地进行自己的开发工作。作者"残弈悟恩"是 EDN China 上一位知名博主,曾获 2015 年度"EDN China 创新奖"的最受欢迎博主奖。希望本书能对读者的开发工作带来切身有益的帮助。

——赵娟　EDN China 主编

第一次见到刘工是在上海参加 EDN China 的创新博主颁奖典礼上,在和刘工的交谈中,深刻感受到他就是那种很平凡、低调,但又务实,有自己想法的人。有感此行,回来之后特意翻读了其在 EDN China 上发布的本书稿件,发现此书更加展现了作者务实严谨的风格,从一个工程师的角度对每一个章节,从知识点到项目经验,一一细说。可以说,这本书对于初学者以及工程师都是很好的学习和参考资料。

——梅雪松　电子发烧友论坛资深版主

随着器件的发展,本书是小刘老师继《深入浅出玩转 51 单片机》后,多年来又一匠心力作;作为多年来跟随小刘老师的学生,本书的最大特点就是以俏皮的文风、实际项目为依托,系统地介绍 STC15 的具体"玩法";书中对于 STC15 软、硬件的基础内容都有较为详细的介绍,甚至手把手、一行行地教你写代码,特别适合初学者;再结合小刘老师亲自研制的 STC15 开发板、高清视频教程、ieebase 论坛、QQ 交流群,与小刘老师直接交流,极大地提升了学习的效率和成就感。作为受益者,我特别推荐单片机爱好者、相关行业工程师可将此书作为基础工具书来进行参考、学习。

——王斌　西安俊创电力科技有限公司总经理

前 言
PREFACE

曾几何时,我也怀揣梦想,踏进大学校园,以为自己会在相对开放的环境里有所作为,而现实的挫败感,让我开始漫无目的,找不到人生的方向。一次沉重的打击加上一个偶然的机会,让我结识了单片机,也就是从那时起,我便与单片机结下了不解之缘,好似遇到真爱,从此便放不下、离不开,为了它通宵达旦,废寝忘食……

如今,我已不再那般年轻,然而回想起与单片机牵手的那些年,心头依然会浮起满满的幸福。有人说,梦想就是一种让你感到坚持就是幸福的东西。从与单片机的相识、相知,再到相伴,我是幸福的,此刻,也想把这种幸福传递给每位读者,并且感谢读者们选择了本书,或许若干年之后,读者们也会和我一样,当回想起那些坚持与相伴,便会幸福,也会感激曾经奋斗的自己。

单片机技术,比起当今流行的 ARM、DSP、FPGA 显得有些"逊色",而且随着物联网的发展,特别是智能硬件的普及,单片机已经被集成到了某些蓝牙芯片内部,但其应用的广泛性并不亚于 ARM、DSP、FPGA 应用的总和。读者不要相信"学单片机没有技术含量","单片机已过时","学完单片机对以后找工作无帮助"这样的话,更不要把单片机和金钱画等号,要坚信,有些单片机的设计,值得用一生去追求。

时至今日,书已成型。数月的写作,不仅是一段经历,更是一次突破。这期间包含了太多的辛酸、喜悦和成长的感悟。辛酸的是有时一连几周没有休息日,有时晚上 2、3 点还在写稿,写着、写着就趴在桌子上睡着了,有时甚至会焚膏继晷、通宵达旦;喜悦的是能得到亲人、朋友、网友们的支持和对本书的关注,书虽未出版,但电子版已得到好多专业人士和网友的肯定;成长的感悟是做事要逼自己一把,但合理的时间规划必须得有,否则会很累,工作很重要,但身体更重要。因为身体就好比数字 1,其他的,如房子、车子、票子、地位、名誉等都是数字 0,只有 1 在时,后面的 0 才有意义,1 不在时,再多的 0 还是 0。像我这样经常熬夜,对身体的摧残是不可逆的,借此机会,向读者们说声:奋斗的同时,别忘了锻炼身体。

本书书名

《STC15 单片机实战指南(C 语言版)》,表达本书注重实战的特点。每个人,刚开始学习单片机时,都会感觉有些困难,所以本书刚开始讲解时尽量会通俗易懂,让读者能尽快入门,但想成为高手,不是一夕而就的,单片机的学习更没有捷径可走,需要读者花费大量的时间和精力。正如本书的学习,也需要读者掌握本书的所有例程,并能自行编写、调试程序,才能为制作四轴飞行器夯实基础。

本书目的

本书的目的是让那些对单片机既有兴趣，又能坚持的人把单片机当作一个友好助人、易于使用、便于自学的助手。为了达到这个目标，本书采用了以下策略：

（1）尽量使用通俗易懂的语言讲述，有时也会特意用一些口语化的语言阐述问题，而不是死磕概念，这样更能与读者产生共鸣。

（2）对于用语言、文字难以阐述的概念，会采用图表的形式来陈述清楚。图表可以刺激人的潜意识，世界潜能大师崔西就说过："潜意识是显意识力量的 3 万倍以上"。

（3）采用化整为零的方法，将枯燥、无味的知识分解成小部分，再一点一滴地向读者讲解。

（4）对于难理解、难记忆的知识点，多会采用举例的方式，这样易于读者理解、记忆。

本书内容

本书分为入门篇、初级篇、中级篇、高级篇四部分内容，具体内容介绍如下。

（1）入门篇包括第 1～2 章。第 1 章主要介绍了单片机的概念及其应用，分享了"玩"单片机的方法和经验；第 2 章主要介绍了"玩"单片机需要的物质准备，包括硬件和软件。

（2）初级篇包括第 3～11 章。该篇以笔者自己开发的 FSST15 开发板为硬件平台，由浅入深地带领读者从点亮一个 LED 的实例开始，经数码管、蜂鸣器、按键、液晶、LED 点阵等外设，再经单片机内部资源，如定时器、中断、串口等，让读者彻底精通单片机，精通外设资源。同时，每章还穿插了 C 语言和基础电路知识，让读者重拾单片机基本编程的基础。在此过程中，用通俗易懂的语言、大量的实例、各个击破的方式，让读者边做实验、边掌握单片机的理论知识。

（3）中级篇包括第 12～17 章。第 12～15 章在初级篇的基础上，增加了库函数、I2C 协议、PWM、D/A、A/D、红外编解码等实际中常用的知识点，为以后做项目打下坚实的基础；第 16 章讲述了实时操作系统——RTX51 Tiny，让读者从一开始"玩"单片机，就对操作系统的概念有个深入的理解，以便为以后学习 Linux、winCE 等操作系统夯实基础；第 17 章讲述了硬件设计中很重要的一个知识点——PCB 的设计，以现阶段流行的 Altium Designer 15、PADS 9.5 软件为例，一步步讲解元件的封装、原理图的设计、PCB 的绘制。

（4）高级篇包括第 18～20 章。第 18 章主要讲述串口的扩展应用，在此基础上，以 FSST15 开发板上经典的一键下载电路为例，讲述了串口的应用和编程，以及电路设计；第 19 章主要讲述项目的大致开发流程，然后以多功能收音机项目为例，讲述了项目的整个开发流程和编程特点；第 20 章讲述了控制中最常用的 PID 算法，以及如何 DIY 一架四轴飞行器，这样做的目的，就是为了让读者能将所学的知识熟练地应用到实际中，真正做到基于基础、高于理论、着眼于应用。

致谢

在本书的编写过程中，无论是例程的编写，还是电路的设计，都得到了刘钊工程师的大力支持和协助。我们认识于"虚拟"的网络世界，但他肯吃苦、肯钻研、默默奉献的精神，给我带来正能量让"虚拟"变为真实，在此由衷地表示感谢。

感谢为书中四轴飞行器的设计提供帮助的哈尔滨理工大学刘一桐同学。刘一桐同学在制作飞行器方面有着比较丰富的经验，其扎实的理论基础和出色的动手能力为书中飞行器的设计提供了稳定有效的解决方案。在研究技术的过程中，他提出了许多宝贵的意见，并且开放了其开发的四轴飞行器源码，这是一段难忘的经历。

感谢为本书提供技术资料的 STC 公司的销售总监陶敏敏女士，以及对本书各方面工作提供帮助的贺荣、杜邦安、崔健等工程师。

感谢 ChinaAET 网站主任木易姐，是她的穿针引线，让笔者和清华大学出版社有了宝贵的合作机会，认识了出版社盛东亮先生。正是有了他们的帮助，才让我坚定信心写完了这本与众不同的作品。

感谢我的亲人、朋友、兄弟；感谢那些虽未曾见面，但志同道合，热爱电子技术的网友们，若没有你们的支持，就没有此书的出版。

最后，谨以此书，作为一份礼物，献给默默支持我的妻子，和即将出生的宝宝，愿他们健康、快乐。

有人说电影是一门遗憾的艺术，因为在剪辑完成之后，还总能发现影片中依然有瑕疵。出版图书也同样如此！由于作者水平有限、经验欠缺、时间紧迫，书中的错误和疏漏之处在所难免，恳请各位读者批评指正。任何与书中内容相关的技术问题均可发邮件至作者邮箱 xymbmcu@163.com，笔者会悉心回复。请读者注意，在发邮件前请认真阅读书中的学习说明，大多数问题都可以在此找到答案。欢迎读者提出有助于更正、完善图书内容的有价值的问题，笔者会认真答复这些经过深思熟虑的重要问题。

刘平（网名：残弈悟恩）

目 录

CONTENTS

学习说明 ……………………………………………………………… 1

赞誉 ………………………………………………………………… 3

前言 ………………………………………………………………… 5

第一部分 入 门 篇

第1章 藉马歇门，踏神圣路：迈进 STC15 单片机的大门 …………… 3

1.1 单片机概述 ………………………………………………… 3

1.1.1 单片机厂家简介 ……………………………………… 4

1.1.2 STC15 单片机简述 …………………………………… 5

1.2 为何要学习 STC15 单片机 ……………………………… 8

1.3 如何玩转单片机 …………………………………………… 9

1.3.1 做有准备的人 ………………………………………… 9

1.3.2 经验分享 ……………………………………………… 13

第2章 欲善其事，必利其器：软硬件平台的搭建和使用 ………… 15

2.1 硬件平台——FSST15 开发板 …………………………… 15

2.1.1 FSST15 开发板功能框图 ……………………………… 15

2.1.2 FSST15 开发板基本配置 ……………………………… 16

2.2 开发环境——Keil μVision5 …………………………… 17

2.2.1 Keil μVision5 的安装 ……………………………… 18

2.2.2 Keil μVision5 中的工程创建过程 ………………… 20

2.3 我的第一个程序——点亮 LED …………………………… 28

2.4 辅助开发工具 ……………………………………………… 28

2.4.1 CH340 驱动的安装 …………………………………… 28

2.4.2 单片机编程软件——STC-ISP ……………………… 29

2.5 课后学习 …………………………………………………… 30

第二部分 初 级 篇

第3章 端倪初现，小试牛刀：基本元器件与 LED ································· 33

  3.1 电阻的应用概述 ·· 33
    3.1.1 初识电阻 ··· 33
    3.1.2 电流与电阻的关系 ··· 34
  3.2 电容的应用概述 ·· 36
    3.2.1 初识电容 ··· 36
    3.2.2 电容的用途 ··· 36
    3.2.3 实例解说储能和滤波 ··· 37
  3.3 二极管的应用概述 ·· 40
    3.3.1 二极管的特性 ··· 40
    3.3.2 二极管的应用 ··· 42
    3.3.3 发光二极管 ··· 43
  3.4 三极管应用概述及使用误区 ·· 44
    3.4.1 三极管的基本开关电路 ··· 44
    3.4.2 开关三极管的使用误区 ··· 46
  3.5 MOS 管的应用概述 ·· 48
    3.5.1 MOS 管基础 ··· 49
    3.5.2 MOS 管的应用 ··· 50
  3.6 运算放大器的基本应用 ·· 51
    3.6.1 负反馈 ··· 51
    3.6.2 同相放大电路 ··· 51
    3.6.3 反相放大电路 ··· 52
  3.7 STC15 系列单片机的 I/O 口概述 ·· 52
    3.7.1 I/O 口的工作模式及配置 ··· 52
    3.7.2 I/O 口各种不同的工作模式结构框图 ····································· 53
  3.8 LED 的原理解析 ·· 55
    3.8.1 LED 的原理说明 ··· 55
    3.8.2 LED 的硬件电路 ··· 55
  3.9 LED 的应用实例 ·· 56
    3.9.1 LED 闪烁实例 ··· 57
    3.9.2 LED 跑马灯实例 ··· 58
    3.9.3 LED 流水灯实例 ··· 60
  3.10 课后学习 ··· 62

第 4 章　排兵布阵,步步扣杀:模块化编程 ················ 63

4.1　夯实基础——数值的换算以及逻辑运算 ··············· 63

4.1.1　各进制之间的换算关系 ···················· 63

4.1.2　数字电路和 C 语言中的逻辑运算 ·············· 64

4.2　简述单片机的开发流程 ························· 66

4.3　Keil5 的进阶应用——建模 ······················ 67

4.4　单片机的模块化编程 ·························· 71

4.4.1　模块化编程的说明 ······················ 71

4.4.2　用实践解释 ·························· 71

4.5　模块化编程的应用实例 ························· 75

4.6　课后学习 ······························· 79

第 5 章　点段融合,一气呵成:C 语言的编程规范与数码管的应用 ······ 80

5.1　夯实基础——C 语言的编程规范 ·················· 80

5.1.1　程序的排版 ·························· 81

5.1.2　程序的注释 ·························· 81

5.2　基于 STC15 的单片机最小系统 ··················· 82

5.2.1　电源 ······························ 82

5.2.2　晶体振荡电路(晶振) ····················· 85

5.2.3　复位电路 ·························· 86

5.2.4　程序下载电路 ························ 87

5.3　数码管的原理解析 ·························· 88

5.3.1　数码管的原理说明 ······················ 88

5.3.2　数码管的硬件电路设计 ···················· 89

5.3.3　知识拓展——74HC595 ···················· 90

5.3.4　数码管的真值表与基本的编程实例 ·············· 92

5.4　数码管的应用实例 ·························· 94

5.4.1　数码管的静态显示例程 ···················· 94

5.4.2　数码管的动态显示实例 ···················· 96

5.5　课后学习 ······························· 98

第 6 章　审时度势,伺机而动:C 语言的数据类型与定时器的应用 ······ 99

6.1　夯实基础——C 语言的数据类型 ·················· 99

6.1.1　变量与常量 ·························· 99

6.1.2　变量的作用域 ························ 100

6.1.3 变量的存储类别 ·· 101

6.1.4 变量的命名规则 ·· 102

6.2 STC15 单片机的内部结构 ··· 103

6.2.1 STC15 单片机的内部结构 ·· 103

6.2.2 中央处理器(CPU) ·· 104

6.2.3 只读存储器(ROM)和随机存储器(RAM) ························ 105

6.2.4 IAP15W4K58S4 单片机的存储结构 ······························ 107

6.3 STC15 单片机的定时器/计数器 ·· 108

6.3.1 学习定时器/计数器之前的说明 ···································· 109

6.3.2 定时器/计数器 T0、T1 的寄存器 ·································· 110

6.3.3 定时器/计数器 T0、T1 的工作模式 ································ 112

6.3.4 定时器的简单应用实例和初始化步骤总结 ···························· 113

6.4 IAP15W4K58S4 单片机的可编程时钟输出 ································ 115

6.5 定时器和时钟输出应用实例 ··· 117

6.5.1 数码管的静态显示例程(定时器) ·································· 117

6.5.2 可编程时钟输出例程 ·· 118

6.6 课后学习 ·· 119

第 7 章 当断不断,反受其乱:C 语言的条件判断语句与中断系统 ·············· 120

7.1 夯实基础——C 语言的条件判断语句 ····································· 120

7.1.1 if…else 语句 ··· 120

7.1.2 switch…case 语句 ·· 122

7.2 单片机省电模式和看门狗的应用 ··· 122

7.2.1 省电模式 ··· 122

7.2.2 看门狗 ·· 124

7.2.3 LED 灯闪烁是因为"狗"饿了 ···································· 125

7.2.4 要让系统运行正常必须实时"喂狗" ································ 126

7.3 单片机的中断系统 ·· 126

7.3.1 单片机中断的产生背景和响应过程 ·································· 127

7.3.2 单片机中断系统的框架和中断源 ···································· 127

7.3.3 单片机中断系统的寄存器 ·· 131

7.3.4 简单中断应用实例及与中断函数有关的知识点 ························ 132

7.3.5 中断系统的优先级 ·· 135

7.4 中断系统的应用实例 ·· 138

7.4.1 数码管动态显示的基本应用实例 ···································· 138

7.4.2 数码管动态刷新的改进与消影 ···································· 140

7.5 课后学习 ·· 143

第8章 举一反三,一呼百应:C语言的循环语句与串口的应用 ············ 144

8.1 夯实基础——C语言的循环语句 ·· 144

　8.1.1 while 循环 ··· 144

　8.1.2 do…while 循环 ··· 144

　8.1.3 for 循环 ·· 145

8.2 通信接口模块 ··· 146

　8.2.1 通信接口的基本分类 ··· 146

　8.2.2 串行通信概述 ·· 147

8.3 IAP15W4K58S4 单片机的串行接口 ·· 150

　8.3.1 与串行通信相关的基本寄存器 ·· 150

　8.3.2 串口1 的工作模式 ·· 153

　8.3.3 串口1 工作模式1 的波特率计算 ·· 155

　8.3.4 串口1 的应用实例 ·· 156

8.4 RS-232 通信接口概述 ·· 159

　8.4.1 RS-232C 串口通信标准与接口定义 ·· 159

　8.4.2 RS-232C 通信接口的电平转换 ·· 160

8.5 USB 转串口通信 ··· 162

8.6 通过串口实现数据互传的应用实例 ·· 163

8.7 课后学习 ··· 168

第9章 稳扎稳打,步步为营:C语言的数组、字符串与按键的应用 ········· 169

9.1 夯实基础——C语言的数组、字符串 ··· 169

　9.1.1 数组 ··· 169

　9.1.2 字符串 ·· 170

9.2 IAP15W4K58S4 单片机的可编程计数器阵列 ··· 171

　9.2.1 CCP/PCA/PWM 内部结构概述 ··· 171

　9.2.2 CCP/PCA/PWM 的捕获模式应用实例 ·· 172

　9.2.3 CCP/PCA/PWM 的16 位软件定时器模式应用实例 ··························· 173

　9.2.4 CCP/PCA/PWM 的高速脉冲输出模式应用实例 ······························· 174

9.3 按键的处理方法 ·· 174

　9.3.1 独立按键介绍 ·· 174

　9.3.2 矩阵按键的组成 ··· 175

　9.3.3 触摸按键概述 ·· 176

　9.3.4 A/D 采样方式的按键 ·· 177

9.4　独立按键扫描方法及消抖原理 ･･････････････････････････････････ 178
　9.4.1　独立按键的扫描方法 ･･････････････････････････････････ 178
　9.4.2　键盘消抖的基本原理 ･･････････････････････････････････ 179
　9.4.3　带消抖的按键应用程序 ･･････････････････････････････････ 180
9.5　矩阵按键的扫描方法和状态机 ･･･････････････････････････････ 181
　9.5.1　矩阵按键的扫描方法 ･･････････････････････････････････ 181
　9.5.2　状态机概述 ･･ 182
　9.5.3　状态机法的按键检测 ･･････････････････････････････････ 183
　9.5.4　基于状态机的独立按键扫描法 ･･････････････････････････ 184
9.6　按键扫描的应用实例 ･･････････････････････････････････････ 188
　9.6.1　行扫描法的矩阵按键应用实例 ･･････････････････････････ 189
　9.6.2　高低电平翻转法的矩阵按键应用实例 ･･････････････････････ 193
　9.6.3　基于状态机的矩阵按键应用实例 ･････････････････････････ 194
9.7　课后学习 ･･ 195

第 10 章　包罗万象，森然洞天：C 语言的函数与液晶的基本应用 ･･･････ 196

10.1　夯实基础——C 语言的函数 ･･････････････････････････････ 196
　10.1.1　函数的定义和应用 ･･････････････････････････････････ 196
　10.1.2　函数的分类及命名规则 ･･････････････････････････････ 196
10.2　Keil5 的软件仿真、硬件仿真及延时 ･･･････････････････････ 198
　10.2.1　基于 Keil5 的软件仿真应用实例 ･････････････････････ 199
　10.2.2　软件仿真与延时 ･････････････････････････････････････ 203
　10.2.3　基于 Keil5 与 IAP 系列单片机的硬件仿真应用实例 ･･････ 204
10.3　1602 液晶的应用概述 ･･････････････････････････････････ 206
　10.3.1　1602 液晶模组和电路设计 ･････････････････････････ 206
　10.3.2　1602 液晶的控制指令和时序图 ･････････････････････ 208
　10.3.3　1602 液晶的基本应用实例 ･･･････････････････････････ 212
10.4　1602 液晶的应用实例 ･････････････････････････････････ 215
　10.4.1　1602 液晶移屏指令 ･･･････････････････････････････ 215
　10.4.2　液晶 CGRAM 的操作实例 ･･･････････････････････････ 216
　10.4.3　串口和 1602 液晶的综合应用实例 ･･･････････････････ 218
10.5　课后学习 ･･･ 226

第 11 章　沙场点兵，见风使舵：C 语言的指针与 LED 点阵屏的应用 ･････ 227

11.1　夯实基础——C 语言的指针 ･･･････････････････････････････ 227
　11.1.1　指针的基本用法 ･･･････････････････････････････････ 227

　　　　11.1.2　指针与数组 ……………………………………………………… 228

　　　　11.1.3　指针与函数 ……………………………………………………… 230

　　11.2　同步串行外围接口(SPI)的应用概述 ………………………………… 231

　　　　11.2.1　SPI 介绍 ……………………………………………………… 231

　　　　11.2.2　单片机内部 SPI 的寄存器 …………………………………… 232

　　　　11.2.3　SPI 的数据通信方式与时序图 ……………………………… 234

　　　　11.2.4　SPI 的应用模式与串行 Flash 的应用实例 ………………… 236

　　11.3　LED 点阵屏的原理及应用 …………………………………………… 237

　　　　11.3.1　LED 点阵屏的内部原理 …………………………………… 237

　　　　11.3.2　LED 点阵屏的硬件电路设计 ……………………………… 238

　　　　11.3.3　LED 点阵屏的基本显示实例 ……………………………… 239

　　11.4　LED 点阵屏的应用实例 ……………………………………………… 241

　　　　11.4.1　通过移屏方式显示字符——I♡U ………………………… 241

　　　　11.4.2　LED 点阵屏的移屏简易算法 ……………………………… 246

　　11.5　课后学习 ………………………………………………………………… 251

第三部分　中　级　篇

第 12 章　一脉相承,本源同宗:I2C 总线与库开发 …………………………… 255

　　12.1　I2C 总线的通信协议 …………………………………………………… 255

　　　　12.1.1　对 I2C 总线的初步认识 …………………………………… 255

　　　　12.1.2　I2C 总线的时序格式 ………………………………………… 257

　　12.2　AT24C02 的基本应用 ………………………………………………… 259

　　　　12.2.1　AT24C02 的简述和硬件电路设计 ………………………… 259

　　　　12.2.2　AT24C02 的通信协议与时序图 …………………………… 260

　　　　12.2.3　基于 AT24C02 的 I2C 总线协议与软件分析 …………… 263

　　12.3　复合数据类型 …………………………………………………………… 268

　　　　12.3.1　结构体 ………………………………………………………… 268

　　　　12.3.2　枚举 …………………………………………………………… 270

　　　　12.3.3　typedef 关键字的应用 ……………………………………… 271

　　12.4　STC15 系列单片机内部 E^2PROM 的应用 ………………………… 272

　　　　12.4.1　与单片机内部 E^2PROM 有关的寄存器 ………………… 272

　　　　12.4.2　单片机内部 E^2PROM 的应用实例 ……………………… 274

　　12.5　库函数与应用实例 ……………………………………………………… 274

　　　　12.5.1　STC15 系列库函数 ………………………………………… 274

　　　　12.5.2　库函数的应用实例 …………………………………………… 278

12.6　课后学习 ……………………………………………………………………… 290

第 13 章　重峦叠嶂，矩阵方形：PWM 的初步认识与相关应用 …………………… 291

13.1　PWM 的初步认识 …………………………………………………………… 291

13.2　利用可编程计数阵列产生 PWM ……………………………………………… 292

13.2.1　脉宽调制模式(PWM) ……………………………………………… 293

13.2.2　利用 CCP/PCA 输出 PWM 的应用实例 ………………………… 294

13.2.3　利用 CCP/PCA 高速脉冲输出功能实现两路 PWM ……………… 296

13.2.4　用 T0 输出 PWM …………………………………………………… 300

13.3　增强型高精度 PWM 的基本应用 …………………………………………… 304

13.3.1　与高精度 PWM 相关的功能寄存器 ……………………………… 304

13.3.2　蜂鸣器和 PWM 的应用实例 ……………………………………… 307

13.3.3　LED 灯和 PWM 的应用实例 ……………………………………… 308

13.4　常用的电动机驱动方式 ……………………………………………………… 310

13.4.1　对电动机驱动芯片 L298 的初步认识 …………………………… 310

13.4.2　H 桥驱动电路简介 ………………………………………………… 312

13.5　三种常用电动机的驱动方法 ………………………………………………… 312

13.5.1　直流电动机 ………………………………………………………… 312

13.5.2　简易步进电动机及其应用 ………………………………………… 313

13.5.3　舵机的基本操作实例 ……………………………………………… 317

13.6　课后学习 ……………………………………………………………………… 321

第 14 章　亦步亦趋，咫尺天涯：数模(D/A)与模数(A/D)的转换 …………… 322

14.1　D/A 和 A/D 转换的初步介绍 ……………………………………………… 322

14.1.1　D/A 转换原理 ……………………………………………………… 322

14.1.2　A/D 转换原理 ……………………………………………………… 325

14.2　STC15 单片机内部的 ADC ………………………………………………… 330

14.2.1　STC15 系列单片机内部 ADC 的结构 …………………………… 330

14.2.2　与 ADC 有关的寄存器 …………………………………………… 332

14.2.3　ADC 的简单应用实例 ……………………………………………… 334

14.3　基于 ADC 的独立按键检测 ………………………………………………… 339

14.4　电容感应式触摸按键(PWM＋ADC) ……………………………………… 340

14.5　基于 PWM 与 RC 滤波器的 SPWM ……………………………………… 345

14.6　课后学习 ……………………………………………………………………… 351

第 15 章　狂风暴雨,定海神针:逻辑分析仪与红外编解码 ················· 352

　　15.1　Saleae 逻辑分析仪 ·· 352

　　　　15.1.1　示波器和逻辑分析仪的比较 ························· 352

　　　　15.1.2　逻辑分析仪的工作原理和分类 ····················· 353

　　　　15.1.3　逻辑分析仪概述 ································· 355

　　　　15.1.4　Saleae 逻辑分析仪的使用步骤 ···················· 357

　　15.2　红外遥控的原理 ··· 361

　　15.3　红外解码过程分析 ··· 364

　　15.4　红外解码的具体实现例程 ····································· 366

　　15.5　红外编码与发射的过程分析 ··································· 374

　　15.6　红外编码与发射的应用例程 ··································· 375

　　15.7　课后学习 ·· 376

第 16 章　有的放矢,运筹帷幄:RTX51 Tiny 实时操作系统 ················ 377

　　16.1　实时操作系统概述 ··· 377

　　16.2　RTX51 Tiny 操作系统 ·· 378

　　　　16.2.1　RTX51 Tiny 操作系统概述 ······················· 378

　　　　16.2.2　任务程序的分类 ································· 380

　　　　16.2.3　RTX51 Tiny 的工作原理 ························· 381

　　　　16.2.4　RTX51 Tiny 的配置 ····························· 384

　　　　16.2.5　RTX51 Tiny 的使用步骤 ························· 386

　　　　16.2.6　RTX51 Tiny 的常用函数 ························· 388

　　16.3　RTX51 Tiny 的应用实例 ······································ 392

　　　　16.3.1　流星慧灯(基于 RTX51 Tiny) ···················· 392

　　　　16.3.2　简易交通灯(基于 RTX51 Tiny) ·················· 397

　　16.4　课后学习 ·· 401

第 17 章　按图索骥,彗泛画涂:PCB 的基本知识与软件学习 ··············· 402

　　17.1　PCB 设计流程 ·· 402

　　17.2　PCB 特性与设计规则 ··· 405

　　　　17.2.1　PCB 板材类型 ································· 405

　　　　17.2.2　PCB 布局与布线规则 ···························· 406

　　　　17.2.3　PCB 封装元件的线宽 ···························· 408

　　17.3　绘制 PCB 的软件介绍 ·· 409

　　　　17.3.1　Altium Designer 2014 使用方法 ·················· 410

17.3.2 PADS 9.5 的使用过程 ……………………………………… 417

17.4 课后学习 ………………………………………………………… 427

第四部分 高 级 篇

第 18 章 范水模山，双管齐下：串口扩展与一键自动下载项目 ……………… 431

18.1 软件模拟串口应用实例 ………………………………………… 431

18.1.1 使用定时器 0 软件模拟一个全双工串口 ……………… 431

18.1.2 使用两路 PCA 模拟一个全双工串口 …………………… 437

18.2 一键自动下载项目的功能要求与设计思想 …………………… 442

18.3 一键自动下载项目的硬件电路设计 …………………………… 443

18.3.1 下载模式切换控制核心——STC15W104E ……………… 443

18.3.2 开关电路的设计 …………………………………………… 444

18.4 一键自动下载项目的软件编程 ………………………………… 444

18.5 课后学习 ………………………………………………………… 452

第 19 章 地无遗利，心随你动：项目开发与多功能收音机 ……………………… 453

19.1 RDM 项目管理作业流程 ………………………………………… 453

19.1.1 项目要求与需求分析 …………………………………… 453

19.1.2 项目立项与评估 ………………………………………… 454

19.1.3 项目分工和总体的结构框架 …………………………… 455

19.2 技术准备与难关突破 …………………………………………… 456

19.3 温度传感器——LM75A …………………………………………… 456

19.3.1 LM75A 的寄存器列表 …………………………………… 459

19.3.2 LM75A 的 I2C 硬件接口电路 …………………………… 462

19.3.3 LM75A 的通信协议与时序特性 ………………………… 462

19.3.4 LM75A 的应用实例与软件分析 ………………………… 464

19.4 实时时钟——PCF8563T …………………………………………… 465

19.4.1 PCF8563T 的功能特点 …………………………………… 465

19.4.2 PCF8563T 的内部寄存器 ………………………………… 467

19.4.3 PCF8563F 的 IC 硬件接口电路 ………………………… 468

19.4.4 PCF8563F 的通信协议与时序特性 ……………………… 469

19.5 程序总体框架和功能划分 ……………………………………… 469

19.6 各个子功能和总体程序的编写 ………………………………… 470

19.7 课后学习 ………………………………………………………… 474

第 20 章　天上天下，唯它独尊：PID 算法与四轴飞行器的设计 ················· 475

　　20.1　PID 算法 ··· 475

　　　　20.1.1　PID 算法概述 ··· 475

　　　　20.1.2　PID 算法的分类与应用实例 ······················· 478

　　　　20.1.3　位置式 PID 算法 ·· 482

　　20.2　四轴飞行器硬件模型的建立 ······························ 486

　　　　20.2.1　搭建四轴飞行器的主板 ······························· 486

　　　　20.2.2　搭建四轴飞行器的遥控器 ··························· 492

　　20.3　四轴飞行器的软件算法 ··································· 492

　　　　20.3.1　四轴飞行器的运行状况与电动机转动的关系 ········· 492

　　　　20.3.2　PID 控制电动机的参数整定 ························· 494

　　　　20.3.3　四元数与滤波算法 ····································· 496

　　20.4　四轴飞行器主板的综合程序 ······························ 502

　　20.5　四轴飞行器遥控器的综合程序 ························· 532

　　20.6　课后学习 ··· 532

附录 A　飞天三号(STC15 单片机)开发板原理图 ················· 253

附录 B　飞蜓二号(FTST15)主轴主挥原理图 ····················· 254

附录 C　飞蜓二号(FTST15)四轴遥控原理图 ····················· 255

第一部分
入 门 篇

第 1 章　藉马歇门,踏神圣路：迈进 STC15 单片机的大门
第 2 章　欲善其事,必利其器：软硬件平台的搭建和使用

第1章 藉马歇门,踏神圣路: 迈进 STC15 单片机的大门

借几句暗语,一起来踏上 STC15 单片机之路:"宝藏与天国同在,借着马歇尔之门,踏上神圣之路;上海之上,城中之城,微波粼粼的海面上,远处听见悠扬的钟声;刀入鞘,鞘内刀,对故人,方可交"(《孤岛飞鹰》)。本章主要介绍 STC15 单片机,使读者对单片机有个大概的认识。

1.1　单片机概述

单片微型计算机简称单片机,是典型的嵌入式微控制器(Microcontroller Unit),常用缩写 MCU 表示。单片机由运算器、控制器、存储器、输入输出接口等构成,相当于一个微型计算机(最小系统)。与计算机相比,单片机缺少了外围设备等,概括地讲:一块芯片就是一台计算机,它的体积小、质量轻、价格便宜,从而为人们学习、应用和开发提供了便利条件。

由于单片机在工业控制领域的广泛应用,最早的设计理念是通过将大量外围设备和CPU 集成在一块芯片中,使计算机系统更小,更容易集成到复杂而对体积要求严格的控制设备中。

Intel 公司的 8080 是最早按照这种思想设计出的处理器,当时的单片机都是 8 位或 4位的。其中最成功的是 Intel 公司的 8051,此后推出了 MCS-51 系列单片机系统,因其简单、可靠且性能高获得了很大的好评。尽管 2000 年以后 ARM 公司已经开发出了 32 位并且主频超过 300MHz 的高端单片机,最近又推出了 64 位更高频的处理器,但是到现在基于8051 的单片机还在广泛使用,因为在很多方面单片机比专用处理器更适合应用于嵌入式系统。事实上,单片机是世界上数量最多的处理器。随着单片机家族的发展壮大,单片机和专用处理器的发展便分道扬镳。

目前,人类日常使用的几乎每件有电子器件的产品中都会集成单片机。例如,手机、电话、计算器、家用电器、电子玩具、掌上电脑以及鼠标等电子产品。汽车上一般配备 50 多个单片机,复杂的工业控制系统上甚至可能有数百个单片机在同时工作。单片机的数量不仅远超过 PC 和其他计算机的总和,甚至比人类的数量还要多。

这里对单片机的介绍或许比较笼统,只说单片机由运算器、控制器等组成,并没有详细

解释。一般的教科书上来会给出一大堆概念,直接把新手扼杀在萌芽阶段,从而给单片机扣上了一顶难学之"帽",本书摆脱了这种传统套路。其实掌握单片机这门技术并不难。

为了能让读者顺利读完第 1 章,这里先不深入讲述单片机的知识点,如寄存器、定时器、中断等,而结合具体的图片概述单片机,有助于读者了解单片机的外形、生产厂家与功能。

1.1.1　单片机厂家简介

1. 8051 单片机

8051 单片机是 Intel 公司推出的 8051/31 类单片机,也是世界上使用量最大的几种单片机之一。由于 Intel 公司将重点放在 186、386、奔腾等与 PC 类兼容的高档芯片开发上,因此 8051 类单片机主要由三星、华邦等公司接手。它们在保持与 8051 单片机兼容的基础上改善了 8051 的许多特点,提高了速度,降低了时钟频率,增加了电源电压的动态范围。目前,增强型 8051 系列单片机一般采用 CMOS 工艺制作,故称作 80C51 系列单片机。之后,又增加计数器、中断的数量,并且扩展片内 RAM 空间,这类单片机称为 8052 系列或 80C52 系列单片机。

2. 三星单片机

三星单片机有 KS51 和 KS57 系列 4 位单片机,KS86 和 KS88 系列 8 位单片机,KS17 系列 16 位单片机和 KS32 系列 32 位单片机。近年来,三星公司以 ARM 核为基础,开始转投 32 位高端嵌入式处理器,代表作有 S3C2440、S3C5410。

3. Motorola 单片机

Motorola 是世界上最大的单片机厂商。它生产的单片机品种全,选择余地大,新产品多。8 位单片机有 68HC05;16 位单片机 68HC16 也有十多个品种。32 位单片机 683XX 系列也有几十个品种。Motorola 单片机的特点之一是在同样的速度下所用的时钟较 Intel 类单片机低得多,因而使得它高频噪声低,抗干扰能力强,更适合用于工控领域以及恶劣环境。

4. 美国 Atmel 公司单片机

Atmel 公司的单片机是目前世界上一种独具特色而性能卓越的单片机。它将 8051 内核与其 Flash 专利技术结合,具有较高的性价比。它有 AT89、AT90 两个系列。AT89 是 8 位的 Flash 单片机,与 8051 兼容,其中 AT89S51 十分活跃。AT90 系列是增强型 RISC 内载 Flash 单片机,通常称为 AVR 系列。

5. 美国 TI 公司单片机

美国 TI 公司将 8051 内核与 ADC、DAC 结合起来,生产具有模拟量处理功能的单片机。MSP430 系列单片机是由 TI 公司开发的 16 位单片机。其突出特点是超低功耗,非常适合于各种功率要求低的场合。它有多个系列和型号,分别由一些基本功能模块按不同的应用目标组合而成。典型应用在流量计、智能仪表、医疗设备和保安系统等设备中。

6. 8051F 单片机

8051F 单片机是 Silicon Labs 公司开发的片上系统单片机,改进了 8051 内核,具有

JTAG 接口，可实现在线下载和调试程序。

除了以上这些外国公司（当然，还有别的厂家，这里不一一列举）之外，还有中国台湾的凌阳、华邦、和泰等单片机，大家自行了解即可。本书以中国大陆本土第一家战胜全球所有竞争对手的 MCU 设计公司——宏晶科技的 STC 系列单片机作为模板，讲述该类型单片机。

1.1.2　STC15 单片机简述

中国宏晶 STC 系列单片机是 2005 年中国本土推出的第一款具有全球竞争力且与 MCS-51 兼容的单片机。该单片机是新一代增强型单片机，它具有内存容量大、速度快、抗干扰性强、加密性强、功耗超低等特点，同时具有 ADC、PWM 等功能，可以远程升级，内部有 MAX810 专用复位电路，价格比较便宜，由于这些特点使得 STC 系列单片机的应用广泛。

深圳宏晶科技公司根据市场需求，在 STC89Cxx（STC89C51）的基础上，先后推出 STC90Cxx、STC10Fxx、STC11Fxx、STC12Cxx、STC15Fxx、STC15Wxx，以及可以在线仿真的 IAP15 系列的单片机。另外，某一系列的单片机又有不同的类型和封装形式，继而可满足客户不同的需求。较之这么多类型，不可能一一讲述，本书以"飞天三号"开发板上集成的性能最强大且带仿真功能的 IAP15W4K58S4-LQFP64 为例来讲述。IAP15W4K58S4 还有 PDIP40 的封装形式，它们的封装实物如图 1-1 所示；单片机各个引脚分布如图 1-2 所示（读者暂时不要拘泥于各个引脚的功能，后面会详细介绍）。

图 1-1　IAP15W4K58S4 两种封装实物图

图 1-2　IAP15W4K58S4-LQFP64 引脚封装图

或许看到这里,读者可能会问:"STC单片机名字中的字母、数字代表什么意义?依据又是什么?"这里先给出STC官方数据手册的命名规则(如图1-3所示),再详细介绍IAP15W4K58S4-LQFP64的具体含义。

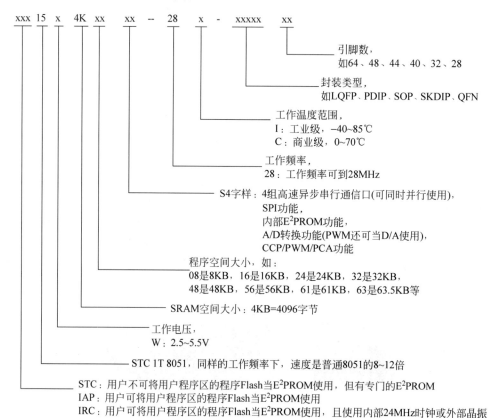

图1-3　STC单片机命名规则

(1) IAP:用户可将用户程序区的程序Flash当E^2PROM使用。

(2) 15:STC 1T 8051,同样的工作频率下,速度是普通8051的8~12倍。

(3) W:单片机工作电压范围为2.5~5.5V,称为宽电压。

(4) 4K:大容量,4KB的SRAM。

(5) 58:Flash程序存储器的空间为58KB,读写次数10万次以上。

(6) S4:4组高速异步串行通信口,SPI功能,内部E^2PROM功能,A/D转换功能,CCP/PWM/PCA功能(其中PWM可当D/A使用)。

(7) 35:该单片机的主频最高可达35MHz。

(8) I:工业级芯片,工作温度范围为−40~85℃。

(9) LQFP64:封装形式为薄型四方扁平式封型(Low-profile Quad Flat Package),引脚数量为64,其中有8组端口P0~P7,除P5口有6个I/O口以外,其他每组是8个I/O

口，这样总共有 62 个 I/O 口；19 和 21 引脚分别为电源的正、负极。

除了以上从单片机名称了解的信息之外，结合其功能框架图（如图 1-4 所示），再大致了解该单片机的强大功能。通过此框架图，可以很清楚地看到，该单片机还具有以下特性。

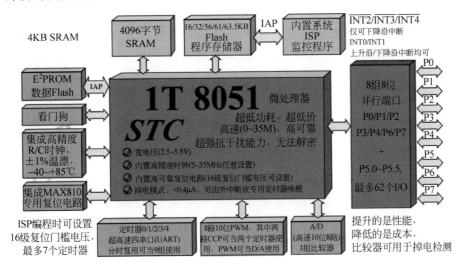

图 1-4　IAP15W4K58S4 单片机功能框架图

（1）大容量片内 E^2PROM，擦写次数 10 万次以上。

（2）ISP/IAP（在系统可编程/在应用可编程），无需编程器/仿真器（自身就是仿真器）。

（3）共 8 路 10 位高速 ADC，速度可达 30 万次/秒，8 路 PWM 还可当 8 路 D/A 使用。

（4）6 路 15 位专门的高精度 PWM（带死区控制）＋两路 CCP（利用它的高速脉冲输出功能可实现 11～16 位 PWM），可用来再实现 8 路 D/A，或两个 16 位定时器，或两个外部中断（支持上升沿/下降沿中断）。

（5）内部高可靠复位，ISP 编程时 16 级复位门槛电压可选，可彻底省掉外部复位电路。

（6）工作频率范围：5～28MHz，相当于普通 8051 的 60～336MHz。

（7）内部高精度 R/C 时钟（±0.3%），±1% 温漂（－40～＋85℃），常温下温漂±0.6%（－20～＋65℃），ISP 编程时内部时钟范围为 5～30MHz。

（8）不需外部晶振和外部复位，还可对外输出时钟和低电平复位信号。

（9）4 组完全独立的高速异步串行通信端口，分时切换可当 9 组串口使用。

（10）一组高速同步 SPI。

（11）支持 RS485 下载。

（12）低功耗设计：有低速模式、空闲模式、掉电模式/停机模式，并且有多种唤醒方式。

（13）共 7 个定时器，5 个 16 位可重装载定时器/计数器，并可独立实现对外可编程时钟输出。另外，引脚 SysClk0 可将系统时钟对外分频输出，两路 CCP 还可再实现两个定时器。

（14）比较器可当 1 路 ADC 使用，可用于掉电检测，并可产生中断。

(15) 62 个通用 I/O 口,复位后为准双向口/弱上拉,同时可设置成 4 种模式:准双向口/弱上拉,强推挽/强上拉,仅为输入/高阻,开漏。每个 I/O 口驱动能力均可达到 20mA。根据笔者的经验,为了确保系统稳定,建议拉电流、灌电流最好不要超过 10mA。

STC15 单片机功能之强大,不是三言两语就能说得清楚的,因此,本书后面将会以更多的篇幅来讲述。概述地说,使用单片机的过程,就是用某种语言(C 语言、汇编语言)控制这 62 个(别的型号另当别论)I/O 口在合适的时间出现合适的高低电平,或者检测高低电平以及模拟量。

1.2　为何要学习 STC15 单片机

性能超强且稳定性高、性价比高的 STC15 单片机已经渗透到我们生活的各个领域,几乎很难找到电子类器件的哪个领域没有单片机的踪迹。例如,导弹的导航装置,飞机上各种仪表的控制,计算机的网络通信与数据传输,工业自动化过程的实时控制和数据处理,各种智能 IC 卡,民用豪华轿车的安全保障系统,录像机、摄像机、全自动洗衣机的控制,以及程控玩具、电子宠物、自动控制领域的机器人、智能仪表、医疗器械、智能机械等。因此,单片机的学习、开发和应用将造就计算机应用与智能化控制方面的一批科学家、工程师。具体领域大致可分如下几个。

1. 智能仪表

单片机具有体积小、功耗低、控制功能强、扩展灵活、微型化和使用方便等优点,广泛应用于仪器仪表中。结合不同类型的传感器,它可实现诸如电压、电流、功率、频率、湿度、温度、流量、速度、厚度、角度、长度、硬度、压力等物理量的测量。采用单片机控制使得仪器仪表数字化、智能化、微型化,且功能比起采用电子或数字电路更加强大。例如,精密的测量设备(电压表、功率计、示波器、各种分析仪)。

2. 工业控制

单片机可以构成形式多样的控制系统、数据采集系统、通信系统、信号检测系统、无线感知系统、测控系统、机器人等应用控制系统。例如,工厂流水线智能化管理系统、电梯智能化控制系统、各种报警系统,与计算机联网构成的二级控制系统,以及当今非常流行的物联网系统等。

3. 家用电器

家用电器广泛采用单片机控制,从电饭煲、洗衣机、电冰箱、空调、彩电、其他音响视频器材再到电子秤量设备等。

4. 网络和通信

现代的单片机普遍具备通信接口,可以很方便地与计算机进行数据通信,为在计算机网络和通信设备间的应用提供了极好的物质条件。通信设备基本上都实现了单片机智能控制,从手机、电话机、小型程控交换机、楼宇自动通信呼叫系统、列车无线通信,再到日常工作中随处可见的移动电话、集群移动通信、无线电对讲机等。

5. 设备领域

单片机在医用设备中的用途亦相当广泛,如医用呼吸机、各种分析仪、监护仪、超声诊断设备及病床呼叫系统等。

6. 汽车电子

单片机在汽车电子中的应用非常广泛。例如,汽车中的发动机控制器、基于CAN总线的汽车发动机智能电子控制器、GPS导航系统、ABS(防抱死系统)、制动系统、胎压检测等。

此外,单片机在工商、金融、科研、教育、电力、通信、物流和国防航空航天等领域都有着十分广泛的用途。这意味着掌握了单片机,将拥有掌握这个世界的基础,这就是学习单片机最好的理由。

1.3 如何玩转单片机

笔者为何将学单片机定义成"玩"呢? 因为笔者相信,看到此书的一般是好学之人,所以若定义为学单片机,笔者怕读者可能就会像学高等代数一样,拿起一支笔,开始计算定时器的初值、波特率等;或者像学英语一样,开始背什么叫单片机、什么叫寄存器、什么叫定时器。读者的这种学习方式只能以失败而告终,因为方法错了。读者可能会问,那该如何学呢?

1.3.1 做有准备的人

这里的准备,笔者将其分为两大类: 精神和物质上的准备。

1. 精神准备

(1)"千里之行,始于足下",想要花一天或一周学不会单片机。玩单片机一定不能"$1.01^3 \times 0.99^2 < 1.01$"(三天打鱼,两天晒网),要有持之以恒的毅力与决心。学习完几个例程后,就应及时做实验,融会贯通,而不要等几天或几个星期之后再做实验,这样效果不好甚至前学后忘。另外,要有打"持久战"的心理准备,不要兴趣来时学上几天,无兴趣时放上几个月。玩单片机很重要的一点就是持之以恒。

(2)不要一开始写代码就去向别人要源代码。一定要先好好思考,然后记下自己的疑问,再去请教别人,之后借鉴别人的思路再去编程。不要只走马观花地看了看实验现象,就傲慢地向别人炫耀自己已经会单片机的编程了。

(3)学习一个新的软件,一定要多看帮助手册,一些书上讲的内容肯定没官方内容全面。倘若连帮助手册都没看,就盲目地询问,会让人觉得很幼稚。

(4)学习不要蜻蜓点水,得过且过,细微之处往往体现实力。

(5)把时髦的技术挂在嘴边,还不如把过时的技术记在心里。

(6)看得懂的书,请仔细看;看不懂的书,请硬着头皮看。不要指望看一遍就能记住和掌握什么。"书读百遍,其义自见。"

(7)多利用网络。很多问题不是非要到论坛来问的,首先要学会自己找答案,比如

Google、百度都是很好的搜索引擎,只要输入关键字就能找到很多相关资料,别老是等待别人给你答案。即使到一个论坛提问,也要学会看以前的帖子,也许你的问题早就有人问过了,如再问,别人已经不想再重复回答了。作为初学者,谁也不希望自己的帖子没有人回吧?

2. 物质准备

笔者将物质准备分为两类:软件和硬件准备。

1) 软件准备

这里的软件不仅指 C 语言,还包括汇编、C++、G 语言等,以及电子基础(如电阻、电容等)、模拟电路、数字电路、高频电路等。概括地说,就是要有理论知识的储备。

读者看着以上的软件准备要点,或许有点无从下手。等读者将以上技术都学完了或者学会了,再去学单片机,那就落伍了。因为上面的任何一门(仅仅一门)学科,都需要花大量时间去学习。那如何学?请读者手头备几本书,以便"查"阅。

有人说"零基础"学单片机,这句话本来就是不现实的。现在没有什么人做什么事都从零开始,除非搭乘时光机回到原始社会。永远记住一句话:站在别人的肩膀上,你会看得更远、飞得更高!因为有了以上基础,笔者相信你"玩"起来会更开心,如果连这些都不会,那可谓真是零基础了。俗话说,"早起的鸟儿有虫吃"。你就得比别人起得更早,睡得更晚,付出得更多。如何付出呢?不是去借本数电、模电、C 语言书,从第一页开始背,背一页忘一页,书背完的同时也忘完了。

笔者建议:需要什么,就去查什么,现玩现查。例如,要点亮一个 LED,开始要包含头文件:♯include<reg52.h>,读者若不知道,就去查 C 语言书。做蜂鸣器实验时,若不懂三极管,就去查模拟电路书。因此笔者建议边"玩"边"查",而不是边"学"边"背"。这样在用时查到的知识点,将终生难忘。再说,公司招聘时不会问你学过什么,而是问你用过什么;不会问你懂什么,则会问你会什么。对于电子类专业的学生,没搭过电路,就不知道 LED 是怎么亮的;没有编写过单片机程序,还真不知道 C 语言能做什么,你还以为 C 语言只能在 PC 上输出一个"Hello World"。光理论不实践学也白搭。因而有了下面的硬件准备。

讲述软件准备的最后,回答读者在网上提了很多遍的一个问题:该学汇编语言还是学 C 语言(C51)?

若只是为了用单片机做产品,C51 足够了。若要深入研究、搞发明,自己生产单片机,那必须得学汇编语言。本书是为了做产品而写的,所以主要讲述 C51。

这估计是争论最大的一个问题了,有些人坚持学单片机一定要用汇编语言,也有人坚持选择高级语言。C51 刚推行时,单片机内部资源比较宝贵,而且 C51 本身的编译器效率也不够高,导致当时很多人选择用汇编语言来写代码。

现在的情况是怎样的呢?编译器效率高了,单片机内部的资源也丰富了,用 C 语言来编写单片机软件不会再遇到以前程序代码太大、单片机运行不起来的问题了。外面的企业大部分都是用 C 语言编写代码,因为 C 语言好写,可读性强,可移植性强。那么汇编语言就不用学了吗?光会 C 语言也还是不够的,还得了解汇编语言。实际上,不是了解汇编指令,而是了解单片机的体系结构。鉴于这样,笔者认为玩单片机,还是要用 C 语言,但是平时也要多看看汇编代码。最低要求就是：能熟练运用C语言写代码，能读懂汇编代码。

在大学里老师基本上都使用汇编语言教学。可大多数学生工作以后，公司要求用C语言，当时大家都非常不理解老师，现在终于明白老师的良苦用心了，用C语言教学，老师要轻松很多，而老师却选择汇编，为什么在大家眼中的"坏老师"要如此吃力不讨好呢？

这是因为用汇编语言教学，能让学生更清晰地掌握单片机的体系结构、运行机理以及核心本质，用汇编语言读者才会掌握什么是立即寻址、直接寻址、间接寻址以及偏移量等一系列问题。不知道这些，用C语言也能把程序玩转。若读者不知道运行机理，以后学ARM时能看懂启动代码吗？又能编写出完整的启动代码吗？

2）硬件准备

单片机是一门实践性非常强的学科，不实践，一切都是"空中楼阁"。笔者将硬件又分三类：书、开发板、实战工具，这里结合笔者的经验，以问答的形式来讲述。

（1）书要不要

当然需要。别小家子气，买本书几十块都舍不得，还能学什么呢？为了省钱看电子书，浪费的时间绝对超过书的价值。当然，如果查资料，只能看PDF，这另当别论。另外，拿着一本书，坐在图书馆，或许还能静下来。相反，在电脑上看电子书，总忍不住东点点、西看看，这样使人变得更加浮躁。

（2）开发板要不要

花点钱买块开发板是非常必要的。笔者相信看本书的人，还不至于会自己做开发板，因此强烈推荐买一块开发板。

买了板子后，初学者可以把注意力集中在软件开发上，不必担心硬件上的问题。对于初学者来说，若写个程序半天没反应，也不知道是硬件还是软件问题，开发的激情就会没了。买板子比较省事，而且买的资料相对来说比较齐全。

玩单片机，建议大家一定要多做实验，一开始可以模仿本书中的程序在开发板上做些简单的实验。模仿时千万不要满足只在开发板上运行一下，一定要自己动手把程序敲进电脑，一句一句分析透彻，不懂的地方对照本书来查，琢磨琢磨笔者的编程思路，然后再编译、下载、看实验现象。只有这样边玩边查，才能使那些看起来很复杂、摸不着头脑的单片机知识变得很具体。只有不断做实验，在实践中学习，才能真正扎实掌握单片机的基本知识，有了这些基本的单片机知识和自己的亲身体会及经验以后，就该朝着自己动手设计的方向迈进了。

此外，买一块开发板，就相当于买了一个平台，有了平台，便可以轻松地向上爬，才能去试验更多的程序，才能积累更多模块化的源程序，积累更多单片机开发的经验和思路，才能踏进单片机开发的大门。

（3）仿真学不学

远离虚幻，走向真谛。远离虚幻的意思是不要借助仿真去学单片机，因为只用软件去模拟仿真是永远成不了高手的。所谓仿真就是用Proteus软件去模拟实验现象。不知读者看了本书目录有没有发现，本书不包含单片机仿真内容，不是笔者不会。曾经在实验室，当老师看着笔者仿真的简易波形发生器时,吃惊地说:"原来这东西这么好看。"这东西说白了就只是好看,没有多少实践价值。笔者也见过有些同学做毕业设计时,仿真得很完美,而一搭电路,调试之后就会发现好多问题,还会说,Keil编译的结果是0错误、0警告。软件仿真也通过了,为何这里有问题呢? 笔者当初就很纠结,0错误、0警告就说明所写程序是正确的吗? 根本不是。举个例子,要让8个LED亮,编程语句应该是:P2=0x00;可写的是:P2=0xff;这也是0错误、0警告,可能达到效果吗? 仿真中,什么都是理想的,电流、电压、阻抗等若考虑不周到,或许能猜出个正确结果。可实际电路中,电流、电压大了,电路板可能会冒烟,晶振频率不稳定,可能导致程序运行混乱。说到晶振,记得笔者在珠海某电子公司工作时,所用晶振为27MHz(用在机顶盒上),刚开始测试时发现频率确实为27MHz,但后来机子工作以后,频率就变了,之后也找了供应商,测试都是好的,无奈之下,一位同事说,将晶振外壳接地吧,这一接,问题就解决了。笔者说这些,并没有贬低仿真软件或仿真的重要性,只是建议读者玩单片机,必须要多实践,多焊接电路,多调试电路,不要停留在理论和仿真上。

关于这点,读者跟随本书学习就可以了。笔者将一一讲述每个单片机入门实验,等把这些实验做熟练了,彻底掌握了,那毫无疑问肯定是入门了。之后就需要提高,为了提高,就得学一些与单片机有关联但不是单片机的内容,如PCB设计、上位机编程、操作系统等。再把这些与单片机相结合,做一些东西,那时才可以说真正会单片机了。

(4) 该玩哪种单片机

先讲个故事,笔者曾工作的公司的经理让一位同事去负责DB850(VFD)的测试,可那个同事刚好辞职,这项任务就落在了笔者的头上。笔者先看了数据手册,才开始设计电路,该电路的核心功能是升压,就是将系统工作的电压(5V)升到VFD所需的电压(32V),笔者最后选择的升压方案是——BOOST电路。设计好之后就画板、打样。等板子画出之后就开始编写程序,这时有位同事问:"你用的是什么单片机?"我说:"51(增强型的C8051F系列)单片机。"他又说:"51不是过时了吗? 再说这东西(VFD)不是雷雄(另一位同事,技术很牛,人也很低调)搞过了吗? 人家还用的是AVR单片机。"此时,笔者真是哭笑不得,说他懂技术吧,说的全是行外话,不懂吧,在电子行业都工作两年了。AVR单片机比51单片机高级(现在STC公司出品的STC15系列单片机也很高级),所以用AVR单片机的人比用51单片机的人技术一定高吗? 笔者当初就想说一句,可又没说出口,要是拿所用单片机的高级(其实C8051F系列单片机在性能方面并不比AVR单片机差)来判断一个人的技术,那么干脆用ARM、FPGA(这些笔者都不在话下)得了,问题是杀鸡焉用宰牛刀,灭蚊哪用高射炮? 就简简单单的一个VFD测试,只需5个I/O口,一般的单片机完全足够。

其实不同的单片机的原理都是相通的。就像电脑一样,不同的电脑只是配置不同,不同的单片机也只是配置不同(汇编指令不一样)。只要认真掌握了任何一款单片机,再学习其他的,都可以在很短的时间内学会。作为一款经典的单片机,51系列的资料非常丰富,也比较容易掌握,因此,从51系列开始入门应该是非常明智的选择。

有人老是叫嚣:51早就过时了,还学这玩意儿,要玩起码得从ARM开始吧。没有学会初等数学,怎么能学会高等数学呢? (除非是天才)不学51,就想着学ARM、FPGA,那是一口气要上珠穆朗玛峰，多半会半途而废。另外，我们只是从 51 入门，不是只学 51，因此打好基础很重要。

1.3.2 经验分享

最后，分享笔者学习单片机的几点经验，希望能和大家共勉。

1. 正确认识单片机技术

正确地认识单片机技术，它不是高不可攀，也不是花几天就能学会的。若这门技术那么难、那么高深，那它还怎么普遍应用到实际生活中？读者一定要消除"恐惧"感、"敬畏"感。单片机是"硬件"和"软件"结合的产物，懂了硬件还需要会软件（其实当硬件确定之后，所有花样的变化都源于软件），因而好多人给单片机扣上了一顶"难学"的高帽。当然，也不是几天就能学会单片机，倘若几天就能学会单片机，那单片机技术还热门吗？企业还会为招不到高技术人才而发愁吗？另外，企业敢用只学了几天单片机的工程师吗？希望读者能像笔者一样，掌握正确的方法之后，坚持去玩单片机。

2. 熟悉软件开发工具

开发工具软件一定要熟悉。说到开发工具，因为这些工具都是应用于 PC 上的，所以先说说 PC。计算机是学习、编程、查阅资料的必备品，计算机一定要保持整洁，这样会给人带来一种清新、爽快的感觉，不要把所有的软件都装在 C 盘，如果资料随便放到某一盘中，用起来半天也找不见，之后又去网站下载一份，最后计算机直接变成一个"垃圾箱"。关于如何整理计算机，在看笔者录制的视频时，可以留意一下。同时不要让自己的计算机变成游戏机或影碟机。言归正传，若做单片机开发，连 Keil 都不会，或者搞硬件设计，连 PCB 都不会画，那别提其他的了。特定的开发中，必须掌握这些开发工具，否则无从谈开发。单片机的软件开发中，可能会用到 Keil、IAR、STC-ISP 等；电路仿真时，会用到 Proteus、Multisim、PSpice 等；PCB 的设计中，会用到 Altium Designer（或早期的 Protel）、PADS、Cadence，以及分析阻抗时的 Polar 等；开发 CPLD/FPGA 时，会用到 ISE(Xilinx)、Quartus II(Altera)、Modelsim、NIOS II 等；做 ARM、DSP 时，可能分别会用到 ADS、CCS；做上位机开发时，会用到 VS2010、LabVIEW、Lab Windows/CVI 等，除此之外，还有好多开发中需要的辅助软件，不胜数举。以上软件中，笔者除了 ADS、CCS、Cadence 不熟悉之外，别的都能熟练应用。也许掌握这些工具并不能体现设计者的能力，倘若连工具都不会，能力又从何体现呢？所以，开发工具一定要熟悉，如能达到精通的地步那就更好了。

3. 理论与实践并重

对学单片机的新手，如果按传统教科书式的学法，上来就讲一大堆指令、术语，学生学了半天还是搞不清这些指令起什么作用，也许用不了多久就会觉得枯燥乏味以至于半途而废。所以理论与实践相结合是一个很好的方法，边学习、边演练，循序渐进，这样用不了几次就能将所用到的指令理解、吃透。也就是说，当学习完几条指令后（一次数量不求多，只求懂），接下去就该做实验了。通过实验，能感受到刚才的指令所产生的控制效果，眼睛看得见（灯光），耳朵听得到（声音），更能深刻理解指令是怎样转化成信号去实现控制的。通过实验看到自己所学的成果不仅有一种成就感还能提升对单片机的兴趣。说句实话,单片机与其说是学出来的,还不如说是做实验练出来的,或者"玩"出来的,要以玩的心态来学,更何况做实验本身也是一种学习过程。

4. 购买必要的实验器材和书籍

要适当购买实验器材及书籍。单片机技术含金量高,一旦学会后,学习别的东西(如ARM、FPGA、DSP)就会事半功倍,同时带来的收益也高,无论是应聘求职还是自己创业,其前景都无限光明。因此在学习时要舍得适当投资,购买必要的学习、实验器材。另外还要经常去书店看看,购买一些适合自己学习、提高的书籍。一本好的书籍很重要,可以随时翻阅,补充不足或遗忘的知识。

5. 掌握焊接技能

如果选择了该行,那么扎实的焊接不可或缺。或许有人会问,焊接在工厂由机器进行回流焊、波峰焊,或者由工人来焊,工程师搞焊接是不是大材小用了? 对于一些小公司,如果没有自己的焊接工人,也许第一块样板的焊接任务就要落到硬件工程师的头上。为了生存,或许这是一个没有选择的选择,但凡正规一点的公司,是不会把样板交给硬件工程师来完成的。即便如此,我们还是要有扎实的焊接功底。

6. 总结经验

要做笔记和写文档。也许很多在校大学生或者刚走出校门的年轻人,认为写文档,无非就是 Google、百度一下,东拼西凑。写文档不是随便一搜。在此强烈建议大家多写写博客,把学习笔记记录到 EDNChina、ChinaAET、Elecfans、Eefocus 等知名电子网站,可以写读书笔记、学习笔记、项目笔记,或者电路的调试总结、知识归纳,也可以把自己生活与工作中的点点滴滴、经验、感悟拿出来和大家分享,这是难能可贵的。这样的文章不仅使自己受益,还能让他人受益。在这些网络大家庭里,牛人处处皆是,读者可以去看看"特权同学"、sunyzz、coyoo、"在路上的旁观者"、"汪进进"等博主的文章。写博客的文风当然可以很随意,可以尽情展示才华。笔者借鉴了"特权同学"的写作方式,图文并茂,这样既可以让大家学知识又可以让大家一饱眼福,同时给自己留下一段非常美好的回忆,何乐而不为呢?

第 2 章　欲善其事，必利其器：

软硬件平台的搭建和使用

一个人两脚使劲蹬 1 小时的自行车，最多只能跑 10km；开着宝马的人，一脚轻踩油门 1 小时轻松就能跑 100km；乘飞机的乘客，吃着美味、睡着大觉，也能飞 1000km。同样赶路，不一样的平台和载体，结果就不一样。可问题是如何找到一个好的平台？适合自己的才是最好的。从无到有，或者从无到合适，都需要一个由量变到质变的过程。通过本章的学习，读者可以掌握单片机开发的基本软件调试环境和硬件开发平台。

2.1　硬件平台——FSST15 开发板

工欲善其事，必先利其器。除了书本的理论知识之外，单片机的学习还需要实际操作的硬件平台，否则一切都是空中楼阁。除了硬件平台之外，还需软件开发工具，用于软件开发的有 Keil、IAR、ST Visual Develop 等，用于下载的有 STC-ISP、ST Visual Programmer 等，但有些开发软件自带了下载功能。由于本书以 STC 的 IAP15W4K58S4 为核心处理器，因此这里主要介绍用于 STC 单片机开发的 Keil μVision5 和用于下载的 STC-ISP。关于 PCB 的绘制软件，本书后面有一章会详细讲解。另外，读者最好能学习上位机编程软件(详见《深入浅出玩转 51 单片机》一书)，这样单片机基本的开发工具就具有了。

本书所有实例是基于 FSST15(飞天三号)开发板的，该开发板由笔者历时半年时间亲自研发，无论是从原理图的设计、元件的选型、模块的配置、PCB 的绘制都是精心筛选、策划的，让每个读者"玩"起来感觉舒心、快捷、方便、全面。配套资料齐全，代码编程风格规范，实例生动，可移植性高，最可贵的是，笔者亲自回答读者学习过程中遇到的所有问题。

2.1.1　FSST15 开发板功能框图

FSST15 开发板功能框图如图 2-1 所示，开发板以 IAP15W4K58S4 为核心芯片，周围配备丰富的外围设备。一板在手，学习无忧。

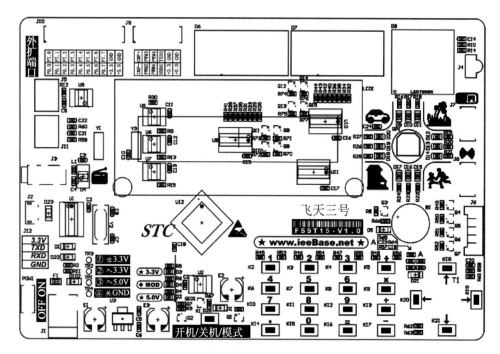

图 2-1　FSST15 开发板资源分布图

2.1.2　FSST15 开发板基本配置

FSST15 开发板的基本配置如下。

（1）主芯片是 STC 公司的 IAP15W4K58S4,芯片特性见第 1 章。

（2）特殊端口和两组 I/O 口全部用优质的排针引出,方便扩展。

（3）集成了 STC 官方推荐的 USB 转串口 IC(CH340G),实现一键下载、调试、供电,还可与上位机通信。

（4）集成了 STC 的另外一个单片机——STC15W104,配合外围器件,便可实现一键自动(不需要冷启动)下载程序。

（5）具有一个电源开关、一个电源指示灯,电源也用排针引出,方便扩展。

（6）具有一键开关键、模式设置等功能。

（7）搭载一块 5V 转 3.3V 芯片,便可为板子提供稳定的电源。

（8）具有 12 个 LED,三种颜色,并且排布为交通灯形式,不仅可实现流水灯、跑马灯等实验,还可用于交通灯实验。

（9）具有 8 位共阴极数码,由 STC 官方推荐的 74HC595 和三极管(扩流)驱动,便可做静、动态数码管实验。

（10）具有 LED 点阵(8×8),可实现图形的基本显示和移动算法。

（11）具有一个 1602 液晶,可以做液晶实验。

（12）具有电机驱动接口一个，可以做步进电机、直流电机实验。

（13）附带万能红外接收头，配合遥控器做红外编、解码实验。

（14）16 个按键组成了矩阵按键，可学习独立按键、矩阵按键的使用。

（15）具有 4 个独立按键，借助 STC 单片机强大的 A/D 转换功能实现人机操作。

（16）具有一个触摸按键，借助 STC 单片机强大的 A/D 和 PWM 功能实现。

（17）具有一个电位器，可做 A/D 转换实验。

（18）具有双节滤波电路，可用 PWM 功能实现 D/A 实验。

（19）具有 E²PROM 芯片 AT24C02，可学习 I2C 通信实验。

（20）具有时钟芯片 PCF8563，可以做时钟实验，该芯片还可以输出可编程的 PWM 波形。

（21）具有温度传感器芯片 LM75A，配合数码管做温度采集、显示实验，结合上位机还可做更多实验。

（22）集成一块 RDA5807M 收音机芯片，可直接将开发板做成收音机。

（23）集成一块 SP3485 芯片，可实现 RS485 通信实验。

（24）搭载一个 WIFI 模块接口，配合 WIFI 模块可以实现物联网控制实验。

（25）搭载一个 2.4G 无线接口，配合无线模块，可实现无线通信实验。

（26）可结合外围器件做 RTX51 Ting 操作系统实验，为以后学习 μCOS、Linux、WinCE 等操作系统奠定基础。

2.2　开发环境——Keil μVision5

本书中的所有开发实例全是基于 Keil μVision5 的，因此以 Keil μVision5 为例来讲解。Keil 公司是业界领先的微控制器（MCU）软件开发工具的一家独立供应商。Keil 公司由两家私企联合运营，两家私企分别是德国慕尼黑的 Keil Elektronik GmbH 和美国得克萨斯的 Keil Software 公司。Keil 公司所制造和销售的开发工具种类比较多，包括 ANSI C 编译器、宏汇编程序、调试器、连接器、库管理器、固件和实时操作系统内核（real-time kernel）。有超过 10 万名微控制器开发人员在使用这种得到业界认可的解决方案。其 Keil C51 编译器自 1988 年引入市场以来成为市面上的行业标准，并支持超过 500 种 8051 变种。Keil 公司 2005 年由 ARM 公司收购。其两家公司分别更名为 ARM Germany GmbH 和 ARM 公司。Keil μVision5（以下简称 Keil5）是 2013 年 10 月由 ARM 公司发布的，它引入了灵活的窗口管理系统，使开发人员能够使用多台显示器，并提供了视觉上的界面，其位置完全可控。新的用户界面可以更好地利用屏幕空间和更有效地组织多个窗口，提供一个整洁、高效的环境来开发应用程序。新版本支持更多最新的 ARM 芯片，还添加了一些其他新功能。

要学习单片机，Keil5 必须能熟练操作。熟练不是一个选项一个对话框地去查牛津词典，死背每个选项的意思，而是在实践开发中用到什么，再去查什么，查得多了，用得多了，自然就熟悉了。万物之规律——二八定理，什么意思呢？例如，社会上 20% 的人掌握着 80% 的财富。同样，对于 Keil5 软件，只需用 20% 的操作就可以实现 80% 的功能了。因此，大家只需按本书中的操作实例,一步一步操作一遍,肯定就会掌握 Keil5 软件。

2.2.1　Keil μVision5 的安装

要使用 Keil5,首先要在 PC 上安装该软件。接下来简述 Keil5 的安装过程。在此之前,建议读者先在某一个盘下新建一个文件,命名为 Keil5(例如,D: Keil5),这样便于软件的管理和以后系统文件的查找。

1. 安装软件

打开随书(或开发板)附带的光盘,找到 Keil5 文件夹并打开。接着,双击 mdk_513 应用程序。之后,单击 Next 按钮,则会弹出一个 License Agreement 对话框。此时,勾选 I agree to …复选框并单击 Next 按钮。接着是一个让读者选择安装路径的对话框,单击 Browse 按钮选择刚刚新建的文件夹(D: Keil5)。之后需要读者填写一些个人信息,这里 4 个框可随便填(例如,ss,bc),再单击 Next 按钮。接着就是一个正在安装的界面,稍等片刻,软件就会安装完毕。最后单击 Finish 按钮,这样软件就安装完毕了。之后就可踏上编程之旅了。

2. 安装软件库

Keil5 不同于以前的几个版本(Keil4、Keil3、Keil2),安装完软件之后还需要安装库,这样才能够进行后续的操作。需要注意的是,由于笔者不仅用 STC 单片机开发工程,同时还会根据需求,选择一些 ARM 核的处理器来开发项目,因此笔者安装的是 MDK(Microcontroller Development Kit)版本的软件。至于如何安装 ARM 核处理器的开发环境,读者可自行查阅资料。当安装完软件之后,Keil5 会自动弹出 Pack Installer 对话框,如图 2-2 所示。

图 2-2　Pack Installer 对话框

进行到该步读者可以直接关闭,因为这个安装包主要包括三星、意法半导体等的一些高端处理器,而未包含 STC 公司的单片机。至于如何安装 STC 公司的单片机,其实很简单,为了解决此问题,STC 公司在自己的 STC-ISP 软件中加入了安装库的功能,读者只须进行简单的操作,就可以添加 STC 单片机到 Keil5 中。

　　打开 STC-ISP 软件，选择"Keil 仿真设置"选项卡，如图 2-3 所示，接着单击"添加型号和头文件到 Keil 中，添加 STC 仿真器驱动到 Keil 中"按钮，此时会弹出如图 2-4 所示的"浏览文件夹"对话框，在此对话框中，必须定位到安装目录（图 2-4 中为笔者的安装目录，读者自行设置）即可。

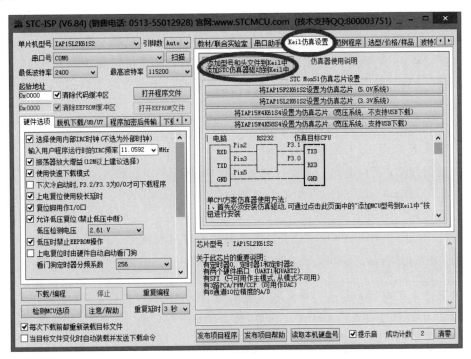

图 2-3　添加 STC 库到 Keil5 中

图 2-4　Keil5 路径选择对话框

3．购买软件

Keil5 软件网络上流行着破解版，但是出于对知识产权和此软件辛勤劳作人员的尊重与支持，笔者建议有经济实力的公司和个人最好购买正版软件，可联系深圳米尔科技公司等购买。这样，Keil5 犹如世外桃源，只待读者去欣赏花香鸟语、万物复苏的美景了。

4．KeilMDK 和 KeilC51 的兼容性设置

有些读者可能和笔者一样，会面临同时开发 ARM 核和 STC 单片机的双重任务。可开发 ARM 核这样的 Keil5 软件名称为"MDK"，而开发 STC 单片机需要"Keil C51"，因此需要相关的设置，才能将两个软件完美整合，而不是在一台 PC 上安装两个 Keil5 软件。具体的整合步骤如下。

（1）安装 KeilC51，安装目录 D:\KeilC51\。

（2）安装 KeilMDK，安装目录 D:\KeilMDK\。

（3）把 D:\KeilC51\下的 C51 文件夹复制到 D:\KeilMDK\下。

（4）把 D:\KeilC51\下的 UV4 文件夹复制到 D:\KeilMDK\下，提示有同名文件时不要覆盖。

（5）把 D:\KeilC51\TOOLS. INI 文件里面的内容复制到 D:\KeilMDK\TOOLS. INI 文件后面，并且把所有的"KeilC51"替换为"KeilMDK"。

注意：若文件中没有"KeilC51"，那么不用替换为"KeilMDK"，直接复制、粘贴。这样一个 KeilMDK 就可以兼容 C51 了。最后，关于"KeilMDK"和"KeilC51"的区别，请读者自行查阅了解，这里不再赘述。

2.2.2　Keil μVision5 中的工程创建过程

说明一点，在讲述 Keil5 中的工程创建过程之前，先在 E 盘（根据个人习惯，路径当然可以自由设置）下新建一个文件夹，以便存放工程，文件命名为"我的第一个工程"。特别提醒，这么命名是为了便于新手理解，但笔者强烈建议以后不要用中文来命名，因为一些软件是不支持中文的，例如开发 FPGA 的 Quartus Ⅱ等。所以从开始就应养成良好的习惯，避免以后开发中遇到这样、那样的问题。对于单片机，无论程序的大小，都需要一个完整的工程来支持，即使点亮一个小小的 LED 也需要建立一个完整的工程。接下来讲解 Keil5 中的工程创建过程，创建过程大致分为下面几个步骤。

（1）双击桌面的 ■ 图标，打开 Keil5 软件。等 Keil5 软件完全启动后，在主界面的菜单栏中，选择 Project→New μVision Project 命令，操作界面如图 2-5 所示。

（2）选择工程的保存路径，笔者就选择 E 盘下的"我的第一个工程"文件夹，这样便于以后工程的管理。接着，在文件名（实质上就是工程的名字）处输入文件名："我的第一个工程"，如图 2-6 所示，文件扩展名默认为. uvproj，然后单击"保存"按钮。

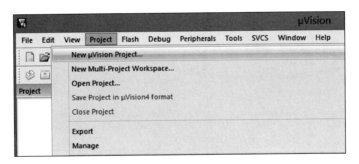

图 2-5　新建工程

图 2-6　保存工程

（3）此时弹出如图 2-7 所示的对话框，要求用户选择单片机型号。FSST15 开发板搭载的是 IAP15W4K58S4，由于前面已经添加了 STC MCU 的库，因此这里先选择 STC MCU Database，之后选择 STC15W4K32S4（如图 2-7 所示）。这里需要注意的是，IAP15W4K58S4 隶属于 STC15W4K32S4 系列，因此直接选择 STC15W4K32S4 即可，之后单击 OK 按钮。

（4）接着弹出如图 2-8 所示的 μVision 对话框，这里选择"否"（也可以选择"是"）（按钮），启动代码（STARTUP. A51）就是处理器最先运行的一段代码，其主要任务是初始化处理器模式、设置堆栈、初始化寄存器等，因为以上操作均与处理器体系结构和系统配置密切相关，所以它一般由汇编语言来编写。对于单片机开发，是否添加启动代码都一样。若读者对启动代码感兴趣，可自行查阅相关资料，这里就不做过多说明。

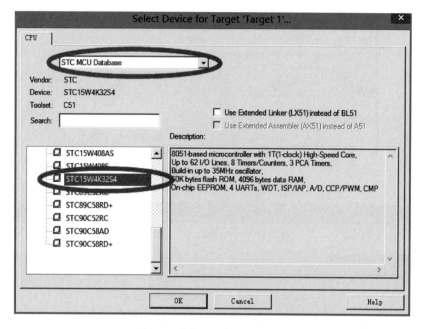

图 2-7　选择 STC15W4K32S4

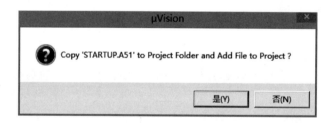

图 2-8　μVision 选框

　　此时 Keil5 中只是一个半成品的工程。为何这么说呢？因为它只有虚荣的框架，没有完美的内涵。接下来开始新建文件，并将文件添加到工程中，为 Keil5 增砖添瓦。

　　(5) 在 Keil5 软件的主界面中，在菜单栏中选择 File→New 命令(或者直接按 Ctrl＋N 快捷键)，如图 2-9 所示。

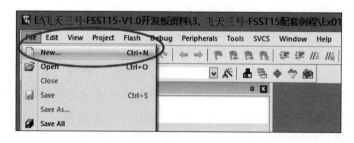

图 2-9　新建文件

（6）此时 Keil5 的编辑界面处会有一个名为"text1"的文本文件，但与刚建立的工程还是没有一点点关系。接着选择 File→Save 命令（或按 Ctrl＋S 快捷键）保存文件，此时弹出如图 2-10 所示的 Save As 对话框，Keil5 已经默认选择了工程所在的文件夹路径，所以只须输入正确的文件名，文件名可自由设置，最好是英文的，扩展名是"．c"（一定要是英文状态下的．c）。

注意：如果使用 C 语言编写程序，则扩展名必须是．c；如果用汇编语言编写程序，则扩展名必须是．asm；头文件则均为．h。这里文件名可以与工程名相同，也可以不同，然后单击"保存"按钮。

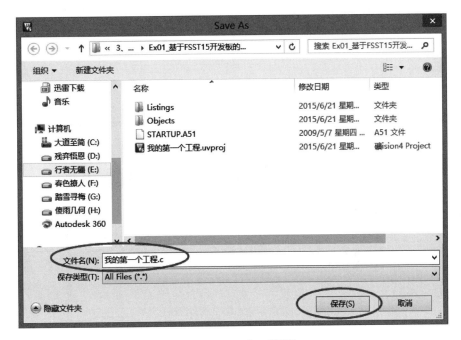

图 2-10　Save As 对话框

（7）回到编辑界面，单击 Project 窗格中 Target 1 前的"＋"号，选中 Source Group 1 并右击，从弹出的上下文菜单中选择 Add Existing Files to Group 'Source Group 1'，命令（如图 2-11 所示）。接着弹出一个对话框，选中上面所保存的文件（即"我的第一个工程.c"），如图 2-12 所示，之后单击 Add 按钮添加文件，最后单击 Close 按钮关闭此对话框。

添加文件之后的工程编辑界面如图 2-13 所示。注意，这时在 Source Group 1 文件夹下多了一个"我的第一个工程.c"的文件（这个就是前面所保存并添加的 c 文件），这时源文件与工程就关联起来了，也即工程创建完毕了。

（8）编写代码，这里只复制、粘贴实例 1 的源代码，暂时不需理会代码的具体含义。输入代码之后的软件编辑界面如图 2-14 所示。

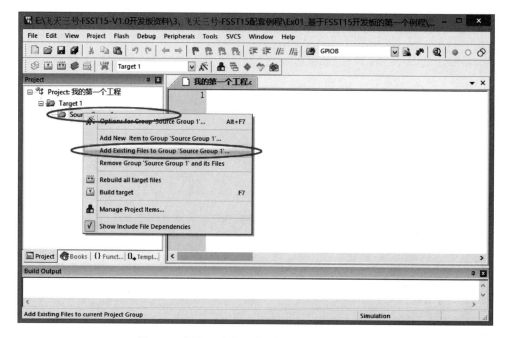

图 2-11　添加现有的文件到 Source Group 1 中

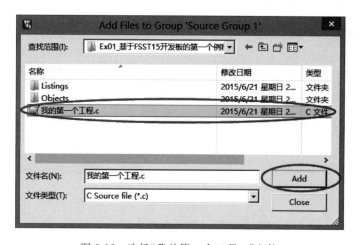

图 2-12　选择"我的第一个工程.c"文件

相信通过以上 8 个步骤,读者对 Keil5 的工程创建过程应该不陌生了。接着介绍 Keil5 的几个常用按钮和一些选项的设置。关于 Keil5 软件的高级应用,请参见 4.4 节,其中有更详细、更全面的应用讲解。

对于新手或者英语不好的读者,可能一看到软件有这么多按钮,并且都是英文的,就会感觉无从下手。不要怕,这些都是纸老虎。前面提到,对于软件,20% 的操作就可以实现 80% 的功能。接下来介绍几个常用图标和编译选项。常用图标和编译选项如图 2-15 所示,其中,1~8 对应的是工具栏中的图标,9、10、11 对应的是编译选项。

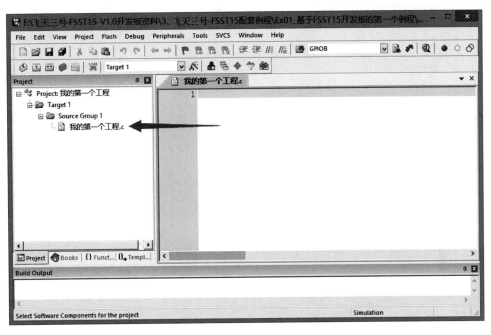

图 2-13　添加文件到工程中之后的编辑界面

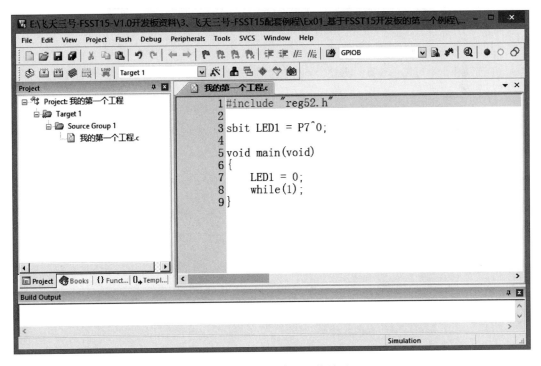

图 2-14　输入程序之后的界面

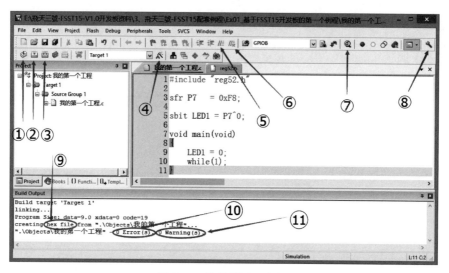

图 2-15　常见"按钮"介绍

图标 1 用于编译当前操作的文件。

图标 2 表示只编译修改过的文件,并生成用于下载到单片机中的 hex 文件。

图标 3 用于编译工程中所有的文件,并生成用于下载到单片机中的 hex 文件。图标 2、3 现阶段没什么区别,等到以后编写大型代码时,才能体会到两者的不同。

图标 4 用于打开 Options for Target 对话框,打开的对话框如图 2-16 所示,并在 Xtal 框中填 11.0592,这里选择"11.0592"由下载程序时 STC-ISP 软件的设定决定。接着选择 Output 选项卡,并勾选 Create HEX File 复选框,如图 2-18 所示,其他设置暂时不予理睬。

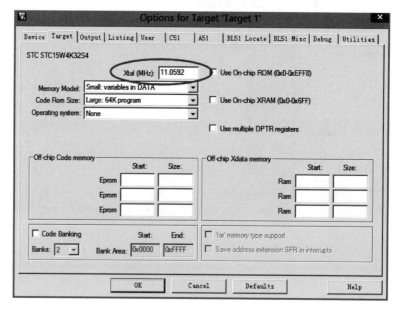

图 2-16　设置晶振

注意：图 2-17 所示界面中的"选择使用内部 IRC 时钟"复选框必须勾选,因为 FSST15 开发板上未搭载外部晶振。

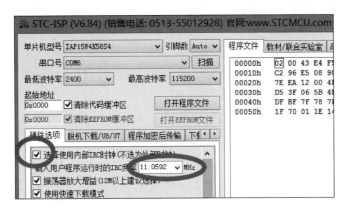

图 2-17 设置 STC-ISP 的时钟晶振

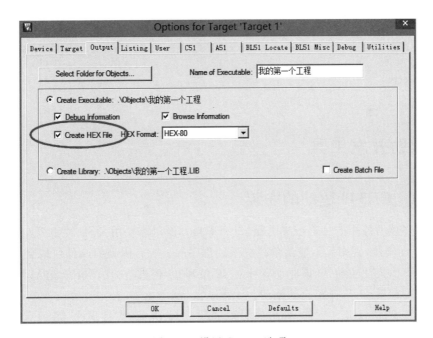

图 2-18 设置 Output 选项

图标 5 表示注释选中行。先选中要注释的代码,之后单击此按钮,就可以加入注释了。

图标 6 用于删除选中行的注释。

图标 7 表示软件进入仿真,具体操作后面章节有详细介绍。

图标 8 表示进入 Configuration 对话框,该对话框主要用来设置字体的大小、颜色,Tab

键的缩进等,具体内容读者可以自己摸索、研究。

选项 9 表示已经生成了可以下载到单片机中运行的 HEX 文件。

选项 10 表示所编写的程序没有错误。

选项 11 表示编写的代码连警告都没有。编译程序时,警告是可以有的,但一定要做到胸有成竹,看该警告是否可以忽略。

若掌握了本节的内容,则可以说读者已经掌握 Keil5 软件。接下来,就万事俱备,只欠"编程"了。对于 Keil5 软件,笔者先介绍这么多,到后面学习模块化编程时,笔者还要详细、深入地讲解,那时就可领略 Keil5 的强大了。

2.3　我的第一个程序——点亮 LED

下面是笔者在本书中给出的第一个程序,用于点亮 LED。

```
#include "reg52.h"
sfr    P7   = 0xF8;
sbit   LED1 = P7^0;
void main(void)
{
    LED1 = 0;
    while(1);
}
```

2.4　辅助开发工具

2.4.1　CH340 驱动的安装

因为好多读者使用的是笔记本电脑(没有串口),所以需要用 USB 转串口。这里先讲述 CH341 的驱动安装,否则是不能给单片机下载程序的。所有用到的软件可以到随书所提供的链接下载。需要注意的是,该驱动有针对 32 位和 64 位机器的版本,安装时请先查看自己所用计算机的配置,再选择相应的驱动。

双击打开 CH341SER 软件,弹出的界面如图 2-19 所示,直接单击 INSTALL 按钮,这样软件就会自动安装驱动。稍后弹出一个完成提示对话框,单击"确定"按钮,表示驱动安装完成。

接着用随开发板附带的 USB 线,连接单片机和计算机。之后右击"我的电脑",选择"属性",再单击"设备管理器",最后单击"端口(COM 和 LPT)"前的"▷"号,此时界面如图 2-20 所示,表明驱动安装完成,且为读者虚拟了一个 COM 口(COM6)。当然,可以修改为别的 COM 口,限于篇幅原因,这里就不再赘述。

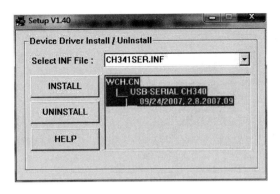

图 2-19　USB 转串口驱动安装界面

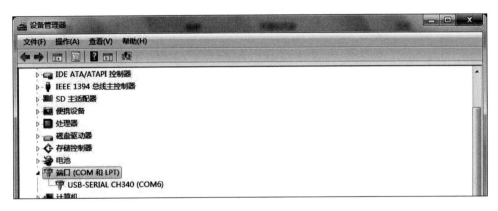

图 2-20　驱动安装完成之后的"设备管理器"界面

2.4.2　单片机编程软件——STC-ISP

关于 STC-ISP 软件，STC 官方更新得比较快，现已经更新到 V6.85H。等读者看到本书的时候，不知更新到多少版本了，这个读者只能自行体验。为何更新这么快？主要是为了支持后面研发的新产品。这里以 V6.85 为例来讲解，因为笔者一直比较赶时髦。例如，别人用 Keil2 的时候，笔者在用 Keil3，等到别人用 Keil3 的时候，笔者又开始用 Keil4 了，现在大家都用 Keil4，笔者早已用 Keil5 了。当然，不是版本越高，软件就越好，但笔者总觉得版本越高越智能、越人性化。

双击桌面的![icon]图标打开 STC-ISP 软件，弹出的界面如图 2-21 所示。

STC-ISP 的操作只需上面这 5 步。接下来，简单介绍这 5 个步骤。

（1）选择所用的单片机型号，FSST15 开发板用的是 IAP15W4K58S4，所以这里选择 IAP15W4K58S4。

（2）选择 COM 口，其实这里一般不需要选择，软件会自动选择。所要选择的端口号就是前面安装了 USB 转串口驱动之后虚拟的 COM 口（如 COM6）。

（3）选择由 Keil5 生成的 HEX 文件（就是将这个文件下载到单片机中运行的）。

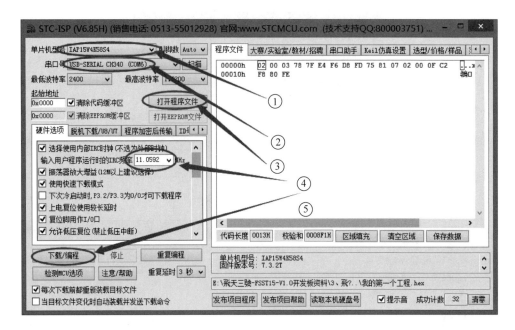

图 2-21　STC-ISP 软件的界面

　　（4）选择程序的运行频率，这里选择"11.0592"即可，当然，可以选择其他频率。

　　（5）单击"下载/编程"按钮，此时程序就会自动下载到单片机中，在软件界面右下方提示框中会显示一串下载信息（可以不予理会），下载完成后会显示"操作完成！"，这表明 HEX 文件已经下载到单片机中了。

　　这里需要注意的是，由于开发板的质量、性能不同，有的开发板可能不支持"115200"这么高的波特率，这时读者可将软件的最高波特率设置得低一点，例如"9600"，FSST15 开发板经得起考验，115200 肯定不会有问题。另外，别的开发板不具有自动下载功能（该功能的详细介绍参见后面章节），所以需要以冷启动方式为单片机下载程序，具体操作过程读者可参考《深入浅出玩转 51 单片机》一书。

　　STC-ISP 软件先讲述这么多，该软件还具有串口调试助手、波特率计算器、定时器、计算器、软件延时、项目发布等功能，这些就留给读者慢慢研究，这里不再赘述。

　　单片机的开发中，还可能会用到诸如单片机小精灵、数码管取模软件、LCD 取模软件、LED 点阵取模软件、串口调试助手等小软件，由于篇幅原因，笔者就不一一介绍了。等到用的时候，再讲解，或者读者自己可以摸索一下，这些软件其实都不难操作。

2.5　课后学习

　　1. 按照书中所述，自行建立工程，将实例 1 编程并生成的 HEX 文件下载到单片机中，并且观察实验现象是否正确（提示：观察 FSST15 开发板右上角的 D_9 LED 小灯发光情况）。

第二部分
初　级　篇

第 3 章　端倪初现，小试牛刀：基本元器件与 LED

第 4 章　排兵布阵，步步扣杀：模块化编程

第 5 章　点段融合，一气呵成：C 语言的编程规范与数码管的应用

第 6 章　审时度势，伺机而动：C 语言的数据类型与定时器的应用

第 7 章　当断不断，反受其乱：C 语言的条件判断语句与中断系统

第 8 章　举一反三，一呼百应：C 语言的循环语句与串口的应用

第 9 章　稳扎稳打，步步为营：C 语言的数组、字符串与按键的应用

第 10 章　包罗万象，森然洞天：C 语言的函数与液晶的基本应用

第 11 章　沙场点兵，见风使舵：C 语言的指针与 LED 点阵屏的应用

第 3 章

端倪初现，小试牛刀：

基本元器件与 LED

不积跬步，无以至千里；不积小流，无以成江海。关于单片机，不仅要学习其自身的知识点，还需要掌握一些外围电路，这些外围电路就是由一个个小小的部件组成的。这样，单片机与这些外围电路的连接桥梁——I/O 口，就显得尤为重要，所以掌握单片机 I/O 口的操作和检测，既是基础又是重点。

3.1　电阻的应用概述

导电体对电流的阻碍作用称为电阻，用符号 R 表示，单位为欧、千欧、兆欧，分别用 Ω、$k\Omega$、$M\Omega$ 表示。电阻实物图如图 3-1 所示。

图 3-1　电阻实物图

3.1.1　初识电阻

电阻是电路中最基本的元器件。这里以一个很"重要"的电路来引出电阻的应用，电路如图 3-2 所示。

图 3-2　LED 小灯原理图

图 3-2 中的 $R101$ 就是一个 $1k\Omega$ 的电阻了。

问题 1：这里的电阻有何作用？

答：起限流作用,就是限制电流别太大,否则 D100 必将被烧坏。

问题 2：为何 R101 的阻值为 1kΩ?

答：且读且找答案。

3.1.2　电流与电阻的关系

看到标题,读者可能会想到欧姆定律。但这里介绍的不是欧姆定律,而是一些新知识点。讲述上拉、下拉电阻之前,先解释两个与电流有关的概念,它们分别是：拉电流、灌电流。

1. 拉电流与灌电流

拉电流和灌电流是衡量电路输出驱动能力的参数,这种说法一般用在数字电路中。特别注意,因为拉、灌都是对输出端而言的,所以拉电流和灌电流衡量的是输出的驱动能力。

这里首先要说明,芯片手册中的拉电流、灌电流是一个参数值,是芯片在实际电路中允许输出端拉电流、灌电流的上限值(所允许的最大值)。而下面要讲的这个概念是电路中的实际值。

由于数字电路的输出只有高、低(0、1)两种电平值,因此,高电平输出时,一般是输出端对负载提供电流,其提供电流的数值称为"拉电流";低电平输出时,一般是输出端要吸收负载的电流,其吸收电流的数值称为"灌(入)电流"。

对于输入电流的器件,灌入电流和吸收电流都是输入的,灌入电流是被动的,吸收电流是主动的。如果外部电流通过芯片引脚向芯片内"流入"就称为灌电流(被灌入);如果内部电流通过芯片引脚从芯片内"流出"就称为拉电流(被拉出)。

2. 驱动能力的衡量

当逻辑门输出端是低电平时,灌入逻辑门的电流称为灌电流,灌电流越大,输出端的低电平就越高。由三极管输出特性曲线也可以看出,灌电流越大,饱和压降越大,低电平越高。然而,逻辑门的低电平是有一定限制的,它有一个最大值 U_{OLMAX}。在逻辑门工作时,不允许超过这个数值,TTL 逻辑门的规范规定 $U_{OLMAX} \leqslant 0.4 \sim 0.5V$(STC15 的 U_{OLMAX} 为 0.7V)。所以,灌电流有一个上限。

当逻辑门输出端是高电平时,逻辑门输出端的电流是从逻辑门中流出,这个电流称为拉电流。拉电流越大,输出端的高电平就越低。这是因为输出级三极管是有内阻的,内阻上的电压降会使输出电压下降。拉电流越大,输出端的高电平越低。然而,逻辑门的高电平是有一定限制的,它有一个最小值 U_{OHMIN}。在逻辑门工作时,不允许超过这个数值,TTL 逻辑门的规范规定 $U_{OHMIN} \geqslant 2.4V$(STC15 的 U_{OLMAX} 为 1.8V)。所以,拉电流也有一个上限。

可见,输出端的拉电流和灌电流都有一个上限,否则,高电平输出时,拉电流会使输出电平低于 U_{OHMIN};低电平输出时,灌电流会使输出电平高于 U_{OLMAX}。所以,拉电流与灌电流反映了输出驱动能力(芯片的拉电流、灌电流参数值越大,意味着该芯片可以接更多的负载,因为灌电流是负载给的,负载越多,被灌入的电流就越大)。

因为高电平输入电流很小,在微安级,一般可以不必考虑,低电平输入电流较大,在毫安级,所以,只要低电平的灌电流不超标就不会有问题。用扇出系数来说明逻辑门驱动同类门的能力,扇出系数 N_o 是低电平最大输出电流和低电平最大输入电流的比值。

在集成电路中,吸电流输入、拉电流输出和灌电流输出是很重要的概念。拉即泄,主动输出电流,是从输出端输出电流;灌即充,被动输入电流,是从输出端流入电流;吸则是主动吸入电流,是从输入端流入电流。

吸电流和灌电流就是从芯片外电路通过引脚流入芯片内的电流。区别在于吸电流是主动的,从芯片输入端流入的电流叫吸电流;灌电流是被动的,从输出端流入的电流叫灌电流。而拉电流是数字电路输出的高电平给负载提供的输出电流,它们实际就是输出、输入电流的能力。

吸电流是对输入端(从输入端吸入)而言的;而拉电流(从输出端流出)和灌电流(从输出端被灌入)是相对输出端而言的。

3. 上拉电阻与下拉电阻

上拉电阻就是把不确定的信号通过一个电阻嵌位在高电平,此电阻还起到限流的作用;同理,下拉电阻是把不确定的信号嵌位在低电平。上拉电阻是针对器件的输入电流(也即灌电流),而下拉电阻针对的是输出电流(也即拉电流)。

1) 上拉、下拉电阻的作用

(1) 上拉电阻就是将不确定的信号通过一个电阻嵌位在高电平,以此来给芯片引脚一个确定的电平,以免使芯片引脚悬空发生逻辑错乱。

(2) 可以加大输出引脚的驱动能力下拉同理。

2) 上拉、下拉电阻的应用总结

(1) 当 TTL 电路驱动 CMOS 电路时,如果 TTL 电路输出的高电平低于 CMOS 电路的最低高电平(一般为 3.5V),就需要在 TTL 的输出端接上拉电阻,以提高输出端高电平的值。

(2) OC 门电路必须加上拉电阻,以提高输出的高电平值。

(3) 为加大输出引脚的驱动能力,有的单片机引脚上也常使用上拉电阻。

(4) 在 CMOS 芯片上,为了防止静电造成损坏,不用的引脚不能悬空,一般接上拉电阻以降低输入阻抗,提供泄荷通路。

(5) 芯片的引脚加上拉电阻可提高输出电平,从而提高芯片输入信号的噪声容限,以增强抗干扰能力。

(6) 提高总线的抗电磁干扰能力。引脚悬空就比较容易受外界的电磁干扰。

(7) 长线传输中电阻不匹配容易引起反射波干扰,加上下拉电阻是为了电阻匹配,从而有效抑制反射波干扰。

3) 上拉、下拉电阻的选取原则

(1) 从节约功耗及芯片的灌电流能力考虑,上拉电阻应当足够大;电阻大,电流小。

(2) 从确保足够的驱动电流考虑,上拉电阻应当足够小;电阻小,电流大。

(3) 对于高速电路,过大的上拉电阻可能会使边沿变平缓。

综上,上拉电阻通常在 $1\sim10\text{k}\Omega$ 之间选取,笔者一般选用 $4.7\text{k}\Omega$ 或 $10\text{k}\Omega$,下拉电阻同理。

3.2 电容的应用概述

电容是电子设备中大量使用的电子元件之一,广泛应用于隔直、耦合、旁路、滤波、调谐回路、能量转换、控制电路等方面。电容用 C 表示,电容的基本单位是法拉(F),除此之外,还有微法(μF)、纳法(nF)、皮法(pF),$1\text{F} = 10^6\,\mu\text{F} = 10^9\,\text{nF} = 10^{12}\,\text{pF}$。

3.2.1 初识电容

电容种类繁多,这里随便给出几种,供大家欣赏,实物图如图 3-3 所示。

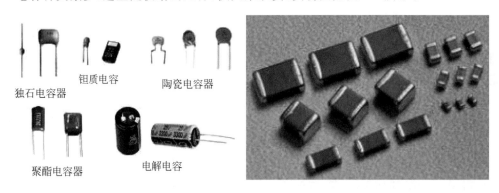

钽质电容

陶瓷电容器

独石电容器

聚酯电容器

电解电容

图 3-3 电容实物图

3.2.2 电容的用途

电容种类繁多,应用甚广。笔者就以几个实例抛出问题,再举例着重讲述电解电容和瓷片电容在电路中的储能、滤波和去耦等功能。

(1) 使用吸尘器时收音机会出现"啪啦、啪啦"的杂音,原因是吸尘器的电动机产生的微弱(低强度高频)电压/电流变化通过电源线传入收音机,以杂音的形式出现,这种干扰称为"传导干扰"。

(2) 当摩托车从附近道路通过时,电视机会出现雪花状干扰。这是因为摩托车点火装置的脉冲电流产生了电磁波,传到空间中,再传给附近的电视天线、电路,这种干扰称为"辐射干扰"。

(3) 冬天的时候,特别是在北方比较干燥的城市,晚上睡觉脱衣服时,经常会看到衣服有"火花",实际上,这是"静电放电"现象,称为 ESD。如果此时你用手触摸一些电子元器件,说不定会击毁这些元器件,因为电压有 $3\sim5\text{kV}$ 之高。电压虽高,但电量很少,所以对人体危害不大。

(4) 开空调时,室内的荧光灯会出现瞬时变暗的现象,这是因为大量电流流向空调,电压急速下降,利用同一电源的荧光灯受到影响,这种电压骤降的现象称为"浪涌"(surge)。

为了研究、解决以上这些问题,后来发展起来了一门学科 EMC。若想更深入了解,读者可以研读郑军奇的《EMC 电磁兼容设计与测试案例分析》,有些例子相当经典。这里顺便扩展几个概念,希望读者能够了解。

(1) 去耦。当元器件高速开关时,把射频能量从高频元器件的电源端泄放到电源分配网络。去耦电容也为器件和元件提供一个局部的直流源,这对减小电流在板上传播时的浪涌尖峰很有作用。

(2) 旁路。把不必要的共模 RF 能量从元器件或线缆中泄放掉。它实质上产生一个交流支路来把不需要的能量从易受影响的区域泄放掉。另外,它还提供滤波功能(带宽限制),有时笼统地称为滤波。

(3) 储能。当所用的信号引脚在最大容量的负载下同时开关时,用来保持提供给元器件恒定的直流电压和电流。它还能阻止由于元器件 di/dt 电流浪涌而引起的电源跌落。如果说去耦属于高频范畴,那么储能可以理解为低频范畴。

旁路电容和去耦电容的选择,并非取决于电容值大小,而取决于电容的自谐振频率,并与所需旁路式去耦的频率相匹配。在自谐振频率以下电容表现为容性,在自谐振频率以上电容变为感性,这将会减小 RF 去耦功能。常用的两种瓷片电容的自谐振频率如表 3-1 所示。

表 3-1　两种瓷片电容的自谐振频率

电　容　值	插件电容自谐振频率	表贴电容自谐振频率
$1.0\mu F$	2.6MHz	5MHz
$0.1\mu F$	8.2MHz	16MHz
$0.01\mu F$	26MHz	50MHz
1000pF	82MHz	159MHz
500pF	116MHz	225MHz
100pF	260MHz	503MHz
10pF	821MHz	1.6GHz

综上可得,使用去耦电容最重要的一点就是电容的引线电感。表贴电容比插件电容在高频时有更好的效能,就是因为它的引线电感很低。

若有些电路的滤波效果不好,可以采用并联电容的方式来增加滤波效果,但不是随意增加并联的个数或随意放置几个电容,这样只会浪费材料。一般原则是并联的电容必须有不同的数量级(例如 $0.1\mu F$ 和 1nF),这个数量级最好是相差 100 倍。

(4) 滤波。滤波是将信号中特定波段频率滤除的操作,是抑制和防止干扰的一项重要措施,通俗点讲,就是将想要的留下,不想要的统统过滤掉。

3.2.3　实例解说储能和滤波

这个例子就是飞天一号(MGMC-V1.0)开发板上的 USB 转串口电路(CH340T),电路如图 3-4 所示。

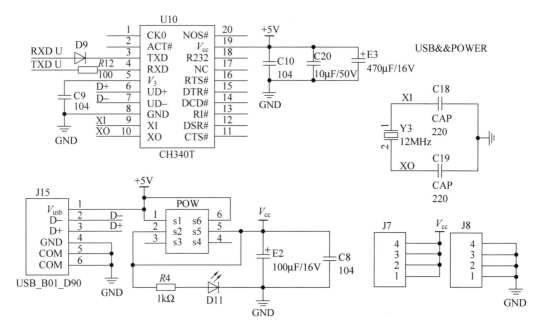

图 3-4　USB 下载和外扩电源接口电路图

笔者毫不隐讳地告诉大家,在调试这个电路时真是花了不少时间。接下来简述上述电路的调试心得。

问题一:单片机 P3.0 引脚一直为高电平,单片机根本拉不低,导致电路开关作用不大。

解决方法:实际测试发现该引脚一直为高电平,就是去掉了单片机芯片也为高电平,这说明问题肯定在 U10 身上,最后一查看数据手册,确实默认为高电平,所以反接了一个 D9 (1N4148),不知读者还能否记得二极管的单向导电特性,最后问题顺利得到解决。

问题二:在关闭电源的情况下,电源指示灯 D11 会微微发亮。

解决办法:结合数据手册和测试发现,U10 的 4 引脚上有 2V 多的电压,所以它的指示灯才会发亮,因而在 4 引脚上串联了一个 100Ω 的电阻,用于限流、分压。

问题三:COM 口要么直接发现不了,要么发现之后一开电源就不见了。

原因分析,笔者在一开始设计电路时,根本没有 C10、C20、E3 这三个电容,不加这 3 个电容,当然不是为了节省成本,而是太想当然了。后来拿示波器测试后发现,板子上电的这一瞬间,"+5V"这个端子的电压变化如图 3-5 所示,接着再查看 CH340T 的数据手册,其中电源 V_{cc} 的要求如图 3-6 所示。

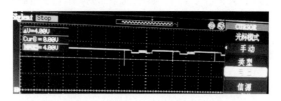

图 3-5　未接电容时 CH340T 电源端子电压的变化图

名称	参数说明		最小值	典型值	最大值	单位
V_{cc}	电源电压	$V3$引脚不连V_{cc}引脚	4.5	5	5.3	V
		$V3$引脚连接V_{cc}引脚	3.3	3.3	3.8	

图 3-6　CH340 的 V_{cc} 要求规格

依图 3-5 可知,在开发板上电的瞬间,"+5V"端子的电压会掉到 4V 甚至 4V 以下,而要求电压最小值是 4.5V,这样的设计没问题才怪呢! 这与开空调时室内荧光灯变暗原理类似。为解决这个问题,前面提到的"储能"就很有用了。笔者凭着经验加了一个 C10(0.1μF)、一个 E3(220μF 的电解电容),为该电源网络滤波、储能。所谓的储能过程就是接通 USB 时,会给 E3 电容充电,接着当断开电源开关时,由于后面的负载会拉低这个电源电压,因此,若"+5V"端子的电压低于 E3 两端的电势,则 E3 就会放电,来弥补这个电压。这时测试发现,电压还是会有变化,最小值为 4.8V,4.8V(4.8V>4.5V)肯定满足了设计要求,这样问题就可得以解决。

纹波(ripple)是指在直流电压中叠加的交流分量。直流稳定电源一般是由交流电源经整流、稳压等环节而形成的,这就不可避免地在直流稳定量中多少带有一些交流分量,这种叠加在直流稳定量上的交流分量就称为纹波。纹波的成分较为复杂,它的形态一般为频率高于工频(指工业上用的交流电源的频率)且类似正弦波的谐波,另一种则是宽度很窄的脉冲波。不同的场合对纹波的要求各不一样。

或许这么说,读者理解有些吃力,那就举个例子。大海,理论上是一个很平静的水面(类似于直流),但由于大风的作用,总是波浪起伏(类似于交流)。这里的波浪就是基于海平面的"纹波",它总是叠加于海平面(直流)之上,小则没事,大则覆舟。对于纹波,不同的电源、不同的电路设计、不同的方案,可能要求不同。例如,对于电源电压,5V 电源一般要求的纹波不能超过 100mV;对于 DC-DC 电压(产生 5V 电压),输入端纹波不能超过 120mV,输出端纹波不能超过 50mV。这里说的是对于机顶盒电源的要求,当然,产品不同,或许要求会不同。但对于单片机设计来说,这样肯定能满足系统要求。

之后测试+5V 的纹波,纹波如图 3-7 所示。由图 3-7 可知,ΔV(纹波)为 484mV,显然高于要求(100mV),并且可知纹波频率小于 10Hz。由表 3-1 可知,没有必要采用容值较小的瓷片电容来增加滤波效果,可以通过加大电解电容来增加滤波。最后将 220μF 的电容换成了 470μF,纹波测试如图 3-8 所示,此时纹波为 80.8mV,小于 100mV,满足要求。其实对于设计电路来说,设计到这里就可以结束了。然而,为了满足笔者的"虚荣心",又在 C10 上并接了一个 C20(10μF 的瓷片电容),接着测试纹波,如图 3-9 所示,此时纹波为 21.6mV,可能有人会说这是浪费,这个就依情况而定了。

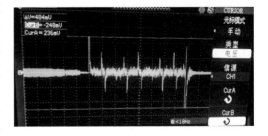

图 3-7　接了 220μF 滤波电容之后的纹波图

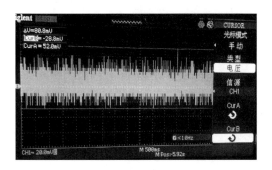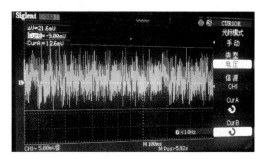

图 3-8　接了 $470\mu F$ 滤波电容之后的纹波图　　　　图 3-9　并接了 $10\mu F$ 电容之后的纹波图

结合上面的图文,读者应该能够理解电容的储能和滤波作用,这样便可为以后的设计积累经验。

3.3　二极管的应用概述

几乎在所有的电子电路中,都要用到二极管。它在许多电路中起着重要的作用。它是诞生最早的半导体器件之一,其应用也非常广泛。这里不从原理方面讲述二极管,而就单片机电路设计中常用的几点做简要说明。图 3-10 为二极管实物图。

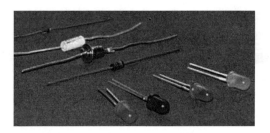

图 3-10　二极管实物图

3.3.1　二极管的特性

二极管最重要的特性就是**单向导电性**。在电路中,电流只能从二极管的正极流入,负极流出。

- 正向特性。在电子电路中,将二极管的正极接在高电位端,负极接在低电位端,二极管就会导通,这种连接方式,称为正向偏置。必须说明,当加在二极管两端的正向电压很小时,二极管仍然不能导通,流过二极管的正向电流十分微弱。只有当正向电压达到某一数值(这一数值称为"门槛电压",锗管约为 $0.2V$,硅管约为 $0.6V$)以后,二极管才能正向导通。导通后二极管两端的电压基本上保持不变,当然也有变化,这个变化就是由二极管"正向压降"(锗管约为 $0.3V$,硅管约为 $0.7V$)所产生的。

- 反向特性。在电子电路中，二极管的正极接在低电位端，负极接在高电位端,此时二极管中几乎没有电流流过,二极管处于截止状态,这种连接方式,称为反向偏置。当二极管处于反向偏置状态时,仍然会有微弱的反向电流流过二极管,这称为漏电流。当二极管两端的反向电压增大到某一数值时,反向电流会急剧增大,二极管将失去单向导电性,这种状态称为二极管的击穿。

用来表示二极管的性能好坏和适用范围的技术指标,称为二极管的参数。不同类型的二极管有不同的特性参数。对初学者而言,必须了解以下几个主要参数。

1) 额定正向工作电流

额定正向工作电流是指二极管长期连续工作时允许通过的最大正向电流值。因为电流通过管子时会使管心发热,温度上升,温度超过允许限度(硅管为140℃左右,锗管为90℃左右)时,就会使管心过热而损坏。所以,二极管使用中不要超过二极管额定正向工作电流值。例如,常用的 IN4001~4007 型锗二极管的额定正向工作电流为 1A。

2) 最高反向工作电压

当加在二极管两端的反向电压高到一定值时,会将管子击穿,使它失去单向导电能力。为了保证使用安全,规定了最高反向工作电压。例如,IN4001 二极管的最高反向工作电压为 50V,IN4007 的最高反向工作电压为 1000V。

3) 反向电流

反向电流是指二极管在规定的温度和最高反向电压的作用下,流过二极管的反向电流。反向电流越小,管子的单向导电性越好。值得注意的是,反向电流与温度有着密切的关系,大约温度每升高 10℃,反向电流增大一倍。例如,2AP1 型锗二极管在 25℃时反向电流若为 $250\mu A$,温度升高到 35℃时,反向电流将上升到 $500\mu A$,以此类推,在 75℃时,它的反向电流已达 8mA,不仅失去了单向导电性,还会使管子过热而损坏。又如,2CP10 型硅二极管在 25℃时反向电流仅为 $5\mu A$,温度升高到 75℃时,反向电流也不过 $160\mu A$。故硅二极管比锗二极管在高温下具有较好的稳定性。

作为初学者在业余使用二极管时,首先必须测试一下管子的好坏。网上、书上大多讲述的是用指针万用表测试的方法,可读者现在大多都用的是数字万用表,下面总结一下如何用数字万用表测试二极管的好坏。

使用数字万用表的二极管档,将红表笔插入 V/Ω 孔,将黑表笔插入 COM 孔,因为在数字万用表里红表笔接内部电池的正极,黑表笔接内部电池的负极。而在指针万用表里,对于电阻挡,红表笔接内部电池的负极,黑表笔接内部电池的正极。将数字万用表红表笔接触二极管正极,黑表笔接触二极管负极(测量正向电阻值),正常数值为 $300\sim600\Omega$,然后将红表笔接触二极管负极,黑表笔接触二极管正极(测量反向电阻值),正常数值为 1。如果两次测量都显示 001 或 000 并且蜂鸣器响,则说明二极管已经击穿;如果两次测量正反向电阻值均为 1,则说明二极管开路;如果两次测量数值相近,则说明二极管质量很差。反向电阻值必须为 1 或 1000 以上,正向电阻值必须为 $300\sim600\Omega$,才认为二极管是好的。

3.3.2　二极管的应用

二极管的应用当然很广泛。这里列举常用的几点。

(1) 整流二极管。利用二极管的单向导电性,可以把方向交替变化的交流电变换成单一方向的脉动直流电。交流转直流的整流桥电路,就是利用此特性来设计的。

(2) 开关元件。二极管在正向电压的作用下电阻很小,处于导通状态,相当于一个闭合的开关;在反向电压的作用下,电阻很大,处于截止状态,如同一闭合断开的开关。利用二极管的开关特性,可以组成各种逻辑电路。

下面举个简单的例子。这是笔者做项目时所用的一个电路,实质上就是简简单单的三个按键检测电路。这里的目的是用中断来响应按键,可三个按键如何用一个中断来响应呢?毫无疑问,要用"与"门,提到"与"门,读者可能就会想到数字电路里面学了那么多的"与"门逻辑器件(74LS/HC系列),找个"与"门芯片还难吗?但是,一块芯片要几毛钱,而且体积比较大,倘若用三个二极管代替与门芯片,无论从价格还是体积都优于用专门的芯片,电路图如图 3-11 所示。

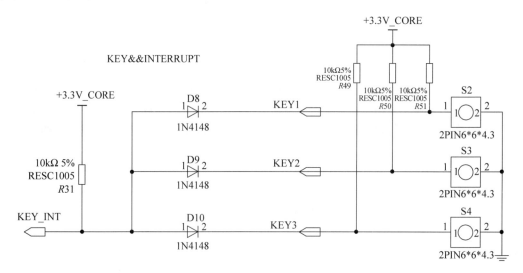

图 3-11　由二极管组成的"与"门电路

(3) 限幅元件。二极管正向导通后,它的正向压降基本保持不变(硅管为 0.7V,锗管为 0.3V)。基于这一特性,在电路中利用二极管作为限幅元件,可以把信号幅度限制在一定范围内。例如,当我们想设计一个限幅(钳位)电路时,可借助两个二极管实现。

(4) 继流二极管。在开关电源的电感中和继电器等感性负载中,二极管起继流作用。

续流二极管经常和储能元件一起使用,用于防止电压、电流突变,提供通路。电感可以经过它给负载提供持续的电流,以免负载电流突变,起到平滑电流的作用。在开关电源中,就能见到一个由二极管和电阻串联构成的续流电路。这个电路与变压器一次侧并联。当开关断开时，续流电路可以释放掉变压器绕组中储存的能量，防止感应电压过高，击穿开关。一般选择快速恢复二极管或者肖特基二极管就可以了，用来把绕组产生的反向电势通过电流

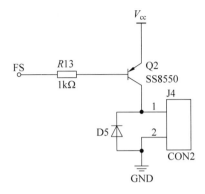

图 3-12 风扇驱动电路

的形式消耗掉，可见"续流二极管"并不是一个实质的元件，它只不过在电路中起到的作用称做"续流"。图 3-12 是一个通过三极管驱动风扇的电路图，其中并接了一个二极管，用于续流。

在正常工作时，FS 端为低电平，三极管导通，J4 的端口 1 为高电平，J4 的端口 2 为低电平，二极管处于截止状态。可当 FS 端变为高电平以后，三极管截止，此时 J4 的端口 1 的电压突然会变小（不是突然变为零），但由于风扇是储能元件（有线圈），因此会产生反相电动势来阻止电势突变，也即不想让电压减小，于是 J4 的端口 2 的电势就会高于 J4 的端口 1 的电势，若没 D5 这个二极

管，这种反相电压对电路是致命的，若加上 VD5 之后，D5，J4 就会形成一个回路，将产生的这部分电势给消耗掉，从而起到保护电路的作用。

续流二极管通常应用在开关电源、继电器电路、晶闸管电路、IGBT 等电路中，其应用非常广泛，在使用时应注意以下几点。

（1）续流二极管是防止直流线圈断电时自感电势形成的高电压对相关元器件造成损害的有效手段。

（2）续流二极管的极性不能接错，否则将造成短路事故。

（3）续流二极管对直流电压总是反接的，即二极管的负极接直流电压的正极。

（4）续流二极管工作在正向导通状态，并非击穿状态或高速开关状态。

3.3.3 发光二极管

因为发光二极管的存在，漆黑的夜空变得绚丽多彩。发光二极管（LED）实物与发光图如图 3-13 所示。

LED 很重要的两个参数分别是：压降和额定电流。其中，红色、黄色、绿色发光二极管的压降参数如表 3-2 所示。

图 3-13 LED 实物与发光图

表 3-2 红色、黄色、绿色发光二极管的压降参数表

LED 种类	直插式 LED	贴片 LED
红色 LED	2.0～2.2V	1.82～1.88V
黄色 LED	1.8～2.0V	1.75～1.82V
绿色 LED	3.0～3.2V	2.83～2.89V

另外,对于红色、黄色、绿色 LED,直插式 LED 的额定工作电流是 20mA,贴片 LED 的额定工作电流是 3~15mA。

需要注意的是,设计电路时,一般使工作电流为 3mA 左右,这样 3.1 节的问题 2 就很好回答了。根据欧姆定律:$R=(5-1.85)V\div3mA=1.05k\Omega$,所以用了 1kΩ 的限流电阻。

3.4 三极管应用概述及使用误区

无论在数字电路还是模拟电路中,三极管的应用都很普遍。概括地说,在模拟电路中三极管主要用于信号的放大,在数字电路中主要利用三极管的开关特性来控制、驱动其他元器件。这里主要讲述三极管在数字电路中的应用。三极管实物如图 3-14 所示。

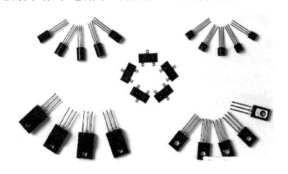

图 3-14　三极管实物

3.4.1 三极管的基本开关电路

本节先简述三极管。三极管的符号如图 3-15 所示。三极管有三个级,分别是:基极(base)、集电极(collector)、发射极(emitter)。三极管又分为 NPN、PNP 两种型号。

三极管的应用主要借助三种状态:放大、截止、饱和。关于放大的计算很有学问,也很复杂,这里就不做说明了。为了便于读者理解,可以分别将饱和、截止状态看作"开"、"关"两种状态。那什么样是"开"? 什么样又是"关"呢? 这由 b 极和 e 极的电压决定。对于 NPN 型三极管,只要 b 极

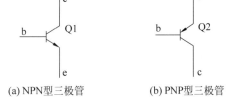

(a) NPN型三极管　　　　(b) PNP型三极管

图 3-15　三极管示意图

电压比 e 极电压大 0.7V,三极管就"开";否则,就"关"。对于 PNP 型三极管,只要 e 极电压比 b 极电压大 0.7V,三极管就"开";否则,就"关"。最后总结一句话:看箭头方向,箭尾电压比箭头电压大 0.7V 则"开",否则就"关"。低电平三极管导通(5V−0V>0.7V),高电平三极管截止(5V−5V<0.7V)。相反,若用 NPN 型三极管,b 极为高电平时,则三极管导通;b 极为低电平时,三极管截止。

三极管的开关特性就说这么多。下面开始讲解重头戏,那就是与三极管捆绑在一起的这些电阻,看看这些电阻是随便设置的,还是要靠计算的。

首先说明一点,图 3-16 是笔者为了讲解而专门画的一个电路图,它没有什么实际意义,因为不可能驱动一个 LED 就需要这么复杂的电路。

下面进入主题。图 3-16 中为什么要用上(下)拉电阻?

答:上拉、下拉电阻的作用就是为电路提供一个稳定、可知的运行环境。如图 3-16 所示,如果"电平"端悬空,此时三极管的导通、截止状态也就不确定了,如果加了上拉或下拉电阻,则该端的电平就是一个已知逻辑值,这是缘由一。

再看缘由二,假如没有电阻 $R02$,且"电平"端用的不是 5V 电源的单片机,而是用 3.3V 电源的单片机来控制这个三极管,那么当"电平"端为高电平(3.3V)时,LED 是亮还是灭呢? 设计者的目的是"灭",那么达到预期目的了吗? 分析可知,此时三极管还是导通的,因为 e

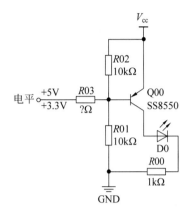

图 3-16　三极管的驱动应用原理图

极(5V)比 b 极(3.3V)大 0.7V,所以 LED 毫无疑问还是亮的。那如果此时其他条件都不变,而在电路中加入电阻 $R02$,这样,当"电平"端为高电平(3.3V)时,被上拉电阻一拉,则 b 极的电压就被拉到 5V 了,从而使三极管就截止,LED 也就灭了。若三极管换成是 NPN 型的,$R01$ 这条下拉支路就同理了。若出于这个原因,当用 5V 电源的单片机时,那就没必要加上拉、下拉电阻了。

图 3-16 中的电阻 $R03$ 的阻值多大?

情况一,没有上拉、下拉电阻,所用单片机的电源为 5V。三极管截止的状态("电平"端为高电平)这里就不介绍了,这里以导通("电平"端为低电平)的情况为例来计算 $R03$ 的阻值。"电平"端为 0V,而 e 极为 5V,满足导通的压降,三极管导通,且 e、b 极之间压降大概为0.7V,那还有 $(5-0.7)V$ 的电压会在电阻 $R03$ 上。这个时候,e、c 极之间也会导通,同时LED 本身压降又是 2V 左右,三极管 e、c 极之间大概有 0.2V 的压降,这个可以忽略不计,这样在 $R00$ 上就会有大概 3V 的压降,可以计算出这条支路的电流大概是 3mA,足足可以点亮 LED。

不是要求电阻 $R03$ 吗? 怎么会求电流呢? 这是有根据的。前面讲过,三极管有截止、放大、饱和三个状态。截止不用说了,只要 e、b 极之间不导通即可。要让三极管处于饱和状态,就是所谓的开关特性,必须满足一个条件。根据"模电"的知识可知,三极管有一个放大倍数 β,要使它处于饱和状态,b 极电流就必须大于 e、c 极之间电流值除以 β。常用三极管的 β 大概是 100,于是 $R03$ 的电压、电流已知了,根据欧姆定律即可求出电阻 $R03$。

上面算得 I_{cc} 为 3mA,那么 b 极电流最小值就是 3mA÷100,即为 $30\mu A$,因此 $R03_{MAX}=4.3V \div 30\mu A = 143k\Omega$。只要 $R03$ 比 $143k\Omega$ 小就可以,那 1Ω 行吗? 假如是 1Ω,则 b 极电

流就为 4.3A。而 STC15 系列单片机的 I/O 口可承受电流的最大值是 25mA,笔者推荐最好不要超过 10mA,因此 1Ω 果断不行,所以这里一般用 1kΩ。

情况二,"电平"端高电平为 3.3V,且加了上拉电阻 $R02$,读者能不能算出 $R03$ 的最大阻值呢?

最后讲述三极管的控制应用。那什么是控制呢?就是不同电压之间的转换,上面已经提到过 3.3V 到 5V 的转换,现在再来看看 5V 如何控制 12V。其原理图如图 3-17 所示,由三极管的开关特性可知,若 CON 端为低电平(0V),则三极管截止,OUT 端就为 12V;若 CON 为高电平,则三极管导通,OUT 端就为 0V。当然,可以在此基础之上变换出更多的控制电路。

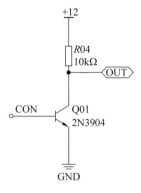

图 3-17　三极管的控制应用原理图

3.4.2　开关三极管的使用误区[①]

在数字电路的设计中,往往需要把数字信号经过开关扩流器件来驱动一些蜂鸣器、LED、继电器等需要较大电流的器件,用得最多的开关扩流器件要数三极管。然而,在使用的过程中,如果电路设计不当,三极管无法工作在正常的开关状态,就达不到预期的目的。有时,就是因为这些小小的错误而导致重新打板,造成浪费。笔者把自己使用三极管的一些经验以及一些常见的误区分享出来,有助于读者在电路设计过程中减少一些不必要的麻烦。

下面来看几个利用三极管做开关的常用电路画法。几个例子都以蜂鸣器作为被驱动器件。图 3-18(a)所示电路用的是 NPN 型三极管,蜂鸣器接在三极管的集电极,驱动信号可以是常见的 3.3V 或者 5V TTL 电平,高电平导通,电阻按照经验法可以取 4.7kΩ。例如,对于图 3-18(a)所示电路,三极管导通时假设高电平为 5V,基极电流 $I_b = (5V - 0.7V) \div 4.7kΩ = 0.9mA$,它可以使三极管完全饱和。图 3-18(b)所示电路用的是 PNP 型三极管,同样把蜂鸣器接在三极管的集电极,不同的是驱动信号是 5V 的 TTL 电平。以上这两个电路都可以正常工作,只要 PWM 驱动信号工作在合适的频率下,蜂鸣器(有源)都会发出最大的声音。

图 3-19 中的这两个电路相比图 3-18,最大的区别在于被驱动器件接在三极管的发射极。同样看图 3-19(a)所示电路,三极管导通时假设高电平为 5V,基极电流 $I_b = (5V - 0.7V - U_L) \div 4.7kΩ$,其中 U_L 为被驱动器件上的压降。可以看到,同样取基极电阻为 4.7kΩ,流过基极的电流会比图 3-18(a)所示电路的要小,小多少要看 U_L 是多少。如果 U_L 比较大,那么相应的 I_b 就小,很有可能导致三极管无法工作在饱和状态,使得被驱动器件无法动作。有人会认为把基极电阻减小就可以了,可是被驱动器件的压降是很难获知的,有些被驱动器件的压降是变动的,这样一来基极电阻就较难选择合适的值。阻值选择太大,就会驱动失败;选择太小,损耗又变大。所以,在万不得已的情况下,不建议选用图 3-19 所示的这两个电路。

---

① 本节内容可参见 http://bbs.ednchina.com/BLOG_ARTICLE_3017177.HTM,作者为蓝海之鸟(网名)。

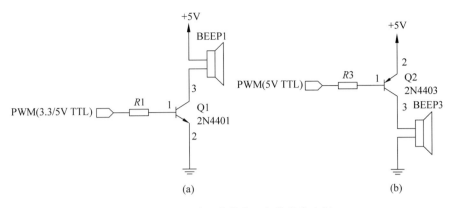

图 3-18 所驱动器件接在三极管的集电极

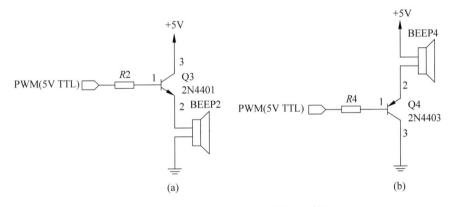

图 3-19 所驱动器件接在三极管的发射极

我们再来看图 3-20 中这两个电路。驱动信号为 3.3V TTL 电平，而被驱动器件导通电压需要 5V。在 3.3V 的单片机电路中，若不小心，很容易就会设计出这两种电路，而这两种电路都是错误的。先分析图 3-20(a)所示电路，这是典型的"发射极正偏，集电极反偏"的放大电路，或者叫射极输出器。当 PWM 信号为 3.3V 时，三极管发射极电压为 $3.3V-0.7V=2.6V$，无法达到期望的 5V。图 3-20(b)所示电路也是一个很失败的电路。首先这个电路导通是没有问题的，当驱动信号为低电平时，被驱动器件可以正常动作。然而，这个电路是无法断开的，当驱动信号 PWM 为 3.3V 高电平时，$U_{be}=5V-3.3V=1.7V$ 仍然可以使三极管导通，于是电路无法断开。在这里，有人会说用过这个电路，它没有问题，而且单片机的电压也是 3.3V。笔者认为这个人用的肯定是 OD(开漏)驱动方式，而且是真正的 OD 或者是5V 容忍的 OD，比如 STM32 的很多 I/O 口都可以设置为 5V 容忍的 OD 驱动方式(但有些是不行的)。当驱动信号为 OD 门驱动方式时，输出高电平，信号就变成了高阻态，流过基极的电流为零，三极管可以有效截止，这个时候图 3-20(b)所示电路依然有效。

综合以上几种电路的分析，得到图 3-21 中个人认为是最优的两个驱动电路。与图 3-18不同的是，图 3-21 所示电路在基极与发射极之间多加了一个 100kΩ 的电阻，这个电阻也是

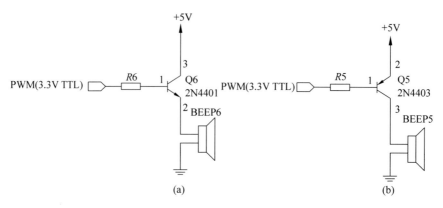

图 3-20   驱动电压和导通电压不一样

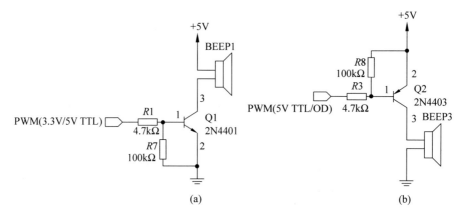

图 3-21   三极管推荐型驱动电路

有一定作用的,可以让三极管有一个已知的默认状态。当输入信号去除的时候,三极管还处于截止状态。从安全性和稳定性的方面考虑,多加的这个电阻还是很有必要的,或者说可以让三极管工作在更好的开关状态。

作为开关器件,虽然三极管驱动电路很简单,但是要使电路工作更加稳定可靠,还是不能掉以轻心。为了不容易出错,笔者建议优先采用图 3-21 所示的电路,尽量不采用图 3-19 所示的电路,避免使用图 3-20 所示电路的工作状况。

3.5   MOS 管的应用概述

或许很少有单片机书籍会讲述 MOS 管,本节讲解 MOS 管是为了扩展知识,以便读者在以后的实际项目中使用 MOS 管。MOS 管在电源控制部分运用很广泛。MOS 管实物如图 3-22 所示。

图 3-22　MOS 管实物

3.5.1　MOS 管基础

其实读者可以类比三极管去学 MOS 管，MOS 管又叫 MOS 场效应管。这里顺便将二极管、三极管、MOS 场效应管对比一下。二极管只能通过正向电流，流过反向电流时会截止，不能用于控制。三极管用于把小电流放大成受控的大电流。MOS 场效应管是通过小电压控制电流的。接着，认识一下 MOS 场效应管。MOS 场效应管的分类方式比较多，这里只简述两种：N 沟道增强型、P 沟道增强型，其原理图分别如图 3-23(a)、(b)所示。

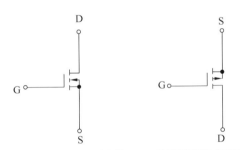

(a) N沟道增强型MOS场效应管　　(b) P沟道增强型MOS场效应管

图 3-23　MOS 场效应管

图 3-23(a)所示是 N 沟道增强型 MOS 场效应管，图 3-23(b)所示是 P 沟道增强型 MOS 场效应管，它们的作用刚好相反。前面说过，MOS 场效应管是用电压控制开关的。MOS 管具有放大作用，但是这里不讲解放大，只讲开关特性。从图 3-23(a)、(b)可知，它也像三极管，有三个引脚，这三个脚分别叫做栅极(G)、源极(S)和漏极(D)。

栅极是控制极，在栅极加上电压和不加上电压来控制源极和漏极是导通还是不导通。对于 N 沟道增强型 MOS 场效应管，在栅极加上电压则源极和漏极就导通，去掉电压就截止；对于 P 沟道增强型 MOS 场效应管，刚好相反，在栅极加上电压(高电平)就截止，去掉电压(低电平)就导通。

3.5.2 MOS 管的应用

笔者先前做过一段时间的机顶盒,在电源处理部分经常用 MOS 管去控制电源的开关,因此这里以一个非常经典的开关电路来讲述其控制过程。电路如图 3-24 所示。其中,SI2305 就是 P 沟道 MOS 场效应管,本节就以这个 MOS 管为例来讲解其在电路中的应用。

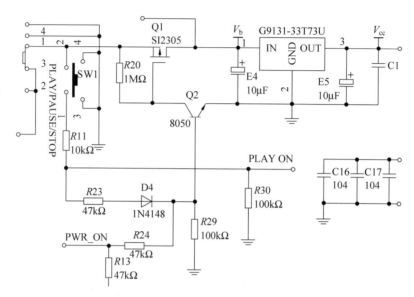

图 3-24 由 P 沟道 MOS 场效应管组成的电源开关电路

图 3-24 中电池的正极通过开关 SW1 接到 MOS 场效应管 Q1 的源极,它的栅极通过电阻 $R20$ 提供一个高电平,因为 Q1 是一个 P 沟道管,所以此时管子截止,电压不能通过。于是,3.3V 稳压 IC(G9131)输入引脚没有电压,所以系统就不能工作。这时,如果用户按下 SW1 开机按键,则由 SW1、$R11$、$R23$、D4、三极管 Q2 构成一个回路,这时三极管发射极接地,基极又为高电平,因此三极管 Q2 就会导通(前面已经讲过),那么就相当于 Q1 的栅极直接接地。这时 Q1 的栅极就从高电位变为低电位,Q1 就会导通,从而电流经 Q1 到达稳压 IC 的输入脚,这样 3.3V 稳压 IC 就会为系统提供一个 3.3V 的工作电压。这样 CPU 就开始工作了,并会输出一个控制电压到 PWR_ON,再通过 $R24$、$R13$ 分压送到 Q2 的基极,保持 Q2 一直处于导通状态,即使用户松开开机键,可主控送来的控制电压还保持着,那么 Q2 还是会一直保持导通状态,Q1 就能源源不断地给 3.3V 稳压 IC 提供工作电压。SW1 还同时通过 $R11$、$R30$ 两个电阻的分压,给主控 PLAY ON 引脚送去时间长短、次数不同的控制信号,主控通过固件程序判断是播放、暂停、开机、关机等,从而输出不同的控制结果,以达到不同的工作状态。

3.6 运算放大器的基本应用

运算放大器(Operation Amplifier，OP)，简称"运放"，是一种运用很广泛的线性集成电路。其种类繁多，在运用方面不仅可对微弱信号进行放大，还可作为反相器、电压比较器、电压跟随器、积分器、微分器等，同时可对信号做加、减运算，所以被称为运算放大器。其符号表示如图3-25所示。

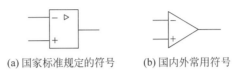

(a)国家标准规定的符号　　(b)国内外常用符号

图 3-25　运算放大器的代表符号

3.6.1 负反馈

说到运放，其实有好多特性和参数，限于篇幅，就不一一列举了。这里有一个很重要的概念——负反馈。

关于负反馈，这里也给不出严格的定义。这里结合电路图来说明什么是负反馈，以及引入负反馈有何意义。

电路如图3-26所示。输入信号电压 $v_i(=v_p)$ 加到运放的同相输入端"＋"和地之间，输出电压 v_o 通过 $R1$ 和 $R2$ 的分压作用，使得 $v_n=v_f=R1v_o/(R1+R2)$，作用于反相输入端"－"，所以 v_f 在此称为反馈电压。

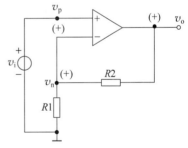

图 3-26　同相放大电路

输入信号电压 v_i 的瞬时电位极性变化如图中的"＋"号所示，由于输入电压 $v_i(v_p)$ 加到同相端，因此输出电压 v_o 的极性与 v_i 相同。反相输入端的电压 v_n 为反馈电压，其极性亦为"＋"，而净输入电压 $v_{id}=v_i-v_f=v_p-v_n$ 比无反馈时减小了，即 v_n 抵消了 v_i 的一部分，使放大电路的输出电压 v_o 减小了，因而这时引入的反馈是负反馈。

综上，负反馈利用输出电压 v_o 通过反馈元件($R1$、$R2$)对放大电路起自动调节作用，从而牵制了 v_o 的变化，最后稳定输出。

3.6.2 同相放大电路

提供正电压增益的运算放大电路称为同相放大电路，如图3-26所示。

在图3-26中，输出通过负反馈，使 v_n 自动地跟踪 v_p，从而使 $v_p \approx v_n$，或 $v_{id}=v_p-v_n \approx 0$。这种现象称为虚假短路，简称**虚短**。

因为运放的输入电阻的阻值又很高,所以运放两输入端的 $i_p = -i_n = (v_p - v_n)/R_i \approx 0$,这种现象称为虚断。注意:**虚短**是**本质**的,而**虚断**则是**派生**的。

3.6.3　反相放大电路

提供负电压增益的运算放大电路称为反相放大电路,如图 3-27 所示。

图 3-27 中,输入电压 v_i 通过 $R1$ 作用于运放的反相端,$R2$ 跨接在运放的输出端和反相端之间,同相端接地。由虚短的概念可知,$v_n \approx v_p = 0$,因此反相输入端的电位接近于地电位,故称**虚地**。虚地的存在是反相放大电路在闭环工作状态下的重要特征。

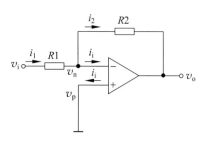

图 3-27　反相放大电路

3.7　STC15 系列单片机的 I/O 口概述

前面提及,单片机的学习,最终的落脚点是 I/O 口的操作,也即在合适的时间输出和检测高低电平。无论点亮一个 LED,还是控制大型系统,都需熟练地操作 I/O 口,因此掌握 I/O 口的知识将尤为重要。

3.7.1　I/O 口的工作模式及配置

IAP15W4K58S4 单片机有 62 个 I/O 口:P0.0～P0.7、P1.0～P1.7、P2.0～P2.7、P3.0～P3.7、P4.0～P4.7、P5.0～P5.5、P6.0～P6.7、P7.0～P7.7。其所有的 I/O 口均可由软件配置成 4 种工作模式之一,同时所有端口的引脚都复合了多种功能。单片机复位后,各个端口的引脚功能默认为 I/O 功能,其使用方法与传统 51 单片机相同。如果需要使用端口引脚的其他功能,则需要配置相关特殊功能寄存器。

STC15 单片机端口的引脚作为 I/O 功能使用时,P0～P7 这 8 个端口都可由软件配置成以下 4 种工作模式。

- 准双向口/弱上拉(标准 8051 输出模式)。
- 推挽输出/强上拉。
- 仅为输入(高阻)。
- 开漏输出。

单片机上电复位后为准双向口/弱上拉模式(除部分端口之外)。每个端口的工作模式可通过两个特殊功能寄存器 PxM1、PxM0(x=0～7)中的相应位来进行设置,例如 P0M1 和 P0M0 用于设置 P0 口的工作模式,其中 P0M1 ^0 和 P0M0 ^0 用于设置 P0.0 引脚,P0M1 ^7 和 P0M0 ^7 用于设置 P0.7 引脚。I/O 口工作模式的设置如表 3-3 所示。

表 3-3　单片机 I/O 口工作模式的设定

控 制 信 号		I/O 口的工作模式
PxM1[7:0]	PxM1[7:0]	
0	0	准双向口(普通 51 模式)，灌电流为 20mA，拉电流为 150~270μA
0	1	推挽输出/强上拉，输出电流可达 20mA，要外接限流电阻
1	0	仅为输入(高阻)，电流既不能流入也不能流出
0	1	开漏，内部上拉电阻断开，要外接上拉电阻才可以拉高，此模式可用于 5V 器件与 3V 器件之间的电平转换

IAP15W4K58S4 单片机每个 I/O 口的弱上拉、强推挽输出和开漏模式都能承受 20mA 的灌电流，推挽模式能输出 20mA 的拉电流，但应外接 1kΩ 的限流电阻。注意，在实际项目设计中，每个 I/O 口的电流最好不要超过 10mA。

关于 STC15W4K32S4 系列单片机 I/O 口的特别说明如下。

(1) 若 P1.0 和 P1.4 被误设为强推挽输出，上电之后可用软件将其改设为所需的模式，在和外围电路连接时，建议串联 100Ω 的电阻。

(2) IAP15W4K48S4 单片机的所有 I/O 口上电复位后默认状态均为准双向、弱上拉模式，但是当 P1^7、P1^6 引脚用于外接晶振输入时，它们上电复位后为高阻模式。

(3) P5^4 引脚既可用作 I/O 口，也可用作复位输入 RST，需要采用 STC-ISP 软件对 P5^4 引脚进行设置。

(4) P2^0 引脚在单片机上电复位后可以输出低电平，也可以输出高电平，需要采用 STC-ISP 软件对 P2.0 引脚进行设置。

(5) 与 PWM2~PWM7 相关的 12 个 I/O 口(如 P3.7/PWM2、P2.1/PWM3 等)，上电复位后是高阻输入，要对外能输出，需用软件的方式将其设为强推挽或准双向口。

3.7.2　I/O 口各种不同的工作模式结构框图

如上所述，STC15 系列的单片机 I/O 口可配置为 4 种模式。现对这 4 种模式的内部结构简述如下。

1. 准双向口(弱上拉)输出配置

准双向口工作模式下，I/O 口可用于直接输出，不需要重新配置。这是因为当引脚输出"1"时，驱动能力很弱，允许外设将其拉成低电平。相反，当引脚输出低电平时，它的驱动能力很强，可吸收相当大的电流。准双向口的内部结构图如图 3-28 所示。

注意，准双向口(弱上拉)带有一个施密特触发器输入以及一个干扰抑制电路，读取外部状态前，要先锁存为"1"，这样才能读到外设正确的数据状态。

2. 强推挽输出配置

强推挽输出配置的上拉结构与开漏输出以及准双向口的上拉结构相同，但当锁存器为"1"时提供持续的强上拉。推挽模式一般用于需要驱动大电流的电路中，其内部结构图如图 3-29 所示。

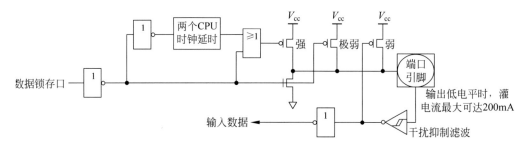

图 3-28   准双向口模式的内部结构图

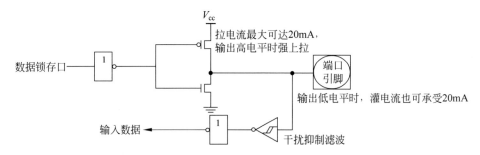

图 3-29   强推挽输出模式的内部结构图

3．高阻输入模式

仅为输入（高阻）工作模式下，可直接从端口引脚读入数据，不需要对其端口所对应的锁存器置"1"。其内部结构图如图 3-30 所示。

图 3-30   高阻输入模式的内部结构图

需要注意的是，此模式下，电流既不能流入也不能流出。

4．开漏输出模式

开漏输出模式下，I/O 口输出的上拉结构与推挽输出/准双向口一致，输入电路与准双向口一致，但输出驱动无任何负载，即开漏状态。在输出应用电路中，必须外接上拉电阻。该模式下，其内部结构如图 3-31 所示。

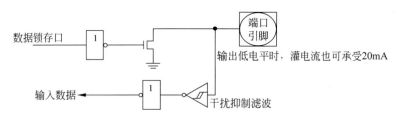

图 3-31   开漏输出模式的内部结构图

3.8　LED 的原理解析

要熟练操作 LED,必须要对其内部特性和发光特性加以了解,这样才能更好地控制它。

3.8.1　LED 的原理说明

LED(Light Emitting Diode,发光二极管)是一种能将电能转换为可见光的固态半导体器件。LED 的核心是一个半导体晶片,晶片的一端附在一个支架上,连接电源的正极使整个晶片被环氧树脂封装起来,另一端是负极。半导体晶片由两部分组成,一部分是 P 型半导体,其中空穴占主导地位;另一部分是 N 型半导体,其中主要是电子。但这两种半导体连接起来的时候,它们之间就形成一个"PN 结"。当电流通过导线作用于这个晶片的时候,电子就会被推向 P 区,在 P 区里电子与空穴复合,然后就会以光子的形式发出能量,这就是 LED 发光的原理。至于颜色,读者可以自行查阅资料。概括来说,电子与空穴复合时释放出的能量决定了光的波长,波长决定了发光时的颜色。

LED 品种繁多,常见的有直插式和贴片式两种。如何区分 LED 的正负极是很多初学者经常问到的问题,常见的方法有观察法和万用表测量法。

- 观察法。对于直插式 LED,如果直插式 LED 是全新的,可以通过引脚长短来判别发光二极管的正负极,长的引脚为正极,短的为负极。还有就是把它拿在手上,一抹就知道(LED 的环氧树脂封装上有个缺口的是负极)。对于贴片 LED,俯视,一边带彩色线的是负极,另一边是正极。
- 万用表测量法。这里讲述数字式万用表测量法(不是指针式万用表测量法)。将万用表打到二极管测试挡,两表笔接触二极管的两个引脚,若二极管发光,说明红表笔接的是正极,黑表笔接的是负极。若不亮,情况刚好相反。

3.8.2　LED 的硬件电路

对于 LED 来说,总共有两个引脚,在电路设计上没有难度,这里以 FSST15 开发板上的原理图来做讲解。通常情况下,LED 内部需要通过一定的电流且存在一定的压差(也即压降)才能使得其发光。通常使用的 LED 的工作电流为 3～20mA 左右,但二极管本身的内阻又比较小,所以不能直接将两端接电源和 GND,而需要加一个限流电阻(阻值如何计算,请参见后面的内容),限制通过 LED 的电流不要太大。FSST15 开发板上的 LED 原理图如图 3-32 所示。

该方式的 LED 驱动电路是将正极接在 3.3V(高电平)上,负极串联一个 470Ω 的限流电阻,再接到单片机的 I/O 口上,这样,只需给 LED1～LED12 所对应的 I/O 口提供低电平,就可以点亮 LED。还有一种接法是将 LED 的正极接单片机的 I/O 口,再通过一限流电阻,将负极接地,单片机输出高电平,就可以点亮 LED,但是需要将 I/O 口设置为强推挽输出模式。事实上,单片机上电之后 I/O 口默认电平为高电平。这样,从工程的角度考虑,单片机上电以后,LED 就会工作,这并不是我们想要的结果,所以一般不建议这么设计电路,当然,具体设计依情况而定。

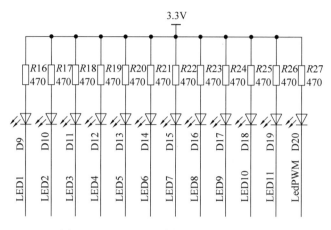

图 3-32　FSST15 开发板上的 LED 原理图

经上述分析可知,LED 两端只要有一合适的压差和电流,就会点亮 LED。那么单片机又是如何控制的呢? 举个例子,要有水流,必须有水压差。同样,要有电流,就必须有电压差。结合图 3-23,LED 的正极已经接了高电平,如果 LED1~LED12 所对应的单片机引脚也为高电平,这样,LED 两侧的电平都是高电平(3.3V),就没有压差,所以也就没有电流,因此 LED 就不会亮。相反,若单片机引脚为低电平,则 LED 两端会有压差(下低、上高),这样 LED 就会被点亮。至于这里的 LED1~LED11,肯定都接了单片机的 I/O 口,具体接到了哪里,请参考附录中的 FSST15 原理图。这里唯独需要注意的是,原理图中,网络标号相同,表示此线在电气特性上相连接的。同时需要注意的是,开发板上资源过多,I/O 口不够,这里将 LED11 和 RS485 的方向控制引脚都连接到了 P3.6 引脚上。

3.9　LED 的应用实例

通过以上的学习,读者已经了解了 LED 的原理和硬件,现在来看看如何借助单片机用软件来控制 LED。由原理图可知,12 个 LED 全都接在单片机的 I/O 口上,这里只需控制其对应引脚的电平高低就可以控制 LED 的亮灭。为了不把新手扼杀在萌芽阶段,先不讲解单片机的原理,所以只需依葫芦(前面讲述的 Keil5 开发流程)画瓢(复制下面的例程),继而熟悉开发流程并点亮一个 LED。

不知读者是否还记得第 2 章末尾的第 1 道习题? 仔细观察过实验现象的读者应该知道,VD_9 被点亮了,具体实例请查看 2.3 节。点亮一个 LED 的效果如图 3-33 所示。此时,读者应该

图 3-33　点亮一个 LED 的效果图

感到高兴，毕竟已经点亮了一个LED，星星之火可以燎原，所以，只要读者带着坚持和渴望的心态，那么接下来的学习将会变得更简单。

3.9.1　LED闪烁实例

估计有些读者已经按捺不住好奇心，觉得只点亮LED还不能满足，如果想实现LED的闪烁，那该如何实现呢？

```c
# include "stc15.h"        //包含STC15的头文件
# include "intrins.h"      //包含intrins.h头文件_nop_()语句的声明在该头文件中
sbit LED11 = P3^6;         //LED11的位定义
void Delay1000ms(void)     //@22.1184MHz
{
    unsigned char i, j, k;
    _nop_();
    _nop_();
    i = 85;
    j = 12;
    k = 155;
    do
    {
        do
        {
            while ( -- k);
        } while ( -- j);
    } while ( -- i);
}
void main(void)
{
    while(1)                   //死循环
    {
        LED11 = 0;             //点亮LED11
        Delay1000ms();         //延时1000ms
        LED11 = 1;             //熄灭LED11
        Delay1000ms();         //延时1000ms
    }
}
```

对于C语言基础比较好的读者，该实例应该比较简单，无非就是反复循环地点亮→延时→熄灭→延时。但对于初学者，该实例估计还有些难度，因为该实例相对于第2章的实例出现了好多新名词，例如Delay1000ms()延时函数、头文件"STC15.h"等。这里对这些知识点先不讲述，读者只需按照开发流程，把程序多写几遍，熟悉开发流程和基本的编程技巧就够了。等读者学习了4.4节的模块化编程，这些问题就会变得简单了。最后编译生成HEX文件，下载到单片机中，读者应该能够观察到，FSST15开发板上的LED(D19)开始闪烁。

3.9.2 LED 跑马灯实例

有了 3.9.1 节的实例基础,我们再对其加以升级,让其开发板上的 12 个 LED 全部依次开始闪烁,这样就可实现 LED 跑马灯的效果,也即 LED 像一匹骏马驰骋于开发板上,不同的时刻,出现在不同的位置。需要注意的是,同一时刻,只有一个 LED 是点亮的。这里忽略单片机自身运行时间的差异。

```c
# include "stc15.h"
# include "intrins.h"

sbit LED9  = P5 ^4;
sbit LED10 = P5 ^5;
sbit LED11 = P3 ^6;
sbit LED12 = P3 ^7;

void Delay100ms()                   //@11.0592MHz
{
    unsigned char i, j, k;
    _nop_();
    _nop_();
    i = 5;
    j = 52;
    k = 195;
    do
    {
        do
        {
            while (--k);
        } while (--j);
    } while (--i);
}

void main(void)
{
    unsigned char i = 0;
    P3M0 = 0x00;                    //设置其 P3 口为准双向 I/O 口
    P3M1 = 0x00;
    while(1)
    {
        P7 = 0xFE;                  //点亮 LED1
        Delay100ms();              //延时 100ms
        for (i = 0; i < 7; i++)    //循环 7 次
        {                          //依次点亮 LED2~LED8
            P7 = _crol_(P7,1);     //调用移位函数
            Delay100ms();          //延时 100ms
        }
        P7 = 0xFF;                  //熄灭 LED1~LED8
```

```
        LED9  = 0;              //点亮 LED9
        Delay100ms();           //延时 100ms
        LED9  = 1;              //熄灭 LED9
        LED10 = 0;              //点亮 LED10
        Delay100ms();           //延时 100ms
        LED10 = 1;              //熄灭 LED10
        LED11 = 0;              //点亮 LED11
        Delay100ms();           //延时 100ms
        LED11 = 1;              //熄灭 LED11
        LED12 = 0;              //点亮 LED12
        Delay100ms();           //延时 100ms
        LED12 = 1;              //熄灭 LED12
    }
}
```

　　这里很巧妙地用了 Keil C51 自带的函数库_crol_()，该函数包含在"intrins. h"头文件中，所以需要增加一句♯include ＜intrins. h＞包含该头文件。_crol_()函数的功能是循环左移。为了讲解什么是左移，什么是循环左移，什么又是右移或者循环右移，结合图示来说明，左移、循环左移、右移与循环右移示意图如图 3-34、图 3-35、图 3-36、图 3-37 所示。

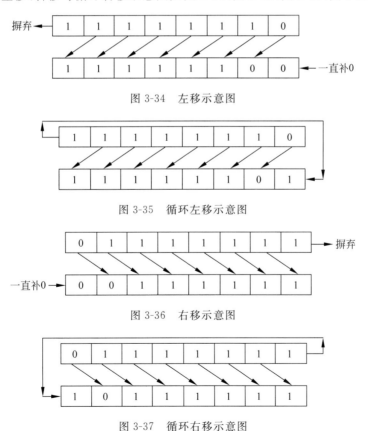

图 3-34　左移示意图

图 3-35　循环左移示意图

图 3-36　右移示意图

图 3-37　循环右移示意图

有了以上的图示，笔者相信，C 语言中的"<<"、">>"和循环左移、右移应该不难理解。之后读者自行编程下载，观察其实验现象。

3.9.3 LED 流水灯实例

顾名思义，流水灯就是让 LED 如同流水一般，从无灯亮，到亮 1 个，再到亮 2 个，依次类推，亮 3 个，4 个，…，12 个，最后全部熄灭，再周而复始地循环下去。先看源码，再做讲述。

```c
# include "stc15.h"
# include "intrins.h"

sbit LED9  = P5 ^4;
sbit LED10 = P5 ^5;
sbit LED11 = P3 ^6;
sbit LED12 = P3 ^7;

void Delay100ms()                //@22.1184MHz
{
    unsigned char i, j, k;
    _nop_();
    _nop_();
    i = 9;
    j = 104;
    k = 139;
    do
    {
        do
        {
            while ( -- k);
        } while ( -- j);
    } while ( -- i);
}

void main(void)
{
    unsigned char i = 0;
    P3M0 = 0x00;
    P3M1 = 0x00;
    while(1)
    {
        P7 = 0xFF;
        LED9  = 1;
        LED10 = 1;
        LED11 = 1;
        LED12 = 1;
        Delay100ms();
```

```
for (i = 0; i < 8; i++)
{
    P7 <<= 1;
    Delay100ms();
}
LED9  = 0;Delay100ms();
LED10 = 0;Delay100ms();
LED11 = 0;Delay100ms();
LED12 = 0;Delay100ms();
}
}
```

　　关于此程序，就不做详细说明了，读者只需结合上面的左移示意图和山寨流程图，流程图如图 3-38(b)所示。为了和跑马灯例程相对比，笔者还画了跑马灯的示意图(见图 3-38(a))，这样只要读者对两者进行对比，就肯定能看出端倪，同时应该能掌握其运行过程。

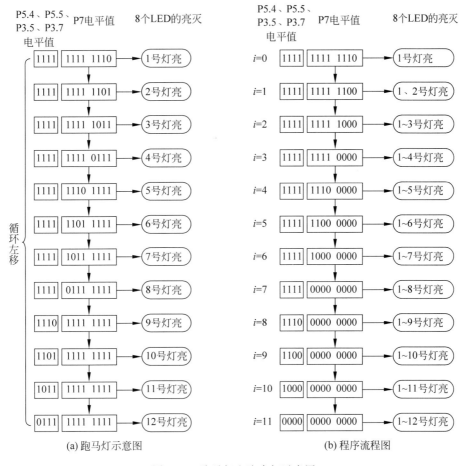

图 3-38　跑马灯和流水灯示意图

这里要实现跑马灯和流水灯,不仅要熟悉开发流程,还需掌握 C 语言以及 C51 自带的一些函数,只有不断积累、重复、思考,才能做到由"量变"到"质变"。单片机的学习不同于别的学科,当你真正做几个实验入门以后,你会发现"她"很有魅力,一直吸引着你,不厌不弃。

3.10　课后学习

1. 参考附录 A,复习本节元器件的基本特性,自行分析 STC15 开发板的原理图,数一数总共用了几个 SS14 二极管,并分别列举每个二极管的作用。

2. 复习 STC15 系列单片机 I/O 的内部结构知识点,并列举四种模式(具体如何配置后续讲述)。

3. 自行编程,在 STC15 开发板上实现如下功能(提示: C 语言中的"<<"和">>",以及函数库中循环左移、右移):

① 让 8 个 LED 小灯先从两边流水到中间,再流水到两边,之后一直循环。

② 让 8 个 LED 小灯先从两边跑马到中间,再跑马到两边,之后一直循环。

③ 让 8 个 LED 小灯先从两边流水到中间,再跑马到两边,之后一直循环。

4. 查阅资料,编写程序,实现花样灯和呼吸灯。

第4章

排兵布阵，步步扣杀：
模块化编程

当一个项目小组做一个相对比较复杂的工程时，就需要小组成员分工合作，一起完成项目，这意味着不再是某人独自单干，而是要求小组成员各自负责一部分工程。比如，你可能只负责通信或者显示某一块，这个时候，就应该将自己的这一块程序写成一个模块，单独调试，留出接口供其他模块调用。最后，小组成员都将自己负责的模块写完并调试无误后，由项目组长进行综合调试，像这些场合就要求程序必须模块化。模块化的好处非常多，它不仅便于分工，还有助于程序的调试，有利于程序结构的划分，并且能提高程序的可读性和可移植性。

对于刚入门的读者，还没发现前面第 3 章中程序的不完美之处。程序当然是没有错的，只是在移植、管理方面，存在一些不足，因为部分程序一遍又一遍、一页又一页地重复，鉴于这些不足之处，从本章开始，笔者就计划将模块化编程列为一项艰巨而又持久的任务。请读者做好准备，跟随笔者一起揭开这块神秘的面纱，一窥其真面目。

4.1 夯实基础——数值的换算以及逻辑运算

单片机的学习中，常常需要和数值、逻辑运算打交道，原因是单片机在某种程度上可以归结到数字电路中。读者应该知道，数字电路中，数值的计算、存储和取值都是以"0"和"1"的形式来进行。所以在真正开始单片机学习之前，掌握基本的数值运算和逻辑运算是非常有必要的。

4.1.1 各进制之间的换算关系

人们日常生活中看的电影、图片或听的歌曲在计算机中都是用二进制形式存储的。同理，学习单片机时，在 12864 液晶屏上所显示的图片也是以二进制形式存储的。因为计算机、单片机无法识别其他数字，只能识别"1"和"0"，所以要学好二进制。乍一听，好像不是很难，1、0 小学生都认识。

十进制采用 0～9，共 10 个数字，逢十进一；二进制采用 0、1，共两个数字，逢二进一；十六进制采用 0～9，外加 A～F(a～f)，总共 16 个数，逢十六进一。书写二进制前需加 0b，书写十六进制前需加 0x。十六进制数合四为一,就是 4 个二进制位组成一个十六进制数,于是它的每一位可取 0b0000～0b1111 这 16 个值。这三种数制之间的对应关系见表 4-1。

表 4-1　部分二进制、十进制、十六进制数之间的对应关系

十 进 制 数	二 进 制 数	十六进制数
0	0b0000 0000	0x00
1	0b0000 0001	0x01
2	0b0000 0010	0x02
3	0b0000 0011	0x03
4	0b0000 0100	0x04
5	0b0000 0101	0x05
6	0b0000 0110	0x06
7	0b0000 0111	0x07
8	0b0000 1000	0x08
9	0b0000 1001	0x09
10	0b0000 1010	0x0A
11	0b0000 1011	0x0B
12	0b0000 1100	0x0C
13	0b0000 1101	0x0D
14	0b0000 1110	0x0E
15	0b0000 1111	0x0F
…	…	…
255	0b1111 1111	0xFF

这里推荐王玮编著的《感悟设计——电子设计的经验与哲理》一书,笔者很喜欢,里面写的好多东西,确实值得我们好好学习。除了理论、经验之外,这本书还有王玮发明的指算(二、十进制之间的转换)。

一只手掌 5 个手指,假设我们规定拇指、食指、中指、无名指、小指分别代表 1、2、4、8、16 这 5 个数(顺序倒过来或打乱也可以,规定好就行),那么 0～31 之间的各个整数都可以通过手指的屈伸来表示。例如划拳(民间喝酒的一种方法)出的二,就是十进制数 5(1+4)。通常做的"OK 手势"表示的就是 28(4+8+16),如此等等。这么一说,大家可能会觉得没意思,但当大家用熟练了之后,就会觉得很好玩。

4.1.2　数字电路和 C 语言中的逻辑运算

二进制的逻辑运算,又称为布尔运算。无论在 C 语言中,还是在数字电路中,逻辑运算都不可或缺。在逻辑范畴中,只有"真"和"假"。先来目睹一下 C 语言中的逻辑运算,"0"为"假","非 0"为真,不要认为只有 1 是"真",2、−43、100 同样也是真。

(1) 对于下面的逻辑运算符,逻辑运算按整体运算。

• &&(and):逻辑与,只有同为真时结果才为真,近似于乘法。

- ||(or)：逻辑或，只有同为假时结果才为假，近似于加法。
- !(not)：逻辑非，条件为真，结果为假，近似于相反数。

（2）对于下面的位运算符，逻辑运算按每个位来运算。

- &：按位与，变量的每一位都参与（下同）。例如：$A = 0b0101\ 1010, B = 0b1010\ 1010$，则 $A\ \&\ B = 0b0000\ 1010$。
- |：按位或。若 A、B 的取值同上，则 $A|B = 0b1111\ 1010$。
- ～：按位取反。则 $\sim A = 0b1010\ 0101$。
- ^：按位异或。异或的意思是，如果参与运算的两个值不同（即相异），则结果为真；如果两个值相同，则结果为假。这样 $A\ {}^\wedge B = 0b1111\ 0000$。

下面介绍数字电路的逻辑运算。读者以后看资料或数据手册时，经常会遇到一些逻辑运算符号，笔者列举到这里，以便读者以后查阅。所有符号如表 4-2 所示。

表 4-2　数字逻辑运算符号

序　　号	运 算 名 称	国际标准符号	国外流行符号
1	与门		
2	或门		
3	非门		
4	或非门		
5	与非门		
6	同或门		
7	异或门		
8	集电极开漏 OC 门 漏极开漏 OD 门		

4.2 简述单片机的开发流程

世间万物、世间琐事,无一不需要遵循流程,更无一离得开工具。做单片机项目同样要遵循一定的开发流程,同样需要一定的工具。由于单片机的生产厂家不同、型号不同、开发工具有所不同,从而导致开发流程有别,但基本的软件开发环境必须掌握,开发语言的基础必须有,硬件环境不可缺。接下来简要说明单片机的开发流程,并介绍各个环节所需的开发工具。具体项目的开发流程和注意事项,将会在第20章介绍,因为对于刚入门的菜鸟来说,谈项目开发有点不切实际,所以读者还是先打好基础,后面章节有更精彩的内容等着你。

1. 产品需求

根据市场需求或公司安排,确定开发什么产品。开发人员需要和产品需求方沟通,明确客户的需求,对即将开发的产品有一个总体的印象。

2. 产品立项

确定要开发的产品之后,就需要立项,开发人员可能要填写立项的相关文件。

3. 设计机构

一般由高级系统架构师完成整个产品的系统设计,并绘制系统结构框图。接着,选择处理器,确定是 8 位、16 位还是 32 位的。之后,软(软件指上位机应用软件,而不是单片机内部程序)、硬件分工,确定各个工程师的任务。

4. 攻关技术难点

这里需要技术牛人(软硬通吃)出马了,就是对于整个系统比较难或不能确定的部分,先进行研究和实验,以确认不会因为这些部分导致项目无法实现。

5. 硬件设计

根据功能确定显示模块(用液晶显示器还是数码管)、存储器(空间大小)、定时器、中断、通信(RS232、RS485、USB)、打印、A/D、D/A 及其他 I/O 口操作。接着,绘制原理图、结构图、PCB。最后,选购元器件,焊接电路板,组装,测试。这部分是硬件工程师的强项了。

6. 软件设计

终于要编程了,到单片机工程师大显身手的时候了。建立数学模型,确定算法及数据结构;进行资源分配及结构设计;绘制流程图,结合流程图设计并编写各子程序模块;最后仿真、调试、固化。

7. 样机联试

这时把软、硬件结合起来调试。测试硬件系统各个模块工作是否正常,软件运行是否稳定、能否满足要求;进行一些老化、高低温测试,振动实验等。

8. 小批量试产

这时,产品都设计、调试完了。不过,开发人员需要提供测试报告、使用说明等文档;制定产生工艺流程,形成工艺,进入小批量生产;接着送样或投放市场,让客户验收;最后依据客户反映来升级产品。

9．产品量产

产品量产，并销售于市场。之后，若有问题，一般由售后来处理，若搞不定，还得开发人员出马，毕竟开发人员熟悉产品。

4.3　Keil5 的进阶应用——建模

由于这里的模块化编程是基于 Keil5 的，因此这里先讲述 Keil5 中如何"建模"，或者说自己的工程如何管理比较妥当。接下来，通过以下几个步骤来讲述 Keil5 的模块化编程。

1．新建工程文件夹

在你项目管理盘符(E:\…)中新建文件夹，并命名为"Ex05_模块化编程之 LED 小灯"（当然，也可以是别的）。打开此文件夹，接着在下面再新建 4 个文件夹，分别命名为"FsBSP"、Project、STCLib、USER，之后在 FsBSP 文件夹下再新建两个文件夹，并分别命名为"inc"、"src"。这么多文件夹的作用稍后会讲解。

2．新建工程

打开 Keil5 软件，在主界面的菜单栏中，选择 Project→New μVision Project 命令，此时弹出 Save As 对话框，这里定位到上面新建的工程文件夹下（如：E:\ …），输入工程名：Fs_AllLedFlash，具体创建过程请参考第 2 章内容。此时，工程只是一个有"骨架"但没有"血肉"的空架子，如图 4-1 所示。接下来只待我们来填补工程。

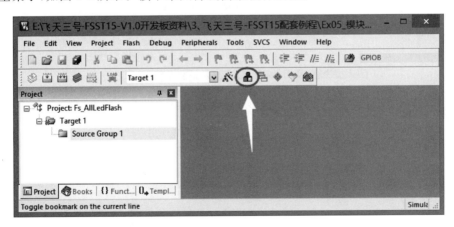

图 4-1　Fs_AllLedFlash 空工程图

3．新建并复制文件

这里需要注意的是，以下文件可以在 Keil5 中直接新建或者加入，这种方法前面一直在用。这里先在以上新建的文件夹中直接新建所需的文件，具体过程如下（顺序可以调换）。

（1）在"E:\Ex05_模块化编程之 LED 小灯\FsBSP\inc"文件夹下新建两个文件，分别命名为"FsBSP_AllLedFlash.h"、"FsBSP_Delay.h"，便于将以后的所有例程以及与板级支持包(Board Surport Packet)有关的头文件全部放置到这个文件夹下。需要注意的是,这里文件的后缀名一定是".h",也即头文件,后面有细述。

(2) 在"E:\Ex05_模块化编程之 LED 小灯\FsBSP\src"文件夹下新建两个文件,分别命名为"FsBSP_AllLedFlash.c"、"FsBSP_Delay.c",便于将以后的所有例程以及与板级支持包有关的源文件全部放置到这个文件夹下。需要注意的是,这里文件的后缀名一定是".c",也即源文件,这样,一个".c"文件就对应一个".h"文件,就可方便、快捷地管理驱动源码。以后所有的".c"和".h"文件,将在 Keil5 中创建,只需保存到这两个文件下即可。

(3) 从 X:\Keil5\C51\INC\STC(X 代表读者的 Keil5 安装盘符)文件夹下复制"STC15.H"文件到"E:\Ex05_模块化编程之 LED 小灯\STCLib"文件夹下。这是 STC 单片机所用的头文件,前面有讲述。

(4) 在"E:\Ex05_模块化编程之 LED 小灯\USER"文件夹下新建文件"main.c",这就是要用的主函数文件,名称可以随意,但是扩展名一定要为".c"。

4. 利用 Manage Project Items 对话框来管理工程

单击如图 4-1 中箭头所指的工具栏图标,打开 Manage Project Items 对话框,如图 4-2 所示。在 Project Targets 下面双击,修改 Project Targets 为 FsST15。同样双击修改其 Groups 下的第一个选项为 FsBSP。紧接着,单击 Groups 选项右侧的第一个图标新建一个组,并命名为 USER。

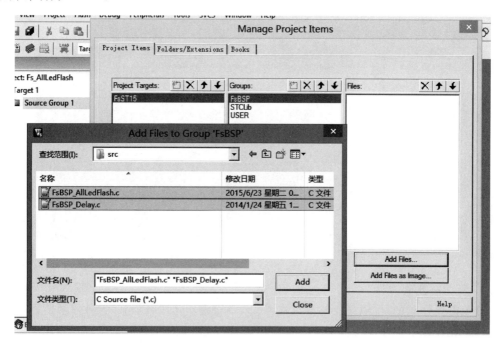

图 4-2 Manage Project Items 对话框

选中 FsBSP 组，单击 Add Files 按钮，进入 Add Files to Group 'FsBSP'对话框。这里先定位到"E:\Ex05_模块化编程之 LED 小灯\FsBSP\src"文件夹下，之后选中 FsBSP_AllLedFlash.c 和 FsBSP_Delay.c 这两个文件，接着单击 Add 按钮。用同样的方法，选中 USER 组件，并添加 main.c 文件，这样就可得到如图 4-3 所示的工程界面图。

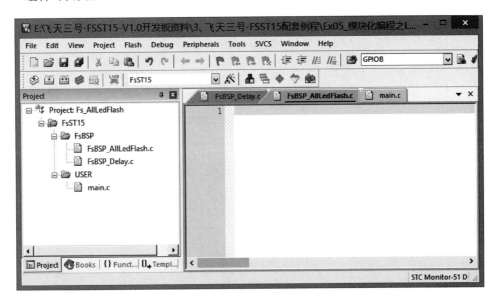

图 4-3 创建好的工程界面图

这样模块化工程的创建就讲述完毕，接下来的任务就是编写代码，也就是让各个".c"、".h"能表里如一。

5. 源文件路径的添加

如果我们没有用模块化编程，而是简简单单的一个".c"文件，那么此时只需添加文件的内容即可。可在进行模块化编程时，特别是在多个文件夹下存放文件时，有很重要的一步，那就是路径的添加。接下来分两步来说明如何添加源文件的路径。

（1）打开 Options for Target 'FsST51'对话框，并选择 C51 选项卡，此时界面如图 4-4 所示，注意笔者添加的圆圈和矩形框。

（2）单击 Include Paths 框后的浏览按钮，进入 Floder Setup 对话框。接着，单击如图 4-5(a)所示的 New 图标，此时该对话框会变成如图 4-5(b)所示。之后，单击路径浏览按钮，这时会弹出如图 4-6 所示的浏览文件夹，这里定位到自己的 inc 文件夹下（E:\Ex05_模块化编程之 LED 小灯\FsBSP\inc）。用同样的方式，分别添加 src、STCLib、USER 文件夹的路径，最后再单击 OK 按钮，这样路径就添加完成了，添加完成后的路径如图 4-6 所示。

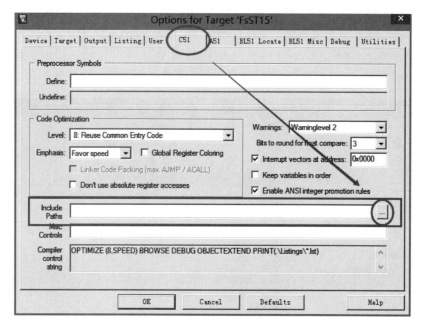

图 4-4　添加路径

(a)　　　　　　　　　　　　　　　　(b)

图 4-5　新建路径对话框

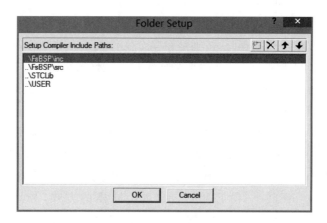

图 4-6　选择路径

4.4　单片机的模块化编程

接下来的部分，对于初学者，或许比较难理解，因为涉及面广，内容复杂且比较零散，但如果读者能掌握这部分内容，那对于以后的编程将有很大的帮助和提升。

4.4.1　模块化编程的说明

说明一：模块即是一个.c 和一个.h 的结合，头文件(.h)是对该模块的声明。

说明二：某模块提供给其他模块调用的外部函数以及数据须在所对应的.h 文件中冠以 extern 关键字来声明。

说明三：模块内的函数和变量须在.c 文件开头处冠以 static 关键字声明。

说明四：永远不要在.h 文件中定义变量。

先解释一下说明中的两个关键词：定义和声明。相信读者都是学过 C 语言的，本应该对这两个词理解得很透彻，可笔者在培训时发现，好多人都搞不清楚，都是凭着感觉写的，高兴了就用定义，不高兴了就用声明，这样做当然是不对的。

那什么是定义和声明？

所谓定义就是(编译器)创建一个对象，为这个对象分配一块内存并给它取一个名字，这个名字就是我们经常所说的变量名或者对象名。但注意，这个名字一旦和这块内存匹配起来(可以想象成这个名字嫁给了这块空间，没有要彩礼啊)，它们就同生共死，终生不离不弃，并且这块内存的位置也不能改变。一个变量或对象在一定的区域(比如函数)内只能定义一次，如果定义多次，编译器会提示你重复定义同一个变量或对象。

确切地说，声明应该有两重含义。

(1) 告诉编译器，这个名字已经匹配到一块内存上了，下面的代码用到的变量或对象是在别的地方定义的。声明可以出现多次。

(2) 告诉编译器，这个名字先预订了，别的地方再也不能用它来作为变量名或对象名。比如，你在图书馆自习室的某个座位上放了一本书，表明这个座位已经有人预订，别人不允许使用这个座位。其实这个时候你本人并没有坐在这个座位上。这种声明最典型的例子就是函数参数的声明，例如：void fun(int i, char c)。

定义与声明的区别也很清晰了。记住，两者最重要的区别：定义创建了对象并为这个对象分配了内存，声明没有分配内存。

4.4.2　用实践解释

有了以上的说明，接下来就学习模块化编程。"说明一"概括了模块化的实现方法和实质：将一个功能模块化的代码单独编写成一个.c 文件，然后把该模块的接口函数放在.h 文件中。这里就分别介绍一下两个文件里面究竟该包括什么，又不该包括什么。

1. 源文件.c

提到 C 语言源文件,大家都不会陌生。因为我们平常写的程序代码几乎都在这个.c 文件里面。编译器也以此文件来进行编译并生成相应的目标文件。作为模块化编程的组成基础,所有要实现功能的源代码均在这个文件里。理想的模块化应该可以看成一个黑盒子,即只关心模块提供的功能,而不必顾及模块内部的实现细节。好比读者买了一部手机,只须会用手机提供的功能即可,而不需要知晓它是如何把短信发出去的,又是如何响应按键输入的,对用户而言,这些过程就是一个黑盒子。

在大规模程序开发中,一个程序由很多个模块组成,很可能,这些模块的编写任务被分配给不同的人。例如,当读者在编写模块时很可能需要用到别人所编写模块的接口,这个时候读者关心的是它的模块实现了什么样的接口,该如何去调用,至于模块内部是如何组织、实现的,读者无须过多关注。注意,为了追求接口的单一性,把不需要的细节尽可能对外屏蔽起来,只留需要的让别人知道。

回顾一下,第 3 章多次用到了函数 DelayMS()。这里就先基于这个函数,写个 FsBSP_Delay.c 源文件,具体代码如下。

```c
# include "FsBSP_Delay.h"

/*  *********************************************************************
 *  函数名称: DelayMS()
 *  入口参数: ms,要延时的 ms 数
 *  出口参数: 无
 *  函数功能: 不精确延时
 ********************************************************************* */
void DelayMS(unsigned int ms)
{
    unsigned int i;
    do{
        i = MAIN_Fosc / 13000;
        while( -- i);
    }while( -- ms);
}
```

这里需要说明的是,MAIN_Fosc 在头文件中用宏定义来完成,也即所选择的 CPU 运行频率,这个前面有介绍。至于为何除以 13000,这个是经验和测试值,读者不需过多理会。

2. 头文件.h

谈及模块化编程,必然会涉及多文件编译,也就是工程编译。在这样的一个系统中,往往会有多个.c 文件,而且每个.c 文件的作用不尽相同。在这里的.c 文件中,由于需要对外提供接口,因此必须提供一些函数或变量供外部其他文件进行调用。例如,上面新建的 FsBSP_Delay.c 文件提供以下最基本的延时函数。

```c
void DelayMS(unsigned int ms);
```

如果在另外一个文件(如 FsBSP_AllLedFlash.c)中需要调用此函数,那该如何做呢?
兵来将挡,水来土掩,头文件的作用正是在此。具体过程是先创建一个 FsBSP_Delay.h 头
文件,在该头文件中对 DelayMS()函数进行封装(声明),这种封装的内容不应包含任何实
质性的函数代码。有了这样一个封装好的接口文件,每当 FsBSP_AllLedFlash.c 文件需要
调用 DelayMS()函数时,直接在 FsBSP_AllLedFlash.c 中包含 FsBSP_Delay.h 头文件即
可。读者可将头文件形象地理解为连接 FsBSP_Delay.c 和 FsBSP_AllLedFlash.c 的桥梁。
同时该文件也可以包含一些宏定义以及结构体信息,没有了这些信息,很可能就无法正常使
用接口函数或者是接口变量。但是总的原则是:不该让外界知道的信息就不应该出现在头
文件里,而外界调用模块内接口函数或者接口变量所必需的信息就一定要出现在头文件里,
否则外界就无法正确调用。因此,为了让外部函数或者文件调用我们提供的接口功能,就必
须包含这个接口的描述文件——**头文件**。同时,我们自身的模块也需要包含这份模块头文
件(因为其包含了模块源文件中所需要的宏定义或者结构体)。好比三方协议,除了给学校、
公司各一份之外,自己总得留一份吧。下面定义这个头文件。一般来说,头文件的名字应该
与源文件的名字保持一致,这样便可清晰地知道哪个头文件是哪个源文件的描述。

于是便得到了 FsBSP_Delay.c 如下的 FsBSP_Delay.h 头文件,具体代码如下。

```
#ifndef  __FsBSP_Delay_H__
#define  __FsBSP_Delay_H__

#define MAIN_Fosc 22118400

extern void DelayMS(unsigned int ms);

#endif
```

这里详细解释以下三点。

(1) ".c"源文件中不想被别的模块调用的函数、变量就不要出现在.h文件中。

(2) ".c"源文件中需要被别的模块调用的函数、变量就声明现在.h文件中。例如,void
DelayMS(unsigned int ms)函数,这与以前所写源文件中的函数声明有些类似。为何没说
一样呢? 因为前面加了修饰词 extern,表明这是一个外部函数。

注意,在 Keil5 编译器中,即使不声明 extern 这个关键字,编译器也不会报错,且程序运
行良好,但不保证使用其他编译器时也如此。因此,强烈建议加上 extern 关键字的声明,养
成良好的编程习惯也不是一件坏事。

(3) 第1、2行和最后1行是条件编译和宏定义,目的是为了防止重复定义。假如有两
个不同的源文件都需要调用 void DelayMS(unsigned int ms) 这个函数,它们都通过
#include "FsBSP_Delay.h"把这个头文件包含进去。在第一个源文件进行编译时,由于没
有定义__FsBSP_Delay_H__,因此 #ifndef __FsBSP_Delay_H__ 条件成立,于是定义
__FsBSP_Delay_H__并将下面的声明包含进去。在第二个文件编译时,由于包含第一个文
件的时候,已经将__FsBSP_Delay_H__定义过了。因而,此时 #ifndef __FsBSP_Delay_H__

不成立,整个头文件内容就不再被包含。假设没有这样的条件编译语句,那么两个文件都包含了 extern void DelayMS(unsigned int ms),就会引起重复包含的错误。

注意,可能新手看到 DELAY 前后的这些"__"、"_"时,又会迷糊一阵。事实上,这又是一只"纸老虎",看着吓人,一捅就破。举几个例子:FsBSP_Delay_H__、FsBSP_Delay_H、FsBSP_Delay_H、___FsBSP_Delay_H、__FsBSP_Delay_H,经调试,这些版本都是对的,所以读者可以灵活书写,这里写成__FsBSP_Delay_H_也只是出于编程习惯。

3. 位置决定思路——变量

上面的"说明四"中提到,变量不能定义在.h 文件中,这是不是有点危言耸听的感觉?仿佛都不敢用全局变量了,其实也没这么严重。对于新手,这或许是一个难点,再难也有解决的办法。世上无难事,只怕有心人。解决这个问题的良方当然可以借鉴嵌入式操作系统——μCOS-Ⅲ,该操作系统处理全局变量的方法比较特殊,也比较难理解,但学会之后妙用无穷。感兴趣的读者可以自行研究一下。

笔者根据个人的编程习惯,介绍一种处理方式。概括来讲,就是在.c 文件中定义变量,之后在该.c 源文件所对应的.h 文件中声明即可。注意,一定要给它带上一顶"奴隶帽",即在变量声明前加一修饰词——extern,这样无论"他"走到哪里,别人都可以指示"他"干活,想怎么修改就怎么修改,但读者用"他"时,也不能滥用。同理,滥用全局变量会使程序的可移植性、可读性变差。接下来用两段代码来比较说明全局变量的定义和声明。

下面给出一段计算机爆炸式的代码。

```
module1.h                    //编写一个.h 文件
unsigned char  uaVal = 0;    //在模块 1 的.h 文件中定义一个变量 uaVal
/* ======================================================= */
module1 .c                   //编写一个.c 文件
# include "module1.h"        //.c 模块 1 中包含模块 1 的.h 文件
/* ======================================================= */
module2 .c
# include "module1.h"        //.c 模块 2 中包含模块 1 的.h 文件
```

以上程序的结果是在模块 1、2 中都定义了无符号 char 型变量 uaVal,uaVal 在不同的模块中对应不同的内存地址。如果人人都这么写程序,那计算机就会爆炸,当然,这是夸张的修辞手法。

下面给出一段推荐式的代码。

```
module1.h                    //编写一个.h 文件
extern unsigned char uaVal;  //在.h 文件中声明 uaVal
/* ======================================================= */
module1 .c
# include "module1.h"        //.c 模块 1 中包含模块 1 的.h 文件
unsigned char uaVal = 0;     //在模块 1 的.h 文件中定义一个变量 uaVal
/* ======================================================= */
module2 .c
```

```
#include "module1.h"          //在模块2的.h文件中定义一个变量uaVal
```

这样，如果模块1、2操作uaVal，对应的是同一块内存单元。

4. 符号决定出路——头文件之包含

以上模块化编程中，要大量包含头文件。学过C语言的读者都知道，包含头文件的方式有两种，一种是"＜xx.h＞"，第二种是""xx.h""，那何时用第一种？何时又用第二种呢？可能读者会从什么相对路径、绝对路径、系统中的用什么、工程中的用什么等方面回答。当然，如果你知道，肯定是一件好事。若读者分辨不清两种方式，那请记下笔者的一句话：**自己写的用双引号，不是自己写的用尖括号**。

5. 模块的分类

一个嵌入式系统通常包括两类模块（注意，是两类，不是两个）。

* 硬件驱动模块。一种特定硬件对应一个模块。
* 软件功能模块。其模块的划分应满足低耦合、高内聚的要求。

低耦合、高内聚是软件工程中的概念。简单说是6个字，但是所涉及的内容比较多，笔者就不过多讲解了。若读者感兴趣，可以自行查阅资料，慢慢理解、总结、归纳其中的奥妙。这里简单补充两点。

1）内聚和耦合

内聚是从功能角度来度量模块内的联系，一个好的内聚模块应当恰好做一件事。它描述的是模块内的功能联系。

耦合是软件结构中各模块之间相互连接的一种度量，耦合强弱取决于模块间接口的复杂程度、进入或访问一个模块的点以及通过接口的数据。

理解了以上两个词的含义之后，"低耦合、高内聚"就好理解了。通俗点讲，模块与模块之间少来往，模块内部多来往。当然，对应到程序中，就不是这么简单，这需要大量的编程和练习才能掌握其真正的内涵，这就留给读者去慢慢研究吧。

2）硬件驱动模块和软件功能模块的区别

所谓硬件驱动模块是指所写的驱动（也就是.c文件）对应一个硬件模块。例如，FsBSP_AllLedFlash.c是用来驱动LED的，smg.c是用来驱动数码管的，lcd.c是用来驱动LCD的，key.c是用来检测按键的，等等，将这样的模块统称为硬件驱动模块。

所谓软件功能模块是指所编写的模块只是某个功能的实现，而没有所对应的硬件模块。例如，FsBSP_Delay.c是用来延时的，main.c是用来调用各个子函数的。这些模块都没有对应的硬件模块，只是具有某个功能而已。

4.5 模块化编程的应用实例

上面的内容对于初学者估计不好接受，但请大家相信，只要渡过了这个难关，以后的编程之路会比较轻快。同时，对Keil5的工程创建过程，读者必须掌握，且必须熟悉。其过程大致分为：新建文件夹→创建工程→保存工程→新建文件→添加文件到工程中→添加文件夹路径→编写程序→编译→下载程序。至于仿真,我们后续再叙。

12 个 LED 的闪烁例程,对于 C 语言基础好并且只创建了一个". c"文件的读者来说很简单。可如果把它分成几个模块来完成,估计在工程的创建和工程的管理方面,读者会比较难以接受。这里先给出所有的源码,读者照上面讲述的,多创建几次工程,多写几遍程序,在 FSST15 开发板上多运行几次,相信会有从量变到质变的奇迹发生。各部分源码如下。

(1) main. c 的源码如下。

```
1.  # include "FsBSP_AllLedFlash.h"
2.  void main(void)
3.  {
4.      LedGPIO_Init();              //调用函数,对其 GPIO 口进行初始化
5.      while(1)
6.      {
7.          AllLedFlash();          //调用函数,实现所有 LED 的闪烁
8.      }
9.  }
```

(2) FsBSP_Delay. c 的源码如下。

```
1.  # include "FsBSP_Delay.h"
2.
3.  /******************************************************
4.   * 函数名称:DelayMS()
5.   * 入口参数:ms,要延时的毫秒数
6.   * 出口参数:无
7.   * 函数功能:不精确延时
8.   ****************************************************** */
9.  void DelayMS(unsigned int ms)
10. {
11.     unsigned int i;
12.     do{
13.         i = MAIN_Fosc / 13000;
14.         while( -- i);
15.     }while( -- ms);
16. }
```

(3) FsBSP_Delay. h 的源码如下。

```
1.  # ifndef  __FsBSP_Delay_H__
2.  # define  __FsBSP_Delay_H__
3.
4.  # define MAIN_Fosc 22118400              //根据主 CPU 的运行频率来定
5.
6.  extern void DelayMS(unsigned int ms);    //声明函数,以便于外部调用
7.
8.  # endif
```

（4）FsBSP_AllLedFlash.c 的源码如下。

```
1.   # include "FsBSP_AllLedFlash.h"
2.
3.   / * ************************************************************
4.    * 函数名称: LedGPIO_Init()
5.    * 入口参数: 无
6.    * 出口参数: 无
7.    * 函数功能: 初始化所用端口
8.    ******************************************************* * /
9.   void LedGPIO_Init(void)
10.  {
11.      P3M0 = 0x00;
12.      P3M1 = 0x00;
13.  }
14.  / * ************************************************************
15.   * 函数名称: AllLedFlash()
16.   * 入口参数: 无
17.   * 出口参数: 无
18.   * 函数功能: 所有的 LED 闪烁
19.   ******************************************************* * /
20.  void AllLedFlash(void)
21.  {
22.      P7 = 0xFF;                    //熄灭所有的 LED
23.      LED9  = 1;
24.      LED10 = 1;
25.      LED11 = 1;
26.      LED12 = 1;
27.      DelayMS(1000);               //延时 1000ms
28.      P7 = 0x00;                    //点亮所有的 LED
29.      LED9  = 0;
30.      LED10 = 0;
31.      LED11 = 0;
32.      LED12 = 0;
33.      DelayMS(1000);               //延时 1000ms
34.  }
```

（5）FsBSP_AllLedFlash.h 的源码如下。

```
1.   # ifndef  __FsBSP_AllLedFlash_H__
2.   # define  __FsBSP_AllLedFlash_H__
3.
4.   # include "stc15.h"             //程序用到了一些端口,所以包含此头文件
5.   # include "FsBSP_Delay.h"       //程序用到延时函数,所以包含此头文件
6.
7.   sbit LED9  = P5 ^4;             //定义端口,以便位操作
8.   sbit LED10 = P5 ^5;
```

```
9.   sbit LED11 = P3^6;
10.  sbit LED12 = P3^7;
11.  void LedGPIO_Init(void);
12.  void AllLedFlash(void);
13.
14.  #endif
```

至此,一个完整的模块化编程实例已讲述完毕。读者需要做的是,将其编译,待生成可执行文件"xx. hex"文件之后,下载到单片机中,这时就会发现 FSST15 开发板的 12 个 LED 开始闪烁,同时也说明模块化编程的步骤你已基本掌握。接下来要做的就是由量变到质变,读者应不断以这种方式创建工程,不断编写程序,不断下载到单片机中调试、运行,反复进行这些过程。

本章最后讲述一下 FsBSP_AllLedFlash. h 文件中的第 9 行(sbit LED11 = P3^6;),别的道理类似,这里不再赘述。为了更好地讲述该行,我们先来看看第 4 行(#include "stc15. h")。头文件的作用和编写形式前面已做过讲述,这里着重看看"stc15. h"头文件的具体内容。打开工程,将鼠标指针放到编辑界面中的 #include< stc15. h>处,右击并选择 Open document "STC15.h"打开该头文件,具体操作如图 4-7 所示。

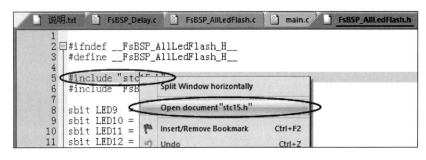

图 4-7 打开 STC15. h 头文件

其内容如下,鉴于篇幅原因,这里只保留了很小的一部分用于讲解,具体内容读者自己可以打开该头文件去参阅。

```
1.   STC15. h
2.   #ifndef __STC15F2K60S2_H_
3.   #define __STC15F2K60S2_H_
4.   /*   BYTE Registers  */
5.   sfr P0 = 0x80;
6.   sfr P1 = 0x90;
7.   sfr P2 = 0xA0;
8.   sfr P3 = 0xB0;
9.   /*   BIT Registers  */
10.  /*   IE   */
11.  sbit EA = IE^7;
12.  sbit ET2 = IE^5;                          //仅用于 8052
```

```
13.   sbit ES  = IE^4;
14.   sbit ET1 = IE^3;
15.   sbit EX1 = IE^2;
16.   sbit ET0 = IE^1;
17.   sbit EX0 = IE^0;
```

　　从上面的代码中可以看到，该头文件定义了 STC15 系列单片机内部所有的功能寄存器，用到了两个关键字 sfr 和 sbit，如第 5 行的 sfr P0 ＝ 0x80，意思是把单片机内部地址 0xA0 处的这个寄存器重命名为 P0，P0 口有 8 位（0x80～0x87），读者理解为 8 个房间好了。但这 8 位（0x80～0x87）与 P0 毫无关系，当操作 P0 口时，实质上是在操作（0x80～0x87）这 8 位寄存器。形象点，假设某位读者叫张三，笔者给了张三一个苹果，事实上，苹果给了张三这个人，而不是张三这两个字。这样，如果写成 P0 ＝ 0x00，就等价于将从地址 0x80 开始的 8 个寄存器全部清零，之后单片机内部又通过数据总线将这 8 位寄存器与 I/O 口相连，最后操作这些寄存器就可达到控制 I/O 的目的了。

　　为了让读者再明白点，笔者再举个形象的例子。P0～P7 就相当于 0（地下室），1，2，…，7 层楼，一层楼房又分 8 个房间，例如，房号有 001、103、205、307 等，这些房号类似于单片机中的寄存器（关于寄存器，后续章节将会讲述）的地址 0x80、0x86 等，或者是所取的别名 P0.0、P0.6 等，接着房间里面可以住男的（高电平），也可以住女的（低电平），同理，这些寄存器中可以存"1"或者"0"。这样 62 个房间（7×8 个房间＋1×6 个房间）刚好就对应 62 个寄存器，最后将这 62 个寄存器用某种特殊的线连接到 62 个 I/O 口上，继而实现了通过控制寄存器达到控制 I/O 口的目的。

　　接着再看看第 9 行的 sbit。它将 IE 寄存器（它也对应一个地址，单片机也无法识别 PSW）的最高位重命名为 EA，以后要开总中断时，就直接可以写 EA ＝ 1；意思是将 EA 所对应的最高位置 1（写高电平）。这些知识点，如果读者立马能记忆、理解，那最好不过。如果暂时不能理解，读者要做的就是不断重复、模仿和照抄。对于做学问来说，这些方法听起来感觉不够科学，但笔者告诉读者，这是刚开始学习单片机、编程等最有效的办法，也是笔者一直强调的由量变到质变的具体化。

4.6　课后学习

　　1. 分别计算 123.4、-24、-567.89 三个数的二进制、十六进制数，并说明在计算机中是如何存放的。

　　2. 用 Keil5 软件建立一个基础的模块化工程模板。

　　3. 复习本节".c"和".h"文件的作用和对应关系以及变量的定义方法，列举不同变量的不同用法。

第 5 章　点段融合，一气呵成：

C 语言的编程规范与数码管的应用

前面主要学习了 LED 小灯的控制和模块化编程，如果这两个知识点读者已经熟练掌握了，那么恭喜你已经进入单片机世界的大门。接下来就可以学习数码管。顾名思义，数码管就是用管子显示数码。日常生活中，数码管的应用随处可见。学习数码管，读者还需掌握单片机最小系统的组成部分，以及其工作原理和基本电路的搭建。

5.1　夯实基础——C 语言的编程规范

从这章开始，将开始讲述 C 语言的相关知识，意在抛砖引玉。笔者写的这点 C 语言，只是一点点皮毛而已，但有了这些，读者可以边玩单片机，边补充 C 语言知识。读者要想深入学习，笔者推荐三本书：《C Primer Plus 中文版》《C 语言深度解剖》和《C 和指针》。

下面引用《C 语言深度解剖》一书作者陈正冲的几句话[①]，望读者能重视 C 语言，将 C 语言学习列为一个长期的计划，而不要仅仅停留在这本书部分章节的一点概述当中。

我告诉他们：我很无奈，也很无语。因为我完全在和一群业余者或者是 C 语言爱好者在对话。你们大学的计算机教育根本就是在浪费你们的时间，念了几年大学，连 C 语言的门都没摸着。现在大多数学校计算机系都开了 C、C++、Java、C♯ 等语言，好像什么都学了，但是什么都不会，更可悲的是有些大学居然取消了 C 语言课程，认为其过时了。我个人的观点是"十鸟在林，不如一鸟在手"，真正把 C 语言整明白了再学别的语言也很简单，如果 C 语言都没整明白，别的语言学得再好也是花架子，因为你并不了解底层是怎么回事。当然我也从来不认为一个没学过汇编的人能真正掌握 C 语言的真谛。我个人一直认为，普通人用 C 语言在 3 年之下，一般来说，还没掌握 C 语言；5 年之下，一般来说还没熟悉 C 语言；10 年之下，谈不上精通。

下面开始讲述 C 语言的编程规范，这里的讲述没有那么全面、复杂、权威，而只是大概提几点，望能和读者共勉。

---

① 版权声明：该内容引自陈正冲编著的《C 语言深度解剖》一书的前言。

5.1.1　程序的排版

（1）程序块要采用缩进风格编写,缩进的空格数为 4。

说明:对于由开发工具自动生成的代码可以有不一致。为了能起到示范作用,笔者所有的例程的都采用程序块缩进 4 个空格的方式来编写。因为在以后的项目中,一个大程序有好多对"{""}",若不采用这种方式,程序写完之后,看起来特别糟糕,这里就不举例了。

（2）相对独立的程序块之间、变量说明之后必须加空行。

关于这点,本书所有的例程做得不好,不是笔者不知道,而是为了压缩篇幅,将所有的空格省略掉了,这个前面已经提到了,这里再重复一遍,望读者注意的同时,也能谅解。随书附带光盘中的源码肯定是原汁原味地,读者可慢慢体会。

（3）多个短语句最好不要写在一行中,即一行只写一条语句。

为了压缩篇幅,书中把一些短小的语句放置到了同一行,但读者一定不要这么做。

（4）if、for、do、while、case、default 等语句各自占一行,且 if、for、do、while 等语句的执行语句都要加括号{}。

5.1.2　程序的注释

注释是程序可读性和可维护性的基石,如果不能让代码一看就懂,那么就需要在注释上下大功夫。以下内容引自陈正冲编著的《C 语言深度解剖》一书,主要目的是让读者重视注释。

安息吧,路德维希·凡·贝多芬!

有位负责维护的程序员半夜被叫起来,去修复一个出了问题的程序。但是程序的原作者已经离职,没有办法联系上他。这个程序员从未接触过这个程序。在仔细检查所有的说明后,他发现了一条注释,如下:

MOV AX 723h; R. I. P. L. V. B.

说明一点:这是汇编程序,并且汇编的注释以";"开始。

这个维护程序员通宵研究这个程序,还是对注释百思不得其解。虽然最后他还是把程序的问题成功解决了,但是这个神秘的注释让他耿耿于怀。

几个月后,这名程序员在一个会议上遇到了注释的原作者。请教之后,才明白这条注释的意思:安息吧,路德维希.凡.贝多芬(Rest in peace,Ludwig Van Beethoven)。贝多芬于1827 年逝世,而 1827 的十六进制正是 723。这样的注释确实很牛,这样的注释之人确实是高手,但唯独会让看代码的人哭笑不得啊!

注释的基本要求,现总结如下。

（1）一般情况下,源程序有效注释量必须在 20％以上。

说明:注释的原则是有助于程序的理解,在该加的地方都必须加,注释不宜太多也不能太少,注释语言要准确、易懂、简洁。

（2）注释的内容要清楚明了,含义准确,防止注释的二义性。

（3）边写代码边注释，修改代码的同时修改注释，以保证注释与代码的一致性。不再有用的注释要删除。

（4）对于所有有物理含义的变量、常量，如果其命名起不到注释的作用，那么在声明时都必须加以注释，说明其物理含义。变量、常量、宏的注释应放在其上方相邻位置或右方。

示例：/* active statistic task num */
       #define MAX_ACT_TASK_NUMBER 1000
       #define MAX_ACT_TASK_NUMBER 1000   /* active statistic task num */

（5）一目了然的语句不必加注释。

例如：i++;/* i 加 1(这个注释有意思吗??) */

（6）全局数据(变量、常量定义等)必须要加注释，并且要详细，包括功能、取值范围，以及哪些函数或过程存取它，存取时的注意事项等。

（7）在代码的功能、意图上进行注释，提供有用、额外的信息。

说明：注释是解释代码的目的、功能和采用的方法，提供代码以外的信息，帮助读者理解代码，防止没必要的重复注释。

示例：if (receive_flag)/* 如果 receive_flag 为真(这个注释有意义吗?NO) */
       if (receive_flag)/* 如果 xxx 收到了一个什么信息，则…(这个注释就有了额外的信息) */

（8）对一系列的数字编号给出注释，尤其在编写底层驱动程序的时候(如引脚编号)。

（9）注释格式尽量统一，建议使用"/* …… */"。

（10）注释应考虑程序易读性及外观排版的因素，使用的语言若是中文、英文兼有的，建议使用中文。

5.2 基于 STC15 的单片机最小系统

笔者眼中的单片机最小系统与其他人讲述的稍微有点区别。笔者认为单片机最小系统主要由电源、复位电路、振荡电路以及程序下载电路(其他人一般将这部分忽略)组成。具体各个部分的作用，接下来将对其细述。

5.2.1 电源

对于单片机系统来说，不同的型号、不同的系统，工作电压可能不同，但无论如何都需要电源。例如"飞天一号"开发板上搭载的 STC89C52RC 单片机的工作电压为：3.4～5.5V，因此采用 5V 为单片机供电。与本书配套的"飞天三号"开发板搭载的主控制器 IAP15W4K58S4 的工作电压为：2.5～5.5V，为了降级功耗和兼容 3.3V 器件，采用 3.3V 为系统供电。读者可能会问："这些电压的数据范围从哪里得知?"当然是查阅器件对应的数据手册(也即 Datasheet、规格书)得到的，这是学习一个器件的首先要看的最重要、最权威的技术资料，因此读者从一开始，就要养成查阅数据手册的好习惯。"飞天三号"开发板的供电电路如图 5-1、图 5-2 所示。

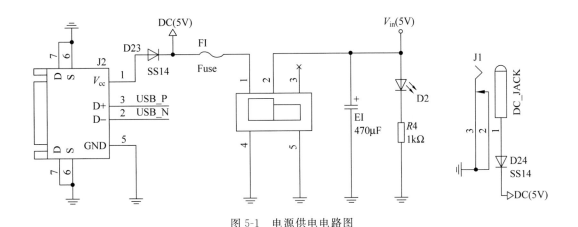

图 5-1 电源供电电路图

图 5-1 相对简单，就是利用计算机或者外置电源（＋5V）为开发板供电。需要注意的是：结合实际应用，笔者对其增加了防反接和过流保护措施（通过二极管和可恢复保险丝实现），以免读者使用时对其计算机造成损害。5V 转 3.3V 采用了专门的 IC，该 IC 的具体特性读者可自行查阅数据手册。这里对读者简单介绍常用电源的两种产生方法：LDO 和 DC-DC。

1. LDO 概述

LDO 是 Low Dropout Voltage Regulator 的缩写，即低压差线性稳压器。它具有成本低、噪音低、静态电流小等突出优点。它需要的外接元件也很少，通常只需要一两个旁路电容，为了储能，笔者还增加了 E3 电解电容，5V→3.3V 的电路如图 5-2 所示。

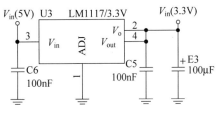

图 5-2 5V→3.3V 电路原理图

2. DC-DC 的转换

DC-DC 是指直流变（到）直流，即不同直流电压值的转换。只要符合这个定义都可以称为 DC-DC 转换器，包括 LDO。但是一般是把直流变（到）直流由开关方式实现的器件称为 DC-DC。

其实 DC-DC 的内部实现过程是：先把直流电源（DC）转变为交流电源（AC），因为通过一种自激震荡电路，所以需要电感等分立元件，然后在输出端通过积分滤波电路，又变回到 DC 电源。由于产生了 AC 电源，所以可以很轻松地进行升压和降压。两次转换，必然会产生损耗，这就涉及如何提高 DC-DC 效率的问题。现成的转换 IC，转换方案有很多，这里笔者随便列举一个曾在做 LCD 显示屏时所用的电路方案（将 5V 转为 10V），以便读者学习，电路如图 5-3 所示。

3. DC-DC 和 LDO 的选择依据

（1）如果输入电压和输出电压很接近，最好选用 LDO 稳压器，可达到很高的效率。所以，在把锂离子电池电压转换为 3V 输出电压的应用中大多会选用 LDO 稳压器。即使电池

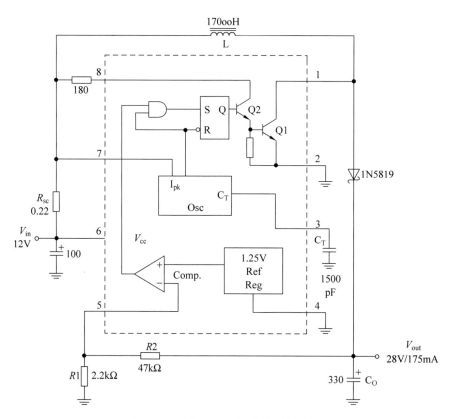

图 5-3 基于 MC34063 的升压原理图

的能量最后有 10% 是没有使用的,但 LDO 稳压器仍然能够保证电池较长的工作时间,同时噪音较低。

(2) 如果输入电压和输出电压不是很接近,就要考虑用开关型的 DC-DC。从上面的原理可以知道,LDO 的输入电流基本上等于输出电流的,如果压降太大,耗在 LDO 上的能量就会太大,因而效率不高。

DC-DC 转换器包括升压、降压、升/降压和反相等电路。DC-DC 转换器的优点是效率高、输出电流大、静态电流小。随着集成度的提高,许多新型 DC-DC 转换器仅需要几只外接电感器和滤波电容器。但是,这类电源控制器的输出脉动和开关噪音较大、成本相对较高。

总的来说,升压是一定要选 DC-DC 的;降压,是选择 DC-DC 还是 LDO,要在成本、效率、噪声和性能上先做比较,后选择。

4. DC-DC 和 LDO 应用对比

首先,从效率上说,DC-DC 的效率普遍远高于 LDO,这是其工作原理决定的。

其次,DC-DC 有 Boost、Buck、Boost/Buck(有人把 Charge Pump 也归为此类),而 LDO 只有降压型。

再次,也是很重要的一点,DC-DC 因为其开关频率的原因导致其电源噪声很大,比

LDO 大得多,大家可以关注 PSRR 这个参数。所以当考虑到比较敏感的模拟电路时候,有可能就要牺牲效率为保证电源的纯净而选择 LDO。

最后,通常 LDO 所需要的外围器件简单,所占面积小,而 DC-DC 一般都会用到电感、二极管、大电容,有时还会用到 MOSFET,特别是 Boost 电路,需要考虑电感的最大工作电流、二极管的反向恢复时间、大电容的 ESR 等。所以从外围器件的选择上来说,DC-DC 比 LDO 复杂,而且所占面积也会相应大很多。

5.2.2　晶体振荡电路(晶振)

宏晶科技早期的单片机,例如 STC89C52RC,要让它正常工作,必须要有晶体振荡电路,所以振荡电路是单片机最小系统的四要素之一,但 FSST15 开发板上搭载的 IAP15W4K58S4,由于内有高精度的 R/C 震荡电路,所以可用外部晶振,也可不用,在该开发板上我们未用晶振,因此省略了该部分电路,但出于学习的需要,晶振及其原理读者必须掌握。下面先介绍 IAP15W4K58S4 单片机的内部时钟,然后再为读者扩展介绍外接时钟的方法。

1. 内部高精度的 R/C 时钟

前面有所介绍,IAP15W4K58S4 单片机常温下的时钟频率为 5~35MHz(ISP 编程时可设置),在 -40~$+85℃$ 温度环境下,温漂为 $\pm1\%$,常温下的温漂为 $\pm0.6\%$。选择方式请参考第 2 章,这里不再赘述。读者需要注意的是,IAP15W4K58S4 单片机相对于早期系列单片机(例如 STC89C52),增加了内部强大主时钟分频功能,可以将主频进行分频,再供系统使用或者从特定 I/O 口输出,以便外围设备应用。具体配置方法,这里不再赘述,请读者自行查阅宏晶科技提供的数据手册(第 293 页)。

2. 外部晶振

晶振(Crystal Oscillator)通常分为两种:无源晶振和有源晶振。无源晶振一般称为 Crystal(晶体),而有源晶振则称作振荡器(Oscillator)。

无源晶振(实物如图 5-4 所示)自身无法起振,需要芯片内部的震荡电路一起协助工作,与有源晶振相比较,缺点是信号质量和精度比较差,优点是价格便宜。无源晶振两侧还需两个电容,电容在该电路中称为负载电容(起振电容),晶振上电启动后会振荡产生脉冲波形,但往往伴随有谐波掺杂在主波形中,影响单片机的工作稳定性,所以加了电容将这些谐波滤掉,为了信号的完整性,在 PCB 设计时,周围最好多加地孔,让其有个完整的地平面,这样就可以起到一个并联谐振的作用,从而使它的脉冲更平稳与协调。该电容一般选 10~40pF 的,具体可参考晶振的数据手册,如果没有,一般选择 20pF、30pF 的,这是一个经验值。

图 5-4　无源晶振实物图

有源晶振(实物如图 5-5 所示)是一个完整的谐振振荡器,它是利用石英晶体的压电效应来起振,所以有源晶振需要供电,但不需要别的器件配合,就可以产生高精度、信号质量稳定的频率基准,但相对于无源晶振,其价格也高出很多。

图 5-5　有源晶振实物图

无源晶振和有源晶振在和单片机的连接中是有区别的。有源晶振通常有 4 个引脚(也有 6 个引脚和多引脚的),分别是 V_{cc}、GND、OUT(频率输出脚)、NC(有些晶振是 E)。无源晶振通常是 2 个引脚(也有 3 个引脚的),如果是 3 个引脚,中间引脚一般接地,使用时接地就好,另外两个引脚和 2 引脚的无源晶振一样,作用同等,没有所谓的"正负"之分。两种晶振和单片机的连接方式分别如图 5-6 和图 5-7 所示。

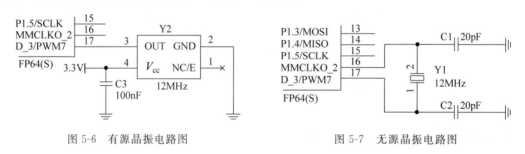

图 5-6　有源晶振电路图　　　　　　　图 5-7　无源晶振电路图

5.2.3　复位电路

复位电路是指用于复位的电路。复位就是把单片机当前的运行状态恢复到起始状态的操作(形象化的理解为:放下所有,从头开始)。STC15 系列单片机有多达 7 种复位方式:外部 RST 引脚复位、软件复位、掉电复位/上电复位(并可选择额外的复位延时 180ms)、内部低压检测复位、MAX810 专用复位电路、看门狗复位、程序地址非法复位。

STC15 系列单片机内部集成了 MAX810 高性能专用复位电路,因此它自身具有复位功能,倘若读者用其他系列或类型的单片机,需要自行设计复位,读者可以参考以下的电路。读者需要注意的是,宏晶科技早期的单片机(例如 STC89C52)有特定的复位引脚,而 STC15 系列单片机的 P5.4 引脚即可作为普通 I/O 口用,还可设置为复位引脚。设置方法,类似于前面章节讲述内部晶振的选择,打开 STC-ISP 软件,选择"硬件选项"选项卡,在"复位引脚用作 I/O 口"前的选项框内打钩,则表示该引脚用作普通 I/O 口,不打勾,表示该引脚用作复位引脚。具体复位的知识点请读者阅读 STC 官方的数据手册(第 319 页)。

复位电路可分为：手动复位电路和自动复位电路，原理图分别如图 5-8 和图 5-9 所示。FSST15 开发板因为搭载的单片机内部有复位电路，因此未设计此部分电路，而笔者早期设计的"飞天一号"开发板用了如图 5-8 所示的手动复位电路。

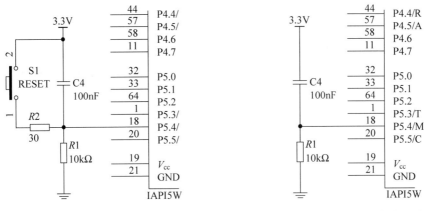

图 5-8　手动复位电路　　　　　图 5-9　上电自动复位电路

STC 单片机都是高电平复位，所以这里设计成了高电平复位电路，具体复位过程是：上电的一瞬间，电容 C4 上端为高电平(3.3V)，下端为低电平(0V)，这样就会对电容充电，从而在 R1 上有电流流过，在 RST 端就会有高电平出现，之后随着电容的充电，电流开始下降，当电容充满电后，电容起隔离作用，电流变为 0，这时 RST 就一直保持低电平，单片机开始工作。

从以上过程可以看出，无论手动，还是上电自动复位，RST 脚都会出现高电平变成低电平的过程，那这个过程到底是多长时间才合适呢？由于单片机的信号不同，类型不同，时间存在差异，STC15 系列单片机数据手册给出的数据是"不少于 24 个时钟 $+20\mu s$"。那 RC 电路与这个时间值又是什么关系？这里先给读者一个 RC 电路经验值，$\tau=1.1RC$，这里用的电阻 $R=10\,000\Omega$，$C=0.000\,000\,1$，那么 $\tau=0.0011s=1100\mu s$，假如系统工作在 11.0592MHz 的主频下，那么 20 个时钟周期就是 $20\times(1/11.0592)\mu s$，这样要求的复位时间为：$21.8\mu s$，因此我们的复位时间完全满足要求，并且留有很大的余量。

图 5-8 中的电阻 R2 又起什么作用呢？如果不加此电阻，当按下按键 S1 时，相当于通过单片机的 RST 引脚将其电源的 V_{cc} 和 GND 直接短路了，这样瞬间会产生很大的电流，继而产生电磁干扰，这是设计电路需要避免的，因此，这里增加 30Ω 的电阻来限流。

5.2.4　程序下载电路

单片机要按人的需要，正确运行，得有正确的程序。这个程序是我们在计算机上编写、编译，最后生成的可执行文件。还要将这个可执行文件烧录到单片机中，才可运行，而程序的烧录必须通过程序下载电路来完成，所以，程序下载电路是不可或缺的单片机最小系统的四要素之一。由于程序的下载和 USB 转 TTL 部分后续章节分别会有专门的介绍，因此这里不再赘述。

5.3 数码管的原理解析

数码管实质为几个发光二极管。要熟练应用和控制数码管,需要掌握其特性和组成,只有这样,才能让数码管显示所想要的数据。

5.3.1 数码管的原理说明

数码管是一种半导体发光器件,也称为半导体数码管,它是将若干发光二极管按一定图形排列并封装在一起的最常用的显示器件。数码管按段数分为七段数码管和八段数码管。八段数码管比七段数码管多了一个发光二极管单元(多一个小数点显示),按能显示8的个数可分为1位、2位、3位、4位等。按发光二极管单元连接方式分为共阳极数码管和共阴极数码管。共阳极数码管是指数码管在应用时将公共极COM接到+5V,当某一字段的发光二极管的阴极为低电平时,相应字段就被点亮,当某一字段的发光二极管阴极为高电平时,相应字段就不亮。共阴极数码管是指将所有发光二极管的阴极接到一起形成共阴极的数码管,共阴极数码管在应用时应将公共极(COM)接到地线(GND)上,当某一字段发光二极管的阳极为高电平时,相应字段就被点亮,当某一字段的阳极为低电平时,相应字段就不亮。

常用的小型LED数码管多为8字形数码管,它内部由8个发光二极管组成,其中7个发光二极管(a～g)作为7段笔画组成8字结构(故也称7段LED数码管),剩下的1个发光二极管(h或dp)组成小数点,如图5-4所示。各发光二极管按照共阴极或共阳极的方法连接,即把所有发光二极管的负极或正极连接在一起,作为公共引脚。而每个发光二极管对应的正极或者负极分别作为独立引脚(称为"笔段电极"),其引脚名称分别与图5-10中的发光二极管相对应。数码管实物和共阴、共阳接线如图5-10所示,FSST15开发板中所有数码管为共阴极。

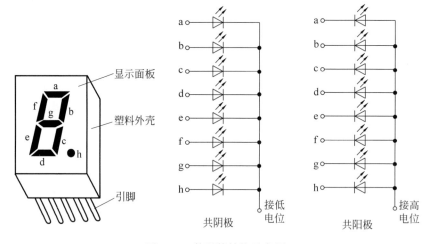

图 5-10　数码管结构示意图

5.3.2 数码管的硬件电路设计

前面提到了单片机的拉电流比较小（$100 \sim 200 \mu A$），灌电流比较大（最大是 25mA，笔者以实际经验告诉读者最好别超过 10mA），同时 FSST15 开发板上搭载了好多外设，即使选用宏晶科技 I/O 口最多的单片机（62 个 I/O 口），要做到各个外设互不影响，I/O 口的数量还是不够。结合以上两个原因，这里选用一片 74HC595 和 8 个三极管共同驱动数码管，如图 5-11 所示。

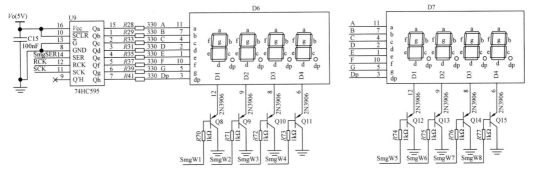

图 5-11 数码管驱动电路

看到此电路图，读者可能有些迷惑，不急，下面慢慢解释。首先读者要清楚的是74HC595 的 14、12 和 11 脚分别接单片机的 P5.0、P5.2、P5.3，8 个三极管的基极通过电阻依次接单片机的 P6 口，因此控制数码管的工作，就等价于控制单片机的这 8 个 I/O 口。对于 74HC595 该如何控制呢？等学习了下面讲述的扩展知识，读者就能明白。

这里为何要增加 8 个三极管，而不直接接单片机的 I/O 口（这样做更简单）？细心的读者结合前面讲过的两个知识点，应该能回答此问题。由数码管的结构组成可知，一位数码管加上小数点（dp）由 8 个 LED 小灯组成，先以段码 a 为例。假设 U9（74HC595）中 Qa 输出高电平（+5V），三极管 Q8 导通（SmgW1 为低电平），这样一个完整的电路通路已经形成，电流从 V_o（5V）开始，流经 U9，经电阻 R28，再经第一位数码管的 a 小灯，之后经三极管 Q8，流入大地，有了这个通路，读者应该能很快计算出该支路的电流大概是 3mA 左右。如果第一位的数码管全亮，那么电流高达 24mA（$8 \times 3mA$），前面提醒过读者，STC15 系列的单片机，最大承受灌电流为 25mA，虽然没超过，但是笔者以经验告诉读者，无论是做实验，还是做工程，这个灌电流最好不要超过 10mA，否则整个系统会处于极不稳定状态，或者就像此系统一样的极限状态，这是万万不可采取的。因此这里加了三极管，这样只有微弱的电流进入单片机。这种硬件的设计方法和注意事项，只能靠不断的积累和总结。这也就是笔者为何提倡读者写博客的原因，点点滴滴积累经验，时间长了，自然而然就会设计出更加可靠、稳定的电路了。

5.3.3 知识拓展——74HC595

74HC595 是硅结构的 COMS 器件,兼容低电压 TTL 电路,遵守 JEDEC 标准。74HC595 具有 8 个移位寄存器和 8 个存储寄存器,具有三态输出功能。移位寄存器和存储寄存器的时钟是分开的。数据在 SHCP(移位寄存器时钟输入)的上升沿输入到移位寄存器中,在 STCP(存储器时钟输入)的上升沿输入到存储寄存器中去。如果两个时钟连在一起,则移位寄存器总是比存储器早一个脉冲。移位寄存器有一个串行移位输入端(DS)、一个串行输出端(Q'H)、一个异步低电平复位,存储寄存器有一个并行 8 位且具备三态的总线输出,当使能 OE 为低电平时,存储寄存器的数据输出到总线。

1. 74HC595 引脚说明(如表 5-1 所示)

表 5-1　74HC595 引脚说明

引　脚　号	符号(名称)	端　口　描　述
15、1~7	Qa~Qh	8 位并行数据输出口
8	GND	电源地
16	V_{cc}	电源正极
9	Q'H	串行数据输出
10	SCLR	主复位(低电平有效)
11	SCK	移位寄存器时钟输入
12	RCK	存储寄存器时钟输入
13	$\overline{G}$	输出使能端(低电平有效)
14	SER	串行数据输入

2. 74HC595 真值表(如表 5-2 所示)

表 5-2　74HC595 真值表

RCK	SCK	SCLR	$\overline{G}$	功　能　描　述
*	*	*	H	Qa~Qh 输出为三态
*	*	L	L	清空移位寄存器
*	↑	H	L	移位寄存器锁定数据
↑	*	H	L	存储寄存器并行输出

3. 74HC595 内部功能图(如图 5-12 所示)

74HC595 内部主要由 8 个移位寄存器、存储寄存器和缓冲器组成,具体如图 5-12 所示。

4. 74HC595 操作时序图(如图 5-13 所示)

下面来看该器件究竟是如何工作的。该器件内部结构如图 5-12 所示,首先数据的高位从 SER 引脚(14 脚)进入,伴随的是 SCK(11 脚)的一个上升沿,这样数据的高位就移到了移位寄存器,接着送数据的第二位,请注意,此时数据的高位也受到上升沿的冲击,从第一个移位寄存器的 Q 端到达了第二个移位寄存器的 D 端,而数据第二位就被锁存在第一个移位

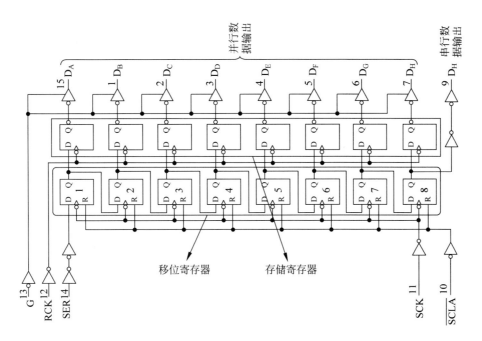

图 5-12　74HC595 内部结构图

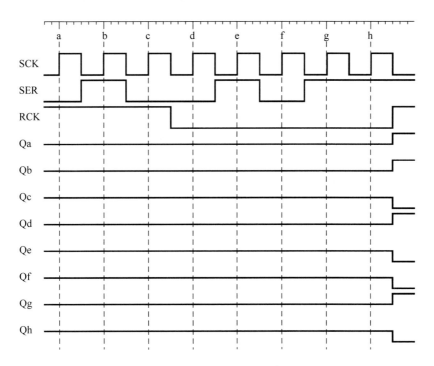

图 5-13　74HC595 操作时序图

寄存器中,依次类推,最终八位数据就锁存在了 8 个移位寄存器中。

由于 8 个移位寄存器的输出端分别和后面的 8 个存储寄存器相连,因此这时的 8 位数据也会在后面 8 个存储寄存器上,接着在 RCK(12 脚)上出现一个上升沿,这样,存储寄存器的 8 位数据就一次性并行输出了。从而达到了串行输入、并行输出的效果。

声明一点,图 5-13 的时序图是笔者画的,因为笔者怕贴上官方的时序图,读者们不好理解。这里仅简单介绍如何读时序图、写程序,后面讲述液晶时再详细介绍。读时序图从上到下(实质是并行执行的),依次解剖。那这里先分析 SCK,它的作用是产生时钟,在时钟的上升沿将数据一位一位地移进移位寄存器。可以用这样的程序来产生:SCK=0;SCK=1,这样循环 8 次,恰好就是 8 个上升沿、8 个下降沿;接着看 SER,它是串行数据,由上可知,时钟的上升沿有效,那么串行数据为:0b0100 1011,怎么得出的? 就是 a~h 虚线所对应的 SER 此处的值(高为 1,低为 0);之后就是 RCK,它是 8 位数据并行输出脉冲,也是上升沿有效,因而在它的上升沿之前,Qa~Qh 的值是多少,读者并不清楚,所以笔者就画成了一个高低不确定的值(实质是可以确定,但这里不予理睬),那 RCK 的上升沿产生之后会发生什么呢? 就是从 SER 输入的 8 位数据会并行输出到 8 条总线上,但这里一定要注意对应关系,Qh 对应串行数据的最高位,数据依次为 0,之后依次对应关系为 Qg(数值为 1)…Qa(数值为 1)。再来对比时序图中的 Qh…Qa,数值为:0b0100 1011,这个数值刚好是串行输入的数据,看来分析正确。

当然还可以利用此芯片来级联,就是一片接一片,这样 3 个 I/O 口就可以扩展无数个 I/O 口,此芯片的移位频率由数据手册可知是 30MHz,因而还是可以满足一般的设计需求。关于级联的具体应用,后面讲述 LED 点阵时再叙。

5.3.4　数码管的真值表与基本的编程实例

有了上面数码管的基础和 74HC595 的基础,来看看究竟如何实现数码管的显示。例如想让 8 个数码管都显示 2,那该如何操作呢? 数码管的控制由两部分组成:段选(段选真值表,也即数码管显示的内容)和位选(选择哪位数码管被点亮)。接下来分别来讲述如何进行段选和位选的操作。

(1) 数码管段选的控制,通俗地讲,就是数码管显示什么。由前面图 5-10 可知,一个数码管是由 8 个 LED 小灯组成,因此可通过控制 a、b、c、d、e、f、g、dp(h)8 个段所对应的 LED 来实现数码管的显示。由图 5-10 可看出,如果让 a、b、d、e、g 五个段的 LED 灯亮,别的不亮,那么数码管就可显示数字 2,结合图 5-11 可知,此时 74HC595 输出端的数据应该是 0b0101 1011,则十六进制数就为 0x5B;同理,如果让数码管的 a、b、c、d、e、f 对应六个 LED 灯亮,那显示的内容就是 0,74HC595 输出端的数据应该为 0x3F。用同样的方法,可以把其他显示内容所对应的段码值计算出来,这些值称为数码管的真值表。共阴极数码管的真值表如表 5-3 所示,需要注意的是,这些真值表里显示的数字不带小数点。读者此时可以思考本章课后练习的第 3 题。

表 5-3　共阴极数码管真值表

字符	0	1	2	3	4	5	6	7
数值	0x3F	0x06	0x5B	0x4F	0x66	0x6D	0x7D	0x07
字符	8	9	A	B	C	D	E	F
数值	0x7F	0x6F	0x77	0x7C	0c39	0x5E	0x79	0x71

（2）数码管位选的控制，也即哪个数码管亮。要让 8 个都亮，那意味着"位选"全部选中，FSST15 开发板用的是共阴极数码管，要选中哪一位，只需给每个数码管对应的位选线上送低电平，也即 P6＝0x00 就可实现，这样电流由 74HC595 流出，通过数码管内部的 LED 灯，再到大地，这样数码管就会显示想要的数字 2。这里读者需要思考本章课后练习的第 5 题，如果不好理解，可到论坛（www.ieeBase.net）发帖。

数码管的来龙去脉已经清楚了，现在的问题是，怎么让 74HC595 输出想要的数据呢？先来看例程。

① main.c 的源代码。

```c
# include "FsBSP_HC595.h"

void main(void)
{
    P6 = 0x00;                          //使其 8 位数码管全部有效(位选数据)
    HC595_WrOneByte(0x5b);              //让 74HC595 输出 0x5b(段选数据)
    while(1);
}
```

② FsBSP_HC595.c 的源代码，74HC595 硬件驱动源程序。

```c
# include "FsBSP_HC595.h"
# include < intrins.h >

/* ***********************************************************
 * 函数名称：HC595_WrOneByte()
 * 入口参数：待写入 HC595 的一个字节(ucDat)
 * 出口参数：无
 * 函数功能：向 HC595 中写入一个字节
 *********************************************************** */
void HC595_WrOneByte(unsigned char ucDat)
{
    unsigned char i = 0;
    /* 通过 8 循环将 8 位数据一次移入 74HC595 */
    for(i = 0;i < 8;i++)
    {
        smgSER = (bit)(ucDat & 0x80);
        SCK = 0;
        ucDat << = 1;
```

```
        SCK = 1;
    }
    /* 数据并行输出(借助上升沿) */
    RCK = 0;
    _nop_();
    _nop_();
    RCK = 1;
}
```

③ FsBSP_HC595.h 的源代码,74HC595 硬件驱动的头文件。

```
#ifndef __FsBSP_HC595_H__
#define __FsBSP_HC595_H__

#include "STC15.h"

sbit smgSER = P5^0;          //595(14 脚)SER   数据输入引脚
sbit RCK = P5^2;             //595(12 脚)STCP 锁存时钟 1 个上升沿所存一次数据
sbit SCK = P5^3;             //595(11 脚)SHCP 移位时钟 8 个时钟移入一个字节

extern void HC595_WrOneByte(unsigned char ucDat);
                             //声明函数,以便外部函数调用

#endif
```

详细的注释,再结合上面对 74HC595 的介绍,读者应该能够掌握。最后数码管显示效果如图 5-14 所示。

图 5-14   8 位数码管显示数字 2

5.4   数码管的应用实例

通过以上的学习,读者应该对数码管的特性、硬件电路原理和 74HC595 器件的控制特性有所了解,接下来,趁热打铁,再讲两个实例,一是加深对数码管的学习,二是为第 6 章的学习做铺垫,实际上读者心里要清楚,这两个程序在实际项目中的应用价值不大。

5.4.1   数码管的静态显示例程

什么是静态显示,这是相对于动态显示来说的,没有一个明确的定义,一般是指读者所看到的数据就是此刻数码管真实显示的数据，无论快慢都是一样的数据。例如取个时间点，若读者看到的数码管显示为：6666 6666，那么说明这 8 个数码管确实都显示 6，而动态扫描就不是了，动态刷新后面再叙。

接下来以一个实例来说明。实例的功能是让 8 个数码管循环显示数据：0～F。读者在学习此实例时，需考虑一个问题：眼睛所看到的动(静)和数码管实际显示的动(静)有何区别呢？ 这里先看数码管静态显示的 main.c 源代码，问题请读者自行思考。

```
＃include "FsBSP_HC595.h"
＃include "FsBSP_Delay.h"

unsigned char code SMG_Array[] = {0x3f,0x06,0x5b,0x4f,0x66,0x6d,
0x7d,0x07,0x7f,0x6f,0x77,0x7c,0x39,0x5e,0x79,0x71};                 //0～F

void main(void)
{
    unsigned char i = 0;

    P6 = 0x00;                                //使其 8 位数码管全部有效

    while(1)
    {
        for (i = 0;i < 16;i++)
        {
            HC595_WrOneByte(SMG_Array[i]);    //调用函数,依次送入 16 个数
            DelayMS(500);                     //延时一段时间,以便观察
        }
    }
}
```

这样，就可以实现 8 位数码管依次循环显示 0～F 这 16 个数。读者可能会问："就这么简单？"实质当然没这么简单，但如果能按笔者的要求，熟练掌握模块化编程，做好前面的功课，该程序就是这么简易。这就是模块化编程的强大魅力——可移植性非常强。为何这么说，因为这个主函数工作时需要调用两个子函数，他们是 HC595_WrOneByte() 和 DelayMS()，这两个函数前面已经编好了，也熟练应用过，因此只需包含路径和头文件，就可以直接调用了，省去了重复的代码，此时读者的 Keil5 工程框架应该如图 5-15 所示，并且包含 5 个重要的文件，一定不是只有一个 main.c 的"花瓶"工程。

通过此例，读者应该能体会到为何本书从一开始就采取模块化编程的原因，虽然刚开始学习，感觉建立工程比较复杂，但随着学习的不断加深和提高，程序也会相应地越来越复杂，这时，模块化编程的优势就会越来越明显，因此，读者一定要在这方面下工夫，"磨刀不误砍柴工"的道理即在于此，读者不仅要记于心，还要用于行。读者可自行补全代码、编译、下载，观察数码管是否已经开始闪动了。

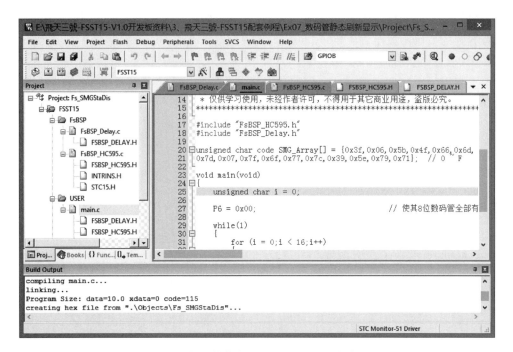

图 5-15　数码管静态显示的 Keil5 工程框架图

5.4.2　数码管的动态显示实例

先来解释动态显示,讲述静态显示时说是相对于动态显示的,那动态显示的参照物是什么呢?其实没什么参照物,前面说过,静态显示时,读者所看到的就是数码管真实显示的数字,但在动态显示时,就未必是真实的在某一时刻点亮的数据。

所谓动态扫描,实际上是指轮流点亮数码管(静态扫描时是同时点亮),某一个时刻内有且只有一个数码管是亮的。但由于人眼的视觉暂留现象(也即余晖效应),而且这 8 个数码管扫描的速度足够快时,给人一种错觉好像这 8 个数码管是同时被点亮的,这就是动态显示的含义。例如要动态显示:01234567,显示过程就是先让第一个数码管显示 0,过一会(小于某个时间),接着让第二个显示 1,依次类推,让 8 个数码管分别显示 0~7,由于数码管刷新的速度太快,给人的感觉是都被点亮,实际上,这个时刻只有一个数码管被点亮,其他的 7 个都是灭的。人眼睛的速度一直没有 CPU 快,因此聪明的专业人士利用这点做了好多文章。例如,读者现在所用的计算机,或者大街上看到的 LED 显示屏,甚至一些魔术等,都是利用人眼视觉暂留效应而产生的,只是产生原理有所区别罢了。那么又会有一个新问题,两个数码管之间被点亮的时间差为多少合适?下章再给明确的答案。同样,先给出数码管动态刷新的 main.c 源代码,剩余部分代码和完整的工程由读者自行完成。

```
# include "FsBSP_HC595.h"
# include "FsBSP_Delay.h"
```

```c
unsigned char code Bit_Tab[ ] =
{0xfe,0xfd,0xfb,0xf7,0xef,0xdf,0xbf,0x7f};          //位选数组

unsigned char code Disp_Tab[ ] =
{0x3f,0x06,0x5b,0x4f,0x66,0x6d,0x7d,0x07};          //0～7数字显示编码数组

void main(void)
{
    unsigned char i = 0;

    while(1)
    {
        for (i = 0;i < 8;i++)
        {
            HC595_WrOneByte(Disp_Tab[i]);      //依次送入8个段码数据
            P6 = Bit_Tab[i];                   //依次送入8个位选数据
            DelayMS(x);                        //延时一小段时间,以便观察
        }
    }
}
```

细心的读者可能注意到这个程序好像有问题,因为延时函数DelayMS()小括号中的参数是一个x,而不是某个常数,既然有错,那读者就帮笔者修改,该怎么修改呢？非常容易,具体操作为：用Keil5建立工程,按模块化编程的思想编写代码,将x改为1000,编译、下载,观察结果；将x改成100,编译、下载,观察结果；将x改成10,编译、下载,观察结果；同理,将x改成2,最后观察的结果如何呢？是不是如图5-16所示的"美"图？答案是确定的。这就是为何笔者没有给出具体的值,而是读者自行实验的目的；让读者掌握动态刷新的由来。如果给出具体的数值,读者肯定一扫而过,也学不到更深的知识。

图5-16 数码管动态显示效果图

由以上实验,可以得出以下两个结论：

(1) 单片机的学习,要靠不断的实践和摸索,而不是一味地索取标准答案。

(2) 数码管的动态刷新,实质是一位一位点亮的,只是点亮的速度有些快。

现在来综合分析静态、动态的刷新过程。由上面两个实例可知,这里的静态显示、动态显示不是指显示的数值变化了没有,而是指每个数码管相对来说是静止的还是运动的。对于静态扫描来说,每个数码管同时点亮,同时熄灭,相对来说,肯定是静止的。相反,若每个数码管点亮、熄灭的时间不是同时的,那相对来说,肯定就是运动的。

这个程序是应用广泛的数码管动态显示实例,但笔者仍觉得该程序有一些问题,问题主要表现在"鬼影"和亮度显示"不均匀"上。所谓"鬼影"就是指不想让亮的那些段隐隐约约还在发亮;亮度显示"不均匀"是指如果在工程中这么刷新数码管,当工程运算量加大以后,势必会造成各个数码管发亮的时间不同,这样直接的体现就是末尾数码管比较亮,其余的比较暗。这些问题的具体解决办法,等后面学了定时器、中断之后再做讲解,读者先拭目以待吧。

5.5 课后学习

1. 单片机最小系统的四要素包括哪些(并熟练掌握前三个要素的电路)?

2. 自行绘制常用数码管的内部原理图(共阴极、共阳极),并简述动态显示和静态显示的区别。

3. 分别计算七段共阳(阴)极数码管未带小数点和带小数点的真值表。

4. 查阅相关资料,自行设计数码管的驱动电路,除了用 74HC595 器件,还可以用什么驱动?并编程实现 0～F 的静态刷新。

5. 如图 5-11 所示,为何要在 74HC595 和数码管之间增加电阻,计算阻值多少为宜;为何在数码管和 I/O 口之间要增加三极管,三极管起什么作用。

## 第 6 章

审时度势,伺机而动:

C 语言的数据类型
与定时器的应用

中断、计数器/定时器、串口是单片机学习的难点,但这几部分内容恰恰又是学习单片机的重点。个人觉得,无论是通过课堂学习还是自学,若这几部分内容没学好,那就等于还没掌握单片机,更就谈不上用单片机开发了,因此先给读者们打一个预防针,即使再难,也要把这部分内容学好。通过这章的学习,旨在帮助读者掌握定时器的基本应用。

6.1　夯实基础——C 语言的数据类型

编写程序离不开数据,例如前面所写的程序,读者想一想,哪个没有数据,无论是简简单单的 LED 程序,还是响个不停的蜂鸣器程序,之后到数码管程序,再到定时器、计数器程序,都需要与数据打交道。

6.1.1　变量与常量

首先来看什么是常量,因为变量是相对常量来说的。前面编写的程序中,用过的常量太多了,例如:1、10、0b1010 1101、0x3f 等,这些数据从程序执行开始到结束,数据一直没有发生变化,这种数据称为常量。相反,随程序执行而变化的数据就是变量了,例如 for 循环中的 i 变量,第一次执行时为 0,之后变为 1,再之后变为 5……

既然是变量,那么就得有个范围,否则越界了怎么办。接下来看 C51 中变量的范围,仅针对 C51,与 C 语言在其他的编译器中有些区别。其 C51 数据类型和数值范围如表 6-1 所示。

表 6-1　C51 数据类型和数值范围

数 据 类 型	符　　　号	范　　　围
字符型	unsigned char	0～255
	signed char	−128～127
整型	unsigned int	0～65 535
	signed int	−32 768～32 767

续表

数 据 类 型	符　　号	范　　围
长整型	unsigned long int	$0\sim4\ 294\ 967\ 295$
	signed long int	$-2\ 147\ 483\ 648\sim2\ 147\ 483\ 647$
浮点型	float	$-3.4\times10^{-38}\sim3.4\times10^{38}$
	double float	$-3.4\times10^{-38}\sim3.4\times10^{38}$(C51 中)

提示：读者以后编写程序时,对于变量只用小,不用大,即能用 char 解决的变量问题,不用 long int 型,这样既浪费资源,又会使程序运行较慢。注意一定不要越界。例如, unsigned char i;for(i ＝ 0;i ＜ 1000;i＋＋),这样程序会一直在 for 循环里运行,因 为 i 无论怎么累加也超不过 1000,别小看这类问题,初学者经常在这点上不知所措。

6.1.2　变量的作用域

C 语言中的每一个变量都有自己的生存周期和作用域,作用域是指可以引用该变量的 代码区域,生命周期表示该变量在存储空间存在的时间。根据作用域来划分,C 语言变量可 分为两类:全局变量和局部变量。根据生存周期,变量的存储方式又分为:动态存储和静 态存储,这两者还可以细分,详见 6.1.3 节。

1. 全局变量

全局变量也称为外部变量,它是在函数外部定义的变量,其作用域为当前源程序文件, 即从定义该变量的当前行开始,直到该变量的源程序文件的结束,在这个区间内所有的函数 都可以引用该变量。

用全局变量时需要注意以下几点。

(1)外部变量的定义和外部变量的说明不是一回事。外部变量定义必须在所有的函数 之外,且只能定义一次。而外部变量的说明出现在要使用该外部变量的各个函数内,在整个 程序内,可能出现多次。外部变量在定义时就已分配了内存单元,外部变量定义可作初始赋 值,外部变量说明不能再赋初始值,只是表明在函数内要使用某外部变量。

(2)外部变量可加强函数模块之间的数据联系,但是又使函数要依赖这些变量,因而使 得函数的独立性降低。从模块化程序设计的观点来看这是不利的,因此能不用全局变量的 地方就一定不要用。

2. 局部变量

局部变量也称为内部变量。局部变量是定义在函数内部的变量,其作用域仅限于函数 或者复合语句内,离开该函数或复合语句后将无法再引用该变量。注意,这里所说的复合语 句是指包含在"{}"内的语句,例如 if(条件 a){ int a ＝ 0;}在该复合语句中变量 a 的作用域 为定义 a 的那一行开始到大括号结束。

读者请注意以下几点。

（1）对于局部变量的定义和说明，可以不加区分。

（2）主函数中定义的变量也只能在主函数中使用，不能在其他函数中使用。同时，主函数中也不能使用其他函数中定义的变量。因为主函数也是一个函数，它与其他函数是平行的关系。

（3）形参变量是属于被调函数的局部变量，实参变量是属于主调函数的局部变量。

（4）允许在不同的函数中使用相同的变量名，它们代表不同的对象，分配不同的单元，互不干扰，也不会发生混淆。虽然允许在不同的函数中使用相同的变量名，但是为了使程序明了易懂，不提倡在不同的函数中使用相同的变量名。

（5）在同一源文件中，允许全局变量和局部变量同名。在局部变量的作用域内，全局变量不起作用。建议不要重名，以免糊涂。

6.1.3　变量的存储类别

上面提到按作用的时间（生存周期），变量的存储方式有动态存储和静态存储，具体细分为 4 种变量：静态变量、动态变量（自动变量）、寄存器变量、外部变量。

（1）自动变量（auto），默认的存储类别。根据变量的定义位置决定变量的生命周期和作用域，如果定义在函数外，则为全局变量，定义在函数或复合语句内，则为局部变量。C语言中如果忽略变量的存储类别，则编译器自动将其存储类型定义为自动变量。自动变量用关键字 auto 做存储类别的声明。关键字 auto 可以省略，auto 不写则隐含定为"自动存储类别"，属于动态存储方式。

（2）静态变量（static）。用于限制作用域，无论该变量是全局还是局部变量，该变量都存储在数据段上。静态全局变量的作用域仅限于该文件，而静态局部变量的作用域限于定义该变量的复合语句内。静态局部变量可以延长变量的生命周期，其作用域没有改变，而静态全局变量则生命周期没有改变，但其作用域却减小至当前文件内。有时希望函数中的局部变量的值在函数调用结束后不消失而保留原值，这时就应该指定局部变量为"静态局部变量"，用关键字 static 进行声明。它的具体应用，后面实例中再慢慢讲述。

最后对静态局部变量做几点小结，望读者以后多加注意。

① 静态局部变量属于静态存储类别，在静态存储区内分配存储单元。在程序整个运行期间都不释放。而动态局部变量属于动态存储类别，占用动态存储空间，函数调用结束后立即释放。

② 静态局部变量在编译时赋初值，即只赋初值一次。而对自动变量赋初值是在函数调用时进行，每调用一次函数重新赋一次初值，相当于执行一次赋值语句。

③ 如果在定义局部变量时不赋初值，则对静态局部变量来说，编译时自动赋初值 0（对数值型变量）或空字符（对字符变量）。而对自动变量来说，如果不赋初值则它的值是一个不确定的值。

注意：有关变量的初始化，在 C51（也即 Keil5 编译器）中，无论全局变量还是局部变量，在定

义时即使未初始化,编译器也会自动将其初始化为 0,因此在使用这两种变量时,不用再考虑它的初始化问题。但为了防止在一些其他的编译中出现不确定值,或为了规范编程,笔者建议,无论是全局还是局部变量,定义之后顺便赋予初值 0,这样或许能在以后的编程路上少遇点麻烦。

(3) 寄存器变量(register):为了提高效率,C 语言允许将局部变量的值放在 CPU 中的寄存器中,这种变量叫"寄存器变量",用关键字 register 作声明。关于 register 变量,读者需要注意三点,具体如下:

① 只有局部自动变量和形式参数可以作为寄存器变量;

② 一个计算机系统中的寄存器数目有限,不能定义任意多个寄存器变量;

③ 局部静态变量不能定义为寄存器变量。

(4) 外部变量(extern):该关键字扩展全局变量的作用域,让其他文件中的程序也可以引用该变量,但并不会改变该变量的生命周期。

它的作用域为从变量定义处开始,到本程序文件的末尾。如果在定义点之前的函数想引用外部变量,则应该在引用之前用关键字 extern 对该变量作"外部变量声明"。表示该变量是一个已经定义的外部变量。有了此声明,就可以从"声明"处起,合法地使用该外部变量。

6.1.4　变量的命名规则

首先向读者声明:变量命名的好坏与程序的好坏没有直接的关系,但笔者还是衷心希望读者能写出变量、函数命名符合规范,结构严谨、简洁易懂的好程序。

1. 变量命名的方法

变量命名有两种方法:匈牙利命名法、驼峰式命名法。还有帕斯卡命名法,但严格地说,帕斯卡命名法属于驼峰式命名法,因此这里就不再说明了。无论哪种命名法,在笔者看来,任何一个命名应该主要包含两层含义:望文知义、简单却信息量大。

1) 驼峰命名法(Camel-Case)

该方法是电脑程序编写时的一套命名规则(惯例),是程序员为了使代码能更容易在同行之间交流,所采取的统一的可读性比较好的命名方式。例如:有些程序员喜欢全部小写,有些程序员喜欢用下划线,所以如果要写一个 my name 的变量,一般写法有 myname、my_name、MyName 或者 myName。这样的命名规则不适合所有程序员阅读,而利用驼峰命名法来表示,可以增加程序的可读性。

驼峰命名法就是当变量名或函数名是由一个或多个单词连接在一起,而构成的唯一识别的词时,第一个单词以小写字母开始,第二个单词的首字母大写,这种方法统称为"小驼峰式命名法",如 myFirstName;或每一个单词的首字母都采用大写字母,这种称为"大驼峰式命名法",例如 MyLastName。

这样的变量名看上去就像骆驼峰一样此起彼伏,故得名。驼峰命名法的命名规则可视为一种惯例，并无绝对与强制，只是为了增加程序的识别性和可读性。

2）匈牙利（Hungary）命名法

匈牙利命名法也是一种编程时的命名规范，又称为 HN 命名法。基本原则是：变量名＝属性＋类型＋对象描述，其中每一对象的名称都要求有明确含义，可以取对象名字全称或名字的一部分。命名要基于容易记忆、理解的原则。保证名字的连贯性是非常重要的。

据说这种命名法是一位叫 Charles Simonyi 的匈牙利程序员发明的，后来他在微软待了几年，于是这种命名法就通过微软的各种产品和文档资料向世界传播开了。现在，大部分程序员不管自己使用什么软件进行开发，或多或少都使用了这种命名法。其出发点是把变量名按：属性＋类型＋对象描述的顺序组合起来，以使程序员作变量时对变量的类型和其他属性有直观的了解。下面是 HN 变量命名规范。

（1）匈牙利（Hungary）命名法的属性部分。

全局变量用 g_开头，如一个全局的长型变量定义为 g_lFailCount。

静态变量用 s_开头，如一个静态的指针变量定义为 s_plPerv_Inst。

成员变量用 m_开头，如一个长型成员变量定义为 m_lCount。

（2）匈牙利（Hungary）命名法的类型部分。

各类型可表示为：指针，p；函数，fn；长整型，l；布尔，b；浮点型（有时也指文件），f；双字，dw；字符串，sz；短整型，n；双精度浮点；计数，c（通常用 cnt）；字符，ch（通常用 c）；整型，i（通常用 n）；字节，by；字，w；无符号，u；位，bt。

（3）匈牙利（Hungary）命名法的对象描述。

采用英文单词或其组合，不允许使用拼音。程序中的英文单词一般不要太复杂，用词应当准确。英文单词尽量不缩写，特别是非常用的专业名词，如果有缩写，在同一系统中对同一单词必须使用相同的表示法，并且注明其意思。

2. 变量命名的补充规则

（1）变量命名使用名词性词组，函数命名使用动词性词组（后面会详细讲述）。

变量含义表示符构成为：目标词＋动词（的过去分词）＋［状语］＋［目的地］。例如：DataGotFromSD、DataDeletedFromSD。

（2）所有宏定义、枚举常数、只读变量全用大写字母命名，用下划线分割单词。例如：const int MIN_LENGTH＝10。

6.2　STC15 单片机的内部结构

单片机看上去只是一个"黑块"，外加一些金属引脚，其内部究竟由什么组成？编写程序是通过操作它内部的什么部件继而间接操作各个 I/O 口的状态呢？

6.2.1　STC15 单片机的内部结构

从单片机强大的功能，可知其内部组成相当复杂。但读者需要清楚的是，复杂的内部结构不是必须要掌握,只需了解如何控制其内部寄存器即可。这里以宏晶科技给出的 IAP15W4K58S4 内部结构图(如图 6-1 所示)为例进行讲解,读者只需了解即可。

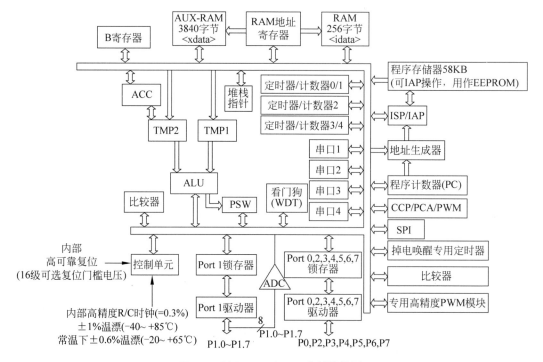

图 6-1　IAP15W4K58S4 内部结构图

由此可见,单片机内部结构主要有中央处理器(CPU)、程序存储器(Flash)、数据存储器(SRAM)、定时器/计数器、掉电唤醒专用定时器、I/O 口、高速 A/D 转换、比较器、看门狗、UART 高速异步串行通信口(1~4)、CCP/PWM/PCA、高速同步串行通信端口 SPI,片内高精度 R/C 时钟以及高可靠复位等模块。

其他部分会在后面介绍,此节只简单介绍中央处理器(CPU)、程序存储器(Flash)和数据存储器(SRAM)。

6.2.2　中央处理器(CPU)

单片机是集成在一块芯片上的完整的 8 位微计算机,包含 CPU、位寄存器、I/O 口和指令集。其中 CPU 主要包含:运算器、控制器。

1. 运算器

运算器包括:

(1) 算术逻辑运算单元——ALU,主要功能是进行算术运算、逻辑运算。

(2) 累加器——A,相当于数据加工厂。

(3) 位处理器,主要进行位运算。

（4）BCD码修正电路，主要进行十进制数的运算和处理。

（5）程序状态字寄存器——PSW，其各个位的定义如表6-2所示。

表 6-2　程序状态寄存器

位（Bit）	D7	D6	D5	D4	D3	D2	D1	D0
名称（Name）	CY	AC	F0	RS1	RS0	OV	F1	P
地址（Address）	D7H	D6H	D5H	D4H	D3H	D2H	D1H	D0H

该寄存器属于特殊功能寄存器，地址为：0xD0，可以位寻址。各个位的具体含义这里不再赘述，读者可以参考STC官方数据手册的第374页。

2．控制器

控制器为单片机的指挥部件，主要任务是识别指令，控制各功能部件，保证各部分有序工作。它包括指令寄存器、指令译码器、程序计数器、程序地址寄存器、条件转移逻辑电路和时序控制逻辑电路，该部分内容请读者自行查阅STC官方数据手册的第五章。

6.2.3　只读存储器（ROM）和随机存储器（RAM）

在讲述IAP15W4K58S4单片机的存储器之前，先来了解一下RAM和ROM的区别。

ROM是Read-Only Memory的英文缩写。ROM中所存的数据，一般是装入整机前事先写好的，整机工作过程中只能读出，而不像随机存储器那样能快速地、方便地加以改写。ROM中所存的数据稳定，断电后也不会改变。其结构较简单，读出较方便，因而常用于存储各种固定程序和数据。

ROM的分类比较多，有PROM、EPROM、OTPROM、EEPROM（后面专门有一章会讲述）、Flash ROM等，其中Flash又分NOR Flash、NAND Flash。

RAM是Random Access Memory的英文缩写。存储单元的内容可按需求随意取出或存入，且存取的速度与存储单元的位置无关。这种存储器在断电时将丢失其存储内容，故主要用于存储短时间使用的程序。

按照存储信息的不同，随机存储器又分为静态随机存储器（Static RAM，SRAM）和动态随机存储器（Dynamic RAM，DRAM）。

以上这些内容读者不需记忆，知道就可以了。读者以后学ARM、FPGA时，就需要深入学习NOR Flash、NAND Flash、SRAM、SDRAM等。笔者现引用下文[①]介绍hex文件和存储器的关系。

程序经过编译、汇编、链接后，生成hex文件。用专用的烧录软件，通过烧录器（其实STC公司的单片机也可以不用烧录器，用串口就可以了）将hex文件烧录到ROM中（究竟是怎样将hex文件传输到单片机内部的ROM中的呢？），因此，这个时候的ROM中，包含所有的程序：无论是一行一行的程序代码，函数中用到的局部变量，头文件中所声明的全局

---

① 文章出处：http://blog.csdn.net/wodesanmaoqian/article/details/7497534

变量,const 声明的只读常量,都被生成二进制数据,包含在 hex 文件中,全部烧录到了 ROM 里面,此时的 ROM,包含了程序的所有信息,正是由于这些信息,"指导"了 CPU 的所有动作。

可能有人会问,既然所有的数据在 ROM 中,那 RAM 中的数据从哪里来？什么时候 CPU 将数据加载到 RAM 中？会不会是在烧录的时候,已经将需要放在 RAM 中的数据烧录到了 RAM 中？

要回答这个问题,首先必须明确：ROM 是只读存储器,CPU 只能从里面读数据,不能往里面写数据,掉电后数据依然保存在存储器中；RAM 是随机存储器,CPU 既可以从里面读出数据,又可以往里面写入数据,掉电后数据不保存,这是永恒的真理,读者要记在心里面。

清楚了上面的问题,那么就很容易想到,RAM 中的数据不是在烧录的时候写入的,因为烧录完毕后会拔掉电源,当再给 MCU 上电后,CPU 也能正常执行动作,RAM 中照样有数据。这就说明：RAM 中的数据不是在烧录的时候写入,在 CPU 运行时,RAM 中已经写入了数据。关键是：这个数据不是人为写入的,那肯定是 CPU 写入的,既然是 CPU 写入的,那又是什么时候写入的呢？

ROM 中包含所有的程序内容,在单片机(MCU)上电时,CPU 开始从第 1 行代码处执行指令。这里所做的工作是为整个程序的顺利运行做准备,或者说是进行 RAM 的初始化(注：ROM 是只读不写的),工作任务主要有下面几项。

(1) 为全局变量分配地址空间——如果全局变量已赋初值,则将初始值从 ROM 中复制 RAM 中,如果没有赋初值,则这个全局变量所对应的地址中的初值为 0(或者是不确定的)。当然,如果已经指定了变量的地址空间,则直接定位到对应的地址就行,分配地址及定位地址的任务由"链接器"完成。

(2) 设置堆栈段的长度及地址——用 C 语言开发的单片机程序里面,普遍都没有涉及堆栈段长度的设置,但这不意味着不用设置。堆栈段主要是用来在中断处理时起"保存现场"及"现场还原"的作用,其重要性不言而喻。而这么重要的内容,也包含在了编译器预设的内容里面,确实省事,可并不一定省心。

(3) 分配数据段(data)、常量段(const)、代码段(code)的起始地址。代码段与常量段的地址可以不关注,它们都是固定在 ROM 里面的,无论怎么排列,都不会对程序产生影响。但是数据段的地址就必须关注。数据段的数据是要从 ROM 复制到 RAM 中去的,而在 RAM 中,既有数据段(data),又有堆栈段(stack),还有通用的工作寄存器组。通常,工作寄存器组的地址是固定的,这就要求在决定数据段地址时,不能使数据段覆盖所有的工作寄存器组的地址。这点必须引起读者特别关注。

这里所说的"第 1 行代码处",并不一定是读者自己写的程序代码,绝大部分都是编译器代劳的,或者是编译器自带的 demo 程序文件。因为,读者自己写的程序(C 语言程序),并不包含这些内容。高级的单片机,这些内容,都是在 startup 的文件中。仔细阅读,有益无害。

通常的做法是：普通的 flashMCU(单片机)是在上电时或复位时，PC 指针里面存放的是 0000，表示 CPU 从 ROM 的 0000 地址开始执行指令，在该地址处放置一条跳转指令，使程序跳转到_main 函数中，然后根据不同的指令，一条一条地执行，当中断发生时(中断数量也很有限，2～5 个中断)，按照系统分配的中断向量表地址，在中断向量里面，放置一条跳转到中断服务程序的指令，如此整个程序就运行起来了。让 CPU 这样做，是由 ROM 结构所决定的。

其实，这里面，C 语言编译器作了很多的工作，只是，读者们不知道而已。如果读者们仔细阅读编译器自带的 help 文件就会发现，这也是了解编译器最好的途径。

6.2.4 IAP15W4K58S4 单片机的存储结构

IAP15W4K58S4 单片机的存储器采用了哈佛结构。有一根地址和数据总线，程序存储器空间和数据存储器空间采用独立编址，拥有各自的寻址方式和寻址空间。在物理结构上有四个存储空间，分别为：片内程序存储器(ROM)、片外程序存储器(ROM)、片内数据存储器(RAM)和片外数据存储器(RAM)。

在逻辑上，即从用户的角度来看，IAP15W4K58S4 单片机有三个存储空间：

(1) 片内外统一编址的 58KB 的程序存储器地址空间(采用 MOVC 访问)。

(2) 4KB(256 字节的内部 RAM+3840 字节的内部扩展 RAM)的片内数据存储器的地址空间。

(3) 64KB 片外数据存储器的地址空间(采用 MOVX 访问)。

在访问三个不同的逻辑空间时，应采用不同形式的指令(具体读者可以查阅 STC 的数据手册)，以产生不同的存储器空间的选通信号，单片机存储器的空间结构如图 6-2 所示。

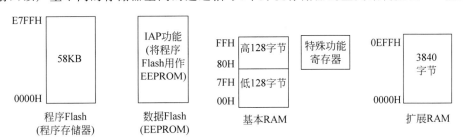

图 6-2　IAP15W4K58S4 单片机内部存储结构示意图

1. 程序存储器(Flash 存储器)

该内存的寻址范围为：0000H～E7FFH，容量为 58KB，主要作用是存放程序及程序运行时所需的常数等。

特别提醒，在使用程序存储器时，有几个需要注意的单元，其地址如下。

(1) 0000H——系统复位，PC 指向此处，即单片机从这个单元开始执行程序。

(2) 0003H～00BBH，这些单元用于 24 个中断响应的入口地址(或称为中断向量地址)，具体地址第 7 章中断部分再做详细讲述。

2. 内部数据存储器(RAM)

数据存储器也称为随机存取数据存储器。数据存储器分为内部数据存储器和外部数据存储器。4KB的内部数据存储器在物理和逻辑上分为两个地址空间：内部RAM(256字节)和内部扩展RAM(3840字节)。其中内部RAM的高128字节的数据存储器与特殊功能寄存器(SFRs)看似地址重叠,实际使用时通过不同的寻址方式可访问不同的存储区。数据寄存器的高128字节只能采用寄存器间接寻址方式访问；特殊功能寄存器只能采用直接寻址方式。

(1) 数据存储器空间(低128字节),寻址范围为：00H~7FH。

这部分寄存器主要包含：工作寄存器区、位寻址区、数据缓冲区和堆栈数据区三个部分。这里简述堆栈,其他的读者可以自行查阅相关资料。

堆栈是一种数据项按序排列的数据结构,只能在一端(称为栈顶)对数据项进行插入和删除。不同的是,堆的顺序随意,栈的顺序是后进先出。堆栈的主要作用有：保护断点、保护现场、临时暂存数据。

(2) 特殊功能寄存器空间(高128字节),寻址范围为：80H~FFH。

单片机是通过特殊功能寄存器(SFR)对各种功能部件进行集中控制的,IAP15W4K58S4单片机只用了88个有实际意义的地址(也即88个特殊功能寄存器),所谓特殊功能寄存器是指该RAM单元的状态与某一具体的硬件接口电路相关,要么反应某个硬件接口电路的工作状态,要么决定某个硬件电路的工作状态。例如前面操作的I/O,就是通过操作其对应的特殊功能寄存器来实现的。具体的特殊功能寄存器表,读者自行查阅STC官方数据手册的389页即可,随着学习的深入,会穿插讲述到大多寄存器。

(3) 内部扩展RAM存储器。

IAP15W4K58S4单片机除了集成有256字节的内部RAM外,还集成了3840字节的扩展RAM,地址范围为：0000H~0EFFH,访问方式和8051访问外部扩展RAM的方法类似,唯独不同的是不影响P0、P2口等功能端口。在C语言中,可使用xdata声明存储类型,例如"unsigned char xdata ucVal = 0;"。

3. 外部数据存储器(RAM的扩展)

前面说过,IAP15W4K58S4单片机有4KB内部RAM,这些存储器通常被用作工作寄存器、堆栈、零时变量的存储等,一般情况够用了,但是如果系统要存储大量数据,例如运行μCOS_Ⅲ实时操作系统时,那么片内的数据存储器就会不够用,这时需要进行扩展。由于FSST15开发板不需要扩展RAM,因此这里不赘述,如果读者想了解这部分的内容,可自行查阅STC官方数据手册的第385页。

6.3 STC15单片机的定时器/计数器

IAP15W4K58S4单片机内部集成有5个16位的可编程定时器/计数器,即定时器/计数器0、1、2、3和4,简称T0、T1、T2、T3、T4。每个定时器有不同的工作模式。因其原理大同小异,这里着重以 T0 的模式一为例来讲述,只要读者彻底掌握了,那么其他的也能参考数据手册熟练应用。读者学习 IAP15W4K58S4 单片机,不仅要把它当作一种单片机来学,更要把它当作单片机技术来学,学了这种单片机,以后工作、开发项目中用到其他的单片机,也能熟练应用。

6.3.1　学习定时器/计数器之前的说明

本章开始时已经说了,定时器是单片机学习的重点和难点。为了降低学习难度,笔者这里特此进行一些说明,希望能帮到读者。

说明一:定时器和计数器的实质都是加一计数器。一定不要认为计数器是用来计时的,定时器是用来定时的,其实两个都是用来定时的。区别是定时器的加一触发源来自单片机内部,而计数器的加一触发源来自单片机外部。

说明二:在定时器和计数器中都有溢出的概念。那什么是溢出? 举个例子,水龙头下面放一个水杯,这个水杯能装 65 535mL 水,水龙头一微秒滴 1mL 水。第一个问题:请问多少秒杯子会满? 第二个问题:如果笔者让水龙头以 1mL/μs 的速度滴水,滴了 65 536μs,那么杯中还有多少水? 答案肯定是 65 535,第二个问题的答案为什么不是 65 536mL,因为最后一滴水溢出了。杯中的水溢出则发生浪费,单片机中定时器/计数器里的数溢出则发生中断,有关中断具体的概念和应用第 7 章再述。

说明三:再说容量。接着提第三个问题:请问上面提到的杯子的容量是多少? 答案是:65 535mL。那单片机中定时器/计数器的容量是多少?

说明四:再说初始值。接着提第四个问题:杯子容量是 65 535mL,已经装了 45 536mL,要让杯子装满,还需装多少毫升(mL)水? 那要让有溢出,至少得装多少毫升(mL)? 答案:19 999mL,20 000mL。第五个问题:杯子容量为 65 535mL,水龙头以 1mL/μs 的速度滴水,需要滴 20 000μs,并且要有溢出,那么杯中必须预先装多少毫升(mL)水?

答案是:65 535 + 1(这 1mL 是为了溢出)$-$20 000$\times$1 = 45 536(mL)。将 45 536 这个值定义为初始值。

说明五:会推算特殊值。先学习如何推算。FSST15 开发板上搭载的 IAP15W4K58S4 单片机运行晶振的频率可通过 STC-ISP 来自行设定,前面已经提及过。系统晶振默认频率为 11.0592MHz,在选用定时器的加一计数触发源时,选择兼容传统 8051 的 12 分频模式(复位默认值,不用设置),这样定时器加一一次的周期 T=1/F=1/(11.0592MHz/12) = 12/11.0592μs。这个 12/11.0592μs 数值大家不用铭记,会推算并明白其意即可。

说明六:定时与计数的关系。为了更好地阐述这个关系,笔者以自己曾经的习惯进行解释。前几年,笔者很多时候 2、3 点睡觉,7 点起床,这么短的睡觉时间,势必会睡过头,这时闹钟就起作用了,如果笔者晚上 3 点睡觉,7 点起床,睡觉的时间为 4 个小时,秒针需要走 4$\times$3600 次,这样 4 个小时的定时时间就转化成秒针走的次数,也就是需要计 4$\times$3600 次数,读者是不是感觉出计数(秒钟走过的次数)和定时(闹钟)的关系。

有这 6 个说明,相信读者学习定时器和计数器会相对比较容易。定时器/计数器是单片机内部的硬件资源,用特殊的总线与 CPU 相连,实现计数功能。要使用定时器/计数器,还得配置一些特殊功能寄存器,对于新手,难就难在配置这些寄存器上。但这没什么好办法,要靠多次的重复,不经意之间,让这些拦路虎变成了纸老虎。熟练之后,读者必定会有"柳暗花明又一村"的感觉。

总之,IAP15W4K48S4 单片机内部集成了 5 个 16 位定时/计数器 T0、T1、T2、T3、T4,这些部件是一个加法计数器(TH、TL),对输出脉冲进行计数,若计数脉冲来自系统时钟,则为定时器方式,若计数脉冲来自 P3.4(T0)、P3.5(T1)、P3.1(T2)、P0.7(T3)、P0.5(T4)引脚则为计数方式。

6.3.2　定时器/计数器 T0、T1 的寄存器

IAP15W4K48S4 单片机内部的 T0/T1(定时器/计数器 0 和 1)的工作方式和控制由 TMOD、TCON、AUXR 三个特殊功能寄存器来控制、管理。

1. 定时器/计数器 T0、T1 控制寄存器(TCON)

TCON 也是特殊功能寄存器,字节地址为:88H,位地址由低到高分别为:88H~8FH,该寄存器可进行位寻址。TCON 的主要功能就是控制定时器是否工作、标志哪个定时器产生中断或者溢出等,复位值为:0x00。其各个位的定义如表 6-3 所示。

表 6-3　定时器/计数器控制寄存器(TCON)

位(Bit)	D7	D6	D5	D4	D3	D2	D1	D0
名称(Name)	TF1	TR1	TF0	TR0	IE1	IT1	IE0	IT0
地址(Address)	8FH	8EH	8DH	8CH	8BH	8AH	89H	88H

(1) TF1——定时器/计数器 T1 溢出标志位。T1 被允许计数以后,从初值开始加 1 计数。当最高位产生溢出时由硬件置 1,此时向 CPU 发出中断请求,一直到 CPU 响应中断时,才由硬件清 0,如果用中断服务程序来写中断,该位完全不用理睬;相反,若用软件查询方式来判断,则一定要用软件清 0。这点读者一定要注意,否则很容易出问题。

(2) TR1——T1 的运行控制位。该位完全由软件来控制(置 1 或清 0),该位有以下两种条件。

① 当 GATE(TMOD.7)=0 时,TR1=1,允许 T1 开始计数,TR1=0,禁止 T1 计数。

② 当 GATE(TMOD.7)=1 时,TR1=1 且外部中断引脚 INT1 为高电平时,才允许 T1 计数。

(3) TF0/TR0 同上,只是用来设置 T0。

(4) IE1——外部中断 1 请求源(INT1/P3.3)的标志位。外部中断向 CPU 请求中断。当 CPU 响应(也就是进入外部中断服务函数)之后由硬件自动清 0。外部中断以哪种方式申请由 IT1 决定。

(5) IT1——外部中断 1 触发方式控制位。

① IT1=1,外部中断 1(INT1)端口由 1 到 0 的下降沿跳变时,置位中断请求标志

位 IE1。

② IT1＝0，外部中断 1（INT1）端口为低电平时，置位中断请求标志位 IE1。

（6）IE0/IT0 同上，只是用来设置外部中断 0（INT0）。

2. 定时器/计数器 T0、T1 工作模式寄存器（TMOD）

该寄存器也属于特殊功能寄存器，其字节地址为 89H，该寄存器不能位寻址，复位值为 0x00。定时和计数功能由控制位 C/$\overline{T}$ 进行选择，TMOD 寄存器的各个位意义如表 6-3 所示。可以看出，2 个定时/计数器有 4（2^2）种操作模式，通过 TMOD 的 M1 和 M0 选择。2 个定时/计数器的模式 0、1 和 2 都相同，模式 3 不同，各个模式下的功能如表 6-4 所示。

表 6-4　定时器/计数器工作模式寄存器（TMOD）

位（Bit）	D7	D6	D5	D4	D3	D2	D1	D0
名称（Name）	GATE	C/$\overline{T}$	M1	M0	GATE	C/$\overline{T}$	M1	M0
	← 　　　　 定时器 1 　　　　 →				← 　　　　 定时器 0 　　　　 →			

由此表可知，TMOD 的高四位用来设置定时器 1，定时器的后四位用来设置定时器 0。

（1）GATE——门控制位。

① GATE＝0，定时/计数器的启动和禁止仅由 TRx（x＝0/1）决定。

② GATE＝1，定时/计数器的启动和禁止由 TRx（x＝0/1）和外部中断引脚（INT0/INT1）上的电平（必须是高电平）共同决定。

（2）C/$\overline{T}$——计数器模式还是定时器模式选择位。

① C/$\overline{T}$＝1，设置为计数器模式。

② C/$\overline{T}$＝0，设置为定时器模式。

（3）M1，M0——工作模式选择位。

每个定时/计数器都有 4 种工作模式，就是通过设置 M1、M0 来设定，对应关系如表 6-5 所示。

表 6-5　定时器/计数器工作模式设置表

M1	M0	定时/计数器工作模式
0	0	模式 0，为自动重装初始值的 16 位定时器/计数器（推荐）
0	1	模式 1，16 位定时器/计数器
1	0	模式 2，自动重装初始值的 8 位定时器/计数器
1	1	模式 3，仅 T0 工作，分成两个 8 位计数器，T1 停止

3. 定时器/计数器的辅助寄存器（AUXR）

STC15 单片机是 1T 的 51 单片机，为兼容传统 51 单片机，定时器 0、定时器 1 和定时器 2 复位后是传统 51 单片机的速度，即 12 分频。但也可以不进行 12 分频，通过设置新增加的辅助寄存器（AUXR），如表 6-6 所示，将 T0，T1，T2 设置为 1T。该寄存器也是特殊功能寄存器，字节地址是 0x8E，能位寻址，复位值是 0x01。

表 6-6   辅助寄存器（AUXR）

位（Bit）	B7	B6	B5	B4	B3	B2	B1	B0
名称（Name）	T0x12	T1x12	UART_M0X6	T2R	T2_C/$\overline{\text{T}}$	T2x12	EXTRAM	SIST2

（1）T0x12：定时器 0 速度控制位。

① T0x12＝0，定时器 0 是传统 51 单片机速度，12 分频。

② T0x12＝1，定时器 0 的速度是传统 51 单片机的 12 倍，不分频。

（2）T1x12：定时器 1 速度控制位。

① T1x12＝0，定时器 1 是传统 51 单片机速度，12 分频。

② T1x12＝1，定时器 1 的速度是传统 51 单片机的 12 倍，不分频。

（3）T2x12：定时器 2 速度控制位。

① T2x12＝0，定时器 2 是传统 51 单片机速度，12 分频。

② T2x12＝1，定时器 2 的速度是传统 51 单片机的 12 倍，不分频。

其余位的具体含义，用时再具体讲述，读者也可以查阅 STC 官方的数据手册第 594 页。

6.3.3　定时器/计数器 T0、T1 的工作模式

由表 6-4 所示，定时器/计数器 T0、T1 有四种模式，通过 TMOD 的 M0、M1 进行设置，分别是模式 0～3，除工作模式 3 以外，其余的 3 种工作模式，定时器/计数器 T0 和定时器/计数器 T1 工作原理完全相同。笔者的实际应用经验告诉读者模式 1、模式 2 和模式 3 完全可由模式 0 取代，因此这里以模式 0 为主。

模式 0 是一个可自动重装初始值的 16 位定时/计数器，其结构如图 6-3 所示。T0 有两个隐含的寄存器 RL_TH0 和 RL_TL0，用于保存 16 位定时器/计数器的重装初始值。当 TH0、TL0 构成的 16 位计数器溢出时，RL_TH0 和 RL_TL0 的值分别自动装入 TH0、TL0 中这样就实现了自动重装的功能。

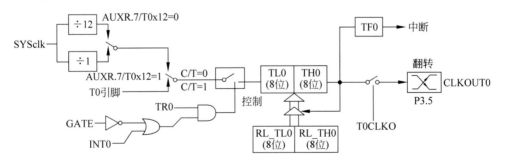

图 6-3　定时器/计数器的工作模式 0

这里，笔者带领读者来分析这个示意图，只有这个图掌握了，那其他的工作模式读者就能自行分析了。SYSclk 表示晶振频率，这里有一个选择开关，由辅助寄存器设置 SYSclk 是不分频，还是 12 分频之后作为计数脉冲。GATE 右边的是"非"门，再右侧是一个"或"门，

再往右是一个"与"门，关于这些读者可以复习前面的知识点。

(1) TR0 和"或"门的结果要进行与运算，TR0 如果是 0，与运算后肯定是 0，要让定时器工作，TR0 必须为 1。

(2) "与"门结果要想是 1，"或"门出来的电平信号也必须是 1。在 GATE 位为 1 的情况下，经过一个"非"门变成 0，"或"门电路结果要想是 1，INT0(P3.2 引脚)必须是 1，定时器才会工作，即 INT0 是 0 时，定时器不工作，这就是 GATE 位的作用。

(3) 当 GATE 位为 0 时，经过一个"非"门变成 1，不管 INT0 引脚是什么电平，经过"或"门电路后肯定是 1，定时器就开始工作了。

(4) 要想让定时器工作，即计数器加 1，从图 6-3 上看有两种方式：第一种方式是开关触到上边的箭头，即 C/T=0，一个机器周期 TL 就会加 1 一次；当开关触到下边的箭头，即 C/T=1，T0(P3.4 引脚)有一个脉冲，TL 就会加 1 一次，这就是计数器的功能。

(5) 无论是在 OSC(定时器)的作用下，还是在 Tn 引脚(计数器)的作用下，当 TL0/1、TH0/1 都记满以后，就会有溢出，之后只需根据这个溢出决定是执行中断，还是判断溢出标志位，后面会具体讲解。

6.3.4　定时器的简单应用实例和初始化步骤总结

前面讲了很多关于定时器的说明、寄存器、工作模式等，估计读者看得有些吃力。这里结合一个实例来巩固前面所学的知识点，并总结定时器应用的步骤(主要是定时器初始化的顺序)。

读者还记得在前面讲述的初始值(初值)吗？所谓初始值就是在计数寄存器(水杯)的 TH0 和 TL0 里预先装入一定的数值(水)，之后在该基础上计数，直到发生溢出。假如计划定时 10ms，那该如何做呢？前面提到，定时和计数是有对应关系的，因此可将预计定时的 10ms 转化为计数。设为次数 x 次，则(12÷11.0592)×x=10 000，x=9216，这个数是在初值基础上累加的值，那初值如何算呢？根据前面的说明四，可得初始值=65 536－9216＝56 320，转化成十六进制为 0xDC00，继而 TH0=0xDC，TL0=0x00，或者可以这样写 TH0=(65 536－9216)/256，TL0=(65 536－9216)%256。

由此可见初值寄存器里装入不同的初值，则会有不同的定时基准，范围是 0～71ms，那定时 1000ms 又该如何做呢？

这里以 FSST15 开发板上的 LED11(D19)为例，间隔 1s 实现一次闪烁。首先来看 main.c 的源程序。

```
# include "FsBSP_Timer.h"          //包含定时器的头文件

sbit LED11 = P3^6;                  //LED11 的位定义

void main(void)
{
    unsigned char uiCounter = 0;
```

```
    Timer0_Init();                              //调用初始化函数,初始化定时器 0

    while(1)
    {
        if(TF0 == 1)                            //检查定时器是否溢出
        {
            TF0 = 0;                            //有溢出时要记得清标志位
            uiCounter++;                        //记录溢出的次数
            if(100 == uiCounter)                //一次 10ms,那 100 次呢
            {
                uiCounter = 0;
                LED11 = ~ LED11;                //LED11 取反,实现闪烁现象
            }
        }
    }
}
```

FsBSP_Timer.c 和 FsBSP_Timer.h 的源代码分别如下。

```
#include "FsBSP_Timer.h"


/* ******************************************************************
 * 函数名称: Timer0_Init()
 * 入口参数: 无
 * 出口参数: 无
 * 函数功能: 初始化定时器 0
 ****************************************************************** */
void Timer0_Init(void)
{
    TMOD = 0x00;                                //设置定时器 0 工作在模式 0 下
    TH0 = 0xDC;                                 //定时基准为 10ms
    TL0 = 0x00;                                 //赋初始值
    TR0 = 1;                                    //开定时器 0
}
#ifndef __FsBSP_Timer_H__
#define __FsBSP_Timer_H__

#include "STC15.h"
extern void Timer0_Init(void);

#endif
```

建立好的完整工程如图 6-4 所示,之后编译、下载,此时应该能够观察到 FSST15 开发板上的 D19 开始闪烁。是不是觉得,定时器也没想象得那么难呢?

图 6-4　基于定时器的 LED 闪烁的完整工程界面

结合前面讲述的知识点，再加上详细的注释，应该不难理解。这里提及一点关于 C 语言的知识，细心的读者可能注意到两个 if 语句的写法有不同，假如由于编程时的疏漏，写成了 if (TF0＝1) 和 if(100＝uiCounter)，对于前者 Keil5 会给出这样的警告：TIMER0LEDMAIN. C(xx)：warning C276：constant in condition expression，这样虽然有警告，但还是会编译成功，可是程序肯定是错的。而对于后者则直接是错误：TIMER0LEDMAIN. C(xx)：error C213：left side of asn-op not an lvalue，导致无法生成可执行文件。所以笔者推荐用后一种写法，这样 Keil5 可以将读者的错误扼杀在萌芽阶段。

读者应该注意到，笔者在使用定时器之前，先对其进行了初始化。为了便于读者学习和记忆，这里对其步骤总结如下。

第 1 步：对 AUXR 赋值，确定定时脉冲的分频系数，默认是 12 分频，与传统 8051 单片机兼容。

第 2 步：配置定时器的工作模式(对 TMOD 赋予相应值)，推荐使用模式 0。

第 3 步：给定时器赋初值，即赋值 TH0 和 TL0。

第 4 步：通过设置 TCON 来启动定时器，让其开始计数。

第 5 步：判断 TCON 寄存器的 TFx(x＝0/1)位，检测定时器的溢出情况。

6.4　IAP15W4K58S4 单片机的可编程时钟输出

在实际项目中，大多数除主控制器需要时钟以外，外围器件也需要时钟，如果单片机能提供可编程的时钟输出功能，不仅可以节省成本，还可降低电磁辐射的干扰(因为在不需要时，可随时关闭)。宏晶科技研发出了满足需求的单片机，例如 IAP15W4K58S4 单片机就有六个可编程时钟输出，分别是：系统时钟、定时器/计数器 0、定时器/计数器 1、定时器/计数器 2、定时器/计数器 3 和定时器/计数器 4 时钟输出，引脚分别是 P5.4(P1.6)、P3.5、P3.4、P3.0、P0.4、P0.6。需要注意的是，5V 系列的单片机，输出速度最快不超过 13.5MHz，3.3V

系列的单片机,输出速度最快不超过 8MHz。

五个可编程时钟输出由特殊功能寄存器 INT_CLKO 和 T4T3M 进行控制,相关控制位定义如表 6-7 所示。

表 6-7　INT_CLKO 和 T4T3M 控制位定义

名　称	地址	B7	B6	B5	B4	B3	B2	B1	B0	复位值
INT_CLKO	8FH	—	EX4	EX3	EX2	—	T2CLKO	T1CLKO	T0CLKO	x000 x000B
T4T3M	D1H	T4R	T4_C/$\overline{\text{T}}$	T4x12	T4CLKO	T3R	T3_C/$\overline{\text{T}}$	T3x12	T3CLKO	0000 0000B

(1) T0CLKO:定时器/计数器 T0 时钟输出控制位。

T0CLKO=0,不允许 P3.5(CLKOUT0)配置为定时器/计数器 T0 的时钟输出口。

T0CLKO=1,P3.5(CLKOUT0)配置为定时器/计数器 T0 的时钟输出口。

(2) T1CLKO:定时器/计数器 T1 时钟输出控制位。

T1CLKO=0,不允许 P3.4(CLKOUT1)配置为定时器/计数器 T1 的时钟输出口。

T1CLKO=1,P3.4(CLKOUT1)配置为定时器/计数器 T1 的时钟输出口。

(3) T2CLKO:定时器/计数器 T2 时钟输出控制位。

T2CLKO=0,不允许 P3.0(CLKOUT2)配置为定时器/计数器 T2 的时钟输出口。

T2CLKO=1,P3.0(CLKOUT2)配置为定时器/计数器 T2 的时钟输出口。

(4) T3CLKO:定时器/计数器 T3 时钟输出控制位。

T3CLKO=0,不允许 P0.4(CLKOUT3)配置为定时器/计数器 T3 的时钟输出口。

T3CLKO=1,P0.4(CLKOUT3)配置为定时器/计数器 T3 的时钟输出口。

(5) T4CLKO:定时器/计数器 T4 时钟输出控制位。

T4CLKO=0,不允许 P0.6(CLKOUT4)配置为定时器/计数器 T0 的时钟输出口。

T4CLKO=1,P0.6(CLKOUT4)配置为定时器/计数器 T0 的时钟输出口。

接着,再来看输出频率的计算,读者需要注意的是,下面这些公式一定要理解,而不是死记硬背。可编程时钟输出频率为定时器/计数器溢出率的二分频信号,这里以 T0 为例,讲述输出频率的计算。在允许 CLKOUT0 输出时钟频率的情况下,CLKOUT0 输出时钟频率计算公式如下(式中 f_{sys} 为单片机系统时钟)。

(1) T0 工作在模式 0 下,则

在 12T 方式下,CLKOUT0 $=[(f_{\text{sys}}/12)/(65536-\text{T0 初值})]/2$。

在 1T 方式下,CLKOUT0 $=[f_{\text{sys}}/(65536-\text{T0 初值})]/2$。

(2) T0 工作在模式 2 下,则

在 12T 方式下,CLKOUT0 $=[(f_{\text{sys}}/12)/(256-\text{T0 初值})]/2$。

在 1T 方式下,CLKOUT0 $=[f_{\text{sys}}/(256-\text{T0 初值})]/2$。

类似于定时器,读者只须掌握定时器/计数器 T0 在模式 0 和模式 2 下的频率输出计算方法即可,其他的定时器/计数器和工作模式都类似,限于篇幅,这里不赘述,有兴趣的读者请查阅 STC 官方提供的数据手册(第 683 页),具体实例请参考 6.5 节。

6.5　定时器和时钟输出应用实例

定时器在单片机系统中的应用非常广泛，例如定时器结合中断可实现计数和定时刷新等功能，或结合串口，实现通信功能。一般定时器都需配合其他部件一起工作，单独应用的范围很狭窄。这里先举两个简单例子，有利于读者消化定时器的知识点。

6.5.1　数码管的静态显示例程（定时器）

该例程，第5章用延时的方式讲过，这里接着介绍，读者可对比5.4.1节的例程，掌握数码管静态刷新，深入学习以标志位方式判断定时器溢出的原理和应用，以及加深对模块化的理解和掌握。main.c、FsBSP_Timer.c、FsBSP_Timer.h的具体源码分别如下，其中FsBSP_HC595.h、FsBSP_HC595.c两部分的源码请读者自行查阅前面的章节。

```c
#include "FsBSP_HC595.h"
#include "FsBSP_Timer.h"

unsigned char code SMG_Array[] = {0x3f,0x06,0x5b,0x4f,0x66,0x6d,
0x7d,0x07,0x7f,0x6f,0x77,0x7c,0x39,0x5e,0x79,0x71};   //0~F

void main(void)
{
    unsigned char i = 0;                        //发送数组的选择位
    unsigned char uiCounter = 0;                //记录定时器溢出次数标志位

    Timer0_Init();                              //定时器0初始化
    P6 = 0x00;                                  //使其8位数码管全部有效
    while(1)
    {
        if(TF0 == 1)
        {
            TF0 = 0;                            //有溢出时要记得清标志位
            uiCounter++;                        //记录溢出次数
            if(100 == uiCounter)                //一次10ms,那100次呢
            {
                if(i < 16) i++;
                else i = 0;
            }
            HC595_WrOneByte(SMG_Array[i]);      //调用函数,依次写16个数
        }
    }
}
```

FsBSP_Timer.c、FsBSP_Timer.h的底层驱动源码如下。

```
# include "FsBSP_Timer.h"
/* **********************************************************
* 函数名称: Timer0_Init()
* 入口参数: 无
* 出口参数: 无
* 函数功能: 初始化定时器 0
********************************************************** */
void Timer0_Init(void)
{
    TMOD = 0x00;                              //设置定时器 0 工作在模式 0 下
    TH0 = 0xDC;                               //定时基准为 10ms
    TL0 = 0x00;                               //赋初始值
    TR0 = 1;                                  //开定时器 0
}
-------------------------------------------------------------
# ifndef __FsBSP_Timer_H_
# define __FsBSP_Timer_H_

# include "STC15.h"
extern void Timer0_Init(void);

# endif
```

以上程序一定要注意,是缺少 FsBSP_HC595.h、FsBSP_HC595.c 两部分源码的,同时,一定要建立正确的工程和添加有效的路径,源码的含义与实现过程请读者结合注释理解,完整的源码及其工程详见随书所配光盘中。希望读者最好能将其编译,并下载到 FSST15 开发板上,观察其实验现象。单片机的学习,一定要理论与实践相结合,不要以为写了几行代码,就能掌握。

6.5.2 可编程时钟输出例程

在某些工程项目中,一些外设需要时钟才能工作,如果通过增加晶振来提供时钟,会增加硬件(晶振、PCB)成本,同时也会增加调试、加工的难度。为此 STC15 系列的单片机自身集成了可编程计数器阵列,方便实现可编程时钟的输出。这里先来学习如何用所需的定时器产生时钟。该例程的源码非常简单,读者可自行理解。main.c、FsBSP_Timer.h 和 FsBSP_Timer.c 的源码如下。

```
# include "FsBSP_Timer.h"

void main(void)
{
    Timer0_InitClock();                      //对定时器 0 进行可编程时钟初始化设置
    while(1);
}
-------------------------------------------------------------
# ifndef __FsBSP_Timer_H_
# define __FsBSP_Timer_H_
```

```
# include "STC15.h"

sbit T0CLKO = P3 ^5;                          //定时器 0 的时钟输出引脚

# define FOSC 11059200L                        //定义晶振频率为 11.0592MHz

# define F38_4kHz    (65535 - FOSC/2/38400)
//1T 模式下定义输出 38.4kHz 的方波

extern void Timer0_InitClock(void);

# endif
-------------------------------------------------------------------
# include "FsBSP_Timer.h"

/* ***********************************************************
 * 函数名称：Timer0_InitClock()
 * 入口参数：无
 * 出口参数：无
 * 函数功能：初始化定时器 0 设置其为可编程时钟模式,并且输出 38.4kHz 的方波
 ********************************************************** */
void Timer0_InitClock(void)
{
    AUXR | = 0x80;                             //定时器 0 为 1T 模式
    TMOD = 0x00;                               //设置定时器为模式 0(16 位自动重装载)
    TMOD & = ~0x04;                            //C/T0 = 0, 对内部时钟进行时钟输出
    TL0 = F38_4kHz;                            //初始化计时值
    TH0 = F38_4kHz >> 8;
    TR0 = 1;                                   //开启定时器 0 的运行控制位
    INT_CLKO = 0x01;                           //使能定时器 0 的时钟输出功能
}
```

待建立好工程、编写完程序、编译、编程 hex 文件到单片机中以后,读者可用示波器或者逻辑分析仪去测试单片机的 P3.5 脚,此时应该有 38.4kHz 的方波输出,限于篇幅,这里不赘述。

6.6　课后学习

1. 复习 C 语言的知识点,简述常用变量的作用域和生存周期。

2. 单片机的内部结构主要由哪几部分组成。

3. 掌握定时和计数的关系,用判断溢出标志位的方式编写程序,实现简易秒表。

4. 用定时器编写一个简易交通灯,数码管从 9 开始倒计数。数码管显示 9~7 时,FSST15 开发板上的 4 个红灯亮;显示 6~4 时,绿灯亮;显示 3~1 时,黄灯亮。

第 7 章

当断不断,反受其乱:

C 语言的条件判断语句与中断系统

第 6 章开始就和大家说,单片机的中断系统是重点,因为有了中断以后,单片机的功能才得以提升,特别是在各个功能和模块之间的切换方面,有了快速、有效的协调机制。本章在继续夯实 C 语言的基础之外,将讲述中断系统的概念和应用,使读者能熟练掌握中断,并应用到以后的项目开发中。中断的产生有很多方式,有定时器引起的,也有外部边沿引发的,还有通过一些通信协议引发的,如串口、SPI、A/D(D/A)等,通过本章的学习,读者不仅能了解中断的产生缘由,而且能掌握如何处理中断并应用中断。

7.1 夯实基础——C 语言的条件判断语句

前面内容的学习中,已经运用了很多的 if 语句,这里再讲,主要是总结了几点注意事项,具体的语法结构读者自行查阅 C 语言方面的书籍。与 if 语句有关的关键字有两个:if 和 else,翻译成中文就是"如果(如果 if 的条件成立,则执行 if 里面的语句)"和"否则(如果 if 的条件为假,则执行 else 里的语句)"。

7.1.1 if…else 语句

if 语句有如下三种形式。

1. if 语句(默认形式)

其语法格式为:

if(条件表达式){语句 A;}

其执行过程是:如果(if)条件表达式的值为"真",则执行语句 A;如果条件表达式的值为"假",则不执行语句 A。

2. if…else 语句

有些情况下,除了执行 if 条件满足的相应语句外,还需执行条件不满足情况下的相应语句,这时候就要用 if…else 语句了,其基本语法格式为:

if(条件表达式)
　　{语句 A;}

```
else
    {语句 B;}
```

3. if…else if 语句

if…else 语句是一个二选一的语句，或者执行 if 条件下的语句，或者执行 else 条件下的语句。还有一种多选一的语句就是 if…else if 语句，其基本语法格式为：

```
if(条件表达式 1)      {语句 A;}
else if(条件表达式 2)  {语句 B;}
else if(条件表达式 3)  {语句 C;}
……                  ……
else                  {语句 N;}
```

其执行过程是：依次判断条件表达式的值，当出现某个值为"真"时，则执行相应的语句，然后跳出整个 if 的语句，执行"语句 N"后的程序。如果所有的表达式都为"假"，则执行"语句 N"，再执行"语句 N"后的程序。

除了以上三种基本的形式外，读者还需了解应用 if、else 语句时的一些注意事项、方法和技巧。具体介绍如下。

(1) 了解 if(i == 100) 与 if(100 == i) 的区别。建议选用后者，原因见前面的叙述。

(2) 分析 bool 变量与"零值"的比较，下面哪种写法好。

① if(0 == bTestFlag); if(1 == bTestFlag);

② if(TRUE == bTestFlag); if(FLASE == bTestFlag);

③ if(bTestFlag); if(!bTestFlag);

现来分析一下这三种写法的好坏。

① 写法：如果不是 bTestFlag 这个变量遵循了前面的命名规范，恐怕很容易让人误会成整型变量。所以这种写法不好。

② 写法：FLASE 的值在编译器里被定义为 0，但 TRUE 的值不都是 1。Visual C++ 定义为 1，而 Visual Basic 则把 TRUE 定义为 −1。很显然，这种写法也不好。

③ 写法：根据上面介绍的 if 的执行机理，本组的写法很好，既不会引起误会，也不会由于 TRUE 或 FLASE 的不同定义值而出错。记住：以后代码就这样写。

(3) 对于 if…else 的匹配要心中有数。C 语言规定：else 始终与同一括号内最近的未匹配的 if 语句结合。所编写的程序，一定要层次分明，让人一看就知道哪个 if 和哪个 else 相对应。

(4) 语句的排列顺序为：先处理大概率发生情况（正常情况），再处理小概率发生情况（异常情况）。

在编写代码时，要使得正常情况的执行代码路径清晰，确认那些不常发生的异常情况处理代码不会阻碍正常的执行路径。这样能提高代码的可读性和性能。因为，if 语句需要做判断，如果把发生概率大的代码放到后面执行，也就意味着 if 语句将进行多次无谓的比较。重要的是：把正常情况的处理放在 if 语句后，而不是放在 else 语句后。

7.1.2 switch…case 语句

switch 语句作为分支结构中的一种,其使用方式及执行效果与 if…else 语句完全不同。这种特殊的分支结构的语句也是实现程序的条件跳转,不同的是其执行效率要比 if…else 语句快很多,原因在于 switch 后的条件表达式为常量,所以在程序运行时其表达式的值为确定值,因此就会根据确定值来执行特定条件,而无须再去判断其他情况。故建议读者在编写的程序中尽量采用 switch…case 语句而避免过多使用 if…else 结构。switch…case 的格式如下:

```
switch(表达式)
{
    case 常量表达式 1: 执行语句 A;      break;
    case 常量表达式 2: 执行语句 B;      break;
    ……              ……
    case 常量表达式 n: 执行语句 N;   break;
    default: 执行语句 N+1;
}
```

在用 switch…case 语句时需要注意以下几点。

(1) break 一定不能少,否则多个分支将重叠。

(2) 一定要加 default 分支,不要认为是画蛇添足,即使真的不需要,也应该保留。

(3) case 后面只能是整型或字符型的常量或常量表达式,不能用 0.1、3/2 等。

(4) case 语句排列顺序遵循以下三条原则。

① 按字母或数字顺序排列各条 case 语句,例如 A,B,…,Z 或 1,2,…,55 等。

② 把大概率发生情况(正常情况)放在前面,而把小概率发生情况(异常情况)放在后面。

③ 按执行频率排列 case 语句,即执行频率越高的语句的往前放,执行频率低的往后放。

7.2 单片机省电模式和看门狗的应用

随着物联网、可穿戴设备等新技术和新产品的面世,处理器的低功耗显得尤为重要。为了满足市场需求,STC15 单片机提供了 3 种省电模块,分别是:低速模式、空闲模式、掉电模式。正常工作模式下,STC15 系列单片机的典型功耗是:$2.7 \sim 7 \text{mA}$,掉电模式下的典型功耗是:$< 0.1 \mu\text{A}$,空闲模式下的典型功耗是:1.8mA。

7.2.1 省电模式

低速模式由时钟分频器 CLK_DIV(PCON2)控制,而空闲模式和掉电模式由电源控制寄存器(PCON)的相应位控制,PCON 和 CLK_DIV 寄存器的位定义如表 7-1 所示。

表 7-1 PCON 和 CLK_DIV 寄存器的位定义

位	D7	D6	D5	D4	D3	D2	D1	D0
名称(PCON)	SMOD	SMOD0	LVDF	POF	GF1	GF0	PD	IDL
名称(CLK_DIV)	MCKO_S1	MCKO_S1	ADRJ	Tx_Rx	MCLKO_2	CLKS2	CLKS1	CLKS0

PCON 也是特殊功能寄存器,字节地址是 0x87,不可位寻址,对应各个位介绍如下。

（1）LVDF：低压检测标志位,同时也是低压检测中断请求标志位。

（2）POF：上电复位标志位,单片机停电后,上电复位标志位为 1,可由软件清 0。实际应用中,要判断是上电复位（冷启动）,还是外部复位输入复位信号产生复位,还是内部看门狗复位,或者是软件复位等,可通过如图 7-1 所示的方法来进行判断。

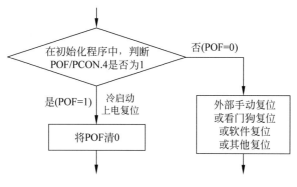

图 7-1　复位判断流程图

（3）PD：将其置 1 时,进入掉电（PowerDown）模式,可由外部中断上升沿触发或下降沿触发唤醒,进入掉电模式时,内部时钟停振,由于没有时钟,所以 CPU、定时器等部件停止工作,只有外部中断继续工作。

（4）IDL：将其置 1,进入 IDLE 模式（空闲模式）,系统除了不给 CPU 提供时钟,CPU 不执行指令外,其余功能部件仍可继续工作。可由外部中断、定时器中断、低压检测中断及 A/D 转换中的任何一个中断唤醒。

时钟分频寄存器 CLK_DIV（PCON2）也属于特殊功能寄存器的范畴,字节地址是 0x97,不可位寻址。通过该寄存器,可对内部时钟进行分频,从而降低工作时钟频率,继而降低功耗。其他位读者参考 STC 官方的数据手册（第 334 页）,这里主要介绍 3 个分频控制位 CLKS2,CLKS1,CLKS0,其分频系数和主频的对应关系如表 7-2 所示。

表 7-2　分频系数和主频的对应关系

CLKS2	CLKS1	CLKS0	系 统 时 钟
0	0	0	不分频
0	0	1	主时钟频率/2
0	1	0	主时钟频率/4
0	1	1	主时钟频率/8
1	0	0	主时钟频率/16
1	0	1	主时钟频率/32
1	1	0	主时钟频率/64
1	1	1	主时钟频率/128

STC15 系列单片机为了适应低功耗的要求,内部集成了唤醒定时器,这样除了可以通过外部中断源进行唤醒外,还可以在无外部中断源的情况下通过使能内部掉电模式唤醒定时器,定期唤醒 CPU,使其恢复到正常工作状态。限于篇幅,这部分的寄存器相关知识和应用例程请读者自行参阅 STC 官方数据手册的 7.9 节,这里不赘述。

7.2.2 看门狗

在实际的单片机开发工程中,由于单片机的工作有可能受到来自外界电磁场的干扰,造成程序跑飞,从而陷入死循环,程序的正常运行将被终止,由单片机控制的系统便无法继续工作,这样就造成了整个系统的瘫痪,从而发生不可预料的后果。出于对单片机运行状态进行实时监测的考虑,便产生了一种专门监测单片机程序运行状态的内部结构,称为"看门狗"(Watch Dog)。

加入看门狗电路的目的是使单片机可以在无人状态下实现连续工作,其工作过程如下:看门狗芯片和单片机的一个 I/O 口引脚相连,该 I/O 引脚通过单片机的程序控制,使它定时的往看门狗芯片的这个引脚上送入高电平(或低电平),这一程序语句是分散地放在单片机其他控制语句中间的,一旦单片机由于干扰造成程序跑飞后而陷入某一程序段进入死循环状态时,给看门狗引脚送电平的程序便不能被执行到,这时,看门狗电路就会由于得不到单片机送来的信号,便将它和单片机复位引脚相连的引脚上送出一个复位信号,使单片机发生复位,从而单片机将从程序存储器的起始位置重新开始执行程序,这样便实现了单片机的自动复位。

通常看门狗电路需要一个专门的看门狗芯片连接单片机,这样不仅会使电路设计变得复杂,而且会增加成本。可 STC 单片机内部自带了看门狗电路,通过对相应特殊功能寄存器的设置就可实现看门狗的应用。FSST15 开发板上搭载的 IAP15W4K58S4 单片机内部有一个专门的看门狗定特殊功能寄存器——Watch Dog Timer(WDT)寄存器,其各个位的定义如表 7-3 所示。

表 7-3　WDT_CONTR:看门狗定时器(Watch Dog Timer)寄存器

位(bit)	B7	B6	B5	B4	B3	B2	B1	B0
名称(name)	WDT_FLAG	—	EN_WDT	CLR_WDT	IDLE_WDT	PS2	PS1	PS0

STC 单片机看门狗定时器寄存器在特殊功能寄存器中,字节地址为 C1H,不能位寻址,该寄存器用来管理单片机的看门狗控制部分,包括启停看门狗、设置看门狗溢出时间等。单片机复位时该寄存器不一定全部被清 0,在 STC 下载程序软件界面上可设置复位关闭看门狗或停电关闭看门狗的选择,读者可根据需要做出适合自己设计系统的选择。接下来对各个位做简要介绍。

(1) WDT_FLAG:看门狗溢出标志位,当溢出时,该位由硬件置 1,可用软件清 0。

(2) EN_WDT:看门狗允许位,当设置为 1 时,看门狗启动。

（3）CLR_WDT：看门狗清 0，当设为 1 时，看门狗将重新计数。硬件可自动清 0 此位。

（4）IDLE_WDT：看门狗 IDLE（空闲）模式位，当设置为 1 时，看门狗定时器在"空闲模式"计数；当清 0 该位时，看门狗定时器在"空闲模式"时不计数。

（5）PS2、PS1、PS0：看门狗定时器预分频值，其看门狗定时器预分频值与溢出时间的对应关系如表 7-4 所示。读者注意，飞天三号开发板上的晶振是可自行设定的，以我们设定的值 11.0592MHz 为例，如设定的晶振有别，可自行做相应的改动。

表 7-4 看门狗定时器预分频值与溢出时间的对应关系

PS2	PS1	PS0	Pre-scale（预分频）	WDT 溢出时间（晶振频率为：11.0592MHz）
0	0	0	2	71.1ms
0	0	1	4	142.2ms
0	1	0	8	284.4ms
0	1	1	16	568.8ms
1	0	0	32	1.1377s
1	0	1	64	2.2755s
1	1	0	128	4.5511s
1	1	1	256	9.1022s

STC 官方给出的看门狗溢出时间、预分频数和晶振的计算关系公式为：

$$看门狗溢出时间 = （12 \times 预分频数 \times 32\,768）\div 晶振频率$$

接下来通过一个实例来讲述使用看门狗和不使用看门狗时程序运行的区别。由于 STC 单片机的高抗干扰能力，至今笔者还未曾遇到过程序跑飞的情况，因此这里只能用软件来模拟看门狗的运行情况。

7.2.3 LED 灯闪烁是因为"狗"饿了

这里先上源码，再来分析原因，看完源码之后请读者思考一个问题：8 个 LED 灯为何会闪烁？按前面所学的知识，8 个 LED 小灯应该不会闪烁的。

```
#include < stc15.h >

sfr WDT_CONTR = 0xE1;                    //用 sfr 定义看门狗特殊功能寄存器

void DelayMS(unsigned int ms)
{
    unsigned int i;
     do{
         i = MAIN_Fosc / 13000;
         while( -- i);
     }while( -- ms);
}
void main(void)
```

```
    {
        WDT_CONTR = 0x34;
        P7 = 0x00;
        DelayMS(500);
        P7 = 0xFF;
        for(;;)
        {
            DelayMS(600);
        }
    }
```

读者可先将此程序写好,并编译、下载到 FSST15 开发板上,这时能看到 8 个 LED 灯在闪烁。先简单分析程序,上电之后 8 个 LED 灯点亮(P7 = 0x00),之后稍作延时,接着 8 个 LED 灯熄灭(P7 = 0xFF),接下来是一个死循环,里面只有一句延时程序(DelayMS (600);),8 个 LED 灯应该一直熄灭,怎么会闪烁呢?

这是程序中的"WDT_CONTR = 0x34;"这条语句在作怪。接下来分析一下该行语句,笔者为何给"WDT_CONTR"寄存器赋值为 0x34? 由表 7-3 可知,当寄存器里的各个值设定成 0b0011 0100(0x34)时,意味着此时"看门狗"启动、硬件清 0 后会重新计数,并且由表 7-4 可知,此时的溢出时间为 1.1377s。这样当程序进入 for(;;)死循环以后,"看门狗"肯定在 1.1377s 内得不到符合自己的逻辑电平,继而"看门狗"认为这个系统出问题了(程序跑飞了),此时"看门狗一生气",直接复位好了,这下程序又会从头开始执行,在 1.1377s 内若"看门狗"还得不到想要的逻辑电平,则又会复位,这样就形成了 8 个 LED 灯的闪烁。看来单片机养的这只"狗"还算忠诚,一有问题就及时复位,确保单片机别变为"僵尸"。

当然在程序设计中,肯定不是这样使用看门狗的,而是要让程序跑飞后才让"看门狗"起作用,那怎么解决呢? 人要吃饭,"狗"也不例外,因此要实时地"喂狗",这样若程序正常,则"看门狗"正常;若"狗"饿了,那么系统也就不正常了。接下来看如何实时"喂狗"?

7.2.4 要让系统运行正常必须实时"喂狗"

单片机养的"狗",不吃面包,也不吃肉,很好喂,但对时间是有要求的,不能记起了喂一下,记不起好多天不喂,那样"狗"也会饿死的。实现实时喂"狗"只需将 7.2.3 节的例程中的"for(;;){DelayMS(600); }",改为"for(;;){DelayMS(600);WDT_CONTR = 0x34;}",这样,整个系统就运行正常了。

特别提醒:在实际应用中,需要在整个大程序的不同位置喂"狗",但每两次喂狗之间的时间间隔一定不能小于看门狗定时器的溢出时间,否则程序将会不停地复位。

7.3 单片机的中断系统

单片机的中断系统让单片机性能得以提升,单片机管理各个模块的能力,或者说各个模块之间的运行机制都大大增强。在实际生活中,中断事件也经常会发生,正是这样,使生活多姿多彩。

7.3.1　单片机中断的产生背景和响应过程

假如你正在接一个普通朋友的电话，此时又有人打来了一个电话（中断请求），当这个人是你女朋友或者 BOSS 时，你也许会说："噢！不好意思，咱们先聊到这（中断地址），我这儿有个紧要的事，等我处理（响应中断）完了再聊"。接完那边的电话回来继续和前边的人聊（恢复中断前的状态）。这就是在实际生活中发生的一次中断。

对于单片机来说，在程序的执行过程中，由于某种外界的原因，必须终止当前执行的程序，而去执行相应的处理程序，待处理结束后，再回来继续执行被终止的程序，这个过程称为中断。对于单片机的突发事情实在太多了，例如用户通过按键给单片机输入数据，这对单片机本身来说是无法估计的事情。这些外部来的突发信号，一般由单片机的外部中断来处理，外部中断其实是由引脚的状态改变所引起的。

简单的中断响应流程如图 7-2(a)所示，但无论实际中，还是单片机运行过程中，经常会有中断的嵌套，嵌套的中断流程如图 7-2(b)所示。所谓嵌套，就是当 CPU 正在运行低优先级中断源的中断服务程序时，若这时优先级比它高的中断源也提出中断请求，停止执行优先级低的中断服务程序，转去执行更高优先级中断源的中断服务程序，这样便可实现中断的嵌套，并能逐级返回原中断处。

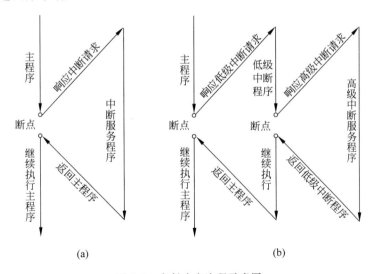

图 7-2　中断响应流程示意图

7.3.2　单片机中断系统的框架和中断源

飞天三号开发板上搭载的 IAP15W4K58S4 单片机有 21 个中断请求源，比早期的 STC89 单片机（6 个中断源）多了 15 个，部分具有两个中断优先级，可实现二级中断服务程序的嵌套。具有两级中断的中断源均可软件编程为高优先级或低优先级中断，允许或禁止向 CPU 请求中断。例如现正在接普通朋友的电话,这时女朋友的电话响了,你会对普通朋友说:"我们就聊到这吧",之后去接女朋友的电话,在通话中,你的 BOSS 又来电话了,这时你就会考虑哪个电话重要,考虑哪个电话重要的过程就是所谓的中断优先级。同理,若单片机同时有两个中断产生,单片机又是如何执行的呢? 这取决于单片机内部的一个特殊功能寄存器——中断优先级寄存器的设置。通过设置它,相当于告诉单片机哪个中断优先级高,哪个中断优先级低,若不操作,就是按单片机默认的设置来执行(单片机自己有一套默认的优先级)。具体中断系统结构如图 7-3 所示。

IAP15W4K58S4 单片机内部有 21 个中断源,其各个功能描述如下。

(1) 外部中断 0(INT0),该中断请求信号由 P3.2 引脚输入。通过 IT0 来设置中断请求的触发方式,当 IT0 为 1 时,外部中断 0 为下降沿触发;当 IT0 为 0 时,无论是上升沿还是下降沿,都会引发外部中断 0,一旦输入信号有效,则置位 IE0 标志位,继而向 CPU 申请中断。

(2) 外部中断 1(INT1),该中断请求信号由 P3.3 引脚输入。通过 IT1 来设置中断请求的触发方式,当 IT1 为 1 时,外部中断 0 为下降沿触发;当 IT1 为 0 时,无论是上升沿还是下降沿,都会引发外部中断 1,一旦输入信号有效,则置位 IE1 标志位,继而向 CPU 申请中断。

(3) 定时器/计数器 T0 溢出中断,当定时器/计数器 T0 计数产生溢出时,定时器/计数器 T0 中断请求标志位 TF0 置位,向 CPU 申请中断。

(4) 定时器/计数器 T1 溢出中断,当定时器/计数器 T1 计数产生溢出时,定时器/计数器 T1 中断请求标志位 TF1 置位,向 CPU 申请中断。

(5) 串口 1 中断,当串口 1 接收完一串数据帧时,置位 RI;或发送完一串数据帧时,置位 TI,无论 RI/TI 都可向 CPU 发出中断请求。

(6) A/D 转换中断,当 A/D 转换结束后,置位 ADC_FLAG,可向 CPU 发出中断请求。

(7) 片内电源低电压检测中断,当检测到电源电压为低电压时,置位 LVDF。上电复位时,由于电源电压上升有一个过程,低压检测电路会检测到低电压,置位 LVDF,便可向 CPU 申请中断。

(8) PCA/CPP 中断,PCA/CPP 中断的中断请求信号由 CF、CCF0、CCF1 标志位决定,CF、CCF0、CCF1 中任一标志为 1,都可引发 PCA/CPP 中断。

(9) 串口 2 中断,当串行口 2 接收完一串帧数据时,置位 S2RI;或发送完一串数据帧时,置位 S2TI,无论 S2RI/S2TI 都可向 CPU 发出中断请求。

(10) SPI 中断,当 SPI 端口一次数据传输完成时,硬件会置位 SPIF 标志,向 CPU 申请中断。

(11) 外部中断 2(INT2),下降沿触发。一旦输入信号有效,向 CPU 申请中断。其中断优先级固定为低级。

(12) 外部中断 3(INT3),下降沿触发。一旦输入信号有效,向 CPU 申请中断。其中断优先级固定为低级。

(13) 定时器/计数器 T2 溢出中断,当定时器/计数器 T2 计数产生溢出时,向 CPU 申请中断。其中断优先级固定为低级。

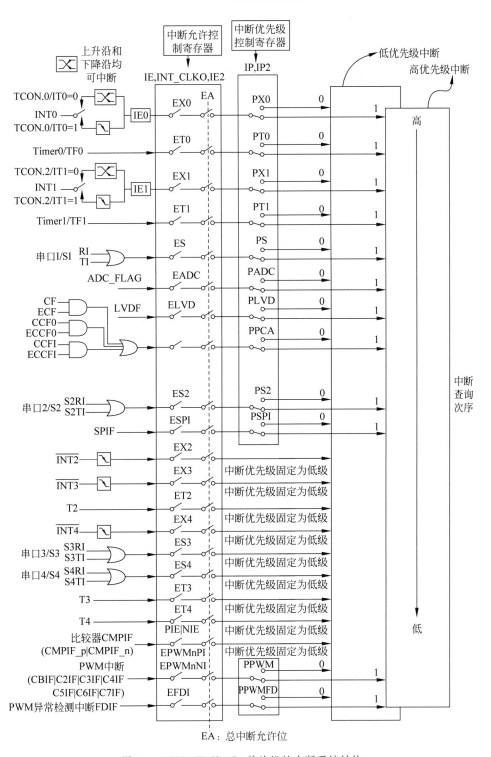

图 7-3　IAP15W4K58S4 单片机的中断系统结构

（14）外部中断 4(INT4)，下降沿触发。一旦输入信号有效，向 CPU 申请中断。其中断优先级固定为低级。

（15）串口 3 中断，当串口 3 接收完一串帧数据时，置位 S3RI；或发送完一串数据帧时，置位 S3TI，无论 S3RI/S3TI 都可向 CPU 发出中断请求。

（16）串口 4 中断，当串口 4 接收完一串帧数据时，置位 S4RI；或发送完一串数据帧时，置位 S4TI，无论 S4RI/S4TI 都可向 CPU 发出中断请求。

（17）定时器/计数器 T3 溢出中断，当定时器/计数器 T3 计数产生溢出时，向 CPU 申请中断。其中断优先级固定为低级。

（18）定时器/计数器 T4 溢出中断，当定时器/计数器 T4 计数产生溢出时，向 CPU 申请中断。其中断优先级固定为低级。

（19）比较器中断，当比较器的结果由高到低，或由低到高时，都有可能引发中断。其中断优先级固定为低级。

（20）PWM 中断，包括 PWM 计数器中断标志位 CBIF 和 PWM2～PWM7 通道的 PWM 中断标志位 C2IF～C7IF。

（21）PWM 异常检测中断，当发生 PWM 异常（比较器正极 P5.5/CMP＋的电平比比较器负极 P5.4/CMP－的电平高，或比较器正极 P5.5/CMP＋的电平比内部参考电压源 1.28V 高，或者 P2.4 的电平为高电平）时，硬件自动将 FDIF 置 1，继而可向 CPU 申请中断。

接下来看单片机默认的优先级、C 语言入口序号和中断向量地址，具体如表 7-5 所示，其中图 7-3 的中断源和表 7-5 的内容读者不用记忆，会查阅就可以了。

表 7-5　IAP15W4K58S4 单片机中断源及优先级顺序

中 断 源	中断向量地址（ASM）	优先级	中断函数编号	中断请求标志位	中断允许控制位
外部中断 0	0003H	1	0	IE0	EX0/EA
定时器 0	000BH	2	1	TF0	ET0/EA
外部中断 1	0013H	3	2	IE1	EX1/EA
定时器 1	001BH	4	3	TF1	ET1/EA
串行口 1 中断	0023H	5	4	RI/TI	ES/EA
A/D 转换中断	002BH	6	5	ADC_FLAG	EADC/EA
LVD 中断	0033H	7	6	LVDF	ELVD/EA
PCA 中断	003BH	8	7	CF/CCF0/CCF1	ECF/ECCF0/ECCF1/EA
串行口 2 中断	0043H	9	8	S2RI/S2TI	ES2/EA
SPI 中断	004BH	10	9	SPIF	ESPI/EA
外部中断 2	0053H	11	10		EX2/EA
外部中断 3	005BH	12	11		EX3/EA
定时器 T2 中断	0063H	13	12		ET2/EA
预留中断	0073/7BH	—	—		
外部中断 4	0083H	14	16		EX4/EA

续表

中 断 源	中断向量地址（ASM）	优先级	中断函数编号	中断请求标志位		中断允许控制位
串行口 3 中断	008BH	15	17	S3RI/S3TI		ES3/EA
串行口 4 中断	0093H	16	18	S4RI/S3TI		ES4/EA
定时器 T3 中断	009BH	17	19			ET3/EA
定时器 T4 中断	00A3H	18	20			ET4/EA
比较器中断	00ABH	19	21	CMPIF	CMPIF_p	PIE/EA
					CMPIF_n	NIE/EA
PWM 中断	00B3H	20	22	CBIF		ENPWM/ECBI/EA
				C2IF		ENPWM/EPWM2I/EC2T2SI/EC2T1SI/EA
				C3IF		ENPWM/EPWM3I/EC3T2SI/EC3T1SI/EA
				C4IF		ENPWM/EPWM4I/EC4T2SI/EC4T1SI/EA
				C5IF		ENPWM/EPWM5I/EC5T2SI/EC5T1SI/EA
				C6IF		ENPWM/EPWM6I/EC6T2SI/EC6T1SI/EA
				C7IF		ENPWM/EPWM7I/EC7T2SI/EC7T1SI/EA
PWM 异常中断	00BBH	21	23	FDIF		ENPWM/ENFD/EFDI/EA

7.3.3 单片机中断系统的寄存器

中断的应用离不开寄存器的控制，可 IAP15W4K58S4 单片机与中断有关的寄存器太多（读者可查阅 STC 官方数据手册的 546 页），限于篇幅，不可能对其一一进行讲述，这里仅讲述其核心的一个寄存器——中断允许寄存器（IE），它是控制各个中断的开关，要使用哪个中断，就必须将其对应位置 1，也即允许该中断，禁止该中断将其清零即可。

举个例子，你要上大学，首先得大学校门为你敞开（等价于学校允许了）。IE 在特殊功能寄存器中，字节地址为：A8H，位地址分别是：AFH～A8H（由高到低），由于该字节地址（A8）能被 8 整除，因而该地址可以位寻址（单片机中能被 8 整除的地址都可以位寻址），即可对该寄存器的每一位进行单独操作。IE 复位值为：0x00，各个位的定义如表 7-6 所示。

表 7-6 中断允许寄存器（IE）

位（Bit）	D7	D6	D5	D4	D3	D2	D1	D0
名称（Name）	EA	ELVD	EADC	ES	ET1	EX1	ET0	EX0
地址（Address）	AFH	AEH	ADH	ACH	ABH	AAH	A9H	A8H

下面对各位的功能进行说明。

(1) EA:CPU 的总中断允许控制位。EA = 1,CPU 开放总中断;EA = 0,CPU 屏蔽所有中断申请。对于初学者,这个知识点必须理解清楚。为此举个例子说明:EA 就是校长,ELVD、EADC、ES、ET1、EX1、ET0、EX0 分别是 7 个班主任,要给学生放假,首先校长同意(相当于开放总中断),再次班主任同意(开放中断),这样才能放假(执行中断),倘若校长不放(屏蔽所有中断),班主任肯定不敢放,若校长同意了(相当于开放总中断),班主任不放(禁止中断),学生怕班主任,还是不敢给自己放假(不执行中断)。

(2) ELVD:低压检测中断允许位。

ELVD = 1,允许低压检测中断;ELVD = 0,禁止低压检测中断。

(3) EADC:A/D 转换中断允许位。

EADC = 1,允许 A/D 转换中断;EADC = 0,禁止 A/D 转换中断。

(4) ES:串行口中断允许位。

ES = 1,允许串行口中断;ES = 0,禁止串行口中断。

(5) ET1:定时/计数器 T1 的溢出中断允许位。

ET1 = 1,允许 T1 中断;ET1 = 0,禁止 T1 中断。

(6) EX1:外部中断 1 允许位。

EX1 = 1,允许外部中断 1 中断;EX1 = 0,禁止外部中断 1 中断。

(7) ET0:定时/计数器 T0 的溢出中断允许位。

ET0 = 1,允许 T0 中断;ET0 = 0,禁止 T0 中断。

(8) EX0:外部中断 0 允许位。

EX0 = 1,允许外部中断 0 中断;EX0 = 0,禁止外部中断 0 中断。

7.3.4　简单中断应用实例及与中断函数有关的知识点

有了对定时器和中断的学习,以下例程读者应该能够理解。本例程是一个简单的 LED 小灯闪烁实验,具体实现过程可为:初始化定时器 0,并使能与定时器 0 相关的中断允许位(包括总中断)→等待中断的发生→定时器自动计数→16 位寄存器计数满→溢出并硬件置位 TF0→申请并发生中断→执行中断函数→返回主函数继续等待,这样周而复始,只要单片机满足允许条件,就会一直等待、中断,本例程这个周期为 10ms(具体由读者设定的初值决定)。main. c、FsBSP_Timer. h、FsBSP_Timer. c 的具体源码如下。

```
# include "FsBSP_Timer.h"

void main(void)
{
    Timer0_Init();              //初始化定时器 0,开总中断和定时器 0 中断
    while(1);                    //等待中断产生
}
--------------------------------------------------------------------
```

```
# ifndef __FsBSP_Timer_H__
# define __FsBSP_Timer_H__

# include "STC15.h"
extern void Timer0_Init(void);

# endif
```

```
# include "FsBSP_Timer.h"

/* ***************************************************************
 * 函数名称: Timer0_Init()
 * 入口参数: 无
 * 出口参数: 无
 * 函数功能: 初始化定时器 0
 ************************************************************** */
void Timer0_Init(void)
{
    AUXR &= 0x7F;              //定时器时钟 12T 模式
    TMOD &= 0xF0;             //设置定时器 0 工作在模式 0 下(16 位自动重装)
    TH0 = 0xDC;               //定时基准为 10ms
    TL0 = 0x00;               //赋初始值
    TR0 = 1;                  //开定时器 0
    ET0 = 1;                  //打开定时器 0 的中断标志位
    EA = 1;                   //开总中断
}
/* ***************************************************************
 * 函数名称: Timer0_ISR(void)
 * 入口参数: 无
 * 出口参数: 无
 * 函数功能: 定时器 0 的中断函数
 ************************************************************** */
void Timer0_ISR(void) interrupt 1
{
    static unsigned char uCounter = 0;
    //定义一个静态的无符号 char 型变量
    uCounter++;              //记录溢出次数
    if(100 == uCounter)     //一次 10ms,那 100 次呢
    {
        uCounter = 0;        //清零,以备下次计数用
        P7 = ~ P7;           //P7 口的状态值每过 100×10ms 翻转一次
    }
}
```

尽管该例程,注释详尽,读者可能还会提出这样的问题: 中断函数为何不声明? 又为何

不在主函数中调用？中断是怎么执行的？接下来以此例程为例,总结了四个知识点,分别介绍如下。

知识点一：中断函数的写法及其注意事项。

中断函数的写法：

```
void 函数名(void) interrupt 中断号 (using 工作组)
{
    中断服务程序
}
```

中断函数的注意事项：

(1)中断函数无返回值,所以前面为 void。

(2)中断函数命名随意,但一定不能是 C 语言的关键字,如 if、case 等,笔者建议大家用 Timer0_ISR、EX0_ISR 等形式来命名。

(3)中断函数不带任何参数,所以小括号内写了 void。

(4)中断函数的关键词 interrupt,一定要写且要正确无误。

(5)中断号见表 7-5 第四列,必须一一对应,不能写错。

(6)后面的 using 工作组(),通常不写,具体依个人习惯,这里不赘述。

以上注意事项,望读者理解,最好能铭记。

知识点二：中断检测法的顺序和初始化规则。

第 1 步：对 AUXR 赋值,确定定时脉冲的分频系数,默认是 12 分频,与传统 8051 单片机兼容。

第 2 步：配置定时器的工作模式(对 TMOD 赋予相应值),推荐使用模式 0。

第 3 步：装入定时器的初值,即赋值 TH0 和 TL0。

第 4 步：通过设置 TCON 来启动定时器,让其开始计数(置位 TR0 等)。

第 5 步：设置中断允许寄存器(IE),例如 EA、ET0 等允许位。

知识点三：初值的快捷计算方法。

定时器的初值,读者当然可通过第 6 章讲述的方法自行计算,但有时项目时间比较紧张,工程比较难时,为了节省时间,读者也可以用 STC_ISP 软件自带的定时器初值计算器方便、快捷地计算初值。例如要定时 2ms,启动软件 STC_ISP,选择系统频率,由于此书用的 FSST15 开发板的默认系统运行频率为 11.0592MHz,因此在打开的 STC_ISP 软件的"定时器计算器"选项卡(如图 7-4 所示)的步骤 1 处选择 11.0592;在步骤 2 处,定时长度单位选择毫秒(默认为微妙),并且填数字 2;在步骤 3 处,选择定时器 0;在步骤 4 处,定时器的模式,选择"16 位自动重载(15 系列)";在步骤 5 处,定时器时钟,这里可选择 1T 模式的,也可选择 12T 的,但是当定时 2ms 时,如果选择 1T 模式,则误差为 0.00%,如果选择 12T,则误差为 0.01%,为了做到精益求精,这里选 1T 模式。之后单击"生成 C 代码"按钮,最后单击"复制代码"按钮,便可复制代码到 Keil5 中应用了。读者完全可以用初始化函数,不用死记硬背知识点三了。

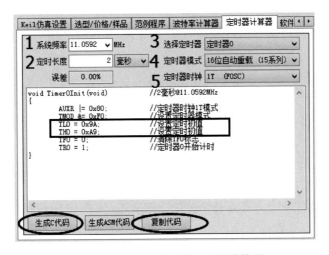

图 7-4 STC_ISP 软件的定时器计算器

知识点四：定时器与中断的关系。

可能读者读到这里，对定时器和中断越发模糊了，究竟中断和定时器有什么关系？定时器只要一开启，它就会一直在初值的基础上开始以机器周期为间隔加 1，计数满了就有溢出，此时 TFx 溢出标志位就会被硬件置 1，但是否产生中断，就看操作者是否打开了中断，若开了中断，就会产生中断，否则就不会有中断。所以定时器程序就有两种写法：一种是直接检测溢出标志位，另一种就是编写中断方法了。在实际项目开发中，前者应用很少，后者被广泛应用，因此读者务必要掌握。

这里只讲述了中断的应用，并没有详细讲解整个中断的执行过程，因中断的执行过程比较复杂，若读者感兴趣，可自行查阅相关资料，可以从汇编的角度入手去理解单片机的中断执行过程。

7.3.5 中断系统的优先级

中断的发生，往往不是那么单一，有时可能较复杂，为了便于理解，再举个生活中中断的例子。假如读者此时正在家里看书，这个时候电话来了，读者则会记下此时所看书的位置，去接电话，就在电话中刚说了两句话的时候，有人敲门，读者会说："稍等，我先开个门再和你继续聊"，读者会放下电话去开门，发现是邻居家大叔借东西，等借完东西以后，读者会接着接听电话，直到电话接听完，读者才会继续看书。在此过程中，涉及两个中断知识点：一个是中断优先级，另一个是前面提到的中断的嵌套。

IAP15W4K58S4 单片机的中断优先级有两种：一种是固有优先级，另一种是抢占式优先级，这里先学习抢占式优先级。

如表 7-5 第 3 列所示，IAP15W4K58S4 单片机具有两种中断优先级，即高级优先级和低级优先级，它们可以实现两级中断嵌套。当然，它们可由 IP 和 IP2（中断优先级寄存器）将其部分中断改变成高或者低优先级,这两个寄存器都是特殊功能寄存器,字节地址分别为:B8H、B5H,前者可进行位寻址,后者不可进行位寻址,复位值分别为:0b0000 0000、0bxx00 0000,各个位的定义如表7-7所示。

表 7-7 中断优先级控制寄存器

位(Bit) SFR_Name	D7	D6	D5	D4	D3	D2	D1	D0
IP	PPCA	PLVD	PADC	PS	RT1	PX1	PT0	PX0
IP2	—	—	—	PX4	PPWMFD	PPWM	PSPI	PS2

接下来分别介绍这两个寄存器各个位的功能描述,其中IP的位描述如下。

(1) PPCA:PCA中断优先级控制位。

PPCA = 1,PCA中断为高优先级中断;PPCA = 0,PCA中断为低优先级中断。

(2) PLVD:低压检测中断优先级控制位。

PLVD = 1,低压检测中断为高优先级中断;PLVD = 0,低压检测中断为低优先级中断。

(3) PADC:A/D转换中断优先级控制位。

PADC = 1,A/D转换中断为高优先级中断;PADC = 0,A/D转换中断为低优先级中断。

(4) PS:串口1中断优先级控制位。

PS = 1,串口1中断为高优先级中断;PS = 0,串口1中断为低优先级中断。

(5) RT1:定时/计数器T1中断优先级控制位。

PT1 = 1,T1中断定义为高优先级中断;PT1 = 0,T1中断定义为低优先级中断。

(6) PX1:外部中断1中断优先级控制位。

PX1 = 1,外部中断1为高优先级中断;PX1 = 0,外部中断1为低优先级中断。

(7) PT0:定时/计数器T0的优先级控制位。

PT0 = 1,T0中断定义为高优先级中断;PT0 = 0,T0中断定义为低优先级中断。

(8) PX0:外部中断0的优先级控制位。

PX0 = 1,外部中断0定义为高优先级中断;PX0 = 0,外部中断0定义为低优先级中断。

IP2寄存器各个位的功能描述如下。

(1) PX4:外部中断4优先级控制位。

PX4 = 1,外部中断4为高优先级中断;PX4 = 0,外部中断4为低优先级中断。

(2) PPWMFD:PWM异常检测中断优先级控制位。

PPWMFD = 1,PWM异常检测中断为高优先级中断;PPWMFD = 0,PWM异常检测中断为低优先级中断。

（3）PPWM：PWM 中断优先级控制位。

PPWM = 1,PWM 中断为高优先级中断；PPWM = 0,PWM 中断为低优先级中断。

（4）PSPI：SPI 中断优先级控制位。

PSPI = 1,SPI 中断为高优先级中断；PSPI = 0,SPI 中断为低优先级中断。

（5）PS2：串口 2 中断优先级控制位。

PS2 = 1,串口 2 中断为高优先级中断；PS2 = 0,串口 2 中断为低优先级中断。

综上所述,中断优先级寄存器 IP 和 IP2 的各位都可由用户程序置 1 和清 0,其中 IP 寄存器可进行位操作,所以可用位操作指令或字节操作指令更新 IP 的内容,而 IP2 寄存器,只能用字节操作指令来更新。由于 STC15 系列单片机复位后 IP 和 IP2 均为 00H,各个中断源均为 0,因此各个中断源均为低优先级中断。举个例子,将其 PLVD 置为 1,当单片机在主循环或者任何其他中断程序中执行时,一旦低压检测发生中断,作为更高级的优先级,程序将立刻去执行低压检测中断程序。相反,当单片机正在执行低压检测中断程序时,如果其他中断发生了,此时还是会继续执行低压检测中断程序,直到把低压检测中断执行完毕以后,才会去执行其他中断程序。

前面提到了中断的嵌套,所谓中断的嵌套是指当程序进入低优先级中断执行时,如又发生了高优先级中断,则立刻会进入高优先级中断执行,处理完高优先级中断后,再返回处理低优先级中断,该过程也称为抢占优先级,即指高优先级可打断优先级低的中断,相反,优先级低的中断不能打断高优先级中断。

既然有抢占优先级,那么就有非抢占优先级,非抢占优先级,也称为固有优先级。在表 7-5 中的第 3 列给出的就是固有优先级。需要注意的是,在中断优先级的编号中,一般都是数字越小优先级越高。从表第 3 列可以看出,一共有 1～21 共 6 级的优先级,这里的优先级与抢占优先级的一个不同点就是：不具有抢占的特性,也就是说即使在低优先级中断执行过程中又发生了高优先级的中断,那么高优先级的中断也只能等到低优先级中断执行完后才能得到响应。既然不能抢占,那么这个优先级又有什么作用呢？

某些情况下,在多个中断同时存在时,起仲裁作用。比如说有多个中断同时发生了,但实际应用中,这种情况发生的概率很低,但另外一种情况就常见得多了,那就是因为某些原因,暂时关闭了总中断,即 EA = 0,执行完一段代码后,又重新使能了总中断,即 EA = 1,那么在这段时间里,就很可能有多个中断发生了,但因为总中断是关闭的,所以他们当时都得不到响应,而当总中断再次使能后,它们会同时请求中断,很明显,这时也需要有个先后顺序才行,这就是非抢占优先级的作用了,谁优先级最高先响应谁,然后按编号依次得到响应,IAP15W4K58S4 单片机的响应顺序如表 7-5 第 3 列所示。

在实际项目中,抢占优先级和非抢占优先级的协同,可以使单片机中断系统有条不紊地工作,既不会无休止地嵌套,又可保证在紧急情况下,重要任务得到优先处理。在后续的学习中,会继续用到中断系统。特别是在实际项目开发中,熟练的应用定时器、中断、中断优先级等功能,会让读者的理解更深入、所开发的系统更健壮、更稳当和更具实时性。

7.4　中断系统的应用实例

有了定时器和中断这两部分的基础,再加后面将学习的串口知识,可以说,读者对于单片机的学习就完全入门了,剩下的工作就是不断地编程、绘制 PCB、焊接电路等,慢慢积累经验,逐步提高了。下面以几个例程,来加深对定时器和中断的理解与应用。

7.4.1　数码管动态显示的基本应用实例

在实际工程项目中,不可能只是像 5.4.2 节的实例那样,在数码管上显示预先设定好的数值,而且数值一直不变。相反,往往需要显示某些随机的数值,例如显示"1314520"。接下来介绍具体的实现例程,先上源码,再做详解。

main.c 源码如下。

```c
#include "FsBSP_Timer.h"

void main(void)
{
    Timer0_Init();                    //初始化定时器0,开总中断和定时器0中断
    while(1);                         //等待中断产生
}
```

复杂的 FsBSP_Timer.c 驱动源码如下,所对应的.c 文件可参考 7.3.4 节的例程。

```c
#include "FsBSP_Timer.h"
#include "FsBSP_HC595.h"

unsigned char  Disp_Tab[] = {0x3f,0x06,0x5b,0x4f,0x66,0x6d,0x7d,0x07};

void Timer0_Init(void)
{
    AUXR |= 0x80;                     //定时器时钟为 1T 模式
    TMOD &= 0xF0;                     //设置定时器 0 工作在模式 0 下(16 位自动重装)
    TL0 = 0x9A;                       //设置定时初值
    TH0 = 0xA9;                       //定时 2ms
    TR0 = 1;                          //开定时器 0
    ET0 = 1;                          //打开定时器 0 的中断标志位
    EA = 1;                           //开总中断
}
/* ***********************************************************
 * 函数名称:Timer0_ISR(void)
 * 入口参数:无
 * 出口参数:无
 * 函数功能:定时器 0 的中断函数
 *********************************************************** */
```

```
void Timer0_ISR(void) interrupt 1
{
    unsigned long int uiNum = 1314520;

    P6 = 0xFE;                          //选择第一位数码管
    HC595_WrOneByte(Disp_Tab[uiNum / 1000000]);
    P6 = 0xFD;                          //选择第二位数码管
    HC595_WrOneByte(Disp_Tab[uiNum / 100000 % 10]);
    P6 = 0xFB;                          //选择第三位数码管
    HC595_WrOneByte(Disp_Tab[uiNum / 10000 % 10]);
    P6 = 0xF7;                          //选择第四位数码管
    HC595_WrOneByte(Disp_Tab[uiNum / 1000 % 10]);
    P6 = 0xEF;                          //选择第五位数码管
    HC595_WrOneByte(Disp_Tab[uiNum / 100 % 10]);
    P6 = 0xDF;                          //选择第六位数码管
    HC595_WrOneByte(Disp_Tab[uiNum / 10 % 10]);
    P6 = 0xBF;                          //选择第七位数码管
    HC595_WrOneByte(Disp_Tab[uiNum % 10]);
}
```

读者需要注意的是，例程中数据的分离。1314520 这个数值太大，在一位数码管上，肯定是不能够实现，所以要对其进行位分离，位分离的办法就是借用 C 语言中所学的知识来完成。关于这个知识点，笔者这里不讲述，读者可看上面的例程并自行在本子上算一算，肯定能理解。本例程的运行结果是错误的，因为我们想要的显示是"1314520"，可事实显示的数据为"0131450"，且最后一个 0 显示得特别亮，别的 6 位显示得比较暗，且这 7 位都存在不同程度的"鬼影"现象，即实验结果如图 7-5 所示。由于存在这些问题，该例程需要改进，下面将编写下一个实例，因为实际的产品中，决不允许有这样的赝品。

图 7-5　数码管动态显示的基本实例

笔者这么做，就是想让读者知道，单片机的学习，必须要理论与实践相结合。在写程序时，要有清晰的思路和整体的把握，然后才开始编程，编好后，就得在实物上运行、测试，看测试是否正常，如果不正常，就得从软件和硬件两个方面考虑。本例程用的硬件测试平台是 FSST15 开发板，这个硬件已经为读者设计好了，完全没问题，可现在的实验结果确实有问题，那就得从软件入手去分析问题、解决问题。要点亮一个数码管，是非常简单的，但是要控制其达到完美的状态，还是需要学问的。带着这些问题，进入下一个例程的学习。

7.4.2 数码管动态刷新的改进与消影

根据上面失败的例程,从数码管的动态显示原理入手进行分析,数码管的动态显示的实质是利用人的视觉暂留效应来产生的。例如有 4 个数码管,要显示 0123,显示过程是:先选中第一个数码管,让其显示 0;再选中第二个让其显示 1;接着选中第三个让其显示 2;最后选中第四个数码管,让其显示 3。只要这四个的显示间隔足够短就可以达到动态的显示效果。那显示间隔足够短,究竟多少时间是足够短呢? 即完成一次全部数码管扫描的时间是多少?

应该在 10ms 以内。读者在学习 FPGA 的 VGA 显示实验时,有一句流行的广告语:"100Hz 无闪烁"。什么意思? 就是只要频率大于 100Hz,也即周期小于 10ms 就没有闪烁,这就是动态扫描的硬性指标。那再快点行不行呢? 肯定行。但是再快就没意义了,因为刷新速度越快,CPU 运行的负荷就会相应增加,继而增加了单片机的功耗,这也不好。

有了上面的动态刷新指标,再来研究一下数码管的"鬼影"现象,以及如何消除。同理,还得从其产生的原理入手,知其然,还能知其所以然。

数码管动态扫描中的"鬼影"现象,主要是由段选和位选的瞬态所产生,这里的瞬态也可理解为过渡状态。在理论上,每个数码管显示时持续的时间为 2ms,2ms 之后,由于中断的原因,显示位会发生切换。例如从第 2 位切换到第 3 位、第 4 位、第 5 位,此时显示的数据为:1314。在详细讲述这个切换过程之前,读者们需理清两个概念。

(1) C 语言代码是一句一句按顺序、从前往后执行。

(2) 单片机执行的速度很快,但再快也需要时间的。

以 7.4.1 节的例程为例,来分析这个过程。从中断函数的第二句开始,送位选数据 (P6=0xFE;),之后再送段选数据(HC595_WrOneByte(Disp_Tab[uiNum/1000000]););接下来,送第二位的位选数据(P6 = 0xFD;),接着再送第二位的段选数据(HC595_WrOneByte(Disp_Tab[uiNum/100000%10]);),整个过程看似很完美,可事实上呢? 因为执行完语句"P6=0xFD;"后,第二个位选已经选通,可此时数码管的段选数据为"HC595_WrOneByte(Disp_Tab[uiNum/1000000]);"。前面说过,单片机运行需要时间,那这段时间内第二个数码管就会显示第一位数码管的数据,而不是想要的"HC595_WrOneByte(Disp_Tab[uiNum/100000%10]);"。同理,第二位数码管应该显示的数据也会出现在第三位,以此类推,这就是整个显示过程为何有"鬼影"的原因。

上面讲述的内容,希望读者好好揣摩,做到真正的理解,只有完全理解,再多写程序,多调试电路,就会发现自己不记这些知识点都难。因此这样的知识点,不需要读者去死记硬背,能理解、会运用才是最关键的。接下来看下面的例程,改进之后的显示效果会是怎样? 具体源码如下。

```
#include "FsBSP_Timer.h"

void main(void)
```

```
{
    Timer01_Init();

    while(1)
    {
        Display();
    }
}
```

```
# include "FsBSP_Timer.h"
# include "FsBSP_HC595.h"

unsigned char   Bit_Tab[] =
{0xfe,0xfd,0xfb,0xf7,0xef,0xdf,0xbf,0x7f};//位选数组

unsigned char   Disp_Tab[] =
{0x3f,0x06,0x5b,0x4f,0x66,0x6d,0x7d,0x07,0x7f,0x6f,0x77,0x7c,0x39,0x5e,0x79,0x71};
                                    //0~F数字显示编码数组

unsigned int g_uiNum = 0;              //发给数码管的数,需要分离个位,十位,百位,千位
```

```
/* *************************************************************
 * 函数名称: Timer_Init()
 * 入口参数: 无
 * 出口参数: 无
 * 函数功能: 初始化定时器 0,定时器 1
 ************************************************************** */
void Timer01_Init(void)
{
    AUXR |= 0x80;                  //定时器 0 工作于 1T 模式
    TMOD &= 0x00;                  //设置定时器 0、1 工作在模式 0 下(16 位自动重装)
    TL0 = 0x9A;                    //设置定时初值
    TH0 = 0xA9;                    //定时 2ms
    TR0 = 1;                       //开定时器 0
    ET0 = 1;                       //打开定时器 0 的中断标志位

    AUXR |= 0x00;                  //定时器 1 工作于 12T 模式
    TH1 = 0x4C;                    //为定时器 1 赋初始值
    TL1 = 0x00;                    //定时 50ms
    TR1 = 1;                       //启动定时器 1
    ET1 = 1;                       //打开定时器 1 的中断

    EA = 1;                        //开总中断
}
```

```
/* *************************************************************
 * 函数名称: Display()
```

```
 *  入口参数: 无
 *  出口参数: 无
 *  函数功能: 四位数码管计时的显示函数
 ************************************************************  */
void Display()
{
    unsigned char QianNum, BaiNum, ShiNum, GeNum;

    GeNum   = g_uiNum % 10;                  //分离各个数位
    ShiNum  = g_uiNum /10 % 10;
    BaiNum  = g_uiNum /100 % 10;
    QianNum = g_uiNum /1000;

    P6 = Bit_Tab[3];                         //送位选数据
    HC595_WrOneByte(Disp_Tab[GeNum]);        //送段选数据
    HC595_WrOneByte(0x00);                   //消除"鬼影"现象
    P6 = Bit_Tab[2];
    HC595_WrOneByte(Disp_Tab[ShiNum]);
    HC595_WrOneByte(0x00);
    P6 = Bit_Tab[1];
    HC595_WrOneByte(Disp_Tab[BaiNum]);
    HC595_WrOneByte(0x00);
    P6 = Bit_Tab[0];
    HC595_WrOneByte(Disp_Tab[QianNum]);
    HC595_WrOneByte(0x00);
}
/*  ************************************************************
 *  函数名称: Timer0_ISR(void)
 *  入口参数: 无
 *  出口参数: 无
 *  函数功能: 定时器 0 的中断函数
 ************************************************************  */
void Timer0_ISR(void) interrupt 1
{
    static unsigned int  uiCounter = 0;
    EA = 0;

    uiCounter ++;
    if(500 == uiCounter)                     //计数 500 次,说明 1s 到了
    {
        uiCounter = 0;
        g_uiNum++;
        if(1000 == g_uiNum)                  //四位数码管最多显示 9999
            g_uiNum = 0;
    }

    EA = 1;
```

```
    }
/*  ***********************************************************
 *  函数名称: Timer1_ISR(void)
 *  入口参数: 无
 *  出口参数: 无
 *  函数功能: 定时器 1 的中断函数
 *********************************************************  */
void Timer1_ISR(void) interrupt 3
{
    static unsigned char ucCounter = 0;
    EA = 0;

    ucCounter ++;
    if(20 == ucCounter)                    //计数 20 次是多少秒呢
    {
        ucCounter = 0;
        P7 = ~P7;                          //八个 LED 灯取反
    }

    EA = 1;
}
```

这只是部分程序，请读者自行补充完 FsBSP_Timer.h 文件，里面除了固定格式，也就是两个函数 Display()、Timer01_Init()的声明，之后读者编译下载到 FSST15 开发板，此时会发现，数码管从 0000 开始，每隔 1s 开始依次开始计数，同时，8 个 LED 小灯，也每隔 1s 闪烁一次。

学完此例程，读者对中断和数码管应该不但有宏观的认识，还有微观的认识。例如，如何写定时器的初始化函数？如何写中断函数？如何对数码管进行消影？如何确定数码管的刷新频率？如何分离各个数位？请读者带着这些问题，细致地读程序、写程序、分析程序、调试程序，一点一滴，逐步积累，等积累到一定程度，单片机这门技术也就自然而然地掌握了。

7.5　课后学习

1. 复习 C 语言中 if…else 和 switch…case 语句的语法结构，编写程序，分别用 if…else 和 switch…case 语句实现流水灯和跑马灯功能。

2. 查阅单片机的数据手册，复习省电和看门狗的功能，通过修改分频值的方式实现简易呼吸灯。

3. 参考例程，实现数码管从 9999 9999 开始递减，当减到 1234 5678 时，12 个 LED 小灯全部亮，蜂鸣器响起；当减到 1000 0000 时，12 个 LED 小灯全部熄灭，并且蜂鸣器响声也停止。最后数码管停止在 9999 上，同时在数值由 1000 0000 变到 0000 9999 的过程中，只显示有效位，就是高位的 0 不显示（运用中断的方式实现）。

4. 编写一个无控制和调节功能的简易秒表（运用中断的方式实现）。

## 第 8 章

举一反三,一呼百应:

C 语言的循环语句
与串口的应用

无论是单片机的学习还是以后的项目开发过程中,都需要 PC 和单片机直接进行实时通信。由 Keil5 软件编译生产的"HEX"文件,是通过什么烧录到单片机中的呢?某些蓝牙、GPRS、WiFi 模块又是通过什么和单片机直接进行数据的交换?在复杂系统的调试中,又将借助什么来仿真、调试的呢?这些问题的答案就是:串口。由此可见,如果单片机没有串口或者通信没处理好,系统的开发过程和实践功能将大打折扣。UART(Universal Asynchronous Receiver/Transmitter,即通用异步收发器)串行通信接口是单片机最常用的一种通信接口,通常用于单片机和 PC 及单片机和单片机之间的通信。

8.1 夯实基础——C 语言的循环语句

C 语言中的循环语句分为三种形式,分别是:while 循环、do…while 循环和 for 循环。这三种循环语句在功能上存在细微的差别,但共同的特点是实现一个循环体,可以使程序反复执行一段代码。

8.1.1 while 循环

while 循环的功能:执行循环之前,先判断条件的真假,条件为真,则执行循环体内的语句,为假则不执行循环体内的语句,直接结束该循环。这里读者需要注意的是什么数为真、什么数为假,不要以为只有 1 才为真。其格式如下:

```
while(条件表达式)
{
    语句;
}
```

while 循环语句的用法估计读者已经很熟悉了,从之前实例的 while(1)开始,到第 10 章的 while(TAB2[ucVal] != '\0')等,本书一直在应用 while 循环语句。

8.1.2 do…while 循环

do…while 循环的功能:先执行一次循环体,再判断条件真假,为真则继续执行循环体内的语句,为假则循环结束。其格式如下:

```
do
{
    语句;
}
while(条件表达式);
```

注意两者的区别：do…while 循环，若条件表达式为假，会至少执行一次循环体，而 while 循环，若条件为假就连一次都不执行。

8.1.3　for 循环

for 循环的功能：先求解表达式 1，再判断表达式 2 的真假，若为真，则执行 for 循环的内部语句，再执行表达式 3，第一次循环结束（若为假，则整个循环结束，执行 for 循环之后的语句）。第二次循环开始时不再求解表达式 1，直接判断条件表达式 2，再执行循环体内的语句。之后再执行表达式 3，这样依次循环。

```
for(表达式 1;表达式 2;表达式 3)
{
    语句;
}
```

单片机中，读者在使用 for 循环时需要注意以下四点。

（1）while(1)等价于 for(;;)。

（2）建议 for 语句的循环控制变量的取值采用"半开半闭区间"写法。原因在于这种写法比"闭区间写法"直观，如表 8-1 所示。

表 8-1　for 循环不同区间写法的区别

半开半闭区间写法	闭区间写法

for(i = 0; i < 10; i++)
{
　　语句;
}
	for(i = 0; i <= 9; i++)
	{
	　　语句;
	}

（3）在多重循环中，将最长的循环放在最内层，最短的循环放在最外层，以减少 CPU 跨切循环层的次数，如表 8-2 所示。

表 8-2　for 循环层写法的区别

长循环在最内层（效率高）	长循环在最外层（效率低）

for(i = 0; i < 10; i++)
{
　　for(j = 0; j < 100; j++)
　　{
　　　　语句;
　　}
}
	for(j = 0; j < 100; j++)
	{
	　　for(i = 0; i < 10; i++)
	　　{
	　　　　语句;
	　　}
	}

（4）不能在 for 循环体内修改循环变量，防止循环失控。

```
for(iVal = 0; iVal < 10; iVal++)
{
    …
    iVal = 6;                          //千万不可修改循环变量,防止循环失控
}
```

8.2　通信接口模块

通信的基本接口方式分为：并行通信和串行通信。

8.2.1　通信接口的基本分类

上面已经提到过，通信接口可分为并行接口和串行接口。

1．并行通信

并行通信是指数据的每位同时在多根数据线上发送或接收。其示意图如图 8-1 所示。并行通信的特点是：各数据位同时传送，传送速度快，效率高，有多少数据位就需要多少根数据线，传送成本高。在集成电路芯片的内部，同一插件板上各部件之间，同一机箱内部插件之间的数据传送都是并行的，并行数据传送的距离通常小于 30 米。

2．串行通信

串行通信是指数据的每一位在同一根数据线上按顺序逐位发送或者接收。其示意图如图 8-2 所示。串行通信的特点是：数据传输按位顺序进行，最少只需一根传输线即可完成，成本低，速度慢。计算机与远程终端，远程终端与远程终端之间的数据传输通常都是串行的。与并行通信相比，串行通信传输距离较长，可以从几米到几千米，通信时钟频率较易提高，抗干扰能力十分强，其信号间的互相干扰完全可以忽略。但是串行通信传送速度比并行通信慢得多。

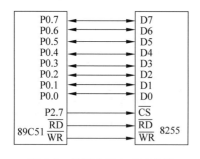

图 8-1　并行通信方式示意图

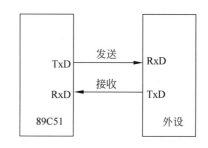

图 8-2　串行通信方式示意图

正是基于以上这些特点，串行通信在数据采集和控制系统中得到了广泛的应用，产品种类也是多种多样的。

8.2.2 串行通信概述

串行通信是指数据一位一位地按顺序传送，最后达到两个设备通信的目的。例如单片机与其他设备就是通过该方式来传送数据的。其特点是通信线路简单，只要一对传输线就可以实现双向通信，从而降级了成本，特别适用于远距离通信，但传送速度较慢。

1. 串行通信的工作模式

通过单线传输信息是串行数据通信的基础。数据通常是在两个站(点对点)之间进行传输，按照数据流的方向可分为三种传输模式(制式): 单工模式、半双工模式、全双工模式。

1) 单工模式(SIMPLEX)

单工模式的数据传输是单向的。通信双方中，一方为发送端，另一方则固定为接收端。信息只能沿一个方向传输，使用一根数据线，如图 8-3 所示。

图 8-3　单工模式

单工模式一般用在只向一个方向传输数据的场合。例如收音机，收音机只能接收发射塔传输来的数据，并不能给发射塔发送数据。

2) 半双工模式(HALF DUPLEX)

半双工模式是指通信双方都具有发送器和接收器，双方既可发送数据也可接收数据，但接收和发送不能同时进行，即发送时就不能接收，接收时就不能发送，如图 8-4 所示。

半双工模式一般用在数据能在两个方向传输的场合。例如对讲机，就是很典型的半双工通信模式，读者有机会，可以自己购买套件，之后焊接、调试，亲自体验一下半双工的魅力。

3) 全双工模式(FULL DUPLEX)

全双工模式数据通信分别由两根可以在两个不同的站点同时发送和接收的传输线进行传输，通信双方都能在同一时刻进行发送和接收操作，如图 8-5 所示。

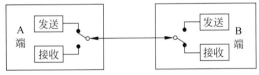

图 8-4　半双工模式

图 8-5　全双工模式

在全双工模式下，每一端都有发送器和接收器，有两条传输线，可在交互式应用和远程监控系统中使用，信息传输效率较高。例如手机，相信每位读者都不陌生。

2. 异步传输和同步传输

在串行传输中，数据是一位一位地按照到达的顺序依次进行传输的，每位数据的发送和接收都需要时钟来控制。发送端通过发送时钟确定数据位的开始和结束，接收端需在适当的时间间隔对数据流进行采样来正确地识别数据。接收端和发送端必须保持步调一致，否则就会在数据传输中出现差错。为了解决以上问题，串行传输可采用两种方式传输数据:

异步传输和同步传输。

1) 异步传输

在异步传输方式中,字符是数据传输单位。在通信的数据流中,字符之间异步,字符内部各位间同步。异步通信方式的"异步"主要体现在字符与字符之间通信没有严格的定时要求。在异步传输中,字符可以是连续地,一个个地发送,也可以是不连续地,随机地单独发送。在一个字符格式的停止位之后,立即发送下一个字符的起始位,开始一个新的字符的传输,这称为连续地串行数据发送,即帧与帧之间是连续的。断续的串行数据传输是指在一帧结束之后维持数据线的"空闲"状态,新的起始位可在任何时刻开始。一旦传输开始,组成这个字符的各个数据位将被连续发送,并且每个数据位持续时间是相等的。接收端根据这个特点与数据发送端保持同步,从而正确地恢复数据。收发双方则以预先约定的传输速度,在时钟的作用下,传输这个字符中的每一位。

2) 同步传输

同步通信是一种连续传送数据的通信方式,一次通信传送多个字符数据,称为一帧信息。数据传输速率较高,通常可达 56000bps 或更高。其缺点是要求发送时钟和接收时钟保持严格同步。例如,可以在发送器和接收器之间提供一条独立的时钟线路,由线路的一端(发送器或者接收器)定期地在每个比特时间中向线路发送一个短脉冲信号,另一端则将这些有规律的脉冲作为时钟。这种方法在短距离传输时表现良好,但在长距离传输中,定时脉冲可能会和信息信号一样受到破坏,从而出现定时误差。另一种方法是通过采用嵌有时钟信息的数据编码位向接收端提供同步信息。同步通信数据传送格式如图 8-6 所示。

同步字符	数据字符1	数据字符2	...	数据字符n-1	数据字符n	校验字符	(校验字符)

图 8-6　同步通信数据传送格式

3. 串口通信的格式说明

前面已经说过,在异步通信中,数据通常以字符(char)或者字节(byte)为单位组成字符帧传送的。既然双方要以字符帧传输数据,一定要遵循一些规则,否则双方之间肯定不能正确传输数据。什么时候开始采样数据? 什么时候结束数据采样? 这些都必须事先约定好。正如读者要去上课,首先学校得规定好在哪个教室、什么时候、上什么课,否则无法完成上课。

(1) 字符帧由发送端一帧一帧地发送,通过传输线被接收设备一帧一帧地接收。发送端和接收端可以有各自的时钟来控制数据的发送和接收,这两个时钟源彼此独立。

(2) 异步通信中,接收端靠字符帧的格式判断发送端何时开始发送,何时结束发送。一般,发送先为逻辑 1(高电平),每当接收端检测到传输线上发送过来的逻辑 0(低电平)时,就知道发送端开始发送数据了,每当接收端接收到字符帧中的停止位时,就知道一帧字符信息发送完毕了,字符帧的具体格式如图 8-7 所示。

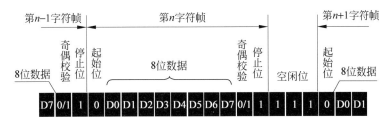

图 8-7 异步通信字符帧的格式

① 起始位。在没有数据传输时,通信线上处于逻辑 1 状态。当发送端要发送 1 个字符数据时,首先发送 1 个逻辑 0,这个低电平便是帧格式的起始位。其作用是向接收端表示发送端开始发送一帧数据了。接收端检测到这个低电平后,就准备接收数据。

② 数据位。在起始位之后,发送端发出(或接收端接收)的是数据位,数据的位数没有严格的限制,5～8 位均可。由低位到高位逐位发送。

③ 奇偶校验位。数据位发送完(接收完)之后,可发送一位用来验证数据在传送过程中是否出错的奇偶校验位。奇偶校验是收发双方预先约定的有限差错校验方法之一。有时也可不用奇偶校验。

④ 停止位。字符帧格式的最后部分是停止位,逻辑“高(1)”电平有效,它可占 1/2 位、1 位或 2 位。停止位表示传送一帧信息的结束,也为发送下一帧数据做好了准备。

4. 串行通信的校验

串行通信的目的不只是传送数据信息,更重要的是确保准确无误地传送数据。因此必须考虑在通信过程中对数据差错进行校验,因为差错校验是保证准确无误通信的关键。常用差错校验方法有奇偶校验、累加和校验以及循环冗余码校验等。

1) 奇偶校验

奇偶校验的特点是按字符校验,即在发送每个字符数据之后都附加一位奇偶校验位(1 或 0),当设置为奇校验时,数据中 1 的个数与校验位 1 的个数之和应为奇数;反之则为偶校验。收发双方应具有一致的差错校验设置,当接收 1 帧字符时,对 1 的个数进行校验,若奇偶性(收、发双方)一致则说明传输正确。奇偶校验只能检测到那种影响奇偶位数的错误,低级且速度慢,一般只用在异步通信中。

2) 累加和校验

累加和校验是指发送方将所发送的数据块求和,并将“校验和”附加到数据块末尾。接收方接收数据时也是先对数据块求和,将所得结果与发送方的“校验和”进行比较,若两者相同,表示传送正确,若不同则表示传送出了差错。“校验和”的加法运算可用逻辑加,也可用算术加。累加和校验的缺点是无法校验出字节或位序的错误。

3）循环冗余码校验(CRC)

循环冗余码校验的基本原理是将一个数据块看成一个位数很长的二进制数,然后用一个特定的数去除它,将余数作校验码附在数据块之后一起发送。接收端收到数据块和校验码后,进行同样的运算来校验传输是否出错。目前 CRC 已广泛用于数据存储和数据通信中,并在国际上形成规范,市面上已有不少现成的 CRC 软件算法。

8.3　IAP15W4K58S4 单片机的串行接口

STC 的单片机,除了 STC14F100W 系列无串行接口(可用 I/O 口模拟,后面介绍)功能外,其他 STC15 系列单片机都有串行接口的功能,其中 FSST15 开发板上搭载的 IAP15W4K58S4 单片机有 4 个高速异步串行通信接口。不同的串口又有不同的工作方式,每种工作方式的波特率又有多种产生方法,限于篇幅原因,这里只以串口 1 的工作模式 1 为例来讲述其工作原理,其中波特率的产生介绍两种方式(定时器 2 和定时器 1 的产生方式)。只要读者熟练掌握了串口 1 的模式 1,那么其他的串口的原理想通,只需按 STC 官方给出的数据手册操作相应的寄存器即可实现所需功能。

8.3.1　与串行通信相关的基本寄存器

和前面学习定时器和中断的方式类似,要熟练的应用串口进行通信,必须要掌握与其有关的特殊功能寄存器,所谓掌握不是死记硬背,但一定要会查、会读、会写。

1. 串口 1 控制寄存器(SCON)

串口 1 控制寄存器(SCON),用于设置串口的工作方式、监视串口的工作状态、控制发送与接收的状态等。该寄存器也是特殊功能寄存器,字节地址是 0x98,复位值为 0x00,该寄存器即可字节寻址又可位寻址,其各位的定义如表 8-3 所示。

表 8-3　串口 1 控制寄存器(SCON)

位(Bit)	D7	D6	D5	D4	D3	D2	D1	D0
名称(Name)	SM0/FE	SM1	SM2	REN	TB8	RB8	TI	RI

对各位的功能介绍如下。

(1) SM0/FE:当 PCON(电源控制寄存器)中 SMOD0 比特位为 1 时,该位用于检测帧错误(FE 功能)。当检测到一个无效停止位时,通过 UART 接收器设置该位。它必须由软件清零。

当 PCON 中 SMOD0 比特位为 0 时,用于 SM0 功能,该位和 SM1 位一起指定串口 1 的通信方式。

(2) SM1:该位和 SM0 位一起确定串口 1 的通信方式,其状态组合所对应的串口工作模式如表 8-4 所示。

表 8-4 串口工作模式

SM0	SM1	工作模式	功 能 说 明	功 能 说 明
0	0	模式 0	同步移位串行方式：移位寄存器	当 UART_M0x6＝0 时，波特率是 SYSclk/12 当 UART_M0x6＝1 时，波特率是 SYSclk/2
0	1	模式 1	8 位 UART 波特率可变	串口 1 当用定时器 1 的模式 0 或定时器 2 作为波特率发生器时，波特率＝定时器溢出率/4，此时波特率与 SMOD 无关。 当串行口 1 以定时器 1 的模式 2 作为波特率发生器时，波特率＝$(2^{SMOD}/32) \times$（定时器 1 的溢出率）
1	0	模式 2	9 位 UART	波特率＝$(2^{SMOD}/64)$XSYSclk 系统工作时钟
1	1	模式 3	9 位 UART 波特率可变	串口 1 当用定时器 1 的模式 0 或定时器 2 作为波特率发生器时，波特率＝定时器溢出率/4，此时波特率与 SMOD 无关。 当串行口 1 以定时器 1 的模式 2 作为波特率发生器时，波特率＝$(2^{SMOD}/32) \times$（定时器 1 的溢出率）

（3）SM2：允许模式 2 或者模式 3 的多机通信控制器位。在模式 2 或者模式 3 时，如果 SM2 位为 1，则接收机处于地址帧选状态。此时可以利用接收到的第 9 位（即 RB8）来筛选地址帧。

当 RB 为 1 时，说明该帧为地址帧，地址信息可以进入 SBUF，并使得 RI 置 1，进而在中断服务程序中再进行地址号比较。

当 RB 为 0 时，说明该帧不是地址帧，应丢掉并保持 RI 为 0。

在模式 2 或者模式 3 中，如果 SM2 位为 0 且 REN 位为 1，接收机处于禁止筛选地址帧状态。不论收到的 RB8 是否为 1，均可使接收到的信息进入 SBUF，并使得 RI 为 1，此时 RB8 通常为校验位。

（4）REN：允许/禁止串行接收控制位。当 REN 位为 1 时，允许串行接收状态。可以启动串行接收器 RxD 开始接收信息；当 REN 位为 0 时，禁止串行接收状态。禁止串行接收器 RxD。

（5）TB8：当选择模式 2 或者模式 3 时，该位要发送的第 9 位数据，按需要由软件置 1 或者清 0。例如，可用作数据的校验位或者多机通信中表示地址帧/数据帧的标志位。

（6）RB8：当选择模式 2 或者模式 3 时，该位要发送的第 9 位数据，作为奇偶校验位或者地址帧/数据帧的标志位。

（7）TI：发送中断请求标志位。在模式 0 时，当串行发送数据第 8 位结束时，由硬件自动将该位置 1，向 CPU 发出中断请求。当 CPU 响应中断后，必须由软件将该位清 0。在其他模式中，则在停止位开始发送时由硬件置 1，向 CPU 发出中断请求。同样地，当 CPU 响应中断后，必须由软件将该位清 0。

（8）RI：接收中断请求标志位。在模式 0 时，当串行接收数据第 8 位结束时，由硬件自动将该位置 1，向 CPU 发出中断请求。当 CPU 响应中断后，必须由软件将该位清 0。在其他模式中,则在接收到停止位的中间时刻由内部硬件置1,向CPU发出中断请求。同样地,当CPU响应中断后,必须由软件将该位清0。

> **注意**: 当发送或者接收完一帧数据时,硬件都会分别置位TI和RI,此时,无论哪个置位,都会向CPU发出请求,所以CPU不知道是发送中断还是接收中断请求,因此在中断服务程序中需要通过软件查询的方式来确定中断源。

2. 电源控制寄存器(PCON)

PCON也是特殊功能寄存器,字节地址是0x87,不能位寻址,复位值为0x30,各个位定义如表8-5所示。

表8-5 电源控制寄存器(PCON)

位(Bit)	D7	D6	D5	D4	D3	D2	D1	D0
名称(Name)	SMOD	SMOD0	LVDF	POF	GF1	GF0	PD	IDL

该寄存器不仅与串口有关,还和中断有关,限于篇幅,中断部分这里不赘述,请读者自行查阅数据手册546页。这里介绍与串口有关的位定义描述。

(1) SMOD:波特率选择位。当该位为1时,则使串行通信方式1、2和3的波特率加倍;当该位为0时,则使各工作方式的波特率不加倍。

(2) SMOD0:帧错误检测有效控制位。当该位为1时,SCON寄存器中的SM0/FE比特位用于FE(帧错误检测)功能;当该位为0时,SCON寄存器中的SM0/FE比特位用于SM0功能,该位和SM1比特位一起来确定串口的工作方式。

3. 串行数据缓冲器(SBUF)

IAP15W4K58S4单片机的串口1缓冲寄存器(SBUF)字节地址为0x99,该寄存器的实质是两个缓冲寄存器(发送寄存器和接收寄存器),但是公用一个字节地址,以便能以全双工方式进行通信。此外,在接收寄存器之前还有移位寄存器,从而构成了串行接收的双缓冲结构,这样可以避免在数据接收过程中出现重叠错误。发送数据时,由于CPU是主动的,不会发生帧重叠错误,因此发送电路不需要双重缓冲结构。

在逻辑上,SBUF只有一个,它即表示发送寄存器,又表示接收寄存器,具有同一个单元地址99H。但在物理结构上,则有两个完全独立的SBUF,一个是发送缓冲寄存器SBUF,另一个是接收缓冲寄存器SBUF。如果CPU写SBUF,数据就会被送入发送寄存器准备发送;如果CPU读SBUF,则读入的数据一定来自接收缓冲器。即CPU对SBUF的读写,实际上是分别访问上述两个不同的寄存器。

4. 辅助寄存器(AUXR)

该寄存器在第6章有所介绍,只介绍了与定时器有关的位,并未介绍与串口有关的位。辅助寄存器设置表如表8-6所示。该寄存器也是特殊功能寄存器,字节地址是0x8E,能位寻址,复位值是0x01。

表 8-6　辅助寄存器（AUXR）设置表

位（Bit）	B7	B6	B5	B4	B3	B2	B1	B0
名称（Name）	T0x12	T1x12	UART_M0x6	T2R	T2_C/T	T2x12	EXTRAM	S1ST2

这里介绍与串口有关的 2 个位。

（1）UART_M0x6：串口模式 0 的通信速率设置位。当该位为 0 时，串口 1 模式 0 的速度是传统 8051 单片机串口速度的 12 分频；当该位为 1 时，串口 1 模式 0 的速度是传统 8051 单片机速度的 6 倍 2 分频。

（2）S1ST2：串口 1 选择定时器 2 做波特率发生器的控制位。当该位为 0 时，选择定时器 1 作为串口 1 的波特率发生器；当该位为 1 时，选择定时器 2 作为串口 1 的波特率发生器。

5. 中断允许寄存器（IE）和中断优先级寄存器（IP）

这两个寄存器在第 7 章有所讲述，具体字节地址、复位值等，读者可复习前面的知识，这里只介绍与串口有关的位描述。

中断允许寄存器（IE）的第 5 位为 ES，即为串口 1 中断允许位。当该位为 1 时，允许串口 1 中断；当该位为 0 时，禁止串口 1 中断。

中断优先级寄存器（IP）的第 5 位为 PS，也即串口 1 中断优先级控制位。当该位为 0 时，串口 1 中断为最低优先级中断（优先级为 0）；当该位为 1 时，串口 1 中断为最高优先级中断（优先级为 1）。

8.3.2　串口 1 的工作模式

由表 8-4 可知，设定不同的 SM0 和 SM1，可将串口的工作模式配置为不同的模式。假定将其配置为模式 1，此模式为 8 位 UART 格式，一帧数据包括 11 位，具体各个位的含义见图 8-7，并且波特率可按需求人为设定。这样串口模式 1 的功能结构如图 8-8 所示，同时发送和接收时序如图 8-9、图 8-10 所示。

接下来，结合内部结构图和时序图来简单分析数据的发送和接收过程，等掌握了这个过程，那么其他的串口及模式都类似，读者就可自行分析。

1. 串口 1 工作模式 1 的数据发送过程

当串口 1 发送数据时，数据从单片机的串行发送引脚 TxD 发送出去。当主机执行一条写 SBUF 的指令时，就启动串口 1 的数据发送过程，写 SBUF 信号将 1 加载到发送移位寄存器的第 9 位，并通知 Tx 控制单元开始发送。通过 16 分频计数器，同步发送串行比特流，完整的发送过程如图 8-9 所示，读者在学习时可参考图 8-7。

移位寄存器将数据不断地右移，送到 TxD 引脚。同时，在左边不断地用 0 进行填充。当数据的最高位移动到移位寄存器的输出位置，紧跟其后的是第 9 位 1，在它的左侧各位全部都是 0，这个条件状态使得 TX 控制单元进行最后一次移位输出，然后使得发送允许信号 SEND 失效，结束一帧数据的发送过程，并将中断请求位 TI 置 1，向 CPU 发出中断请求信号。

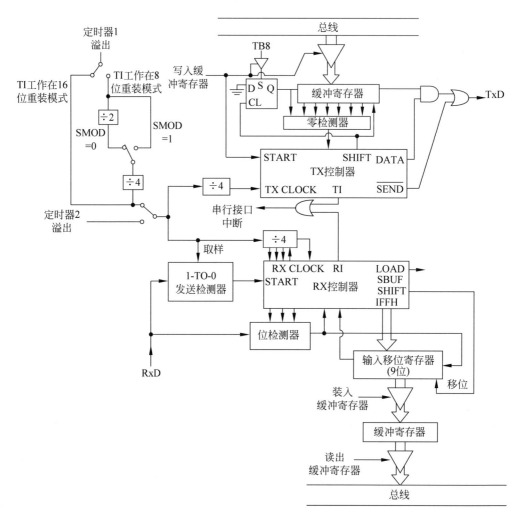

图 8-8　串口 1 工作模式 1 内部结构图

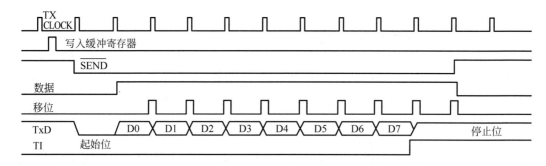

图 8-9　数据发送时序图

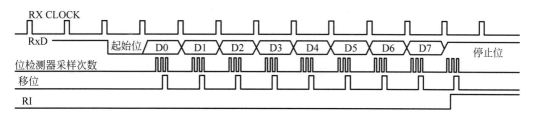

图 8-10 数据接收时序图

2. 串口 1 工作模式 1 的数据接收过程

当软件将接收允许标志位 REN 置 1 后，接收器就用选定的波特率的 16 分频的速率采样串行接收引脚 RxD。当检测到 RxD 端口从 1 到 0 的负跳变后，就启动接收器准备接收数据。同时，复位 16 分频计数器，将值 0x1FF 加载到移位寄存器中。复位 16 分频计数器使得它与输入位时间同步。

16 分频计数器的 16 个状态是将每位接收的时间平均为 16 等份。在每位时间的第 7、8 和 9 状态由检测器对 RxD 端口进行采样，所接收的值是这次采样值经过“三中取二”的值，即三次采样中，至少有两次相同的值，用来抵消干扰信号，提高接收数据的可靠性，如图 8-10 所示。在起始位，如果接收到的值不为 0，则起始位无效，复位接收电路，并重新检测 1 到 0 的跳变。如果接收到的起始位有效，则将它输入移位寄存器，并接收本帧的其余信息。

接收到的数据从接收移位寄存器的右边移入，将已装入的 0x1FF 向左边移出。当起始位 0 移动到移位寄存器的最左边时，使 RX 控制器做最后一次移位，完成一帧的接收。

在接收过程中，倘若同时满足：RI＝1，SM2＝0 或接收到的停止位为 1。则接收到的数据有效，实现加载到 SBUF，停止位进入 RB8，置位 RI，向 CPU 发出中断请求信号。如果这两个条件不能同时满足，则将接收到的数据丢弃，无论条件是否满足，接收机又重新检测 RxD 端口上的 1 到 0 的跳变，继续接收下一帧数据。如果接收有效，则在响应中断后，必须由软件将标志 RI 清 0。

8.3.3 串口 1 工作模式 1 的波特率计算

在讲述波特率计算之前，先要了解什么是波特率。波特率（Baud Rate）是串行通信中一个重要的概念，它是指传输数据的速率，也称比特率。波特率的定义是每秒传输二进制数码的位数。例如：波特率为 9600bps 是指每秒钟能传输 9600 位二进制数码。波特率的倒数即为每位数据传输时间。例如：波特率为 9600bps，每位的传输时间为：$T_d ＝ 1/9600 ＝ 1.042 \times e^{-4}$（s）。

串行通信模式 1 的波特率是可变的，可变的波特率由定时器/计数器 1 或定时器 2 产生，优先选择定时器 2 产生的波特率。

当串口 1 用定时器 2 作为其波特率发生器时，串口 1 的波特率＝（定时器 T2 的溢出率）/ 4（注意：此时波特率与 SMOD 无关）。

当 T2 工作在 1T 模式（AUXR. 2/T2x12＝1）时，定时器 2 的溢出率＝SYSclk/（65 536－

[RL_TH2,RL_TL2]),即此时串行口 1 的波特率＝SYSclk/(65 536－[RL_TH2,RL_TL2])/4。

当 T2 工作在 12T 模式(AUXR.2/T2x12＝0)时,定时器 2 的溢出率＝SYSclk/12/(65 536－[RL_TH2,RL_TL2]),即此时串行口 1 的波特率＝SYSclk/12/(65 536－[RL_TH2,RL_TL2])/4。

说明:RL_TH2 是 T2H 的自动重装载寄存器,RL_TL2 是 T2L 的自动重装载寄存器。

当串口 1 用定时器 1 作为其波特率发生器且定时器 1 工作于模式 0(16 位自动重装载模式)时,串口 1 的波特率＝(定时器 1 的溢出率)/4。

当定时器 1 工作于模式 0(16 位自动重装载模式)且 T1x12 ＝ 0 时,定时器 1 的溢出率＝SYSclk/12/(65 536－[RL_TH1,RL_TL1]),即此时串行口 1 的波特率＝SYSclk/12/(65 536－[RL_TH1,RL_TL1])/4。

当定时器 1 工作于模式 0(16 位自动重装载模式)且 T1x12＝1 时,定时器 1 的溢出率＝SYSclk/(65 536－[RL_TH1,RL_TL1]),即此时串行口 1 的波特率＝SYSclk/(65 536－[RL_TH1,RL_TL1])/4。

说明:RL_TH1 是 T1H 的自动重装载寄存器,RL_TL1 是 T1L 的自动重装载寄存器。

8.3.4 串口 1 的应用实例

前面讲述了串口寄存器、波特率的计算等知识,先来看一个实例,把枯燥的概念应用于实例和实验中。该实例的具体功能是:在 FSST15 开发板上编写程序,让其开机运行以后,单片机默认向上位机发送几串字符。具体源码如下。

```
#include "FsBSP_Delay.h"
#include "FsBSP_Uart.h"


/* ******************************************************** */
//函数名称: main()
//函数功能: 串口初始化发广告语
//入口参数: 无
//出口参数: 无
/* ******************************************************** */
//printf("\r 飞天三号 STM32 开发板串口测试... \r\n");
void main(void)
{
    UART1_Init();
    DelayMS(100);
    UART_SendString("\r / * ================================= * / \r\n" );
    UART_SendString("\r 欢迎使用飞天三号(FSST15)开发板............. \r\n" );
    UART_SendString("\r 本开发板配套书籍——《STC15 单片机实战指南》\r\n" );
    UART_SendString("\r 本开发板配套视频——《深入浅出玩转 STC15 单片机》\r\n" );
    UART_SendString("\r / * ================================= * / \r\n" );
    while(1);
```

```
}
------------------------------------------------------------------
# include "FsBSP_Uart.h"

/* ***********************************************************
 * 函数名称: UART1_Init()
 * 入口参数: 无
 * 出口参数: 无
 * 函数功能: 初始化串口 1 - 采用定时器 1 作为波特率发生器
 *********************************************************** */
void UART1_Init(void)
{
    SCON = 0x50;                    //8 位数据,可变波特率
    AUXR | = 0x40;                  //定时器 1 时钟为 Fosc,即 1T
    AUXR &= 0xFE;                   //串口 1 选择定时器 1 为波特率发生器
    TMOD &= 0x0F;                   //设定定时器 1 为 16 位自动重装方式
    TL1 = 0xE8;                     //设定定时初值
    TH1 = 0xFF;                     //设定定时初值
    ET1 = 0;                        //禁止定时器 1 中断
    TR1 = 1;                        //启动定时器 1
}
/* ***********************************************************
 * 函数名称: UART_SendOneByte(unsigned char uDat)
 * 入口参数: unsigned char uDat
 * 出口参数: 无
 * 函数功能: 串口 1 发送一个字节函数
 *********************************************************** */
void UART_SendOneByte(unsigned char uDat)
{
    SBUF = uDat;                    //将待发送的数据放到发送缓冲器中
    while(!TI);                     //等待发送完毕,发送完毕之后为 1
    TI = 0;                         //软件清零
}
/* ***********************************************************
 * 函数名称: UART_SendString(unsigned char * upStr)
 * 入口参数: unsigned char * upStr
 * 出口参数: 无
 * 函数功能: 发送字符串函数,用指针来做形参
 *********************************************************** */
void UART_SendString(unsigned char * upStr)
{
    while( * upStr)
    {
        UART_SendOneByte( * upStr++);
        //调用串口 1 发送一个字节函数,将数据以字节方式发送出去
    }
}
```

　　程序写到这里,细心的读者肯定会发现,程序并未写完,因为还缺少 FsBSP_Uart.h 头文件。这个头文件应该包括一些什么语句? 如果前面学得扎实,模块化编程掌握得好,读者应该能很快补充完整,无外乎两个函数的声明:串口的初始化函数和发送函数。

　　串口的初始化函数,每条语句都有详细的注释,读者可自行理解,这里着重介绍如何通过确定的波特率来计算定时器的初始值。选择用 115 200bps 的波特率通信,同时系统运行频率为 11.0592MHz,并且定时器时钟选择为 1T 模式,代入公式"串行口 1 的波特率＝SYSclk/(65 536－[RL_TH1,RL_TL1])/4",则有:

　　$115\ 200＝11\ 059\ 200÷(65\ 536－x)÷4$,得 $x=65\ 512$,将其转换为十六进制为 0xFFE8,这样 TH1＝0xFF,TL1＝0xE8。读者可以选择不同的模式,如 12T、定时器 1(8 位自动重载)等模式,重新计算定时器的初值,编写程序、编译、下载、调试,观察实验结果是否正确。

　　除了初始化函数,对于发送函数,采用了查询模式,先将待发送的数据放入发送缓冲寄存器(SBUF)中,等待,直到 TI 变为 1 时,说明一个字节的数据已发送完毕,软件清零 TI,这样发送一个字节的函数即可完成。之后就是发送字符串的函数,采用了指针的形式去索引字符串。

　　最后讲解不用手工计算,直接借用软件来计算波特率及初始化串口等方法。STC 官方的 STC-ISP 软件,自带了波特率计算器,只需设置好相应的选项,就可以自动算出需求波特率所对应的定时器初值,具体操作如图 8-11 所示。这种方法,前面介绍定时器时也曾提到过,这样能为编程提供极大的便利,加快项目开发的进程,笔者强烈推荐这种方法。

图 8-11　STC-ISP 软件的"波特率计算器"界面

　　图 8-11 显示此时误差为 0.00%,如果在其他的设置都不变的情况下,将系统频率(晶振频率)改为 12MHz,此时的误差由原先的 0.00% 变为了现在的 0.16%,如图 8-12 所示。虽然误差很小,但对于做工程、项目的设计者来说,既然能做到 0.00% 的误差,为何不去做呢? 这就是本书将其系统频率一直设置为 11.0592MHz 的原因,也是好多开发板、工程板选择这个晶振频率的原因。

图 8-12　系统频率为 12MHz 时的误差图

8.4　RS-232 通信接口概述

在台式机或者工业设备上，读者经常能够看到一个 9 针的串行接口，这个串行接口称为 RS-232 接口，它和 UART 通信有着直接的关系。接下来扩展介绍一些 RS-232 的知识，能掌握最好，了解足够。

8.4.1　RS-232C 串口通信标准与接口定义

RS-232C 是美国电子工业协会（Electronic Industry Association，EIA）于 1962 年公布并于 1969 年修订的串行接口标准，它已经成为国际上通用的标准。1987 年 1 月，RS-232C 经过修改后，正式改名为 EIA-232D，由于标准修改得并不多，因此现在很多厂商仍用旧的名称。

由于 RS-232C 并未定义连接器的物理特性，因此，出现了 DB-25 和 DB-9 各种类型的连接器，其引脚的定义也各不相同。现在计算机上一般只提供 DB-9 连接器，都为公头。连接线上的串口连接器有公头和母头之分，见图 8-13（图左为公头、图右为母头）。

作为多功能 I/O 卡或主板上提供的 COM1 和 COM2 两个串行接口的 DB-9 连接器，它只提供异步通信的 9 个信号引脚，如图 8-14 所示。

图 8-13　串口的公头与母头接口示意图

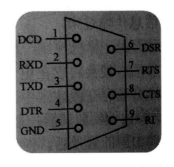

图 8-14　DB-9 的 9 个引脚定义图

RS-232 的每一引脚都有其作用及信号流动方向。早期的 RS-232 是设计用来连接调制解调器的，因此它的引脚的意义通常也和调制解调器的传输有关。

从功能上来看，DB-9 的全部信号线分为三类，即数据线（TXD、RXD）、地线（GND）和联络控制线（DSR、DTR、RI、DCD、RTS、CTS），具体功能如表 8-7 所示。

表 8-7　9 针串口的引脚功能

引 脚 号	符 号	通 信 方 向	功 能
1	DCD	计算机→调制解调器	载波信号检测
2	RXD	计算机←调制解调器	接收数据
3	TXD	计算机→调制解调器	发送数据
4	DTR	计算机→调制解调器	数据终端准备好
5	GND	计算机＝调制解调器	信号地线
6	DSR	计算机←调制解调器	数据装置准备好
7	RTS	计算机→调制解调器	请求发送
8	CTS	计算机←调制解调器	清除发送
9	RI	计算机←调制解调器	振铃信号提示

上述控制信号线有效、无效的顺序表示了接口信号的传输过程。例如,只有当 DSR 和 DTR 都处于有效(ON)状态时,才能在 DTR 和 DCD 之间进行传输操作。若 DTE 要发送数据,则预先将 DTR 线置成有效(ON)状态,等 CTS 线上收到有效(ON)状态的应答后,才能在 TXD 线上发送串行数据。这种顺序的规定对半双工的通信线路特别有用,因为半双工的通信确定 DCD 已由接收端方向改为发送端方向,这时线路才能开始发送。

可以从表 8-7 了解到硬件线路上的数据流向。另外值得一提的是,如果从计算机的角度来看这些引脚的通信状况,流进计算机端的,可以看作数字输入,而流出计算机端的,则可以看作数字输出。那什么又是检测和控制呢? 从工业应用的角度来看,所谓的输入就是用来“检测”的,而输出就是用来“控制”的。

8.4.2　RS-232C 通信接口的电平转换

为何在 RS-232C 和单片机通信之间,需要电平转换呢? 为了更好的说明,先来了解 RS-232C 对电气特性、逻辑电平和各种信号线功能的规定。

(1) 在 TXD 和 TXD 数据线上:逻辑 1 为 -3~$-15V$;逻辑 0 为 3~$15V$。

(2) 在 RTS、CTS、DSR、DTR 和 DCD 等控制线上:信号有效[接通状态(ON)、正电压]为:3~$15V$;信号无效[断开状态(OFF)、负电压]为 -3~$-15V$。

以上规定说明了 RS-232C 标准对逻辑电平的定义。对于数据信号(信息码):逻辑 1 的电平低于 $-3V$,逻辑 0 的电平高于 $+3V$。对于控制信号:接通状态(ON)即信号有效的电平高于 3V,断开状态(OFF)即信号无效的电平低于 $-3V$,也就是当传输电平的绝对值大于 3V 时,电路可以有效地检查出来,介于 -3~$3V$ 之间的电压无意义,低于 $-15V$ 或高于 $+15V$ 的电压也认为无意义,因此,实际工作时,应保证电平在 ±(3~15)V 之间。

RS-232C 是用正负电压来表示逻辑电平,与 TTL 以高低电平表示逻辑状态的规定不同,因此,为了能够同计算机接口或终端的 TTL 器件连接,必须在 RS-232C 与 TTL 电路之间进行电平和逻辑关系的转换,实现这种转换的方法可用分立元件,也可用集成电路芯片,普遍应用的 IC 有 MAX232,但在一些电子消费类产品中,为了节省成本,有时也会用分立元件来搭建。

（1）分立元件实现 RS-232 电平与 TTL 电平的转换。该电路成本较低，适合对成本要求严格的项目。它也是一个比较经典的电路，因此读者有必要掌握它的工作原理，其电路如图 8-15 所示。

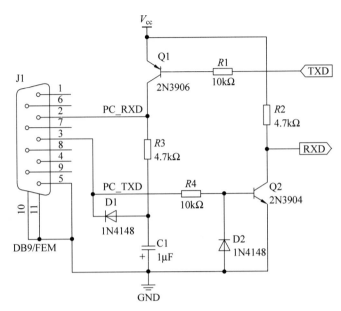

图 8-15　用分立元件搭建的 RS-232 与 TTL 电平的转换电路图

分析该电路的工作原理。第一步，RS232 到 TTL 的转换过程。首先若 PC 发送逻辑电平 1，此时 PC_TXD 为高电平（电压为 $-3 \sim -15$V，也是默认电压），此时 Q2 截止，由于 $R2$ 上拉的作用，则 RXD 此时就为高电平（逻辑电平 1）；若 PC 发送逻辑电平 0，此时 PC_TXD 为低电平（电压为 $3 \sim 15$V），那么此时 Q2 导通，则 RXD 此时就为低电平（逻辑电平 0），这样就实现了 RS-232 到 TTL 的电平转换。第二步，TTL 到 RS-232 的转换过程。若 TTL 端发送逻辑电平 1，此时 Q1 截止，但由于 PC_TXD 端默认电平为高（电压为 $-3 \sim -15$V），这样会通过 D1 和 $R3$ 将 PC_RXD 拉成高电平（电压为 $-3 \sim -15$V）；若 TTL 发送逻辑电平 0，此时 Q1 导通，则 PC_RXD 端就为低电平（电压为 5V 左右），这样就实现了 TTL 到 RS-232 电平的转换。此电路很经典，望读者铭记，更重要的是成本低，很适合消费类产品的应用。

（2）MAX232 实现 RS-232 电平与 TTL 电平的转换。MAX232 是 MAXIM 公司生产的，内部有电压倍增电路和转换电路。其中电压倍增电路可以将单一的 5V 转换成 RS-232 所需的 ± 10V。转换电路原理与上面分立元件原理相同，这里就不再做过多的介绍。用 MAX232 来实现 RS-232 电平和 TTL 电平的转换电路如图 8-16 所示。

注意：由于 RS-232 电平较高，在接通时产生的瞬时电涌非常高，很有可能击毁 MAX232，所以在使用中应尽量避免热插拔。其实不仅仅 MAX232，好多器件也有这种特殊的要求,鉴于该原因,望读者从一开始养成一个良好的习惯,不要热插拔器件(除非有热插拔需求)也不要用手触摸芯片的金属引脚,防止静电击毁芯片。

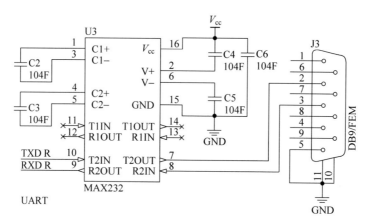

图 8-16　MAX232 电平转换电路图

图 8-16 中 C2、C3、C4、C5 用于电压转换部分,由官方数据手册可知,这 4 个电容得用 $1\mu F$ 的电解电容,但经大量实验和实际应用分析可知,这 4 个电容完全可以由 $0.1\mu F$ 的非极性瓷片电容来代替,因为这样可以节省 PCB(印刷电路板)的面积和降低成本。C6 是用来滤波的。在绘制 PCB 时,这几个电容一定要靠近芯片的引脚放置,这样可以大大地提高抗干扰能力。

8.5　USB 转串口通信

上面有提到,在工业设备和台式机上,RS-232 接口被大量应用,但是大多数笔记本电脑上没有 RS-232 接口(有 USB 接口),那笔记本和单片机如何进行通信呢?因此掌握 USB 接口和 RS-232 串口的转换就势在必行了。USB 到 RS-232 的转换,常用的芯片有 FT232RL、CP2102/CP2103、CH340、PL2303HX,这四款中,按性能好坏(其实价格与性能也是对应的,价格高的性能好)排列为:FT232RL＞CP2102/CP2103＞CH340＞PL2303HX。FSST15 开发板上搭载的是 CH340G,因此这里以 CH340G 为例讲述 USB 和 RS-232 的转换过程。该电路的原理设计只要参考 CH340 的数据手册,就能很轻松地搞定,但在其 PCB 的绘制时一定要注意滤波电容不能少,原理图如图 8-17 所示。

关于该芯片的细节,读者可以参考官方的数据手册,笔者这里简述几点。

(1) CH340 芯片内置了 USB 上拉电阻,所以 UD＋(5)和 UD－(6)引脚应该直接连接到 USB 总线上。这两条线是差分线,走线一定要严格,尽量短且等长,并且阻抗一定要匹配。还有一点,两条线的周围一定要严格包地,并且要多加地孔(当然不是越多越好)。关于 USB 的走线是很有学问的,限于篇幅,这里就不一一介绍了,若读者感兴趣,可以去看看笔

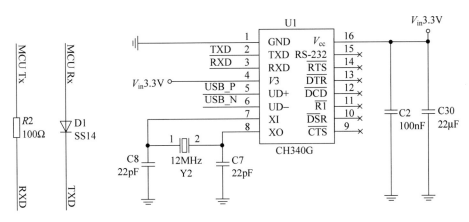

图 8-17　USB 转串口通信的电路图（CH340G）

者的博客：http://bbs.ednchina.com/BLOG_ARTICLE_3009471.HTM。

（2）CH340 芯片正常工作时需要外部向 XI(7)引脚提供 12MHz 的时钟信号。一般情况下，时钟信号由 CH340 内置的反相器通过晶体稳频振荡产生。外围电流只需要在 XI 和 XO 引脚连接一个 12MHz 的晶振，并且分别为 XI(7)和 XO(8)引脚对地连接振荡电容。笔者要说明的是绘制 PCB 时，这两条连接线要短，其周围一定要环绕地线或者覆铜。两端工作电压正常时为 2.4V 左右。

（3）CH340 芯片支持 5V 或者 3.3V 电压。当使用 5V 工作电压时，CH340 芯片的 V_{cc} 引脚输入外部 5V 电源，并且 $V3(4)$引脚应该外接容量为 4700pF 或者 $0.01\mu F$ 的电源退耦电容进行滤波。关于滤波，笔者后面会讲。当使用 3.3V 工作电压时，CH340 芯片的 V3 引脚应该与 V_{cc} 引脚相连，同时输入外部 3.3V 电源，并且与 CH340 芯片相连的其他电路的工作电压不能超过 3.3V。

（4）数据传输引脚包括：TXD(2)引脚和 RXD(3)引脚。串口输入空闲时，RXD 应该为高电平，如果 RS-232 引脚为高电平启用辅助 RS-232 功能，那么 RXD 引脚内部自动插入一个反相器，默认为低电平。串口输出空闲时，CH340T 芯片的 TXD 为高电平。正是出于以上原因，在设计电路时，为了不影响单片机下载程序时的冷启动，在转换电路中加了二极管和电阻。

8.6　通过串口实现数据互传的应用实例

通信无非就是接收数据、发送数据，前面以一个实例介绍了单片机如何发送数据，接下来再以另一个实例，讲述单片机如何接收数据，并将接收到的数据发送出去，实现数据的互传。

借助 FSST15 开发板，实现 PC 与单片机的互相通信，具体实验过程是：当 PC 给单片机发送一个字符后，单片机回传 PC 它对应的十六进制数。例如 PC 向单片机发送一个字符 3，则单片机向 PC 回传：你给我了一个：3；I give you it's ASCII 0x33。同样，先上源码，之后再来详细说明。

```c
# include "FsBSP_Delay.h"
# include "FsBSP_Uart.h"

void main(void)
{
    DelayMS(100);                          //等待开发板上电稳定
    ConfigUART(9600);
    DelayMS(10);                           //等待串口初始化完成
    UART_SendString("\r / *  ====================================  * / \r\n" );
    UART_SendString("\r 欢迎使用飞天三号(FSST15)开发板............. \r\n" );
    UART_SendString("\r 本开发板配套书籍《与 STC15 单片机牵手的那些年》\r\n" );
    UART_SendString("\r 本开发板配套视频《深入浅出玩转 STC15 单片机》\r\n" );
    UART_SendString("\r / *  ====================================  * / \r\n" );
    while(1)
    {
        UART_SendDat();
        P7 = UART_RecDat();
        //用 8 个 LED 小灯来指示接收到的数据,以便观察、分析数据
    }
}
----------------------------------------------------------------
# ifndef  __FsBSP_UART_H__
# define  __FsBSP_UART_H__

# include "STC15.h"
# include < stdio.h >

extern void ConfigUART(unsigned long int baud);
extern void UART_SendString(unsigned char * upStr);
extern void UART_SendOneByte(unsigned char uDat);
extern unsigned char   UART_RecDat();
extern void UART_SendDat();

# endif
----------------------------------------------------------------
# include "FsBSP_Uart.h"

bit bStatusFlag = 0;

/ * ********************************************************
 * 函数名称: ConfigUART(unsigned int baud)
 * 入口参数: unsigned int baud-- 通信波特率
 * 出口参数: 无
 * 函数功能: 初始化串口 1,串口配置函数, baud - 通信波特率
   ******************************************************** * /
```

```
void ConfigUART(unsigned long int baud)
{

    SCON = 0x50;                            //8 位数据,可变波特率
    AUXR |= 0x01;                           //串口 1 选择定时器 2 为波特率发生器
    AUXR |= 0x04;                           //定时器 2 时钟为 Fosc/12,即 12T
    T2L = (65535 - ((11059200/4)/baud));    //设定定时初值
    T2H = (65535 - ((11059200/4)/baud)) >> 8;   //设定定时初值
    AUXR |= 0x10;                           //启动定时器 2
}
/ ********************************************************************
* 函数名称: UART_SendOneByte(unsigned char uDat)
* 入口参数: unsigned char uDat
* 出口参数: 无
* 函数功能: 串口 1 发送一个字节函数
 ********************************************************************* * /
void UART_SendOneByte(unsigned char uDat)
{
    SBUF = uDat;                            //将待发送的数据放到发送缓冲器中
    while(!TI);                             //等待发送完毕,发送完毕之后为 1
    TI = 0;                                 //软件清零
}
/ * ****************************************************************
  * 函数名称: UART_SendString(unsigned char * upStr)
  * 入口参数: unsigned char * upStr
  * 出口参数: 无
  * 函数功能: 发送字符串函数,用指针来做形参
 ********************************************************************* * /
void UART_SendString(unsigned char * upStr)
{
    while( * upStr)
    {
        UART_SendOneByte( * upStr++);
        //调用串口 1 发送一个字节函数,将数据以字节方式发送出去
    }
}


/ * *************************************************************** * /
//函数名称: UART_RecDat()
//函数功能: 接收一个字节数据
//入口参数: 无
//出口参数: 接收到的数据(uReceiveData)
/ * ************************************************************* * /
unsigned char  UART_RecDat(void)
{
    unsigned char uReceiveData;
    if(RI)                                  //等待 RI 置 1,因为接收完硬件会置 1
```

```
    {
        uReceiveData = SBUF;                    //读取接收缓冲寄存器中的数据
        RI = 0;                                 //必须清 0
        bStatusFlag = 1;                        //将状态标志置 1,表示一帧数据接收完毕
    }
    return (uReceiveData);
}
/* ****************************************************** */
//函数名称: UART_SendDat()
//函数功能: 将接收到的数据原样发送回去
//入口参数: 无
//出口参数: 无
/* ****************************************************** */
void UART_SendDat(void)
{
    unsigned int uTemp = 0;
    uTemp = UART_RecDat();                      //将接收到的数据暂时保存在临时变量 uTemp 中
    if(bStatusFlag)                             //判断是否接收完一个字节数据
    {
        UART_SendString("\r / * ===================  * / \r\n");
        UART_SendString("\r / * 你给我了一个: \r");
        UART_SendOneByte(uTemp);                //回传接收到的数据
        UART_SendString("\r\n");

        TI = 1;
        printf("\r I give you it's ASCII 0x % x ",uTemp);
        UART_SendString("\r\n");
        UART_SendString("\r / * ===================  * / \r\n");
        bStatusFlag = 0;                        //清除标志位,以便跳出条件判断
    }
}
```

程序的运行效果图如图 8-18 所示。这里将着重向读者讲述两个问题: 第一个是 printf( )
函数的用法; 第二个是 ASCII 码的介绍。

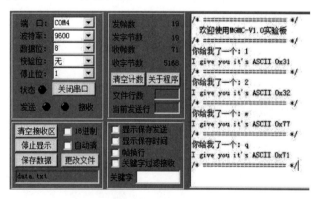

图 8-18　收发调试界面

先来解释 printf()函数，该函数读者在学习 C 语言时所用的第一个函数，就是它，永远的"Hello world"，你还记得吗？要解释清楚 printf()函数，必须从该函数的本质入手，该函数的本质是 putchar()函数。所以 putchar()函数就变得尤为重要了，该函数藏身于 Keil5 软件安装目录下的 LIB 文件夹里（路径：D:\PrjSW\Keil5\C51\LIB），打开 LIB 文件下的 PUTCHAR.c 文件，里面有很重要的一条语句："while（!TI）；"，意思是等待 TI 变为 1 之后才发送出去，否则一直等待，这就是前面要加：TI=1 的原因，如果不加，程序会死循环在 putchar()函数中。同时读者需要注意，如果是应用中断的方式来使用该函数，那么在该函数的后面需要增加一条语句"TI=0"，原因是串口发送完数据之后，硬件会将其置1，这样程序会进入中断，若不清 0，就会死循环在中断里面。

第二个问题，当发送一个字符 1、w 等，它们和所对应的 ASCII 码有何关系呢？要解释这个问题，先来看看什么是 ASCII 码？ASCII（American Standard Code for Information Interchange），也即美国信息互换标准代码，在单片机中一个字节的数据可以代表 256(0x00～0xFF)个值，前面的 128 个分别代表一个常用字符，具体对应关系如表 8-8 所示。

表 8-8　ASCII 码字符表

十进制码值	十六进制码值	字符	十进制码值	十六进制码值	字符	十进制码值	十六进制码值	字符	十进制码值	十六进制码值	字符
0	00	NUL	22	16	SYN	44	2C	,	66	42	B
1	01	SOH	23	17	ETB	45	2D	—	67	43	C
2	02	STX	24	18	CAN	46	2E	.	68	44	D
3	03	ETX	25	19	EM	47	2F	/	69	45	E
4	04	EOT	26	1A	SUB	48	30	0	70	46	F
5	05	ENQ	27	1B	ESC	49	31	1	71	47	G
6	06	ACK	28	1C	FS	50	32	2	72	48	H
7	07	BEL	29	1D	GS	51	33	3	73	49	I
8	08	BS	30	1E	RS	52	34	4	74	4A	J
9	09	HT	31	1F	US	53	35	5	75	4B	K
10	0A	LF	32	20	SPACE	54	36	6	76	4C	L
11	0B	VT	33	21	!	55	37	7	77	4D	M
12	0C	FF	34	22	"	56	38	8	78	4E	N
13	0D	CR	35	23	#	57	39	9	79	4F	O
14	0E	SO	36	24	$	58	3A	:	80	50	P
15	0F	SI	37	25	%	59	3B	;	81	51	Q
16	10	DLE	38	26	&	60	3C	<	82	52	R
17	11	DC1	39	27	'	61	3D	=	83	53	S
18	12	DC2	40	28	(	62	3E	>	84	54	T
19	13	DC3	41	29	)	63	3F	?	85	55	U
20	14	DC4	42	2A	*	64	40	@	86	56	V
21	15	NAK	43	2B	+	65	41	A	87	57	W

续表

十进制码值	十六进制码值	字符	十进制码值	十六进制码值	字符	十进制码值	十六进制码值	字符	十进制码值	十六进制码值	字符
88	58	X	98	62	b	108	6C	l	118	76	v
89	59	Y	99	63	c	109	6D	m	119	77	w
90	5A	Z	100	64	d	110	6E	n	120	78	x
91	5B	[	101	65	e	111	6F	o	121	79	y
92	5C	\	102	66	f	112	70	p	122	7A	z
93	5D	]	103	67	g	113	71	q	123	7B	{
94	5E	^	104	68	h	114	72	r	124	7C	|
95	5F	_	105	69	i	115	73	s	125	7D	}
96	60	`	106	6A	j	116	74	t	126	7E	~
97	61	a	107	6B	k	117	75	u	127	7F	DEL

结合这个表格,是不是就很好理解,为何 1 对应的 ASCII 码为 0x31,而 w 对应的 ASCII 码是 0x77。这时读者还可以借助飞天三号实验的 LED 小灯,来理解 ASCII 码。例如,当上位机发送字符 2 时,对应的二进制为 0b0011 0010,这样开发板上对应的 LED 小灯应该是 D16、D15、D12、D11、D9 亮,D14、D13、D10 灭,具体请读者编写程序,下载并发送字符 2 进行测试。

8.7 课后学习

1. C 语言中包括哪三种循环方式? 编写程序,用三种循环分别编写三种延时函数。

2. 用定时器 1 或定时器 2 产生所需的波特率,实现用串口分别发送 1~12 个数字,之后按回车键,能分别控制开发板上的 12 个 LED 小灯的亮灭。例如上位机发送"1＋回车键",LED1 亮,别的全部灭,发送"6＋回车键",LED6 亮,别的全部灭(提示:可先声明一个数组,暂存数据,再做对比,之后响应需求)。

3. 在练习 2 的基础上,修改程序,例如在发送"6＋回车键"之后,回传数据"LED6 小灯点亮,别的已全部熄灭"。

第 9 章

稳扎稳打，步步为营：

C 语言的数组、字符串与按键的应用

按键在电子设备中的应用很广泛，主要作用就是人机交换，即通过按键来控制电子设备。按键在实际生活中也是无处不在，从手机到 PC，再到机顶盒和遥控器，都离不开按键的应用。下班之后闲着没事，可按遥控器的"开关"键，打开机顶盒，此时可能播放着浙江卫视的"中国好声音"，若不想看"中国好声音"，而想看科比的一次背身单打，或梅西的一次妙射，可按遥控器的"频道加减"键（CH＋、CH－），若声音太小，听不到解说，可继续按遥控器"声音控制"键（VOL－、VOL＋），总能调到适合的声音。这都是发生在我们生活中与按键有关的情况，可读者知道按键是如何被检测的吗？ 本章将学习按键的检测和消抖等机制，再结合定时器和中断讲解工程中常用的状态机检测法。

9.1 夯实基础——C 语言的数组、字符串

在单片机的编程中，经常会用到数组和字符串，例如数码管的真值表、串口发送的字符串等，因此，有必要对两者进行介绍，让读者掌握。

9.1.1 数组

1. 数组的基本概念

说到数值，读者应该不陌生，前面几章已用到，那什么是数组？ 先来看"官方"的定义和说明，之后笔者再总结。

所谓数组，就是相同数据类型的元素按一定顺序排列的集合，即把有限个类型相同的变量用一个名字命名，然后用编号区分各个变量的集合，把这个名字称为数组名，编号称为下标。组成数组的各个变量称为数组的分量，也称为数组的元素，有时也称为下标变量。

从概念上讲，数组是具有相同数据类型的有序数据的组合。数组定义后满足以下三个条件。

（1）具有相同的数据类型。

（2）具有相同的名字。

（3）在存储器中是被连续存放的。

例如,数组 unsigned char code ColArr[8] = {0xfe,0xfd,0xfb,0xf7,0xef,0xdf,0xbf,0x7f};

该数组具有相同的数据类型 unsigned char、相同的名字 ColArr,无论该数组是加了关键词 code 将其存于 Flash 中,还是去掉 code 将数组存于 SRAM 中,它们都是存放在一块连续的存储空间中。

需要注意一点:上面定义的数组有 8 个元素,但是数组的下标是从 0 开始到 7,这点一定要与实际生活习惯(一般从 1 开始计数)区别开。上面定义的是一维数组,而下面语句:"uChar8 code RowArr1[32][8]"定义的为二维数组,表示是一个 32 行 8 列的数组。这里笔者以一维数组为主来讲解,多维数组读者可自行研究。

2. 数组的声明(定义)和初始化

数组的声明很简单,其格式为:数据类型 数组名[数组长度],例如:int Tab[10]。

说到初始化,若能确定数组的各个元素,数组当然可以在声明的时候直接初始化,例如 "uChar8 code ColArr[8] = {0xfe,0xfd,0xfb,0xf7,0xef,0xdf,0xbf,0x7f};"。

若数组声明时还不能确定其数组元素,这时可以先声明一个数组,并赋值 0,例如:int ArrLED[32]={0},这时前面一定不能加修饰词 code,这是为何呢? 若不知道,请在本书寻找答案。

注意,若已经给数组赋了所有的初值,即数组的元素已经确定,这时数组的长度可以省略,例如:char Arr[]={1,2,3},数组的长度为 3,此时的 3 可以省略不写。

3. 数组的使用和赋值

数组的使用要是只用下标法来存取,那就很简单了,例如上面的 uChar8 ColArr[8]数组,直接可以将 ColArr[0],ColArr[1],…,ColArr[7]当作一个变量(或常量)赋值给想要操作的变量。其实前面的大部分程序都是这么做的,笔者就再不说了。若用指针操作,就有难度了,关于这点,在第 11 章讲解指针后会阐述这个问题。

数组如何赋值? 请读者思考一个问题:下面三个选项,哪种赋值是正确的?

定义两个数组:int OK[5]={1,2,3,4}; int ERR[5];

(A) ERR = OK; (B) ERR[5] = OK[5]; (C) ERR[5] = {1,2,3,4};

C 语言不支持把数组作为一个整体来进行赋值,也不支持用花括号括起来的列表进行赋值(初始化的时候除外)。这样一来,以上三种赋值都不正确,望读者熟知。

9.1.2 字符串

字符串在串口一章已经大量地应用过了,但或许读者对其与数组的区别理解得还不是太到位。所谓字符串就是以空字符(\0)结尾的 char 数组,由此定义可得出两条信息:(1)字符串属于数组;(2)字符串末尾有个隐形的"\0"。

因此读者可以用操作数组的方法来操作字符串。对于字符串除了用数组的方式来操作以外,还可以用大量的库函数来操作字符串。

字符串的声明和赋值格式如:uChar8 code TAB1[]="^_^ Welcome ^_^",看上去和数组

区别不大,但有个隐形的"\0",意味着多了一种操作的方法,如: while(TAB1[i] != '\0')。

9.2　IAP15W4K58S4 单片机的可编程计数器阵列

STC 单片机,除部分型号以外,内部都集成了比较捕获脉冲宽度调制(Compare Capture Pule Width Modulation,CCP)/可编程计数器阵列(Programmable Counter Array,PCA)/脉冲宽度调制(Pulse Width Modulation,PWM)模块。它们可用于软件定时器、外部脉冲的捕获、高速脉冲输出以及脉宽调制输出。

9.2.1　CCP/PCA/PWM 内部结构概述

STC15 系列部分单片机内部最多的集成了三路 CCP/PCA/PWM 模块,如图 9-1 所示。FSST15 开发板上的 IAP15W4K58S4 单片机只有两路 CCP/PCH/PWM 输出。

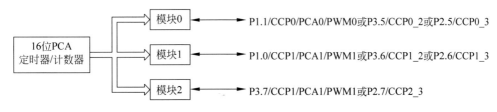

图 9-1　带三路 CCP/PCA/PWM 模块的结构图

CCP/PCA/PWM 模块包含一个特殊的 16 位定时器,有 3 个 16 位的捕获/比较模块与该定时器/计数器模块相连。通过软件程序设置,每个模块可以设置工作在下面四种模式中的一种: 上升/下降沿捕获、高速脉冲输出、可调脉冲输出。还可通过 AUXR1(PSW1)寄存器控制这三路 CCP/PCA/PWM 输出出现在所使用单片机的不同引脚上,这样可增加使用模块输出的灵活性,可大大减轻 PCB 的布局和布线,具体配置见 STC 数据手册的第936 页。

对于 CCP/PCA/PWM 不同模块使用一个外部脉冲输入,该输入信号可以选择使用P1.2、P3.4 或者 P2.4 引脚,这样也会增加使用模块输入的灵活性。

下面对 16 位 PCA 计数器/定时器的结构进行详细说明,如图 9-2 所示。其中,计数器CH 和 CL 的内容是正在自由递增计数的 16 位 PCA 定时器的值。PCA 定时器是三个模块的公共时间基准。通过 CMOD 寄存器 CPS2、CPS1、CPS0 位,选择 16 位 PCA 定时器/计数器的时钟源,包括 SYSclk/1、SYSclk/2、SYSclk/4、SYSclk/6、SYSclk/8、SYSclk/12、定时器0 溢出和外部输入 ECI。

有了前面对定时器的讲述,此图读者应该可以看懂,无非就是由寄存器和内部电路组成的逻辑框架,只需结合图,配置相应的寄存器即可。需注意的是,CMOD 寄存器还有两位与PCA 有关,现简述如下。

(1) CIDL: 空闲模式下允许停止控制位。

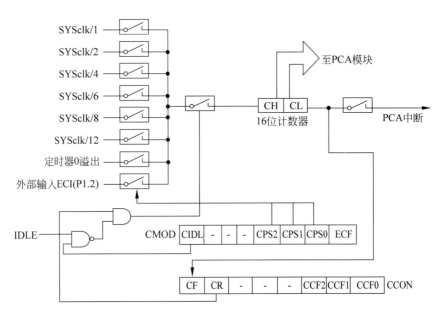

图 9-2　16 位 PCA 定时器 1 计数器内部结构图

(2) ECF：PCA 中断使能位，即当 PCA 定时器溢出时，将 CCON 寄存器的 PCA 计数溢出标志位 CF 置位。

CCON 寄存器包含 PCA 的运行控制位 CR 和 PCA 定时器标志位 CF 以及各个模块的标志位 CCF0、CCF1 和 CCF2，读者需要注意是，这些位由硬件置位，软件清零。

(1) 当 CR 位为 1(CCON.6)，使能运行 PCA；当 CR 位为 0 时，禁止运行 PCA。

(2) 当 PCA 计数器溢出时，硬件置位 CF。如果 CMOD 寄存器的 ECF 位为 1，则产生 PCA 中断，继而可向 CPU 申请中断。

IAP15W4K58S4 单片机内部的 CCP/PCA/PWM 模块有四种工作模式，包括捕获模式、16 位定时器模式、高速脉冲输出模式和脉宽调制模式。这里主要学习前三者，最后一种模式将在 13.2 节再叙。

9.2.2　CCP/PCA/PWM 的捕获模式应用实例

CCP/PCA/PWM 模块工作于捕获模式的内部结构如图 9-3 所示。由图可知，寄存器 CCAPMn 的两位(CAPNn 和 CAPPn)或者其中的一位必须置 1。当该模块工作于捕获模式时，对模块外部 CCPn 输入的跳变进行采样。当采样到有效跳变时，PCA 硬件就将 PCA 计数器阵列寄存器(CH 和 CL)的值加载到模块的捕获寄存器 CCAPnL 和 CCAPnH 中。

这里本应该以一个实例来演示捕获的过程，限于篇幅，同时，程序代码 STC 数据手册上有，所以，这里省略，请读者自行查阅。同时读者需要注意的是，这节涉及的相关特殊功能寄存器太多，如果只是以"剪刀＋糨糊"的方式复制 STC 官方的数据手册，只会增加书的厚度，却没有实质性的意义。寄存器部分内容读者可参考随书附带资料的 STC15 数据手册的第 11 章。

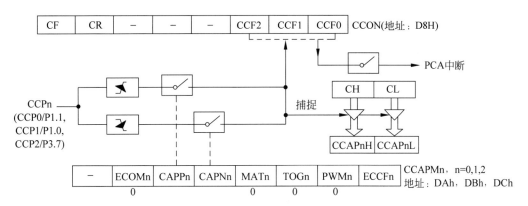

图 9-3　CCP/PCA/PWM 模块工作在捕获模式的内部结构图

9.2.3　CCP/PCA/PWM 的 16 位软件定时器模式应用实例

CCP/PCA/PWM 模块工作于 16 位软件定时器模式结构如图 9-4 所示，通过设置 CCAPMn 寄存器的 ECOM 和 MAT 位，使得 PCA 模块工作在 16 位软件定时器模式。PCA 定时器的值与模块捕获寄存器的值进行比较，当它们相等时，如果 CCON 寄存器的 CCFn 位和 CCAPMn 寄存器的 ECCFn 位都置位，则此时将产生中断，继而向 CPU 申请中断。

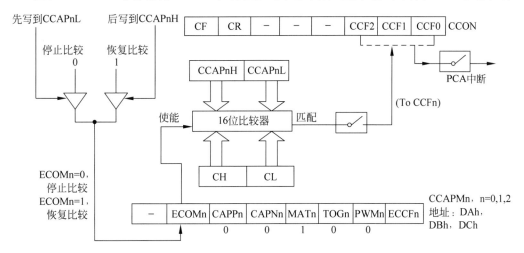

图 9-4　CCP/PCA/PWM 模块工作在 16 位软件定时器模式的结构图

在 16 位软件定时器模式下，每个时钟节拍（由所选择的时钟源确定）到来时，自动加 1。当[CH，CL]增加到和[CCAPnH，CCAPnL]相等时，CCFn ＝ 1，产生中断请求。如果每次 PCA 模块中断后，在中断服务程序给[CCAPnH，CCAPnL]赋相同的数值时，下次中断来临的时间间隔也是相同的，继而实现了定时功能，具体实例读者请参考 STC 官方数据手册的 11.5 节（用 CCP/PCA 功能实现 16 位定时器的测试程序）。

9.2.4 CCP/PCA/PWM 的高速脉冲输出模式应用实例

在 IAP15W4K58S4 单片机内部,CCP/PCA/PWM 模块工作于高速脉冲输出模式的结构如图 9-5 所示。当 CCP/PCA/PWM 计数器的计数值与模块捕获寄存器的值匹配时,PCA 模块的 CCPn 输出将发生翻转,同时如果 CCAPMn 寄存器的 TOGn、MATn 和 ECOn 位都置为 1 时,PCA 模块工作在高速脉冲模式。

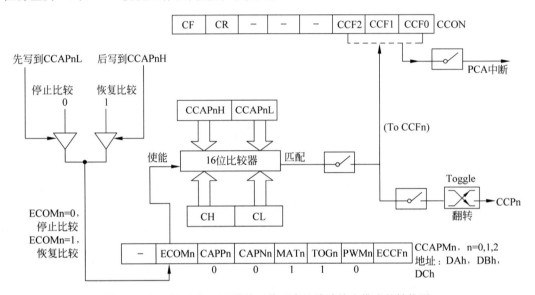

图 9-5　CCP/PCA/PWM 模块工作于高速脉冲输出模式的结构图

CCAPnL 的值决定了 PCA 模块 n 的输出脉冲频率。当 PCA 时钟源是 SYSclk/2 时,输出脉冲的频率为:$f = \text{SYSclk}/(4 * \text{CCAPnL})$,由此公式,根据需求,即可计算出 CCCAPnL 寄存器的值,如果计算出的结果不是整数,则进行四舍五入取整即可。具体实例读者请参考 STC 官方数据手册的 11.6 节(用 CCP/PCA 输出高速脉冲的测试程序)。

9.3　按键的处理方法

本节内容读者既可理解为按键的分类,也可理解为按键的处理方法,因为笔者是根据按键的处理方法将其进行了分类。例如独立按键,只需简单读取 I/O 口的电平状态就可判断按键是否按下,再如 A/D 采样方式的按键,通过检测模拟量就可判断按键的状态,具体介绍如下。

9.3.1　独立按键介绍

键盘分为编码键盘和非编码键盘。键盘上闭合键的识别由专用的硬件编码器实现,并产生键编码号或键值的称为编码键盘,如计算机键盘,而靠软件编程来识别的称为非编码键盘。在单片机组成的各种系统中,用得最多的是非编码键盘,也有用到编码键盘的。非编码键盘又分为：独立按键和行列式(又称为矩阵式)按键。

　　所谓独立按键,就是每个按键单独占用一个 I/O 口,I/O 口的高低电平状态反映了所接按键的状态。如图 9-6(a)所示,如果按键未按下,由于 I/O 自身内部和外部上拉电阻的作用,则对应的 I/O 口为高电平;如果按键按下,电压(3.3V)、电阻(R1～R4)、按键、地(GND),形成一条电流通路,这样标号 Key1～Key4 都为低电平(0V),继而对应的端口就为低电平。

　　图 9-6(b)与图 9-6(a)不同的是：由二极管组成了一个"与门"(前面有所涉及),这样可让四个按键在具有中断功能的同时,还可节省带中断功能的 I/O 口。其工作原理简单,读者自行分析即可。

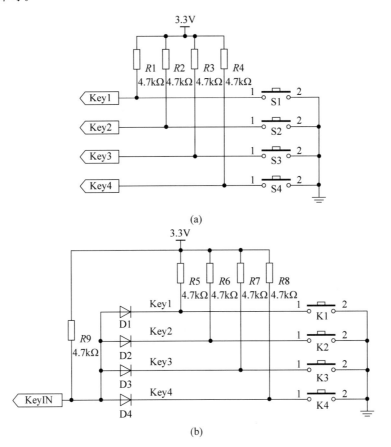

图 9-6　独立按键原理图

9.3.2　矩阵按键的组成

上面已经提到,非编码键盘除了独立按键还有矩阵按键。既然独立按键无论其电路原理,还是软件检测,都比较简单,那为何还要学习矩阵按键呢? 细心的读者可能会注意到,如果一个系统需要 16 个按键,仅有独立按键那岂不是需要占用大量的 I/O 口? 这里再为读者介绍矩阵按键的电路原理,其 FSST15 开发板上的矩阵按键如图 9-7 所示。

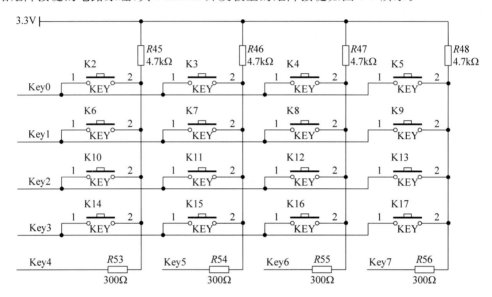

图 9-7 矩阵(行列式)按键原理图

矩阵按键的扫描方式及其工作原理稍后再述,读者需要注意的是图 9-7 中有 4 个上拉电阻和 4 个限流电阻。有些开发板,为了节省成本或者设计不到位,并没有加这 8 个电阻,但 FSST15 开发板,处于为读者打造工程级的开发板的想法,每个细节,笔者都会尽力示范到位,为读者以后的开发打下基础。

在 FSST15 开发板上,读者增加了 4 个 A/D 采样方式的独立按键,所以将图 9-6 所示连接方式的独立按键省略了,这并不代表该开发板就不具有独立按键了,如果独立按键的原理读者真正掌握了,那将矩阵按键稍加修改,就能变换出独立按键。例如将图 9-7 的 Key1 设置为低电平,这样四个按键 K6~K9 和四个 Key4~Key7 端口就构成了独立按键,其工作原理类似于独立按键。同理,读者可将 Key0、Key2、Key3 分别设置为低电平,继而构成另外三组独立按键。当读者真正理解了以上内容后,矩阵按键的检测和扫描就变得极为简单、易懂了。

9.3.3 触摸按键概述

随着近年来物联网的发展和智能家居的需求,大多产品由机械按键变为了触摸按键。这里为读者介绍一种触摸按键的设计,图 9-8 为 FSST15 开发板上的触摸按键原理图和实物图。

其中 T1 的实物图为图 9-8 右侧所示的一块铜皮,当触摸这块铜皮时,就可实现触摸按键的功能。至于其电路原理和软件的实现方法,等学习了 PWM 和 ADC 转换以后,再来讲

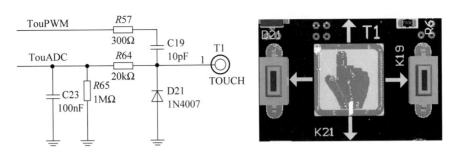

图 9-8　触摸按键原理图

述,读者暂时知道有这么一回事即可。

9.3.4　A/D 采样方式的按键

当需要很多机械按键或者用很少的 I/O 口来扫描按键时,从硬件成本考虑,通过 A/D 采样的方式扫描按键的方法极为有优势。图 9-9 为 FSST15 开发板上的 A/D 采样方式的按键原理图。笔者曾经参与机顶盒项目设计时,就应用过此电路,从功能、成本的角度分析,此方案极佳。

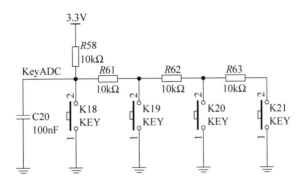

图 9-9　A/D 采样方式的按键原理图

图 9-9 电路看着复杂,其实工作原理相当简单。假如 K18 按键按下,此时 KeyADC 网络上的电压为 0;如果 K20 按下,那么 KeyADC 网络上的电压就为 2.2V($2/3 \times 3.3$V);依此类推,按键 K21 按下时的电压就为"$3/4 \times 3.3$V"。读者需要注意的是,用该方法连接的电路图,按键具有从左到右的"优先级",也就是说,如果按键 K19 按下,那么此时按键 K20、K21 都是没有任何意义的,因为此时 KeyADC 网络上的电压恒定为"$1/2 \times 3.3$V"。

有了以上的电压关系,读者只需选择合适的处理器、A/D 芯片,就可以实现按键的扫描了。FSST15 开发板上搭载的 IAP15W4K58S4 单片机内部具有 10 位的高速 A/D 采样电路,完全可满足该按键的扫描方式,具体操作实例后面讲述了 A/D 转换以后,再为读者介绍。

9.4 独立按键扫描方法及消抖原理

上面讲述了按键的硬件原理,这里再结合硬件,讲述如何编写软件来操作按键,同时介绍按键扫描中很重要的知识点:按键的消抖。

9.4.1 独立按键的扫描方法

讲述矩阵按键的处理方法时提到过,FSST15 开发板并没有如图 9-6 连接方式的独立按键,这时可利用软件拉低 Key0~Key3 其中的任何一个引脚来实现独立按键的功能。假如这里拉低 Key1 对应端口的电平,那么其对应的原理图如图 9-10 所示。

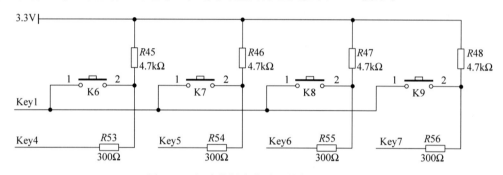

图 9-10 矩阵按键变换独立按键的原理图

原理理解清楚了,接下来编写一个独立按键控制数码管的程序,具体过程是:按一次K6,数码上(8 位数码管同时显示)的数值加一。main.c 程序源代码如下,读者需要注意的是在 main.c 开始处要加入文件 FsBSP_HC595.h,同时在工程文件中要添加 FsBSP_HC595.c 文件。随着学习的深入,模块化编程显得尤为有优势,这里只需加入 FsBSP_HC595.h 和 FsBSP_HC595.c 文件即可,而不用重复编写这些底层驱动。

```c
# include "FsBSP_HC595.h"

sbit Key1 = P4 ^1;
sbit K6 = P4 ^4;

unsigned char code SMG_Array[] = {0x3f,0x06,0x5b,0x4f,0x66,0x6d,
0x7d,0x07,0x7f,0x6f,0x77,0x7c,0x39,0x5e,0x79,0x71};              //0 ~ F

void main(void)
{
    unsigned char ucNum = 0;        //定义一个计数值,记录按键按下的次数
    bit OriVal = 0;                 //定义一个位变量,保存前一次的按键状态值
```

```
    Key1 = 0;                           //拉低 Key1,目的是产生独立按键
    P6 = 0x00;                          //使其 8 位数码管全部有效


    while(1)
    {
        if ( K6 != OriVal)              //当前按键值和原先值不一样,说明按键有动作
        {
            if (!OriVal)
            {
                ucNum++;
                if(ucNum >= 10)         //数值在 0~9 之间循环
                {
                    ucNum = 0;
                }
                HC595_WrOneByte(SMG_Array[ucNum]);
                //计数值显示在 8 位数码管上
            }
        }
        OriVal = K6;                    //更新备份按键状态值,以备进行下次比较
    }
}
```

实际中,按键一般不会按下不松手,如果需要这样的操作,肯定会选用带锁的,既然是轻触按键,那么就是按下,再松手。因此在整个按键的过程中,按键状态值不是一个固定的值,而是有电平变化的,即按下按键所对应的 I/O 口为低电平,松手则为高电平。在软件编程上,可以把每次扫描到的按键状态值都保存起来,例如 OriVal = K6,当一次按键扫描进来的时候,与前一次的状态做比较(K6 != OriVal),如果发现这两次按键的状态不一样,就说明按键产生了动作。这个动作包括"按下"和"弹起",如果上次的键值是 1,现在变为 0,则说明按键"按下",反之为"弹起"。实际应用中,可采用"按下"执行操作,也可采用"弹起"(if (!OriVal))执行操作,当然还可采用两种动作都执行相应的操作。

在这个按键的过程中,我们的目的是按一次,数值加一,可实验结果并不是那么理想,有时按一次数值会加 2 或者 3,可程序在逻辑上并未出错,这又是什么原因呢? 后面会详细讲述。

9.4.2　键盘消抖的基本原理

通常的按键所用开关为机械弹性开关,当机械触点断开、闭合时,由于机械触点的弹性作用,一个按键在闭合时不会马上稳定的接通,在断开时也不会立即断开。按键按下时会有抖动,也就是说只按一次按键,可实际产生的"按下次数"却是多次的,因而在闭合和断开的瞬间均伴有一连串的抖动,如图 9-11 所示。为了避免这种现象,通常采用按键消抖的措施。

消抖方法分为:硬件消抖和软件消抖。

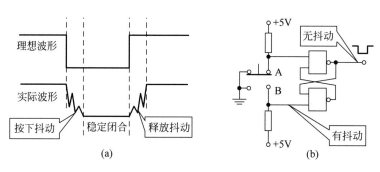

图 9-11　按键抖动和硬件消抖示意图

1．硬件消抖

在按键数较少时可采用硬件方法消抖,如图 9-11(b)所示,用 RS 触发器来消抖。图中两个"与非"门构成一个 RS 触发器,当按键未按下时,输出 1;当按键按下时,输出为 0。此时即使用按键的机械性能,使按键因弹性抖动而产生瞬间断开(抖动跳开 B),要按键不返回原始状态 A,双稳态电路的状态不改变,输出保持为 0,不会产生抖动的波形。也就是说,即使 B 点的电压波形是抖动波形,但经双稳态电路之后,其输出为正规的矩形波。在有些设计中,除了用逻辑电路,还会在按键上并联一个电容来进行消抖。

2．软件消抖

如果按键较多,常用软件方法来消抖,即检测到有按键按下时,执行一段延时程序,具体延时时间依机械性能而定,常用的延时是:5～20ms,即按键抖动的这段时间不进行检测,等到按键稳定时再读取状态,若仍然为闭合状态电平,则认为真正有按键按下。

9.4.3　带消抖的按键应用程序

为了解决 9.4.1 节中实例的问题,引入了按键消抖的知识,接下来对例程进行修改,修改后的源码如下。

```
# include "FsBSP_HC595.h"
# include "FsBSP_Delay.h"

sbit Key1 = P4 ^1;
sbit K6 = P4 ^4;

unsigned char code SMG_Array[] = {0x3f,0x06,0x5b,0x4f,0x66,0x6d,
0x7d,0x07,0x7f,0x6f,0x77,0x7c,0x39,0x5e,0x79,0x71};          //0 ～ F

void main(void)
{
    unsigned char ucNum = 0;              //定义一个计数值,记录按键按下的次数

    Key1 = 0;                             //拉低 Key1,目的是产生独立按键
```

```
    P6 = 0x00;                           //使其 8 位数码管全部有效

    while(1)
    {
        if (K6 == 0)                     //检测按键是否按下
        {
            DelayMS(10);                 //延时去抖
            if (0 == K6)                 //判断按键抖动
            {
                while(!K6);              //等待按键弹起
                ucNum++;
                if(ucNum >= 10)
                {
                    ucNum = 0;
                }
                HC595_WrOneByte(SMG_Array[ucNum]);
                //计数值显示在 8 位数码管上
            }
        }
    }
}
```

该实例，需要注意的是，main. c 中需要增加延时函数的头文件 FsBSP_Delay. h，工程文件中需要添加 FsBSP_Delay. c 文件。

9.5 矩阵按键的扫描方法和状态机

上面介绍了独立按键的扫描方法，再为读者介绍矩阵按键的扫描方法。同时，不知读者注意到了没有，上面独立按键的实例，虽然解决了按键的消抖，但是程序还是存在很大的问题，接下来将深入研究这些问题。

9.5.1 矩阵按键的扫描方法

在解释矩阵按键扫描方法之前，先来回顾前面矩阵按键变为独立按键的方法。由于FSST15 开发板上没有设计如图 9-6 所示的独立按键，因此采用拉低某一端口电平的方式变换出如图 9-10 所示的独立按键，这种方式读者可将其理解为"线与"，即如果同一条线上有两种电平：0 和 1，此时将它们进行逻辑与运算，也即"1&0＝0"，结果为低电平。就是靠这种"线与"的关系，才利用矩阵按键变换出了独立按键。重提这些就是为下面讲述矩阵按键的扫描方法做铺垫。

1. 行扫描法

行扫描法就是：先给 4 行中的某一行低电平，其他行全给高电平，之后检测列所对应的端口，若都为高，则没有按键按下，反之，则为有按键按下，也可以给 4 列中的某一列低电平，其他的全给高电平,之后检测行所对应的端口,若都为高,则表明没有按键按下,反之,则为有按键按下。具体如何检测,下面举例说明。

首先给 P4 口赋值 0xfe(0b1111 1110),这样只有第一行(P4.0)为低,其他的全为高,读取 P4 的状态,若 P4 口电平还是 0xfe,则没有按键按下,若值不是 0xfe,说明有按键按下。具体是哪个按键按下,由此时读到的值决定。倘若值为 0xee 则表明按下的是 K2,若是 0xde 则是 K3(同理,0xbe→K4、0x7e→K5)。之后给 P4 口赋值 0xfd(0b1111 1101),这样第二行(P4.1)为低,同理,读取 P4 口的状态值,若为 0xfd,表明没有按键按下,若为 0xed,则为 K6 按下(同理,0xdd→K7、0xbd→K8、0x7d→K9)。这样依次赋值 0xfb(检测第三行)、0xf7(检测第四行),从而就可以检测出 K10~K17。

2. 高低电平翻转法

高低电平翻转法就是:首先让 P4 口高四位为 1,低四位为 0。若有按键按下,则高四位中会有一个 1 翻转为 0,低四位不会变,此时即可确定被按下的键的列位置;然后让 P4 口高四位为 0,低四位为 1。若有按键按下,则低四位中会有一个 1 翻转为 0,高四位不会变,此时即可确定被按下的键的行位置;最后将两次读到的数值进行或运算,从而确定是哪个键被按下了。

下面举例说明。

首先给 P4 口赋值 0xf0,接着读取 P4 口的状态值,若读到的值为 0xe0,表明第一列有按键按下;接着给 P4 口赋值 0x0f 并读取 P4 口的状态值,若值为 0x0e,则表明第一行有按键按下,最后把 0xe0 和 0x0e 进行按位或运算,结果为 0xee。0xee 为什么这么眼熟?因为行扫描法中 K2 按下对应的值也是 0xee。这样,一个被按下的键既在第一列,又在第一行,不是 K2 又会是哪个键呢?由此可见,两种检测的过程有所不同,但结果还是一致的,至于读者选用哪一种,那就是:"仁者见仁,智者见智"。

最后,总结矩阵按键的检测过程为赋值(有规律)→读值(高低电平翻转法,需运算)→判值(由值确定按键)。

9.5.2 状态机概述

前面已经提到,延时的加入,虽然解决了按键抖动的问题,看似很"完美",但"完美"背后又引入了以下的新问题。

问题一:延时 10ms 对于单片机来说,是长还是短呢?要知道单片机在 10ms 内能干好多事,这样势必会让单片机变成一个不守时的懒"人"。

问题二:判断按键释放是用 while(!Key1)来检测的。若是自己开发的产品,自己使用,知道按一下键,松手才会执行后面的操作。可自己开发的产品,99.99%的概率不是自己用,而是别人用,那要是别人一把按下,再不松手,等着数值加加或者减减,就直接按"死"了,因为程序会死循环在 while(!Key1)这里,这或许不是任何人想看到的结果吧!

鉴于以上情况,不得不深思,不得不重改程序。接下来一起去探究它的"高级"法——状态机扫描法。或许还有比笔者更先进、更完美的方法,但是状态机扫描法也值得读者好好学习,至少在如何改进程序、如何让程序健壮、如何节省单片机的 CPU 等方面,该方法绝对有益而无害。

提到状态机,对一些新手们来说,或许会感到特别陌生。这种陌生其实很正常。

有限状态机(FSM),是一种算法思想,广泛应用于硬件控制电路设计中,也是软件上常用的一种处理方法,软件上称为——有限消息机(FMM)。它把复杂的控制逻辑分解成有限个稳定状态,在每个状态上判断事件,将其变为符合计算机的工作特点的离散数字处理。同时,因为有限状态机具有有限个状态,所以可以在实际的工程上实现。但这并不意味着其只能进行有限次的处理,相反,有限状态机是闭环系统,有限无穷,可以用有限的状态,处理无穷的事务。

状态机有 4 个要素:现态、条件、动作、次态。这样主要是为了理解状态机内在的因果关系。其中"现态"、"条件"是因,"动作"、"次态"是果。

(1)现态:指当前所处的状态。

(2)条件:又称"事件",触发状态转变的原因。

(3)动作:条件满足后执行的动作。

(4)次态:条件满足后要迁往的新状态。

这么说或许有些模糊,那就举个生活中最简单的例子。假如人有三种状态:健康、感冒、康复中。触发的条件有:淋雨(T1)、看医生(T2)、休息(T3)。所以状态机就是:健康-(T1)→感冒;感冒-(T2)→康复中;康复中-(T3)→健康等。正如这样,状态机在不同的条件下跳转到不同的状态。

接下来本应该给读者画一个状态图,限于篇幅,这里就不画了。后面介绍按键的检测时,会画状态图,以便于讲解。

9.5.3 状态机法的按键检测

在介绍状态机法的按键检测前,先来看张具有连发功能的按键检测状态图(见图 9-12),分析完此图,再讲述如何将状态图转换为 C 语言代码。

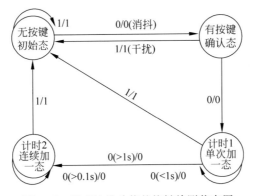

图 9-12 具有连发功能的按键检测状态图

接下来就来详细解释这个状态图。这个状态图懂了,那么状态机甚至整个按键的检测过程就很清楚了。

对图 9-12 先做如下几点说明。

(1) 现态、次态是相对的。例如初始态相对于确认态是现态,相对于单次加一态(连续加一态)就是次态。

(2) 图中的四个圈表示四种状态,也即按键的四种有限状态。

(3) 带箭头的方向线指示状态转换的方向,当方向线的起点和终点都在同一个圆圈上时,则表示状态不变。

(4) 标在方向线旁斜线左、右两侧的二进制数分别表示状态转换前输入信号的逻辑值和相应的输出逻辑值。图中斜线前的 0 表示按键按下,1 表示按键未按下(或者释放);斜线后的 0 表示按键按下后的电平状态为低电平,1 表示高电平,也即按键未按下。

程序开始运行时,首先处于初始态(无按键按下),这时若按键未按下,则状态不变,一直处于初始态。若此时按键状态值变为 0(低电平),说明有按键按下,但抖动是否消除,还需待定。但无论是否消除,肯定会进入确认态。进入之后,若没消除,则返回到初始态,若消除,则进入单次加一态,这时接着会判断按下的时间值,若时间小于 1s,键值加一,并返回到初始态;若判断此时按下的时间值大于 1s,则进入状态切换到连续加一态(连发态)。进入连发态后,键值每过 0.1s 就会自动加一,若此时按键释放,则就会进入初始态。这是不是恰好符合实际中按键的一般思路? 答案当然是!

9.5.4 基于状态机的独立按键扫描法

实例简介:按下 FSST15 开发板上的 K2 按键,若按下到释放的时间小于 1s,则按一次,数码管数值加一次,加到 F 之后从 0 开始循环;若按下时间大于 1s,则按下之后每过 100ms,数码管数值连续加一。如果该实例用前面所学的方法来编写,估计还有难度,这个过程就留读者。有了上面的状态图分析,趁热打铁,赶紧来看看软件如何设计的。先上源码,再解释。具体源码如下。

(1) 主函数部分的驱动源码(main.c)如下。

```
# include "FsBSP_Delay.h"
# include "FsBSP_Key.h"
# include "FsBSP_HC595.h"
# include "FsBSP_Timer.h"

# define uInt16 unsigned int
# define uChar8 unsigned char
/* ****************************************************** */
//全局变量定义
/* ****************************************************** */
uChar8 g_ucKeyNum = 16;                          //键值
```

```
unsigned char code SMG_Array[ ] = {0x3f,0x06,0x5b,0x4f,0x66,0x6d,
0x7d,0x07,0x7f,0x6f,0x77,0x7c,0x39,0x5e,0x79,0x71};                //0 ～ F


void GPIO_Init(void)
{
    P4M1 = 0;
    P4M0 = 0;                              //设置为准双向口
}


void main()
{
    GPIO_Init();
    Timer0_Init();

    while(1)
    {
        ExecuteKeyNum();
        Display(g_ucKeyNum);
    }
}
```

(2) 定时器部分的驱动源码(FsBSP_Timer.c)和头文件(FsBSP_Timer.h)分别如下。

```
# include "FsBSP_Timer.h"


/*  ************************************************************
*  函数名称: Timer0_Init()
*  入口参数: 无
*  出口参数: 无
*  函数功能: 初始化定时器 0
   ************************************************************  */
void Timer0_Init(void)
{
    TMOD = 0x01;                          //设置定时器 0 工作在模式 1 下
    TH0 = 0xDC;                           //定时 10ms
    TL0 = 0x00;                           //赋初始值
    TR0 = 1;                              //开定时器 0
}
# ifndef __FsBSP_Timer_H__
# define __FsBSP_Timer_H__

# include "STC15.h"

extern void Timer0_Init(void);

# endif
```

（3）按键扫描部分的驱动源码(FsBSP_Key.c)和头文件(FsBSP_Key.h)分别如下。

```c
# include "FsBSP_Key.h"
# include "FsBSP_Delay.h"


/* ******************************************************** */
//函数名称: ScanKey(void)
//函数功能: 扫描按键
//入口参数: 无
//出口参数: 键值(num)
/* ******************************************************** */
uChar8 ScanKey(void)
{
    static uChar8 KeyStateTemp = 0, KeyTime = 0;
    uChar8 num;
    bit KeyPressTemp;
    Key0 = 0;
    DelayMS(5);                             //让单片机喘口气,因为 STC15 的速度太快
    KeyPressTemp = KEY1;                    //读取 I/O 口的键值
    DelayMS(5);                             //让单片机喘口气,因为 STC15 的速度太快
    switch(KeyStateTemp)
    {
        case StateInit:                     //按键初始状态
            if(!KeyPressTemp)               //当按键按下,状态切换到确认态
                KeyStateTemp = StateAffirm;
            break;
        case StateAffirm:                   //按键确认态
            if(!KeyPressTemp)               //抖动已经消除
            {
                KeyTime = 0;
                KeyStateTemp = StateSingle; //切换到单次触发态
            }
            else KeyStateTemp = StateInit;  //还处于抖动状态,切换到初始态
            break;
        case StateSingle:                   //按键单发态
            if(KeyPressTemp)                //按下时间小于 1s 且按键已经释放
            {
                KeyStateTemp = StateInit;   //按键释放,则回到初始态
                num++;                      //键值加一
                if(16 == num) num = 0;
            }
            else if(++KeyTime > 100)        //按下时间大于 1s(100 * 10ms)
            {
                KeyStateTemp = StateRepeat; //状态切换到连发态
                KeyTime = 0;
            }
            break;
        case StateRepeat:                   //按键连发态
            if(KeyPressTemp)
                KeyStateTemp = StateInit;   //按键释放,则进入初始态
```

```
                else                            //按键未释放
                {
                    if(++KeyTime > 10)          //按键计时值大于 100ms(10×10ms)
                    {
                        KeyTime = 0;
                        num++;                  //键值每过 100ms 加一次
                        if(16 == num) num = 0;
                    }
                    break;
                }
                break;
        default:KeyStateTemp = KeyStateTemp = StateInit; break;
    }
    return num;
}
/* ******************************************************** */
//函数名称: ExecuteKeyNum()
//函数功能: 按键值来执行相应的动作
//入口参数: 无
//出口参数: 无
/* ******************************************************** */
void ExecuteKeyNum(void)
{
    static uChar8 KeyNum = 0;                //这里的 static 能不能省略,为什么

    if(TF0)                                  //定时器是否有溢出
    {
        TF0 = 0;
        TH0 = 0xDC;
        TL0 = 0x00;
        KeyNum = ScanKey();                  //将 KeyScan()函数的返回值赋值给 KeyNum
    }
    switch(KeyNum)
    {

        case 0:   g_ucKeyNum = 0; break;
        case 1:   g_ucKeyNum = 1; break;
        case 2:   g_ucKeyNum = 2; break;
        case 3:   g_ucKeyNum = 3; break;
        case 4:   g_ucKeyNum = 4; break;
        case 5:   g_ucKeyNum = 5; break;
        case 6:   g_ucKeyNum = 6; break;
        case 7:   g_ucKeyNum = 7; break;
        case 8:   g_ucKeyNum = 8; break;
        case 9:   g_ucKeyNum = 9; break;
        case 10:  g_ucKeyNum = 10; break;
        case 11:  g_ucKeyNum = 11; break;
        case 12:  g_ucKeyNum = 12; break;
        case 13:  g_ucKeyNum = 13; break;
        case 14:  g_ucKeyNum = 14; break;
```

```
            case 15:   g_ucKeyNum = 15; break;
            default:   g_ucKeyNum = 16; break;
        }
    }

    # ifndef   __FsBSP_KEY_H__
    # define   __FsBSP_KEY_H__

    # include "STC15.h"

    # define uChar8 unsigned char
    # define uInt16 unsigned int

    # define KEYPORT P4                          //键盘接入端口
    sbit Key0 = P4 ^ 0;
    sbit KEY1 = P4 ^ 4;

    enum KeyState{StateInit,StateAffirm,StateSingle,StateRepeat};

    extern unsigned char g_ucKeyNum;
    extern void ExecuteKeyNum();

    # endif
```

读者需要注意的是,为了节省篇幅,这里省略了 FsBSP_HC595.h、FsBSP_HC595.c、FsBSP_Delay.h、FsBSP_Delay.c 等文件的源码。这些源码之前已经使用了好多次,这里不赘述。读者应该体会到了模块化编程的好处,一些重复的函数块,不想再重复编写,直接先包含、后调用就可以了。具体源码见随书附带的资料。

程序的细节详细的注释。主要来说明 KeyScan()函数中的各个条件判断。函数体中的判断条件(if、case、if…case)统统可以理解为状态机中的"条件",也即触发条件。正在运行的状态就是"现态",当满足条件后待切换到的下一个状态就是"次态"。在每个状态中所执行的语句就是"动作"。这样完美地将状态机、定时器、按键结合到了一起,从而解决了 9.5.2 节提出的两个问题。当然以后应用中,该按键扫描程序还需整合,这个后面会讲述到。笔者不可能将读者以后用的程序都写出来,但是若读者掌握了这种方法,以后肯定能开发出所需的好程序。

9.6 按键扫描的应用实例

对于独立按键,自身相对简单,再利用前面介绍的延时法检测和状态机检测法,完全可以满足基本的应用。这里主要介绍矩阵按键的检测方法及其具体实例。前面提到矩阵按键的扫描方法有行扫描法和高低电平翻转法,但是没有介绍具体的源码,同时,矩阵按键当然也可用状态机检测法来实现,此节一起来看这三种方法如何具体实现的源码。

9.6.1 行扫描法的矩阵按键应用实例

实例简介：以 FSST15 开发板为硬件平台，依次按开发板上的 K2，…，K17，数码管分别显示 0，…，F。同样，先上源码，读者可先将程序运行一遍，之后自行编写程序，实现显示效果。同时，读者需要彻底掌握其实现原理。

（1）主函数部分的驱动源码（main.c）。

```
# include "FsBSP_Key.h"
# include "FsBSP_HC595.h"

uChar8 g_ucKeyNum = 16;                        //键值

unsigned char code SMG_Array[] = {0x3f,0x06,0x5b,0x4f,0x66,0x6d,
0x7d,0x07,0x7f,0x6f,0x77,0x7c,0x39,0x5e,0x79,0x71};         //0 ~ F

void main(void)
{
    GPIO_Init();
    while(1)
    {
        ScanKey();
        Display(g_ucKeyNum);
    }
}
```

（2）按键行扫描部分的头文件（FsBSP_Key.h）。

```
# ifndef   __FsBSP_KEY_H__
# define   __FsBSP_KEY_H__

# include "STC15.h"

# define uChar8 unsigned char
# define uInt16 unsigned int
# define KEYPORT P4                          //键盘接入端口

extern uChar8 g_ucKeyNum;
extern void GPIO_Init(void);
extern void ScanKey(void);
extern void SingleKey_Init(void);

# endif
```

（3）按键行扫描部分的驱动源码（FsBSP_Key.c）。

```
# include "FsBSP_Key.h"
```

```c
#include "FsBSP_Delay.h"

/* ************************************************************
 * 函数名称：LedGPIO_Init()
 * 入口参数：无
 * 出口参数：无
 * 函数功能：初始化所用端口设置为准双向口
 ************************************************************ */
void GPIO_Init(void)
{
    P4M1 = 0;
    P4M0 = 0;                           //设置为准双向口
}
/* ************************************************************
//函数名称：ScanKey()
//函数功能：矩阵按键扫描
//入口参数：无
//出口参数：无
//函数功能：采用行扫描法监测矩阵按键
/* ****************************************************** */
void ScanKey(void)
{
    uChar8 ucTemp;

    KEYPORT = 0xfe;                     //检测第一行
    ucTemp = KEYPORT;                   //读取键盘端口数值
    if(ucTemp != 0xfe)                  //若是不等于 0xF0 表示有按键按下
    {
        DelayMS(5);                     //消抖
        ucTemp = KEYPORT;               //读端口值
        if(ucTemp != 0xfe)              //再次判断
        {
            ucTemp = KEYPORT;           //取键值
            switch(ucTemp)              //判断键值对应的键码
            {
                case 0xee:g_ucKeyNum = 0;break;
                case 0xde:g_ucKeyNum = 1;break;
                case 0xbe:g_ucKeyNum = 2;break;
                case 0x7e:g_ucKeyNum = 3;break;
            }
            while(KEYPORT != 0xfe);     //按键释放检测
        }
    }
    KEYPORT = 0xfd;
    ucTemp = KEYPORT;
    if(ucTemp != 0xfd)
    {
```

```
            DelayMS(5);
            ucTemp = KEYPORT;
            if(ucTemp != 0xfd)
            {
                ucTemp = KEYPORT;
                switch(ucTemp)
                {
                    case 0xed:g_ucKeyNum = 4;break;
                    case 0xdd:g_ucKeyNum = 5;break;
                    case 0xbd:g_ucKeyNum = 6;break;
                    case 0x7d:g_ucKeyNum = 7;break;
                }
                while(KEYPORT != 0xfd);
            }
        }
        KEYPORT = 0xfb;
        ucTemp = KEYPORT;
        if(ucTemp != 0xfb)
        {
            DelayMS(5);
            ucTemp = KEYPORT;
            if(ucTemp != 0xfb)
            {
                ucTemp = KEYPORT;
                switch(ucTemp)
                {
                    case 0xeb:g_ucKeyNum = 8;break;
                    case 0xdb:g_ucKeyNum = 9;break;
                    case 0xbb:g_ucKeyNum = 10;break;
                    case 0x7b:g_ucKeyNum = 11;break;
                }
                while(KEYPORT != 0xfb);
            }
        }
        KEYPORT = 0xf7;
        ucTemp = KEYPORT;
        if(ucTemp != 0xf7)
        {
            DelayMS(5);
            ucTemp = KEYPORT;
            if(ucTemp != 0xf7)
            {
                ucTemp = KEYPORT;
                switch(ucTemp)
                {
                    case 0xe7:g_ucKeyNum = 12;break;
                    case 0xd7:g_ucKeyNum = 13;break;
```

```
                case 0xb7:g_ucKeyNum = 14;break;
                case 0x77:g_ucKeyNum = 15;break;
            }
        while(KEYPORT != 0xf7);
        }
    }
}
```

为便于读者理解,这里对"scankey()函数"部分做一个流程图,如图9-13所示。其余的部分,原理类似,请读者结合流程图,仔细理解检测的过程,因为笔者曾经在做培训时发现,这个知识,初学者还是不好理解。同时需要注意,这里的源码是不完整,缺少数码管显示部分的源码,这部分源码前面已经用了很多次,读者可自行补充完整。

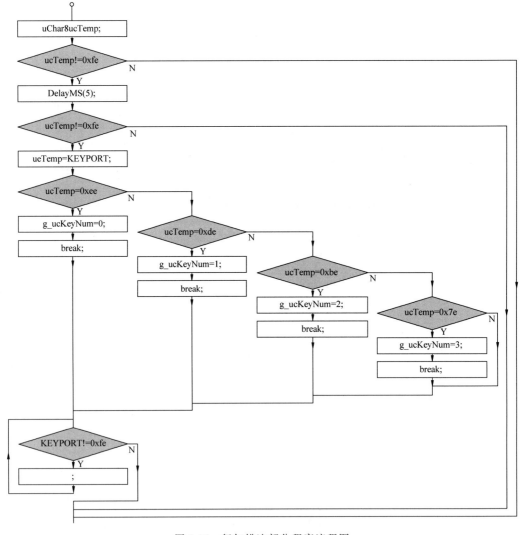

图 9-13   行扫描法部分程序流程图

9.6.2 高低电平翻转法的矩阵按键应用实例

实例简介：该实例的实验结果和9.6.1节的实例一样，这里不赘述。限于篇幅，这里只写出与9.6.1节例程不一样的检测部分源码，其他的读者自行完成。高电平翻转法的具体源码如下。

```
void ScanKey(void)
{
  uChar8 RowTemp,ColumnTemp,RowColTemp;
    KEYPORT = 0xf0;                          //先给高四位高电平
    DelayMS(2);                              //喘口气,STC15 的速度太快
    RowTemp = KEYPORT & 0xf0;                //读取行值,为确定是哪一行用
    DelayMS(2);                              //喘口气,STC15 的速度太快
    if((KEYPORT & 0xf0) != 0xf0)
    //判断是否有按键,不能确定是按键,还是抖动
    {
        DelayMS(5);                          //消除抖动
        if((KEYPORT & 0xf0)!= 0xf0)
        {
            RowTemp = KEYPORT & 0xf0;        //说明真的有键按下,那么读取行值
            DelayMS(2);                      //喘口气,STC15 的速度太快
            KEYPORT = 0x0f;                  //接着给低四位高电平
            DelayMS(2);                      //喘口气,STC15 的速度太快
            ColumnTemp = KEYPORT & 0x0f;     //读取列值,确定是哪一列
            RowColTemp = RowTemp | ColumnTemp;
            //行列值进行或运算,从而确实行列值,确定按键
            while((KEYPORT & 0x0f) != 0x0f); //松手检测
        }
    }
    switch(RowColTemp)                       //确定按键
    {
        case 0xee:   g_ucKeyNum = 0; break;
        case 0xde:   g_ucKeyNum = 1; break;
        case 0xbe:   g_ucKeyNum = 2; break;
        case 0x7e:   g_ucKeyNum = 3; break;
        case 0xed:   g_ucKeyNum = 4; break;
        case 0xdd:   g_ucKeyNum = 5; break;
        case 0xbd:   g_ucKeyNum = 6; break;
        case 0x7d:   g_ucKeyNum = 7; break;
        case 0xeb:   g_ucKeyNum = 8; break;
        case 0xdb:   g_ucKeyNum = 9; break;
        case 0xbb:   g_ucKeyNum = 10; break;
        case 0x7b:   g_ucKeyNum = 11; break;
        case 0xe7:   g_ucKeyNum = 12; break;
        case 0xd7:   g_ucKeyNum = 13; break;
        case 0xb7:   g_ucKeyNum = 14; break;
```

```
        case 0x77:   g_ucKeyNum = 15; break;
        default:    g_ucKeyNum = 16; break;
      }
    }
```

如果 9.6.1 节行扫描法的实现原理读者彻底掌握了,那该实例仅仅算行扫描法的矩阵按键实例的一个变形,因为到最后检测的数值都是一模一样的。同样,这里提供一个流程图,以帮助读者理解程序,流程图如图 9-14 所示。

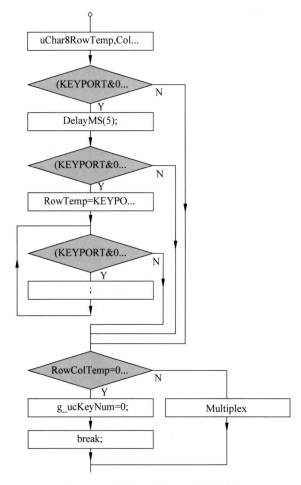

图 9-14　高低电平翻转法的流程图

9.6.3　基于状态机的矩阵按键应用实例

限于篇幅,这部分的例程省略。读者当然可以结合矩阵按键扫描的方法和独立按键状态机的扫描方法,自行编写程序,如果能完全实现,那说明读者彻底掌握了矩阵按键的原理和状态机法的按键扫描;如不能写出,读者可参看随书附带资料中的例程,或者可以到

www. ieeBase. net 论坛寻找例程。

9.7　课后学习

1. 复习 C 语言中数组、字符串的定义和应用方法，并编写程序，在 FSST15 开发板上实现当按下某一按键时，单片机向 PC 端发送一串字符串，字符串可自行定义。

2. 用 STC15 系列单片机内部的可编程计数器阵列(CCP/PCA/PWM 等)的各种模式控制 STTC15 开发板上的 8 个 LED 实现呼吸灯效果。

3. 编写程序，用两种方式实现矩阵按键的扫描。

4. 用状态机法实现独立按键、矩阵按键的消抖，并实现单击、连发功能，再结合例程，用状态机法实现独立按键的双击功能。

5. 参考实例，用矩阵按键状态机法做一个简易运算器，包括加、减、乘、除功能(**注意**: 由于数码管位数的限制，运算的数值应尽量小)。

第 10 章

包罗万象，森然洞天：

C 语言的函数与液晶的基本应用

液晶在工程中的应用极其广泛，大到电视，小到手表，从个人到集体，再从家庭到社会，液晶的身影无处不在。通过这章的学习，将掌握如何用单片机去控制液晶显示想要的东西，同时，还将继续学习 C 语言中的函数、基于 Keil5 的软件与硬件仿真等知识。

10.1 夯实基础——C 语言的函数

用 C 语言如何组织一个程序？在 C 语言的设计原则上把函数作为程序的构成模块。例如前面用过的库函数 printf()、_nop_() 等，还有编写的 DelayMS()、Timer0Init() 等函数。

10.1.1 函数的定义和应用

函数(Function)是用于完成特定任务的程序代码的自包含单元。尽管 C 语言中的函数和其他语言中的函数、子程序或子过程等扮演着相同的角色，但是在细节上会有所不同。某些函数会导致执行某些动作，比如 printf() 可使数据呈现在屏幕上；还有一些函数能返回一个值供程序使用，如 strlen() 将计算的字符串的长度传递给程序。一般来讲，一个函数可同时具备以上两种功能。

在程序中为何要使用函数呢？第一，使用函数可以省去重复代码的编写。如果程序中需要多次使用某种特定的功能，那么只需编写一个合适的函数即可。程序可以在任何需要的地方调用该函数，并且一个函数可以在不同的程序中调用，就像在许多程序中需要使用 DelayMS() 函数一样。第二，即使某种功能在程序中只使用一次，将其以函数的形式实现也是有必要的，因为函数使得程序更加模块化，从而有利于程序的阅读、修改和完善。

10.1.2 函数的分类及命名规则

从函数定义的角度看，函数可分为库函数和用户自定义函数两种。

(1) 库函数。由系统提供的函数，用户无须定义，也不必在程序中作类型说明，只需在程序前包含有该函数原型的头文件即可在程序中直接调用。例如包含<stdio.h>之后就可以调用 printf() 函数。

（2）用户自定义函数。由用户按需要编写的函数。对于用户自定义函数，不仅要在程序中定义函数本身，而且在主调函数模块中还必须对该被调函数进行类型说明，然后才能使用。

C语言的函数兼有其他语言中的函数和过程两种功能，从这个角度看，又可把函数分为有返回值函数和无返回值函数两种。

（1）有返回值函数。此类函数被调用执行完后将向调用者返回一个执行结果，称为函数返回值。如数学函数即属于此类函数。由用户自定义的这种要返回函数值的函数，必须在函数定义和函数说明中明确返回值的类型。

（2）无返回值函数。此类函数用于完成某项特定的处理任务，执行完成后不向调用者返回函数值。

从主调函数和被调函数之间数据传送的角度看，函数又可分为无参函数和有参函数两种。

（1）无参函数。函数定义、说明及调用中均不带参数。主调函数和被调函数之间不进行参数传送。此类函数通常用来完成一组指定的功能，可以返回或不返回函数值。

（2）有参函数，也称为带参函数。在函数定义及函数说明时都有参数，称为形式参数（简称为形参）。在函数调用时也必须给出参数，称为实际参数（简称为实参）。进行函数调用时，主调函数将把实参的值传送给形参，供被调函数使用。前面程序中见过的无参函数和有参函数就很多了，例如无参函数 Timer0Init()，有参函数 DelayMS(uInt16ms)。

在使用函数的过程，读者需要注意以下几点。

（1）实参可以是变量，也可以是表达式，或者是直接的值。其目的都是把实参的值传递给自定义函数中的形参，就不举例了，以后碰到了再说明。

（2）函数的值只能通过 return 语句返回主调函数。return 语句一般形式为：return 表达式，或者为：return(表达式)。该语句的功能是计算表达式的值，并返回给主调函数。在函数中允许有多个 return 语句，但每次调用只能有一个 return 语句被执行，因此只能返回一个函数值。

（3）函数值的类型和函数定义中函数的类型应保持一致。

（4）不返回函数值的函数，可以明确定义为"空类型"，类型说明符为"void"。

接下来举个例子，综合说明函数的执行和各个参数的传递过程。程序源码如下。

```
1.   char AddXYZ(char a, char b, char c);
2.   void main(void)
3.   {
4.        char x = 10;
5.        char y = 20;
6.        char z = 30;
7.        char xyz = 0;
8.        xyz = AddXYZ(x, y, z);
9.   }
10.  char AddXYZ(char a, char b, char c)
11.  {
12.       char abc = 0;
```

```
13.      abc = a + b + c;
14.      return (abc);
15. }
```

程序说明：第1行语句,由于函数 AddXYZ()定义于主函数的后面,所以需要声明此函数,当然若定义在主函数前就不需要声明了；第8行,调用函数 AddXYZ(),并且将实参 x(10)、y(20)、z(30)传递给形参 a、b、c,之后运行第13行语句,计算 a+b+c,并将值赋值给 abc,接着执行第14行语句,将 abc 返回,再赋值给 xyz,这样 xyz 的值就为：60。剩余的关于函数的编码风格之类的请读者去拜读《C语言深度解剖》一书的第6章,写得确实很好。

再补充说明函数的命名规则。函数的命名没有变量那么多规则,但不意味着函数可以随便命名。例如计算两个数之和的函数,若写成这样的函数 jia(int x,int y),或许读者现在能明白,那能保证过两周、两个月后还能就只看函数名就知道该函数的功能吗? 因此对于函数的命名,望文知义很重要,书写格式也很重要。

前面在讲述变量命名时说过,变量的命名有两种方法：匈牙利命名法和驼峰大小式命名法。笔者个人认为,函数的命名主要是利用驼峰大小写中的大驼式命名,例如：MyFirstName、WrDataToLCD。

同样,在讲述变量命名时笔者补充了两点,其中一点是变量命名使用名词性词组,一般结构为：目标词＋动词(的过去分词)＋［状语］＋［目的地］。例如 DataGotFromSD、DataDeletedFromSD。那函数又如何命名的呢?

函数的格式稍微有变,先举两个例子,以便于做对比。例如：GetDataFromSD、DeleteDataFromSD,两者大致意思都是从 SD 中取得、删除数据,但结构似乎有别,现将函数的命名一般结构总结为：动词(一般现在时)＋目标词＋［状语］＋［目的地］。函数的命名就先说这么多,更多的内容就留给读者自行研究了。

10.2 Keil5 的软件仿真、硬件仿真及延时

有了前面的学习,读者应该对 Keil5 的编程界面比较熟悉,仿真界面估计还很陌生。接下来,再来学习 Keil5 的仿真。仿真这个词,笔者在第1章中提到过,可那时笔者建议读者还是尽量远离仿真,现为何又要提及仿真呢? 仿真究竟要不要学? 仿真可靠吗? 任何事物都有两面性,看待问题也需要一分为二。有时理论和实际相差很大,但有时又很接近,因此基本的仿真还是有助于问题的分析和解决,至少要在理论上实现。假如一件事,理论上都不成立,那实际中成功的概率应该会无限接近0。笔者的建议是：仿真要和实际相结合。例如,要知道一个延时函数实际究竟延时了多少时间,可先进行理论的分析,之后再做实际的测量,这样便可以彻底地理解并掌握。再如,先用软件仿真串口看能否输出想要的字符串,之后再在实际的硬件平台上测试。需要注意的是,理论的分析一定要在实际中进行测试,而不是简单做个仿真,发现能输出,就很肯定硬件能完美实现,现实中,理论与实际是有很大的差别的。

为了减少硬件的成本,增加调试的快捷性,有时会先进行软件仿真。同样,在样板成熟

以后，软件、硬件联调时，如果遇到问题，会考虑借助硬件仿真来调试程序和验证硬件的正确性。故这里将为读者呈现软件、硬件仿真应用实例。

10.2.1　基于 Keil5 的软件仿真应用实例

由于飞天三号（FSST15 开发板）上搭载的 IAP15W4K58S4 单片机有多达 8 组 I/O 口，但是 Keil5 软件只支持其 P0～P3 四组 I/O 口，同时，时间仿真更是只支持 12T 的 51 内核单片机，故这里以飞天一号（MGMC-V2.0）开发板为例，做软件仿真。仿真的步骤或者方法其实很简单，由编程界面进入仿真界面之前需要检查一个选项设置，具体操作是：单击 Target Options 按钮，打开 Options for Target 'Target 1' 对话框，如图 10-1 所示，其中 Target 选项卡下的 Xtal 处一定要设置为：11.0592，否则后续时间仿真的参数值会有出入。接着选择 Debug 选项卡，如图 10-2 所示，这里读者需要注意图中箭头所指的两个复选框，其意义大不相同。

图 10-1　Options for Target 'Target1' 对话框

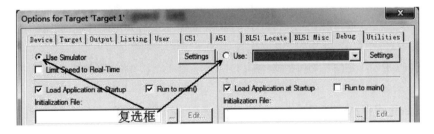

图 10-2　Debug 设置选项卡

Use Simulator 复选框：是指软件模拟仿真，就是只在软件上做一些仿真动作，与硬件无关。

Use 复选框：是指用硬件仿真，意思是软件上面的仿真动作也会对应到硬件上。51 单片机需要借助一块特殊单片机芯片或仿真器；C8051F 系列单片机需要借助 EC6 等仿真器；STM32 单片机需要借助 J-link/ST-LINK，再如后面讲述的 IAP 系列单片机，直接仿真即可。读者只需要知道有这么回事就是了，不需要深入了解，以后学到了自然就会明白。这里需要进行软件模拟仿真，因此选择软件默认的第一个选项就是了。其他的也选择默认项，最后单击 OK 按钮。

接着选择菜单命令：Debug→Start/Stop Debug Session，由 Keil5 编辑界面进入仿真界

面,这时若 Keil5 软件没注册,则会有一个"2K"的代码限制,注册过的软件不会提示此消息,软件的注册,读者可参考第 2 章。Keil5 的仿真界面如图 10-3 所示。

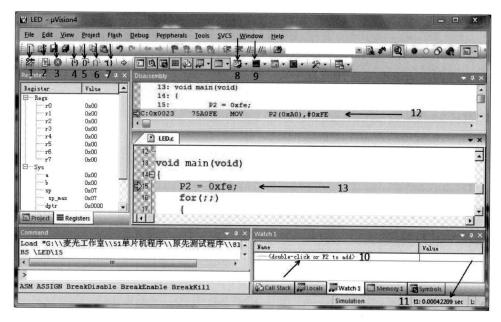

图 10-3　Keil5 的仿真界面

在说仿真之前,先来介绍一下断点的概念。在程序中添加一个断点,是指让程序运行到断点处停止,以便作出别的操作,例如观察某一变量值,或者通过单击单步来运行程序等。插入断点的方法较简单,在想插入行的后面双击鼠标左键即可,取消断点的操作类似。

在图 10-3 中做了 13 处标记,现依次说明如下(序号与图对应)。

1. Reset CPU:复位选项,是指当执行一段程序以后,想让其重新开始执行,单击此按钮,程序执行点就会回到开始处,即 main 函数的开头。

2. Run:让程序从头开始全速执行。当有断点时运行到断点处停止,没有断点时程序按规定一直运行。

3. Stop:停止运行的程序。

4. Step:单步运行。当运行到子函数时,会进入子函数。

5. Step Over:单步运行。当运行到子函数时,不进入,将子函数当作一个整体来运行。

6. Step Out:单步运行。程序若在子函数内部运行,则会跳出子函数。

7. Run to Cursor Line:运行到光标处。

8. Serial Windows:串口输出窗口。

9. Analysis Windows:逻辑分析窗口。该窗口下有三个子选项。这里以 Logic Analyzer 选项为例来讲解。另外两个读者自行研究。

10. 变量等数值的观察窗口。

11. 程序运行的时间。

12. 反汇编窗口，这对于新手来说，估计有些难，读者只需了解即可，有兴趣的读者可以自行研究。

13. C语言程序窗口，可以在此窗口观察程序运行到哪里了。

当然 Keil5 的仿真界面可操作的地方不止这些，例如观察左边寄存器的值、PC 指针、内存数值等，这些就留给读者慢慢琢磨，在此不赘述。

现以跑马灯为例，来仿真 P2 口的状态值。进入 Keil5 的仿真界面后，选择菜单命令：Peripherals→I/O-Ports→Port 2，此时会出现一个如图 10-4 所示的复选框。由于此时程序未运行，因此 P2 口的状态值都为高电平，因此界面显示为 0xFF。当单击 Step 或者 Step Over 按钮时程序运行语句：P2=0xfe，这时 P2 变为：0xFE，界面如图 10-5 所示。之后依次变为：0xFD、0xFB、…、0x7F。其他的端口仿真类似。

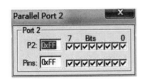
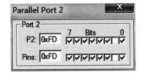

图 10-4　程序未运行时 P2 口的状态值　　　图 10-5　程序运行时 P2 口的状态值

当程序运行到 DelayMS(50)时有两种选择：一种是单击 Step 按钮进入 DelayMS()函数，一种是单击 Step Over 不进入 DelayMS()函数，直接将函数当作整体运行，读者自行调试，加以区别，这里不再赘述。

进入 Keil5 仿真界面以后，还可以利用软件自带的"逻辑分析仪"来对数据进行简单分析。操作方法是：单击 Analysis Windows 按钮（图 10-6 中的序号 1 处），系统则会默认选中第一个选项 Logic Analyzer，这时仿真界面如图 10-6 所示。

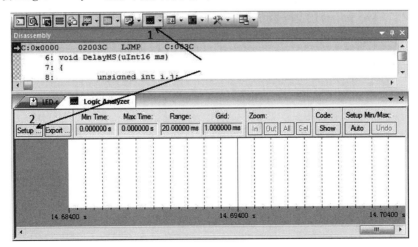

图 10-6　Logic Analyzer 界面

单击 Setup 按钮(图 10-6 中的序号 2 处),打开 Setup Logic Analyzer 对话框,如图 10-7 所示。

单击图 10-7 中序号 1 处的 New 按钮,之后在序号 2 处输入 PORT2.0,新建 PORT2.0, 再单击 New 按钮,在序号 2 处输入 PORT2.1,新建 PORT2.1,这样依次再新建 6 个变量,即在 序号 2 处分别输入:PORT2.2,PORT2.3,…,PORT2.7,如图 10-7 所示。

其中序号 3 处用于选择显示方式,这里选择为:Bit,当然还可以选择为:Analog 和 State。选中序号 4 处的复选框表示数值以十六进制方式显示。读者可自行实验。

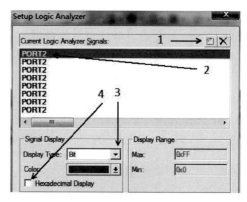

图 10-7 Setup Logic Analyzer 对话框

以上设置好之后单击 Close 按钮,接着单击图 10-3 中的 Run 按钮(全速运行),过几秒钟之后再单击 Stop 按钮,停止运行,这时就可得到如图 10-8 所示的仿真波形,界面是不是蛮漂亮的?读者赶紧亲自试一试吧。

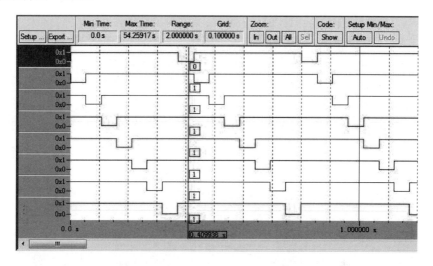

图 10-8 Logic Analyzer 的仿真波形图

当然读者还可以对其他一些变量,观察其程序运行时的中间变量值,以便于分析数据和程序,做到不仅知其然,还要知其所以然。现回到 Keil5 的仿真主界面,在图 10-3 所示的序号 10 处添加两个变量:i、j,添加方法是在序号 10 处双击或者按键盘上的 F2,输入 i、j,添加完变量之后的 Watch1 窗口如图 10-9 所示。接着分别用鼠标右键单击选择 i、j 行,再选择: Number Base→Decimal,以十进制的形式显示数值。用 Step Over 方式来运行程序到 DelayMS(50)时改为 Step 方式运行程序,这样就可以进入到 DelayMS()函数,细心的读者可能已经注意到变量后面的 Value 已经由"????????"变为了"0",接着再单击 Step 按钮运行程序，这时变量 i、j 是不是在有规律地变化，其实 j 变为 113 之后就不再变化了，而 i 则一直在自增（肯定是有范围的）。读者还可以观察下面的 t1 时间的变化，当读者单击 50 次 Step 按钮后，时间是：0.05031250。读者可以想一想：这个时间与想要的 50ms 延时按钮有没有联系？若有，是怎么联系到一起的？（或者说达到延时的作用了没有？）请读者们带着这些问题，进入 10.2.2 节的学习。

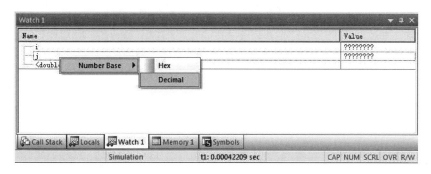

图 10-9　Watch1 窗口中添加完变量之后的界面

10.2.2　软件仿真与延时

在玩单片机的过程中，有一种"功能"一直都在使用，那就是——延时。原因很简单，玩单片机无非是玩一些能看得见、听得见、用得着的一些东西。前面说过，人的眼睛看到和耳朵听到的速度都很"慢"，远远跟不上单片机的速度，尤其是 STC 最新推出的 15 系列，主频可达 30 多兆。鉴于这样的原因，就需要单片机在做某件事时等一等，和观察者同步，继而引出了延时的概念。

这里将延时分为两类：不精确的延时和精确的延时。这两者在概念和实现的方法上大不相同。接下来分别阐述，希望对读者有所帮助。

在讲述之前，先来补补 10.2.1 节的内容，Keil5 软件的延时仿真。读者需考虑一个问题：为什么执行 DelayMS() 函数能起到延时的作用，难道执行别的函数就起不到延时作用吗？

先从仿真入手来看个究竟。按 10.2.1 节所讲述的操作方法，进入到 Keil5 软件仿真界面，这时记下右下角（图 10-3 中的序号 11 处）的时间值为：$t_1=0.000\,000\,00$s，接着单击一次 Step Over 按钮运行程序，这时程序运行进入了 main() 函数，则时间变为：$t_1=0.000\,422\,09$s，再单击 Step Over 按钮，程序运行了语句：P2=0xfe 和 for(;;)，时间变为：$t_1=0.000\,424\,26$s，这样运行时间为：$t=0.000\,424\,26$s$-0.000\,422\,09$s$\approx2\mu$s，再运行程序：P2=_crol_(P2,1)，时间变为：$t_1=0.000\,438\,37$s，则程序运行的时间：$t=0.000\,438\,37$s$-0.000\,424\,26$s$=0.000\,014\,11$s$\approx14\mu$s。由此可得出以下三条结论。

（1）任何程序执行都需要时间的，如上面的 2μs、14μs 等。

（2）C 语言编写的程序，每条语句运行的时间是不确定的（2μs$\neq14\mu$s）。至于汇编语言编写的程序，这里就不说了，读者可以自行了解。

（3）在程序编写中，一般将这些时间忽略不计。

接着再说 DelayMS(50)为何能起到延时 50ms 的作用？操作步骤是：先在 DelayMS(50)和倒数第二个大括号后插入两个断点（两行后面双击就可以插入断点），之后单击 Run 按钮，此时如图 10-3 所示的标号 11 处的时间值为 0.000 438 37s，也即 4μs 多一点，再单击 Run 按钮，这时时间变为 0.050 314 67s，这样就可以算出执行程序：DelayMS(50)所用的时间，时间值为：0.050 314 67s－0.000 438 37s＝0.049 876 3s≈50ms。为何上面的程序执行时间可以忽略，而这里又要借助程序执行的时间来达到延时的目的呢？这是因为，上面的程序执行次数少（先不考虑 while(1)），而这里的 DelayMS(50)执行了 5650(50×113)次，这个时间就要算了，因为其花了 50ms，如果这个值不算，那彻底不精确了。

以上时间都是用软件来仿真的，接下来笔者带领读者看看这个 50ms 的可信度究竟有多高？这里借助逻辑分析仪或者示波器来抓取其时间值，两者得到时间值分别如图 10-10 和图 10-11 所示，现在来对比这三个值：软件仿真得到的值为 49.87ms，逻辑分析仪抓取的时间为 49.88ms，示波器获取的时间为 50ms。这三个值几乎接近想要的理论值 50ms，说明上面的延时函数(DelayMS())还是写得很牛的，但再牛也只是一个不精确的延时。要想了解精确的延时，可看下面有关精确延时的讲述。

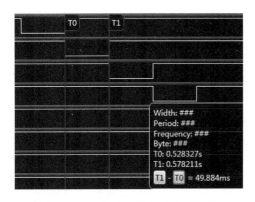

图 10-10　逻辑分析仪抓取的时间值

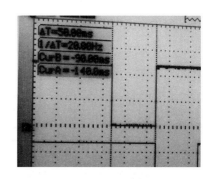

图 10-11　示波器抓取的时间值

俗话说，只有相对的，没有绝对的。精确也是相对于不精确而言，因此这里的精确延时也不是绝对的精确。举个例子，所谓的精确延时是用定时器和库函数 _nop_()来产生的，但这两者最终的参考源都是外部晶振，可晶振也是人为生产的，怎么可能做到绝对准确呢？如 MGMC-V2.0 开发板上搭载的 11.0592MHz 晶振，经测试，实际频率为 11.045MHz。即使有些高级的单片机（例如 IAP15W4K58S4）内部集成了晶振，也是靠 RC 来产生的，也会受到温度等影响而不稳定。还有定时器在装入初值、产生中断等也需要时间，这些时间都是无法估算到里面的。因此读者要有个清醒的认识，不要一说精确，就要精确到皮秒、飞秒去，这是不现实的，也是无意义的。

10.2.3　基于 Keil5 与 IAP 系列单片机的硬件仿真应用实例

STC 公司出品的单片机分为两大类：一类型号以 STC 开头，如飞天一号上面搭载的

STC89C52RC；另一类是以 IAP 开头的，例如飞天三号上面的 IAP15W4K58S4，这类单片机不仅仅是简单的单片机，而且自身还是仿真器（具有在线硬件仿真的功能）。下面来学习 IAP 系列单片机的在线硬件仿真。

要硬件仿真，必须先得搭建好硬件测试环境。这个过程其实并不难，也不复杂。其搭建的过程包括以下四个步骤。

步骤一：安装 Keil5 软件的仿真驱动。

关于添加型号、头文件等过程，在本书第 2 章的 2.2.1 节讲述过，读者可自行查阅。在仿真时，需添加 STC 仿真器驱动到 Keil5 软件中，这个操作如果读者添加过型号和头文件，这里就不用再做了，因为它会在添加头文件时自动添加 stcmon51.dll 到 Keil5 软件的 BIN 文件夹下，有了这个仿真驱动文件，就可以开始下面的仿真了。

步骤二：设置 Keil5 软件的仿真界面。

进入 Options for Target 'Target1'对话框，选择 Debug 选项卡，再选中 Use 复选框，在其后的下拉列表框中选中 STC Monitor-51 Driver，如图 10-12 所示，最后单击 Settings 按钮，进入 Target Setup 对话框。

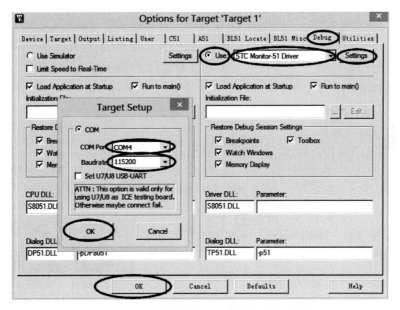

图 10-12　Keil5 软件的 STC 仿真驱动设置界面

选择 COM Port，笔者所有的 CH340 虚拟串口为 COM4，读者可根据自己的电脑做相应的选择，再选择波特率（Baudrate），这里选择默认的 115200，最后单击 OK 按钮确认，Keil5 软件的仿真界面就设置好了。

步骤三：选择仿真芯片——IAP15W4K58S4。

打开 STC-ISP 软件，选择"Keil 仿真设置"选项卡，选择"将 IAP15W4K58S4 设置为仿真芯片（宽压系统，支持 USB 下载）"，如图 10-13 所示。

图 10-13　选择仿真芯片(IAP15W4K58S4)

步骤四：进入仿真界面。

打开 Keil5 软件,选择需要仿真的工程,之后的仿真类似于软件仿真,只是此时 FSST15 开发板也会执行相应的操作。例如,当执行了"$LED_{11} = 0$;"以后,不仅软件上 LED_{11} 端口会被拉低,而且 LED_{11} 小灯也会亮。有了软件和硬件的仿真,读者以后再调试程序和项目时,可适当加以应用,这样既可节省财力、物力,更可加快方便调试、开发进程。

10.3　1602 液晶的应用概述

液晶(Liquid Crystal)是一种高分子材料,因为其特殊的物理、化学、光学特性,20 世纪中叶开始广泛应用在轻薄型显示器上。液晶显示器(Liquid Crystal Display,LCD)的主要原理是以电流刺激液晶分子产生点、线、面并配合背光灯管构成画面。为简述方便,通常把各种液晶显示器都直接称为液晶。

液晶通常分为两大类：段码屏和点阵屏。其中点阵屏一般按照显示字符的行数或液晶点阵的行、列数来命名的。例如：1602 液晶的意思是每行显示 16 个字符,一共可以显示两行,类似的命名还有 1601、0802 液晶等,这类液晶通常都是字符液晶,即只能显示字符,如数字、字母、各种符号等。12864 液晶属于图形型液晶,有 128 列、64 行组成,即 128×64 个点来显示各种图形,这样就可以通过程序控制这 128×64 个点来显示各种图形,类似的命名还有 25632、19264、16032、320240 液晶等。当然,根据客户需求,厂家还可以设计出任意组合的点阵液晶,图 10-14 为 25632 点阵屏实物图。

图 10-14　25632 液晶模组实物图

10.3.1　1602 液晶模组和电路设计

液晶的类型很多,不可能为读者讲述所有液晶的操作方式,读者只要掌握了一种液晶的操作方法,结合单片机的基础再加液晶厂商提供的数据手册,就可以完全操作液晶。

1602 液晶,最佳工作电压为 5V(工作电压范围为 4.5～5.5V),内置 192 种字符(160 个 5×7 点阵字符和 32 个 5×10 点阵字符),具有 64 个字节的 RAM,通信方式有 4 位、8 位两种并口可选。

1602液晶属于模组（LCM）的范畴，所谓模组，就是液晶由各个子部分组成，如液晶驱动IC、PCB、背光源、导电胶条、液晶屏（LCD）和铁框等组合而成。液晶屏显示的方式不同于LED灯，它自身是不发光的，只是在电场作用下，液晶分子发生扭曲，再借助光源（板载背光源、自然光源）进行显示，因此液晶屏自身的工作电流非常小，大的范围为1～2mA，小的甚至只有几十μA。但模组上的背光源工作时需要的电流比较大，为了达到一定的亮度，一般工作电流在20mA左右。

1602液晶接口一共有16个引脚，在设计电路和编写代码时，这些引脚的具体含义一定要熟练掌握（不是死记硬背数据手册）。1602液晶具体的端口定义如表10-1所示。

表 10-1 1602液晶的端口定义

引脚号	符号	功能
1	GND	电源地
2	V_{cc}	电源电压（+5V）
3	V_0	液晶显示驱动电压（可调），一般接电位器来调节电压
4	RS	指令、数据选择端口（RS=1→数据寄存器；RS=0→指令寄存器）
5	R/W	数据读/写控制端口（R/W=1→读操作；R/W=0→写操作）
6	EN	数据读/写使能控制端口（读数据：高电平有效；写数据：下降沿有效）
7～14	DB0～DB7	数据输入/输出端口（8位方式：DB0～DB7；4位方式：DB0～DB3）
15	A	背光灯的正端+5V
16	K	背光灯的负端0V

引脚1、2正常接电源即可（当然不能接反）；引脚15和16也需正常连接电源，但这是背光灯的电源供电引脚，这种背光灯的实质是LED（发光二极管），它一般的工作电压是3V，电流是15～30mA，为了保证亮度，其工作电流一般为20mA，提供5V的电源，必须加限流电阻（具体计算方法，前面有所介绍），那这里为何没有加呢？因为现在市面上通用的1602液晶已经在模组上加了限流电阻，所以这里不需要再加了。

引脚3是液晶显示驱动电压引脚，即显示偏压比。液晶屏有两个重要的参数：一个是偏压比（Bias），一个是扫描周期（Duty），后者这里不赘述。所谓偏压比，就是液晶分子发生扭曲的临界值。例如LCD的驱动电压是5V，偏压比是1/4Bias，那么液晶分子发生扭曲的临界值就是1.25V（5×1/4V）。读者需要注意，当提供的偏压比电压高于1.25V时，液晶分子肯定都发生扭曲，如果小于1.25V，是不是不发生扭曲呢？答案当然不是，液晶分子在电场的作用下，部分还是会发生扭曲，继而通过调节该电压来调节液晶显示的浓暗程度，即偏压比。

在电路设计中，一般通过连接一个电位器来调节偏压比，但是在工程项目中，产品批量生产时，如果这样做，工作量肯定很大，再者由于人眼睛色差的原因，也不可能全部调试到一模一样，借助液晶模组自身板载偏压比电路，这里一般选择合适的下拉电阻即可，该电阻一般选择在1～2.2kΩ，FSST15开发板上选择的是2.2kΩ。

引脚4是数据和指令选择端口。为了更好地理解该端口，先要理解什么是数据、什么是指令。显示（待显示）的内容是数据，帮助显示而自身不显示的则为指令。例如用于清屏的

0x01,则为指令;用于显示数字 1 的 0x31 就为数据。该端口接单片机的 P3.3 引脚,当引脚为高电平时,液晶默认为该端口送的是数据,引脚为低电平时,默认为指令。

引脚 5 为数据读/写控制端口,接单片机的 P3.4 引脚。当单片机输出为高电平时,可以读取液晶内部的数据,低电平时,写数据到液晶当中。

引脚 6 为数据读/写使能控制端口。其作用就是配合控制引脚和数据引脚,开使能单片机,什么时候数据有效,什么时候数据无效,具体操作后续再述。

引脚 7~14 为数据输入/输出端口,接单片机的 P0 口。读与写之间的数据交换,就是通过这 8 条数据线传输的(本书以 8 位接口为准)。FSST15 开发板上 1602 液晶连接原理图如图 10-15 所示。

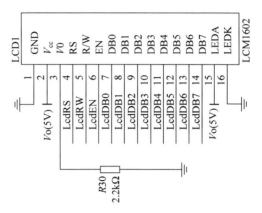

图 10-15 FSST15 开发板上 1602 液晶接口原理图

10.3.2 1602 液晶的控制指令和时序图

1602 液晶控制器内部带有 80×8 位(80 字节)的 RAM 缓冲区,RAM 地址映射的对应关系如图 10-16 所示。

初学者会觉得图 10-16 很难,对此笔者先说两点。

(1) 两行的显示地址分别为:00~0F、40~4F,隐藏地址分别为 10~27、50~67。意味着写在"00~0F、40~4F"地址的字符可以显示,"10~27、50~67"地址的不能显示,要显示,一般通过移屏指令来做。

(2) 该 RAM 是用液晶内部的数据地址指针来访问,能很容易地访问内部这 80 个字节内容。

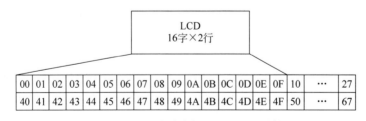

图 10-16 1602 液晶内部 RAM 地址映射图

笔者决定把以下这部分内容写上,主要为了方便读者边看代码,边查指令表,这样容易加深记忆。笔者建议读者一定要养成先分析问题、再画流程图习惯,然后自己先写代码,若有问题,要仔细地阅读数据手册(最好是英文的,因为这是最准确、最权威的资料),边阅读、边分析、边总结,若还是不能解决,再去发帖子,问别人,或许别人的一句话就能"点醒梦中人"啊!

（1）1602 液晶基本的操作时序，如表 10-2 所示。

表 10-2　基本操作指令表

读写操作	输　　入	输　　出
读状态	RS＝L,R/W＝H,EN＝H	D0～D7（状态字）
写指令	RS＝L,R/W＝L,D0～D7＝指令,EN＝高脉冲	无
读数据	RS＝H,R/W＝H,EN＝H	D0～D7（数据）
写数据	RS＝H,R/W＝L,D0～D7＝数据,EN＝高脉冲	无

（2）读忙标志和 AC 地址，状态字各个位分布如表 10-3 所示。

表 10-3　状态字分布表

位名称	STA7	STA6	STA5	STA4	STA3	STA2	STA1	STA0
	D7	D6	D5	D4	D3	D2	D1	D0
功能描述	当前地址指针的数值					—		
	STA7	读/写操作使能				1：禁止 0：使能		

对控制器每次进行读写操作之前，都必须进行读写检测，确保 STA7 为 0，即一般程序中见到的判断忙操作。

（3）常用指令如表 10-4 所示。

表 10-4　常用指令表

指令名称	指　令　码								功　能　说　明
	D7	D6	D5	D4	D3	D2	D1	D0	
清屏	L	L	L	L	L	L	L	H	清屏：（1）数据指针清零 （2）所有显示清零
归位	L	L	L	L	L	L	H	*	AC＝0,光标、画面回到 HOME 位
输入方式设置	L	L	L	L	L	H	ID	S	ID＝1→AC 自动增一 ID＝0→AC 减一 S＝1→画面平移 S＝0→画面不动
显示开关控制	L	L	L	L	H	D	C	B	D＝1→显示开；D＝0→显示关 C＝1→光标显示；C＝0→光标不显示 B＝1→光标闪烁；B＝0→光标不闪烁
移位控制	L	L	L	H	SC	RL	*	*	SC＝1→画面平移一个字符 SC＝0→光标 R/L＝1→右移；R/L＝0→左移
功能设定	L	L	H	DL	N	F	*	*	DL＝0→8 位数据接口 DL＝1→4 位数据接口 N＝1→两行显示；N＝0→一行显示 F＝1→5×10 点阵字符；F＝0→5×7

（4）数据地址指针设置（行地址设置具体见表10-5）。

表 10-5　数据地址指针设置表

指　令　码	功能（设置数据地址指针）
0x80＋（0x00～0x27）	将数据指针定位到：第一行（某地址）
0x80＋（0x40～0x67）	将数据指针定位到：第二行（某地址）

（5）1602液晶的读、写操作时序图，如图10-17所示。

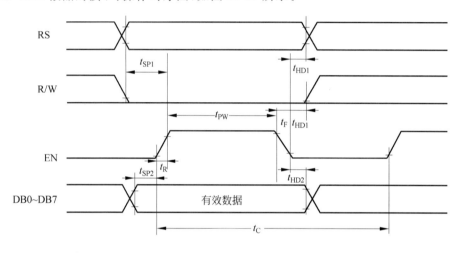

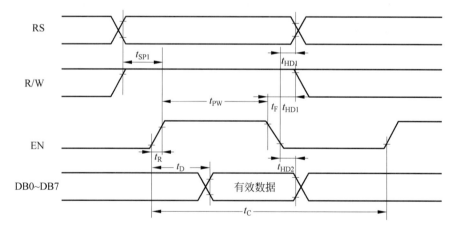

图 10-17　1602 液晶读写操作时序图

接着看时序参数，具体数值如表10-6所示。

好吧，看着图10-17和表10-6，那就开始攀越珠穆朗玛峰吧，为何这么比喻，因为好多人说时序图太难了，看不懂，那就让残弈悟恩一点一滴地教读者翻越这座大山吧，边爬边欣赏雪山的美景。

表 10-6 时序参数表

时 序 名 称	符号	极限值(ns)			测 试 条 件
		最小值	典型值	最大值	
EN 信号周期	t_C	400			引脚 EN
EN 脉冲宽度	t_{PW}	150			
EN 上升沿/下降沿时间	t_R,t_F			25	
地址建立时间	t_{SP1}	30			引脚 EN、RS、R/W
地址保持时间	t_{HD1}	10			
数据建立时间	t_{SP2}	40			引脚 DB0～DB7
数据保持时间	t_{HD2}	10			

　　液晶一般是用来显示的，所以这里主要讲解如何写数据和写命令到液晶，关于读操作（一般用不着）就留给读者自行研究了。

　　时序图，顾名思义，与时间有关、顺序有关的图。与时间有严格的关系，精确到 ns 级。与顺序有关，严格说应该是与信号在时间上的有效顺序有关，而与图中信号线是上是下没关系。程序运行是按顺序执行的，可是这些信号是并行执行的，就是说只要这些时序有效，上面的信号都会运行，只是运行时间与有效的时间不同，因此有效时间不同就导致了信号的执行顺序不同。这里有个难点就是"并行"，关于并行，笔者就不过多解释了，如读者想知道，赶紧学好单片机之后去学 FPGA，那里会给读者一个完美的答案。厂家在做时序图时，一般会把信号按照时间的有效顺序从上到下排列，所以操作的顺序也就变成了先操作最上边的信号，接着依次操作后面的。结合上述讲解，来详细总结图 10-18 的时序图。

　　(1) 通过 RS 确定是写数据还是写命令。

　　写指令包括数据显示在什么位置、光标显示/不显示、光标闪烁/不闪烁、需/不需要移屏等。写数据是指要显示的数据是什么内容。若此时要写指令，结合表 10-6 和图 10-18 可知，得先拉低 RS(RS=0)。若是写数据，则 RS=1。

　　(2) 读/写控制端口设置为写模式，那就是 R/W=0。注意，按道理应该是先写一句 RS=0(1)之后延迟 t_{SP1}（最小 30ns），再写 R/W=0，可单片机操作时间都在 μs 级，所以就不用特意延迟了，那如果以后用 FPGA 来操作，这时就要根据情况加延迟了。

　　(3) 将数据或命令送达到数据线上。形象的可以理解为此时数据在单片机与液晶的连线上，没有真正到达液晶内部。事实肯定并不是这样，而是数据已经到达液晶内部，只是没有被运行罢了，执行语句为 P0=Data(Commend)。

　　(4) 给 EN 一个下降沿，将数据送入液晶内部的控制器，这样就完成了一次写操作。形象地理解为此时单片机将数据完整地送到了液晶内部。为了让其有下降沿，一般在 P0=Data(Commend)之前先写一句语句: EN=1，待数据稳定以后就将数据送入液晶内部，稳定需要多长时间? 这个最小的时间就是图 10-18 中的 t_{PW}(150ns)，流行的做法是在程序里面加了 DelayMS(5)，说是为了液晶能稳定运行，笔者在调试程序时，最后也加了 5ms 的延迟。

　　关于时序图，笔者在此特别提醒，上面没有用标号 1、2、3 之类的，而是用了★，这是有原因的。如果用了顺序,怕读者误解认为上面时序图中的那些时序线是按顺序执行,其实不是,每条时序线都是同时执行的,只是每条时序线有效的时间不同。在此读者只需理解:时序图中每条命令、数据时序线同时运行,只是有效的时间不同。一定不要理解为哪个信号线在上,就是先运行哪个信号,哪个信号线在下面,就是后运行。因为硬件的运行是并行的,不像软件按顺序执行。这里只是在用软件来模拟硬件的并行,所以有了这样的顺序语句:RS=0;RW=0;EN=1;_nop_();P0=Commend;EN=0。

关于时序图中的各个延时,不同厂家生产的液晶其延时也不同,在此无法提供准确的数据,但大多数为纳秒(ns)级,一般51单片机运行的最小单位为微秒级,按道理,这里不加延时都可以,或者说加几个微秒(μs)就可以,可是笔者调试程序时发现不行,至少要有1~5个毫秒(ms)才行,是什么原因,笔者也没做深入的研究,具体就留给读者慢慢自行研究。

10.3.3 1602 液晶的基本应用实例

液晶显示模组是用来显示字符、数据等。这里先让1602液晶显示几个字符,同时为读者讲述液晶的具体操作方法。1602液晶驱动的底层源码、头文件和主函数如下。

```c
# include "FsBSP_1602.h"

uChar8 xdata TAB1[] = "^_^ Welcome ^_^";
uChar8 xdata TAB2[] = " I LOVE FSST15";

void main()
{
    LcdGPIO_Init();
    Dispaly_1602();
    while(1);
}
------------------------------------------------------------
# include "FsBSP_1602.h"
# include "FsBSP_Delay.h"

void LcdGPIO_Init(void)
{
    P0M1 = 0; P0M0 = 0;                        //设置为准双向口
    P3M1 = 0; P3M0 = 0;                        //设置为准双向口
}
/* ********************************************** */
//函数名称: DectectBusyBit()
//函数功能: 检测状态标志位(判断是忙/闲)
//入口参数: 无
//出口参数: 无
/* ********************************************** */
void DectectBusyBit(void)
{
```

```
    P0 = 0xff;                              //读状态值时,先赋予高电平
    RS = 0;
    RW = 1;
    EN = 1;
    DelayMS(1);
    while(P0 & 0x80);                       //若 LCD 忙,停止到这里,否则继续运行
    EN = 0;                                 //将 EN 初始化为低电平
}
/* ************************************************* */
//函数名称: WrComLCD()
//函数功能: 为 LCD 写指令
//入口参数: 指令(ComVal)
//出口参数: 无
/* ************************************************* */
void WrComLCD(uChar8 ComVal)
{
    DectectBusyBit();
    RS = 0;
    RW = 0;
    EN = 1;
    P0 = ComVal;
    DelayMS(1);
    EN = 0;
}
/* ************************************************* */
//函数名称: WrDatLCD()
//函数功能: 为 LCD 写数据
//入口参数: 数据(DatVal)
//出口参数: 无
/* ************************************************* */
void WrDatLCD(uChar8 DatVal)
{
    DectectBusyBit();
    RS = 1;
    RW = 0;
    EN = 1;
    P0 = DatVal;
    DelayMS(1);
    EN = 0;
}
/* ************************************************* */
//函数名称: LCD_Init()
//函数功能: 初始化 LCD
//入口参数: 无
//出口参数: 无
/* ************************************************* */
void LCD_Init(void)
```

```c
{
    WrComLCD(0x38);                          //16×2 行显示、5×7 点阵、8 位数据接口
    DelayMS(1);                              //稍作延时
    WrComLCD(0x38);                          //重新设置一遍
    WrComLCD(0x01);                          //显示清屏
    WrComLCD(0x06);                          //光标自增,画面不动
    DelayMS(1);                              //稍作延时
    WrComLCD(0x0C);                          //开显示,关光标并且不闪烁
}
/* ************************************************* */
//函数名称: Dispaly_1602()
//函数功能: 1602 的显示函数
//入口参数: 无
//出口参数: 无
/* ************************************************* */
void Dispaly_1602(void)
{
    uChar8 ucVal;
    LCD_Init();
    DelayMS(5);
    WrComLCD(0x80);                          //选择第一行
    while(TAB1[ucVal] != '\0')               //字符串数组的最后还有个隐形的"\0"
    {
        WrDatLCD(TAB1[ucVal]);
        ucVal++;
    }
    ucVal = 0;                               //语句简单,但功能重要
    WrComLCD(0xC0);                          //选择第二行(0x80 + 0x40)
    while(TAB2[ucVal] != '\0')
    {
        WrDatLCD(TAB2[ucVal]);
        ucVal++;
    }
}

-------------------------------------------------------------------
# ifndef    __FsBSP_1602_H__
# define    __FsBSP_1602_H__

# include "STC15.h"

# define uChar8 unsigned char
# define uInt16 unsigned int

sbit RS = P3 ^3;                             //数据、命令选择端口(H/L)
sbit RW = P3 ^4;                             //读/写选择端口(H/L)
sbit EN = P3 ^5;                             //使能信号
```

```
extern uChar8 xdata TAB1[];
extern uChar8 xdata TAB2[];
extern void LcdGPIO_Init(void);
extern void Dispaly_1602(void);


#endif
```

结合前面讲述的时序图和 C 语言的基础，再加上详细的注释，读者应该能够理解程序。需要注意的是，这里用到了延时函数，但是没有提供延时部分的程序，因为这部分源码前面有，具体可参见前面章节的例程。再有，在定义两个数组时冠以了 xdata 修饰词，当然也可加 code 修饰词。xdata 是将数据存储在扩展内存 RAM 中，数据可以被修改；而 code 是将数据存储在 Flash 中，数据不能被修改。最后，例程的显示效果如图 10-18 所示。

图 10-18　1602 液晶静态显示效果图

10.4　1602 液晶的应用实例

液晶显示，除了一些基本的显示，在实际项目中，为了增加产品的销售量，可能会增加一些动态显示效果，或者特殊显示效果等。接下来，为读者再讲解几个例程，以便于读者的学习。

10.4.1　1602 液晶移屏指令

有些时候，若要液晶显示的内容多于 32 个字符，或让液晶显示的内容能滚动起来，增加显示效果，那该如何实现呢？这就需要用到移屏指令。限于篇幅，这里只附关键部分的函数，基本的 1602 液晶操作可参考 10.3.3 节的实例。

```
uChar8 code * String1 = "Welcome to ";           //定义两个待显示字符串
uChar8 code * String2 = "http://fsmcu.taobao.com"; //指针字符串


void Dispaly_1602(void)
{
    uChar8 i;                                    //循环变量
    uChar8 * Pointer;                            //指针变量
    LCD_Init();                                  //初始化
    while(1)
    {
        i = 0;
        ClearDisLCD();                           //清屏
        Pointer = String2;                       //指针指向字符串 2 的首地址
        WrStrLCD(0,3,String1);                   //第 1 行第 3 列写入字符串 1
        while ( * Pointer)                       //按字节方式写入字符串 2
```

```
    {
        WrCharLCD(1,i, * Pointer);        //第 2 行第 i 列写入一个字符
        i++;                              //写入的列地址加一
        Pointer++;                        //指针指向字符串中下一个字符
        if(i > 16)                        //是否超出能显示的 16 个字符
        {
            WrStrLCD(0,3,"        ");
            //将 String1 用空字符串代替,清空第 1 行显示应该使用的 9 个空字符
            WrComLCD(0x18);               //光标和显示一起向左移动
            WrStrLCD(0,i - 13,String1);   //原来位置重新写入字符串 1
            DelayMS(3000);                //为了移动后清晰显示
        }
        else
        {
            DelayMS(750);                 //控制两字之间的显示速度
        }
    }
}
```

读者可先自行完成具体的程序,如果有困难,可参考随书附带的资料。这里需要注意的是"WrComLCD(0x18);",这是一条左移指令,右移指令读者可参考相关数据手册。此外,在实际项目中,由于所采购的液晶不同,指令有所不同(以数据手册为准)。

10.4.2 液晶 CGRAM 的操作实例

与 FSST15 开发板配套的 1602 液晶是兼容 HD44780 控制芯片的,该芯片内置了 DDRAM、CGROM、CGRAM,具体可参见 HD44780 芯片手册。

DDRAM 是显示数据的 RAM 存储器,用来存放待显示的字符代码,共 80 个字节,其对应关系如图 10-19 所示。如果想在 1602 液晶的第一行、第一列显示字符 1,只需向地址 "0x80+00H"写入 1 的对应 ASCII 码 0x31,具体操作见 10.3.3 节的实例。

CGROM 是字符发生存储器,而且已经存储了 160 个不通的点阵字符图形,每个字符都有一个固定的对应码,显示的时候模块会把对应地址中的点阵字符图形显示出来,如笔者看到的数字 1。这些字符和 PC 中的字符代码基本是一致的,所以前面的例子,我们直接应用并赋值,这样编译的时候,字符会转为相应的 ASCII 码值,这些码值就存放在 DDRAM 中,以待显示。

CGRAM 就是用户可以自定义的设置字符图形的 RAM,从 CGROM 的对应图中可以看到,在图的最左边是允许用户自定义的 CGRAM,总共 16 个,实际只有 8 个字节可用。接下来看如何操作 8 个用户自定义的字符,比如自定义一个心形的字符,然后让这个字符显示出来。其操作步骤如下。

图 10-19　CGROM 对应图

（1）先写指令,设置 DDRAM 的地址。所设参数如表 10-7 所示。

表 10-7　CGRAM 地址指令

指 令 功 能	指 令 编 码								
	RS	R/W	DB7	DB6	DB5	DB4	DB3	DB2	DB1	DB0
设定 CGRAM 地址	0	0	0	1	CGRAM 的地址(6 位)				

这里需要注意一点,CGRAM 的地址前两位 DB7、DB6 为固定的 0 和 1,因此,CGRAM 的起始地址就为 0x40。

(2) 向 DDRAM 写入字符码,用写数据命令写入 8 个自定义字符。这里以"心"形字符的点阵代码为例,也可借助专门的取模软件得到,这将在后面点阵章节讲述。

(3) 写入字符码之后,再写入 DDRAM 写地址指令。前面已经说过,第一行的 DDRAM 的起始地址是 0x80,假如要显示到第六列,那么 DDRAM 的地址就为 0x85,这个知识读者一定要多加理解,做到彻底掌握。

(4) 遍历液晶数据。因为自定义字符在 CGROM 中是第一个数码,所以我们写数据直接从 0 开始。

```
                uChar8 code TAB3[] = {0x00,0x1B,0x15,0x11,0x0A,0x04,0x00,0x00};
                //操作 CGRAM 时需要的"心"形字符
    void main(void)
    {
        uChar8 ucVal;
        LCD_Init();
        DelayMS(5);
        WrComLCD(0x40);                        //CGRAM 的地址
        for(ucVal = 0;ucVal < 8;ucVal++)
            {
            WrDatLCD(TAB3[ucVal]);             //将 8 位数据写入 CGROM
            }
        WrComLCD(0x85);                        //写 DDRAM 指令,在第一行第六列显示
        ucVal = 0;
        WrDatLCD(ucVal);                       //写数据,在第一行第六列显示自定义的字符
    }
```

最后读者可参考前面讲述的内容,自行补全代码,并编译、下载调试程序,观察液晶屏能否显示"心"形字符?

现学习 CGRAM 的操作,为了给后面的万年历例程提供方便,这里先编写一个如图 10-20 所示的界面。虽然显示的时间是静态的,但对于学习 1602 液晶已足够。知识就是这样一点一滴、一个子模块、一个子函数地积累的,积累到一定程度,开发项目就会变得简单起来。

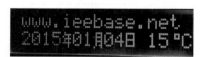

图 10-20   综合实例显示结果

10.4.3   串口和 1602 液晶的综合应用实例

前面讲述了基本的串口发送和接收机制,但是实际应用中,串口最主要的一个功能就是下位机和上位机通信,实现近程、远程的控制,或者数据的传输。例如笔者所做的一个网关项目,要求是:能通过蓝牙模块连接血压计、血糖仪等设备,数据通过蓝牙传输到单片机中,再通过 GPRS 传输到手机上,这样,医生便可远程知道病人的各个特性指标,这个过程就需

要借助串口来传输数据，因为项目的特殊性，这里不便开源共享，但笔者可借助 FSST15 开发板和 PC 机，实现 PC 机(上位机)对 FSST15(下位机)的控制。

功能描述：编写程序，通过计算机上的串口助手发送两条不同的指令，分别为"led and buzz off"和"led and buzz on"，当发送"led and buzz off"时，开发板上的蜂鸣器不响，LED 小灯熄灭；当发送"led and buzz on"时，开发板上的蜂鸣器响，LED 小灯点亮。两次发送过程中，控制字符串都能在 1602 液晶屏上正确显示。

(1) 主函数(main.c)的驱动源码。

```c
# include "FsBSP_AllLedFlash.h"
# include "FsBSP_1602.h"
# include "FsBSP_Delay.h"
# include "FsBSP_Uart.h"
# include "FsBSP_Timer.h"

bit flagBuzzAndLedOn = 0;                        //蜂鸣器启动标志

/* ************************************************************
* 函数名称：bit CmpMemory(unsigned char * ptr1, unsigned char * ptr2, unsigned char len)
* 入口参数：ptr1——待比较指针1,ptr2——待比较指针2,len——待比较长度
* 出口参数：两段内存数据完全相同时返回1,不同返回0
* 函数功能：内存比较函数,比较两个指针所指向的内存数据是否相同
  ************************************************************ */
bit CmpMemory(unsigned char * ptr1, unsigned char * ptr2, unsigned char len)
{
    while (len -- )
    {
        if ( * ptr1++ != * ptr2++)                //遇到不相等数据时则返回0
        {
            return 0;
        }
    }
    return 1;                                    //比较完全部长度数据,都相等则返回1
}
/* ************************************************************
* 函数名称：void UartAction(unsigned char * buf, unsigned char len)
* 入口参数：buf - 接收到的命令帧指针,len - 命令帧长度
* 出口参数：无
* 函数功能：串口动作函数,根据接收到的命令帧执行响应的动作
  ************************************************************ */
void UartAction(unsigned char * buf, unsigned char len)
{
    unsigned char i;
    unsigned char code cmd0[] = "led and buzz on";
    //LED 和蜂鸣器开命令
    unsigned char code cmd1[] = "led and buzz off";
```

```
                //LED 和蜂鸣器关命令
        unsigned char code cmdLen[] =
                                        {                       //命令长度汇总表
                                            sizeof(cmd0) - 1, sizeof(cmd1) - 1,
                                        };
        unsigned char code * cmdPtr[] =
                                        {                       //命令指针汇总表
                                            &cmd0[0], &cmd1[0],
                                        };

        for (i = 0; i < sizeof(cmdLen); i++)            //遍历命令列表,查找相同命令
        {
            if (len >= cmdLen[i])                       //首先接收到的数据长度要不小于命令长度
            {
                if (CmpMemory(buf, cmdPtr[i], cmdLen[i]))
                //比较相同时退出循环
                {
                    break;
                }
            }
        }
        switch (i)                                      //循环退出时 i 的值即是当前命令的索引值
        {
            case 0:
                flagBuzzAndLedOn = 1;                   //开启蜂鸣器和 LED 灯
                WrComLCD(0x01);                         //清 1602 液晶屏
                LcdShowStr(0, 0, cmd0);
                //在 1602 液晶上第一行第一列开始显示 cmd0[]的内容
                break;
            case 1:
                flagBuzzAndLedOn = 0;                   //关闭蜂鸣器和 LED 灯
                WrComLCD(0x01);                         //清 1602 液晶屏
                LcdShowStr(0, 0, cmd1);
                //在 1602 液晶上第一行第一列开始显示 cmd1[]的内容
                break;
            default:                                    //未找到相符命令时,给上位机发送"错误命令"的提示
                UartWrite("bad command.\r\n",
                sizeof("bad command.\r\n") - 1);
                return;
        }
        buf[len++] = '\r';                              //有效命令被执行后,在原命令帧之后添加
        buf[len++] = '\n';                              //回车换行符后返回给上位机,表示已执行
        UartWrite(buf, len);
    }
/* **************************************************************
* 函数名称: void main()
* 入口参数: 无
```

```
*  出口参数: 无
*  函数功能: 主函数实现串口和 1602 的综合应用
*  ************************************************************ */
void main()
{
    LedGPIO_Init();
    LCD_Init();
    EA = 1;                              //开总中断
    Timer0_1ms();                        //配置 T0 定时 1ms
    ConfigUART_9600();                   //配置波特率为 9600
    while (1)
    {
        UartDriver();                    //调用串口驱动
    }
}
```

(2) 定时器底层驱动源码(FsBSP_Timer.c)和头文件(FsBSP_Timer.h)部分的源码如下。

```
# include "FsBSP_Timer.h"
# include "STC15.h"
# include "FsBSP_Uart.h"


/*  ************************************************************
*  函数名称: void Timer0_1ms()
*  入口参数: 无
*  出口参数: 无
*  函数功能: 初始化定时器 0 并且定时 1ms
*  ************************************************************ */
void Timer0_1ms()
{
        AUXR &= 0x7F;                    //定时器时钟 12T 模式
        TMOD &= 0xF0;                    //设置定时器模式
        TL0 = 0x66;                      //设置定时初值
        TH0 = 0xFC;                      //设置定时初值
        TF0 = 0;                         //清除 TF0 标志
        TR0 = 1;                         //定时器 0 开始计时
        ET0 = 1;
}
/*  ************************************************************
*  函数名称: void InterruptTimer0() interrupt 1
*  入口参数: 无
*  出口参数: 无
*  函数功能: T0 中断服务函数,执行串口接收监控和 LED 灯驱动
*  ************************************************************ */
void InterruptTimer0() interrupt 1
{
```

```
        TH0 = 0xFC;                              //重新加载重载值
        TL0 = 0x66;

        if (flagBuzzAndLedOn)                    //执行蜂鸣器鸣叫或关闭
            {
                BUZZ = ～BUZZ;
                LED = ～LED;
            }
        else
            {
                LED = 1;
                BUZZ = 1;
            }
        UartRxMonitor(1);                        //串口接收监控
}
--------------------------------------------------------------
# ifndef  __FsBSP_Timer_H__
# define  __FsBSP_Timer_H__

# include "STC15.h"
extern bit flagBuzzAndLedOn;
sbit BUZZ = P2 ^1;                               //蜂鸣器控制引脚
sbit LED = P7 ^0;                                //LED 灯 D9 的控制引脚
extern void Timer0_1ms();

# endif
```

（3）串口部分的底层驱动(FsBSP_Uart.c)源码和头文件(FsBSP_Uart.h)源码如下。

```
# include "FsBSP_Uart.h"

bit flagFrame = 0;                              //帧接收完成标志,即接收到一帧新数据
bit flagTxd = 0;                                //单字节发送完成标志,用来替代 TXD 中断标志位
unsigned char cntRxd = 0;                       //接收字节计数器
unsigned char pdata bufRxd[64];                 //接收字节缓冲区


/* ************************************************************
 * 函数名称: void ConfigUART_9600(void)
 * 入口参数: void
 * 出口参数: 无
 * 函数功能: 串口配置函数,其中 T2 作为波特率发生定时器
 ************************************************************ */
void ConfigUART_9600(void)
{
    SCON = 0x50;                                //8 位数据,可变波特率
    AUXR &= 0xBF;                               //定时器 1 时钟为 Fosc/12,即 12T
```

```
    AUXR & =  0xFE;                         //串口 1 选择定时器 1 为波特率发生器
    TMOD & =  0x0F;                         //设定定时器 1 为 16 位自动重装方式
    TL1  =  0xE8;                           //设定定时初值
    TH1  =  0xFF;                           //设定定时初值
    ET1  =  0;                              //禁止定时器 1 中断
    TR1  =  1;                              //启动定时器 1
    ES  =  1;                               //使能串口中断
}
/* **********************************************************
 * 函数名称: void UartWrite(unsigned char * buf, unsigned char len)
 * 入口参数: buf – 待发送数据的指针, len – 指定的发送长度
 * 出口参数: 无
 * 函数功能: 串口数据写入, 即串口发送函数
 ********************************************************** */
void UartWrite(unsigned char * buf, unsigned char len)
{
    while (len -- )                         //循环发送所有字节
    {
        flagTxd = 0;                        //清零发送标志
        SBUF = * buf++;                     //发送一个字节数据
        while (!flagTxd);                   //等待该字节发送完成
    }
}
/* **********************************************************
 * 函数名称: unsigned char UartRead(unsigned char * buf, unsigned char len)
 * 入口参数: buf – 接收指针, len – 指定的读取长度
 * 出口参数: 实际读到的长度
 * 函数功能: 串口数据读取函数
 ********************************************************** */
unsigned char UartRead(unsigned char * buf, unsigned char len)
{
    unsigned char i;

    if (len > cntRxd)                       //指定读取长度大于实际接收到的数据长度时
    {                                       //读取长度设置为实际接收到的数据长度
        len = cntRxd;
    }
    for (i = 0; i < len; i++)               //复制接收到的数据到接收指针上
    {
        * buf++ = bufRxd[i];
    }
    cntRxd = 0;                             //接收计数器清零

    return len;                             //返回实际读取长度
}
/* **********************************************************
 * 函数名称: void UartRxMonitor(unsigned char ms)
```

```
 *  入口参数：ms - 定时间隔
 *  出口参数：无
 *  函数功能：串口接收监控，由空闲时间判定帧结束，需在定时中断中调用
 **************************************************************  */
void UartRxMonitor(unsigned char ms)
{
    static unsigned char cntbkp = 0;
    static unsigned char idletmr = 0;

    if (cntRxd > 0)                                //接收计数器大于零时，监控总线空闲时间
    {
        if (cntbkp != cntRxd)
        //接收计数器改变，即刚接收到数据时，清零空闲计时
        {
            cntbkp = cntRxd;
            idletmr = 0;
        }
        else                               //接收计数器未改变，即总线空闲时，累积空闲时间
        {
            if (idletmr < 30)                      //空闲计时小于 30ms 时，持续累加
            {
                idletmr += ms;
                if (idletmr >= 30)
                //空闲时间达到 30ms 时，即判定为一帧接收完毕
                {
                    flagFrame = 1;                 //设置帧接收完成标志
                }
            }
        }
    }
    else
    {
        cntbkp = 0;
    }
}
/*  ************************************************************
 *  函数名称：void UartDriver()
 *  入口参数：无
 *  出口参数：无
 *  函数功能：串口驱动函数，监测数据帧的接收，调度功能函数，需在主循环中调用
 **************************************************************  */
void UartDriver()
{
    unsigned char len;
    unsigned char pdata buf[40];

    if (flagFrame)                                 //有命令到达时，读取处理该命令
```

```
    {
        flagFrame = 0;
        len = UartRead(buf, sizeof(buf));          //将接收到的命令读取到缓冲区中
        UartAction(buf, len);                       //传递数据帧,调用动作执行函数
    }
}
/* ***********************************************************
* 函数名称: void InterruptUART() interrupt 4
* 入口参数: 无
* 出口参数: 无
* 函数功能: 串口中断服务函数
*********************************************************** */
void InterruptUART() interrupt 4
{
    if (RI)                                         //接收到新字节
    {
        RI = 0;                                     //清零接收中断标志位
        if (cntRxd < sizeof(bufRxd))                //接收缓冲区尚未用完时
        {                                           //保存接收字节,并递增计数器
            bufRxd[cntRxd++] = SBUF;
        }
    }
    if (TI)                                         //字节发送完毕
    {
        TI = 0;                                     //清零发送中断标志位
        flagTxd = 1;                                //设置字节发送完成标志
    }
}
-----------------------------------------------------------------
# ifndef   __FsBSP_UART_H__
# define   __FsBSP_UART_H__

# include "STC15.h"
# define uChar8 unsigned char
# define uInt16 unsigned int
extern bit bStatusFlag;
extern void ConfigUART_9600(void);
extern void UartWrite(unsigned char * buf, unsigned char len);
extern unsigned char UartRead(unsigned char * buf, unsigned char len);
extern void UartRxMonitor(unsigned char ms);
extern void UartDriver();
extern void UartAction(unsigned char * buf, unsigned char len);

# endif
```

限于篇幅,这里只写了一部分源码,其中 LCD1602 的底层驱动和头文件,以及端口的初始化等,请读者参考前面的例程,自行补充,如果前面学得扎实,这些应该不是问题。程序有

详细的注释,这里不赘述。读者做实验发送数据时,一定要特别注意,在数组中写的字符串为"led and buzz on"和"led and buzz off",不能多个字符,也不能大小写写错。因此上位机上发送的数据,也必须是严格的,多个字符,或者大小写写错,都不能正确控制 LED 小灯和蜂鸣器。

10.5 课后学习

1. 自行编写程序,用函数调用的方式,在 FSST15 开发板上实现当按下开发板的某一独立按键时,数码管开始计数,按下另一个按键时,数码管停止计数。

2. 分别用 Keil5 软件模拟和基于 IAP 系列单片机的硬件仿真前面所学的全部例程。

3. 用仿真的方式查看延时函数中变量的数值变化,同时用示波器抓取时间值,并分析为何能起到延时效果(做到手中有柄,心中有剑)?

4. 结合前面定时器实例,制作一个更加功能齐全的简易万年历,还可自由发挥,例如增加闹钟、整点提醒等功能。

5. 综合前面介绍的矩阵按键,用 1602 液晶做一个简易多功能计算器,功能除了基本的加、减、乘、除,还应该包括正弦、余弦值的计算,以及幂指数等等。

第11章

沙场点兵，见风使舵：

C 语言的指针与 LED 点阵屏的应用

说到点阵实验，笔者感觉这是玩单片机过程中最酷的一个实验了。若没有 LED 点阵，这个世界将变得多么单调，我们看不到球场上精彩绝伦的欧洲冠军联赛（欧冠）——科比的背身单打、詹姆斯的隔天暴扣，也看不到被 LED 点阵装扮的五彩缤纷的夜市和金碧辉煌的高楼大厦。这章将主要介绍 LED 点阵屏的基本操作和一些应用算法，同时讲解 C 语言的指针和 STC 单片机硬件 SPI 的应用。

11.1 夯实基础——C 语言的指针

什么是指针？一般来讲，指针是一个其数值为地址的变量（或更一般地说是一个数据对象）。正如 char 类型的变量用字符作为其数值，而 int 类型的变量的数值是整数，指针变量的数值表示的是地址。

11.1.1 指针的基本用法

如果读者将某个指针变量命名为 ptr，就可以使用如下语句：

```
prt = & pooh;                              /* 把 pooh 的地址赋给 ptr */
```

对于这个语句，称 ptr"指向"pooh。ptr 和 &pooh 的区别在于前者为一变量，而后者是一个常量。当然，ptr 可以指向任何地方。如：ptr = & abc，这时 ptr 的值是 abc 的地址。

要创建一个指针变量，首先需要声明其类型。这就需要下面介绍的间接运算符来帮忙。

假如 ptr 指向 abc，例如：ptr = & abc，这时就可以使用间接运算符" * "（也称作取值运算符）来获取 abc 中存放的数值（注意与二元运算符 * 的区别）。

```
val = * ptr;                               /* 得到 ptr 指向的值 */
```

这样就会有：val = abc。由此看出，使用地址运算符和间接运算符可以间接完成上述语句的功能，这也正是"间接运算符"名称的由来。因此所谓的指针就是用地址去操作变量。

在前面章节，读者应用了大量的基本变量，也掌握了变量的声明。该如何声明指针变量呢？或许有的读者会这样声明一个指针变量：pointer ptr，其实是不正确的。

　　因为这样声明是远远不够的,还需要说明指针所指向变量的类型。不同的变量类型占用的存储空间大小不同,操作指针时需要知道变量类型所占用的存储空间,同时也需要了解地址中存储的是哪种类型的数据。例如,long 和 float 两种类型的数值可能使用相同大小的存储空间,但是它们的数据存储方式完全不同。指针的声明形式如下:

```
int * abc;                          /* abc 是只需一个整数变量的指针 */
float * bcd, * cde;                 /* bcd 和 cde 是指向浮点变量的指针 */
```

　　读到这里,每位读者都知道,上面的 abc、bcd 等都是一个定义的指针。这个指针在内存中占多大的空间呢? 可用 sizeof 测试一下(32 位系统): sizeof(abc)、sizeof(bcd),它们的值都为 4。

　　这说明一个基本的数据类型(包括结构体等自定义类型)加上"*"号就构成了一个指针类型的变量,这个变量的大小是一定的,与"*"号前面的数据类型无关。"*"号前面的数据类型只是说明指针所指向的内存里存储的数据类型。所以在 32 位系统下,不管什么样的指针类型,其大小都为 4 字节。读者当然也可以测试一下 sizeof(void *)。

11.1.2　指针与数组

　　关于数组前面简单讲述过,不知读者发现了没有,在有些例程中,用下标法操作数组比较麻烦,若用指针来操作数组,或许能起到事半功倍的效果。例如 10.4.3 节实例就是指针和数组的完美结合了。下面来看两者之间的关联。

1. 数组概述

　　这里定义一个数组: int a[5],其包含 5 个 int 型的数据,可以用 a[0]、a[1]等来访问数组里的每一个元素。那么这些元素的名字就是 a[0]、a[1]…吗? 先看如图 11-1 所示示意图,再来阐述这个问题。

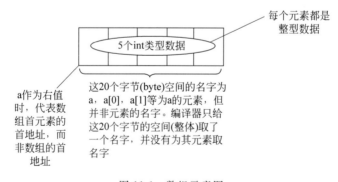

图 11-1　数组示意图

　　当定义了一个数组 a 时,编译器根据指定的元素个数和元素的类型分配大小确定(元素类型大小×元素个数)的一块内存,并把这块内存的名字命名为 a。名字 a 一旦与这块内存匹配就不能改变。a[0]、a[1]等为 a 的元素,但并非元素的名字。数组的每一个元素都是没

有名字的。前面讲述数据类型的时候，还预留了几个问题,现在可以回答这几个问题:

(1) sizeof(OK)的值为 sizeof(int) * 5,在 32 位系统下为 20。

(2) sizeof(OK[0])的值为 sizeof(int),在 32 位系统下为 4。

(3) sizeof(OK[5])的值在 32 位系统下为 4。这里并没有出错,为什么呢？因为 sizeof 是关键字,不是函数。函数求值是在运行的时候,而关键字 sizeof 求值是在编译的时候。虽然并不存在 OK[5]这个元素,但是这里也并没有真正访问 OK[5],而仅仅是根据数组元素的类型来确定其值,所以这里使用 OK[5]并不会出错。

现在继续讲解上面的数组 a[5]。sizeof(&a[0])的值在 32 位系统下为 4,这个很好理解,意思是取元素 a[0]的首地址。sizeof(&a)的值在 32 位系统下也为 4,意思当然是取数组 a 的首地址。

2. &a[0]和 &a 的区别

&a[0]和 &a 到底有什么区别呢？a[0]是一个元素,a 是整个数组,虽然 &a[0]和 &a 的值一样,但其意义不一样。前者是数组首元素的首地址,而后者是数组的首地址。举个例子：甘肃省的省政府在兰州,而兰州市的市政府也在兰州。两个政府都在兰州,但其代表的意义完全不同。

3. 数组名 a 作为左值和右值的区别

简单而言,出现在赋值符"="右边的就是右值,出现在赋值符"="左边的就是左值。比如：a = b,则 a 为左值,b 为右值。

(1) 当 a 作为右值时其意义与 &a[0]是一样,代表的是数组首元素的首地址,而不是数组的首地址。但注意这仅仅是一种代表。

(2) a 不能作为左值。当然可以将 a[i]当作左值,这时就可以对其操作了。

4. 数组与指针的区别[①]

现将数组和指针放到一起讲解,是为了区分它们。数组和指针在访问时,都有两种形式,分别为：以指针的形式访问和以下标的形式访问。

(1) 以指针的形式访问和以下标的形式访问指针。

例如,在函数内部有两个定义：A. char * p = "abcdef"; B. char a[] = "123456";

上面 A 定义了一个指针变量 p,p 本身在栈上占 4 个字节,p 里存储的是一块内存的首地址。这块内存在静态区,其空间大小为 6 个字节,这块内存也没有名字。对这块内存的访问完全是匿名的访问。比如现在需要读取字符'e',有如下两种方式。

① 以指针的形式：*(p+4)访问。先取出 p 里存储的地址值,假设为 0x0000FF00,然后加上 4 个字符的偏移量,得到新的地址 0x0000FF04。然后取出 0x0000FF04 地址上的值。

② 以下标的形式：p[4]访问。编译器总是把以下标的形式的操作解析为以指针的形式的操作。p[4]这个操作会被解析成：先取出 p 里存储的地址值,然后加上中括号中 4 个

---

① 郑重声明：该部分内容引用于陈正冲编著的《C 语言深度解剖》。

元素的偏移量,计算出新的地址,然后从新的地址中取出值。也就是说以下标的形式访问在本质上与以指针的形式访问没有区别,只是写法上不同。

(2)以指针的形式访问和以下标的形式访问数组。

上面 B 定义了一个数组 a,a 拥有 6 个 char 类型的元素,其空间大小为 6。数组 a 本身在栈上面。对 a 元素的访问必须先根据数组的名字 a 找到数组首元素的首地址,然后根据偏移量找到相应的值。这是一种典型的"具体名字＋匿名"访问。比如现在需要读取字符'5',有如下两种方式。

① 以指针的形式:＊(a＋4)访问。a 这时候代表的是数组首元素的首地址,假设为 0x0000FF00,然后加上 4 个字符的偏移量,得到新的地址 0x0000FF04。然后取出 0x0000FF04 地址上的值。

② 以下标的形式:a[4]访问。编译器总是把以下标的形式的操作解析为以指针的形式的操作。a[4]这个操作会被解析成:a 作为数组首元素的首地址,然后加上中括号中 4 个元素的偏移量,计算出新的地址,然后从新的地址中取出值。

由上面的分析,可以看到,指针和数组根本就是两个完全不一样的东西。只是它们都可以"以指针形式"或"以下标形式"进行访问。一个是完全的匿名访问,一个是典型的"具体名字＋匿名"访问。

另外一个需要强调的是:上面所说的偏移量 4 代表的是 4 个元素,而不是 4 个字节。只不过这里刚好是 char 类型数据(1 个字符的大小就为 1 个字节)。记住这个偏移量的单位是元素的个数而不是字节数,在计算新地址时千万别弄错!

关于指针和数组就先讲述这么多,剩下的读者自行研究。

11.1.3 指针与函数

现以指针如何在函数间通信为例,来说说指针在函数中的作用。具体源码如下:

```c
1.   # include < stdio. h >
2.   void interchange( int ＊ u, int ＊ v);
3.   int main(void)
4.   {
5.       int x = 5, y = 10;
6.       printf("Originally x = ％ d and y = ％ d.\n", x , y);
7.       interchange(&x, &y);                    /＊ 向函数传送地址 ＊/
8.       printf("Now x = ％ d and y = ％ d.\n", x, y);
9.       return 0;
10.  }
11.  void interchange( int ＊ u, int ＊ v)
12.  {
13.      int temp;
14.      temp = ＊ u;                            /＊ temp 得到 u 指向的值 ＊/
15.      ＊ u = ＊ v;
16.      ＊ v = temp;
17.  }
```

由例程第 7 行可以看出，函数传递的是 x 和 y 的地址而不是它们的值。这就意味着 interchange()函数最初声明和定义中的形式参数 u 和 v 将使用地址作为它们的值。因此，它们应该声明为指针。由于 x 和 y 都是整数，所以 u 和 v 是指向整数的指针，因而有了例程第 11 行所示的函数声明；第 14 行，因为 u 的值是 &x，所以 u 指向 x 的地址。这就意味着 *u 代表了 x 的值，而这正是所需要的数值。一定不要写成：temp＝u，因为这样赋值给变量 temp 的值是 x 的地址而不是 x 的值，就不能实现数值的交换。

11.2　同步串行外围接口（SPI）的应用概述

SPI 是串行外围接口（Serial Peripheral Interface）的缩写。SPI 是一种高速的、全双工、同步的通信总线，并且在芯片的引脚上只占用四根线，节约了芯片的引脚，同时为 PCB 的布局节省空间并提供方便，正是出于这种简单易用的特性，如今越来越多的芯片集成了这种通信接口，例如 IAP15W4K58S4 就集成了一组高速同步串行口。

11.2.1　SPI 介绍

SPI 的通信原理很简单，它以主从模式工作，这种模式通常有一个主设备和一个或多个从设备，需要至少 4 根线，单向传输时 3 根也可以。这四根线也是所有基于 SPI 的设备共有的，它们分别是 MISO（主设备数据输入，从设备数据输出）、MOSI（主设备数据输出，从设备数据输入）、SCLK（时钟信号，由主设备产生）、$\overline{SS}$（从设备使能信号，由主设备控制）。

$\overline{SS}$用于控制芯片是否被选中，也就是说只有片选信号为预先规定的使能信号时（高电位或低电位），对此芯片的操作才有效，这就使在同一总线上连接多个 SPI 设备成为可能。

MOSI、MISO、SCLK 是负责通信的 3 根线。通信是通过数据交换完成的，这里先要知道 SPI 是串行通信协议，也就是说数据是一位一位进行传输的。这就是 SCLK 时钟线存在的原因，由 SCLK 提供时钟脉冲，MISO、MOSI 则基于此脉冲完成数据传输。数据输出通过 MOSI 线，数据在时钟上升或下降沿被改变，在紧接着的下降沿或上升沿被读取，完成一位数据的传输。输入也是同样的原理。这样，在至少 8 次时钟信号的改变（上沿和下沿为一次），就可以完成 8 位数据的传输。

SCLK 时钟线只由主设备控制，从设备不能控制。同样，在一个基于 SPI 的设备中，至少有一个主控设备。这样的传输方式有一个优点：与普通的串行通信不同（普通的串行通信一次连续传送至少 8 位数据），SPI 允许数据一位一位地传送数据，甚至允许暂停，因为 SCLK 时钟线由主控设备控制，当没有时钟跳变时，从设备不采集或传送数据。也就是说，主设备通过对 SCLK 时钟线的控制可以完成对通信的控制。SPI 还是一个数据交换协议，因为 SPI 的数据输入和输出线独立，所以允许同时完成数据的输入和输出。SPI 还有一个缺点：没有指定的流控制和应答机制确认是否接收到数据。

STC15 系列单片机集成了一组高速串行外围接口（SPI），该接口有两种操作模式：主模式、从模式。在主模式中支持高达 3Mbps 的速率，处于从模式时速度无法太快，在 SYSclk/4

以内为好。该接口还具有传输完成标志和写冲突标志保护,图 11-2 为 STC15 单片机内部的 SPI 功能框架图。

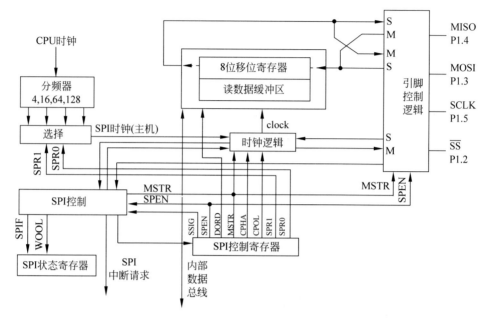

图 11-2　单片机内部 SPI 功能框架图

需要注意的是,图 11-2 中 MISO、MOSI、SLCK、$\overline{SS}$标示分别对应单片机的 P1.4、P1.3、P1.5、P1.2 端口,但实际上还可通过 AUXR1(P_SW1)特殊功能寄存器配置到其他的端口上,具体见 STC 官方的数据手册第 1138 页,限于篇幅,这里不赘述。

11.2.2　单片机内部 SPI 的寄存器

这节主要介绍与 SPI 模块有关的寄存器,包括 SPI 控制寄存器、SPI 状态寄存器、SPI 数据寄存器、中断允许寄存器、中断优先级寄存器和控制 SPI 引脚位置寄存器。

(1) SPI 控制寄存器(SPCTL)位于 STC 单片机特殊功能寄存器中,其地址为 0xCE,复位值为 0x04,具体位定义如表 11-1 所示。

表 11-1　SPI 控制寄存器(SPCTL)各个位的定义

位(Bit)	B7	B6	B5	B4	B3	B2	B1	B0
名称(Name)	SSIG	SPEN	DORD	MSTR	CPOL	CPHA	SPR1	SPR0

① SSIG:SS 引脚忽略控制位。当该位为 1 时,MSTR 位确定单片机是主设备还是从设备;当该位为 0 时,SS 引脚用于确定单片机是主设备还是从设备。SS 引脚当然可作为普通 I/O 口。

② SPEN:SPI 使能控制位。当该位为 1 时,使能 SPI 接口;当该位为 0 时,禁止 SPI

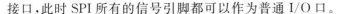

接口，此时 SPI 所有的信号引脚都可以作为普通 I/O 口。

③ DORD：设定 SPI 数据发送和接收的位顺序。当该位为 1 时，先发送数据字的最低有效位（LSB）；当该位为 0 时，先发送数据字的最高有效位（MSB）。

④ MSTR：主从模式选择位。当该位为 1 时，为主模式；当该位为 0 时，为从模式。

⑤ CPOL：SPI 时钟极性选择位。该位为 1 时，空闲情况下，SLCK 为高电平，SCLK 的前一个时钟沿为下降沿，而后一个时钟沿为上升沿；当该位为 0 时，空闲情况下，SCLK 为低电平，SCLK 的前一个时钟沿为上升沿，而后一个时钟沿为下降沿。

⑥ CPHA：SPI 时钟相位选择位。当该位为 1 时，在 SCLK 的前时钟沿设定数据，并在后时钟沿锁存数据；当该位为 0 时，在 $\overline{SS}$ 为低电平时设定数据，在 SCLK 的后时钟沿设定数据，并在前时钟沿锁存数据。

⑦ SPR1 和 SPR0：时钟速率选择位。具体的位定义如表 11-2 所示（注：CPU_CLK 为 CPU 的时钟）。

表 11-2　SPR1 和 SPR0 的位定义

SPR1	SPR0	时钟（SCLK）
0	0	CPU_CLK/4
0	1	CPU_CLK/8
1	0	CPU_CLK/16
1	1	CPU_CLK/32

（2）SPI 状态寄存器（SPSTAT）也属于特殊功能寄存器，在 STC 单片机内的寄存器地址是 0xCD，复位值为 0b00xx xxxx，具体位定义如表 11-3 所示。

表 11-3　SPI 状态寄存器（SPSTAT）各个位的定义

位（Bit）	B7	B6	B5	B4	B3	B2	B1	B0
名称（Name）	SPIF	WCOL						

① SPIF：SPI 传输完成标志位。当完成一次 SPI 数据传输后，硬件将该位设置为 1。此时，如果允许 SPI 中断，则产生中断。当 SPI 处于主模式，且 SSIG 为 0 时，如果 $\overline{SS}$ 引脚为输入并驱动为低电平，则硬件也将该标志位置为 1，表示改变模式。该位由软件写 1 或清 0。

② WCOL：SPI 写冲突标志位。在数据传输的过程中，如果对 SPI 数据寄存器（SPDAT）进行写操作，硬件将该标志位置 1。该位同样由软件写 1 或清 0。

（3）SPI 数据寄存器（SPDAT）也属于特殊功能寄存器，在 STC 单片机内的寄存器地址是 0xCF，复位值为 0x00，其各个位的定义如表 11-4 所示。

表 11-4　SPI 状态寄存器（SPSTAT）各个位的定义

位（Bit）	B7	B6	B5	B4	B3	B2	B1	B0
名称（Name）	8 位数据							

(4) IE2(中断允许寄存器)、IP2(中断优先级寄存器)和 AUXR1(P_SW1)前面已讲述过,读者可自行查阅,这里不赘述。

11.2.3　SPI 的数据通信方式与时序图

STC15 系列单片机的 SPI 数据通信方式有 3 种,分别是:单主机↔单从机方式、SPI 双器件方式和单主机↔多从机方式。

(1) SPI 单主机↔单从机的连接方式如图 11-3 所示。

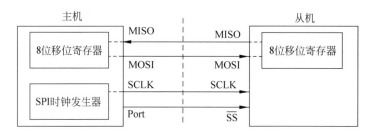

图 11-3　SPI 单主机↔单从机方式示意图

由图 11-3 可知,从机的 SSIG(SPCTL 的第 7 位)为 0,$\overline{SS}$ 用于选择从机,其中 SPI 主机可使用任何端口来驱动 $\overline{SS}$ 脚。该方式下,主机即可向从机发送数据,又可读取从机中的数据。

(2) SPI 双器件的连接方式如图 11-4 所示。

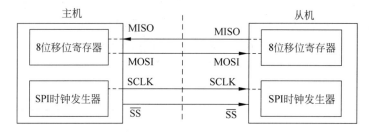

图 11-4　SPI 双器件方式示意图

由图 11-4 可知,当没有发生 SPI 操作时,两个器件都配置为主机(MSTR＝1),将 $\overline{SS}$ 配置为输出,并赋值为低电平,这样就可强制另一个器件为从机。

(3) 单主机↔多从机连接方式如图 11-5 所示。

由图 11-5 可知,从机的 SSIG(SPCTL 的第七位)为 0,从机所对应的 $\overline{SS}$ 信号被选中,SPI主机可使用任何端口来驱动 $\overline{SS}$ 脚。

通过 SPI 时钟相位选择位(CPHA),允许用户设置采样和改变数据的时钟边沿,此外,SPI 时钟极性选择位(CPOL)允许用户设置时钟的极性,其传输时序图分别如图 11-6～图 11-9 所示,由图可知,当 CPOL 为 0 时,在空闲状态下,SCLK 为低电平;当 CPOL 为 1时,在空闲状态下,SCLK 为高电平。

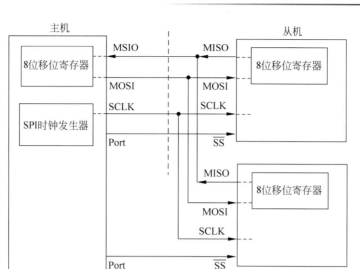

图 11-5 单主机↔多从机方式的连接示意图

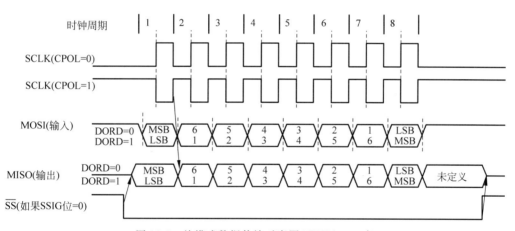

图 11-6 从模式数据传输时序图（CPHA＝0 时）

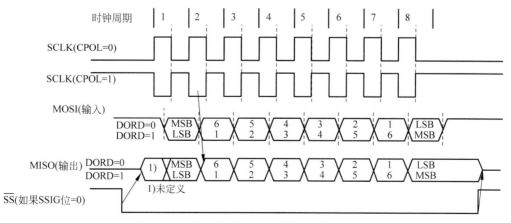

图 11-7 从模式数据传输时序图（CPHA＝1 时）

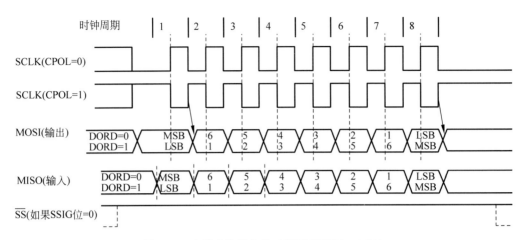

图 11-8　主模式数据传输时序图(CPHA＝0 时)

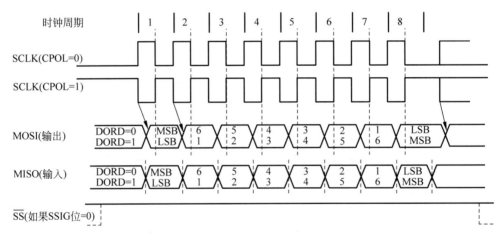

图 11-9　主模式数据传输时序图(CPHA＝1 时)

注意：从空闲状态到活动状态的变化称为 SCLK 前沿，从活动状态到空闲状态的变化称为 SCLK 后沿，前沿和后沿组合成为一个 SCLK 周期，一个 SCLK 周期传输一个数据位。

11.2.4　SPI 的应用模式与串行 Flash 的应用实例

　　SPI 的应用，读者可参看 STC 官方数据手册的 15.4 节和 15.5 节，分别提供了单主机单从机系统、互为主从系统的中断和查询方式的例程，读者可自行在 FSST15 开发板上运行测试，继而掌握 SPI 通信方式，同时了解关于主机/从机的注意事项，这样才能避免以后应用 SPI 时出错。

SPI 的应用不是自身之间的通信，而是单片机与外设之间的数据交换，具体可参考 STC 官方数据手册的 15.8 节。该节是一个非常典型的串行 Flash 应用实例，因为在以后的设计中，常常会外扩 Flash 来增加系统的存储容量，从而顺利完成项目。例如本书最后一章的四轴飞行器，将采用硬件 SPI 的方式操作无线模块，实现单片机与无线模块的通信。

11.3　LED 点阵屏的原理及应用

LED 点阵显示屏（点阵屏）作为一种现代电子媒体，显示面积灵活（可任意的分割和瓶装），具有高亮度、工作电压低、功耗小、小型化、寿命长、耐冲击和性能稳定等特点，所以其应用极为广阔，目前正朝着更高亮度、更高耐气候性、更高的发光密度、更高的发光均匀性，更高可靠性、全色化等方向发展。FSST15 上搭载的是一个 8×8 的红色点阵（788BS），其实物如图 11-10 所示。

图 11-10　8×8 点阵实物图

11.3.1　LED 点阵屏的内部原理

说到 LED 点阵屏，或许读者会有一种神秘感，以为那只能由高手来操作，其实它一点都不神秘，无非就是控制一个个二极管的亮灭。当然复杂的 LED 显示屏，是要涉及算法、电路设计、电源设计等。读者暂时不用考虑这，先来玩转这个 8×8 的点阵屏，之后再去挑战"大屏"吧。

前面已经学习如何控制一个 LED 灯的亮灭及如何控制数码管（一个数码管由七个 LED 组成），加上现在要学习的8×8 LED 点阵，其实都是关于如何控制发光二极管的，只是发光二极管的数量不同，排列方式不同，8×8 点阵内部原理图如图 11-11 所示。

下面对 8×8 点阵的内部结构做简要分析。所谓 8×8 LED 点阵，就是按行列的方式将其阳极、阴极有序地连接起来，就是将第 1、2、…、8 行 8 个灯的阳极都连在一起，作为行选择端（高电平有效），第 1、2、…、8 列 8 个灯的阴极连在一起，作为列选择端（低电平有效），从而通过控制这 8 行、8 列数据端来控制每个 LED 灯的亮灭。例如，要让第一行的第一个灯亮，只需给 9 引脚高电平（其余行为低电平），13 引脚低电平（其余列为高电平）。再如，要点亮第六行的第五个灯，那就是给 7 引脚（第六行）高电平，再给 6 引脚（第五列）低电平。同理，可以任意地控制这 64 个 LED 的亮灭，显示出自己想要的美丽图案。

笔者上大学时，曾买来点阵，找了两排杜邦线（8p），一头接点阵，一头接单片机，最后编程、下载，让其显示 0，可结果很惨，点阵显示亮度很暗。仔细分析，发现一个发光二极管需要 3～20mA 的电流，更何况 64 个，单片机不可能输出这么大的电流，最后修改电路，增加三极管扩流，问题才顺利解决。

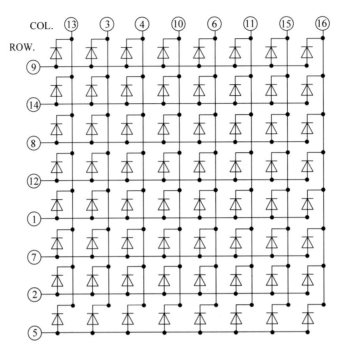

图 11-11　8×8 点阵内部结构原理图

11.3.2　LED 点阵屏的硬件电路设计

　　飞天三号开发板上,有太多的外设,倘若这些外设都单独占用一个 I/O 口,估计得上百个 I/O 口才够用,即使选用 STC 公司 I/O 最多的 LQFP64 封装单片机,I/O 口还是不够。可以借助一些 IC 来扩展端口,其实前面讲述数码管时,已经讲述过端口扩展芯片 74HC595 了,这里还可以选用 74HC595 来扩展端口,同时起扩流的作用。需要注意的是,FSST15 开发板的 LED 点阵屏采用了工程项目级的方式,通过级联 74HC595 的方式来驱动,具体电路如图 11-12 所示。所谓级联就是芯片一片接一片,这样 3 个 I/O 口就可以扩展无数个 I/O 口,当然要在速度允许的情况下。由数据手册可知,此芯片的移位频率是 30MHz(具体以测试为准),因而还是可以满足一般的设计需求。

　　单个 74HC595 的驱动原理前面第 5 章已经讲述过了,在学习本节内容之前,再来复习 74HC595 的知识,其中硬件接口分析如下。

　　SCLR(10 引脚)是复位脚,低电平有效,这里接 V_{cc},表示不对该芯片复位。$\overline{G}$(13 引脚)输出使能端,接 GND,表示该芯片可以输出数据。前一片 SER、STCP、SHCP 分别接单片机的 P5.1、P5.2、P5.3,后一片的和前一片公用时钟和数据并行输出时钟线,前一片的数据由 P5.1 输出到 SER 端,后一片的数据由前一片的 Q'H 输出再到 SER 数据输入端,这样就可以实现两片 74HC595 的级联。如果有 3 片、10 片,同理,公用 STCP、SHCP 时钟线,后一片的数据由前一片的 Q'H 输出即可。接着两片 74HC595 的输出端(Qa~Qh)分别接 LED

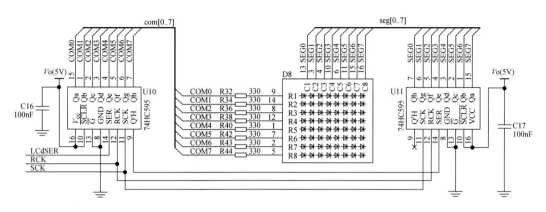

图 11-12　74HC595 驱动点阵电路图

点阵屏的行列就好，这样，LED 点阵屏的硬件设计就好了，剩下的就是如何用软件实现想要显示的内容。

11.3.3　LED 点阵屏的基本显示实例

实例分析：首先分析行，要点亮 LED 点阵屏的第 8 列（8 个 LED 小灯），意味着第 8 行（R1～R8）都为高电平，相当于让 U10（74HC595）的 8 位输出端输出高电平。接着分析列，只需点亮第 8 列，那么就是只有第 8 列为低电平，其他列都为高电平，这样 U11（74HC595）输出的数据则为 0xFE。接下来的主要任务就是控制 74HC595 了，这在前面讲解数码管的时候，已经介绍过了，这样，LED 点阵的控制就变得比较简单。接下来学习这个实例基本的源码，看如何实现具体的操作。

```c
#include "FsBSP_LedScreen.h"
#include "FsBSP_Delay.h"

void main()
{
    while (1)
        {
            LedScreen_WrOneByte(0x00,0x01);
            DelayMS(3000);
            LedScreen_WrOneByte(0xFE,0xFF);
            DelayMS(3000);
        }
}
```

主函数相当简单，调用 74HC595 的驱动函数，发送相应的数据，可以简单理解为 1 个 LED 小灯的闪烁。再来看 74HC595 级联的驱动，其中 FsBSP_LedScreen.c 和 FsBSP_LedScreen.h 的源码分别如下。

```c
# include "FsBSP_LedScreen.h"
# include < intrins.h>

/* *************************************************************
* 函数名称: LedScreen_WrOneByte(unsigned char ucDat)
* 入口参数: unsigned char SEGDat,unsigned charCOMDat
* 出口参数: 无
* 函数功能: 向 LedScreen 中写入两个字节
************************************************************** */
void LedScreen_WrOneByte(unsigned char SEGDat,unsigned char COMDat)
{
    unsigned char i = 0;
    unsigned char j = 0;
    /* 通过8个循环将8位数据一次移入第一个74HC595中 */
    for(i = 0;i < 8;i++)
    {
        LedSER = (bit)(SEGDat & 0x80);          //强制转换为"位"
        SCK = 0;
        SEGDat <<= 1;                            //左移(8次),之后再取高位,依次发送数据
        SCK = 1;
    }
    /* 通过8个循环将8位数据级联,最后的结果是
    SEGDat 是点阵的负极端数据,COMDat 是点阵的正极端数据 */
    for(j = 0;j < 8;j++)
    {
        LedSER = (bit)(COMDat & 0x80);
        SCK = 0;
        COMDat <<= 1;
        SCK = 1;
    }
    /* 数据并行输出(借助上升沿) */
    RCK = 0;
    _nop_();
    _nop_();
    RCK = 1;
}
-----------------------------------------------------------------
# ifndef    __FsBSP_LEDSCREEN_H__
# define    __FsBSP_LEDSCREEN_H__

# include "stc15.h"

# define uInt16 unsigned int
# define uChar8 unsigned char

sbit LedSER = P5^1;              //74HC595(14引脚)SER,数据输入引脚
sbit RCK = P5^2;                //74HC595(12引脚)STCP,锁存时钟,1个上升沿锁存一次数据
```

```
sbit SCK = P5^3;                    //74HC595(11引脚)SHCP,移位时钟,8个时钟移入一个字节
```

```
extern void LedScreen_WrOneByte(unsigned char SEGDat,unsigned char COMDat);
```

```
#endif
```

74HC595器件的基本操作在前面章节已经学习过,读者只需再复习一下,完全可以理解。这里唯独有一点,就是器件的级联。这里的操作方法是:通过"8+8"次循环,将数据分别锁存到寄存器中,之后借助一个上升沿,锁存的16位数据将一次性并行输出,继而实现了"串→并"转换,除此之外,读者还需添加延时函数的驱动到工程中,以防函数调用出错。由此可见,单片机的学习,需要脚踏实地,不断地积累硬件电路和软件编程思想,等积累到一定程度,才会有质的飞跃。

11.4　LED点阵屏的应用实例

在实际生活中,我们见到的LED点阵屏,上面显示的字符会以一定的方式移动,或者有一些花样。下面将介绍如何在点阵屏上显示想要的图标及进行移屏等操作。

11.4.1　通过移屏方式显示字符——I♡U

这里先来道"开胃菜",用点阵屏表达心底最纯洁的爱。点阵屏显示的效果图如图11-13所示。

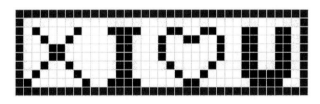

图11-13　I ♡ U效果图

读者可能会有疑问:图形如何转换成单片机的0、1数据? FSST15开发板上搭载的8×8的点阵如何显示这么多的内容呢?

先看第一个问题,如何将图形转换成单片机中能存储的数据? 这里是要借助字模提取软件。

网上流行的字模提取软件有很多,专业的、非专业的,只能取汉字的、既能取汉字又能取图片的。笔者这里推荐两款:一款是Horse 2000的字模提取软件(如图11-14所示),另一款是PCtoLCD2002(随书附带的光盘中有此软件)。

(1) 单击如图11-14所示的"新建图像"按钮,弹出一对话框,要求输入图像的"宽度"和"高度",因为FSST15开发板中的点阵是8×8的,所以宽度、高度都输入8,然后单击"确定"按钮。

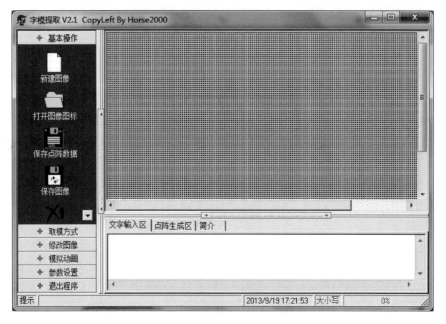

图 11-14　字模提取软件的界面

（2）这时就能看到图形框中出现一个白色的 8×8 格子块，可能有点小，不好操作，接着选择左面的"模拟动画"命令，再单击"放大格点"按钮，一直放大到最大。此时，就可以用鼠标来绘出想要的图形了，如图 11-15 所示。当然还可以对刚绘制的图形保存，以便以后调用。读者还可以用同样的方法绘制出其他的图形，这里不赘述。

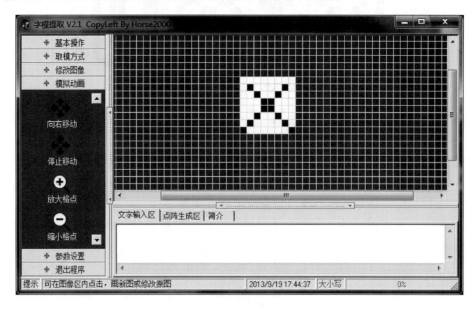

图 11-15　字模软件画图界面图

（3）选择左面的菜单命令：参数设置→其他选项，弹出如图 11-16 所示的对话框。取模方式选择"纵向取模"，勾选"字节倒序"。FSST15 开发板上是用 74HC595 来驱动的，也就是说串行输入的数据最高位对应的是点阵的第八行，因此要让字节数倒过来。其他的选项依情况而定吧，最后单击"确定"按钮。

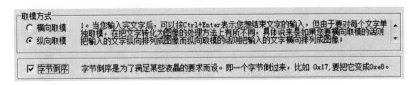

图 11-16 选项设置界面

（4）最后选择"取模方式"命令，并选择"C51 格式"，此时右下角点阵生成区就会出现该图形所对应的数据，如图 11-17 所示。

图 11-17 点阵生成区界面图

此时完成了图形的点阵数据。要是为了应付差事，直接复制到数组中显示就可以了，但作为读者，不仅要知其然，还要知其所以然。为何第一个数是 0x80，而不是 0x90 呢？分析如下。

在该字模提取软件中，黑点表示 1，白点表示 0。前面设置取模方式时选择了"纵向取模"，那么此时就是按从上到下的方式取模（软件默认的），可又勾选了"字节倒序"，这样就变成了从下到上取模，再对应图 11-15 来分析数据，第一列的点色为：1 黑 7 白，对应数据就

是：0b1000 0000(0x80)。用同样的方式，读者可以算出第 2 列、……、第 8 列的数据，看是否与字模提取软件生成的相同。

有了以上的字模提取软件，相信读者很快就能取出如图 11-18 所示的 26 张图形的字模数据。

这样，就可以得到 26 个图形的字模数据，最后将其写成一个 26 行、8 列的二维数组，以便后续程序调用。有了这些字模数据，程序就变得很简单了。具体源码如下。

```
# include "FsBSP_LedScreen.h"
# include "FsBSP_Delay.h"

/* ******* 说明(选择列所用的数组) ****************
*1.最低位控制第 1 列
*2.该数组的意思是从第 1 列开始,依次选中第 1 列、……、第 8 列
******************************************** */
```

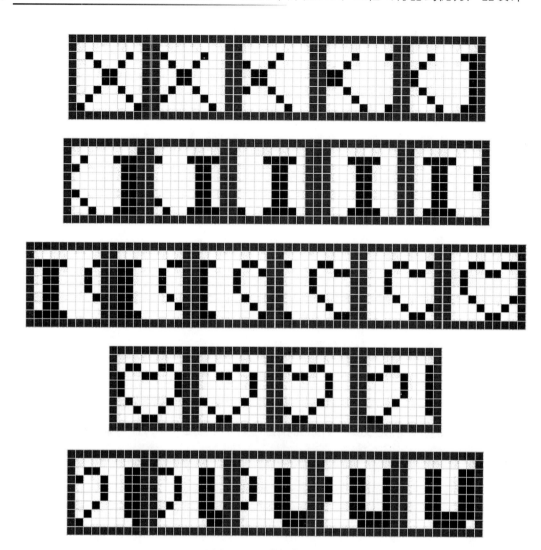

图 11-18 待取模的图形

```
uChar8 code ColArr[8] = {0xfe,0xfd,0xfb,0xf7,0xef,0xdf,0xbf,0x7f};
/*  ******** "心"形图案 1 *****************************
 *  该数组用于存储图案
 *  取模方式为纵向取模,由下到上
 *********************************************  */
uChar8 code RowArr1[32][8] = {
{0x80,0x42,0x24,0x18,0x18,0x24,0x42,0x80},
{0x42,0x24,0x18,0x18,0x24,0x42,0x80,0x00},
{0x24,0x18,0x18,0x24,0x42,0x80,0x00,0x00},
{0x18,0x18,0x24,0x42,0x80,0x00,0x00,0x82},
{0x18,0x24,0x42,0x80,0x00,0x00,0x82,0xFE},
{0x24,0x42,0x80,0x00,0x00,0x82,0xFE,0xFE},
```

```
{0x42,0x80,0x00,0x00,0x82,0xFE,0xFE,0x82},
{0x80,0x00,0x00,0x82,0xFE,0xFE,0x82,0x00},
{0x00,0x00,0x82,0xFE,0xFE,0x82,0x00,0x00},
{0x00,0x82,0xFE,0xFE,0x82,0x00,0x00,0x1C},
{0x82,0xFE,0xFE,0x82,0x00,0x00,0x1C,0x22},
{0xFE,0xFE,0x82,0x00,0x00,0x1C,0x22,0x42},
{0xFE,0x82,0x00,0x00,0x1C,0x22,0x42,0x84},
{0x82,0x00,0x00,0x1C,0x22,0x42,0x84,0x84},
{0x00,0x00,0x1C,0x22,0x42,0x84,0x84,0x42},
{0x00,0x1C,0x22,0x42,0x84,0x84,0x42,0x22},
{0x1C,0x22,0x42,0x84,0x84,0x42,0x22,0x1C},
{0x1C,0x3E,0x7E,0xFC,0xFC,0x7E,0x3E,0x1C},    //重复"心"形,停顿效果
{0x1C,0x3E,0x7E,0xFC,0xFC,0x7E,0x3E,0x1C},
{0x22,0x42,0x84,0x84,0x42,0x22,0x1C,0x00},
{0x42,0x84,0x84,0x42,0x22,0x1C,0x00,0x00},
{0x84,0x84,0x42,0x22,0x1C,0x00,0x00,0x7E},
{0x84,0x42,0x22,0x1C,0x00,0x00,0x7E,0xFE},
{0x42,0x22,0x1C,0x00,0x00,0x7E,0xFE,0xC0},
{0x22,0x1C,0x00,0x00,0x7E,0xFE,0xC0,0xC0},
{0x1C,0x00,0x00,0x7E,0xFE,0xC0,0xC0,0xFE},
{0x00,0x00,0x7E,0xFE,0xC0,0xC0,0xFE,0x7E},
{0x00,0x7E,0xFE,0xC0,0xC0,0xFE,0x7E,0x00},
{0x00,0x7E,0xFE,0xC0,0xC0,0xFE,0x7E,0x00},    //重复 U,产生停顿效果
{0x00,0x7E,0xFE,0xC0,0xC0,0xFE,0x7E,0x00},
//若要停顿时间长,多重复几次即可
{0x00,0x7E,0xFE,0xC0,0xC0,0xFE,0x7E,0x00},
{0x00,0x7E,0xFE,0xC0,0xC0,0xFE,0x7E,0x00}
};

void main(void)
{
    while(1)
    {
        unsigned char i,j;
        for(i = 0;i < 32;i++)
            for(j = 0;j < 8;j++)
            {
            LedScreen_WrTwoByte(ColArr[j],RowArr1[i][j]);
            DelayMS(3);
            LedScreen_WrTwoByte(ColArr[j],RowArr1[i][j]);
            DelayMS(3);
            LedScreen_WrTwoByte(ColArr[j],RowArr1[i][j]);
            DelayMS(3);
            LedScreen_WrTwoByte(ColArr[j],RowArr1[i][j]);
            DelayMS(3);
            LedScreen_WrTwoByte(ColArr[j],RowArr1[i][j]);
            DelayMS(3);
```

```
            LedScreen_WrTwoByte(ColArr[j],RowArr1[i][j]);
            DelayMS(3);
            LedScreen_WrTwoByte(ColArr[j],RowArr1[i][j]);
            DelayMS(3);
            LedScreen_WrTwoByte(ColArr[j],RowArr1[i][j]);
            DelayMS(3);
        }
        DelayMS(600);
    }
}
```

该程序较简单,读者只需再添加 11.3.3 节实例所用的 74HC595 驱动和头文件,就可以"完美"地实现。笔者在这里写该例程,是为了衬托下一个实例中的"高级"算法,因为该实例这种无限取模的方式,在实际工程中,肯定是不现实的。例如要移动某些字符,肯定需要一定的算法,而不是大量的对图形取模。最后读者可自行编写程序、编译并下载到开发板上,看看实际的运行效果,同时体会模块化编程的便捷性。

11.4.2 LED 点阵屏的移屏简易算法

实例说明:用取模软件取出"♡"图标的字模数据,之后编写程序,实现图形的上、下移屏操作。其具体源码如下。

```
# include "FsBSP_LedScreen.h"
# include "FsBSP_Timer.h"

void main(void)
{
    Tiemr0Init();
    while(1);
}
```

接下来,再来看定时器部分的底层驱动源码和头文件源码,具体源码如下。

```
# include "FsBSP_Timer.h"

/* *************************************************************
* 函数名称:Tiemr0Init(void)
* 入口参数:无
* 出口参数:无
* 函数功能:初始化定时器 0 并且定时 1ms
*************************************************************** */
void Tiemr0Init(void)
{
    AUXR &= 0x7F;                        //定时器时钟 12T 模式
    TMOD &= 0xF0;                        //设置定时器模式
    TL0  = 0x66;                         //设置定时初值
```

```
        TH0 = 0xFC;                                  //设置定时初值
        TF0 = 0;                                     //清除 TF0 标志
        TR0 = 1;                                     //定时器 0 开始计时
        ET0 = 1;                                     //开定时器中断
        EA = 1;                                      //开总中断
}
/* ************************************************************
* 函数名称: InterruptTimer0() interrupt 1
* 入口参数: 无
* 出口参数: 无
* 函数功能: T0 中断服务函数,用来刷新点阵的显示模式
  ************************************************************ */
void Timer0Int(void) interrupt 1
{
        static uInt16 iShift = 0;                    //移动时间计数变量
        TH0 = 0xFC;                                  //定时 1ms
        TL0 = 0x66;
        iShift++;                                    //记 1ms 个数
        if(60 == iShift)                             //移动时间为 70ms 移动一次
        {
            iShift = 0;                              //移动时间计数变量清零
            nMode++;                                 //模式改变
        }
        switch(nMode)
        {
            case 0: Up_Move_Dis();      break;       //模式 0 右移

            case 2: Down_Move_Dis();    break;       //模式 2 左移
        }
        if(3 == nMode) nMode = 0;
}
----------------------------------------------------------------
#ifndef _FsBSP_Timer_H_
#define _FsBSP_Timer_H_

#include "STC15.h"

extern void Tiemr0Init(void);

#endif
```

之后,再来看点阵部分的驱动源码,源码如下。

```
#include "FsBSP_LedScreen.h"
#include "FsBSP_Delay.h"
#include < intrins.h>
```

```
/*  ******* 说明(选择列所用的数组) *****************
 * 1. 最低位控制第 1 列
 * 2. 该数组的意思是从第 1 列开始,依次选中第 1 列、……、第 8 列
 ***********************************************  */
uChar8 code ColArr[8] = {0xfe,0xfd,0xfb,0xf7,0xef,0xdf,0xbf,0x7f};
/*  ******** "心"形图案 1 ****************************
 * 该数组用于存储图案
 * 取模方式为纵向取模,由下到上
 ***********************************************  */
uChar8 RowArr[8] = {0x1C,0x22,0x42,0x84,0x84,0x42,0x22,0x1C};


/*  ****************************************************
 * 函数名称: void LedScreen_WrTwoByte(unsigned char SEGDat,unsigned char COMDat)
 * 入口参数: unsigned char SEGDat,unsigned char COMDat
 * 出口参数: 无
 * 函数功能: 向 LedScreen 中写入两个字节
 **************************************************************  */
void LedScreen_WrTwoByte(unsigned char SEGDat,unsigned char COMDat)
{
    unsigned char i = 0;
    unsigned char j = 0;
    /* 通过 8 个循环将 8 位数据一次移入第一个 74HC595 中 */
    for(i = 0;i < 8;i++)
    {
        LedSER = (bit)(SEGDat & 0x80);
        SCK = 0;
        SEGDat <<= 1;
        SCK = 1;
    }
    /* 再循环 8 次,将后 8 位数据移入第一个 74HC595,此时,第一个 595 中的数据由于级联的原因,
会移入第二个 595 中,此时 SEGDat 是点阵的负极端数据,COMDat 是点阵的正极端数据 */
    for(j = 0;j < 8;j++)
    {
        LedSER = (bit)(COMDat & 0x80);
        SCK = 0;
        COMDat <<= 1;
        SCK = 1;
    }
    /* 数据并行输出(借助上升沿) */
    RCK = 0;
    _nop_();
    _nop_();
    RCK = 1;
}
/*  ****************************************************
 * 函数名称: LedScreenDis()
 * 入口参数: 无
```

```
* 出口参数: 无
* 函数功能: LedScreenDis()用来显示行列数组组成的点阵内容——对于纵向取模的数据
***************************************************************  */
void LedScreenDis()
{
    unsigned char j;
    for(j = 0;j < 8;j++)
    {
        LedScreen_WrTwoByte(ColArr[j],RowArr[j]);
        DelayMS(1);
        //延时函数用来人为调节刷新的频率,如果频率太快,画面显示太快,如果频率太慢,画面有
        //抖动现象
        LedScreen_WrTwoByte(ColArr[j],RowArr[j]);
        DelayMS(1);
        LedScreen_WrTwoByte(ColArr[j],RowArr[j]);
        DelayMS(1);
        LedScreen_WrTwoByte(ColArr[j],RowArr[j]);
        DelayMS(1);

        LedScreen_WrTwoByte(ColArr[j],RowArr[j]);
        LedScreen_WrTwoByte(ColArr[j],RowArr[j]);
        LedScreen_WrTwoByte(ColArr[j],RowArr[j]);
        LedScreen_WrTwoByte(ColArr[j],RowArr[j]);
    }
}
/* ***********************************************************
* 函数名称: Up_Move_Dis(void)
* 入口参数: 无
* 出口参数: 无
* 函数功能: 当前画面上移显示,需要 LedScreenDis()子函数配合
***************************************************************  */
void Up_Move_Dis(void)
{
    uChar8 iCtr;
    for(iCtr = 0; iCtr < 8; iCtr++)
    {
        RowArr[iCtr] = _cror_(RowArr[iCtr],1);
        LedScreenDis();
    }
    DelayMS(30);
    //延时函数用来人为调节刷新的频率,如频率太快,画面显示太快,如频率太慢,画面有抖动现象
}
/* ******************************************************  */
//函数名称: Down_Move_Dis(void)
//函数功能: 当前画面下移显示,需要 LedScreenDis()子函数配合
//入口参数: 无
//出口参数: 无
```

```
/* ************************************************* */
void Down_Move_Dis(void)
{
    uChar8 iCtr;
    for(iCtr = 0; iCtr < 8; iCtr++)
    {
        RowArr[iCtr] = _crol_(RowArr[iCtr],1);
        LedScreenDis();
    }
    DelayMS(30);                              //同理
}
-----------------------------------------------------------
# ifndef     __FsBSP_LEDSCREEN_H__
# define     __FsBSP_LEDSCREEN_H__

# include "stc15.h"
# define uInt16 unsigned int
# define uChar8 unsigned char

sbit LedSER = P5 ^1;                         //74HC595(14 引脚)SER,数据输入引脚
sbit RCK = P5 ^2;                   //74HC595(12 引脚)STCP,锁存时钟,1 个上升沿锁存一次数据
sbit SCK = P5 ^3;                       //74HC595(11 引脚)SHCP,移位时钟,8 个时钟移入一个字节

extern void LedScreen_WrTwoByte(unsigned char SEGDat,unsigned char COMDat);
extern void Up_Move_Dis(void);
extern void Down_Move_Dis(void);

# endif
```

    读者可参考例程编写程序,之后下载到开发板先观察实验效果,再体会如何实现移屏。这里巧妙地用了函数库中的"_crol_()"和"_crol_()"函数,实现数据的循环左移和右移。这两个函数前面有所讲述,读者自行复习即可。现在为读者扩展左、右移屏的操作,这两种移屏,肯定不能用循环左移、循环右移函数来实现。以下两个函数是在飞天一号(MGMC)开发板上的实例,读者只需加以理解,将其移植到 FSST15 开发板即可。其源码如下。

```
/* ************************************************* */
//函数名称: CircularLeftMovementDisplayBuf()
//函数功能: 当前画面左移显示
//入口参数: 无
//出口参数: 无
/* ************************************************* */
void CircularLeftMovementDisplayBuf(void)
{
    uChar8 TempVal;
    uChar8 iCtr;
```

```
        TempVal = RowArr1[0];
        for(iCtr = 0; iCtr < 7; iCtr++)
        {
            RowArr1[iCtr] = RowArr1[iCtr + 1];
        }
        RowArr1[7] = TempVal;
    }
    /* ****************************************************** */
    //函数名称：CircularRightMovementDisplayBuf()
    //函数功能：当前画面右移显示
    //入口参数：无
    //出口参数：无
    /* ****************************************************** */
    void CircularRightMovementDisplayBuf(void)
    {
        uChar8 TempVal;
        uChar8 iCtr;
        TempVal = RowArr1[7];
        for(iCtr = 0; iCtr < 7; iCtr++)
        {
            RowArr1[7 - iCtr] = RowArr1[7 - iCtr - 1];
        }
        RowArr1[0] = TempVal;
    }
```

点阵的移屏，无非是对数据的操作。数据的操作方式有：循环左移、循环右移、左移（＜＜）、右移（＞＞）等移位运算，与、或、非等逻辑运算，以及 for 循环、赋值等基本的运算。现阶段，掌握这么多算法，完全可实现基本的实验操作，遇到复杂的实验，例如，后面做四轴飞行器时，还将学习 PID、四元数等算法。算法的积累不是一日之功，需要长期的过程。单片机的学习，无外乎动手编程、积累算法。

11.5 课后学习

1. 编写程序，用指针实现 A＋B 四则运算，并打印输出到 PC 端（其中，A＝13，B＝5）。

2. 结合实例 11.4.2 以及后面介绍的左移、右移算法，完成"♡"的左移、右移。

3. 读者自行搭建实例 14.4.3 所讲述的硬件电路图，借助串口助手向单片机发送一段字符串，存储到 SPI Flash 中，接着自行读出，再发送到上位机上，看整个通信过程是否正常。

4. 读者自行编写程序，用 LED 点阵屏实现简易贪吃蛇游戏。

5. 结合数码管，用 LED 点阵屏做一个简单的动态路口指示灯牌。

第三部分
中　级　篇

▶▶▶

第 12 章　一脉相承,本源同宗:I2C 总线与库开发

第 13 章　重峦叠嶂,矩阵方形:PWM 的初步认识与相关应用

第 14 章　亦步亦趋,咫尺天涯:数模(D/A)与模数(A/D)的转换

第 15 章　狂风暴雨,定海神针:逻辑分析仪与红外编解码

第 16 章　有的放矢,运筹帷幄:RTX51 Tiny 实时操作系统

第 17 章　按图索骥,替泥画涂:PCB 的基本知识与软件学习

第 12 章

一脉相承,本源同宗:

I2C 总线与库开发

单片机通过 I2C 可以和很多器件通信,现在不少芯片(从复杂的 DSP 到一般的测控芯片)都集成有 I2C 通信协议。I2C 总线是各种总线中使用信号线较少,且通信较可靠的总线之一。使用具有 I2C 功能的芯片可以使系统方便灵活,减少电路板的空间,降低系统成本。掌握 I2C 总线后,就可以控制更多的器件,做更多的产品。

此外,本章将引入一个在 51 单片机中全新的概念——基于库函数的开发,让读者建立 STC15 库的概念,学完后对库有个总体的影响,以便能在以后实际开发中应用库。如再能结合模块化编程,将极大提高开发进程,方便代码移植和管理。

12.1 I2C 总线的通信协议

采用串行总线技术可以大大简化系统的硬件设计、减小系统的体积、提高可靠性,同时使系统的更改和扩充极为容易。常用的串行总线有:I2C 总线(Inter IC BUS)、单总线(1-WIRE BUS)、SPI 总线(Serial Peripheral Interface)(前面有所涉及,即 Microwire/PLUS)等。本章以 I2C 总线为例,来讲述其通信协议。

12.1.1 对 I2C 总线的初步认识

I2C 总线是 PHLIPS 公司于 20 世纪 80 年代推出的一种串行总线,是具备多主机系统所需的包括总线裁决和高低器件同步功能的高性能串行总线。它的主要优点是具有简单性和有效性。由于接口直接在组件之上,因此 I2C 总线占用的空间非常小,减少了电路板的空间和芯片引脚的数量,降低了互联成本。I2C 总线的另一个优点是,支持多主控,其中任何能够进行发送和接收的设备都可以成为主总线。一个主控能够控制信号的传输和时钟频率。当然,在任何时间点上只能有一个主控。概括地讲,I2C 总线具备以下几个特性。

(1) 只要求两条总线线路:一条串行数据线(SDA);一条串行时钟线(SCL)。

(2) 每个连接到总线的器件都可以通过唯一的地址和一直存在的简单的主机/从机关联,并由软件设定地址,主机可以作为主机发送器或主机接收器。

(3) 是一个真正的多主机总线,如果两个或更多主机同时初始化数据传输可以通过冲突检测和仲裁防止数据被破坏。

（4）串行的 8 位双向数据传输位速率在标准模式下可达 100kbps，快速模式下可达 400kbps，高速模式下可达 3.4Mbps。

（5）片上的滤波器可以滤去总线数据线上的毛刺波，保证数据完整。

（6）连接到相同总线的 IC 数量只受到总线的最大电容 400pF 限制。

再来说明几个 I2C 总线中常用的术语，如表 12-1 所示。

表 12-1　I2C 总线常用术语

术语	功　能　描　述
发送器	发送数据到总线的器件
接收器	从总线接收数据的器件
主机	初始化发送、产生时钟信号和终止发送的器件
从机	被主机寻址的器件
多主机	同时有多于一个主机尝试控制总线，但不破坏报文
仲裁	是一个在有多个主机同时尝试控制总线，但只允许其中一个控制总线并使报文不被破坏的过程
同步	两个或多个器件同步时钟信号的过程

I2C 总线通过上拉电阻接正电源。当总线空闲时，两根线均为高电平。连到总线上的任一器件输出低电平，都将使总线的信号变低，即各器件的 SDA 和 SCL 都是线"与"的关系，还记得笔者讲述按键时说的，单片机中有一种关系称为"线与"，当然不仅只有一种。I2C 总线的硬件连接如图 12-1 所示。

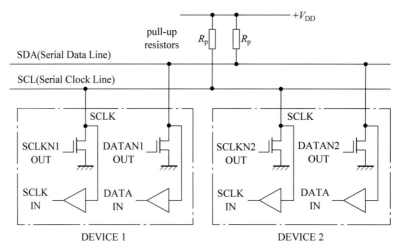

图 12-1　I2C 总线连接示意图

每个连接到 I2C 总线上的器件都有唯一的地址。主机与其他器件间的数据传送可以是由主机发送数据到其他器件，这时主机即为发送器。由总线上接收数据的器件则为接收器。在多主机系统中，可能同时有几个主机企图启动总线传输数据。为了避免混乱，I2C 总线要通过总线仲裁，以决定由哪一台主机控制总线。

12.1.2 I2C总线的时序格式

I2C总线进行数据传送时，时钟信号为高电平期间，数据线上的数据必须保持稳定，只有在时钟线上的信号为低电平期间，数据线上的高、低电平状态才允许变化，如图 12-2 所示。

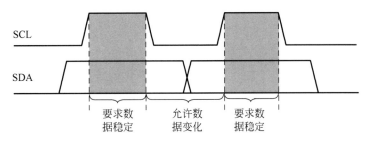

图 12-2 I2C总线数据位的有效性规定

SCL 为高电平期间，SDA 由高电平向低电平的变化表示起始信号；SCL 为高电平期间，SDA 由低电平向高电平的变化表示终止信号，如图 12-3 所示。

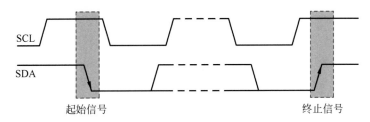

图 12-3 起始和终止信号图

起始和终止信号都是由主机发出的，在起始信号产生后，总线就处于被占用的状态；在终止信号产生后，总线就处于空闲状态。

连接到 I2C 总线上的器件，若具有 I2C 总线的硬件接口，则很容易检测到起始和终止信号。对于不具备 I2C 总线硬件接口的有些单片机来说，为了检测到起始和终止信号，必须保证在每个时钟周期内对数据线 SDA 采样两次。

接收器接收到一个完整的数据字节后，有可能需要完成一些其他工作，如处理内部中断服务等，可能无法立刻接收下一个字节，这时接收器可以将 SCL 拉成低电平，从而使主机处于等待状态。直到接收器准备好接收下一个字节时，再释放 SCL 使之为高电平，从而使数据传送可以继续进行。

每一个字节必须保证是 8 位长度。数据传送时，先传送最高位（MSB），每一个被传送的字节后面都必须跟随一位应答位（即一帧共有 9 位），如图 12-4 所示。

I2C 总线上传送的数据信号是广义的，既包括地址信号，又包括真正的数据信号。在起

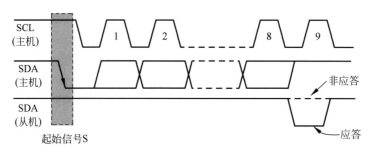

图 12-4　数据传送格式与应答示意图

始信号后必须传送一个从机的地址(7 位),第 8 位是数据的传送方向(R/T),用 0 表示主机发送数据(T),1 表示主机接收数据(R)。每次数据传送总是由主机产生的终止信号结束。但是,若主机希望继续占用总线进行新的数据发送,则可以不产生终止信号,马上再次发出起始信号对另一从机进行寻址。

在总线的一次数据传送过程中,可以有以下几种组合方式:

(1) 主机向从机发送数据,数据传送方向在整个传送过程中不变,其格式如下:

S	从机地址	0	A	数据	A	数据	A/$\overline{A}$	P

注:有阴影部分表示数据由主机向从机传送,无阴影部分则表示数据由从机向主机传送。A 表示应答,$\overline{A}$ 表示非应答,S 表示起始信号,P 表示终止信号。

(2) 主机在第一个字节后,立即由从机读数据,其格式如下。

S	从机地址	1	A	数据	A	数据	$\overline{A}$	P

(3) 在传送过程中,当需要改变传送方向时,起始信号和从地址都被重复产生一次,但两次读/写方向位正好相反。其格式如下:

S	从机地址	0	A	数据	A/$\overline{A}$	S	从机地址	1	A	数据	$\overline{A}$	P

I2C 总线协议明确规定:有 7 位和 10 位两种寻址字节,这里主要讲解 7 位的寻址字节(寻址字节是起始信号后的第一个字节)。7 位寻址字节的位定义如表 12-2 所示。

表 12-2　7 位寻址字节的位定义表

位	7	6	5	4	3	2	1	0
名称	从机地址							R/W

D7~D1 位组成从机的地址,D0 位是数据传送方向位,0 时表示主机向从机写数据,1 时表示主机由从机读数据。

说明:(1) 主机发送地址时,总线上的每个从机都将这 7 位地址码与自己的地址进行比较，如果相同，则认为自己正被主机寻址，之后根据 R/W 位来确定自己是发送器还是接收器。例如老师喊一个学号（34 号）后，每个同学都会将 34 与自己的学号对比，若张三发现自己的学号是 34，那说明老师叫的是张三。

（2）从机的地址由固定部分和可编程部分组成。在一个系统中可能希望接入多个相同的从机，从机地址中可编程部分决定了可接入总线的该类器件的最大数目。如一个从机的 7 位寻址位有 4 位固定，3 位可编程，那么这条总线上最大能接 8(2^3)个从机。

12.2　AT24C02 的基本应用

前面讲述单片机内存结构时，曾提到过 E^2PROM，这里要讲述的 AT24C02 就属于 E^2PROM 的范畴。在实际应用中，它的主要作用是在单片机掉电时保存数据使之不丢失。例如家里用的全自动洗衣机，第一次设定好洗衣、脱水等时间后，下次上电，还是默认前面设定过的数值。读者可能会问，"前面讲述单片机内存结构时，提过单片机内部有 E^2PROM，那为何还要扩展呢？"这里讲述 AT24C02，主要是以该器件来学习 I2C 总线的通信协议，因为有些单片机内部没有 E^2PROM。对于单片机内部集成了 E^2PROM 的，其用法稍后会为读者讲述。

12.2.1　AT24C02 的简述和硬件电路设计

AT24C02 是一个 2K 位串行 CMOS E^2PROM，内部含有 256 个 8 位字节。该器件有一个 16 字节的页写缓冲器，器件通过 I2C 总线接口进行操作，有一个专门的写保护功能。工作电压为 1.8～5.5V，输入/输出引脚兼容 5V，输入引脚经施密特触发器滤波抑制噪声，兼容 400kHz，支持硬件写保护，读写次数可达 1 000 000 次左右，数据可保存 100 年（具体以实测为准），因此完全可满足日常设计和应用。AT24C02 的封装形式比较多，FSST15 开发板上选用的是 SOIC8P 的封装，其引脚定义如表 12-3 所示。

表 12-3　AT24C02 引脚描述表

引 脚 名 称	功 能 描 述
A2、A1、A0	器件地址选择
SCL	串行时钟
SDA	串行数据
WP	写保护（高电平有效：0→读写正常；1→只能读，不能写）
V_{cc}	电源正端（1.8～5.5V）
V_{ss}（GND）	电源地

说到硬件设计，I2C 总线只是一种协议，谈不上什么硬件设计，这里就以 AT24C02 为例来讲述 I2C 总线协议。FSST15 开发板上 AT24C02 的硬件和上拉电阻原理图如图 12-5 所示。

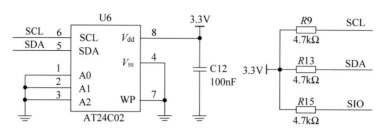

图 12-5 FSST15 开发板上 AT24C02 和上拉电阻原理图

WP 直接接地,意味着不写保护;A2、A1、A0 全部接地。前面原理说明中提到了器件的地址组成形式为:1010 A2A1A0 R/W(R/W 由读写决定),既然 A2、A1、A0 都接地了,因此该芯片的地址就是:1010 000 R/W。

SCL、SDA 分别接了单片机的 P2.0、P2.2;由于 AT24C02 内部总线是漏极开路形式的,所以必须要接上拉电阻(R9,R13)。有一点读者需要注意,那就是电阻 R15。按道理,只要地址不冲突,一组 I2C 上应该可以挂无数多个 I2C 从器件,FSST15 开发板上搭载的四个器件(LM75A、AT24C02、PCF8563、RDA5807M)地址确实都不冲突,可实际调试的时候发现,AT24C02 和 PCF8563 却有冲突。毫不隐讳地告诉大家,笔者花了大量时间,找了大量资料,此问题也未得到解决,无奈之下,笔者只好共用时钟线,将数据线分开,这样就多出了一条数据线 SIO,进而多了一个上拉电阻 R15。

12.2.2 AT24C02 的通信协议与时序图

前面学习了 I2C 协议的基本通信时序图,现结合 AT24C02,看其时序图的具体时间计量。图 12-6 为 AT24C02 的总线时序图。

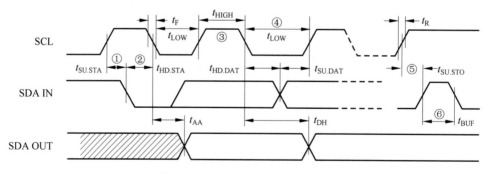

图 12-6 AT24C02 的总线时序图

这里只说明图上标出的①~⑥的时间参数,其他的读者可查阅官方数据手册。

时间参数①:在 100kHz 下,至少需要 4.7μs;在 400kHz 下,至少需要 0.6μs。

时间参数②:在 100kHz 下,至少需要 4.0μs;在 400kHz 下,至少需要 0.6μs。

时间参数③:在 100kHz 下,至少需要 4.0μs;在 400kHz 下,至少需要 0.6μs。

时间参数④：在 100kHz 下，至少需要 4.7μs；在 400kHz 下，至少需要 1.2μs。

时间参数⑤：在 100kHz 下，至少需要 4.7μs；在 400kHz 下，至少需要 0.6μs。

时间参数⑥：在 100kHz 下，至少需要 4.7μs；在 400kHz 下，至少需要 1.2μs。

AT24C02 的存储容量为 2Kb，内部分成 32 页，每页为 8B，那么共 32×8B＝256B，操作时有两种寻址方式：芯片寻址和片内子地址寻址。

需要注意芯片的容量，也是好多初学者都模糊的地方，特别在以后用到 Flash、DDR 等时，就更糊涂了。在讲解芯片的容量前，需了解如下两个基本的概念。

① 位(bit)：二进制数中，一个 0 或 1 就是一个位。

② 字节(Byte)：8 个位为一个字节，这与 ASCII 的规定有关，ASCII 用 8 位二进制数来表示 256 个信息码，所以 8 个位定义为一个字节。

一般芯片给出的容量为 bit(位)，例如上面的 2Kb。还有以后可能接触到的 Flash、DDR 都是一样的。注意这里的 2Kb 确切地说应该是 256b×8＝2048b。

AT24C02 的芯片地址前面固定为 1010，那么其地址控制字格式就为 1010A2A1A0R/W。其中，A2、A1、A0 为可编程地址选择位，R/W 为芯片读写控制位，0 表示对芯片进行写操作，1 表示对芯片进行读操作。芯片寻址可对内部 256b 中的任一个进行读/写操作，其寻址范围为 00～FF，共 256 个寻址单元。

串行 E^2PROM 一般有两种写入方式：一种是字节写入方式，另一种是页写入方式。页写入方式可提高写入效率，但容易出错。AT24C02 系列片内地址在接收到每一个数据字节后自动加 1，故装载一页以内的数据字节时，只需输入首地址，如果写到此页的最后一个字节，主器件继续发送数据，数据将重新从该页的首地址写入，进而造成原来数据的丢失，这也是地址空间的"上卷"现象。解决"上卷"的方法是：在第 8 个数据后，将地址强制加 1，或是给下一页重新赋首地址。

① 字节写入方式。单片机在一次数据帧中只访问 E^2PROM 的一个单元。在该方式下，单片机先发送启动信号，然后送一字节的控制字，再送一个字节的存储器单元子地址，上述几个字节都得到 E^2PROM 响应后，再发送 8 位数据，最后发送 1 位停止信号，表示一切操作顺利。其发送数据帧格式如图 12-7 所示。

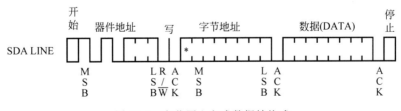

图 12-7　字节写入方式数据帧格式

② 页写入方式。单片机在一个数据周期内可以连续访问 1 页 E^2PROM 存储单元。在该方式中，单片机先发送启动信号，接着送一个字节的控制字，再送 1 个字节的存储器起始单元地址，上述几个字节都得到 E^2PROM 应答后就可以发送 1 页（最多）的数据，并将顺序

存放在已指定起始地址开始的相继单元中,最后以停止信号结束。页写入数据帧格式如图 12-8 所示。

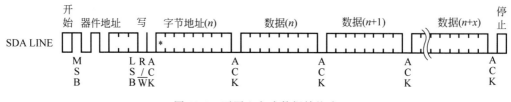

图 12-8 页写入方式数据帧格式

读/写操作的初始化方式和写操作时一样,仅把 R/W 位置为 1。有三种不同的读操作方式:立即/当前地址读、选择/随机读和连续读。

① 立即/当前地址读。它是指读地址计数器内容为最后操作字节的地址加 1。也就是说,如果上次读/写的操作地址为 N,则立即读的地址从地址 N+1 开始。在该方式下读数据,单片机先发送启动信号,然后送一个字节的控制字,等待应答后,就可以读数据了。读数据过程中,主器件不需要发送一个应答信号,但要产生一个停止信号。其格式如图 12-9 所示。

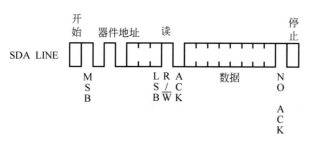

图 12-9 立即/当前地址读数据帧格式

② 选择/随机读。它是指读指定地址单元的数据。单片机在发出启动信号后接着发送控制字,该字节必须含有器件地址和写操作命令,等 E^2PROM 应答后再发送 1 个(对于 2Kb 的范围为:00~FFh)字节的指定单元地址,E^2PROM 应答后再发送一个含有器件地址的读操作控制字,此时如果 E^2PROM 做出应答,被访问单元的数据就会按 SCL 信号同步出现在 SDA 上,主器件不发送应答信号,但要产生一个停止信号。这种读操作格式如图 12-10 所示。

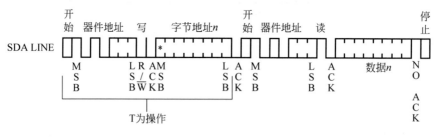

图 12-10 选择/随机读数据帧格式

③ 连续读。连续读操作可通过选择/随机读操作启动。单片机接收到每个字节数据后应做出应答，只要 E^2PROM 检测到应答信号，其内部的地址寄存器就自动加1（即指向下一单元），并顺序将指向单元的数据送达到 SDA 串行数据线上。当需要结束操作时，单片机接收到数据后在需要应答的时刻发生一个非应答信号，接着再发送一个停止信号即可。其数据帧格式如图 12-11 所示。

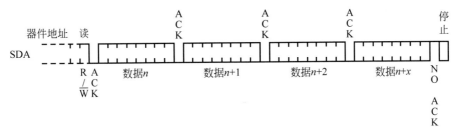

图 12-11　连续读数据帧格式

12.2.3　基于 AT24C02 的 I2C 总线协议与软件分析

有了前面 74HC595 的基础，下面介绍的各个子函数还是比较好理解。

接下来，将借助 _nop_() 函数，来写一个简短的延时函数，那这个函数究竟该延时多长时间呢？这里顺便和读者提一下，I2C 通信分为低速模式 100kbps、快速模式 400kbps、高速模式 3.4Mbps。在实际应用中，所有的 I2C 器件肯定支持低速模式，但未必支持后两者，所以，作为示范的例程，这里选择 100kbps，如果读者以后想更快速地操作别的 I2C 器件，修改该延时就可以了。由图 12-6 可知，要想能确保数据传输正确无误，时钟周期必须 $\geqslant 10\mu s$，因此这里做 $5\mu s$ 的延时。该函数可借助 STC-ISP 软件很方便地获得，具体代码如下。（需要注意的是，在使用 _nop_() 函数，一定要加入 INTRINS.H 头文件。）

（1）$5\mu s$ 延时函数，具体源码如下。

```
void Delay5 US (void)                          //@11.0592MHz 1T
{
    unsigned char i;

    _nop_();
    i = 11;
    while ( -- i);
}
```

（2）由图 12-3、图 12-6 可以写出如下开始函数、停止函数。

```
1.  void IIC_Start(void)
2.  {
3.      SDA = 1;
4.      SCL = 1;
5.      Delay5US();
```

```
6.      SDA = 0;
7.      Delay5US();
8.  }
```

解释：该函数的功能是在时钟总线（SCL）为高的情况下，给数据总线（SDA）一个下降沿。用生活中发生的事做形象说明，该函数类似于这样的场景：老师叫个同学来回答问题，学生很紧张，开始准备。

```
1.  void IIC_Stop(void)
2.  {
3.      SDA = 0;
4.      Delay5US();
5.      SCL = 1;
6.      Delay5US();
7.      SDA = 1;
8.  }
```

解释：该函数的功能是在时钟总线（SCL）为高的情况下，给数据总线（SDA）一个上升沿。也就是说，老师提问完毕，学生果断心旷神怡。

（3）再来看应答与非应答函数。其产生原理见图 12-4。也就是说，老师叫了学生，看学生应答不应答？或者说学生回答完问题，看老师满不满意？

```
1.  void IIC_Ack(void)
2.  {
3.      SCL = 0;                          //为产生脉冲准备
4.      SDA = 0;                          //产生应答信号
5.      Delay5US();                       //延时你懂得
6.      SCL = 1;
7.      Delay5US();
8.      SCL = 0;
9.      Delay5US();                       //产生高脉冲
10.     SDA = 1;                          //释放总线
11. }
```

解释：读图 12-4 可知，若在时钟的高脉冲时数据线（SDA）为 0，则表示应答；相反，则为非应答。所以程序写法如上所示，因为在第 8 行 SDA 毫无疑问为 0。

```
1.  void IIC_Nack(void)
2.  {
3.      SDA = 1;
4.      SCL = 0;
5.      Delay5US();
6.      SCL = 1;
7.      Delay5US();
8.      SCL = 0;
9.  }
```

这为非应答函数,与上面的情况相反。也就是说,老师提问后,学生根本不可能理睬。

（4）读应答函数。

```
1.   BOOL IIC_RdAck(void)
2.   {
3.       BOOL AckFlag;                        //定义一个 BOOL 类型的枚举变量
4.       uChar8 uiVal = 0;                    //定义一个无符号的 char 型变量
5.       SCL = 0;
6.       Delay5US();
7.       SDA = 1;
8.       SCL = 1;
9.       Delay5US();
10.      while((1 == SDA) && (uiVal < 255))
11.      {
12.          uiVal++;
13.          AckFlag = SDA;
14.      }
15.      SCL = 0;
16.      return AckFlag;                      //应答返回: 0;不应答返回: 1
17.  }
```

解释：就是在时钟总线(SCL)高电平期间,若数据总线为 0,说明是好学生,应答了! 否则为坏学生,没有应答。这里有一点,若遇到了一个特别坏的学生,老师一直叫,可他就是不答应,待老师叫 i＋＋(0＜i＜255)次的时间之后,为了能继续上课,就不叫了。

（5）给 I2C 器件输入一个字节的函数。

```
1.   void InputOneByte(uChar8 uByteVal)
2.   {
3.       uChar8 iCount;
4.       for(iCount = 0;iCount < 8;iCount++)
5.       {
6.           SCL = 0;
7.           Delay5US();
8.           SDA = (uByteVal & 0x80) >> 7;
9.           Delay5US();
10.          SCL = 1;
11.          Delay5US();
12.          uByteVal <<= 1;
13.      }
14.      SCL = 0;
15.  }
```

解释：该程序读者可能会觉得似曾相识,因为这样的函数在前面操作 74HC595 时用过。这样的函数,网上流传的版本很多,为了读者能多适应环境,所以变化了,实质上是"换汤不换药"。

（6）从 I2C 器件中输出一个字节的函数。

```
1.   uChar8 OutputOneByte(void)
2.   {
3.       uChar8 uByteVal = 0;
4.       uChar8 iCount;
5.       SDA = 1;
6.       for (iCount = 0;iCount < 8;iCount++)
7.       {
8.           SCL = 0;
9.           Delay5US();
10.          SCL = 1;
11.          Delay5US();
12.          uByteVal <<= 1;
13.          if(SDA)
14.              uByteVal |= 0x01;
15.      }
16.      SCL = 0;
17.      return (uByteVal);
18.  }
```

解释：同理，串行输出（也即读）一个字节时需要一位一位地输出 8 次。先定义一个变量 uByteVal，若读到数据总线（SDA）为 1，那就该与 0x01 进行"或"操作，若读到 0，那直接移位（后面补 0）就可以了，经过 8 次，就会读完一个字节。这里需要注意，InputOneByte( ) 函数是先操作高位（MSB），而 OutputOneByte( )函数是先操作低位（LSB）。

（7）结合图 12-8，可以写出以下写器件地址和写数据地址子函数。

```
1.   BOOL IIC_WrDevAddAndDatAdd(uChar8 uDevAdd,uChar8 uDatAdd)
2.   {
3.       IIC_Start();                          //发送开始信号
4.       InputOneByte(uDevAdd);                //输入器件地址
5.       IIC_RdAck();                          //读应答信号
6.       InputOneByte(uDatAdd);                //输入数据地址
7.       IIC_RdAck();                          //读应答信号
8.       return TRUE;
9.   }
```

解释：结合注释，理解该函数会变得很容易。这里提一句，该函数单独来说没有任何意义，主要是为了衬托以下两个函数。

（8）向地址写数据函数，具体过程如图 12-8 所示。先看源码，再来详解此函数。

```
1.   void IIC_WrDatToAdd(uChar8 uDevID, uChar8 uStaAddVal, uChar8 * p, uChar8 ucLenVal)
2.   {
3.       uChar8 iCount;
4.       IIC_WrDevAddAndDatAdd(uDevID | IIC_WRITE,uStaAddVal);
5.       for(iCount = 0;iCount < ucLenVal;iCount++)
```

```
6.    {
7.        InputOneByte( * p++);
8.        IIC_RdAck();
9.    }
10.   IIC_Stop();
11. }
```

解释：uDevID 为器件的 ID（特征地址，例如 AT24C02 的特征地址为 0xa0）。IIC_WRITE 为写命令后缀符。ucLenVal 为连续写入的数据长度，这里需要注意，长度是有范围的（AT24C02 的范围为 1～8）。* p 为写入的数据，以指针来表示。由图 12-8 可知，在每写入一个数据之后，需应答，因而有了第 8 行代码。最后发送一个停止信号（10 行），则整个过程就运行完了。

（9）从特定的首地址开始读取数据的函数。其过程如图 12-10、图 12-11 所示。

```
1.  void IIC_RdDatFromAdd(uChar8 uDevID, uChar8 uStaAddVal, uChar8 * p, uChar8 uiLenVal)
2.  {
3.      uChar8 iCount;
4.      IIC_WrDevAddAndDatAdd(uDevID | IIC_WRITE,uStaAddVal);
5.      IIC_Start();
6.      InputOneByte(uDevID | IIC_READ);
7.      //IIC_READ 为读命令后缀符
8.      IIC_RdAck();
9.      for(iCount = 0;iCount < uiLenVal;iCount++)
10.     {
11.         * p++ = OutputOneByte();
12.         if(iCount != (uiLenVal - 1))
13.             IIC_Ack();
14.     }
15.     IIC_Nack();
16.     IIC_Stop();
17. }
```

解释：该函数与上面 IIC_WrDatToAdd()函数有好多相同之处，不同点在程序第 5、6、11、12、15 行。第 5、6 行表示重新发送一个开始信号，之后读操作指令，即后面的操作是从 I2C 器件中读取数据。第 11、12 行表示在读取前 $n-1$ 个数据时，需要在每次读取操作之后加一个应答信号，当读到第 n 个数据时加非应答（第 15 行）和停止信号（第 16 行）。

关于 I2C 器件的软件编程就先介绍到这里。可能有些难懂，但只要读者对照上面的时序图和读写数据格式图，一句一行来分析，掌握这些代码和原理应该不是问题。如果移位等操作有些难懂，读者可以随便写一个十六进制数，之后开始移位，分别算出各个位的数值，再进行整合，多移位几次，多算几次，就能明白了。具体实例，后面会再讲述。

12.3　复合数据类型

《C Primer Plus》一书中有这么一句话：设计程序最重要的一个步骤就是选择一个表示数据的好方法。其实在多数程序设计中，使用简单的变量、复杂的数值都是不够的。鉴于这种情况，C语言使用结构变量进一步增强了表示数据的能力，可以毫不夸张地说，数据结构性应该是继指针之后的C语言的第二大精华。

12.3.1　结构体

结构体(struct)是由一系列具有相同类型或不同类型的数据构成的数据集合，也称为结构。

1. 结构体的声明

结构体声明是描述结构如何组合的主要方法，一般结构体声明并定义变量的方式有以下两种。

第一种：

```
struct book{
    char title[MAXTITL];
    char author[MAXAUTL];
    float value;
};
struct book library;
```

第二种：

```
struct book{
    char title[MAXTITL];
    char author[MAXAUTL];
    float value;
} library;
```

先以第一种为例来对其结构体做简要介绍。该声明描述了一个由两个字符数组和一个float变量组成的结构。它并没有创建一个实际的数据对象，而是描述了组成这类对象的元素(有时候可以将结构声明称为模板)。首先使用关键字 struct，表示是一个结构。后面是一个可选的标记(book)，它是用来引用该结构的快速标记。例如后面定义的 struct book library，表示把 library 声明为一个使用 book 结构设计的结构变量。

在结构声明中，结构成员列表是用一对花括号括起来。每个成员变量都用它自己的声明来描述，用一个分号来结束描述。例如，title 是一个拥有 MAXTITL 组成的元素的 char 数组。每个成员可以是 C 语言的任何一种数据类型，甚至可以是其他结构。

标记名(book)是可选的。但是在用第一种方式建立结构(在一个地方定义结构设计，而在其他的地方定义实际的结构变量)时，必须使用标记。若没有标记名，则称之为无名结构体。

结合上面两种方式，可以得出这里的"结构"有两层含意。第一层是"结构设计"，例如对变量 title、author 的设计就是一种结构设计；第二层应该是创建一个"结构变量"，例如定义的 library，就是创建一个变量很好的举证。其实这里的 struct book 所起的作用就像 int 或 float 在简单声明中的作用一样。

2. 结构体变量的初始化

结构是一个新的数据类型,因此结构变量也可以像其他类型的变量一样赋值、运算,不同的是结构变量以成员作为基本变量。

结构成员的表示方式为:结构变量. 成员名。

这里的".”是成员(分量)运算符,它在所有的运算中优先级最高,因此将“结构变量. 成员名”可以看成是一个整体,则这个整体的数据类型与结构中该成员的数据类型相同,这样就可像前面所讲的变量那样使用。例如读者可以对以上所举例子做如下的赋值操作。

library. title ＝“STC15 单片机实战指南”;library. author ＝ “残弈悟恩”。

当然也可以边声明结构体,边初始化结构体。

```
struct student{
    long int num;
    char name[20];
    char address[30];
}a = {123456,"残弈悟恩","XiaoLiuLaoShi"};
```

3. 结构体数组

结构体数组就是具有相同结构类型的变量集合。上面讲解到一个结构体变量中可以存放一组数据(如一个学生的学号、姓名、家庭地址等数据)。如果有 10 个学生的数据需要参与运算,显然应该用数组,这就是结构体数组的由来。结构体数组与以前介绍过的数据型数组的不同之处在于每个数组元素都是一个结构体类型的数据,它们分别包括各个成员(分量)项。

用上面声明的结构体:student,再来定义一个结构体数组:struct student stu[10];这样就可以用类似于操作二维数组的方式对其赋值、运算了,限于篇幅,这里就不举例了。

4. 指向结构体变量的指针

一个结构体变量的指针就是该变量所占据的内存段的起始地址,可以设一个指针变量,用来指向一个结构体变量,此时该指针变量的值是结构体变量的起始地址。指针变量也可以用来指向结构体数组中的元素。

以上面 student 结构体为例,来定义一个结构体变量和结构体指针:

```
struct student stuA;    struct student * p;
```

接着让指针 p 指向 stuA,则有:p ＝ ＆stuA;这样就可以对其成员 num 做下面的赋值操作:stuA. num ＝ 123456 或者(* p). num ＝ 123456。需要注意 * p 两侧的括号不可省略,因为成员运算符“.”优先于“ * ”运算符,若不加括号则: * p. num 就等价于 * (p. num),这显然不合题意。

在 C 语言中,为了方便和直观,可以把(* p). num 改用 p->num,它表示 p 指向结构体变量中的 num 成员。

这样,结构体的成员变量访问就有三种方式,分别为:结构体变量. 成员名；(* p). 成员名；p->成员名。

12.3.2 枚举

在实际应用中,有的变量只有几种可能的取值。如人的性别只有两种可能的取值,星期只有七种可能的取值。在 C 语言中对这些取值比较特殊的变量可以定义为枚举类型。所谓枚举是指将变量的值一一列举出来,变量只限于在列举出来的值的范围内取值。

1. 枚举的定义

定义一个变量是枚举类型,可以先定义一个枚举类型名,然后再说明这个变量是该枚举类型。例如：enum weekday day{sun,mon,tue,wed,thu,fri,sat}；

定义了一个枚举类型名 enum weekday,然后定义变量为该枚举类型。例如：enum weekday day；当然,也可以直接定义枚举类型变量。例如：enum weekday{sun,…,sat} day；

其中 sum、mon、…、sat 等称为枚举元素或枚举常量,它们是用户定义的标识符。

2. 关于枚举的几点说明

(1) 枚举元素不是变量,而是常数,因此枚举元素又称为枚举常量。因为是常量,所以不能对枚举元素进行赋值。

(2) 作为常量,枚举元素是有值的,C 语言在编译时按定义的顺序使它们的值为：0、1、2、…。

枚举定义以后,默认情况下,值是从 0 开始,按顺序依次加 1。若有赋值语句 day = mon；则 day 变量的值为 1。当然,这个变量值是可以输出的。例如：“printf("%d",day)；”将输出整数 1。

如果在定义枚举类型时指定元素的值,也可以改变枚举元素的值。例如：enum weekday{sun=7,mon=1,tue,wed,thu,fri,sat}day；这时 sun 为 7,mon 为 1,以后元素顺次加 1,所以 sat 就是 6 了。

(3) 枚举值可以用来作判断。例如：if (day == mon){…}、if (day > mon){…}。枚举值的比较规则是：按其在声明时的顺序号比较,如果说明时没有为其指定值,则第一个枚举元素的值认作 0,从而由 mon > sun、sat > fri。

(4) 一个整数不能直接赋给一个枚举变量,必须强制进行类型转换才能赋值。例如：day = (enum weekday)2；这个赋值的意思是将顺序号为 2 的枚举元素赋给 day,相当于 day = tue。

3. 枚举与 #define 宏的区别

(1) #define 宏常量是在预编译阶段进行的简单替换；枚举常量则是在编译的时候确定其值。

(2) 一般在编译器里,可以调试枚举常量,但是不能调试宏常量。

(3) 枚举可以一次定义大量相关的常量,而 #define 宏一次只能定义一个。

12.3.3 typedef 关键字的应用

1. typedef 与结构的关联

typedef 的用途当然不止本节讲解得这么少，无论多少，先介绍其在结构体定义中的一些知识。先来举个例子。

```
typedef struct complex{
    float real;
    float imag;
}COMPLEX;
```

这样就可以用类型 COMPLEX 代替 struct complex 来表示复数。使用 typedef 的原因之一是为经常出现的类型创建一个方便的、可识别的名称。这里用 typedef 就是将 struct complex 命名为 COMPLEX，也即给 struct complex 起了一个别名"COMPLEX"。

使用 typedef 来命名一个结构类型时，可以省去结构的标记，例如：

```
typedef struct{double x;double y;}rect;
```

假设这样使用 typedef 定义的类型名：rect r1 = {3.0,5.0};rect r2;r2 = r1;这就可以被"翻译"成：

```
struct {double x; double y;} r1 = {3.0,5.0};
struct {double x; double y;} r2;  r2 = r1;
```

如果两个结构的声明都不使用标记，但是使用同样的成员（成员名和类型都匹配），那么 C 语言认为这两个结构具有同样的类型，因此将 r1 赋值给 r1 是一个正确的操作了。再如：

```
typedef enum workday{
saturday,sunday = 0,monday,tuesday,wednesday, thursday,friday
}workday;                             //此处的 workday 为枚举型 enum workday 的别名
workday today,tomorrow;
```

这样变量 today 和 tomorrow 的类型为枚举型 workday，也即 enum workday。

2. typedef 与 #define 的区别

读者需铭记一句话：typedef 的真正含意是给一个已经存在的**数据类型**（**注意**：是类型不是变量）取一个别名，而非定义一个新的数据类型。

语句"#define　uChar8　unsigned char"和语句"typedef unsigned char uChar8;"有区别吗？暂时的答案是没区别，这里的没区别并不代表一点区别都没有，更不能代表以后能随便"滥用"。下面来判断两个题的正误。

（1）题一：① #define Char8 char　　　　② typedef char Char8;
　　　　　　　　　unsigned Char8 i = 20;　　　　　　unsigned Char8 j = 10;

为何①是正确的，而②是错误的呢？对于①来说，因为在预编译的时候 Char8 直接被 char 替换，那么 unsigned Char8 i 就等价于 unsigned char i，这当然是对的。至于②，上面说过,它只是起个别名,不支持这种数据类型的扩展,因此是错误的。

(2) 题二：① ♯define PCHAR char *   ② typedef char * pchar;

PCHAR p1,p2;   pchar p3,p4;

两组代码的编译都没有问题,但是,这里的 p2 是指针吗? 答案是：不是指针,而仅仅是一个 char 类型的字符。所以用 ♯define 和 typedef 的时候要慎之又慎。

在应用 typedef 时要注意以下两点。

(1) typedef 只是给现有的数据类型起了一个别名,不同于宏,也不是简单的字符串替换。例如定义："typedef char * PSTR;"则 const PSTR 并不是 const char * !

(2) typedef 在语法上是一个存储类的关键字(auto、extern、static),但它并不真正影响对象的存储特性。例如："typedef static char Char8;"这样的语句肯定是不可行的。

12.4 STC15 系列单片机内部 E²PROM 的应用

笔者曾经做过一个马达定时控制系统。其硬件外设资源包括按键、指示灯、数码管以及电机控制等；软件方面除了具有定时、电机控制等功能外,系统还能保存初始值或者设定值,即使以后不进行设置,系统上电后,仍按原先所调节好的时间为基准开始运行。但出于成本、选型等方面的考虑,不需要增加外扩 E²PROM 芯片,对此,某些单片机就很难实现,但是 STC15 系列单片机可以,因为它大都内部自带 E²PROM,这样在满足客户需求的同时,也为客户节省了成本。任何事,不可能太完美,单片机内部的 E²PROM 读写速度真不敢恭维,不过当初笔者用的是 STC11 系列,速度方面肯定不及最新 STC15 系列的,这个速度,读者能否接受,自行决定,这里不赘述。

STC15 系列单片机内部集成了大量的 E²PROM,与程序空间是分开的。利用 ISP/IAP 技术可将内部 Data Flash 当 E²PROM 使用,擦写次数在 10 万次以上。E²PROM 可分为若干个扇区,每个扇区包含 512 字节。读者在使用时,建议同一次修改的数据放在同一个扇区,不是同一次修改的数据放在不同的扇区,扇区不一定要全部用满。注意,数据存储器的擦除操作是按扇区进行的,可进行字节读/字节编程/扇区擦除操作。

12.4.1 与单片机内部 E²PROM 有关的寄存器

学到这里,读者应该感觉到了,单片机内部资源的学习,主要是在学习其内部特殊功能寄存器的操作。例如前面学习的如何操作 I/O 的状态、定时器、中断、串口等,都是通过操作内部寄存器,将其不同的高低电平状态反应到 I/O 口,再通过 I/O 连接外设,继而实现所想要的系统功能。单片机内部 E²PROM 也不例外,也是需要操作一些内部的寄存器。接下来,一起来学习这些特殊功能寄存器。

1. ISP/IAP 数据寄存器(IAP_DATA)

IAP_DATA：ISP/IAP 操作时的数据寄存器。ISP/IAP 从 Flash 读出的数据放在此处,向 Flash 写的数据也需放在此处。

2．ISP/IAP 地址寄存器（IAP_ADDRH 和 IAP_ADDRL）

IAP_ADDRH：ISP/IAP 操作时的地址寄存器高八位。

IAP_ADDRL：ISP/IAP 操作时的地址寄存器低八位。

3．ISP/IAP 命令模式寄存器（IAP_CMD）

IAP_CMD 也是特殊功能寄存器，字节地址为 0xC5，不可位寻址。其中高 6 位未用，低两位分别是 MS1（位 1）、MS0（位 0），该两位的配置状态决定了对 Data Flash/E²PROM 区进行何种方式的读取。其配置状态表具体如表 12-4 所示。

表 12-4　IAP_CMD 的配置状态表

MS1	MS0	命令/操作模式选择
0	0	待机模式，无 ISP 操作
0	1	从用户的应用程序区对 Data Flash/E²PROM 区进行字节读
1	0	从用户的应用程序区对 Data Flash/E²PROM 区进行字节编程
1	1	从用户的应用程序区对 Data Flash/E²PROM 区进行扇区擦除

4．ISP/IAP 命令触发寄存器（IAP_TRIG）

在 IAPEN（IAP_CONTR.7）＝1 时，对 IAP_TRIG 先写入 0x5A，再写入 0xA5，IAP/ISP 命令才会生效。IAP/ISP 操作完成后，IAP 地址高 8 位寄存器（IAP_ADDRH）、IAP 地址低 8 位寄存器（IAP_ADDRL）和 IAP 命令寄存器（IAP_CMD）的内容不变。如果接下来要对下一个地址的数据进行 IAP/ISP 操作，需要手动将该地址的高 8 位和低 8 位分别写入 IAP_ADDRH 和 IAP_ADDTL 寄存器。

注意：每次 IAP 操作时，都必须要对 IAP_TRIG 先写入 0x5A，再写入 0xA5，ISP/IAP 命令才会生效。

5．ISP/IAP 控制寄存器（IAP_CONTR）

IAP_CONTR 也属于特殊功能寄存器，字节地址为 0xC7，不能进行位寻址，其各个位的具体功能如表 12-5 所示。

表 12-5　ISP/IAP 控制寄存器（IAP_CONTR）各个位的描述

位（Bit）	B7	B6	B5	B4	B3	B2	B1	B0
名称（Name）	IAPEN	SWBS	SWRST	CMD_FAIL		WT2	WT1	WT0

IAPEN：ISP/IAP 功能允许位。0：禁止 IAP 读/写/擦除 Data Flash/E²PROM；1：允许 IAP 读/写/擦除 Data Flash/E²PROM。

SWBS：该位用于软件选择复位后从用户应用程序区启动（清 0），还是从系统 IAP 监控程序区启动（置 1），该位得配合 SWRST 位共同使用。

SWRST：软件复位允许位。0：不操作；1：软件控制产生复位，单片机自动复位。

CMD_FAIL：如果 IAP 地址指向了非法地址或无效地址，且发送了 IAP/ISP 命令，并对 IAP_TRIG 发送 0x5A/0xA5 触发失败，则 CMD_FAIL 为 1，需由软件清零。

最后三位 WT2、WT1、WT0 决定 CPU 等待的时钟数，这里不赘述，请读者参考 STC 官方数据手册的第 843 页。

12.4.2　单片机内部 E²PROM 的应用实例

该部分例程主要是记录单片机的开关机次数，每次开机，定义的全局变量加一，结果存储在单片机内部的 E²PROM 中，并将其在数码管上显示出来，以便观察。这部分的源码读者可先自行结合 STC 官方数据手册的 9.4 节(第 858 页)完成，笔者这里暂时不提供源码，等下面学习了库函数以后，笔者会以库函数的形式呈现给大家，具体源码在随书附带的光盘中。

12.5　库函数与应用实例

提到库开发，不得不称赞 ST 公司针对 STM32 提供的 STM32 库，因为该公司打包的API(Application Program Interface，函数接口)，可以使开发者通过调用这些函数接口来配置 STM32 寄存器，从而脱离最底层的寄存器操作，有利于提高开发快速、容易阅读和降低维护成本等。

12.5.1　STC15 系列库函数

前面的学习，都是通过直接配置 STC15 单片机的寄存器来控制芯片的工作方式，如中断，定时器等。配置的时候，常常要查阅寄存器表，为了配置某功能，需要理解清楚是该置 1还是置 0。这些都是很琐碎、机械的工作。51 单片机(STC89C52)的软件相对来说较简单，而且资源很有限，可以通过直接配置寄存器的方式来开发，但是随着 STC 单片机功能的不断强大，寄存器也越来越多，配置这些寄存器需要花费很大的力气，故引入库的概念。

当调用库的 API 时，可以不用挖空心思去了解底层的寄存器操作，就如我们学习 C 语言的时候，常会调用 printf()、sprintf()这样的函数，而不必研究它的源码究竟是如何实现的。库是架设在寄存器与用户驱动层之间的代码，向下处理与寄存器直接相关的配置，向上为用户提供配置寄存器的接口。正是这样，编写程序时，可直接调用顶层驱动代码，而不去直接关注寄存器了。

在 STC 官方网站(www. stcmcu. com)上能下载到"STC15 系列库函数与例程测试版V2.0"，这极大地方便了开发产品的进程。

然而"STC15 系列库函数与例程测试版 V2.0"是针对 15 系列的库函数，笔者根据 STC官方库函数，再结合 STC-ISP. exe 软件，自行改进了 STC15F 系列的头文件，从而得到了支持本书，以及所有 STC 系列单片机的 STC15_FS. H 头文件(头文件的具体内容请读者自行查阅随书附带的光盘，这里不赘述)。有了这个头文件，才能使用库函数。

接下来,简单介绍库函数的组成部分。库函数主要由两部分组成:一是头文件(xxx.h);二是底层驱动文件(xxx.c)。由于 xxx.c 和 xxx.h 文件比较多,不可能一一为读者讲述,这里以最简单、最常用的 STC15_GPIO.c 和 STC15_GPIO.h 文件为例,来讲述具体的实现过程及使用方法。STC15_GPIO.c、STC15_GPIO.h 文件的具体源码如下。

```c
#include "STC15_GPIO.h"

/* ******************************************************************
 * 函数名称: GPIO_Inilize()
 * 入口参数: GPIO(端口号: 0~7), *GPIOx(工作模式和位选择)
 * 出口参数: 函数操作返回值(成功返回0,空操作返回1,错误返回2)
 * 函数功能: 初始化普通端口
 ****************************************************************** */
uint8 GPIO_Init(uint8 GPIO, GPIO_InitTypeDef * GPIOx)
{
    if(GPIO > GPIO_P7)                return 1;      //空操作
    if(GPIOx->Mode > GPIO_OUT_PP)  return 2;      //错误

    if(GPIO == GPIO_P0)                             //设置 P0 口
    {
        if(GPIOx->Mode == GPIO_PullUp)  P0M1 &= ~GPIOx->Pin,
        P0M0 &= ~GPIOx->Pin;                //设置为: 上拉准双向口
        if(GPIOx->Mode == GPIO_HighZ)  P0M1 |= GPIOx->Pin,
        P0M0 &= ~GPIOx->Pin;                //设置为: 浮空输入
        if(GPIOx->Mode == GPIO_OUT_OD)  P0M1 |= GPIOx->Pin,
        P0M0 |= GPIOx->Pin;                //设置为: 开漏输出
        if(GPIOx->Mode == GPIO_OUT_PP)  P0M1 &= ~GPIOx->Pin,
        P0M0 |= GPIOx->Pin;                //设置为: 推挽输出
    }
    if(GPIO == GPIO_Py)                             //设置 Py 口
    {
        if(GPIOx->Mode == GPIO_PullUp) PyM1 &= ~GPIOx->Pin,
        PyM0 &= ~GPIOx->Pin;                //设置为: 上拉准双向口
        if(GPIOx->Mode == GPIO_HighZ) PyM1 |= GPIOx->Pin,
        PyM0 &= ~GPIOx->Pin;                //设置为: 浮空输入
        if(GPIOx->Mode == GPIO_OUT_OD) PyM1 |= GPIOx->Pin,
        PyM0 |= GPIOx->Pin;                //设置为: 开漏输出
        if(GPIOx->Mode == GPIO_OUT_PP) PyM1 &= ~GPIOx->Pin,
        PyM0 |= GPIOx->Pin;                //设置为: 开漏输出
    }
    /* 注意:以上 if 语句中的 y 取值为: 1~7,因为 STC 现在功能最强大的单片机(IAP15W4K58S4-
LQFP64)有 8 个端口,这里为了节省篇幅,以 y 代替各个端口的设置,具体见源码。 */

    return 0;                                 //成功
}
/* ****************************************************************** */
```

```
 *   函数名称: GPIO_PWMInit()
 *   入口参数: GPIO_PWM(PWM端口号: 2～7),PuHzOdPp(端口的状态)
 *   出口参数: 函数操作返回值(成功返回 0,空操作返回 1)
 *   函数功能: 初始化 PWM 端口(说明: PWM 有关的 I/O 口上电后都是高阻输入态)
 **************************************************************************** * /
uint8 GPIO_PWMInit(uint8 GPIO_PWM, uint8 PuHzOdPp)
{
    GPIO_InitTypeDef  GPIO_InitStructure;              //结构定义

    switch(GPIO_PWM)
    {
        case GPIO_PWM2:
        GPIO_InitStructure.Pin = GPIO_Pin_7;
        GPIO_InitStructure.Mode = PuHzOdPp;          //指定 I/O 的输入或输出方式
        //GPIO_PullUp,GPIO_HighZ,GPIO_OUT_OD,GPIO_OUT_PP
        GPIO_Inilize(GPIO_P3,&GPIO_InitStructure);
        break;
        case GPIO_PWM3:
        GPIO_InitStructure.Pin = GPIO_Pin_1;
        GPIO_InitStructure.Mode = PuHzOdPp;          //指定 I/O 的输入或输出方式
        //GPIO_PullUp,GPIO_HighZ,GPIO_OUT_OD,GPIO_OUT_PP
        GPIO_Inilize(GPIO_P2,&GPIO_InitStructure);
        break;
        case GPIO_PWM4:
        GPIO_InitStructure.Pin = GPIO_Pin_2;
        GPIO_InitStructure.Mode = PuHzOdPp;          //指定 I/O 的输入或输出方式
        //GPIO_PullUp,GPIO_HighZ,GPIO_OUT_OD,GPIO_OUT_PP
        GPIO_Inilize(GPIO_P2,&GPIO_InitStructure);
        break;
        case GPIO_PWM5:
        GPIO_InitStructure.Pin = GPIO_Pin_3;
        GPIO_InitStructure.Mode = PuHzOdPp;          //指定 I/O 的输入或输出方式
        //GPIO_PullUp,GPIO_HighZ,GPIO_OUT_OD,GPIO_OUT_PP
        GPIO_Inilize(GPIO_P2,&GPIO_InitStructure);
        break;
        case GPIO_PWM6:
        GPIO_InitStructure.Pin = GPIO_Pin_6;
        GPIO_InitStructure.Mode = PuHzOdPp;          //指定 I/O 的输入或输出方式
        //GPIO_PullUp,GPIO_HighZ,GPIO_OUT_OD,GPIO_OUT_PP
        GPIO_Inilize(GPIO_P1,&GPIO_InitStructure);
        break;
        case GPIO_PWM7:
        GPIO_InitStructure.Pin = GPIO_Pin_7;
        GPIO_InitStructure.Mode = PuHzOdPp;          //指定 I/O 的输入或输出方式
        //GPIO_PullUp,GPIO_HighZ,GPIO_OUT_OD,GPIO_OUT_PP
        GPIO_Inilize(GPIO_P1,&GPIO_InitStructure);
        break;
```

```
        default:
            return 1;
        break;
    }
    return 0;
}
```

接下来再看 STC15_GPIO.H 头文件，该头文件注意是用宏定义几种端口模式、端口的引脚，以及声明结构体和子函数，以便底层驱动源码调用，具体源码如下。

```
#ifndef __STC15_GPIO_H__
#define __STC15_GPIO_H__

#include "STC15_CLKVARTYPE.H"                //引用时钟、变量定义头文件

/* ******************************************************
* I/O 口类型选择,分别对应四种工作模式
****************************************************** */
#define GPIO_PullUp    0                     //上拉准双向口
#define GPIO_HighZ     1                     //浮空输入
#define GPIO_OUT_OD    2                     //开漏输出
#define GPIO_OUT_PP    3                     //推挽输出
/* ******************************************************
* 端口位选择,分别对应 9 种模式
****************************************************** */
#define GPIO_Pin_0     0x01                  //I/O 引脚 Px.0
#define GPIO_Pin_1     0x02                  //I/O 引脚 Px.1
#define GPIO_Pin_2     0x04                  //I/O 引脚 Px.2
#define GPIO_Pin_3     0x08                  //I/O 引脚 Px.3
#define GPIO_Pin_4     0x10                  //I/O 引脚 Px.4
#define GPIO_Pin_5     0x20                  //I/O 引脚 Px.5
#define GPIO_Pin_6     0x40                  //I/O 引脚 Px.6
#define GPIO_Pin_7     0x80                  //I/O 引脚 Px.7
#define GPIO_Pin_All   0xFF                  //I/O 所有引脚
/* ******************************************************
* 端口选择,分别对应 8 个端口
****************************************************** */
#define GPIO_P0        0
#define GPIO_P1        1
#define GPIO_P2        2
#define GPIO_P3        3
#define GPIO_P4        4
#define GPIO_P5        5
#define GPIO_P6        6
#define GPIO_P7        7
/* ******************************************************
```

```
 *  选择 PWM 端口,对应 6 个 PWM 输出端口
****************************************************  */
#define   GPIO_PWM2     2
#define   GPIO_PWM3     3
#define   GPIO_PWM4     4
#define   GPIO_PWM5     5
#define   GPIO_PWM6     6
#define   GPIO_PWM7     7

typedef struct
{
    uint8   Mode;          //I/O 对应四种(GPIO_PullUp,GPIO_HighZ,GPIO_OUT_OD,GPIO_OUT_PP)模式
    uint8   Pin;                                     //要设置的端口
} GPIO_InitTypeDef;

extern uint8 GPIO_Init(uint8 GPIO, GPIO_InitTypeDef * GPIOx);
extern uint8 GPIO_PWMInit(uint8 GPIO_PWM, uint8 PuHzOdPp);

#endif
```

再来学习这两个文件如何应用。假如读者想将 P7 口的 2、3、5 引脚配置为推挽输出,可以编写如下的端口初始化函数。

```
void   GPIO_ConfigInit(void)
{
    GPIO_InitTypeDef   GPIO_InitStructure;          //结构定义
    GPIO_InitStructure.Pin = GPIO_Pin_2 | GPIO_Pin_3 | GPIO_Pin_5;
    //指定要初始化的 I/O
    GPIO_InitStructure.Mode = GPIO_OUT_PP;
    //指定 I/O 为 GPIO_OUT_PP
    GPIO_Inilize(GPIO_P2,&GPIO_InitStructure);       //初始化
}
```

可能一开始,就如同模块化编程一样,读者看到的只是繁琐的 xxx.c、xxx.h 文件及复杂的模板搭建。可读者想一想,这些库已经写好了,我们要做的只是综合、调用,这样肯定比自行查阅书籍要节省时间,所以,我们要做的就是不断地学习编写程序、调试等,熟练应用库开发。等读者以后有计划学习 STM32,或者更高级处理器的时候,ST 公司强大的库会让你爱不释手,爱屋(ST 库函数)及乌(STM32 处理器)的。

12.5.2　库函数的应用实例

有了上面库函数的介绍,现以 FSST15 开发板上的 AT24C02 为例,来讲述库函数的基本用法。实验内容:先向 AT24C02 中写入四个数据,接着读出,再进行对比,看写入的数据和读出的数据是否相等,如果相等,说明读写正确,不相等,则说明 I2C 器件的读取有问题。

（1）主函数部分的驱动源码（main.c）。

```
#include "BSP_Include.h"

u8 code InputData[4] = {0x12,0x34,0x56,0xab};
u8 OutputData[4] = {0};

static void   UART_ConfigInit(void)
{
    COMx_InitDefine     COMx_InitStructure;              //结构定义

    COMx_InitStructure.UART_Mode = UART_8bit_BRTx;
    //模式为 UART_8bit_BRTx
    COMx_InitStructure.UART_BRT_Use = BRT_Timer2;
    //使用定时器 2 产生波特率 (注意：串口 2 固定使用 BRT_Timer2)
    COMx_InitStructure.UART_BaudRate = 115200ul;         //波特率为 115200bps
    COMx_InitStructure.UART_RxEnable = ENABLE;           //接收允许
    COMx_InitStructure.BaudRateDouble = DISABLE;         //波特率不倍增
    COMx_InitStructure.UART_Interrupt = ENABLE;          //允许中断
    COMx_InitStructure.UART_Polity  = PolityLow;         //低优先级
    COMx_InitStructure.UART_P_SW   = UART1_SW_P30_P31;   //默认端口
    COMx_InitStructure.UART_RXD_TXD_Short = DISABLE;
    //内部短路 RXD 与 TXD, 做中断, 使能, 不使能
    USART_Configuration(USART1, &COMx_InitStructure);    //初始化串口 1

    EA = 1;                                              //开总中断
}

static void AT24C02_Demo(void)
{
    u8 i = 0;
    //u8 *sp;
    IIC_WrDatToAdd(0xa0,0x28,InputData,4);
    Delay_ms(10);
    IIC_RdDatFromAdd(0xa0,0x28,OutputData,4);

    #if 0                                    //调试用,调试完之后,相当于总闸,直接关闭
    sp = &InputData[0];
    for(i = 0;i < 4;i++)
    {
        TX1_write2buff(*sp);
        sp++;
    }

    Delay_ms(10);

    sp = &OutputData[0];
```

```
    for(i = 0;i < 4;i++)
    {
        TX1_write2buff( * sp);
        sp++;
    }
    #endif

    for(i = 0; i < 4; i++)                          //比较写入和读出的数据是否相同
    {
        if(InputData[i] == OutputData[i])
        {
            PrintString1("\r / * Test OK... * / \r\n" );
            Delay_ms(10);
        }
        else
        {
            PrintString1("\r / * Test ERROR... * / \r\n" );
            Delay_ms(10);
        }
    }
}

void main(void)
{
    Delay_ms(100);                                  //等待上电稳定

    UART_ConfigInit();
    GPIO_ConfigInit();
    Delay_ms(10);
    PrintString1("\r / * ===================================== * / \r\n" );
    Delay_ms(10);
    PrintString1("\r 欢迎使用飞天三号(FSST15)开发板............. \r\n" );    Delay_ms(10);
    PrintString1("\r 本开发板配套书籍——《与 STC15 单片机牵手的那些年》 \r\n" );
Delay_ms(10);
    PrintString1("\r 本开发板配套视频——《深入浅出玩转 STC15 单片机》 \r\n" );
Delay_ms(10);
    PrintString1("\r / * ===================================== * / \r\n" );
  Delay_ms(10);

    AT24C02_Demo();

    while(1);
}
```

(2) I2C 协议部分的驱动源码(stc15_iic.c)。

```
#include  "stc15_iic.h"
    /* 为了节省篇幅,该部分的具体源码请读者参考 12.2.3 节的内容,这里不赘述 */
```

（3）I2C 协议部分的头文件——stc15_iic.h。

```
#ifndef __STC15_IIC_H__
#define __STC15_IIC_H__

#include "STC15_ClkVarType.h"

/* ******************************************************** */
//请根据自己的硬件平台自行修改
//这里以 FSST15 开发板为例
/* ******************************************************** */
sbit SCL = P2^0;                              //EEPROM 时钟线
sbit SDA = P2^2;                              //EEPROM 数据线
/* ******************************************************** */

#define IIC_WRITE 0
#define IIC_READ 1

extern void Delay5US(void);
extern void IIC_Start(void);
extern void IIC_Stop(void);
extern void IIC_Ack(void);
extern u8 IIC_RdAck(void);
extern void IIC_Nack(void);
extern u8 OutputOneByte(void);
extern void InputOneByte(u8 uByteVal);
extern u8 IIC_WrDevAddAndDatAdd(u8 uDevAdd,u8 uDatAdd);
extern void IIC_WrDatToAdd(u8 uDevID, u8 uStaAddVal, u8 * p, u8 ucLenVal);
extern void IIC_RdDatFromAdd(u8 uDevID, u8 uStaAddVal, u8 * p, u8 uiLenVal);

#endif
```

（4）串口协议部分的驱动源码（stc15_usart.c）。

```
#include "stc15_usart.h"

COMx_Define   COM1,COM2,COM3,COM4;
u8   xdata TX1_Buffer[COM_TX1_Lenth];             //发送缓冲
u8   xdata RX1_Buffer[COM_RX1_Lenth];             //接收缓冲
u8   xdata TX2_Buffer[COM_TX2_Lenth];             //发送缓冲
u8   xdata RX2_Buffer[COM_RX2_Lenth];             //接收缓冲
u8   xdata TX3_Buffer[COM_TX3_Lenth];             //发送缓冲
u8   xdata RX3_Buffer[COM_RX3_Lenth];             //接收缓冲
u8   xdata TX4_Buffer[COM_TX4_Lenth];             //发送缓冲
u8   xdata RX4_Buffer[COM_RX4_Lenth];             //接收缓冲

u8 USART_Configuration(u8 UARTx, COMx_InitDefine * COMx)
```

```c
{
    u8   i;
    u32  j;

    if(UARTx == USART1)
    {
        COM1.id = 1;
        COM1.TX_read = 0;
        COM1.TX_write = 0;
        COM1.B_TX_busy = 0;
        COM1.RX_Cnt = 0;
        COM1.RX_TimeOut = 0;
        COM1.B_RX_OK = 0;
        for(i=0; i<COM_TX1_Lenth; i++)  TX1_Buffer[i] = 0;
        for(i=0; i<COM_RX1_Lenth; i++)  RX1_Buffer[i] = 0;

        if(COMx->UART_Mode > UART_9bit_BRTx)   return 2;  //模式错误
        if(COMx->UART_Polity == PolityHigh)  PS = 1;  //高优先级中断
        else                                 PS = 0;   //低优先级中断
        SCON = (SCON & 0x3f) | COMx->UART_Mode;
        if((COMx->UART_Mode == UART_9bit_BRTx) ||
        (COMx->UART_Mode == UART_8bit_BRTx))            //可变波特率
        {
            j = (MAIN_Fosc / 4) / COMx->UART_BaudRate; //按 1T 计算
            if(j >= 65536UL)  return 2;                //错误
            j = 65536UL - j;
            if(COMx->UART_BRT_Use == BRT_Timer1)
            {
                TR1 = 0;
                AUXR &= ~0x01;                          //使用定时器 1
                TMOD &= ~(1<<6);                        //设置定时器 1 工作在 16 位自动模式下
                TMOD &= ~0x30;
                AUXR |= (1<<6);                         //定时器 1 工作在 1T 模式下
                TH1 = (u8)(j>>8);
                TL1 = (u8)j;
                ET1 = 0;                                //禁止中断
                TMOD &= ~0x40;                          //定时
                INT_CLKO &= ~0x02;                      //不输出时钟
                TR1 = 1;
            }
            else if(COMx->UART_BRT_Use == BRT_Timer2)
            {
                AUXR &= ~(1<<4);                        //定时器停止
                AUXR |= 0x01;                           //使用定时器 2
                AUXR &= ~(1<<3);
                AUXR |= (1<<2);                         //定时器 2 工作在 1T 模式下
                TH2 = (u8)(j>>8);
```

```
                TL2 = (u8)j;
                IE2 &= ~(1 << 2);                        //禁止中断
                AUXR &= ~(1 << 3);                       //定时
                AUXR |= (1 << 4);                        //启动定时器2
            }
        else return 2;                                   //错误
    }
    else if(COMx -> UART_Mode == UART_ShiftRight)
    {
        if(COMx -> BaudRateDouble == ENABLE)   AUXR |= (1 << 5);
        //固定波特率 SysClk/2
        else                     AUXR &= ~(1 << 5);
        //固定波特率 SysClk/12
    }
    else if(COMx -> UART_Mode == UART_9bit)
    //固定波特率 SysClk * 2 ^SMOD/64
    {
        if(COMx -> BaudRateDouble == ENABLE)   PCON |= (1 << 7);
        //固定波特率 SysClk/32
        else                     PCON &= ~(1 << 7);
        //固定波特率 SysClk/64
    }
    if(COMx -> UART_Interrupt == ENABLE)   ES = 1;   //允许中断
    else                         ES = 0;            //禁止中断
    if(COMx -> UART_RxEnable == ENABLE)   REN = 1;   //允许接收
    else                         REN = 0;            //禁止接收
    P_SW1 = (P_SW1 & 0x3f) | (COMx -> UART_P_SW & 0xc0);        //切换 I/O
    if(COMx -> UART_RXD_TXD_Short == ENABLE)   PCON2 |= (1 << 4);
    //内部短路 RXD 与 TXD, 做中断, 使能,不使能
    else                         PCON2 &= ~(1 << 4);
    return 0;
}

if(UARTx == USART2)
{
    COM2.id = 2;
    COM2.TX_read = 0;
    COM2.TX_write = 0;
    COM2.B_TX_busy = 0;
    COM2.RX_Cnt = 0;
    COM2.RX_TimeOut = 0;
    COM2.B_RX_OK = 0;
    for(i = 0; i < COM_TX2_Lenth; i++)   TX2_Buffer[i] = 0;
    for(i = 0; i < COM_RX2_Lenth; i++)   RX2_Buffer[i] = 0;

    if((COMx -> UART_Mode == UART_9bit_BRTx) ||
       (COMx -> UART_Mode == UART_8bit_BRTx))         //可变波特率
```

```c
        {
            if(COMx->UART_Polity == PolityHigh)IP2 |= 1;          //高优先级中断
            else                    IP2 &= ~1;                    //低优先级中断
            if(COMx->UART_Mode == UART_9bit_BRTx)S2CON |= (1<<7);
            else                S2CON &= ~(1<<7);                 //8位
            j = (MAIN_Fosc / 4) / COMx->UART_BaudRate;            //按1T计算
            if(j >= 65536UL)   return 2;                          //错误
            j = 65536UL - j;
            AUXR &= ~(1<<4);                                      //定时器停止
            AUXR &= ~(1<<3);
            AUXR |= (1<<2);                                       //定时器2工作在1T模式下
            TH2 = (u8)(j>>8);
            TL2 = (u8)j;
            IE2 &= ~(1<<2);                                       //禁止中断
            AUXR |= (1<<4);                                       //启动定时器2
        }
        else   return 2;                                         //模式错误
        if(COMx->UART_Interrupt == ENABLE)   IE2 |= 1;           //允许中断
        else                IE2 &= ~1;                           //禁止中断
        if(COMx->UART_RxEnable == ENABLE)  S2CON |= (1<<4);      //允许接收
        else                S2CON &= ~(1<<4);                    //禁止接收
        P_SW2 = (P_SW2 & ~1) | (COMx->UART_P_SW & 0x01);         //切换I/O
    }

        else   return 2;                                         //模式错误
        if(COMx->UART_Interrupt == ENABLE)IE2 |= (1<<4);         //允许中断
        else                IE2 &= ~(1<<4);                      //禁止中断
        if(COMx->UART_RxEnable == ENABLE)  S4CON |= (1<<4);      //允许接收
        else                S4CON &= ~(1<<4);                    //禁止接收
        P_SW2 = (P_SW2 & ~4) | (COMx->UART_P_SW & 0x04);         //切换I/O
        return  0;
    }

    return 3;
}

/ *************** 装载串口发送缓冲 ******************************* /

void TX1_write2buff(u8 dat)                          //写入发送缓冲,指针+1
{
    TX1_Buffer[COM1.TX_write] = dat;                 //装入发送缓冲
    if(++COM1.TX_write >= COM_TX1_Lenth)  COM1.TX_write = 0;

    if(COM1.B_TX_busy == 0)                          //空闲
    {
        COM1.B_TX_busy = 1;                          //标志为忙
        TI = 1;                                      //触发发送中断
```

```
    }
}

void TX2_write2buff(u8 dat)                     //写入发送缓冲,指针＋1
{
    TX2_Buffer[COM2.TX_write] = dat;            //装入发送缓冲
    if(++COM2.TX_write >= COM_TX2_Lenth)  COM2.TX_write = 0;

    if(COM2.B_TX_busy == 0)                     //空闲
    {
        COM2.B_TX_busy = 1;                     //标志为忙
        SET_TI2();                              //触发发送中断
    }
}


void PrintString1(u8 * puts)
{
    for (; * puts != 0;  puts++) TX1_write2buff( * puts);
    //遇到停止符 0 结束
}

void PrintString2(u8 * puts)
{
    for (; * puts != 0;  puts++) TX2_write2buff( * puts);
    //遇到停止符 0 结束
}

/ ******************** UART1 中断函数 ************************ /
void UART1_int (void) interrupt UART1_VECTOR
{
    if(RI)
    {
        RI = 0;
        if(COM1.B_RX_OK == 0)
        {
            if(COM1.RX_Cnt >= COM_RX1_Lenth)  COM1.RX_Cnt = 0;
            RX1_Buffer[COM1.RX_Cnt++] = SBUF;
            COM1.RX_TimeOut = TimeOutSet1;
        }
    }

    if(TI)
    {
        TI = 0;
        if(COM1.TX_read != COM1.TX_write)
        {
            SBUF = TX1_Buffer[COM1.TX_read];
```

```
            if(++COM1.TX_read >= COM_TX1_Lenth)  COM1.TX_read = 0;
        }
        else  COM1.B_TX_busy = 0;
    }
}

/ ******************** UART2 中断函数 ************************ /
void UART2_int (void) interrupt UART2_VECTOR
{
    if(RI2)
    {
        CLR_RI2();
        if(COM2.B_RX_OK == 0)
        {
            if(COM2.RX_Cnt >= COM_RX2_Lenth)  COM2.RX_Cnt = 0;
            RX2_Buffer[COM2.RX_Cnt++] = S2BUF;
            COM2.RX_TimeOut = TimeOutSet2;
        }
    }

    if(TI2)
    {
        CLR_TI2();
        if(COM2.TX_read != COM2.TX_write)
        {
            S2BUF = TX2_Buffer[COM2.TX_read];
            if(++COM2.TX_read >= COM_TX2_Lenth)  COM2.TX_read = 0;
        }
        else  COM2.B_TX_busy = 0;
    }

}
```

（5）串口协议部分的头文件(stc15_usart.h)。

```
# ifndef __STC15_USART_H__
# define __STC15_USART_H__

# include  "STC15_ClkVarType.h"

# define  COM_TX1_Lenth  128
# define  COM_RX1_Lenth  128
# define  COM_TX2_Lenth  128
# define  COM_RX2_Lenth  128
# define  COM_TX3_Lenth  28
# define  COM_RX3_Lenth  28
# define  COM_TX4_Lenth  28
```

```
# define   COM_RX4_Lenth   28

# define   USART1   1
# define   USART2   2

# define   UART_ShiftRight   0                       //同步移位输出
# define   UART_8bit_BRTx   (1 << 6)                 //8 位数据,可变波特率
# define   UART_9bit        (2 << 6)                 //9 位数据,固定波特率
# define   UART_9bit_BRTx   (3 << 6)                 //9 位数据,可变波特率

# define   UART1_SW_P30_P31   0
# define   UART1_SW_P36_P37   (1 << 6)
# define   UART1_SW_P16_P17   (2 << 6)               / * 必须使用内部时钟 * /
# define   UART2_SW_P10_P11   0
# define   UART2_SW_P46_P47   1

# define   TimeOutSet1   5
# define   TimeOutSet2   5
# define   TimeOutSet3   5
# define   TimeOutSet4   5

# define   BRT_Timer1   1
# define   BRT_Timer2   2
# define   BRT_Timer3   1
# define   BRT_Timer4   2

typedef struct
{
    u8   id;                                         //串口号

    u8   TX_read;                                    //发送读指针
    u8   TX_write;                                   //发送写指针
    u8   B_TX_busy;                                  //忙标志

    u8   RX_Cnt;                                     //接收字节计数
    u8   RX_TimeOut;                                 //接收超时
    u8   B_RX_OK;                                    //接收块完成
} COMx_Define;

typedef struct
{
    u8   UART_Mode;
    //模式, UART_ShiftRight,UART_8bit_BRTx,UART_9bit,UART_9bit_BRTx
    u8   UART_BRT_Use;                               //使用波特率
    u32   UART_BaudRate;                             //波特率
    u8   Morecommunicate;                            //多机通信允许
    u8   UART_RxEnable;                              //允许接收
```

```
    u8   BaudRateDouble;                          //波特率加倍
    u8   UART_Interrupt;                          //中断控制
    u8   UART_Polity;                             //优先级
    u8   UART_P_SW;                               //切换端口
    //UART1_SW_P36_P37,UART1_SW_P16_P17(必须使用内部时钟)
    u8   UART_RXD_TXD_Short;
    //内部短路 RXD 与 TXD, 做中断, 使能,不使能


} COMx_InitDefine;


extern   COMx_Define   COM1,COM2,COM3,COM4;
extern   u8   xdata TX1_Buffer[COM_TX1_Lenth];        //发送缓冲
extern   u8   xdata RX1_Buffer[COM_RX1_Lenth];        //接收缓冲
extern   u8   xdata TX2_Buffer[COM_TX2_Lenth];        //发送缓冲
extern   u8   xdata RX2_Buffer[COM_RX2_Lenth];        //接收缓冲


u8   USART_Configuration(u8 UARTx, COMx_InitDefine * COMx);
void TX1_write2buff(u8 dat);                          //写入发送缓冲,指针 + 1
void TX2_write2buff(u8 dat);                          //写入发送缓冲,指针 + 1
void TX3_write2buff(u8 dat);                          //写入发送缓冲,指针 + 1
void TX4_write2buff(u8 dat);                          //写入发送缓冲,指针 + 1
void PrintString1(u8 * puts);
void PrintString2(u8 * puts);


//void COMx_write2buff(COMx_Define * COMx, u8 dat);
//写入发送缓冲,指针 + 1
//void PrintString(COMx_Define * COMx, u8 * puts);


#endif
```

(6) 时钟和变量定义头文件(stc15_clkvartype.h)。

```
#ifndef __STC15_CLKVARTYPE_H__
#define __STC15_CLKVARTYPE_H__


/* ************************************************************
 * 用户依据自己的项目选定系统运行的主频,飞天三号默认为: 11059200L
 ************************************************************ */
#define MAIN_Fosc      11059200L               //定义主时钟
//#define MAIN_Fosc      12000000L               //定义主时钟
//#define MAIN_Fosc      18432000L               //定义主时钟
//#define MAIN_Fosc      22118400L               //定义主时钟
//#define MAIN_Fosc      24000000L               //定义主时钟
//#define MAIN_Fosc      30000000L               //定义主时钟
```

```
/* ************************************************************
 * 为了编程方便,现定义变量类型
 *********************************************************** */
typedef signed          char int8;
typedef signed short    int int16;
typedef signed          int int32;

typedef unsigned         char uint8;
typedef unsigned short   int uint16;
typedef unsigned         int uint32;

#include "STC15_FS.H"
#endif
```

（7）为了方便包含头文件,将所有的头文件包括在 BSP_Include. h 中,该部分的具体源码如下。

```
#ifndef __BSP_INCLUDE_H__
#define __BSP_INCLUDE_H__

#include "stc15_gpio.h"
#include "stc15_usart.h"
#include "stc15_delay.h"
#include "stc15_iic.h"


#endif
```

程序有详细的注释,具体源码的解释这里省略,请读者结合 C 语言的基础,仔细阅读源码,并搭建库函数模板,搭建好的模板如图 12-12 所示,最后编译、调试,看能否正确读取 AT24C02 的数据,如果读者直接按书的例程来写,估计测试的结果为 ERROR(错误),那如何正确读写 EEPROM 的数据呢? 需要在 stc15_gpio. c 中加入如下的代码,再综合编译,肯定能读写正确。该部分例程虽然简单,但是要很好地利用库函数和模块化编程,并不是一件简单的事,请读者先结合随书附带的源码,仔细理解整个流程,争取达到独立建模的水准。

```
void GPIO_ConfigInit(void)
{
    GPIO_InitTypeDef  GPIO_InitStructure;          //结构定义
    GPIO_InitStructure.Pin = GPIO_Pin_0|GPIO_Pin_2;
    //0、2引脚,也即 SCL、SDA
    GPIO_InitStructure.Mode = GPIO_PullUp;          //设置为准双向口
    GPIO_Inilize(GPIO_P2,&GPIO_InitStructure);      //初始化 P2
}
```

图 12-12　基于库函数的 AT24C02 读写模板图

12.6　课后学习

1. 结合 I2C 协议时序图,分别编写出各个子函数。

2. 复习 STC15 单片机内部 E^2PROM 的存储结构,再此基础上,自行编写程序,用库函数的形式实现单片机的开关机计数器(用数码管、LCD 显示均可)。

3. 通过串口,向单片机发送两串字符串,分别是"FSST15-V1.0"、"2015-08-29 01:03",并且存储在 E^2PROM 中,此时液晶不显示任何内容。之后关机,稍等几秒,再开机,此时,1602 液晶的一行显示(居中)"FSST15-V1.0",第二行显示"2015-08-29 01:03"。

第 13 章

重峦叠嶂，矩阵方形：

PWM 的初步认识与相关应用

在一些实际项目中，例如收音机的音量、电机的转速及 LED 照明灯的控制等，都需要变化的电压去控制。如果直接用模拟的方式去控制，虽然看上去很直观简单，但未必是经济可行的，为此，引入一个新的技术——PWM(Pulse Width Modulation，脉冲宽度调制，简称脉宽调制)。这门技术是数字电路和模拟电路的桥梁，有了这个桥梁，互相的往来就变得很方便快捷了。因此，很有必要学习 PWM 的相关知识，只有很好地掌握本章内容，才能更好地控制四轴飞行器。

13.1 PWM 的初步认识

PWM 是利用微处理器的数字输出来对模拟电路进行控制的一种非常有效的技术，广泛应用在测量、通信、功率控制与变换的许多领域中。

随着电子技术的发展，出现了多种 PWM 技术，其中包括：相电压控制 PWM、脉宽 PWM 法、随机 PWM、SPWM 法、线电压控制 PWM 等。例如在镍氢电池智能充电器中，采用脉宽 PWM 法，把每一脉冲宽度均相等的脉冲列作为 PWM 波形，通过改变脉冲列的周期可以调频，改变脉冲的宽度或占空比可以调压，采用适当控制方法即可使电压与频率协调变化，也可以通过调整 PWM 的周期、PWM 的占空比而达到控制充电电流的目的。

模拟信号的值可以连续变化，其时间和幅度的分辨率都没有限制。例如 9V 电池就是一种模拟器件，因为它的输出电压并不精确地等于 9V，而是随时间发生变化，并可取任何实数值。模拟电压和电流可直接用来进行控制，如控制汽车收音机的音量。在简单的模拟收音机中，音量旋钮被连接到一个可变电阻。拧动旋钮时，电阻值变大或变小，流经这个电阻的电流也随之增加或减少，从而改变了驱动扬声器的电流值，使音量相应变大或变小。与收音机一样，模拟电路的输出与输入成线性比例。

尽管模拟控制看起来可能直观简单，但它并不总是非常经济可行的。它也有以下缺点：模拟电路容易随时间漂移，因而难以调节，解决这个问题的精密模拟电路可能非常庞大、笨重(如老式的家庭立体声设备)和昂贵；模拟电路有可能严重发热，其功耗相对于工作元件两端电压与电流的乘积成正比；模拟电路还可能对噪声很敏感，任何扰动或噪声都肯定会改变电流的大小。

通过以数字方式控制模拟电路,可以大幅度降低系统的成本和功耗。此外,大多数微控制器(例如 FSST15 开发板上搭载的 IAP15W4K58S4 单片机)和 DSP 已经在芯片上包含了 PWM 控制器,这使数字控制的实现变得更加容易了。

简而言之,PWM 是一种对模拟信号电平进行数字编码的方法。通过高分辨率计数器的使用,方波的占空比被调制用来对一个具体模拟信号的电平进行编码。PWM 信号仍然是数字的,因为在给定的任何时刻,满幅值的直流供电要么完全有(ON),要么完全无(OFF)。电压或电流源是以一种通(ON)或断(OFF)的重复脉冲序列被加到模拟负载上去的,通的时候即是直流供电被加到负载上的时候,断的时候即是供电被断开的时候。只要带宽足够,任何模拟值都可以使用 PWM 进行编码。PWM 的一个优点是从处理器到被控系统信号都是数字形式的,无须进行数模转换。让信号保持为数字形式可将噪声影响降到最小。噪声只有在强到足以将逻辑 1 改变为逻辑 0 或将逻辑 0 改变为逻辑 1 时,也才能对数字信号产生影响。

这里需要理解清楚两个概念:同频率不同占空比和同占空比不同频率。从字面意思就可理解,前者是频率(也即周期)相同,只是占空比(脉宽)不同,如图 13-1 所示,频率都为 1Hz,但是(a)波形的占空比为 50%,(b)波形的占空比为 75%;同占空比不同频率的道理类似,就是占空比相同,但是频率不同,如图 13-2 所示,占空比都为 50%,但是(b)波形的频率是(a)波形的 2 倍。

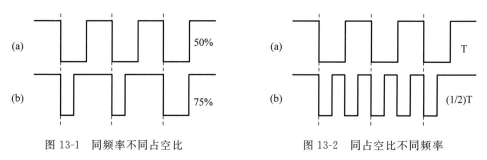

图 13-1　同频率不同占空比　　　　　　图 13-2　同占空比不同频率

13.2　利用可编程计数阵列产生 PWM

上面已经提到,PWM 的应用范围非常广泛,不仅在电机的控制中有广泛的应用,在数模转换中的应用也很广泛,更有甚者认为 PWM 是数字电路和模拟电路连接的桥梁(具体应用第 14 章将会做详细讲述)。

鉴于以上原因,STC15 系列的单片机提供了两类形式的 PWM 产生方法:一类是利用内部可编程计数阵列,可理解为软件模拟的方式;另一类是内部 PWM 发生器来产生,可理解为硬件模式。本节先学习前一种,软件模拟的方式。

13.2.1　脉宽调制模式（PWM）

读者是否还记得,前面 9.2 节讲述可编程计数阵列时,提到了 IAP15W4K58S4 单片机内部的 CCP/PCA/PWM 模块有四种工作模式,除了捕获模式、16 位定时器模式、高速脉冲输出模式外,还包括脉宽调制模式。STC15 系列单片机的 PCA 模块可以通过设定各自的寄存器 PCA_PWMn(n=0,1,2)中的 EBSn_1/PCA_PWMn. 7 和 EBSn_0/PCA_PWMn. 6 (具体可见 STC 官方数据手册的 933 页),使其工作于 8 位、7 位和 6 位 PWM 模式。

当[EBSn_1,EBSn_0]=[0,0]或[1,1]时,PCA 模块 n 工作于 8 位 PWM 模式,此时将{0,CL[7:0]}与捕获寄存器[EPCnL,CCAPnL[7:0]]进行比较,8 位 PWM 模式的结构如图 13-3 所示。

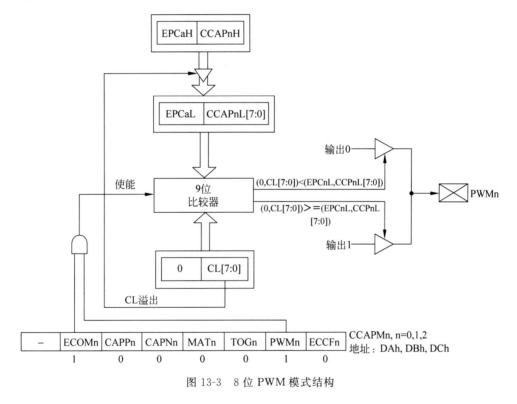

图 13-3　8 位 PWM 模式结构

当 PCA 模块工作于 8 位 PWM 模式时,由于所有模块共用仅有的 PCA 定时器,所以它们的输出频率相同。各个模块的输出占空比是独立变化的,与使用的捕获寄存器{EPCnL,CCAPnL[7:0]}有关。当{0,CL[7:0]}的值小于{EPCnL,CCPnL[7:0]}时,输出为低;当{0,CL[7:0]}的值等于或大于{EPCnL,CCPnL[7:0]}时,输出为高。当 CL 的值由 FF 变为 00 溢出时,{EPCnH,CCAPnH[7:0]}的内容装载到{EPCnL,CCAPnL[7:0]}中。这样就可实现无干扰地更新 PWM。要使能 PWM 模式,模块 CCAPMn 寄存器的 PWMn 和 ECOMn 位必须置位。

当 PWM 是 8 位时：PWM 的频率＝PCA 时钟输入源频率/256。

PCA 时钟输入源可以从以下 8 种中选择一种：SYSclk、SYSclk/2、SYSclk/4、SYSclk/6、SYSclk/8、SYSclk/12,定时器 0 的溢出,ECI/P1.2 输入。

举例：设 PCA 模块工作于 8 位 PWM 模式,要求 PWM 输出频率为 38kHz,选 SYSclk 为 PCA/PWM 时钟输入源,求 SYSclk 的值。将其对应的数值代入上面的公式,很快可以算出外部时钟频率 SYSclk＝9 728 000。如果要实现可调频率的 PWM 输出,可选择定时器 0 的溢出率或者 ECI 引脚的输入作为 PCA/PWM 的时钟输入源,当 EPCnL＝0 及 CCAPnL＝0x00 时,PWM 固定输出高；当 EPCnL＝1 及 CCAPnL＝0xFF 时,PWM 固定输出低。

注意：当某个 I/O 口作为 PWM 使用时,该口的状态稍微有别,具体如表 13-1 所示。

表 13-1　I/O 口作为 PWM 输出时的状态表

常态 I/O 口的状态	作为 PWM 输出时 I/O 口的状态
弱上拉/准双向	强推挽输出/强上拉输出(需加限流电阻 1kΩ～10kΩ)
强推挽输出/强上拉输出	强推挽输出/强上拉输出(需加限流电阻 1kΩ～10kΩ)
仅为输入/高组态	PWM 无效
开漏	开漏

其中,6 位、7 位与 8 位的 PWM 工作模式的原理类似,限于篇幅,这里不赘述,请读者参考 STC 官方数据手册的第 944 页。

13.2.2　利用 CCP/PCA 输出 PWM 的应用实例

CCP/PCA 的具体知识点,在第 9 章已讲述过,请读者先复习,以便能更好地理解该实例。为了避免翻页的麻烦,笔者将图 9-5(如图 13-4 所示)再次复制到这里,读者可边看图,边理解程序。

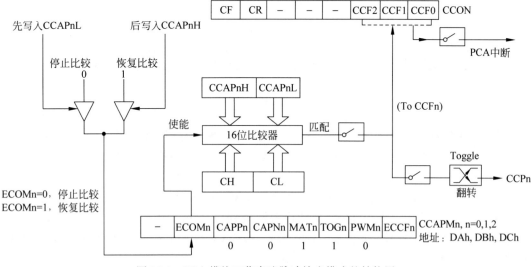

图 13-4　PCA 模块工作高速脉冲输出模式的结构图

实例目的：让 CPP 的复用 I/O 口输出一定频率的 PWM 波，具体频率由所设定的值来决定，最后可用示波器或者逻辑分析仪来测试 PWM 波形的频率和占空比，看实际的和计算的是否一致。

实验简介：编写程序，让其 CCP0 和 CCP1 分别输出 87.5％、75％占空比的 PWM 波形，最后用逻辑分析仪进行采样、观察。其驱动源码如下。

```
# include "BSP_Include.h"
# include "STC15_FS.h"

# define CCP_S0 0x10                        //P_SW1.4
# define CCP_S1 0x20                        //P_SW1.5

void main(void)
{
    ACC = P_SW1;
    ACC &= ~(CCP_S0 | CCP_S1);             //CCP_S0 = 1 CCP_S1 = 0
    ACC |= CCP_S0;                         //P3.5/CCP0_2、P3.6/CCP1_2
    P_SW1 = ACC;

    CCON = 0;
    //初始化 PCA 控制寄存器/PCA 定时器停止/清除 CF 标志/清除模块中断标志
    CL = 0;                                //复位 PCA 寄存器
    CH = 0;

    CMOD = 0x02;                           //设置 PCA 时钟源/禁止 PCA 定时器溢出中断

    PCA_PWM0 = 0x00;                       //PCA 模块 0 工作于 8 位 PWM
    CCAP0H = CCAP0L = 0x20;                //PWM0 的占空比为 87.5％((100H - 20H)/100H)
    CCAPM0 = 0x42;                         //PCA 模块 0 为 8 位 PWM 模式

    PCA_PWM1 = 0x40;                       //PCA 模块 1 工作于 7 位 PWM
    CCAP1H = CCAP1L = 0x20;                //PWM1 的占空比为 75％((80H - 20H)/80H)
    CCAPM1 = 0x42;                         //PCA 模块 1 为 7 位 PWM 模式

    CR = 1;                                //启动 PCA 定时器
    while(1);
}
```

该程序比较简单，就是按数据手册(第 931 页)，对其相应的寄存器设定合适的值。需要注意的是，为了方便测量，将 CCP 的输出 I/O 口映射到了引脚 P3.5、P3.6 上，两个引脚上的 PWM 波形分别如图 13-5 和图 13-6 所示。

图 13-5　P3.5 引脚上 87.5％占空比的 PWM

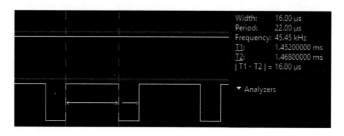

图 13-6　P3.6 引脚上 75％占空比的 PWM

13.2.3　利用 CCP/PCA 高速脉冲输出功能实现两路 PWM

实例说明：以 FSST15 开发板为平台，编写程序，让其引脚 P2.5、P2.6、P2.7 分别输出不同频率的 PWM 波形。读者可以根据 13.2.2 节实例的方法，分析例程，看输出和设定是否相仿。程序的具体源码如下。

```
# include "BSP_Include.h"

/ ************* 功能说明 **************
输出 3 路 9～16 位 PWM 信号
PWM 频率 = MAIN_Fosc / PWM_DUTY, 假设 MAIN_Fosc = 11.0592MHz, PWM_DUTY = 6000, 则输出 PWM 频
率为 1843Hz.
输出的引脚为 P2.7,P2.6,P2.5
***************************************** /

/ ******************* 主函数 ************************* /
void main(void)
{

    PCA_Init();                          //PCA 初始化
    EA = 1;
    P2M1 & = ~(0xe0);                    //P2.7,P2.6,P2.5 设置为推挽输出
    P2M0 | = (0xe0);

    while (1)
    {
        DelayMS(2);
```

```
            if(++pwm0 >= PWM_HIGH_MAX) pwm0 = PWM_HIGH_MIN;
            PWMn_Update(PCA0,pwm0);

            if(++pwm1 >= PWM_HIGH_MAX) pwm1 = PWM_HIGH_MIN;
            PWMn_Update(PCA1,pwm1);

            if(++pwm2 >= PWM_HIGH_MAX) pwm2 = PWM_HIGH_MIN;
            PWMn_Update(PCA2,pwm2);
    }
}
-----------------------------------------------------------------
#include "BSP_Include.h"

u16     CCAP0_tmp,PWM0_high,PWM0_low;
u16     CCAP1_tmp,PWM1_high,PWM1_low;
u16     CCAP2_tmp,PWM2_high,PWM2_low;

u16 pwm0,pwm1,pwm2;

// ===============================================================
//函数: void PWMn_SetHighReg(unsigned int high)
//描述: 更新占空比数据
//参数: high: 占空比数据,即 PWM 输出高电平的 PCA 时钟脉冲个数
//返回: 无
//版本: VER1.0 2013 - 5 - 15
// ===============================================================
void PWMn_Update(u8 PCA_id, u16 pwm)
{
    if(pwm > PWM_HIGH_MAX) pwm = PWM_HIGH_MAX;
    //如果写入大于最大占空比数据,强制为最大占空比
    if(pwm < PWM_HIGH_MIN) pwm = PWM_HIGH_MIN;
    //如果写入小于最小占空比数据,强制为最小占空比

    if(PCA_id == PCA0)
    {
        CR = 0;                          //停止 PCA 一会, 一般不会影响 PWM
        PWM0_high = pwm;                 //数据在正确范围,则装入占空比寄存器
        PWM0_low = PWM_DUTY - pwm;
        //计算并保存 PWM 输出低电平的 PCA 时钟脉冲个数
        CR = 1;                          //启动 PCA
    }
    else if(PCA_id == PCA1)
    {
        CR = 0;                          //停止 PCA
        PWM1_high = pwm;                 //数据在正确范围,则装入占空比寄存器
        PWM1_low = PWM_DUTY - pwm;
        //计算并保存 PWM 输出低电平的 PCA 时钟脉冲个数
```

```
        CR = 1;                                    //启动 PCA
    }
    else if(PCA_id == PCA2)
    {
        CR = 0;                                    //停止 PCA
        PWM2_high = pwm;                           //数据在正确范围,则装入占空比寄存器
        PWM2_low = PWM_DUTY - pwm;
        //计算并保存 PWM 输出低电平的 PCA 时钟脉冲个数
        CR = 1;                                    //启动 PCA
    }
}


// ==============================================================
//函数: void PCA_Init(void)
//描述: PCA 初始化程序
//参数: none
//返回: none
//版本: V1.0, 2013 - 11 - 22
// ==============================================================
void PCA_Init(void)
{
    CR = 0;
    AUXR1 = (AUXR1 & ~(3 << 4)) | PCA_P24_P25_P26_P27;     //切换 I/O 口
    CCAPM0 = (PCA_Mode_HighPulseOutput | ENABLE);
    //16 位软件定时、高速脉冲输出、中断模式
    CCAPM1 = (PCA_Mode_HighPulseOutput | ENABLE);
    CCAPM2 = (PCA_Mode_HighPulseOutput | ENABLE);

    CH = 0;
    CL = 0;
    CMOD = (CMOD & ~(7 << 1)) | PCA_Clock_1T;     //选择时钟源
    PPCA = 1;                                      //高优先级中断

    pwm0 = (PWM_DUTY / 4 * 1);                     //给 PWM 一个初值
    pwm1 = (PWM_DUTY / 4 * 2);
    pwm2 = (PWM_DUTY / 4 * 3);

    PWMn_Update(PCA0,pwm0);
    PWMn_Update(PCA1,pwm1);
    PWMn_Update(PCA2,pwm2);

    CR     = 1;                                    //运行 PCA 定时器
}
// ==============================================================
//函数: void PCA_Handler (void) interrupt 7
//描述: PCA 中断处理程序
//参数: None
```

```
//返回: none
//版本: V1.0, 2012 - 11 - 22
// =========================================================
void PCA_Handler (void) interrupt 7
{
    if(CCF0)                                    //PCA 模块 0 中断
    {
        CCF0 = 0;                               //清 PCA 模块 0 中断标志
        if(P25) CCAP0_tmp += PWM0_high;
        //输出为高电平,则给影射寄存器装载高电平时间长度
        else CCAP0_tmp += PWM0_low;
        //输出为低电平,则给影射寄存器装载低电平时间长度
        CCAP0L = (u8)CCAP0_tmp;                 //将影射寄存器写入捕获寄存器,先写入 CCAP0L
        CCAP0H = (u8)(CCAP0_tmp >> 8);          //后写 CCAP0H
    }

    if(CCF1)                                    //PCA 模块 1 中断
    {
        CCF1 = 0;                               //清 PCA 模块 1 中断标志
        if(P26) CCAP1_tmp += PWM1_high;
        //输出为高电平,则给影射寄存器装载高电平时间长度
        else CCAP1_tmp += PWM1_low;
        //输出为低电平,则给影射寄存器装载低电平时间长度
        CCAP1L = (u8)CCAP1_tmp;                 //将影射寄存器写入捕获寄存器,先写 CCAP0L
        CCAP1H = (u8)(CCAP1_tmp >> 8);          //后写 CCAP0H
    }

    if(CCF2)                                    //PCA 模块 2 中断
    {
        CCF2 = 0;                               //清 PCA 模块 1 中断标志
        if(P27) CCAP2_tmp += PWM2_high;
        //输出为高电平,则给影射寄存器装载高电平时间长度
        else CCAP2_tmp += PWM2_low;
        //输出为低电平,则给影射寄存器装载低电平时间长度
        CCAP2L = (u8)CCAP2_tmp;                 //将影射寄存器写入捕获寄存器,先写 CCAP0L
        CCAP2H = (u8)(CCAP2_tmp >> 8);          //后写 CCAP0H
    }
}
----------------------------------------------------------------
#ifndef __FsBSP_PWM_H__
#define __FsBSP_PWM_H__

#include "BSP_Include.h"

#define   PWM_DUTY        6000
//定义 PWM 的周期,数值为 PCA 所选择的时钟脉冲个数
#define   PWM_HIGH_MIN    80
```

```c
//限制 PWM 输出的最小占空比，避免中断里重装参数时间不够
#define    PWM_HIGH_MAX    (PWM_DUTY - PWM_HIGH_MIN)
//限制 PWM 输出的最大占空比
#define PCA0              0
#define PCA1              1
#define PCA2              2
#define PCA_Counter       3
#define PCA_P12_P11_P10_P37 (0 << 4)
#define PCA_P34_P35_P36_P37 (1 << 4)
#define PCA_P24_P25_P26_P27 (2 << 4)
#define PCA_Mode_PWM              0x42
#define PCA_Mode_Capture          0
#define PCA_Mode_SoftTimer        0x48
#define PCA_Mode_HighPulseOutput  0x4c
#define PCA_Clock_1T      (4 << 1)
#define PCA_Clock_2T      (1 << 1)
#define PCA_Clock_4T      (5 << 1)
#define PCA_Clock_6T      (6 << 1)
#define PCA_Clock_8T      (7 << 1)
#define PCA_Clock_12T     (0 << 1)
#define PCA_Clock_Timer0_OF   (2 << 1)
#define PCA_Clock_ECI     (3 << 1)
#define PCA_Rise_Active(1 << 5)
#define PCA_Fall_Active(1 << 4)
#define PCA_PWM_8bit      (0 << 6)
#define PCA_PWM_7bit      (1 << 6)
#define PCA_PWM_6bit      (2 << 6)

#define       ENABLE      1
#define       DISABLE     0

typedef    unsigned char   u8;
typedef    unsigned int    u16;
typedef    unsigned long   u32;

extern u16 pwm0,pwm1,pwm2;
extern void PWMn_Update(u8 PCA_id, u16 pwm);
extern void PCA_Init(void);

#endif
```

13.2.4 用 T0 输出 PWM

前面都是用 CCP/PCA 来输出 PWM，这里再为读者讲述一种方法，利用定时来产生 PWM。

实例简介：使用定时器 0 模拟 16 通道的 PWM。输出 I/O 口分别为 P1.0～ P1.7，

P2.0～P2.7,对应依次是 PWM0～PWM15。在实际中,定时器中断频率最好不要超过 100kHz,留足够的时间给别的程序运行。本例使用 11.0592MHz 时钟,25kHz 的中断频率,250 级的 PWM,周期为 10ms,其中中断处理的时间不超过 6μs,占 CPU 时间大约为 15%。具体源码如下。

```c
# include "BSP_Include.h"

void main(void)
{
    u8 i;
    Timer0_Init();
    cnt_1ms = Timer0_Rate / 1000;             //1ms 计数
    cnt_20ms = 20;
    for(i = 0; i < 16; i++) pwm[i] = i * 15 + 15;               //给 PWM 一个初值
    while(1)
    {
        if(B_1ms)                         //1ms 到
        {
            B_1ms = 0;
            if( -- cnt_20ms == 0)             //PWM 20ms 改变一阶
            {
                cnt_20ms = 20;
                for(i = 0; i < 16; i++) pwm[i]++;
            }
        }
    }
}
-----------------------------------------------------------------
# include "BSP_Include.h"
// ************** PWM8 变量和常量以及 I/O 口定义 ***************
// ******************** 8 通道 8 位软 PWM ********************
u8 bdata PWM_temp0,PWM_temp2;                 //影射一个 RAM,可位寻址,输出时同步刷新
sbit    P_PWM0   =   PWM_temp0 ^0;            //定义影射 RAM 每位对应的 I/O 口
sbit    P_PWM1   =   PWM_temp0 ^1;
sbit    P_PWM2   =   PWM_temp0 ^2;
sbit    P_PWM3   =   PWM_temp0 ^3;
sbit    P_PWM4   =   PWM_temp0 ^4;
sbit    P_PWM5   =   PWM_temp0 ^5;
sbit    P_PWM6   =   PWM_temp0 ^6;
sbit    P_PWM7   =   PWM_temp0 ^7;
sbit    P_PWM8   =   PWM_temp2 ^0;
sbit    P_PWM9   =   PWM_temp2 ^1;
sbit    P_PWM10  =   PWM_temp2 ^2;
sbit    P_PWM11  =   PWM_temp2 ^3;
sbit    P_PWM12  =   PWM_temp2 ^4;
sbit    P_PWM13  =   PWM_temp2 ^5;
```

```
sbit    P_PWM14  =    PWM_temp2 ^6;
sbit    P_PWM15  =    PWM_temp2 ^7;


u8      pwm_duty;                                //周期计数值
u8      pwm[16];                                 //pwm0～pwm15 为 0 至 15 路 PWM 的宽度值
bit     B_1ms;
u8      cnt_1ms;
u8      cnt_20ms;
/* *************************************************************
 * 函数名称: Timer0_Init()
 * 入口参数: 无
 * 出口参数: 无
 * 函数功能: 初始化定时器 0
 ************************************************************* */
void Timer0_Init(void)
{
    AUXR | = (1 << 7);                           //定时器 0 工作在 1T 模式下
    TMOD & = ~(1 << 2);
    TMOD & = ~0x03;                              //设置定时器 0 为 16 位自动重装模式
    TH0 = Timer0_Reload / 256;
    TL0 = Timer0_Reload % 256;
    ET0 = 1;                                     //使能定时器 0 中断
    PT0 = 1;                                     //高优先级
    TR0 = 1;                                     //定时器 0 工作
    EA = 1;                                      //打开总中断
}
/* *************************************************************
 * 函数名称: timer0 (void) interrupt 1
 * 入口参数: 无
 * 出口参数: 无
 * 函数功能: 定时器 0 的中断函数_Timer0 1ms 中断函数
 ************************************************************* */
void timer0 (void) interrupt 1
{
    P0 = PWM_temp0;                              //影射 RAM 输出到实际的 PWM 端口
    P2 = PWM_temp2;

    if(++pwm_duty == PWM_DUTY_MAX)               //PWM 周期结束,重新开始新的周期
    {
        pwm_duty = 0;
        PWM_temp0 = PWM_ALL_ON;
        PWM_temp2 = PWM_ALL_ON;
    }
    ACC = pwm_duty;
    if(ACC == pwm[0])    P_PWM0 = PWM_OFF;       //判断 PWM 占空比是否结束
    if(ACC == pwm[1])    P_PWM1 = PWM_OFF;
    if(ACC == pwm[2])    P_PWM2 = PWM_OFF;
```

```
    if(ACC == pwm[3])      P_PWM3 = PWM_OFF;
    if(ACC == pwm[4])      P_PWM4 = PWM_OFF;
    if(ACC == pwm[5])      P_PWM5 = PWM_OFF;
    if(ACC == pwm[6])      P_PWM6 = PWM_OFF;
    if(ACC == pwm[7])      P_PWM7 = PWM_OFF;
    if(ACC == pwm[8])      P_PWM8 = PWM_OFF;
    if(ACC == pwm[9])      P_PWM9 = PWM_OFF;
    if(ACC == pwm[10])     P_PWM10 = PWM_OFF;
    if(ACC == pwm[11])     P_PWM11 = PWM_OFF;
    if(ACC == pwm[12])     P_PWM12 = PWM_OFF;
    if(ACC == pwm[13])     P_PWM13 = PWM_OFF;
    if(ACC == pwm[14])     P_PWM14 = PWM_OFF;
    if(ACC == pwm[15])     P_PWM15 = PWM_OFF;

    if( -- cnt_1ms == 0)
    {
        cnt_1ms = Timer0_Rate / 1000;
        B_1ms = 1;                          //1ms 标志
    }
}
--------------------------------------------------------------
# ifndef __FsBSP_Timer_H__
# define __FsBSP_Timer_H__

# include "STC15.h"

# define Timer0_Rate 25000                  //中断频率
# define Timer0_Reload (65536UL - (MAIN_Fosc / Timer0_Rate))
//Timer 0 重装值
# define     PWM_DUTY_MAX     250           //0~255 PWM 周期, 最大 255
# define     PWM_ON           1             //定义占空比的电平, 1 或 0
# define     PWM_OFF          (!PWM_ON)
# define     PWM_ALL_ON       (0xff * PWM_ON)

typedef     unsigned char     u8;
typedef     unsigned int      u16;
typedef     unsigned long     u32;

extern u8     pwm_duty;                      //周期计数值
extern u8     bdata PWM_temp0,PWM_temp2;     //影射一个 RAM,输出时同步刷新
extern u8     pwm[16];
extern bit    B_1ms;
extern u8     cnt_1ms;
extern u8     cnt_20ms;

extern void Timer0_Init(void);

# endif
```

13.3　增强型高精度 PWM 的基本应用

上面主要讲述了利用定时器、CCP/PCA 等方式(也即软件模拟)产生 PWM 波形的方法,软件模拟一般存在占用软件资源多、效率低等缺点。为此 STC15 系列单片机,增加了高精度、带死区控制的增强型 PWM 波形发生器。下面学习如何利用 STC15 系列单片机内部的硬件资源来产生想要的 PWM。

13.3.1　与高精度 PWM 相关的功能寄存器

在 PWM 输出及使用的过程中,需要借助很多寄存器的配合,才能得以实现。说到寄存器,读者应该不陌生,这里不详细介绍,仅简单介绍其功能及应用。

(1)端口配置寄存器(P-SW2)。该寄存器为特殊功能寄存器,字节地址为 BAH,复位值为 0x00。这里仅介绍 EAXSFR 位,其他位读者自行查阅 STC 官方数据手册。EAXSFR 位为 1 时,则操作指令的对象为 SFR(XSFR);该位为 1 时,则操作对象为外扩 RAM(XRAM)。

注意:若要访问 PWM 在扩展 RAM 区的特殊功能寄存器,必须先将 EAXSFR 位置 1。

---

(2)PWM 配置寄存器(PWMCFG)。该寄存器为特殊功能寄存器,字节地址为 F1H,复位值为 0x00。PWM 配置寄存器的各个位描述如表 13-2 所示。

表 13-2　PWM 配置寄存器(PWMCFG)的位描述

位(Bit)	B7	B6	B5	B4	B3	B2	B1	B0
名称(Name)		CBTADC	C7INI	C6INI	C5INI	C4INI	C3INI	C2INI

CBTADC:决定 PWM 计数器归零时(CBIF==1 时)是否触发 ADC 转换。0:PWM 计数器归零时不触发 ADC 转换;1:PWM 计数器归零时自动触发 ADC 转换。CnINI:设置 PWMn 输出端口的初始电平。0:PWMn 输出端口的初始电平为低电平;1:PWMn 输出端口的初始电平为高电平。

注意:这里的 n=2,…,7,也即该寄存器的后 6 位分别对应 PWM7～PWM2 的初始电平。

---

(3)PWM 控制寄存器(PWMCR)。该寄存器为特殊功能寄存器,字节地址为 F5H,复位值为 0x00。PWM 配置寄存器的各个位描述如表 13-3 所示。

表 13-3　PWM 控制寄存器(PWMCR)的位描述

位(Bit)	B7	B6	B5	B4	B3	B2	B1	B0
名称(Name)	ENPWM	ECBI	ENC70	ENC60	ENC50	ENC40	ENC30	ENC20

ENPWM：使能增强型 PWM 波形发生器。0：关闭 PWM 波形发生器；1：使能 PWM 波形发生器，PWM 计数器开始计数。关于 ENPWM 控制位，需要注意以下两点。

① ENPWM 一旦被使能后，内部的 PWM 计数器会立即开始计数，并与 T1/T2 两个翻转点的值进行比较，所有 ENPWM 必须在其他所有的 PWM 设置（包括 T1/T2 翻转点的设置、初始电平的设置、PWM 异常检测的设置以及 PWM 中断设置）都完成后，才能使能 ENPWM 位。

② ENPWM 控制位既是整个 PWM 模块的使能位，也是 PWM 计数器开始计数的控制位。在 PWM 计数器计数的过程中，ENPWM 控制位被关闭时，PWM 计数会立即停止，当再次使能 ENPWM 控制位时，PWM 的计数会从 0 开始重新计数，而不会记忆 PWM 停止计数前的计数值。

ECBI：PWM 计数器归零中断使能位。0：关闭 PWM 计数器归零中断（CBIF 依然会被硬件置位）；1：使能 PWM 计数器归零中断。

ENCnO：PWMn 输出使能位（其中，n=2～7，并且所有的 n 必须一一对应）。0：PWM 通道 n 的端口为 GPIO；1：PWM 通道 n 的端口为 PWM 输出口，受 PWM 波形发生器控制。

（4）PWM 中断标志寄存器（PWMIF）。该寄存器为特殊功能寄存器，字节地址为 F6H，复位值为 0x00。PWM 配置寄存器的各个位描述如表 13-4 所示。

表 13-4　PWM 中断标志寄存器的格式

位（Bit）	B7	B6	B5	B4	B3	B2	B1	B0
名称（Name）		CBIF	C7IF	C6IF	C5IF	C4IF	C3IF	C2IF

CBIF：PWM 计数器归零中断标志位。

当 PWM 计数器归零时，硬件自动将此位置 1。当 ECBI＝1 时，程序会跳转到相应中断入口执行中断服务程序，需要软件清零。

CnIF：第 n 通道的 PWM 中断标志位（其中，n＝2～7，并且所有的 n 必须一一对应）。

可设置在翻转点 1 和翻转点 2 触发 CnIF（详见 ECnT1SI 和 ECnT2SI）。当 PWM 发生翻转时，硬件自动将此位置 1。当 EPWMnI＝1 时，程序会跳转到相应中断入口执行中断服务程序，需要软件清零。

（5）PWM 外部异常控制寄存器（PWMFDCR）。该寄存器为特殊功能寄存器，字节地址为 F7H，复位值为 0bxx00 0000。PWM 配置寄存器的各个位描述如表 13-5 所示。

表 13-5　PWM 外部异常控制寄存器的各个位描述

位（Bit）	B7	B6	B5	B4	B3	B2	B1	B0
名称（Name）			ENFD	FLTFLIO	EFDI	FDCMP	FDIO	FDIF

ENFD：PWM 外部异常检测功能控制位。0：关闭 PWM 的外部异常检测功能；1：使能 PWM 的外部异常检测功能。

PLTFLIO：发生 PWM 外部异常时对 PWM 输出口的控制位。0：发生 PWM 外部异常时，PWM 的输出口不作任何改变；1：发生 PWM 外部异常时，PWM 的输出口立即被设置为高阻输入模式（既不对外输出电流，也不对内输出电流）。

EFDI：PWM 异常检测中断使能位。0：关闭 PWM 异常检测中断（FDIF 依然会被硬件置位）；1：使能 PWM 异常检测中断。

FDCMP：设定 PWM 异常检测源为比较器的输出。0：比较器与 PWM 无关；1：当比较器正极 P5.5/CMP＋的电平比比较器负极 P5.4/CMP－的电平高或者比较器正极 P5.5/CMP＋的电平比内部参考电压源 1.28V 高时，触发 PWM 异常。

FDIO：设定 PWM 异常检测源为端口 P2.4 的状态。0：P2.4 的状态与 PWM 无关；1：当 P2.4 的电平为高时，触发 PWM 异常。

FDIF：PWM 异常检测中断标志位。

当发生 PWM 异常（比较器正极 P5.5/CMP＋的电平比比较器负极 P5.4/CMP－的电平高或比较器正极 P5.5/CMP＋的电平比内部参考电压源 1.28V 高或者 P2.4 的电平高）时，硬件自动将此位置 1；当 EFDI＝1 时，程序会跳转到相应中断入口执行中断服务程序，需要软件清零。

（6）PWM 计数器。PWM 计数器高字节，即 PWMCH（高 7 位），地址为 FFF0H，复位值为 0bx000 0000；PWMCL（低 8 位），字节地址为 FFF1H，复位值为 0b0000 0000，各个位的描述见表 13-6。

表 13-6   PWM 计数器寄存器

位（Bit） SFR 名称	B7	B6	B5	B4	B3	B2	B1	B0
PWMCH				PWMCH[14：8]				
PWMCL				PWMCL[7:0]				

PWM 计数器为一个 15 位的寄存器，可设定 1～32 767 之间的任意值作为 PWM 的周期。PWM 波形发生器内部的计数器从 0 开始计算，每个 PWM 时钟周期递增 1，当内部计数器的计数值达到 [PWMCH，PWMCL] 所设定的 PWM 周期时，PWM 波形发生器内部的计数器将会从 0 重新开始计数，硬件会自动将 PWM 归零中断标志位 CBIF 置 1，若 ECBI＝1，程序将跳转到相应中断入口执行中断服务程序。

（7）PWM 时钟选择寄存器（PWMCKS）。该寄存器字节地址为 FFF2H，复位值为 0b0000 0000。PWM 时钟选择寄存器的各个位描述如表 13-7 所示。

表 13-7   PWM 时钟选择寄存器

位（Bit）	B7	B6	B5	B4	B3	B2	B1	B0
名称（Name）				SELT2		PS[3:0]		

SELT2：PWM时钟源选择。0：PWM时钟源为系统时钟经分频器分频之后的时钟；1：PWM时钟源为定时器2的溢出脉冲。

PS[3:0]：系统时钟预分频参数。当SELT2=0时，PWM时钟为系统时钟/(PS[3:0]+1)。

（8）PWM2的翻转计数器。两个翻转计数器的具体格式，读者可参考STC官方数据手册第1035页，这里不赘述。PWM波形发生器设计了两个用于控制PWM波形翻转的15位计数器，可设定1～32767之间的任意值。PWM波形发生器内部的计数器的计数值与T1/T2所设定的值相匹配时，PWM的输出波形将发生翻转。

（9）PWM2的控制寄存器（PWM2CR）。该寄存器的字节地址为FF04H，复位值为0bxxxx 0000。其各个位的描述见表13-8。

表 13-8　PWM2 的控制寄存器

位（Bit）	B7	B6	B5	B4	B3	B2	B1	B0
名称（Name）					PWM2-PS	EPWM2I	EC2T2SI	EC2T1SI

PWM2-PS：PWM2输出引脚选择位。0：PWM2输出引脚为PWM2，即P3.7；1：PWM2输出引脚PWM2-2，即P2.7。

EPWM2I：PWM2中断使能控制位。0：关闭PWM2中断；1：使能PWM2中断，当C2IF被硬件置1时，程序将跳转到相应中断入口执行中断服务程序。

EC2T2SI：PWM2的T2匹配发生波形翻转时的中断控制位。0：关闭T2翻转时中断；1：使能T2翻转时中断，当PWM波形发生器内部计数值与T2计数器所设定的值相匹配时，PWM的波形发生翻转，同时硬件将C2IF置1，此时若EPWM2I=1，则程序将跳转到相应中断入口执行中断服务程序。

EC2T1SI：PWM2的T1匹配发生波形翻转时的中断控制位。0：关闭T1翻转时中断；1：使能T1翻转时中断，当PWM波形发生器内部计数值与T1计数器所设定的值相匹配时，PWM的波形发生翻转，同时硬件将C2IF置1，此时若EPWM2I=1，则程序将跳转到相应中断入口执行中断服务程序。

限于篇幅，关于PWM3～PWM7的控制和翻转寄存器，以及中断优先级的设置等，请读者自行查阅数据手册，这里不赘述。

13.3.2　蜂鸣器和PWM的应用实例

蜂鸣器是一种一体化结构的电子讯响器，采用直流电压供电，广泛应用与计算机、打印机、报警器、电子玩具、汽车电子设备、电话机、定时器等电子产品中作发声器件，即用于产品的声音提醒或者报警。

蜂鸣器分为有源蜂鸣器和无源蜂鸣器，如图13-7所示。

从图13-7(a)、(b)的外观上看，两种蜂鸣器好像一样，但仔细看，两者的高度略有区别，有源蜂鸣器高度为9mm，而无源蜂鸣器的高度为8mm。如将两种蜂鸣器的引脚都朝上放

黑胶　电路板

(a) 有源蜂鸣器　　　　(b) 无源蜂鸣器

图 13-7　有源蜂鸣器与无源蜂鸣器示意图

置时,可以看出有绿色电路板的一种是无源蜂鸣器,没有电路板而用黑胶封闭的一种是有源蜂鸣器。还可以用万用表电阻档 Rx1 挡测试判断有源蜂鸣器和无源蜂鸣器:用黑表笔接蜂鸣器"-"引脚,红表笔在另一引脚上来回碰触,如果触发出"咔咔"声且电阻只有 8Ω(或 16Ω)的是无源蜂鸣器;如果能发出持续声音且电阻在几百欧以上的,是有源蜂鸣器。

有源蜂鸣器与无源蜂鸣器中的"源"不是指电源,而是振荡源。也就是说,有源蜂鸣器内部带振荡源,只要一通电就会鸣叫,而无源内部不带振荡源,所以如果用直流信号无法令其鸣叫,必须用 $2\sim5$kHz 的方波去驱动它。有源蜂鸣器往往比无源的贵,就是因为里面有多个振荡电路。飞天三号开发板中运用的是有源蜂鸣器,故以有源蜂鸣器为例做讲解。

无源蜂鸣器的优点是:价格便宜;声音频率可控,可发出"哆嘞咪发索拉西"的音效;在一些特例项目中,可以和 LED 复用一个控制口,以便节省 I/O 口。

有源蜂鸣器的优点是:程序控制简单。

先来看蜂鸣器驱动原理图,如图 13-8 所示。由于单片机 I/O 口的驱动电流才几百 μA,远远小于驱动蜂鸣器的电流,故用三极管来扩流,这里用的是 2N3906(PNP),由原理图可知,当 BepPWM(接了单片机的 P2.1 口)端出现低电平时,三极管导通,从而电流由 3.3V 经三极管再经蜂鸣器到达 GND,这样蜂鸣器就会发声,相反若 BepPWM 为高电平,则三极管截止,蜂鸣器中没有电流,那么肯定就不发声。其中二极管 D5 还是用来续流的,该知识在前面章节讲述二极管的用法时已讲述过,请读者自行复习即可。

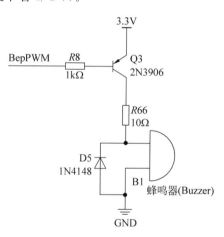

图 13-8　蜂鸣器驱动电路图

13.3.3　LED 灯和 PWM 的应用实例

LED 小灯的硬件知识在前面已经做了讲述,这里主要学习如何应用 PWM 去控制 LED 小灯,让其实现呼吸灯的效果。前面章节,曾用了一个很"巧妙"的简易算法,实现了呼吸灯,这里结合本章所学的 PWM,再来实现呼吸灯的效果。其具体源码如下。

```
#include "BSP_Include.h"
```

```
void main()
{
    P3M0 = 0x00;
    P3M1 = 0x00;                          //设置 PWM2 的 I/O 口 P3.7 为准双向口
    PWM2_Init();
    EA = 1;                               //开启中断,主要是开启 PWM2 的中断
    while (1);
}
```

```
# include "BSP_Include.h"
/* ************************************************************
* 函数名称: PWM2_Init(void)
* 入口参数: 无
* 出口参数: 无
* 函数功能: PWM2 的初始化函数
************************************************************ */
void PWM2_Init(void)
{
        P_SW2 |= 0x80;                    //使能访问 XSFR
        PWMCFG = 0x00;                    //配置 PWM 的输出初始电平为低电平
        PWMCKS = 0x00;                    //选择 PWM 的时钟为 Fosc/1
        PWMC = CYCLE;                     //设置 PWM 周期
        PWM2T1 = 0x0000;                  //设置 PWM2 第 1 次反转的 PWM 计数
        PWM2T2 = 0x0001;                  //设置 PWM2 第 2 次反转的 PWM 计数
                                          //占空比为(PWM2T2 - PWM2T1)/PWMC
        PWM2CR = 0x00;                    //选择 PWM2 输出到 P3.7,不使能 PWM2 中断
        PWMCR = 0x01;                     //使能 PWM 信号输出
        PWMCR |= 0x40;                    //使能 PWM 归零中断
        PWMCR |= 0x80;                    //使能 PWM 模块
        P_SW2 &= ~0x80;
}
/* ************************************************************
* 函数名称: pwm_isr() interrupt 22 using 1
* 入口参数: 无
* 出口参数: 无
* 函数功能: PWM 的中断函数
************************************************************ */
void pwm_isr() interrupt 22 using 1
{
    static bit dir = 1;
    static int val = 0;

    if (PWMIF & 0x40)
    {
        PWMIF &= ~0x40;
```

```
        if (dir)
        {
            val++;
            if (val >= CYCLE) dir = 0;
        }
        else
        {
            val--;
            if (val <= 1) dir = 1;
        }
        P_SW2 |= 0x80;
        PWM2T2 = val;
        P_SW2 &= ~0x80;
    }
}
----------------------------------------------------------------
# ifndef __FsBSP_PWM_H_
# define __FsBSP_PWM_H_

# include "BSP_Include.h"
# define CYCLE 0x1000L                          //定义 PWM 周期
extern void PWM2_Init(void);

# endif
```

读者可先编写完程序,再下载到 FSST15 开发板,看 D20(LED 小灯)如何变化,是否实现了呼吸灯效果? 答案是肯定的,那呼吸灯产生的原理是什么? 请读者用示波器或者逻辑分析仪来测量一下 P3.7 引脚的脉冲变化情况。有了直观的观察,再来分析呼吸灯产生的原理,就容易理解了。

13.4 常用的电动机驱动方式

无论是直流电动机、步进电动机,还是舵机,其一般的工作电流都比较大,若只用单片机去驱动,肯定不行。鉴于这种情况,必须要在电动机和单片机之间增加驱动电路,当然为了防止干扰,还可增加光耦,这里不赘述。下面要讲述的舵机若用不到驱动电路,那是因为舵机内部已经集成了驱动电路。

电动机的驱动电路大致分为两类:专用芯片和分立元件。专用芯片种类又有很多,例如 LG9110、L298N、L293、A3984、ML4428 等。分立元件是指用一些继电器、晶体管等搭建的驱动电路。这里以常用的电动机驱动芯片 L298 和典型的 H 桥驱动电路为例,来讲述驱动电路的原理。

13.4.1 对电动机驱动芯片 L298 的初步认识

L298 是 SGS 公司的产品,内部包含 4 通道逻辑驱动电路,是一种二相和四相电机的专用驱动器,内含两个 H 桥的高电压、大电流双全桥式驱动器,接受标准的 TTL 逻辑电平信号,可驱动 46V、2A 以下的电机。芯片有两种封装:插件式和贴片式,两种封装的实物图分别如图 13-9 和图 13-10 所示。

图 13-9　插件 L298 实物图

图 13-10　贴片 L298 实物图

两种封装的引脚对应图,读者可以自行查阅数据手册。接下来主要介绍其工作原理,L298 芯片内部主要由几个与门和三极管组成,内部结构如图 13-11 所示。

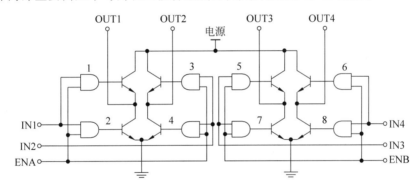

图 13-11　L298 的内部原理结构图

为了便于讲解,笔者在图上加上了 1,2,…,8 标号。图 13-11 中有两个使能端子 ENA 和 ENB。ENA 控制着 OUT1 和 OUT2；ENB 控制着 OUT3 和 OUT4。要让 OUT1～OUT4 有效,ENA、ENB 都必须使能(即为高电平)。假如此时 ENA、ENB 都有效,若 IN1 为 1,那么与门 1 的结果为 1,与门 2(注意与门 2 的上端有个反相器)的结果为 0,这样三极管 1 导通,2 截止,则 OUT1 为电源电压。相反,若 IN1 为 0,则三极管 1、2 分别为截止和导通状态,那么 OUT1 为地端电压(0V)。其他的三个输出端子原理类似。

在实际应用中,当控制直流电动机时,ENA、ENB 一般通过光耦再连接到处理器的 PWM 输出端,这个可以是内部硬件的 PWM 输出端,也可以软件模拟的 PWM 输出端,继而通过调节 PWM 的脉宽来控制电动机的速度；IN1、IN2 和 IN3、IN4 通过光耦连接到处理器的 I/O 口上,通过输出高低电平来控制电动机转动的方向。当控制步进电动机时,ENA、

ENB直接接高电平,之后通过控制IN1、IN2和IN3、IN4,来输出一定的脉冲,继而达到控制速度和方向的目的。当然具体情况,依实际需求而定,这里不赘述,读者可自行选择设计电路,进行试验。

13.4.2　H桥驱动电路简介

H桥驱动电路其实与图13-11有些类似,工作原理也是通过控制晶体管(三极管、MOS管)或继电器的通断以达到控制输出的目的。H桥的种类比较多,这里以比较典型的一个H桥驱动电路(见图13-12)为例,来分析其工作原理。

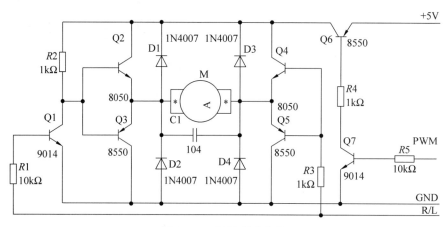

图13-12　H桥驱动电路

H桥驱动电路是通过控制PWM端子的高低电平来控制三极管Q6的通断,继而达到控制电源的通断,最后形成如图13-1、图13-2所示的占空比。R/L端(左转、右转控制端),若为高电平,则Q1、Q3、Q4导通,Q2、Q5截止,这样电流从电源出发,经由Q6、Q4、电机(M)、Q3到达接地端,电机右转(左转)。相反情况就留给读者分析了。这样就可控制电机的快慢,实现电机的左右转动。

13.5　三种常用电动机的驱动方法

电动机的种类繁多,这里主要以直流电动机、步进电动机、舵机为例,讲述电动机的驱动和控制,其他更详细的内容请读者自行查阅相关资料。

13.5.1　直流电动机

直流电动机的种类也比较多,例如有普通直流电动机、减速直流电动机、无刷直流电动机、伺服直流电动机和永磁直流电动机等。这里就以普通直流电动机为例,因其他类型的电动机都大同小异。直流电动机,有两个控制端子:一端接正电源,另一端接负电源,使电动机正(反)转,或反(正)转,若两端都为高电平或者低电平则电动机不转。但在一些需要精确的控制中，可能采用某些算法，例如 PID 算法，实现开环、闭环方式的控制。直流电动机的应用实例，将会在四轴飞行器章节做详细讲述，限于篇幅，这里不赘述。

13.5.2　简易步进电动机及其应用

步进电动机是将电脉冲信号转变为角位移或线位移的开环控制元件。在非超载的情况下，电动机的转速、停止的位置只取决于脉冲信号的频率和脉冲数，而不受负载变化的影响，当步进驱动器接收到一个脉冲信号，它就驱动步进电动机按设定的方向转动一个固定的角度，称为"步距角"，它的旋转是以固定的角度一步步运行的。可以通过控制脉冲个数来控制角位移量，从而达到准确定位的目的；同时可以通过控制脉冲频率来控制电动机转动的速度和加速度，从而达到调速的目的。

步进电动机的类型很多，按结构来分可分为：反应式（Variable Reluctance，VR）、永磁式（Permanent Magnet，PM）和混合式（Hybrid Stepping，HS）。

反应式：定子上有绕组、转子由软磁材料组成。结构简单、成本低、步距角小（可达 1.2°），但动态性能差、效率低、发热大，可靠性难保证，因而渐渐被淘汰。

永磁式：永磁式步进电机的转子用永磁材料制成，转子的极数与定子的极数相同。其特点是动态性能好、输出力矩大，但这种电机精度差，步矩角大（一般为 7.5°或 15°）。

混合式：混合式步进电机综合了反应式和永磁式的优点，其定子上有多相绕组、转子上采用永磁材料，转子和定子上均有多个小齿以提高步矩精度。其特点是输出力矩大、动态性能好、步距角小，但结构复杂、成本相对较高。

这里以 FSST15 实验板上附带的 28BYJ-48 为例，来讲述步进电动机的相关知识。首先介绍步进电动机型号的各个数字、字母的含义，例如 28BYJ-48，28 表示有效最大直径为 28mm，B 表示步进电机，Y 表示永磁式，J 表示减速型（减速比为：1/64），48 表示四相八拍，其外形如图 13-13 所示。

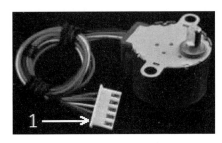

图 13-13　28BYJ-48 步进电机实物图

28BYJ-48 步进电机的内部结构如图 13-14 所示。

现参照图 13-14 来讲解什么是四相。里圈上面有 6 个齿，分别标注为 0～5，称为转子，顾名思义，它是要转动的。转子的每个齿上都带有永久的磁性，是一块永磁体，这就是"永磁式"的概念。外圈有 8 个齿，专业名称叫定子，它是保持不动的，实际上跟电动机的外壳固定在一起的，而每个齿上都缠上了一个线圈绕组，正对着的 2 个齿上的绕组又是串联在一起

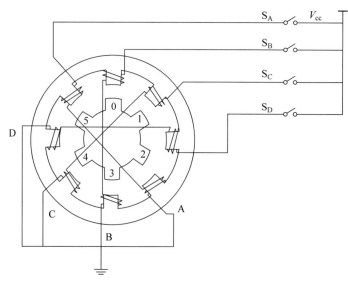

图 13-14　步进电动机内部结构

的,也就是说正对着的 2 个绕组总是会同时导通或断开的,如此就形成了四(8÷2)相,在图中分别标注为 A-B-C-D。

再来分析其转动的原理和控制的方式。转动原理为:当定子的一个绕组通电时,将产生一个方向的磁场,如果这个磁场的方向和转子的磁场方向不在同一条直线上,那么定子和转子的磁场将产生一个扭力将定子扭动。

依次给 A、B、C、D 四个端子脉冲时,转子就会连续不断地转动起来。每个脉冲信号对应步进电动机的某一相或两相绕组一次通电状态的改变,也就对应转子转过一定的角度(一个步距角)。当通电状态的改变完成一个循环时,转子转过一个齿距。四相步进电动机可以在不同的通电方式下运行,常见的通电方式有单(单相绕组通电)四拍(A-B-C-D-A…),双(双相绕组通电)四拍(AB-BC-CD-DA-AB-…),八拍(A-AB-B-BC-C-CD-D-DA-A…)。

原理讲完了,那如何让电动机转起来?再重温图 13-14 各个线的颜色,从下到上依次为蓝(D)、粉(C)、黄(B)、橙(A),其中红色为公共端子(COM),接电源 5V 就可以了,但由于书是黑白的,读者看不到这些色彩,笔者在上面加注了 1,用来标识"蓝色"。这样要 B 绕组导通,只需 B 相即黄色接地,别的同理。从而可得出如表 13-9 所示的八拍模式绕组控制表。

表 13-9　八拍模式绕组控制顺序表

线色	1	2	3	4	5	6	7	8
5 红	+	+	+	+	+	+	+	+
4 橙	−	−	+	+	+	+	+	−
3 黄	+	−	−	−	+	+	+	+
2 粉	+	+	+	−	−	−	+	+
1 蓝	+	+	+	+	+	−	−	−

现给出 FSST15 实验板上的步进电动机驱动电路,电路原理如图 13-15 所示。其中 MTC0、MTC1、MTC2、MTC3 分别连接单片机的引脚 P2.4、P2.5、P2.6、P2.7。

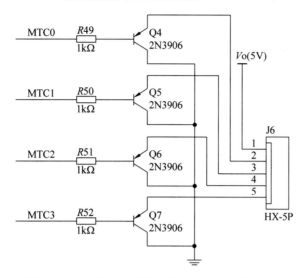

图 13-15　FSST15 实验板上步进电动机驱动原理图

为何不用单片机来直接驱动电动机? 原因是单片机的驱动能力还是较弱,因此加三极管来提高驱动能力。上面已经提到,要让 B 相导通,那么电动机黄色线端子(图 13-16 中 J6 的第 3 根线)要出现低电平,也就是让 MTC1 有个低电平,应该不难。最后,结合表 13-9,就可以将其对应的高低电平转换成如下一个数组:

```
unsigned char code MotorArrZZ[8] =
{0xEF,0xCF,0xDF,0x9F,0xBF,0x3F,0x7F,0x6F};
```

当然还可以写出反转所对应的数组,数组如下:

```
unsigned char code MotorArrFZ[8] =
{0x6F,0x7F,0x3F,0xBF,0x9F,0xDF,0xCF,0xEF};
```

或许读者很快就写出了如下的程序,那电动机正转了吗?

```
#include <reg52.h>
unsigned char code MotorArrZZ[8] =
{0xEF,0xCF,0xDF,0x9F,0xBF,0x3F,0x7F,0x6F};
void MotorInversion(void)
{
    unsigned char i;
    for(i = 0; i < 8; i++)
    { P2 = MotorArrFZ[i]; }
}
void main(void)
```

```
{
    while(1)
    {
        MotorInversion();
    }
}
```

结果是：反转都没有,怎么可能正转呢。那为何不转呢?

是程序有问题,还是笔者设计的电路有问题,或是步进电动机自身有问题呢?还得从厂家提供的电动机的数据参数寻找答案。28BYJ-48 步进电动机的参数如表 13-10 所示。

表 13-10   28BYJ-48 步进电动机的数据参数

供电电压(V)	相数	相电阻(Ω)	步进角度	减速比	启动频率(P.P.S)	转矩(g.cm)	噪声(dB)	绝缘介电强度
5	4	50±10%	5.625÷64	1:64	≥550	≥300	≤35	600VAC

先只看启动频率(≥550)。所谓启动频率是指步进电动机在空载情况下能够启动的最高脉冲频率,如果脉冲高于这个值,电动机就不能正常启动,更不用说转动了。若按 550 个脉冲来计算,则单个节拍持续时间为:1s÷550≈1.8ms,为了让电动机能正常转动,给的节拍时间必须要大于1.8ms。因此在上面程序第 8 行的后面增加一行 DelayMS(2),当然前面需要添加 DelayMS()函数,这时电动机肯定就转起来了。

电动机虽然转起来了,但用步进电动机绝对不仅是让其转动,而是要能精确快速地控制它转动,例如让其只转 30°或者所控制的物体只运动 3cm,这样不仅要精确地控制电动机,还要关注其转动的速度。

由表 13-10 可知步进电动机转一圈需要 64 个脉冲,且步进角为 5.625(5.625×64＝360°,刚好一圈)。问题是该电动机内部又加了减速齿轮,减速比为:1:64,意思是要外面的转轴转一圈,则里面转子需要 64×64(4096)个脉冲。那输出轴要转一圈就需要 8192(2×4096)ms,也即 8s 多,看来转速比较慢是有原因的。接着分析,既然 4096 个脉冲转一圈,那么 1°就需要 4096÷360 个脉冲,假如现在要让其转 20 圈,如何实现? 可以写出如下的程序。

```
# include "BSP_Include.h"

unsigned char code MotorArr[8] =
{0xEF,0xCF,0xDF,0x9F,0xBF,0x3F,0x7F,0x6F};

void Motor(void)
{
    unsigned long ulBeats = 0;
    unsigned char uStep = 0;
    ulBeats = 20 * 4096;
    while(ulBeats -- )
    {
```

```
        P2 = MotorArr[uStep];
        uStep++;
        if(8 == uStep)
        uStep = 0;
        DelayMS(5);
    }
}

void main(void)
{
    P2M0 = 0;
    P2M1 = 0;
    while(1)
    {
        Motor();
    }
}
```

可能很少读者会发现，电动机转的还不是那么精确，似乎在转了 20 圈之后，还多转了些角度。这些角度是多少？读者可以拆开电动机，观察里面的减速结构，数一数、算一算，看减速比是不是 1∶64？笔者拆开并计算完之后是：$(31 \div 10) \times (26 \div 9) \times (22 \div 11) \times (32 \div 9) \approx$ 63.683 95，这样，转一圈就需要 $64 \times 63.683\ 95 \approx 4076$ 个脉冲，那就将上面程序中的语句 "ulBeats＝20 * 4096" 改写成：ulBeats＝20 * 4076，接着将程序重新编译，下载，看这次是不是能精确到 20 圈。或许此时还是差那么一点，但这肯定在误差范围允许之内，若读者还不能接受，那就继续研究，设计出更精确的算法。

步进电动机种类繁多，在以后设计中未必只用一种，可无论用哪一种，分析的方法是相同的，就是依据厂家给出的参数，一步步测试、分析、计算，只有这样，才能掌握任何一种步进电动机。除此之外，步进电动机还有很多参数，如步距角精度、失步、失调角等，这些只能针对具体项目具体对待了。

13.5.3　舵机的基本操作实例

舵机（一种俗称），实质是一种伺服电动机。其特点是结构紧凑、控制简单、易安装调试、力矩大、成本较低。舵机的主要性能取决于最大力矩和工作速度（一般为一秒 60°）。它是一种位置伺服的驱动器，适用于那些需要角度不断变化并能够保持的控制系统。例如机器人控制系统中，舵机的控制直接影响着系统的好坏。目前在高档遥控玩具中，如航模（飞机模型，潜艇模型）、遥控机器人中得到了广泛的应用，其实物如图 13-16 所示。

控制信号由接收机的输入通道进入信号调制芯片，芯片从而获得直流偏置电压，其内部有一个基准电路，能够产生周期为 20ms，宽度为 1.5ms 的基准信号，将获得的直流偏置电压与电位器的电压进行比较，获得电压差并输出。最后，电压差的正负输出到电动机驱动芯片决定电动机的正反转。当电动机转速一定时，通过级联减速齿轮带动电位器旋转，使得电

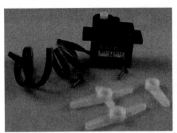

图 13-16　舵机实物图

压差为 0,这时电动机停止转动。这样输入的脉冲宽度就决定了舵机的转动角度,它们之间的对应关系如图 13-17 所示。读者可以不用了解其具体工作原理,知道其控制原理就够了。就如用三极管,只考虑其三种状态,不必关注内部电子是如何流动的。

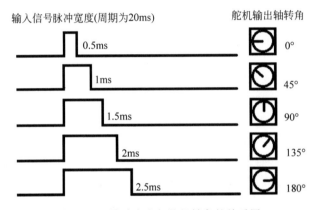

图 13-17　脉冲宽度与舵机转角的关系图

　　实例简介:以 FSST15 开发板为载体,用 P.0 口输出的 PWM 波去控制舵机,继而实现舵机的转动,同时,可通过 K2、K3 按键调节 PWM 的占空比,随着 PWM 占空比的不同,进而实现对舵机角度的调节。其具体程序代码如下。

```c
# include "BSP_Include. h"

void main()
{
    Timer0_Init();
    SingleKey_Init();
    while(1)
    {
        KeyScan();
    }
}
```

```c
#include "BSP_Include.h"

unsigned char ucCount;
unsigned long uCount;

/* ***************************************************************
* 函数名称: Timer0_Init()
* 入口参数: 无
* 出口参数: 无
* 函数功能: 初始化定时器 0
*************************************************************** */
void Timer0_Init(void)
{
    TMOD &= 0xf0;                      //设置定时器模式
    TMOD |= 0x01;                      //设置定时器模式
    TL0 = 0x33;                        //设置定时初值
    TH0 = 0xFE;                        //设置定时初值
    TR0 = 1;                           //定时器 0 开始计时
    EA = 1;
    ET0 = 1;
}
/* ***************************************************************
* 函数名称: timer0 (void) interrupt 1
* 入口参数: 无
* 出口参数: 无
* 函数功能: 定时器 0 的中断函数
*************************************************************** */
void Timer0_ISR(void) interrupt 1
{
    TL0 = 0x33;                        //设置定时初值
    TH0 = 0xFE;                        //设置定时初值
    if(uCount < ucCount)
        _PWM = 1;
    else
        _PWM = 0;
    uCount++;
    uCount %= 40;
}
----------------------------------------------------------------
#include "FsBSP_Key.h"
#include "STC15.h"
/* ***************************************************************
* 函数名称: LedGPIO_Init()
* 入口参数: 无
* 出口参数: 无
* 函数功能: 设置 P4^0 为低电平,则 k2,k3,k4,k5 则可以组成四个独立按键
*************************************************************** */
```

```c
void SingleKey_Init(void)
{
    KEY0 = 0;
}
/* ***********************************************************
 * 函数名称: KeyScan(void)
 * 入口参数: 无
 * 出口参数: 无
 * 函数功能: 通过操作 K2,K3 对输出的 PWM 的占空比进行调整
   *********************************************************** */
void KeyScan(void)
{
    if(!KeyInc)
    {
        DelayMS(10);
        if(!KeyInc)
        {
            ucCount++;
            uCount = 0;
            if(6 == ucCount)
                ucCount = 5;
            while(!KeyInc);
        }
    }

    if(!KeyDec)
    {
        DelayMS(10);
        if(!KeyDec)
        {
            ucCount -- ;
            uCount = 0;
            if(0 == ucCount)
                ucCount = 1;
            while(!KeyDec);
        }
    }
}
-------------------------------------------------------------
# ifndef  __FsBSP_KEY_H__
# define  __FsBSP_KEY_H__

# include "BSP_Include.h"

sbit KEY0 = P4^0;                        //设置 KEY0 = 0 则可以 k2,k3,k4,k5 组成四个独立按键
sbit KeyInc = P4^4;
sbit KeyDec = P4^5;
```

```
extern void SingleKey_Init(void);
extern void KeyScan(void);

#endif
```

在本章的程序中，有些重复了 N 多次的函数、头文件，例如延时函数等，这里没有提供，但不代表没有用，只是为了节省篇幅，简化程序结构。而对于读者，在学习这些程序时，一定要注意，具体完整的源码可参见随书附带的光盘。

13.6 课后学习

1. 用 CCP/CAP 方式产生不同占空比和不同频率的 PWM，具体频率读者定义。

2. 用 PWM 实现蜂鸣器的音乐播放，例如 SOS。

3. 自行找一直流电机，并搭建驱动电路，再接到单片机上，实现按键和 PWM 共同控制不同的转速，为后续的四轴飞行器打下牢靠的基础。

4. 编写程序，用 PWM 分别控制步进电动机的速度和舵机的转向。

第 14 章

亦步亦趋, 咫尺天涯:

数模(**D/A**)与模数(**A/D**)的转换

聚会时许多人会去 KTV"亮嗓", 可是否知道, 在"亮嗓"过程中, 将伴随着数字量和模拟量的实时"互换"。再如工业控制中, 也会存在数字量和模拟量的"互换"。本章将学习 A/D、D/A 转换过程、转换原理及转换方法。

14.1　D/A 和 A/D 转换的初步介绍

数模转换是指将数字量转换为模拟量(电压或电流), 使输出的模拟量与输入的数字量成正比。实现数模转换的电路称为数模转换器(Digital-Analog Converter), 简称 D/A 转换器或 DAC。

模数转换指将模拟量(电压或电流)转换成数字量。这种模数转换的电路成为模数转换器(Analog-Digital Converter), 简称 A/D 转换器或 ADC。

14.1.1　D/A 转换原理

D/A 转换电路就是将数字量转换成模拟量的转换器, 其转换的基本原理简述如下。

1. D/A 转换的基本思想

例如, 将二进制数 $N_D = (110011)_B$ 转换为十进制数, 则运算为:

$$N_D = 1 \times 2^5 + 1 \times 2^4 + 0 \times 2^3 + 0 \times 2^2 + 1 \times 2^1 + 1 \times 2^0 = 51$$

数字量是用代码按数位组合而成的, 对于有权码, 每位代码都有一定的权值, 如能将每一位代码按其权的大小转换成相应的模拟量, 然后, 将这些模拟量相加, 即可得到与数字量成正比的模拟量, 从而实现数字量—模拟量的转换。

2. D/A 转换的组成部分

D/A 转换电路主要由数码寄存器、n 位模拟开关、解码网络、求和电路等组成, 整体结构如图 14-1 所示。

3. D/A 转换的原理

上面看了 D/A 转换电路的结构, 接着再来学习 D/A 转换电路的内部转换结构和转换公式, 内部转换结构如图 14-2 所示。

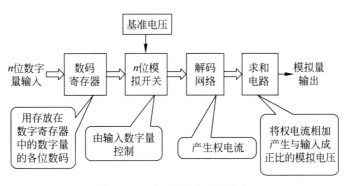

图 14-1　D/A 转换电路的结构

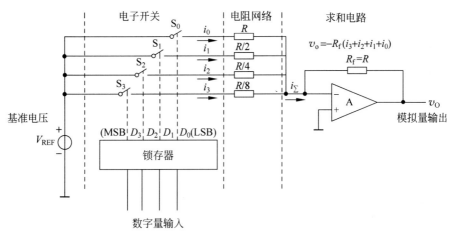

图 14-2　D/A 转换原理图

其中：$i_0 = \dfrac{V_{\text{REF}} D_0}{R}$，$i_1 = \dfrac{2V_{\text{REF}} D_1}{R}$，$i_2 = \dfrac{4V_{\text{REF}} D_2}{R}$，$i_3 = \dfrac{8V_{\text{REF}} D_3}{R}$，

$$v_O = -R_f(i_0 + i_1 + i_2 + i_3) = V_{\text{REF}}(D_3 2^3 + D_2 2^2 + D_1 2^1 + D_0 2^0)。$$

4．D/A 转换器的种类

D/A 转换器的种类很多，例如：T 型电阻网络、倒 T 型电阻网络、权电流、权电流网络、CMOS 开关型等。这里以倒 T 型电阻网络和权电流 D/A 转换器为例来讲述其原理。

1）倒 T 型电阻网络 D/A 转换器

倒 T 型电阻网络 D/A 转换器，因为其自身的特点，应用比较广泛。现以 4 位的倒 T 型电阻网络 D/A 转换器为例来讲述其转换原理，转换电路如图 14-3 所示。

说明：(1) $D_i = 0$，S_i 则将电阻 $2R$ 接地；$D_i = 1$，S_i 接运算放大器的反向端，电流 I_i 流入求和电路；

(2) 根据运放线性运用时虚地的概念可知，无论模拟开关 S_i 处于何种位置，与 S_i 相连的 $2R$ 电阻将接"地"或虚地。这样，就可以算出各个支路的电流以及总电流。其电流分别为：$I_3 = V_{\text{REF}}/2R$、$I_2 = V_{\text{REF}}/4R$、$I_1 = V_{\text{REF}}/8R$、$I_0 = V_{\text{REF}}/16R$、$I = V_{\text{REF}}/R$。从而可求出流入

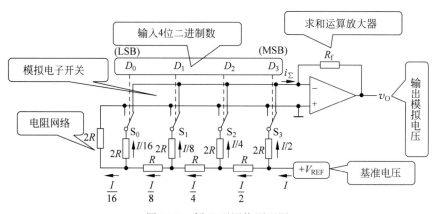

图 14-3　倒 T 型网络原理图

运放的总的电流为：$i_\Sigma = I_0 + I_1 + I_2 + I_3 = V_{REF}/R(D_0/2^4 + D_1/2^3 + D_2/2^2 + D_3/2^1)$

则输出的模拟电压为：$v_O = -i_\Sigma R_f = -\dfrac{R_f}{R} \cdot \dfrac{V_{REF}}{2^4} \sum_{i=0}^{3}(D_i \cdot 2^i)$

其电路特点如下：

(1) 电阻种类少,便于集成；

(2) 开关切换时,各点电位不变,因此速度快。

2) 权电流 D/A 转换器

权电流 D/A 转换器和倒 T 型电阻网络 D/A 转换器有些类似,都是通过反馈电阻和运放组成求和电路来实现电流到电压的转换,但其电流的产生机理有所不同,具体转换原理图如图 14-4 所示。

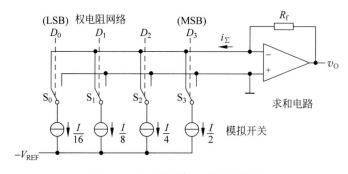

图 14-4　权电流 D/A 转换原理图

说明：(1) $D_i = 1$ 时,开关 S_i 接运放的反相端；$D_i = 0$ 时,开关 S_i 接地。

(2) $v_O = -i_\Sigma R_f = -R_f(D_3 I/2 + D_2 I/4 + D_1 I/8 + D_0 I/16)$,此时令 $R_0 = 2^3 R$、$R_1 = 2^2 R$、$R_2 = 2^1 R$、$R_1 = 2^0 R$、$R_f = 2^{-1} R$。代入上式有：$v_O = -V_{REF}/2^4(D_3 2^3 + D_2 2^2 + D_1 2^1 + D_0 2^0)$。

权电流 D/A 转换电路具有以下两个特点。

(1) 电阻数量少,结构简单；

（2）电阻种类多，差别大，不易集成。

5. D/A 转换的主要技术指标

1）分辨率

分辨率定义为 D/A 转换器模拟输出电压可能被分离的等级数。n 位 DAC 最多有 2^n 个模拟输出电压。位数越多 D/A 转换器的分辨率越高。

分辨率也可以用能分辨的最小输出电压($V_{REF}/2^n$)与最大输出电压($(V_{REF}/2^n)(2^n-1)$)之比给出。n 位 D/A 转换器的分辨率可表示为：$1/(2^n-1)$。

2）转换精度

转换精度是指对给定的数字量，D/A 转换器实际值与理论值之间的最大偏差。

产生原因：由于 D/A 转换器中各元件参数值存在误差，如基准电压不够稳定或运算放大器有零漂等。

几种转换误差：比例系数误差、失调误差和非线性误差等。

14.1.2　A/D 转换原理

1. A/D 转换分类

A/D 转换是指将模拟电压成正比地转换成对应的数字量。A/D 转换的分类和特点介绍如下。

1）并联比较型

其特点是：转换速度快，转换时间 10ns～1μs，但电路复杂。

2）逐次逼近型

其特点是：转换速度适中，转换时间为几 μs 到 100μs，转换精度高，在转换速度和硬件复杂度之间达到一个很好的平衡。

3）双积分型

其特点是：转换速度慢，转换时间几百 μs 到几 ms，但抗干扰能力最强。

2. A/D 转换的一般过程

由于输入的模拟信号在时间上是连续量，所以 A/D 转换的一般过程为：采样、保持、量化和编码，其过程如图 14-5 所示。

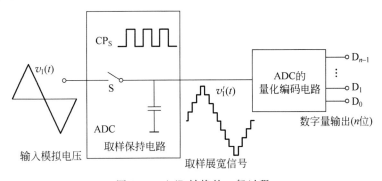

图 14-5　A/D 转换的一般过程

1）采样

采样是将随时间连续变化的模拟量转换为在时间上离散的模拟量。理论上来说，肯定是采样频率越高越接近真实值，但是实际上肯定做不到。那由什么来决定采样频率？是采样定理。采样原理图如图 14-6 所示。

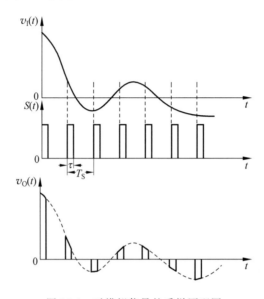

图 14-6　对模拟信号的采样原理图

采样定理：设采样信号 $S(t)$ 的频率为 f_s，输入模拟信号 $v_I(t)$ 的最高频率分量的频率为 f_{imax}，则 $f_s \geqslant 2f_{imax}$。

2）保持

将采得的模拟信号转换为数字信号需要一定时间，为了给后续的量化编码过程提供一个稳定的值，在采样电路后要求将所采样的模拟信号保持一段时间。下面是其保持电路（图 14-7(a)）与波形图（图 14-7(b)）。

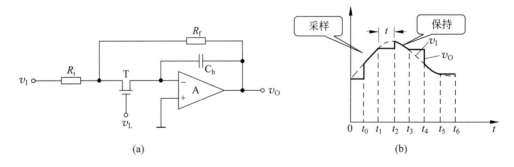

图 14-7　保持电路与波形图

电路分析：取 $R_i = R_f$，N 沟道 MOS 管 T 作为开关用。当控制信号 v_L 为高电平时，T 导通，v_I 经电阻 R_i 和 T 向电容 C_h 充电，则充电结束后 $v_O = -v_I = v_C$，当控制信号返回低电平后，T 截止，C_h 无放电回路，所以 v_O 的数值可被保存下来。

3）量化和编码

数字信号在数值上是离散的。采样-保持电路的输出电压还需按某种近似方式归化到与之相应的离散电平上，任何数字量只能是某个最小数量单位的整数倍。

量化后的数值最后还需通过编码过程用一个代码表示出来。经编码后得到的代码就是 A/D 转换器输出的数字量。

两种近似量化方式：只舍不入量化方式、四舍五入量化方式。

（1）只舍不入量化方式。量化过程将不足一个量化单位部分舍弃，对于等于或大于一个量化单位部分按一个量化单位处理。

（2）四舍五入量化方式。量化过程将不足半个量化单位部分舍弃，对于等于或大于半个量化单位部分按一个量化单位处理。

例：将 $0 \sim 1V$ 电压转换成 3 位二进制码。其过程如图 14-8 所示（图 14-8(a)为只舍不入量化方式；图 14-8(b)为四舍五入量化方式）。

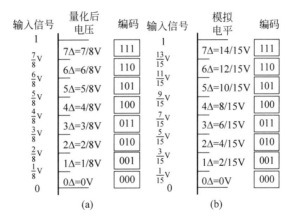

图 14-8　两种量化方式图

为了减小误差，显然四舍五入量化方式优于只舍不入量化方式，读者可自行理解。

3．A/D 转换器简介

1）并行比较型 A/D 转换器

其电路如图 14-9 所示。

这样，根据各比较器的参考电压，可以确定输入模拟电压值与各比较器输出状态的关系。比较器的输出状态由 D 触发器存储，经优先编码器编码，得到数字量输出。其真值表如表 14-1 所示。

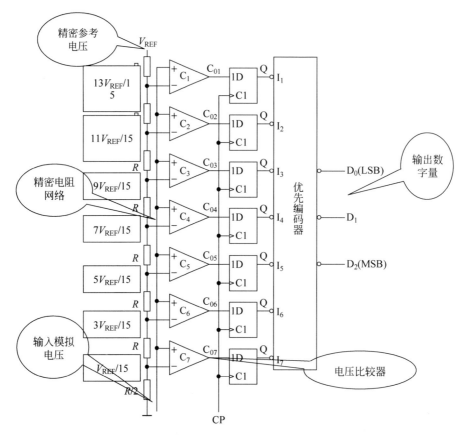

图 14-9　并行比较型 A/D 转换器电路图

表 14-1　3 位并行 A/D 转换输入与输出对应表

输入模拟电压 V_i	代码转换器输入							数字量		
	Q7	Q6	Q5	Q4	Q3	Q2	Q1	D2	D1	D0
$(0 \leqslant v_I \leqslant 1/15)V_{REF}$	0	0	0	0	0	0	0	0	0	0
$(1/15 \leqslant v_I \leqslant 3/15)V_{REF}$	0	0	0	0	0	0	1	0	0	1
$(3/15 \leqslant v_I \leqslant 5/15)V_{REF}$	0	0	0	0	0	1	1	0	1	0
$(5/15 \leqslant v_I \leqslant 7/15)V_{REF}$	0	0	0	0	1	1	1	0	1	1
$(7/15 \leqslant v_I \leqslant 9/15)V_{REF}$	0	0	0	1	1	1	1	1	0	0
$(9/15 \leqslant v_I \leqslant 11/15)V_{REF}$	0	0	1	1	1	1	1	1	0	1
$(11/15 \leqslant v_I \leqslant 13/15)V_{REF}$	0	1	1	1	1	1	1	1	1	0
$(13/15 \leqslant v_I \leqslant 1)V_{REF}$	1	1	1	1	1	1	1	1	1	1

　　单片集成并行比较型 A/D 转换器的产品很多,如 AD 公司的 AD9012 (TTL 工艺 8 位)、AD9002 (ECL 工艺,8 位)、AD9020 (TTL 工艺,10 位)等。

其优点是转换速度快,缺点是电路复杂。

2) 逐次比较型 A/D 转换器

逐次逼近转换过程与用天平秤物重非常相似。其转换原理图如图 14-10 所示,其转换过程和输出结果如图 14-11 所示。

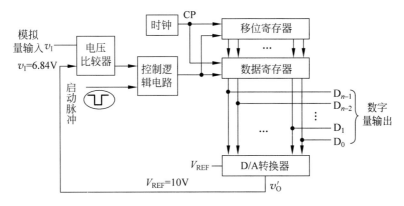

图 14-10　逐次比较型 A/D 转换原理图

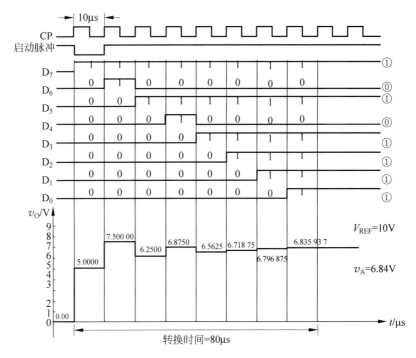

图 14-11　逐次比较型 A/D 转换的过程和结果

逐次比较型 A/D 转换器输出数字量的位数越多转换精度越高；逐次比较型 A/D 转换器完成一次转换所需时间与其位数 n 和时钟脉冲频率有关,位数愈少,时钟频率越高,转换所需时间越短。

3)间接型 A/D 转换器(略)

并行比较 A/D 转换器转换速度最高,逐次比较型 A/D 转换器次之,间接 A/D 转换器的速度最慢。

4.A/D 转换器的参数指标

1)转换精度

(1)分辨率:说明 A/D 转换器对输入信号的分辨能力。

一般以输出二进制(或十进制)数的位数表示。因为,在最大输入电压一定时,输出位数越多,量化单位越小,分辨率愈越。

(2)转换误差:表示 A/D 转换器实际输出的数字量和理论上的输出数字量之间的差别。常用最低有效位的倍数表示。

例如,相对误差≤±LSB/2,就表明实际输出的数字量和理论上应得到的输出数字量之间的误差小于最低位的半个字。

2)转换时间

转换时间是指从转换控制信号到来开始,到输出端得到稳定的数字信号所经过的时间。

14.2 STC15 单片机内部的 ADC

在工业设计和实际生活中,经常需要去处理一些模拟量,例如温度、压力、速度等,这些模拟量当然可以用传感器直接转换为数字量,再由单片机来处理,但是某时,可能传感器输出的还是一些电压、电流等模拟量,这就需要进一步进行模拟量到数字量的转换。正是出于这些原因,STC15 系列单片机内部增加了高性能的 A/D 转换功能。接下来学习 ADC 转换的原理及其编程结构。当然,为了实现 A/D 转换和 D/A 转换,世界上大多数 IC 厂商,生产了能满足各种需求、各种场合的转换芯片,限于篇幅,这里不赘述,读者可自行查阅相关资料。

14.2.1 STC15 系列单片机内部 ADC 的结构

在实际应用之前,先来看看 STC15 系列单片机 ADC(A/D 转换器)的内部结构框架,如图 14-12 所示。

读者需要注意,这里 10 位的 A/D 转换结果位数由不同的 CLK-DIV.5(PCON2.5)/ADRJ 值来决定,具体 A/D 转换结果寄存器的格式如表 14-2 所示。其中 CLK-DIV(PCON2)、ADC_RES 和 ADC_RESL 都是特殊功能寄存器,字节地址分别为 97H、BDH 和 BEH,复位值都为 0x00,且都不能位寻址。

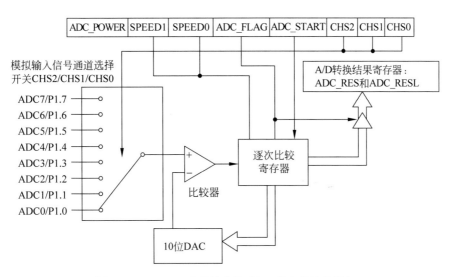

图 14-12 STC15 系列单片机 ADC 的内部结构框架

表 14-2 A/D 转换结果寄存器的格式

ADRJ 的取值	寄存器	寄存器位数							
0	ADC_RES	ADC_B9	ADC_B8	ADC_B7	ADC_B6	ADC_B5	ADC_B4	ADC_B3	ADC_B2
	ADC_RESL							ADC_B1	ADC_B0
1	ADC_RES							ADC_B9	ADC_B8
	ADC_RESL	ADC_B7	ADC_B6	ADC_B5	ADC_B4	ADC_B3	ADC_B2	ADC_B1	ADC_B0

STC15 系列单片机 ADC 由模拟多路选择开关（模拟输入信号通道选择开关）、比较器、逐次比较寄存器、10 位 DAC、转换结果寄存器（ADC-RES 和 ADC-RESL）以及 ADC-CONTR 构成。

STC15 系列单片机的 ADC 是逐次比较型 ADC。逐次比较型 ADC 由一个比较器和 D/A 转换器构成，通过逐次比较逻辑，从最高位(MSB)开始，顺序地对每一输入电压与内置 D/A 转换器输出进行比较，经过多次比较，使转换器所得的数字量逐次逼近输入模拟量的对应值。逐次比较型 A/D 转换器具有速度高，功耗低等优点，这些在前面讲述 A/D 转换时已讲过。

由图 14-12 可知，通过模拟多路开关，将通道 ADC0～7 的模拟量输入并且送给比较器。用数/模转换器(DAC)转换的模拟量与输入的模拟量通过比较器进行比较，将比较结果保存到逐次比较寄存器，并通过逐次比较寄存器输出转换结果。A/D 转换结束后，最终的转换结果保存到 ADC 转换结果寄存器（ADC-RES 和 ADC-RESL）中，同时，置位 ADC 控制寄存器（ADC-CONTR）中的 A/D 转换结束标志位（ADC-FLAG），以供程序查询或发出中断申请。其中，模拟通道由 ADC 控制寄存器（ADC-CONTR）中的 CHS2～CHS0 来确定。ADC 的转换速度由 ADC 控制寄存器中的 SPEED1 和 SPEED0 确定。在使用 ADC 之前，应先给 ADC 上电，也就是置位 ADC 控制寄存器中的 ADC-POWER 位。

由此,可得出以下公式:

(1) 当 ADRJ=0 时(结果取 10 位),$V_{in}=[(ADC-RES[7:0],ADC-RESL[1:0])/1024]\times V_{cc}$。

(2) 当 ADRJ=0 时(结果取 8 位),$V_{in}=[(ADC-RES[7:0])/256]\times V_{cc}$,这里读者一定要注意,因为这个逐次比较是从最高位开始的。

(3) 当 ADRJ=1 时(结果取 10 位),$V_{in}=[(ADC-RES[1:0],ADC-RESL[7:0])/1024]\times V_{cc}$。

式中,V_{in} 为模拟输入通道输入电压,V_{cc} 为单片机实际工作电压,用单片机工作电压作为模拟参考电压,FSST15 开发板上的 V_{cc} 实际电压为 3.3V,望读者注意。

14.2.2 与 ADC 有关的寄存器

要熟练使用 STC15 系列单片机内部的 A/D 转换功能,必须得熟练掌握其内部的寄存器,只要这样,才能手中握"剑",心中有"剑"。下面介绍与 A/D 转换有关的寄存器。

(1) P1 口模拟功能控制寄存器(P1ASF)。P1ASF 寄存器也属于特殊功能寄存器,字节地址为 0x9D(不能位寻址),复位值为 0x00。需要注意的是,该寄存器只能写,不能读其寄存器状态值,P1ASF 寄存器的格式如表 14-3 所示。

表 14-3 P1 口模拟功能控制寄存器(P1ASF)

位(Bit)	B7	B6	B5	B4	B3	B2	B1	B0
名称(Name)	P17ASF	P16ASF	P15ASF	P14ASF	P13ASF	P12ASF	P11ASF	P10ASF

说明:P1nASF 位分别控制 P1.n 口作为 A/D 转换口使用,这里的 n=0~7。

STC15 系类单片机的 A/D 转换口在 P1 口(P1.7~P1.0),有 8 路 10 位高速 A/D 转换器,速度可达到 300kHz(30 万次/秒)。8 路电压输入型 A/D 可做温度检测、电池电压检测、按键扫描、频谱检测等。上电复位后 P1 口为弱上拉型 I/O 口,用户可以通过软件设置将 8 路中的任何一路设置为 A/D 转换口,不需作为 A/D 使用的 P1 可继续作为 I/O 口使用(建议只作为输入),需作为 A/D 转换口使用的需先将 P1ASF 特殊功能寄存器中的相应位置 1,将相应的口设置为模拟功能。

(2) ADC 控制寄存器(ADC_CONTR)。该寄存器字节地址为 0xBC,复位值 0x00,ADC_CONTR 的各个位功能如表 14-4 所示。

表 14-4 ADC 控制寄存器(ADC_CONTR)

位(Bit)	B7	B6	B5	B4	B3	B2	B1	B0
名称(Name)	ADC_POWER	SPEED1	SPEED0	ADC_FLAG	ADC_START	CHS2	CHS1	CHS0

① ADC_POWER:ADC 电源控制位。

0:关闭 A/D 转换器电源;1:打开 A/D 转换器电源。

进入空闲模式和掉电模式前，将 A/D 转换器电源关闭，即 ADC_POWER＝0，可降低功耗。启动 A/D 转换前一定要确认 A/D 电源已打开，A/D 转换结束后关闭 A/D 电源可降低功耗，也可不关闭。初次打开内部 A/D 转换模拟电源，需适当延时，等内部模拟电源稳定后，再启动 A/D 转换。

注意：启动 A/D 转换后，在 A/D 转换结束之前，不改变任何 I/O 口的状态，有利于高精度的 A/D 转换，如能将定时器/串行口/中断系统关闭更好。

---

② SPEED1、SPEED0：模数转换器转换速度控制位，具体对应关系见表 14-5。

表 14-5　模数转换器转换速度控制位的对应关系

SPEED1	SPEED0	A/D 转换所需时间
1	1	90 个时钟周期转换一次，CPU 工作频率 27MHz 时，A/D 转换速度约为 300kHz（＝27MHz÷90）
1	0	180 个时钟周期转换一次
0	1	360 个时钟周期转换一次
0	0	540 个时钟周期转换一次

③ ADC_FLAG：模数转换器转换结束标志位。当 A/D 转换完成后，硬件会置位 ADC_FLAG 为 1，之后需要由软件清 0。不管是 A/D 转换完成后由该位申请产生中断，还是由软件查询该标志位确定 A/D 转换是否结束，当 A/D 转换完成后，ADC_FLAG＝1，一定要软件清 0。

④ ADC_START：模数转换器（ADC）转换启动控制位，设置为 1 时，开始转换，转换结束后，清 0 即可。

⑤ CHS2、CHS1、CHS0 为模拟输入通道选择位，具体对应关系如表 14-6 所示。

表 14-6　模拟输入通道选择对应表

CHS2	CHS1	CHS0	Analog Channel Select（模拟输入通道选择）
0	0	0	选择 P1.0 作为 A/D 输入
0	0	1	选择 P1.1 作为 A/D 输入
0	1	0	选择 P1.2 作为 A/D 输入
0	1	1	选择 P1.3 作为 A/D 输入
1	0	0	选择 P1.4 作为 A/D 输入
1	0	1	选择 P1.5 作为 A/D 输入
1	1	0	选择 P1.6 作为 A/D 输入
1	1	1	选择 P1.7 作为 A/D 输入

最后与中断有关的两个位 EADC、PADC 请读者查阅第 7 章的内容，具体见表 7-6 和表 7-7，限于篇幅，这里不赘述。

14.2.3 ADC 的简单应用实例

实验简介：在 FSST15 开发板上，编写程序，采样如图 14-13 所示的电位器两端（接单片机的 P1.5 口）的电压，之后将其电压值放大 10 倍显示在液晶上，同时显示 A/D 采样 10 位结果寄存器的数值，之后再右移 6 位，只保留前 4 位，再将移位后的数据划分为 4 个档，分别用 LED 小灯来指示。这里还是采取库函数的形式，实现程序的编写，具体程序如下。

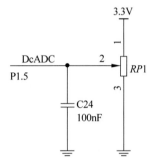

图 14-13 直流 A/D 采样原理图

```c
#include "BSP_Include.h"

void   GPIO_config(void)
{
    GPIO_InitTypeDef GPIO_InitStructure;

    GPIO_InitStructure.Mode = GPIO_OUT_PP;
    GPIO_InitStructure.Pin =
    GPIO_Pin_0|GPIO_Pin_1|GPIO_Pin_2|GPIO_Pin_3;
    GPIO_Inilize(GPIO_P7,&GPIO_InitStructure);    //LED 灯的 I/O 初始化

    GPIO_InitStructure.Mode = GPIO_OUT_PP;
    GPIO_InitStructure.Pin = GPIO_Pin_3|GPIO_Pin_4|GPIO_Pin_5;
    GPIO_Inilize(GPIO_P3,&GPIO_InitStructure);
    //1602 液晶控制引脚 I/O 初始化
    GPIO_InitStructure.Mode =  GPIO_PullUp;
    GPIO_InitStructure.Pin =  GPIO_Pin_All;
    GPIO_Inilize(GPIO_P0,&GPIO_InitStructure);
    //1602 液晶 DB 引脚 I/O 初始化
    GPIO_InitStructure.Mode = GPIO_HighZ;
    GPIO_InitStructure.Pin = GPIO_Pin_6;
    GPIO_Inilize(GPIO_P1,&GPIO_InitStructure);    //ADC 引脚 I/O 初始化
}

void   ADC_config(void)
{
    ADC_InitTypeDef     ADC_InitStructure;          //结构定义
    ADC_InitStructure.ADC_Px       = ADC_P15 ;   //设置要作为 ADC 的 I/O 口
    ADC_InitStructure.ADC_Speed      = ADC_360T; //ADC 速度
    ADC_90T,ADC_180T,ADC_360T,ADC_540T
    ADC_InitStructure.ADC_Power = DISABLE;        //ADC 功率允许或关闭
    ADC_InitStructure.ADC_AdjResult = ADC_RES_H8L2;
    //ADC 结果调整为 ADC_RES_H8L2
    ADC_InitStructure.ADC_Polity = PolityLow;     //优先级设为 PolityLow
```

```
        ADC_InitStructure.ADC_Interrupt = DISABLE;     //中断不允许
        ADC_Inilize(&ADC_InitStructure);               //初始化
        ADC_PowerControl(ENABLE);                      //单独的 ADC 电源操作函数使能
}


void main(void)
{
    u8   j;
    u16 k;
    ADC_config();
    Delay_ms(10);
    GPIO_config();
    Delay_ms(10);
    Dispaly_1602();                                    //1602 的显示函数
    Delay_ms(10);
    while (1)
    {
        k = Get_ADC10bitResult(5);
        //由原理图可知为 5 通道,查询一次 ADC 的采样结果
        Delay_ms(100);
        display_num(k);                                //1602 的显示函数,即 1024 真实的采样值
        Delay_ms(100);
        display_Voltage_value(k);
        //1602 的显示函数,即放大十倍的真实采样电压值
        Delay_ms(100);
        J = k >> 6;                     //将右对齐的数据变成 4 位的数值,即取最大的前 4 位
        if(1 == (j&0x01))
            LED1 = 0;
        else
            LED1 = 1;

        if(0X02 == (j&0x02))
            LED2 = 0;
        else
            LED2 = 1;

        if(0X04 == (j&0x04))
            LED3 = 0;
        else
            LED3 = 1;

        if(0X08 == (j&0x08))
            LED4 = 0;
        else
            LED4 = 1;
        Delay_ms(200);
    }
```

```
}
-------------------------------------------------------------------
#include   "stc15_adc.h"

// ================================================================
//函数: void   ADC_Inilize(ADC_InitTypeDef * ADCx)
//描述: ADC 初始化程序
//参数: ADCx: 结构参数,请参考 adc.h 里的定义
//返回: none
//版本: V1.0, 2012 - 10 - 22
// ================================================================
void   ADC_Inilize(ADC_InitTypeDef * ADCx)
{
    P1ASF = ADCx - > ADC_Px;
    ADC_CONTR = (ADC_CONTR & ~ADC_90T) | ADCx - > ADC_Speed;
    if(ADCx - > ADC_Power == ENABLE)  ADC_CONTR |= 0x80;              //ADC 电源使能
    else   ADC_CONTR &= 0x7F;                      //ADC 电源禁止
    if(ADCx - > ADC_AdjResult == ADC_RES_H2L8)  PCON2 |= (1 << 5);
    //10 位 A/D 结果的高 2 位放 ADC_RES 的低 2 位,低 8 位放在 ADC_RESL 中并且右对齐
    else   PCON2 &= ~(1 << 5);
    //10 位 A/D 结果的高 8 位放 ADC_RES 中,低 2 位放 ADC_RESL 的低 2 位,左对齐
    if(ADCx - > ADC_Interrupt == ENABLE)  EADC = 1;                 //中断允许
    else   EADC = 0;
    if(ADCx - > ADC_Polity == PolityHigh)  PADC = 1;
    //优先级设置为 PolityHigh
    else   PADC = 0;
}


// ================================================================
//函数: void   ADC_PowerControl(u8 pwr)
//描述: ADC 电源控制程序
//参数: pwr: 电源控制,ENABLE 或 DISABLE
//返回: none
//版本: V1.0, 2012 - 10 - 22
// ================================================================
void   ADC_PowerControl(u8 pwr)
{
    if(pwr == ENABLE)  ADC_CONTR |= 0x80;
    else        ADC_CONTR &= 0x7f;
}


// ================================================================
//函数: u16  Get_ADC10bitResult(u8 channel)
//描述: 查询法读一次 ADC 结果
//参数: channel: 选择要转换的 ADC
//返回: 10 位 ADC 结果
//版本: V1.0, 2012 - 10 - 22
```

```c
// ===============================================================
u16  Get_ADC10bitResult(u8 channel)              //通道 = 0~7
{
    u16  adc;
    u8   i;

    if(channel > ADC_CH7)  return  1024;         //错误,返回1024
    ADC_RES = 0;
    ADC_RESL = 0;

    ADC_CONTR = (ADC_CONTR & 0xe0) | ADC_START | channel;
    NOP(4);                                      //对ADC_CONTR操作后要4秒之后才能访问

    for(i = 0; i < 250; i++)                      //超时
    {
        if(ADC_CONTR & ADC_FLAG)
        {
            ADC_CONTR &= ~ADC_FLAG;
            if(PCON2 & (1 << 5))
            //10位A/D结果的高2位放ADC_RES的低2位,低8位在ADC_RESL中
            {
                adc = (u16)(ADC_RES & 3);
                adc = (adc << 8) | ADC_RESL;
            }
            else//10位A/D结果高8位放ADC_RES中,低2位放ADC_RESL的低2位
            {
                adc = (u16)ADC_RES;
                adc = (adc << 2) | (ADC_RESL & 3);
            }
            return  adc;
        }
    }
    return  1024;                                 //错误,返回1024,调用的程序判断
}


// ===============================================================
//函数: void ADC_int(void) interrupt ADC_VECTOR
//描述: ADC中断函数
//参数: none
//返回: none
//版本: V1.0, 2012 - 10 - 22
// ===============================================================
void ADC_int (void) interrupt ADC_VECTOR
{
    ADC_CONTR &= ~ADC_FLAG;
}
```

```
# ifndef  __stc15_adc_H
# define  __stc15_adc_H

# include "STC15_CLKVARTYPE.H"

# define  ADC_P10     0x01                        //I/O引脚 Px.0
# define  ADC_P11     0x02                        //I/O引脚 Px.1
# define  ADC_P12     0x04                        //I/O引脚 Px.2
# define  ADC_P13     0x08                        //I/O引脚 Px.3
# define  ADC_P14     0x10                        //I/O引脚 Px.4
# define  ADC_P15     0x20                        //I/O引脚 Px.5
# define  ADC_P16     0x40                        //I/O引脚 Px.6
# define  ADC_P17     0x80                        //I/O引脚 Px.7
# define  ADC_P1_All  0xFF                        //I/O 所有引脚


# define ADC_90T    (3 << 5)
# define ADC_180T   (2 << 5)
# define ADC_360T   (1 << 5)
# define ADC_540T   0
# define ADC_FLAG   (1 << 4)                      //软件清 0
# define ADC_START  (1 << 3)                      //自动清 0
# define ADC_CH0    0
# define ADC_CH1    1
# define ADC_CH2    2
# define ADC_CH3    3
# define ADC_CH4    4
# define ADC_CH5    5
# define ADC_CH6    6
# define ADC_CH7    7


# define ADC_RES_H2L8   1
# define ADC_RES_H8L2   0

typedef struct
{
    u8   ADC_Px;                    //设置要作为 ADC 的 I/O 口,ADC_P10~ADC_P17,ADC_P1_All
    u8   ADC_Speed;                 //ADC 速度
    ADC_90T,ADC_180T,ADC_360T,ADC_540T
    u8   ADC_Power;                 //ADC 功率允许/关闭(ENABLE/DISABLE)
    u8   ADC_AdjResult;             //ADC 结果调整,可以为 ADC_RES_H2L8,ADC_RES_H8L2
    u8   ADC_Polity;                //优先级设置,可以为 PolityHigh,PolityLow
    u8   ADC_Interrupt;             //中断允许,可以为 ENABLE,DISABLE
} ADC_InitTypeDef;

void    ADC_Inilize(ADC_InitTypeDef * ADCx);
void    ADC_PowerControl(u8 pwr);
u16     Get_ADC10bitResult(u8 channel);          //通道 = 0~7

# endif
```

限于篇幅，stc15_gpio.h、stc15_gpio.c、FsBSP_1602.c、FsBSP_1602.h以及延时函数这里不赘述，读者在编写例程的时候可自行加入。该例程的核心是stc15_adc.c文件，主要实现了ADC的初始化、转换和中断，只是这里采用了查询的方式，并没有用中断。整个初始化和转换的过程，读者可结合STC官方的数据手册，自行理解，难理解的都加了注释。唯独要注意的是，ADC转换的结构放在两个寄存器中，两个寄存器是16位，但是结果只占了10位，因此还有6位是空的，这就有"是左对齐，还是右对齐"的原因，因为对齐的方式不同，对数据的处理就不同，但结果是一样的。读者编写程序，下载到开发板上，再拧动开发板上的RP1电位器，看能否实现想要的结果。提供完整的例程在随书附带的光盘中。

14.3　基于ADC的独立按键检测

在一些实际项目中，当用到多个按键且I/O口的可用资源比较紧缺时，用A/D采样的方式来处理按键，还是比较有优势的，特别是，当处理器具有ADC功能时，这种方式堪称为"一绝"。其实现的原理也不难，只要掌握了A/D的基本采样方法，再结合基本的比例关系，就可设计、应用此电路了。FSST15开发板上的独立按键电路如图14-14所示，此电路在第9章出现过，但是为了方便读者阅读，再次提供。

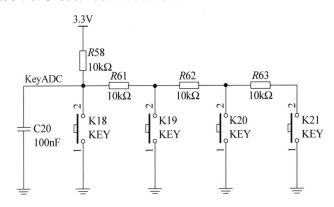

图14-14　A/D采样方式的按键原理图

具体的实现原理，在第9章讲述过，这里再进一步说明。假如K18按键按下，此时KeyADC网络上的电压则为0V；如果K19按下，则KeyADC网络上的电压就为$1/2\times$3.3V；如按键K20按下，则电压就为$2/3\times3.3$V；最后，如果K21被按下，则KeyADC网络上的电压就为$3/4\times3.3$V。读者需要注意的是，以该方法连接的电路图，按键具有从左到右的"优先级"，也就是说，如果按键K19按下，那么此时按K20、K21都是没有任何意义的，因为此时KeyADC网络上的电压恒定为$1/2\times3.3$V，而后续的K20、K21电路全被K19所短路。

有了以上的电压对应关系，再结合14.2.3节的实例A/D采样例程，相信读者能很快编写出此例程。因为14.2.3节的实例是连续采样电位器上的电压，而这里只是采样4个段的电压值。原理清楚了,接下来就是编写程序,看如何具体实现了。

实验简介:编写程序,当按下 FSST15 开发板上的 K18、K19、K20、K21 时,1602 液晶实时显示此时 KeyADC 网络的电压值,同时,四个 LED 小灯显示四个挡位的逻辑值。程序源码和 14.2.3 节实例的主要区别实在不大,读者看下面的对比就知道了。

14.2.3 节实例的关键源码:

```
k = Get_ADC10bitResult(5);               //由原理图可知采用 5 通道,查询一次 ADC 的采样结果
```

14.3 节实例的关键源码:

```
k = Get_ADC10bitResult(2);               //由原理图可知采用 2 通道,查询一次 ADC 的采样结果
```

由上可知,除了采用的通道有区别外,其他的全部一样,限于篇幅,其他的驱动源码不赘述,读者自行编写就好了。学到这里,读者是否体会到模块化编程的优越性,前面学的优质的驱动源码,可为以后的项目开发助力,重复的代码不需要一次又一次地编写,直接调用即可。随着学习的不断深入,模块化编程的优势越将凸显,因此读者务必掌握。

14.4 电容感应式触摸按键(PWM+ADC)

在人机交互系统中,按键是电路中最常用的外设之一。前面着重讲述了机械式按键,但是机械按键有一个缺点,特别是便宜的按键,触点寿命很短,很容易出现接触不良。相比较,非机械按键则没有机械点,寿命长,使用方便。因此在一些家电产品中,常常用到非机械按键。

非机械按键的解决方案很多,而电容感应式触摸按键则是低成本的解决方案。对于该类方案,有些 IC 巨头相继推出了各类 IC。例如 JR6806B,该器件是电容式触摸按键专用检测传感器 IC,采用最新一代电荷检测技术,利用操作者的手指与触摸按键焊盘之间产生的电荷电平来进行检测,通过监测电荷的微小变化来确定手指接近或者触摸到的感应表面。没有任何机械部件,不会磨损,其感测部分可以放置到任何绝缘层(通常为玻璃或塑料材料)的后面,很容易制成与周围环境相密封的键盘。面板图案随心所欲,按键大小和形状可自由选择,字符、商标、透视窗等可任意搭配,外形美观、时尚,而且不褪色、不变形、经久耐用。从根本上改变了各种金属面板以及机械面板无法达到的效果。其可靠性和美观设计的随意性,可以直接取代现有普通面板(金属键盘、薄膜键盘、导电胶键盘),给产品倍增活力,同时产品现有的控制程序不需要作任何改动,外围元件少、成本低、功耗少,适合各类消费电子。

随着 MCU 功能的加强,以及广大用户实践经验的不断丰富,直接使用 MCU 来做电容式触摸按键的技术也日益成熟,其中最典型、最可靠的莫过于使用 ADC。接下来,将结合 STC 单片机自带的 PWM 和 ADC 功能,以 FSST15 开发板为载体来讲述其感应原理。该电路的设计方案比较多,笔者可自行查阅资料,飞天三号开发板上的电路如图 14-15 所示。

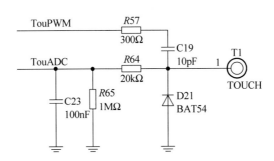

图 14-15　FSST15 开发板上电容式触摸按键原理图

电容式触摸按键的检测原理和过程理解起来还是比较简单。为了便于讲述,将图 14-15 等效于图 14-16。图 14-16 中 CP 为金属板和地之间的分布电容,CF 为手指电容,并联在一起与 C1 对输入的 300kHz 方波进行分压,经过 D1 整流,R2、C2 滤波后送入 ADC 采样端,当手指压上去和不压时,CF 的变化会引起 ADC 网络端电压的不同,继而可通过电压判断是否有触摸。

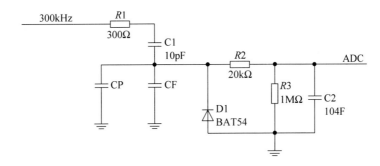

图 14-16　电容式触摸按键等效原理图

理解了电容式触摸按键的实现原理和采样电路之后,接下来就得靠软件程序来实现了。编写程序,当按下触摸按键 T1 时,能实现对 LED 小灯的精确控制。其具体源码如下。

```
#include  "BSP_Include.h"
//特别注意: 此程序时钟为: 24MHz
sbit  P_LED4 = P7.4;
u8  cnt_250ms;
void ShowLED(void)
{
    u8  i;
    i = check_adc(4);
    if(i == 0)    P_LED4 = 1;              //指示灯灭
    if(i == 1)    P_LED4 = 0;              //指示灯亮
}
/ ****************** 主函数 ******************** /
void main(void)
```

```
{
    u8   i;
    Delay_ms(50);
    Timer0_Init();
    ADC_init();                           //ADC 初始化
    Delay_ms(50);                         //延时 50ms

    for(i = 0; i < TOUCH_CHANNEL; i++)
    //初始化 0 点和上一个值和 0 点自动跟踪计数
    {
        adc_prev[i] = 1023;
        TouchZero[i] = 1023;
        TouchZeroCnt[i] = 0;
    }
    cnt_250ms = 0;

    while (1)
    {
        Delay_ms(50);                     //每隔 50ms 处理一次按键
        ShowLED();
        if(++cnt_250ms >= 5)
        {
            cnt_250ms = 0;
            AutoZero();                   //每隔 250ms 处理一次 0 点自动跟踪
        }

    }
}
    -------------------------------------------------------------
# include "BSP_Include.h"
u16   idata adc[TOUCH_CHANNEL];             //当前 ADC 值
u16   idata adc_prev[TOUCH_CHANNEL];        //上一个 ADC 值
u16   idata TouchZero[TOUCH_CHANNEL];       //0 点 ADC 值
u8    idata TouchZeroCnt[TOUCH_CHANNEL];    //0 点自动跟踪计数

/ ************* ADC 初始化函数 ***************** /
void ADC_init(void)
{
    P1ASF = 0xff;                         //8 路 ADC
    ADC_CONTR = 0x80;                     //允许 ADC
}
// ================================================================
//函数：u16  Get_ADC10bitResult(u8 channel)
//描述：查询法读一次 ADC 结果
//参数：channel: 选择要转换的 ADC
//返回：10 位 ADC 结果
//版本：V1.0, 2012 - 10 - 22
```

```
// ===============================================================
u16   Get_ADC10bitResult(u8 channel)                    //通道为 0～7
{
    ADC_RES = 0;
    ADC_RESL = 0;
    ADC_CONTR = 0x80 | ADC_90T | ADC_START | channel;   //触发 ADC
    _nop_();_nop_();_nop_();_nop_();
    while((ADC_CONTR & ADC_FLAG) == 0);                 //等待 ADC 转换结束
    ADC_CONTR = 0x80;                                   //清除标志
    return (((u16)ADC_RES << 2)|((u16)ADC_RESL & 3));   //返回 ADC 结果
}
/ ******************* 自动 0 点跟踪函数 ************************* /
//250ms 调用一次,这是使用相邻 2 个采样差绝对值之和来检测
void   AutoZero(void)
{
    u8   i;
    u16  j,k;

    for(i = 0; i < TOUCH_CHANNEL; i++)                  //处理 8 个通道
    {
        j = adc[i];
        k = j - adc_prev[i];                            //减前一个读数
        F0 = 0;                                         //按下
        if(k & 0x8000)  F0 = 1,  k = 0 - k;             //释放,求出两次采样的差值
        if(k >= 20)                                     //变化比较大
        {
            TouchZeroCnt[i] = 0;                        //如果变化比较大,则清 0 计数器
            if(F0)  TouchZero[i] = j;                   //如果是释放,且变化比较大,则直接替代
        }
        else                                            //变化比较小,则蠕动,自动 0 点跟踪
        {
            if(++TouchZeroCnt[i] >= 20)                 //连续检测到小变化,20 次/4 = 5 秒
            {
                TouchZeroCnt[i] = 0;
                TouchZero[i] = adc_prev[i];             //把变化缓慢的值作为 0 点
            }
        }
        adc_prev[i] = j;                                //保存这一次的采样值
    }
}
/ ********** 获取触摸信息函数 50ms 调用 1 次 ******************** /
u8   check_adc(u8 index)                                //判断键是否按下或释放,有回差控制
{
    u16   delta;
    adc[index] = 1023 - Get_ADC10bitResult(index);
    //获取 ADC 值, 转成按下键, ADC 值增加
    if(adc[index] < TouchZero[index])   return   0;
```

```
                //如果是比 0 点还小的值,则认为是键释放
                delta = adc[index] - TouchZero[index];
                if(delta >= 40)  return 1;                //键按下
                if(delta <= 20)  return 0;                //键释放
                return  2;                                //保持原状态
        }
```

```
#ifndef  __FsBSP_ADC_H__
#define  __FsBSP_ADC_H__
```

```
/ **************   本地常量声明   ************** /
#define  TOUCH_CHANNEL  8                        //ADC 通道数
#define  ADC_90T     (3 << 5)                    //ADC 时间 90 秒
#define  ADC_180T    (2 << 5)                    //ADC 时间 180 秒
#define  ADC_360T    (1 << 5)                    //ADC 时间 360 秒
#define  ADC_540T    0                           //ADC 时间 540 秒
#define  ADC_FLAG    (1 << 4)                    //软件清 0
#define  ADC_START   (1 << 3)                    //自动清 0
extern u16   idata adc[TOUCH_CHANNEL];           //当前 ADC 值
extern u16   idata adc_prev[TOUCH_CHANNEL];      //上一个 ADC 值
extern u16   idata TouchZero[TOUCH_CHANNEL];     //0 点 ADC 值
extern u8    idata TouchZeroCnt[TOUCH_CHANNEL];  //0 点自动跟踪计数
extern void ADC_init(void);
extern u16   Get_ADC10bitResult(u8 channel);     //通道为 0～7
extern void  AutoZero(void);
//250ms 调用一次,这是使用相邻 2 个采样的差的绝对值之和来检测
extern u8   check_adc(u8 index);                 //判断键按下或释放,有回差控制
```

```
#endif
```

```
#include "BSP_Include.h"
/* **************************************************************
* 函数名称:Timer0_Init()
* 入口参数:无
* 出口参数:无
* 函数功能:初始化定时器 0
************************************************************** */
void Timer0_Init(void)
{
        ET0 = 0;                                 //初始化定时器 0 输出一个 300kHz 时钟
        TR0 = 0;
        AUXR |= 0x80;                            //定时器 0 设置为 1T 模式
        AUXR2 |= 0x01;                           //允许输出时钟
        TMOD = 0;                               //将定时器 0 设置为定时器,16 位自动加载
        TH0 = (u8)(Timer0_Reload >> 8);
        TL0 = (u8)Timer0_Reload;
        TR0 = 1;
```

```
}
----------------------------------------------------------------
# ifndef __FsBSP_Timer_H__
# define __FsBSP_Timer_H__

# define   Timer0_Reload (65536UL - (MAIN_Fosc / 600000))
//定时器 0 重装值,对应 300kHz

extern void Timer0_Init(void);

# endif
```

14.5　基于 PWM 与 RC 滤波器的 SPWM

前面着重讲述了 ADC 的转换,可如果想实现 DAC 的转换该怎么办呢? 首先应该想到的是用 DAC 转换芯片,这种方式确实可以实现 DAC 的转换,简单、常用的 DAC0832 芯片,就可实现 8 位的 D/A 转换,其官方的典型应用电路如图 14-17 所示。这类 DAC 转换芯片的选取,一般从转换精度、转换时间、成本等方面考虑,至于转换例程,应该按该芯片对应的数据手册,自行完成。如果在调试的时候遇到问题,可借助百度等获取帮助。不要一开始就去搜索、复制别人的源码,这样对学习的意义不大。

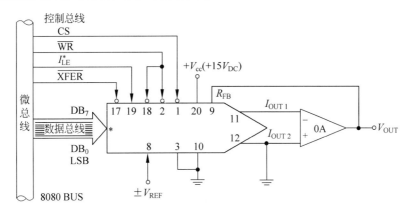

图 14-17　DAC0832 典型应用原理图

接下来,要讲述的是,利用 PWM 和 RC 滤波电路实现 DAC 转换。这里以 SPWM 为例来讲述 DAC 的实现过程,读者掌握该实例,自行就可以很简单地实现固定电压值的输出了。

SPWM(Sinusoidal PWM)法是一种目前比较成熟的、应用广泛的 PWM 法。SPWM 法就是以此为理论基础,用脉冲宽度按正弦规律变化而和正弦波等效的 PWM 波形即 SPWM 波形控制逆变电路中开关器件的通断,使其输出的脉冲电压的面积与所希望输出的正弦波在相应区间内的面积相等,通过改变调制波的频率和幅值则可调节逆变电路输出电压的频率和幅值。它的应用极其广泛,特别是在变频器和功率桥驱动等方面,有着广泛的应用。说到 SPWM,涉及很多数学理论的知识,其产生方法有好多种,这里不做过多的讲述。笔者以单片机为基础,结合 SPWM 正弦表来产生 SPWM。

FSST15 开发板上搭载的 IAP15W4K58S4 单片机,内部集成了多个通道的 PWM,各路 PWM 周期(频率)相同,输出的占空比独立可调,并且输出始终保持同步,输出的相位可设置。这些为设计 SPWM 提供了硬件保证,并且可方便设置死区时间,对于驱动桥式电路,死区时间至关重要。虽然 IAP15W4K58S4 单片机没有专门的死区控制寄存器,但可通过设置 PWM 占空比参数来达到,这里以一路的 SPWM 为例,讲述其实现的过程。D/A 转换应用原理图如图 14-18 所示。该电路不仅可实现 PWM 到直流电压的转换,笔者还将其输出的电压再经一节低通滤波,送到了单片机的 ADC 采样端口,这样,经转换得到的直流电压还可再次实现 A/D 转换,以便于测量。这里还是先上 SPWM 例程,读者边看程序,边理解,不能理解的,再带着问题,看笔者对该程序的简单介绍。

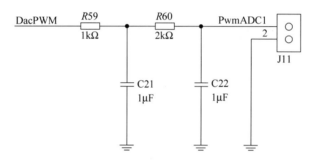

图 14-18　D/A 转换应用原理图

```c
# include "BSP_Include.h"
# include "T_SineTable.h"


void  PWM_config(void)
{
    PWMx_InitDefine    PWMx_InitStructure;        //结构定义
    PWMx_InitStructure.PWMx_IO_Select = PWM6_P16;
    //PWM 输出 I/O 选择, PWM6_P16
    PWMx_InitStructure.Start_IO_Level = 0;
    //设置 PWM 输出端口的初始电平为 0
    PWMx_InitStructure.PWMx_Interrupt = DISABLE; //不允许中断
    PWMx_InitStructure.FirstEdge_Interrupt = DISABLE;
    //第一个翻转不允许中断
    PWMx_InitStructure.SecondEdge_Interrupt = DISABLE;
    //第二个翻转不允许中断
    PWMx_InitStructure.FirstEdge = 65;            //第一个翻转计数, 1~32767
    PWMx_InitStructure.SecondEdge = 1220;         //第二个翻转计数, 1~32767
    PWMx_Configuration(PWM6_ID, &PWMx_InitStructure);
```

```
                            //初始化 PWM6_ID
    P16 = 0;
    P1n_push_pull(1 << 6);                      //I/O初始化,上电时为高阻

    PWM_SourceClk_Duty(PwmClk_1T, 2400);
    //时钟源:PwmClk_1T,PWM 周期: 1~32767
    PWMCR | = ENPWM;                            //使能 PWM 波形发生器,PWM 计数器开始计数
    PWMCR | = ECBI;                             //允许 PWM 计数器归零中断
}
/ ************************************************* /
void main(void)
{
    PWM_config();                               //初始化 PWM
    EA = 1;                                     //允许全局中断
    while (1);
}
-----------------------------------------------------------------
# include   "BSP_Include.h"
u8   PWM_Index;                                 //SPWM 查表索引
// ================================================================
//函数: void  PWM_SourceClk_Duty(u8 PWM_SourceClk, u16 init_duty)
//描述: 设置 PWM 时钟源和周期函数
//参数: PWM_SourceClk: PWM 时钟源, 0~15 对应主时钟/(PWM_SourceClk + 1),
//16 为选择定时器 2 的溢出做时钟.PwmClk_1T,PwmClk_2T, … PwmClk_16T, PwmClk_Timer2
//      init_duty: PWM 周期长度, 1~32767
//返回: none
//版本: VER1.0
//日期: 2014 - 8 - 15
//备注:
// ================================================================
void   PWM_SourceClk_Duty(u8 PWM_SourceClk, u16 init_duty)
{
    u8   xdata   * px;
    EAXSFR();                                   //访问 XFR
    px = PWMCH;                                 //PWM 计数器的高字节
    * px = (u8)(init_duty >> 8);
    px++;
    * px = (u8)init_duty;                       //PWM 计数器的低字节
    px++;                                       //PWMCKS, PWM 时钟选择
    * px = PWM_SourceClk;
    EAXRAM();                                   //恢复访问 XRAM
}
// ================================================================
//函数: void  PWMx_Configuration(u8 PWM_id, PWMx_InitDefine * PWMx)
//描述: PWM 配置函数
//参数: PWM_id: PWM 通道
//PWM2_ID,PWM3_ID,PWM4_ID,PWM5_ID,PWM6_ID,PWM7_ID
```

```c
//          * PWMx: 配置结构指针
//返回: none
//版本: VER1.0
//日期: 2014 - 8 - 15
//备注:
// ================================================================
void  PWMx_Configuration(u8 PWM_id, PWMx_InitDefine * PWMx)
{
    u8  xdata  * px;

    EAXSFR();                              //访问 XFR
    px = PWM2T1H + (PWM_id << 4);
    * px = (u8)(PWMx -> FirstEdge >> 8);      //第一个翻转计数高字节
    px++;
    * px = (u8)PWMx -> FirstEdge;             //第一个翻转计数低字节
    px++;
    * px = (u8)(PWMx -> SecondEdge >> 8);     //第二个翻转计数高字节
    px++;
    * px = (u8)PWMx -> SecondEdge;            //第二个翻转计数低字节
    px++;
    * px = (PWMx -> PWMx_IO_Select & 0x08)    //PWM 输出 I/O 选择
        | ((PWMx -> PWMx_Interrupt << 2) & 0x04)    //中断允许
        | ((PWMx -> SecondEdge_Interrupt << 1) & 0x02)
        //第二个翻转中断允许
        | (PWMx -> FirstEdge_Interrupt & 0x01);    //第一个翻转中断允许
    PWMCR | = (1 << PWM_id);
    //相应 PWM 通道的端口为 PWM 输出口,受 PWM 波形发生器控制
    PWMCFG = (PWMCFG & ~(1 << PWM_id)) | ((PWMx -> Start_IO_Level & 1)   << PWM_id);
    //设置 PWM 输出端口的初始电平
    EAXRAM();                              //恢复访问 XRAM
}
/ ******************* PWM 中断函数 ******************** /
void PWM_int (void) interrupt PWM_VECTOR
{
    u8  xdata  * px;
    u16  j;
    u8  SW2_tmp;

    if(PWMIF & CBIF)                       //PWM 计数器归零中断标志
    {
        PWMIF & = ~CBIF;                   //清除中断标志

        SW2_tmp = P_SW2;                   //保存 SW2 设置
        EAXSFR();                          //访问 XFR
        px = PWM6T2H;                      //指向 PWM3
        j = T_SinTable[PWM_Index];
        * px = (u8)(j >> 8);               //第二个翻转计数高字节
```

```
        px++;
        * px = (u8)j;                           //第二个翻转计数低字节

        j += PWM_DeadZone;                       //死区
        px = PWM4T2H;                            //指向 PWM4
        * px = (u8)(j >> 8);                     //第二个翻转计数高字节
        px++;
        * px = (u8)j;                            //第二个翻转计数低字节
        P_SW2 = SW2_tmp;                         //恢复 SW2 设置

        if(++PWM_Index >= 200)   PWM_Index = 0;
        EAXRAM();                                //恢复访问 XRAM
    }
}
/ ******************* PWM 失效中断函数 ********************* /
void PWMFD_int (void) interrupt PWMFD_VECTOR
{
    if(PWMFDCR & FDIF)                           //PWM 异常检测中断标志位
    {
        PWMFDCR & = ~FDIF;                        //清除中断标志
    }
}
-----------------------------------------------------------------
# ifndef   __FSBSP_PWM_H
# define   __FSBSP_PWM_H
# include   "BSP_Include.h"
# define   PWM_DeadZone  12                      / * 死区时钟数，6~24 之间 * /
extern unsigned int code T_SinTable[200];
typedef struct
{
    u8   id;                                     //串口号
    u8   TX_read;                                //发送读指针
    u8   TX_write;                               //发送写指针
    u8   B_TX_busy;                              //忙标志

    u8   RX_Cnt;                                 //接收字节计数
    u8   RX_TimeOut;                             //接收超时
    u8   B_RX_OK;                                //接收块完成
} PWMx_Define;

typedef struct
{
    u16  FirstEdge;                              //第一个翻转计数，1~32767
    u16  SecondEdge;                             //第二个翻转计数，1~32767
    u8   Start_IO_Level;                         //设置 PWM 输出端口的初始电平，0 或 1
    u8   PWMx_IO_Select;                         //PWM 输出 I/O 选择：PWM2_P37,PWM2_P27,
    //PWM3_P21,PWM3_P45,PWM4_P22,PWM4_P44,PWM5_P23,PWM5_P42,
```

```
//PWM6_P16,PWM6_P07,PWM7_P17,PWM7_P06
  u8  PWMx_Interrupt;                    //中断允许,可设置为使能,不使能
  u8  FirstEdge_Interrupt;               //第一个翻转中断允许,可设置为使能,不使能
  u8  SecondEdge_Interrupt;              //第二个翻转中断允许,可设置为使能,不使能
} PWMx_InitDefine;
void  PWM_SourceClk_Duty(u8 PWM_SourceClk, u16 init_duty);
void  PWMx_Configuration(u8 PWM_id, PWMx_InitDefine * PWMx);
void  PWMx_SetPwmWide(u8 PWM_id, u16 FirstEdge, u16 SecondEdge);

# endif
----------------------------------------------------------------
# ifndef __T_SINETABLE_H__
# define __T_SINETABLE_H__

unsigned int code T_SinTable[200] = {
1220,1256,1292,1328,1364,1400,1435,1471,1506,1541,1575,1610,
1643,1677,1710,1742,1774,1805,1836,1866,1896,1925,1953,1981,
2007,2033,2058,2083,2106,2129,2150,2171,2191,2210,2228,2245,
2261,2275,2289,2302,2314,2324,2334,2342,2350,2361,2365,2368,
2369,2370,2369,2368,2365,2361,2356,2350,2342,2334,2324,2314,
2302,2289,2275,2261,2245,2228,2210,2191,2171,2150,2129,2106,
2083,2058,2033,2007,1981,1953,1925,1896,1866,1836,1805,1774,
1742,1710,1677,1643,1610,1575,1541,1506,1471,1435,1400,1364,
1328,1292,1256,1220,1184,1148,1112,1076,1040,1005,969,934,899,
865,830,797,763,730,666,635,604,574,544,515,487,459,433,407,382,357,334,311,290,269,
249,230,212,195,179,165,151,138,126,116,106,98,90,84,79,75,72,71,70,71,72,75,79,84,90,
98,106,116,126,138,151,165,179,195,212,230,249,269,290,311,334,357,382,407,433,459,
487,515,544,574,604,635,666,698,730,763,797,830,865,899,934,969,1005,1040,1076,1112,
1148,1184 };

# endif
```

该程序利用单片机内部 15 位的 PWM 计数器来产生不同占空比的 PWM 波,一旦计数器开始运行,就会从 0 开始在每个 PWM 时钟到来时加 1,其值线性上升,当计数到与 15 位的周期设置寄存器[PWMCH,PWMCL]相等时,内部 PWM 计数器归 0,并产生中断,称为"归 0 中断"。该例周期设置为 2400,内部计数器计到 2400 就归 0,即计数到 2399 时,下一个时钟就归 0。当送数组 T_SinTable[]里面的数值时,如图 14-18 所示的 DacPWM 网络就会出现如图 14-19 所示的杂乱无章的 PWM 波形。其实细看,还是很有规律的。

图 14-19　产生 SPWM 波的 PWM 波形图

当上述 PWM 再经过图 14-18 中的 $R59$、$C21$ 组成的一节无源低通滤波器之后，就会出现如图 14-20 所示的正选表。由图 14-20 可以看出，此正弦波的频率为 50.18Hz，幅值为 2.69V，此时需要考虑为何是这两个数值？这里只讲述关于频率的问题，幅值的问题就留给读者自行思考了。

该实例中，单片机运行的主频为 24MHz，PWM 时钟为 1T 模式，PWM 周期是 2400，其中正弦波幅度为 2300，往上偏移 60 个时钟(这样做，主要是为了方便过 0 中断重装数据)，同时正弦采样数量为 200 个点，继而可得出频率为：24 000 000MHz÷2400÷200＝50Hz，这就是为何频率为 50Hz 的原因。

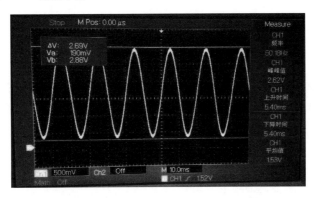

图 14-20　SPWM 方式产生正弦波示意图

14.6　课后学习

1. 用 STC 单片机内部的 A/D 转换功能采样"0～3.3V"的直流电压，并显示到 LCD1602 上。

2. 自行设计基于 A/D 转换的独立按键，并能编写程序，实现四个按键分别控制步进电动机的左转、右转、速度增加、速度减小。

3. 用中断方式实现独立按键的扫描(提示：借用二极管的单向导电特性)。

4. 用触摸按键，结合上面的习题，编写程序，实现触摸控制步进电动机的启动、停止功能。

5. 在 14.5 节的例程基础上，改进程序，实现简易的信号发生器功能。能产生正弦波、方波、锯齿波、三角波，同时每种波形的幅值和频率，都可通过四个独立按键配合触摸按键调节。

第 15 章

狂风暴雨，定海神针：

逻辑分析仪与红外编解码

红外线遥控(红外遥控)是目前使用最广泛的一种通信和遥控手段。由于红外线遥控装置具有体积小、功耗低、功能强、成本低等特点，因而，继彩电、录像机之后，录音机、音响设备、空调机及玩具等其他小型电器装置上也纷纷采用红外线遥控。在高压、辐射、有毒气体、粉尘等环境下，采用红外线遥控工业设备不仅完全可靠而且能有效地隔离电气干扰。本章将介绍红外解码和编码的基本操作，以及单片机中比较常用的工具——逻辑分析仪。

15.1 Saleae 逻辑分析仪

单片机开发工程师和电子爱好者，在和各种各样的数字电路打交道并制作调试电路时常会使用万用表、示波器等工具，但在某些电路，用示波器测量显得有些力不从心，这时可用逻辑分析仪来做测量。

15.1.1 示波器和逻辑分析仪的比较

一般来说，在需要很高的电压分辨率时应使用示波器，即如果需要看到如图 15-1 所示的每一微小的电压变化，就应使用示波器。许多示波器，包括新一代数字示波器，还能够提供非常高的时间间隔分辨率，也就是能以很高的精度测量两个事件间的时间间隔。总之，当需要高精度参数信息时，就应使用示波器。

在以下三种情况下，一般使用逻辑分析仪来处理数据。

(1) 当需要同时看到许多信号。

(2) 当需要以与硬件相同的工作方式观察系统中的信号时。

(3) 当需要在若干信号线的高或低电平上进行码型触发，并观察结果时。

逻辑分析仪源于示波器，它们用和示波器相同的方式展现数据，水平轴代表时间，垂直轴代表电压幅度。但与示波器提供很高的电压分辨率及时间间隔精度不同，逻辑分析仪能同时捕获和显示数百个信号，这是示波器达不到的。当系统中的信号穿越阈值电平时，逻辑分析仪的反应与逻辑电路相同。它能识别信号是低电平还是高电平，也能在这些信号的高和低电平的码型上触发。一般来说，当需要观察多于示波器通道数的信号线，并且不需要精

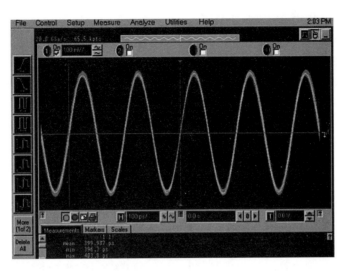

图 15-1 示波器波形图

密的时间间隔信息时,就应使用逻辑分析仪。如果需要得到像上升和下降时间这类参数信息时,逻辑分析仪并非好的选择。而在观察总线,例如微处理器地址、数据或控制总线上的时间关系或数据时,逻辑分析仪是特别有用的。逻辑分析仪还能解码微处理器总线信息,并以有意义的形式呈现。总之,当完成了参数设计阶段,开始关注许多信号间的定时关系和需要在逻辑高和低电平码型上触发时,逻辑分析仪就是有利的工具。逻辑分析仪采样图如图 15-2 所示。

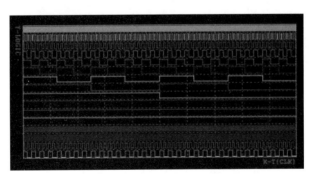

图 15-2 逻辑分析仪采样图

15.1.2 逻辑分析仪的工作原理和分类

逻辑分析仪是利用时钟从测试设备上采集和显示数字信号的仪器,最主要的作用在于进行时序判定。逻辑分析仪与示波器不同,它不能显示连续的模拟量的波形,而只显示高低两种电平状态(逻辑 1 和 0)。使用逻辑分析仪,可以方便地设置信号触发条件以开始采样,可以分析多路信号的时序,捕获信号的干扰毛刺,也可以按照规则对电平序列进行解码,完成通信协议的分析,如 1wire、I2C、UART、SPI、CAN 等。应用逻辑分析仪解决问题可以达到事半功倍的作用。

在设置了参考电压(阈值)后,逻辑分析仪将采集到的信号与电压比较器比较,高于参考电压的为逻辑 1,低于参考电压的为逻辑 0。这样就可以将被测信号以时间顺序显示为连续的高低电平波形,便于使用者进行分析和调试。图 15-3 就是以"阈值"作为参考值来采样的数据图形。

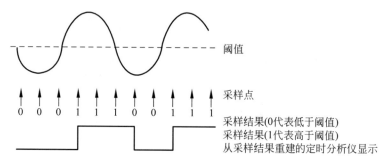

阈值

采样点

0 0 0 1 1 1 0 0 1 1 1

采样结果(0代表低于阈值)
采样结果(1代表高于阈值)
从采样结果重建的定时分析仪显示

图 15-3 数据采集原理图

逻辑分析仪根据其硬件设备的功能和复杂程度,主要分为独立式(单机型)逻辑分析仪和基于计算机(PC-Base)的虚拟逻辑分析仪两大类。独立式逻辑分析仪是将所有的软件、硬件整合在一台仪器中,使用方便。虚拟逻辑分析仪则需要结合计算机使用,利用计算机强大的计算和显示功能,完成数据处理和显示等工作。

专业逻辑分析仪,通常具有数量众多的采样通道,超快的采样速度和大容量的存储深度,但价格昂贵。作为工程师手头常备的开发工具,逻辑分析仪目前有许多入门级的,整体功能虽然不能和专业高档仪器相比,但是用较低的成本来实现特定的功能,也是非常成功的设计。

另一类的逻辑分析仪,是以低速单片机为基础的。很多单片机爱好者用 PIC、AVR 等常见单片机设计了自己的作品,但这类基于单片机的逻辑分析仪共同的弱点就是采样速度太慢,通常不超过 1MHz。

以 USB IO 芯片为基础的入门级逻辑分析仪现在最为流行,如 Saleae logic Analyzer (如图 15-4 所示)、USBee 等。这类产品主要采用一个 USB IO 芯片,例如 CYPRESS 公司的 CY7C68013A,所有信号的触发和处理都是计算机上的软件完成的,硬件部分只是一个数据采集、记录的仪器。最高采样速度为 24MHz,可以"无限数量"地采样,因为所有的数据都是存储在计算机里的。目前一般最多是 8 个通道,通道的数量会成比例地降低采样速度。这类产品构造简单、方便易用、价格便宜,是调试单片机开发工作的好工具。其缺点主要是采样速度只有 24MHz,8 个通道,对于分析高速并行总线就不能胜任了,需要增加 FPGA、SRAM 等器

图 15-4 Saleae logic Analyzer 实物图

件，才能解决速度不够和通道数量不足的问题。

15.1.3　逻辑分析仪概述

上面已经提到逻辑分析仪需要借助软件来完成，安装该上位机软件(logic software)，可以到官方网站下载，下载地址是：http://www.saleae.com/downloads。有各种系统版本的软件，读者可根据自己计算机的系统、处理器的类型选择合适的版本。Saleae 官网软件下载界面如图 15-5 所示，这里笔者选择 Windows 下的 64 bit 软件(原因：笔者的计算机是Win8 系统且为 64 位)。

图 15-5　Saleae 官网软件下载界面

下载完成之后，直接双击安装应用程序，安装完成后，会在桌面出现一个快捷方式，双击该快捷方式，进入软件，界面如图 15-6 所示(注意笔者已经修改过该软件的通道名称了，所以 4、5、6 通道的名称有区别)。

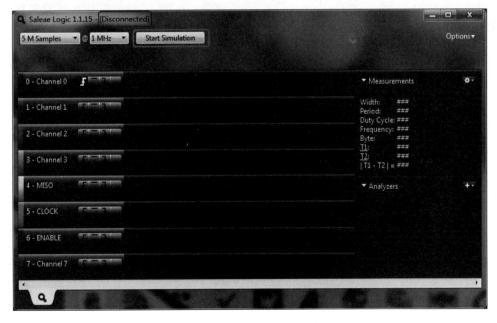

图 15-6　Saleae Logic1.1.15 软件界面

　　逻辑分析仪软件在没有插入硬件或连接不正常的时候，最上边会显示 Disconnected（如图 15-6 所示），表明软件还没正确连接，这时当然可以模拟运行，即单击 Start Simulation 按钮，此时会出现模拟的波形，如果读者提前设置协议（具体如何设置协议，后续会讲），还会产生符合设置协议的波形图，这种波形一点都不真实，单击鼠标左键放大波形，单击右键缩小波形，滚动鼠标滑轮也可以放大和缩小波形。模拟波形如图 15-7 所示。

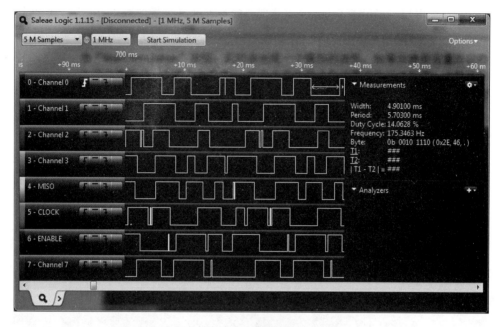

图 15-7　模拟波形

　　软件安装完成后就可以连接硬件了，用配套的优质 USB 线连接逻辑分析仪和计算机，会自动提示发现新硬件，然后出现如图 15-8 所示的对话框，直接选择"自动安装软件（推荐）"，再单击"下一步"按钮，就会自动安装好驱动，图 15-6 中的 Disconnected 会变成 Connected，表明硬件连接正确，可以开始真正的逻辑分析。

图 15-8　驱动安装示意图

逻辑分析仪中有两个非常重要的参数，即存储深度和采样频率，如图 15-9 所示。第一个就是存储深度，第二个是采样频率，前边那个 5M 代表从开始采集，一共采集到 5Mb(b 为 bit 的简写)个数据就自动停止了，后边的 1M 代表 1s 可以采集 1Mb 的数据，这样算下来，采集此次数据所用的时间为：$5 \div 1 = 5s$。

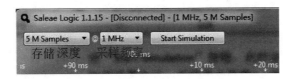

图 15-9 存储深度和频率示意图

1. 采样频率(采样率)

采样频率是指每秒钟采集信号的次数。例如 Saleae 逻辑分析仪的最大采样率是 24MHz，也就是说一秒钟可以采集 24MHz 个样点，即每 $1/24\mu s$ 采集一个样点，并且高于阈值电压的认定为高电平，低于阈值电压的认定为低电平。假如信号是 1MHz 的频率，用 24MHz 的采样率去采集，那么一个信号周期就可以采集 24 次，最后用描点法把采集到的样点连起来，就会还原出信号。根据奈奎斯特定律，采样率必须是信号频率的 2 倍以上才能还原出信号。由于逻辑分析仪是数字系统，算法简单，所以最低也是 4 倍于信号的采样率才可以，为了提高精度，一般选择 10 倍左右为好。

2. 存储深度

刚才讲了采样率，采集到的高电平或者低电平信号，需要有一个存储器存储起来，否则无法观察。例如用 24MHz 的采样率，那么 1 秒就会产生 24M 个样点。逻辑分析仪能够存储多少个样点数，这是逻辑分析仪很重要的一个指标。如果采样率很高，但是存储的数据量很少，那也没有多大意义。就如抢了一火车皮的银子，但是只拿着一个文具盒，多么可惜？逻辑分析仪可以保存的最大样点数就是逻辑分析仪的存储深度。通常情况下，数据采集时间＝存储深度/采样率。

15.1.4　Saleae 逻辑分析仪的使用步骤

下面以 I2C 为例来讲述 Saleae 逻辑分析仪的使用过程。当然更具体、更直接的操作方法，读者也可观看配套光盘中的视频。

1. 设置协议

如果读者抓取的波形是标准协议，比如 UART、I2C、SPI 这些类型的协议，逻辑分析仪一般都会配有专门的解码器，可以通过设置解码器，不仅可以像示波器那样把波形显示出来，还可以直接把数据解析出来，以十六进制、二进制、ASCII 码等各种方式显示。I2C 协议的设置过程如下。

(1) 单击图 15-10 中 Analyzers 右边的"＋"，在弹出的菜单中选择并选择 I2C 命令。

(2) 将出现如图 15-11 所示的"I2C 设置"对话框，可以通过下拉列表来选择通道，但是

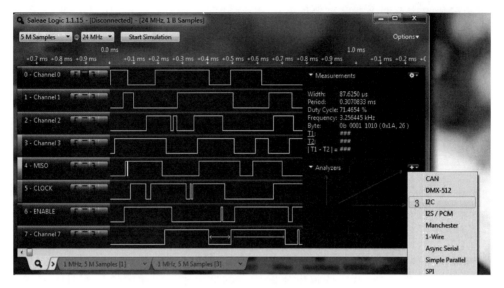

图 15-10   I2C 协议设置过程

这里选择默认的。单击 Save 按钮,弹出如图 15-12 所示的"更改名称"对话框,可修改名称,这里选择默认即可,也即将通道 0、1 分别命名为 SDA、SCL,单击 Rename 按钮,这时软件的通道名会随之改变,图形也有所变化。

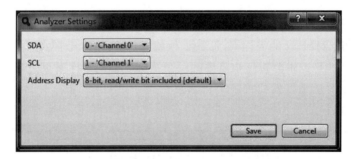

图 15-11   "I2C 设置"对话框

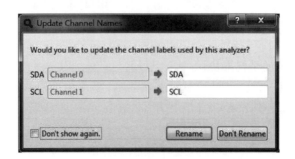

图 15-12   "更改名称"对话框

2．连接硬件通道

首先，要把逻辑分析仪的 GND 和待测板子的 GND 连到一起，以保证信号的完整性（有关信号完整性的知识，这里推荐一本好书——《EMC 电磁兼容设计与测试案例分析》）。然后把逻辑分析仪的通道接到待测引脚上。Saleae 逻辑分析仪有两个地，都可连接到 FSST15 开发板上。

其次，需要分别连接通道 0、1 到 FSST15 开发板的待测引脚上，顺序不能互换，P2.2 和 P2.0 引脚分别为 SDA、SCL，必须和逻辑分析仪一一对应。

3．选择通道数

多数情况下，逻辑分析仪有 8、16、32 通道等。而采集信号时，往往用不到那么多通道，为了更清晰地观察波形，可以把不用的通道隐藏起来。

4．设置采样率和存储深度

首先要对待测信号最高频率有个大概的评估，把采样率设置到它的 10 倍以上，还要大概判断要采集信号的时间长短，在设置存储深度的时候，尽量设置有一定的余量。存储深度除以采样率，得到的就是可以保存信号的时间。

由于程序中是按 $10\mu s$(100kHz) 为周期给的时钟脉冲，若采样率按 10 倍来取，则设置采样率为 1MHz。计划采样 5s，那么存储深度设置为 5M 即可。

5．设置触发

由于逻辑分析仪有深度限制，不可能无限期地保存数据。当使用逻辑分析仪时，如果没有采用任何触发设置，从单击"开始"按钮的那一刻就计算时间，一直到存满设置的存储深度之后，采样才会停止。这样有一个弊端，所抓取的波形有些是有用的，有些是无用的。有限的存储空间，为何要被无用的信号所浪费？有没有解决方法呢？答案当然是肯定的。

前面讲述 I2C 协议的时候讲过，SDA、SCL 由于上拉电阻的作用的，在默认情况下两条线都为高电平，在主机、从机开始通信的时候，SDA 会由高电平变成低电平，因此，在采集数据时，可以将 SDA 设置为下降沿触发（通过单击图 15-13 中的"下降沿"按钮来设置），这样，SDA 为高电平时，数据不会开始采集，也即采样时间不会开始计算，直到 SDA 的下降沿到来，数据才开始采集，采集时间开始计算，这样就避免了无用信号对存储空间的占有。对于 PC 机来说，一般存储空间很大，不会涉及该问题。

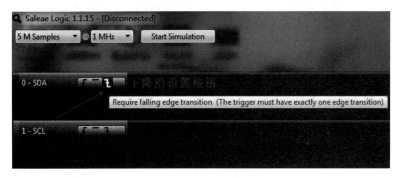

图 15-13　触发方式设置图

由图 15-13 可知,逻辑分析仪除了下降沿触发以外,还有上升沿、高电平、低电平等触发方式,可以根据实际应用灵活使用。

6. 抓取波形

逻辑分析仪和示波器不同,示波器是实时显示的,而逻辑分析仪需要单击"开始"按钮来启动,开始抓取波形后,一直采样到存满了所设置的存储深度才结束。图 15-14 为采样到的一帧数据,可以去分析所抓到的信号。

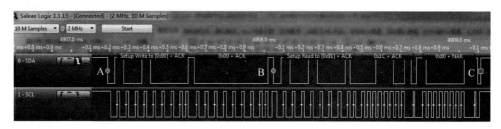

图 15-14　采样到的一帧数据波形图

7. 分析数据

和示波器类似,逻辑分析仪也有各种测量标准,可以测量脉冲宽度、波形的频率、占空比等信息,通过分析数据,查找波形是否符合要求,从而帮助解决一些实际问题。

注意:在分析数据之前,还需按图 15-15 来设置一线数据显示的格式,软件默认为 Global
　　　Settings 显示方式,这里可单击右侧的 I2C 的"设置"按钮(如标号 1 所指),再选择标
　　　号 2 所指的"Display using Global Settings",接着选择标号 3 所指的 Hexadecimal 来
　　　设置为十六进制方式,这只是习惯而已,当然选择为其他的方式也是可以的。

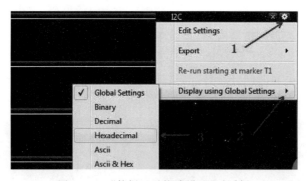

图 15-15　"数据显示格式设置"对话框

接下来就来简单分析这帧数据。如果对 I2C 协议掌握得很好,这里一看图 15-14 就知道,绿点(A、B)表示起始信号,红点(C)表示结束信号,完全符合所讲述的 I2C 协议。这里总共发生了 5 组数据,拿第一组来分析,为何数据是 0x90?

笔者下载的是 LM75A 的温度传感器实验,由它的数据手册可知,该器件的从地址为

1001 $A_0A_1A_2R/W$，R/W 为读写位，这里是写入数据，那么肯定就为低电平 0，$A_0A_1A_2$ 由其硬件电路方式决定，由于 A_0、A_1、A_2 全都接地，因此都为低电平，这样，它的从地址就为：0b1001 0000(0x90)。剩余的 4 组就留读者自行研究了，这里不赘述。

关于最大 24MHz 的采样频率，在绝大多数情况下，只要读者的计算机速度够快，并且没有其他 USB 设备干扰的基础上，逻辑分析仪达到 24MHz 的采样频率是没有任何问题的。但是如果当前的 USB 设备正在被其他设备所使用，那么最大采样频率可能会有所下降，比如 16MHz、12MHz、8MHz 等。Saleae 逻辑分析仪使用的是 USB 2.0 的标准，在这种标准下，理论上最大的平均带宽可达 24MHz，但是逻辑分析仪的优先级比较低，这就意味着有可能"撞"到其他 USB 设备的通信。

Saleae 逻辑分析仪拥有 4 个 512 字节的缓冲区，在这 4 个缓冲区在被填满之前，USB 必须将部分数据读出，也就是说，4 个缓冲区不可以同时被装满，否则数据就无法进入，逻辑分析仪也会直接报错。这就意味着，如果工作在 24MHz 的情况下，USB 设备不仅要给出 24MHz 的通信速率，而且必须在 4 个缓冲区被填满之前，保证其他设备不占用 USB 资源。基于这些原因，逻辑分析仪不能够长时间一直工作在 24MHz 的采样频率下，具体取决于计算机性能，USB 带宽的可用性和延迟等情况。

15.2　红外遥控的原理

电视遥控器使用的是专用集成发射芯片来实现遥控码的发射，如东芝 TC9012，飞利浦 SAA3010T 等，通常彩电遥控信号的发射，就是将某个按键所对应的控制指令和系统码(由 0 和 1 组成的序列)，调制在 38kHz 的载波上，然后经放大、驱动红外发射管将信号发射出去。不同公司的遥控芯片，采用的遥控码格式也不一样。较普遍的有两种：一种是 NEC 标准，一种是 PHILIPS 标准。FSST15 开发板配套的红外接收头、红外遥控器都是以 NEC 为标准的，所以本章以 NEC 标准来介绍，其遥控接收头和学习型遥控器如图 15-16 所示。

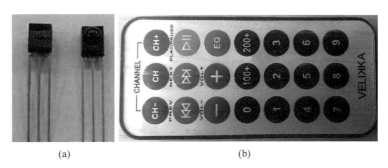

(a)　　　　　　　　　(b)

图 15-16　红外遥控接收头和遥控器实物图

红外线又称红外光波。在电磁波谱中，光波的波长范围为 $0.01\sim1000\mu m$。根据波长的不同可分为可见光和不可见光，波长为 $0.38\sim0.76\mu m$ 的光波为可见光，依次为红、橙、黄、绿、青、蓝、紫七种颜色。光波为 $0.01\sim0.38\mu m$ 的光波为紫外光(线)，波长为 $0.76\sim$

$1000\mu m$ 的光波为红外光(线)。红外光按波长范围分为近红外、中红外、远红外、极红外4类。红外线遥控是利用近红外光传送遥控指令的,波长为 $0.76\sim1.5\mu m$。用近红外作为遥控光源,是因为目前红外发射器件(红外发光管)与红外接收器件(光敏二极管、三极管及光电池)的发光与受光峰值波长一般为 $0.8\sim0.94\mu m$,在近红外光波段内,二者的光谱正好重合,能够很好地匹配,可以获得较高的传输效率及较高的可靠性。

这种特殊的红外光由于它的波长大于 $950nm$,位于可见光之下,因此不借助"工具",肉眼是看不见的。提到工具,读者可能会认为这种工具很昂贵或者很稀缺,其实这个工具,肯定是每人各持一个,只是有的是"果粉",有的是"米粉",这个工具就是手机。当按下遥控器的某个键之后,打开手机的摄像头,通过手机,就能看到红外光了。

红外遥控系统由发射和接收两大部分组成。应用编/解码专用集成电路芯片来进行控制操作,如图 15-17 所示。发射部分包括键盘、编码调制、LED 红外发送器;接收部分包括光电转换放大器、解调、解码电路。

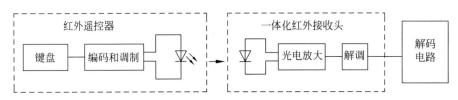

图 15-17　红外遥控系统框图

这两部分电路,其中接收部分用的是一体化红外接收头,只需自行编程就是,但对于红外遥控器部分,笔者介绍两种。一种是随开发板自带的遥控器,不允许编程,可以直接应用,不能学习编程、发射等原理。另一种是笔者开发的一款可以自行编程的红外发射、接收开发板,关于此开发板后面会做讲解。

NEC 标准:遥控载波的频率为 $38kHz$(占空比为 $1:3$)。当某个按键按下时,系统首先发射一个完整的全码,如果键按下超过 $108ms$ 仍未松开,接下来发射的代码(连发代码)将仅由起始码($9ms$)和结束码($2.5ms$)组成。一个完整的全码=引导码+用户码+用户反码+数据码+数据反码。引导码的高电平为 $9ms$,低电平为 $4.5ms$,用户码 16 位,数据码 16 位,共 32 位,其中前 16 位为用户识别码,能区别不同的红外遥控设备,防止不同机种遥控码的互相干扰,后 16 位为 8 位的操作码和 8 位的操作反码,用于核对数据是否接收准确,接收端根据数据码做出应该执行什么动作的判断。连发代码是在持续按键时发送的码,它告知接收端,某键是在被连续地按着。

特别注意:发射端与接收端的电平相反。

接下来以发射端数据为例(接收端取反),分别详解位定义、数据链及连发码。

1. 0 和 1 的位定义

两个逻辑值的时间定义格式如图 15-18 所示。逻辑 1 的脉冲时间为 $2.25ms$;逻辑 0 的脉冲时间为 1.12ms。

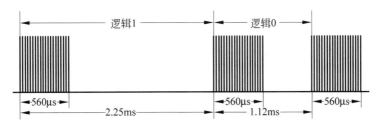

图 15-18　逻辑 0 和 1 的时间定义格式

2．完整数据链

NEC 协议的典型脉冲链如图 15-19 所示。

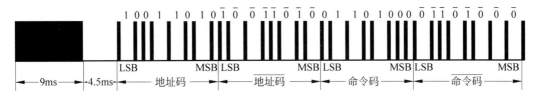

图 15-19　NEC 协议的典型脉冲链

协议规定**低位首先发送（低位在先，高位在后）**，如图 15-19 所示，发送的地址码为 0x59，命令码为 0x16。每次发送的信息首先是为高电平的引导码（9ms），接着是 4.5ms 的低电平，接下来便是地址码和命令码。地址码和命令码都发送两次，第二次发送的是反码（如：1111 0000 的反码为 0000 1111），用于验证接收的信息的准确性。因为每位都发送一次它的反码，所以总体的发送时间是恒定的（即每次发送时，无论是 1 或 0，发送的时间都是它及其反码发送时间的总和）。这种以发送反码验证可靠性的手段，当然可以"忽略"，或者是扩展属于自己的地址码和命令码为 16 位，这样就可以扩展整个系统的命令容量了。

3．连发码

若一直按住某个按键，一串信息也只能发送一次，且一直按着按键，发送的则是以 110ms 为周期的重复码，重复码是由 9ms 高电平和 4.5ms 的低电平组成，如图 15-20 所示。

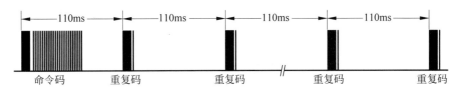

图 15-20　连发码格式图

本书所用的遥控器如图 15-16(b) 所示，其核心芯片是 HT6221。该芯片的详细资料请读者自行查阅，这里主要介绍其编码格式。

当一个键按下超过36ms,振荡器使芯片激活,如果这个键按下且延迟大约108ms,这108ms 发射代码由一个起始码(9ms)、一个结果码(4.5ms)、低 8 位地址码(9~18ms)、高 8 位地址码(9~18ms)、8 位数据码(9~18ms)、8 位数据反码(9~18ms)组成。如果键按下超过 108ms 仍未松开,接下来发射的代码(连发代码)将仅由起始码(9ms)和结束码(2.5ms)组成。这样的时间要求完全符合 NEC 标准,则以 NEC 标准来解码就是了。

为读者补充一点小知识——调制、解调。调制(Modulation)就是对信号源的信息进行处理并加到载波上,使其变为适合于信道传输的形式的过程,就是使载波随信号而改变的技术。调制是通过改变高频载波即消息的载体信号的幅度、相位或者频率,使其随着基带信号幅度的变化而变化来实现的。例如红外遥控信号发送时,需要先进行调制,将其调制到 38kHz 的载波上,过程如图 15-21 所示。

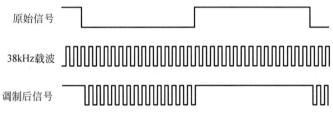

原始信号

38kHz载波

调制后信号

图 15-21　红外信号调制图

理解了调制,那么其相反的过程就是解调。所谓解调则是将基带信号从载波中提取出来以便预定的接收者(也称为信宿)处理和理解的过程。由此可见,红外发射的过程是调制,红外接收过程则为解调。这里先讲述解调,后面再讲述调制。

原始信号就是待发送的数据(1、0),38kHz 载波就是频率为 38kHz 的方波信号,调制后的信号就是最终待发射出去的波形。由图 15-21 可知,当信号是数据 0 的时候,38kHz 载波毫无保留地全部发送出去,但数据为 1 时,不发生任何载波信号。

15.3　红外解码过程分析

前面已经提到,随开发板自带的遥控器的硬件已经设计好了,这里只需设计红外接收部分的电路。按正常的通信原理来说,接收端要对其信号进行放大、滤波、解调等一系列的电路处理,然后输出基带信号。可是笔者采用的是一体化的接收头,已经将这些信号处理电路全都集成到一起了,HS0038B 内部结构如图 15-22 所示。再进行简单的电路设计,即可与单片机连接,输出基带信号了。红外接收原理图如图 15-23 所示。

因 HS0038 内部包含一些模拟电路,再加上增益很大的信号放大电路,所以很容易受到干扰,因此在红外接收头的电源端口必须加上滤波电容。官方数据手册给出的数值是大于0.1μF,笔者为了更好地滤波,FSST15 开发板上直接用 4.7μF 的电容,同时手册里还要求,电源引脚处串联一个大于 33Ω,且小于 1kΩ 的电阻,笔者串联了一个 100Ω 的,可进一步降低干扰。

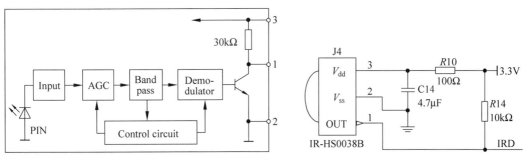

图 15-22　HS0038B 内部结构示意图　　　　　图 15-23　红外接收原理图

软件分析红外解码，讲解过程比较模糊。那就先来张笔者用简易逻辑分析仪采样到的接收端数据波形，接收与发送端的波形图刚好相反，现以接收端为例，来说明解码的过程，接收端的数据波形如图 15-24 所示。

图 15-24　红外接收端数据波形图

只要读者把图 15-24 理解清楚了，那么整个解码过程就理解了。对此图有如下几点说明。

（1）图上包含的内容较多，笔者没有标明此图下降沿的个数，请读者数一数，总共有多少个下降沿？答案是：34 个。

（2）无论是引导码、用户码，还是数据码、数据反码都是以低电平开始，高电平结束。

（3）依照"每个低电平＋高电平的总时间"来确定逻辑电平。例如，低（9ms）＋高（4.5ms）就是引导码；低（0.56ms）＋高（0.56ms）就是逻辑电平 0；低（0.56ms）＋高（1.69ms）就是逻辑电平 1。

（4）每帧数据，低位（LSB）在前，高位（LSB）在后。例如数据码，由时间可以确定出此时数据码的二进制数为：0b0110 0010，前面说过，位置相反，那么反过来就是：0b0100 0110（0x46），这没有问题！

（5）数据码＋数据反码＝0xFF，用户码＋用户反码＝0xFF，请读者求证！

根据以上说明，请读者考虑如何解码，或者说解码的思路是什么？

由图 15-24 可知，有 34 个下降沿，所以运用外部中断 0 来"抓取"这 34 个下降沿，除第一次中断之外（由图 15-24 可知，第一个下降沿之前的时间对于此过程没有一点意义，所以不考虑），每进来一次外部中断，记录与前一次的时间间隔，最后下降沿"抓取"完了，时间也存储完了，真是"一箭双雕"。具体流程图如图 15-25 所示。这里需注意，在此过程中，定时器 0 一直工作，那么全局变量 p_uIR_Time＋＋每过"一个定时基准"加一次，这样只要存下两中断的间隔数"p_uIR_Time",再乘以"一个定时基准",就可以计算出两间隔的时间了！

特别提醒：在第34个下降沿来临之际，不但要存储其时间值，还要处理这些时间值，即将"时间"转换成逻辑电平0、1(可参见上述说明(2)、说明(3)进行转换)，最后再将逻辑电平0、1转成想要的数据(参见说明(4))。以上整个过程的代码，下面15.4节会详细讲述。

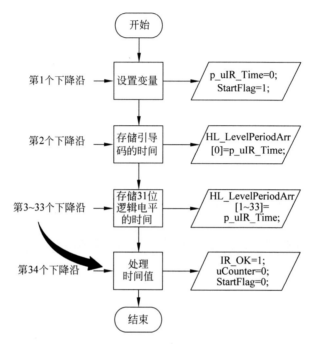

图15-25　利用34个下降沿所做程序的流程图

15.4　红外解码的具体实现例程

实例简介：编写程序，当按下随开发板附带的遥控器的某一键值时，FSST15开发板上8位数码管分别显示：用户码、用户反码、数据码、数据码反码。同理，先上源码，读者结合图15-24和图15-25，分析并理解程序，再自行编写、调试，看是否能得到正确的结果。

(1) 主函数部分的驱动源码(main.c)。

该文件主要实现了对中断、定时器的初始化，以及主函数实时刷新数码管显示所解码的数值。需要注意的是：外部中断、定时器中断，都要用到中断，所以，一定要开总中断(EA = 1)，否则将无法正确实现解码。main.c的具体源码如下。

```
# include "BSP_Include.h"

extern bit g_IR_OK;                    //stc15_exti.c 文件中定义,这里只是声明
extern u8 xdata g_IRcord[4];           //stc15_exti.c 文件中定义,这里只是声明
unsigned char Bit_Tab[] =
```

```
{0xfe,0xfd,0xfb,0xf7,0xef,0xdf,0xbf,0x7f};        //位选数组
unsigned char Disp_Tab[] = {0x3f,0x06,0x5b,0x4f,0x66,0x6d,
0x7d,0x07,0x7f,0x6f,0x77,0x7c,0x39,0x5e,0x79,0x71};

void Timer_ConfigInit(void)
{
    TIM_InitTypeDef     TIM_InitStructure;       //结构定义

    TIM_InitStructure.TIM_Mode = TIM_8BitAutoReload;
    //8位自动重装模式
    TIM_InitStructure.TIM_Polity = PolityLow;     //低优先级
    TIM_InitStructure.TIM_Interrupt = ENABLE;     //使能中断
    TIM_InitStructure.TIM_ClkSource = TIM_CLOCK_12T;
    //时钟源 TIM_CLOCK_12T
    TIM_InitStructure.TIM_ClkOut  = DISABLE;     //不输出高速脉冲
    TIM_InitStructure.TIM_Value   = 0;           //初值
    TIM_InitStructure.TIM_Run     = ENABLE;      //启动定时器
    Timer_Inilize(Timer0,&TIM_InitStructure);    //初始化定时器 0
}

void Interrupt_ConfigInit(void)
{
    EXTI_InitTypeDef   EXTI_InitStructure;        //结构定义

    EXTI_InitStructure.EXTI_Mode     = EXT_MODE_Fall;
    //中断模式设置为 EXT_MODE_Fall
    EXTI_InitStructure.EXTI_Polity    = PolityHigh;
    //中断优先级设置为 PolityHigh
    EXTI_InitStructure.EXTI_Interrupt = ENABLE;  //中断允许
    Ext_Inilize(EXT_INT0,&EXTI_InitStructure);   //初始化 EXT_INT0
}

void LedDisplay(u8 ByteVal[])
{
    u8 * Dis_ByteVal = ByteVal;

    P6 = Bit_Tab[0];                              //送位选数据
    HC595_WrOneByte(Disp_Tab[ * (Dis_ByteVal + 0)/16]);        //送段选数据
    HC595_WrOneByte(0x00);                        //消除"鬼影"现象
    P6 = Bit_Tab[1];
    HC595_WrOneByte(Disp_Tab[ * (Dis_ByteVal + 0) % 16]);
    HC595_WrOneByte(0x00);

    P6 = Bit_Tab[2];
    HC595_WrOneByte(Disp_Tab[ * (Dis_ByteVal + 1)/16]);
    HC595_WrOneByte(0x00);
    P6 = Bit_Tab[3];
```

```
        HC595_WrOneByte(Disp_Tab[ * (Dis_ByteVal + 1) % 16]);
        HC595_WrOneByte(0x00);

        P6 = Bit_Tab[4];
        HC595_WrOneByte(Disp_Tab[ * (Dis_ByteVal + 2)/16]);
        HC595_WrOneByte(0x00);
        P6 = Bit_Tab[5];
        HC595_WrOneByte(Disp_Tab[ * (Dis_ByteVal + 2) % 16]);
        HC595_WrOneByte(0x00);

        P6 = Bit_Tab[6];
        HC595_WrOneByte(Disp_Tab[ * (Dis_ByteVal + 3)/16]);
        HC595_WrOneByte(0x00);
        P6 = Bit_Tab[7];
        HC595_WrOneByte(Disp_Tab[ * (Dis_ByteVal + 3) % 16]);
        HC595_WrOneByte(0x00);
    }

    void main(void)
    {
        Delay_ms(100);                          //待上电稳定

        EA = 1;                                 //开总中断

        GPIO_ConfigInit();
        Timer_ConfigInit();
        Interrupt_ConfigInit();

        for(;;)
        {
            if(g_IR_OK)                         //如果接收好了进行红外处理
            {
                IrcordPro();
                g_IR_OK = 0;
            }
            LedDisplay(g_IRcord);
        }
    }
```

（2）定时器驱动源码(stc15_Timer.c)。

该文件主要完成定时器的初始化和以中断的方式计数，定时器初始化好理解，读者对照前面讲述的内容，就能理解。这里需要注意的是，时间基准 g_uIR_Time 的计数，该全局变量在中断的作用下以每"$(256×12÷11.0592)$"μs 为周期进行计数。有了这个时间基准，不仅将解码判断 0 和 1 的任务等价转换为时间的判断，而且可转化为次数的判断，进而有了中断驱动源码中以次数来处理解码的子函数 IrcordPro()。stc15_Timer.c 的具体源码如下。

```
# include  "STC15_Timer.h"

u8 g_uIR_Time = 0;
//用于计算两次中断的间隔时间.时间 = g_uIR_Time×(256×12÷11.0592) μS
/ ********************** 定时器 0 中断函数 ************************ /
void Timer0_ISR (void) interrupt TIMER0_VECTOR
{
    g_uIR_Time++;                              //时间基准,每过(256×12÷11.0592)μs 加一次
}
// ============================================================
//函数: uint8Timer_Inilize(uint8 TIM, TIM_InitTypeDef * TIMx)
//描述: 定时器初始化程序
//参数: TIMx,结构参数,请参考 timer.h 里的定义
//返回: 成功返回 0, 空操作返回 1,错误返回 2
//版本: V1.0, 2012 - 10 - 22
// ============================================================
u8 Timer_Inilize(uint8 TIM, TIM_InitTypeDef * TIMx)
{
    if(TIM > Timer4)   return 1;              //空操作

    if(TIM == Timer0)
    {
        if(TIMx -> TIM_Mode > TIM_16BitAutoReloadNoMask)  return 2;          //错误
        TR0 = 0;                              //停止计数
        ET0 = 0;                              //禁止中断
        PT0 = 0;                              //低优先级中断
        TMOD &= 0xf0;                         //定时模式, 16 位自动重装
        AUXR &= ~0x80;                        //12T 模式
        INT_CLKO &= ~0x01;                    //不输出时钟
        if(TIMx -> TIM_Interrupt == ENABLE)   ET0 = 1;          //允许中断
        if(TIMx -> TIM_Polity == PolityHigh)   PT0 = 1;
        //高优先级中断
        TMOD |= TIMx -> TIM_Mode;             //工作模式,0: 16 位自动重装
        //1: 16 位定时/计数, 2: 8 位自动重装, 3: 16 位自动重装, 不可屏蔽中断
        if(TIMx -> TIM_ClkSource == TIM_CLOCK_1T)   AUXR |= 0x80;
        if(TIMx -> TIM_ClkSource == TIM_CLOCK_Ext)   TMOD |= 0x04;
        //对外计数或分频
        if(TIMx -> TIM_ClkOut == ENABLE) INT_CLKO |= 0x01;          //输出时钟

        TH0 = (u8)(TIMx -> TIM_Value >> 8);
        TL0 = (u8)TIMx -> TIM_Value;
        if(TIMx -> TIM_Run == ENABLE)   TR0 = 1;          //开始运行
        return  0;                            //成功
    }
```

/ * 读者请注意: 这里调用了库函数,但是定时器 1、2、3 的部分例程未用,所以这里省略了,具体

见随书附带的光盘. * /

```
        return 2;                                          //错误
    }
```

（3）定时器头文件(stc15_Timer.h)。

该文件主要是声明函数以及定义初始化定时器函数所用的变量、结构体等，源码简单，这里不赘述。stc15_Timer.h的具体源码如下。

```
#ifndef   __STC15_TIMER_H__
#define   __STC15_TIMER_H__

#include "STC15_CLKVARTYPE.H"

#define   Timer0              0
#define   Timer1              1
#define   Timer2              2
#define   Timer3              3
#define   Timer4              4

#define   TIM_16BitAutoReload          0
#define   TIM_16Bit                    1
#define   TIM_8BitAutoReload           2
#define   TIM_16BitAutoReloadNoMask    3

#define   TIM_CLOCK_1T        0
#define   TIM_CLOCK_12T       1
#define   TIM_CLOCK_Ext       2

typedef struct
{
    u8    TIM_Mode;                         //工作模式,有 TIM_16BitAutoReload,
    //TIM_16Bit,TIM_8BitAutoReload,TIM_16BitAutoReloadNoMask
    u8    TIM_Polity;                       //优先级设置,有 PolityHigh,PolityLow
    u8    TIM_Interrupt;                    //中断允许,有 ENABLE,DISABLE
    u8    TIM_ClkSource;                    //时钟源
    //TIM_CLOCK_1T,TIM_CLOCK_12T,TIM_CLOCK_Ext
    u8    TIM_ClkOut;                       //可编程时钟输出,有 ENABLE,DISABLE
    u16   TIM_Value;                        //装载初值
    u8    TIM_Run;                          //是否运行,有 ENABLE,DISABLE
} TIM_InitTypeDef;

extern u8 Timer_Inilize(u8 TIM, TIM_InitTypeDef * TIMx);

#endif
```

（4）外部中断驱动源码（stc15_exti.c）。

该文件不仅完成了外部中断的初始化，更是该例程的核心驱动，34 个下降沿的检测，时间的存储，由时间判断数值的解码处理过程，都是在该函数中完成的，读者要多看几遍源码，多分析、多总结。程序是比较复杂，但是注释非常详细，读者可参考图 15-24 和图 15-25 加以理解，如果该部分的程序能熟练掌握，那该例程也就算理解了。stc15_exti.c 的具体源码如下。

```c
# include  "stc15_exti.h"

extern u8 g_uIR_Time;                          //变量在 stc15_timer.c 中定义

bit g_IR_OK;                                   //解码完成标志位
bit g_IR_Pro_OK;                               //数据处理完成标志位
u8 xdata g_IRcord[4];
//处理后的红外码,分别是用户码、用户码、数据码、数据码反码
u8 xdata HL_LevelPeriodArr[33];                //33 个高低电平的周期

void IrcordPro(void)
{
    u8 uiVal,ujVal;
    u8 ByteVal;                                //一个字节(例如地址码、数据反码等)
    u8 CordVal;                                //零时存放高低电平持续时间
    u8 uCounter;                               //对应 33 个数据
    uCounter = 1;
    //这里是为了判断数据,所示避开第一个引导码,直接从 1 开始
    for(uiVal = 0;uiVal < 4;uiVal++)
    //处理 4 个字节,依次是地址码、地址反码、数据码、数据反码
    {
        for(ujVal = 0;ujVal < 8;ujVal++)       //处理 1 个字节的 8 位
        {
            CordVal = HL_LevelPeriodArr[uCounter];
            //根据高低电平持续时间的长短来判定是 0,或是 1
            //0 -> 1.12ms   1 -> 2.25ms
            //这里为了判断,取 1.12 和 2.25 的中间值: 1.685 为判断标准
            //1.685ms/(256×12/11.0592)us≈6 此值可以有一定误差
            if(CordVal > 6)                    //大于 1.685ms 则为逻辑 1
                ByteVal = ByteVal | 0x80;
            else                               //小于 1.685ms 则为逻辑 0
                ByteVal = ByteVal;
            if(ujVal < 7)
            //前面的 7 次需要移位,第 8 次操作的就不移位了(已经是最高位)
            {   //由 NEC 协议可知,LSB 在前,所以操作完一位后右移一位
                ByteVal >>= 1;                 //这样最先操作的 LSB 位就放在了数据的最低位
            }
            uCounter++;                        //依次处理这 32 位
```

```
    }
        g_IRcord[uiVal] = ByteVal;
        //将处理好的四个字节分别存到数值 g_IRcord 中
        ByteVal = 0;                              //清 0,以便储存下一字节
    }
}


/ ********************* INT0 中断函数 ************************ /
void Ext_INT0 (void) interrupt INT0_VECTOR        //进中断时已经清除标志
{
    static u8 uCounter;                  //1 个引导码 + 32 个位(16 位地址码 + 16 位数据位)
    static bit StartFlag;                //是否开始处理标志位(1 表示开始、0 表示未开始)
    EX0 = 0;                             //关闭中断,防止干扰
    if(!StartFlag)                       //首次进来 StartFlag 为 0,故执行 if 语句
    {
        g_uIR_Time = 0;                  //间隔计数值清 0
        StartFlag = 1;                   //开始采样标志位置 1
    }
    else if(StartFlag)                   //第 2~34 次进来执行此 if 语句
    {
        if(g_uIR_Time < 50 && g_uIR_Time >= 32)  //引导码,9ms + 4.5ms
            uCounter = 0;
        / * 9ms/(256×12÷11.0592) μs≈32       9 + 4.5ms/(256×12÷11.0592) μs ≈ 50 * /
        HL_LevelPeriodArr[uCounter] = g_uIR_Time;
        //存储每个电平的周期,用于以后判断是 0 还是 1
        g_uIR_Time = 0;
        //清 0,以便存下一个周期的时间
        uCounter++;                      //依次存入这 33 个周期
        if(33 == uCounter)
        {
            g_IR_OK = 1;                 //解码完成标志位置 1,表示解码完成
            uCounter = 0;
            StartFlag = 0;
        }
    }
    EX0 = 1;                             //继续打开中断,以便解码下一个键值
}


// ===============================================================
//函数: u8   Ext_Inilize(u8 EXT, EXTI_InitTypeDef * INTx)
//描述:外部中断初始化程序
//参数:INTx,结构参数,请参考 Exti.h 里的定义
//返回:成功返回 0, 空操作返回 1,错误返回 2
//版本:V1.0, 2012 - 10 - 22
//注意:上升沿、下降沿中断只适用 INT0、1; INT2、3、4 不用设置,因为是固定的下降沿
// ===============================================================
u8   Ext_Inilize(u8 EXT, EXTI_InitTypeDef * INTx)
```

```
{
    if(EXT > EXT_INT4)   return 1;                          //空操作

    if(EXT == EXT_INT0)                              //外部中断 0
    {
        if(INTx -> EXTI_Interrupt == ENABLE)  EX0 = 1;              //允许中断
        else                  EX0 = 0;          //禁止中断
        if(INTx -> EXTI_Polity == PolityHigh)  PX0 = 1;             //高优先级中断
        else                  PX0 = 0;        //低优先级中断
        if(INTx -> EXTI_Mode == EXT_MODE_Fall)  IT0 = 1;            //下降沿中断
        else                  IT0 = 0;       //上升沿,下降沿中断
        return  0;                      //成功
    }
```

/ * 读者请注意: 这里调用了库函数,但是外部中断 1、2、3 部分的代码该例程未用,为了节省篇幅,
这里省略了,具体见随书附带的光盘 * /

```
    return 2;                       //失败
}
```

(5) 外部中断头文件(stc15_exti.h)。

该文件主要是声明函数以及定义初始化定时器函数所用的变量、结构体等,同时完成对
IrcordPro()函数的声明,以便主函数调用。其具体源码如下。

```
#ifndef  __STC15_EXTI_H__
#define  __STC15_EXTI_H__

#include "STC15_CLKVARTYPE.H"

#define   EXT_INT0       0                //初始化外部中断 0
#define   EXT_INT1       1                //初始化外部中断 1
#define   EXT_INT2       2                //初始化外部中断 2
#define   EXT_INT3       3                //初始化外部中断 3
#define   EXT_INT4       4                //初始化外部中断 4

#define   EXT_MODE_RiseFall  0           //上升沿、下降沿中断(只适用于 INT0、1)
#define   EXT_MODE_Fall      1           //下降沿中断

typedef struct
{
    u8   EXTI_Mode;                 //中断模式, 有 EXT_MODE_RiseFall, EXT_MODE_Fall
    u8   EXTI_Polity;                //优先级设置,有 PolityHigh,PolityLow
    u8   EXTI_Interrupt;             //中断设置,有 ENABLE,DISABLE
} EXTI_InitTypeDef;

u8   Ext_Inilize(u8 EXT, EXTI_InitTypeDef * INTx);
```

```
void IrcordPro(void);
#endif
```

最后读者需要注意的是,还需添加延时函数的驱动源码、数码管驱动的源码和GPIO口的驱动源码到工程中,这样才算是一个完整的工程。该工程所用文件较多,解码部分也比较难理解,读者要细心并能理清思路,在掌握解码流程的基础上,对于各个文件的管理一定要心中有数。建好的工程如图 15-26 所示。

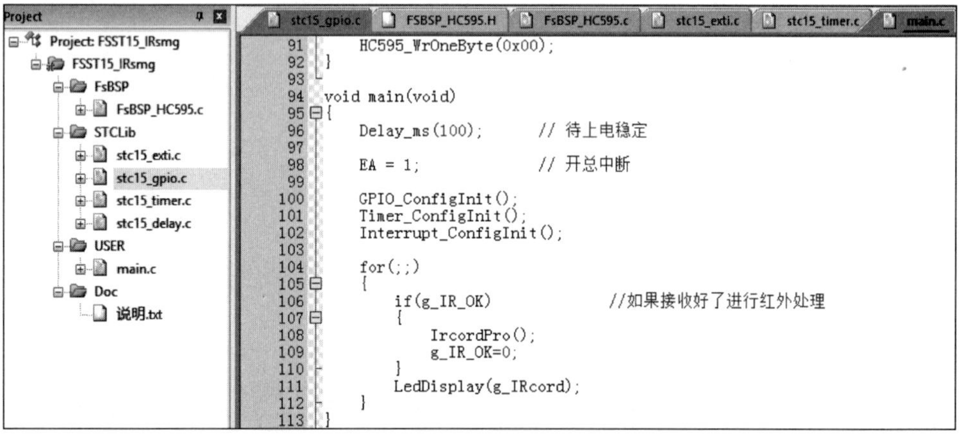

图 15-26　红外解码工程 Keil5 的框架图

15.5　红外编码与发射的过程分析

在红外遥控的原理中,前面介绍了调制,即将待发送的数据加载到载波上,调制过程可参看图 15-21。调制和解调可以形象地理解为某人从深圳前往上海去旅行的一个过程,在宝安机场搭乘飞机的过程是调制,而搭乘的飞机就是载波,浦东机场下飞机的过程就是解调。无论是信号调制、解调,重点肯定是信号(某人),载波(飞机)只是工具。

FSST15 开发板上并未搭载红外发射的电路,这里提供两种红外发射电路图,如图 15-27 所示。

需要注意的是,这两种电路设计,图 15-27(a)的原理相对简单,但是程序相对复杂,不仅要产生 38kHz 的方波,还需进行调制,将待发送的数据加载到 38kHz 的方波上,图 15-27(b)的原理稍微复杂,但是程序较为简单,只需产生 38kHz 的方波,再送数据,不需要进行软件调试。至于程序里面所做的引导码、反码等,那是通信协议,不属于调制的范畴。

这里着重讲解图 15-27(b)的工作原理和图 15-27(a)的软件编程。38kHz 方波的产生方法比较多,例如,用时基电路 NE555,再加上简单的配置电路,即可实现,还可用 455kHz 的晶振,再进行 12 分频,得到 37.91kHz 的载波,当然也可以利用第 14 章讲述的 PWM 方式来产生,对于使用 STC15 单片机的读者来说,建议用 PWM 方式来实现。当待发信号引

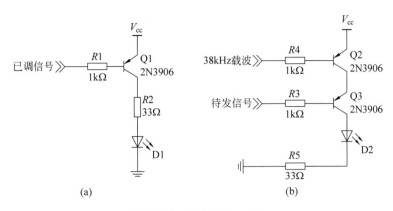

图 15-27 红外发射电路图

脚输出高电平时，Q3 截止，不管 38kHz 的载波如何控制 Q2，Q2 都不会导通，当然 D2 肯定不发射红外光线，也即没有任何数据发出。当待发信号引脚输出低电平时，那么 38kHz 的载波就会通过控制 Q2 释放出来，在 D2 上就会产生 38kHz 的已调信号。

如果读者理解了上面两种发送电路的原理，其实还可变换出下面两种电路，继而用串口去发送数据，这样便可实现串口的红外无线传输，电路如图 15-28 所示。图 15-28(a)是基于三态门的标准的调制方式，当 UART_TX 为低电平时，38kHz 信号可以通过三态门；图 15-28(b)是基于或门的调制方式，实际是当 UART_TX 和 38kHz 都为低电平时点亮红外发射管，是逻辑或的关系，也可以用或门来实现，原理都大同小异。希望读者能不断积累这些知识点，并加以实践，如果只是读书，看源码，不动手操作，不积累，肯定是学不会单片机的。

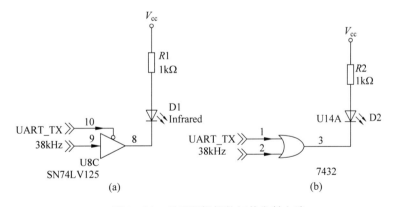

图 15-28 基于逻辑门的红外发射电路

15.6 红外编码与发射的应用例程

由于 FSST15 开发板上未搭载红外发射电路，其源码和具体的电路这里省略，请读者自己动手，搭建一个如上所述的红外发射电路，接在 FSST15 开发板的外扩端口上，在解码实例的基础上,增加发射部分的功能,看能否将数据正确发出并正确收到。具体源码读者可到论坛(www. ieeBase. net)留言,向笔者索取,或查看随书附带的光盘。

15.7　课后学习

1. 复习红外传输的基本特性,以及"编码"、"解码"的基本概念和常用红外编码的协议,分别列举"0"、"1"对应的时间值。

2. 编写代码,实现用遥控器来调节万年历的时间。

3. 先编写代码,解码自家电视的遥控器编码,之后自行搭建红外发射电路,并接到FSST15开发板上,之后编写程序,实现用FSST15开发板上矩阵按键来控制自家的电视。

第 16 章

有的放矢，运筹帷幄：

RTX51 Tiny 实时操作系统

操作系统很流行，因为它的应用很广泛。单片机初学者认为操作系统很难学，笔者告诉你，其实它只是个"纸老虎"，只要你肯坚持，手握足够锋利的刀，捅破它不是一件难事，正所谓"狭路相逢勇者胜"。

16.1　实时操作系统概述

操作系统(Operating System, OS)是管理和控制计算机硬件与软件资源的计算机程序，是直接运行在"裸机"上的最基本的系统软件，任何其他软件都必须在操作系统的支持下才能运行。操作系统是用户和计算机的接口，同时也是计算机硬件和其他软件的接口。操作系统的功能包括管理计算机系统的硬件、软件及数据资源，控制程序运行，改善人机界面，为其他应用软件提供支持等，使计算机系统所有资源最大限度地发挥作用，提供了各种形式的用户界面，使用户有一个好的工作环境，为其他软件的开发提供必要的服务和相应的接口。实际上，用户是不用直接接触操作系统的，操作系统管理着计算机硬件资源，同时根据应用程序的资源请求，为其分配资源，如划分 CPU 时间，开辟内存空间，调用打印机等。

操作系统的种类相当多，有智能卡操作系统、实时操作系统、传感器节点操作系统、嵌入式操作系统、个人计算机操作系统、多处理器操作系统、网络操作系统和大型机操作系统等。按其应用领域划分主要有三种：桌面操作系统、服务器操作系统和嵌入式操作系统。

接下来简述实时操作系统。

实时操作系统(Real Time Operating System, RTOS)是指当外界事件或数据产生时，能够接受并以足够快的速度予以处理，其处理的结果又能在规定的时间之内来控制生产过程或对处理系统做出快速响应，并控制所有实时任务协调一致运行的操作系统。因而，提供及时响应和高可靠性是其主要特点。实时操作系统有硬实时和软实时之分，硬实时要求在规定的时间内必须完成操作，这是在操作系统设计时保证的；软实时则只要按照任务的优先级，尽可能快地完成操作即可。

RTX51 Tiny 是一款可以运行在大多数 8051 兼容的器件及其派生器件上的实时操作系统(准实时)，相对与传统的开发方式而言，用实时操作系统进行开发是一种效率更高的方式。

16.2 RTX51 Tiny 操作系统

接下来先深入浅出地了解 RTX51 Tiny 操作系统,再结合实例掌握其真正的精华,最后将它熟练地应用到实际项目中。

16.2.1 RTX51 Tiny 操作系统概述

RTX51 Tiny 是 Keil 公司开发的专门针对 8051 内核所做的实时操作系统(RTOS),RTX51 有两个版本:RTX51 FULL 与 RTX51 Tiny。FULL 版本支持四级任务优先级,最大支持 256 个任务,它工作在类似于中断功能的状态下,同时支持抢占式与时间片循环调度、支持信号(Signal)、消息队列、二进制信号量(Semaphore)和邮箱(Mailbox),其功能强大,仅仅占用 6~8KB 的程序存储器空间。RTX51 Tiny 是 RTX51 FULL 的子集,是一个很小的内核,只占 800 字节的存储空间(主要的程序 RTX51 TNY. A51 仅有不足一千行)。它适用于对实时性要求不严格的,仅要求多任务管理并且任务间通信功能不要求非常强大的应用。它仅使用 51 内部寄存器来实现,应用程序只需要以系统调用(System Call)的方式调用 RTX51 中的函数即可,RTX51 Tiny 可以支持 16 个任务,多个任务遵循时间片轮转的规则,任务间以信号(Signal)的方式进行通信,任务可以等待另一任务给他发出 Signal 然后再从挂起状态恢复运行,它并不支持抢占式任务切换的方式。

进行单片机程序开发的时候常需要用到多任务,这就必须涉及操作系统了,因为没有操作系统很难达到多任务协调调度的目的。以前笔者阅读过 μCOS-II 的源码,也曾试着将其移植到 51 系列单片机上,但由于需要很大的内存,单片机需另扩展 RAM 才能运行起来,这势必增加了硬件的复杂度,提高了系统的成本而得不偿失。

用 RTX51 Tiny 系统,既能满足多任务协调调度的要求,又能节省开支,能够很好地解决了这个问题。作为实时操作系统,RTX51 Tiny 虽然比较简陋,但它具备了一些实时操作系统的基本要素,完全可以充当读者进入实时操作系统(RTOS)世界的领路者,更为重要的是,它是免费的。

RTX51 Tiny 是实时操作系统(RTOS),可以提供调度、维护、同步等功能,可以用它来建立多个任务(函数)同时执行的应用程序。嵌入式应用系统经常有这种需求。

实时操作系统能灵活地调度系统资源(如 CPU 和存储器),并且提供任务间的通信。

RTX51 Tiny 的程序用标准的 C 语言构造,由 Keil C51 C 编译器编译,用户可以很容易地定义任务函数,而不需要进行复杂的栈和变量结构配置,只需包含一个指定的头文件(rtx51tny. h)即可。

为了能更好地了解其特性,现对比 RTX51 Tiny 和 RTX51 Full 两种系统的区别,具体见表 16-1。

表 16-1　两种 RTX51 系统的区别

规格 ＼ 系统	RTX51 Full	RTX51 Tiny
任务的数量	256 个(最多)，其中 19 个任务处于激活状态	16 个
代码空间需求	6～8KB	800 字节(最大)
数据空间需求	40～46 字节	7 字节
栈空间需求	20～200 字节	3×N(任务计数)字节
外扩 RAM 需求	650 字节(最小)	0
所用定时器	定时器 0 或者定时器 1	定时器 0
系统时钟因子	1000～40000	1000～65535
中断等待	≤50 个周期	≤20 个周期
切换时间	70～100 个周期(快速任务) 180～700 个周期(标准任务)	100～700 个周期
邮箱系统	8 个邮箱，每个邮箱有 8 个入口	不可用
存储器池系统	最多可达 16 个存储器池	不可用
旗标	8×1 位	不可用

由表 16-1 可知，RTX51 Full 比 RTX51 Tiny 要好。最重要的是，由以上规格可知 RTX51 Tiny 能用于哪些单片机，不能用于哪些单片机，FSST15 开发板上搭载的 IAP15W4K58S4 是完全可以胜任 RTX51 Tiny 系统的。

RTX51 Tiny 运行于大多数与 8051 兼容的器件及其变种上，其应用程序可以访问外部数据存储器，但内核无此需求。

RTX51 Tiny 支持 Keil C51 编译器全部的存储模式。存储模式的选择只影响应用程序对象的位置，RTX51 Tiny 系统变量和应用程序栈空间总是位于 8051 的内部存储区(DATA 或 IDATA 区)，一般情况下，应用程序应使用小(SMALL)模式(设置详见 16.2.5 节图 16-2 中"Target Options"的 Target 选型卡)。

RTX51 Tiny 支持协作式任务切换(每个任务调用一个操作系统例程)和时间片轮转任务切换(每个任务在操作系统切换到下一个任务前运行一个固定的时间段)，不支持抢先式任务切换以及任务优先级，RTX51 Full 支持抢先式任务切换。

RTX51 Tiny 与中断函数并行运作，中断服务程序可以通过发送信号(用 isr_send_signal 函数)或设置任务就绪的标志(用 isr_set_ready 函数)与 RTX51 Tiny 的任务进行通信。如同在一个标准的、没有 RTX51 Tiny 的应用中一样，中断例程必须在 RTX51 Tiny 应用中实现并允许，RTX51 Tiny 只是没有中断服务程序的管理。

RTX51 Tiny 应用的是定时器 0、定时器 0 中断和寄存器组 1。如果在程序中使用了定时器 0，则 RTX51 Tiny 将不能正常运转。读者当然可以在 RTX51 Tiny 定时器 0 的中断服务程序后追加自己的定时器 0 中断服务程序代码。

假如总中断总是允许(EA＝1)，RTX51 Tiny 库例程在需要时会改变中断系统(EA)的状态，以确保 RTX51 Tiny 的内部结构不被中断破坏。当允许或禁止总中断时，RTX51

Tiny 只是简单地改变 EA 的状态,而不会保存也并不重装 EA,EA 只是简单地被置位或清除。因此,如果程序在调用 RTX51 例程前终止了中断,RTX51 可能会失去响应。在程序的临界区,可能需要在短时间内禁止中断。但是,在中断禁止后是不能调用任何 RTX51 Tiny 例程的。如果程序确实需要禁止中断,应该持续很短的时间。

RTX51 Tiny 分配所有的任务到寄存器 0,因此,所有的函数必须用 C51 默认的设置进行编译。中断函数可以使用剩余的寄存器组。然而,RTX51 Tiny 需要寄存器组区域中 6 个永久性的字节,这些字节的寄存器组需要在配置文件中指定(CONF_TNY. A51)。

16.2.2　任务程序的分类

实时程序必须对实时发生的事件快速响应。事件很少的程序不用实时操作系统也很容易实现。但随着事件的增加,编程的复杂程度和难度也随之增大,这正是 RTOS 的用武之地。

1. 单任务程序

嵌入式程序和标准 C 程序都是从 main 函数开始执行的,在嵌入式应用中,main 通常是无限循环执行的,或者认为是一个持续执行的单任务。接下来举个很容易理解的例子。代码如下:

```
void main (void)
{
    while(1)                        /* 永远重复 */
    {
        do_something();             /* 执行 do_something"任务" */
    }
}
```

在这个例子里,do_something 函数可以认为是一个单任务,由于仅有一个任务在执行,所以没有必要进行多任务处理或使用多任务操作系统。

2. 多任务程序

前面章节所写的 C 程序都是在一个循环里调用服务函数(或任务)来实现伪多任务调度。这里再来看段以前的主流代码。

```
void main(void)
{
    int counter = "0";
    while(1)                        /* 一直重复执行 */
    {
        check_serial_io();          /* 检查串行输入 */
        process_serial_cmds() ;     /* 处理串行输入 */
        check_kbd_io();             /* 检查键盘输入 */
        process_kbd_cmds();         /* 处理键盘输入 */
        Adjust_ctrlr_parms();       /* 调整控制器 */
        counter++;                  /* 增加计数器 */
    }
}
```

该例中，每个函数执行一个单独的操作或任务，函数（或任务）按次序依次执行。当任务越来越多，调度问题就被自然而然地提出来了。例如，如果 process_kbd_cmds 函数执行时间较长，主循环就需要较长的时间才能返回来执行 check_serial_io 函数，这样可能会导致串行数据的丢失。当然，可以在主循环中更频繁地调用 check_serial_io 函数以弥补数据的丢失，但最终这个方法还是会失效。那怎么办，请继续阅读下文。

3. RTX51 Tiny 程序

当使用 Rtx51 Tiny 时，为每个任务建立独立的任务函数，程序如下。

```
void check_serial_io_task(void) _task_ 1
{ /* 该任务检测串行 I/O */ }
void process_serial_cmds_task(void) _task_ 2
{ /* 该任务处理串行命令 */ }
void check_kbd_io_task(void) _task_ 3
{ /* 该任务检测键盘 I/O */ }
void process_kbd_cmds_task(void) _task_ 4
{ /* 处理键盘命令 */ }
void startup_task(void) _task_ 0
{
    os_create_task(1);                    /* 建立串行 I/O 任务 */
    os_create_task(2);                    /* 建立串行命令任务 */
    os_create_task(3);                    /* 建立键盘 I/O 任务 */
    os_create_task(4);                    /* 建立键盘命令任务 */
    os_delete_task(0);                    /* 删除启动任务 */
}
```

该例中，每个函数定义为一个 RTX51 Tiny 任务。RTX51 Tiny 程序不需要 main 函数，取而代之的是，RTX51 Tiny 从任务 0 开始执行。在典型的应用中，任务 0 简单地建立了所有其他任务。

16.2.3 RTX51 Tiny 的工作原理

为了更好、更详细地了解 RTX51 Tiny 的工作原理，以下从六个方面入手来解释。

1. 定时器滴答中断

RTX51 Tiny 用标准 8051 的定时器 0（模式 1）产生一个周期性的中断，该中断就是 RTX51 Tiny 的定时滴答（Timer Tick）。库函数中的超时和时间间隔就是基于该定时滴答来测量的。默认情况下，RTX51 每 10 000 个机器周期产生一个滴答中断。需要注意的是，虽然 FSST15 开发板上搭载的 IAP15W4K58S4 单片机是 1T 的，但是该操作系统是基于定时器 0 的，而且工作于 12T 模式，因此，对于运行于 11.0592MHz 主频的飞天三号来说，滴答的周期为 10.85ms。至于多少个机器周期产生一个滴答定时中断，可在 CONF_TNY .A51 配置文件中修改。如何根据工程需求，进行更改，后面实例部分将做详细讲述。

2. 任务及管理

RTX51 Tiny 本质上是一个任务切换器，建立一个 RTX51 Tiny 程序，就是建立一个或多个任务函数的应用程序。任务用由 C 语言定义的新关键字,该关键字是 Keil C51 所支持的。RTX51 Tiny 维护每个任务处于正确的状态(运行、就绪、等待、删除、超时)。其中某个时刻只有一个任务处于运行态,任务也可能处于就绪态、等待态、删除态或超时态。空闲任务(Idle_Task)总是处于就绪态,当定义的所有任务处于阻塞状态时,运行该任务(空闲任务)。

每个 RTX51 Tiny 任务总是处于下述状态中的一种状态中,状态功能描述见表 16-2。

表 16-2 状态功能描述

状态	功能描述
运行	正在运行的任务处于运行态。某个时刻只能有一个任务处于该状态。os_running_task_id 函数返回当前正在运行的任务编号。
就绪	准备运行的任务处于就绪态。一旦运行的任务完成了处理,RTX51 Tiny 选择一个就绪的任务执行。一个任务可以通过用 os_set_ready 或 isr_set_ready 函数设置就绪标志来使其立即就绪(即便该任务正在等待超时或信号)。
等待	正在等待一个事件的任务处于等待态。一旦事件发生,任务切换到就绪态。os_wait 函数用于将一个任务置为等待态。
删除	没有被启动或已被删除的任务处于删除态。os_delete_task 函数将一个已经启动(用 os_create_task)的任务置为删除态。
超时	被超时循环中断的任务处于超时态。在循环任务程序中,该状态相当于就绪态。

3. 事件

在实时操作系统中,事件可用于控制任务的执行,一个任务可能等待一个事件,也可能向其他任务发送任务标志。os_wait 函数可以使一个任务等待一个或多个事件。

超时是一个任务可以等待的公共事件。超时就是一些时钟滴答数,当一个任务等待超时时其他任务就可以执行了。一旦到达指定数量的滴答数,任务就可以继续执行。

时间间隔(Interval)是一个超时(Timeout)的变种。时间间隔与超时类似,不同的是时间间隔是相对于任务上次调用 os_wait 函数的指定数量的时钟滴答数。

信号是任务间通信的方式。一个任务可以等待其他任务给它发信号(用 os_send_signal 和 isr_send_signal 函数)。

每个任务都有一个可被其他任务设置的就绪标志(用 os_set_ready 和 isr_set_ready 函数)。一个个等待超时、时间间隔或信号的任务可以通过设置它的就绪标志来启动。

os_wait 函数等待的事件列表和返回值如表 16-3 所示。

表 16-3 os_wait 函数事件列表

参数名称	事件说明	返回值名称	返回值的意义
K_IVL	等待指定的间隔时间	RDY_EVENT	任务的就绪标志被置位
K_SIG	等待一个信号	SIG_EVENT	收到一个信号
K_TMO	等待指定的超时时间	TMO_EVENT	超时完成或时间间隔到达

os_wait 当然还可以等待事件组合,组合形式如下。

(1) K_SIG|K_TMO：任务延迟直到有信号发给它或者指定数量的时钟滴答到达。

(2) K_SIG|K_IVL：任务延迟直到有信号到来或者指定的时间间隔到达。

注意：K_IVL 和 K_TMO 事件不能组合！

---

4. 循环任务切换

RTX51 Tiny 可以配置为用循环法进行多任务处理(任务切换)。循环法允许并行地执行若干任务,任务并非真的同时执行,而是分时间片执行的(CPU 时间分成时间片,RTX51 Tiny 给每个任务分配一个时间片),由于时间片很短(几毫秒),看起来好像任务在同时执行。任务在它的时间片内持续执行(除非任务的时间片用完),然后,RTX51 Tiny 切换到下一个就绪的任务运行。时间片的持续时间可以通过 RTX51 Ting 配置定义。

下面是一个 RTX51 Tiny 程序的例子,用循环法处理多任务,程序中的两个任务是计数器循环。RTX51 Tiny 在启动时执行函数名为 job0 的任务 0,同时该函数建立了另一个任务 job1,在 job0 执行完它的时间片后,RTX51 Tiny 切换到 job1,在 job1 执行完它的时间片后,RTX51 Ting 又切换到 job0,该过程无限重复。

```
#include< rtx51tny.h>
int counter0;
int counter1;
void job0(void)  _task_  0
{
    os_create(1);                    /*标记任务1为就绪*/
    while(1)                         /*无限循环*/
    {
        counter0++;                  /*更新计数器*/
    }
}
void job1(void)  _task_  1
{
    while(1)                         /*无限循环*/
    {
        counter++;                   /*更新计数器*/
    }
}
```

特别注意：如果禁止了循环任务处理,就必须让任务以协作的方式运作,在每个任务里调用 os_wait 或 os_switch_task,以通知 RTX51 Tiny 切换到另一个任务。os_wait 与 os_switch_task 不同的是：os_wait 是让任务等待一个事件,而 os_switch_task 是立即切换到另一个就绪的任务。

---

5. 空闲任务

没有任务准备运行时,RTX51 Ting 执行一个空闲任务。空闲任务就是一个无限循环(无事可做)。有些 8051 兼容的芯片提供一种降低功耗的空闲模式,该模式停止程序的执行,直到有中断产生。在该模式下,所有的外设包括中断系统仍在运行。RTX51 Tiny 允许在空闲任务中启动空闲模式(在没有任务准备执行时)。当 RTX51 Tiny 的定时滴答中断(或其他中断)产生时,微控制器恢复程序的执行。空闲任务执行的代码在 CONF_TNY.A51 配置文件中允许和配置。

6. 栈管理

RTX51 Tiny 为每个任务在 8051 的内部 RAM 区(IDATA)维护一个栈,任务运行时,将尽可能得到最大数量的栈空间。任务切换时,先前的任务栈被压缩并重置,当前任务的栈被扩展和重置。图 16-1 表明一个三任务应用的内部存储器的布局。

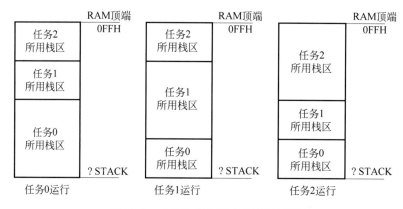

图 16-1　三个任务运行时栈区分配图

"? STACK"表示栈的起始地址。该例中,位于栈下方的对象包括全局变量、寄存器和位寻址存储器,剩余的存储器用于任务栈。存储器的顶部可在配置中指定。如何指定,后面会讲述。

16.2.4　RTX51 Tiny 的配置

工程千差万别,应用 RTX51 Tiny 的方式、方法也各有差异,Keil5 公司提供了可随意定制的 RTX51 Tiny 满足不同的需求,但也不能太随意,具体哪些能自由配置,哪些又不能配置,下面将详细介绍。

1. 配置

建立了嵌入式应用后,RTX51 Tiny 必须要配置。所有的配置设置都在 CONF_TNY.A51 文件中进行,该文件位于 D:\PrjSW\Keil5\C51\RtxTiny2\SourceCode 目录下(这是笔者建立的目录,读者可根据安装路径而定)。在 CONF_TNY.A51 中允许配置的选项如下,"←"后的为默认配置。

(1)指定滴答中断寄存器组←INT_REGBANK　EQU　1

（2）指定滴答间隔（以 8051 机器周期为单位）←INT_CLOCK　EQU　10000

（3）指定循环超时←TIMESHARING EQU　5

（4）指定应用程序占用长时间的中断←LONG_USR_INTR　EQU　0

（5）指定是否使用 code banking ←CODE_BANKING　EQU　0

（6）定义 RTX51 Tiny 的栈顶←RAMTOP　EQU　0FFH

（7）指定最小的栈空间需求←FREE_STACK　EQU　20

（8）指定栈错误发生时要执行的代码←STACK_ERROR　MACRO

CLR　EA　SJMP　$　ENDM

注意：CONF_TNY.A51 的默认配置包含在 RTX51 Tiny 库中。但是，为了保证配置的有效和正确，得将 CONF_TNY.A51 文件复制到工程目录下并将其加入到工程中，具体操作后面实例会讲解。

现对上面的配置做几点说明，否则新手们可能会越看越模糊。

（1）"指定滴答中断寄存器组"的作用是指定哪些寄存器用于 RTX51 Tiny，默认为寄存器 1。

（2）"指定滴答间隔"用于定义系统的时钟间隔。

（3）"指定循环超时"用于指定时间片轮转任务切换的超时时间。它的值表明了在 RTX51 Tiny 切换到另一任务之前时间报时信号中断的数目。如果这个值为 0，时间片轮转多重任务将失效。这里定义为 5，那意味着一个任务分配的时间为：$5×10.85ms＝54.25ms$。

（4）指定 RTX51 Tiny 运行的栈顶，也即表明 8051 单片机派生系列存储器单元的最大尺寸。用于 8051 单片机时，这个值应设定为 07Fh，用于 8052 单片机时该值设置设定为 0FFh。

（5）"指定最小的栈空间需求"是指按字节定义了自由堆栈区的大小。当切换任务时，RTX51 Tiny 检验栈去指定数量的有效字节，如果栈区太小，RTX51 Tiny 将激活 STACK_ERROR 宏，若设为 0，则会禁止栈检查。用于 FREE_STACK 的默认值是 20 字节，其允许值为 0～0FFh。

（6）"指定栈错误发生时要执行的代码"是指 RTX51 Tiny 检查到一个栈有问题时，便运行此宏，当然读者可以将这个宏改为自己的应用程序需要完成的任何操作。

2．优化

在用 RTX51 Tiny 做工程时，可以借助以下方式来优化系统，具体方法如下。

（1）如果可能，禁止循环任务切换。循环切换需要 13 个字节的栈空间存储任务环境和所有的寄存器。当任务切换通过调用 RTX51 Tiny 库函数（如 os_wait 或 os_switch_task）触发时，不需要这些空间。

（2）用 os_wait 替代依靠循环超时切换任务，这可以提高系统反应时间和任务响应时间。

（3）避免将滴答中断率设置得太快。

（4）为了最小化存储器需求，推荐从 0 开始对任务编号。

16.2.5 RTX51 Tiny 的使用步骤

无规矩不成方圆,做任何事都应该依据一定的规则和步骤。那应用 RTX51 Tiny 的步骤是什么? 笔者将 RTX51 Tiny 的应用分为以下三步。

步骤一:编写 RTX51 程序。

步骤二:编译并链接程序。

步骤三:测试和调试程序。

1. 编写 RTX51 程序

编写 RTX51 Tiny 程序时,必须用关键字对任务进行定义,并使用在 RTX51TNY. H 中声明的 RTX51 Tiny 核心例程。

RTX51 Tiny 仅需要包含一个文件:RTX51TNY. H。所有的库函数和常数都在该头文件中定义,包含方式 #include<rtx51tny. h>。

以下是建立 RTX51 Tiny 程序时必须遵守的原则。

(1) 确保包含了 RTX51TNY. H 头文件。

(2) 不需要建立 main 函数,RTX51 Tiny 有自己的 mian 函数。

(3) 程序必须至少包含一个任务函数。

(4) 中断必须有效(EA=1),在临界区如果要禁止中断时一定要小心。读者可以参见 16.2.1 节。

(5) 程序必须至少调用一个 RTX51 Tiny 库函数(例如 os_wait),否则链接器将不包含 RTX51 Tiny 库。

(6) 任务 0 是程序中首先要执行的函数,必须在任务 0 中调用 os_create_task 函数以运行其他任务。

(7) 任务函数必须是从不退出或返回的。任务必须用一个 while(1)或类似的结构重复。用 os_delete_task 函数停止运行的任务。

(8) 必须在 μVision(Keil5)中指定 RTX51 Tiny,或者在连接器命令行中指定。

实时或多任务应用是由一个或多个执行具体操作的任务组成,RTX51 Tiny 最多支持 16 个任务。任务就是一个简单的 C 函数,返回类型为 void,参数列表为 void,并且用_task_ 声明函数属性。

例如: void func(void) _task_ task_id

这里,func 是任务函数的名字,task_id 是从 0 到 15 的一个任务 ID 号。

下面的例子定义函数 job0 编号为 0 的任务。该任务使一个计数器递增并不断重复。

```
void job0(void) _task_ 0
{
    while(1)
    {
        Counter0++;
    }
}
```

注解：所有的任务都应该是无限循环；不能对一个任务传递参数，任务的形参必须是void；每个任务必须赋予一个唯一的且不重复的 ID；为了最小化 RTX51 Tiny 的存储器需求，从 0 开始对任务进行顺序编号。

2. 编译并链接程序

有两种方法编译和链接 RTX51 Tiny 应用程序，分别为：μVision 集成开发环境和命令行工具。这里主要讲述用 μVision 集成开发环境的编译和链接程序的方法。

用 μVision 建立 RTX51 Tiny 程序，除了以上编写程序时所要求遵守的原则以外，还有一条很重要的设置，那就是在 Options for Target 中添加 RTX51 Tiny，具体操作如下。

在 Keil5 软件的主界面下选择"Project→Options for Target"命令（或直接 ALT＋F7）打开 Options for Target 对话框，选择 Target 选型卡，在 Operating system 列表框中选择 RTX-51 Tiny，如图 16-2 所示。

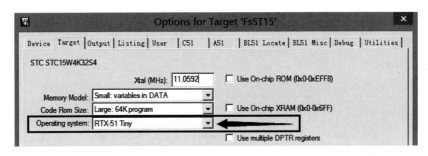

图 16-2　添加 RTX-51 Tiny

3. 测试和调试程序

μVision 模拟器允许运行和测试 RTX51 Tiny 应用程序。RTX51 Tiny 程序的载入和无 RTX51 Tiny 程序的载入是一样的，无须指定特别的命令和选项。

在调试过程中，可以借助一个对话框显示 RTX51 Tiny 程序中任务的所有特征。具体操作步骤如下。

（1）由编程界面进入仿真界面，直接按快捷键 CTRL＋F5（当然也可以用其他的方法）。

（2）在仿真界面，选择"Debug→OS Support→Rtx-Tiny Tasklist"命令，如图 16-3 所示，打开 Rtx-Tiny-Tasklist 对话框，如图 16-4 所示。

现对该对话框中各项的含义介绍如下。

（1）TID：是在任务定义中指定的任务 ID。

（2）Task Name：是任务函数的名字。

（3）State：是任务当前的状态。

（4）Wait for Event：指出任务正在等待什么事件。

（5）Sig：显示任务信号标志的状态（1 为置位）。

（6）Timer：指示任务距超时的滴答数，这是一个自由运行的定时器，仅在任务等待超时和时间间隔时使用。

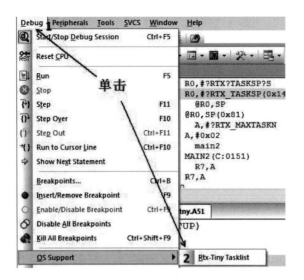

图 16-3 打开 Rtx-Tiny Tasklist 对话框的操作命令

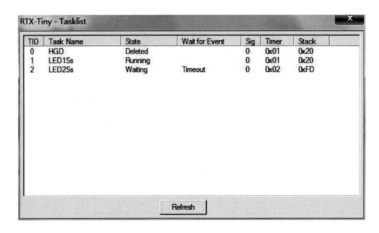

图 16-4 Rtx-Tiny-Tasklist 对话框

（7）Stack：指示任务栈的起始地址。

16.2.6 RTX51 Tiny 的常用函数

这部分的内容确实有点多，主要讲述 RTX51 Tiny 的系统函数，这些函数调用之前必须包含 rtx51tny.h 头文件（包含在 PK51 中）。在讲述 13 个系统函数之前，先来说明两种前缀：

- 以 os_开头的函数可以由任务调用，但不能由中断服务程序调用。
- 以 isr_开头的函数可以由中断服务程序调用，但不能由任务调用。

1. irs_send_signal

概要：char isr_send_signal(unsigned char task_id);   /＊给任务发送信号＊/

描述：isr_send_signal 函数给任务 task_id 发送一个信号。如果指定的任务正在等待一个信号，则该函数使该任务就绪，但不启动它，信号存储在任务的信号标志中。

返回值：成功调用后返回 0，如果指定任务不存在，则返回－1。

参阅：os_clear_signal,os_send_signal,os_wait。

例如：isr_send_signal(13);   /＊给任务 13 发信号＊/

2. irs_set_ready

概要：char isr_set_ready(unsigned char task_id);   /＊使任务就绪＊/

描述：将由 task_id 指定的任务置为就绪态。

例如：isr_set_ready(6);   /＊置位任务 6 的就绪标志＊/

3. os_clear_signal

概要：char os_clear_signal(unsigned char task_id);   /＊清除信号的任务＊/

描述：清除由 task_id 指定的任务信号标志。

返回值：信号成功清除后返回 0，指定的任务不存在时返回－1。

参阅：isr_send_signal,os_send_signal,os_wait。

例如：os_clear_signal(5);   /＊清除任务 5 的信号标志＊/

4. os_create_task

概要：char os_create_task(unsigned char task_id);   /＊要启动的任务 ID＊/

描述：启动任务 task_id，该任务被标记为就绪，并在下一个时间点开始执行。

返回值：任务成功启动后返回 0，如果任务不能启动或任务已在运行，或没有以 task_id 定义的任务，返回－1。

例如：

```
void new_task(void) _task_ 2
{    …    }
void tst_os_create_task(void) _task_ 0
{
    if(os_create_task(2))                     /＊返回的不是 0＊/
    printf("couldn't start task2 \n");        /＊ 返回的是－1 ＊/
}
```

5. os_delete_task

概要：char os_delete_task(unsigned char task_id);   /＊要删除的任务＊/

描述：函数将以 task_id 指定的任务停止，并从任务列表中将其删除。

返回值：任务成功停止并删除后返回 0，指定任务不存在或未启动时返回－1。

附注：如果任务删除自己，将立即发生任务切换。

例如：

```
void tst_os_delete_task(void) _task_ 0
{
    if(os_delete_task(2))                     /＊没有删除任务 2＊/
```

```
        {
            printf("couldn't stop task2 \n");
        }
    }
```

6. os_reset_interval

概要：void os_reset_interval(unsigned char ticks);　　　　/* 定时器滴答数 */

描述：用于纠正由于 os_wait 函数同时等待 K_IVL 和 K_SIG 事件而产生的时间问题，在这种情况下，如果一个信号事件(K_SIG)引起 os_wait 退出，时间间隔定时器并不调整，这样，会导致后续的 os_wait 调用（等待一个时间间隔）延迟的不是预期的时间周期。此函数允许将时间间隔定时器复位，这样，后续对 os_wait 的调用就会按预期的操作进行。

例如：

```
void task_func(void) _task_ 4
{
    switch(os_wait2(KSIG|K_IVL,100))
    {
        case  TMO_EVENT:  break;
        /* 发生了超时,不需要 os_reset_interval */
        case SIG_EVCENT:
        /* 收到信号,需要 os_reset_interval */
        os_reset_interval(100);                       /* 依信号执行的其他操作 */
        break;
    }
}
```

7. os_running_task_id

概要：char os_running_task_id(void);

描述：函数确认当前正在执行的任务 ID。

返回值：返回当前正在执行的任务号，该值为 0～15 之间的某一个数。

例如：

```
void tst_os_running_task(void) _task_ 3
{
    unsigned char tid;
    tid = os_running_task_id( );                       /* tid = 3 */
}
```

8. os_send_signal

概要：char os_send_signal(char task_id);   /* 信号发往的任务 */

描述：函数向任务 task_id 发送一个信号。如果指定的任务已经在等待一个信号，则该函数使任务准备执行但不启动它。信号存储在任务的信号标志中。

返回值：成功调用后返回 0,指定任务不存在时返回-1。

例如：os_send_signal(2);   /* 向 2 号任务发信号 */

9. os_set_ready

概要：char os_set_ready(unsigned char task_id);   /*使就绪的任务*/

描述：将以 task_id 指定的任务置为就绪状态。

例如：os_set_ready(1);   /*置位任务 1 的就绪标志*/

10. os_switch_task

概要：char os_switch_task(void);

描述：该函数允许一个任务停止执行，并运行另一个任务。如果调用 os_switch_task 的任务是唯一的就绪任务，它将立即恢复运行。

例如：os_switch_task();   /*运行其他任务*/

11. os_wait

概要：char os_wait(unsigned char event_sel,   /*要等待的事件*/
　　　　　　　　　　　unsigned char ticks,   /*要等待的滴答数*/
　　　　　　　　　　　unsigned int dammy);   /*无用参数*/

描述：该函数挂起当前任务，并等待一个或几个事件，如时间间隔、超时或从其他任务和中断发来的信号。参数 event_sel 指定要等待的事件，如表 16-4 所示。

表 16-4　os_wait()函数事件参数列表

事　件	描　　述
K_IVL	等待滴答值为单位的时间间隔
K_SIG	等待一个信号
K_TMO	等待一个以滴答值为单位的超时

这里 K_SIG 比较好理解，但对于 K_TMO 和 K_IVL 就比较容易混淆。两者都是从调用 os_wait 时挂起任务，前者是延时 K_TMO 个滴答数，后者是间隔 K_IVL 个滴答数，最后等到时间到了以后都回到 READY 状态，并可被再次执行。真正的区别是前者定时器节拍数会复位，后者不会。

返回值：当有一个指定的事件发生时，任务进入就绪态，当任务恢复执行时，表 16-5 列出了由返回的常数指出使任务重新启动的事件。

表 16-5　os_wait()函数的返回值

返　回　值	描　　述
RDY_EVENT	表示任务的就绪标志是被函数置位的
SIG_EVENT	收到一个信号
TMO_EVENT	超时完成，或时间间隔到
NOT_OK	参数的值无效

```
#include<rtx51tny.h>
void tst_os_wait(void) _task_ 9
{
```

```
    while(1)
    {
        char event;
        event = os_wait(K_SIG | K_TMO, 50.0);
        switch(event)
        {
            default:    ;  break;        /* 从不发生该情况 */
            case : TMO_EVENT; break;     /* 超时,50 次滴答超时 */
            case : SIG_EVENT; break;     /* 收到信号 */
        }
    }
}
```

12. os_wait1

概要：char os_wait1(unsigned char event_sel);　　　　　/* 要等待的事件 */

描述：该函数挂起当前的任务等待一个事件发生。os_wait1 是 os_wait 的一个子集,它不支持 os_wait 提供的全部事件。参数 event_sel 指定要等待的事件,该参数只能是 K_SIG。

返回值：当指定的事件发生,任务进入就绪态。任务恢复运行时,os_wait1 返回的值表明所启动的任务事件,返回值见表 16-6。

表 16-6　os_wait1()函数返回值列表

返回值	描述
RDY_EVENT	任务的就绪标志位是被 os_set_ready 或 isr_set_ready 置位的
SIG_EVENT	收到一个信号
NOT_OK	event_sel 参数的值无效

13. os_wait2

概要：char os_wait2(unsigned char event_sel,　　　　/* 要等待的事件 */
　　　　　　　unsigned char ticks);　　　　　　　/* 要等待的滴答数 */

描述：函数挂起当前任务等待一个或几个事件发生,如时间间隔,超时或一个从其他任务或中断来的信号。参数 event_sel 指定的事件参考表 16-4,返回值参考表 16-5 和表 16-6。

16.3　RTX51 Tiny 的应用实例

以上原理还得借助例程来消化,下面的例程是单片机上简单的程序,以利于读者尽快地迈进 RTX51 Tiny 的大门。

16.3.1　流星慧灯(基于 RTX51 Tiny)

例程简介：在飞天三号开发板,编写基于 RTX51 Tiny 操作系统(该程序当然还可以用作定时器,这个就留给读者自行研究)的流星慧灯程序,就是开发板上 12 个 LED 灯,从左上角的 D9 开始,顺时针转动到 D20,亮度依次变暗。其实该例程从操作系统的角度来说,是没有任何意义的,因为太简单了,笔者写该程序的主要目的是让读者对 RTX51 Tiny 的程序编写有个总体的了解,为以后编写复杂的代码做铺垫。例程源码如下。

```
# include "BSP_Include.h"
# include "rtx51tny.h"
# include "RTX51_METEORLAMP.h"

/*  ********************************************************
/* 函数名称: Init_Task()
/* 函数功能: 初始化任务函数(任务号为: 0)
/* 入口参数: 无
/* 出口参数: 无
   ********************************************************  */
void InitLed_Task(void) _task_ InitLed_ID
{
    GPIO_ConfigInit();                              //配置 I/O 口

    os_create_task(N_rLed_ID);                      //启动 LED1_ID(1)任务
    os_create_task(N_yLed_ID);
    os_create_task(N_gLed_ID);
    os_create_task(E_rLed_ID);
    os_create_task(E_yLed_ID);
    os_create_task(E_gLed_ID);
    os_create_task(S_rLed_ID);
    os_create_task(S_yLed_ID);
    os_create_task(S_gLed_ID);
    os_create_task(W_rLed_ID);
    os_create_task(W_yLed_ID);
    os_create_task(W_gLed_ID);

                                                    //初始化只要一遍就行
    os_delete_task(InitLed_ID);                     //删除 INIT_ID(0)任务
}
/*  ********************************************************
/* 函数名称: LED1_Task()
/* 函数功能: LED1 任务函数(任务号为: 1)
/* 入口参数: 无
/* 出口参数: 无
   ********************************************************  */
void LED1_Task(void) _task_ N_rLed_ID
{
    while(1)
    {
        N_rLed = 0;
        os_wait(K_TMO,24,0);
        //等待 24 个滴答中断,时间为: (12÷11059200)×800×24
        N_rLed = 1;
        os_wait(K_TMO,1,0);
```

```
                    //等待 24 个滴答中断,时间为:(12÷11059200)×800×1
        }
    }
    void LED2_Task(void) _task_ N_yLed_ID
    {
        while(1)
        {
            N_yLed = 0;
            os_wait(K_TMO,20,0);                        //以下同理
            N_yLed = 1;
            os_wait(K_TMO,4,0);                         //以下同理
        }
    }
    void LED3_Task(void) _task_ N_gLed_ID
    {
        while(1)
        {
            N_gLed = 0;
            os_wait(K_TMO,18,0);
            N_gLed = 1;
            os_wait(K_TMO,6,0);
        }
    }
    void LED4_Task(void) _task_ E_rLed_ID
    {
        while(1)
        {
            E_rLed = 0;
            os_wait(K_TMO,16,0);
            E_rLed = 1;
            os_wait(K_TMO,8,0);
        }
    }
    void LED5_Task(void) _task_ E_yLed_ID
    {
        while(1)
        {
            E_yLed = 0;
            os_wait(K_TMO,14,0);
            E_yLed = 1;
            os_wait(K_TMO,10,0);
        }
    }
    void LED6_Task(void) _task_ E_gLed_ID
    {
        while(1)
        {
```

```
        E_gLed = 0;
        os_wait(K_TMO,12,0);
        E_gLed = 1;
        os_wait(K_TMO,12,0);
    }
}
void LED7_Task(void) _task_ S_rLed_ID
{
    while(1)
    {
        S_rLed = 0;
        os_wait(K_TMO,10,0);
        S_rLed = 1;
        os_wait(K_TMO,14,0);
    }
}
void LED8_Task(void) _task_ S_yLed_ID
{
    while(1)
    {
        S_yLed = 0;
        os_wait(K_TMO,8,0);
        S_yLed = 1;
        os_wait(K_TMO,16,0);
    }
}
void LED9_Task(void) _task_ S_gLed_ID
{
    while(1)
    {
        S_gLed = 0;
        os_wait(K_TMO,6,0);
        S_gLed = 1;
        os_wait(K_TMO,18,0);
    }
}
void LED10_Task(void) _task_ W_rLed_ID
{
    while(1)
    {
        W_rLed = 0;
        os_wait(K_TMO,4,0);
        W_rLed = 1;
        os_wait(K_TMO,20,0);
    }
}
void LED11_Task(void) _task_ W_yLed_ID
```

```
    {
        while(1)
        {
            W_yLed = 0;
            os_wait(K_TMO,2,0);
            W_yLed = 1;
            os_wait(K_TMO,22,0);
        }
    }
    void LED12_Task(void) _task_ W_gLed_ID
    {
        while(1)
        {
            W_gLed = 0;
            os_wait(K_TMO,1,0);
            W_gLed = 1;
            os_wait(K_TMO,24,0);
        }
    }
```

RTX51_METEORLAMP.h 的源码如下,程序相当简单,读者自行理解。

```
#ifndef __RTX51_METEORLAMP_H__
#define __RTX51_METEORLAMP_H__

#include   "STC15_CLKVARTYPE.H"

#define InitLed_ID    0
#define N_rLed_ID     1
#define N_yLed_ID     2
#define N_gLed_ID     3
#define E_rLed_ID     4
#define E_yLed_ID     5
#define E_gLed_ID     6
#define S_rLed_ID     7
#define S_yLed_ID     8
#define S_gLed_ID     9
#define W_rLed_ID     10
#define W_yLed_ID     11
#define W_gLed_ID     12

#endif
```

这里对工程的建立和配置文件做简要概述。工程、配置文件的建立与添加等详见模块化编程章节,需要注意的是,一定要加入 rtx51tny.h 头文件,再添加如图 16-2 所示的 RTX-51 Tiny 操作系统,之后复制配置文件(CONF_TNY.A51)到此工程目录下,最后添加到工程中。这里笔者对其做了修改,将默认的 INT_CLOCK 由 10 000 改成了 800,这样一个滴答时间就为(12÷11 059 200)×800,具体读者可以自行计算。

最后,读者可在理解的基础上,编写程序,生成可执行文件并下载到飞天三号开发板上,观察实验结果是否达到了预期的结果,如果达到了,能否通过改变等待的滴答值来达到更好的结果;如果不行能否通过改变 INT_CLOCK 达到理想的结果。

16.3.2　简易交通灯(基于 RTX51 Tiny)

有了上面的基础,这节来完成一个稍复杂点的例程,体验 RTX51 Tiny 操作系统的魅力。

实验说明:借助 FSST15 开发板,编写基于 RTX51 Tiny 实时操作系统的例程,用 12 个 LED 灯和 2 位数码管模拟简易交通灯。默认先是南北方向通行,数码管从 24 递减到 01 时,再次递减,切换到黄灯亮模式,此时数码管显示 05,同意递减到 00,南北方向通行截止;此时再次切换通行方向,东西方向通行,南北方向禁止,数码管做同样的数值显示。在整个过程中,东、南、西、北四个方向的红、黄、绿灯必须正确地配合显示,以指示通行方向。读者可先不看源码,自行编写程序,看能否实现。如果不能,可先深入思考,然后带着问题,看下面的源码,再回过头去修改自己的程序,直到达到实验要求为止。实例的具体源码如下。

```c
# include "BSP_Include.h"
# include < rtx51tny.h >
# include "RTX51_Traffic.h"

u8 g_ucGreTime = 24;                //南北、东西方向通行的时间,以绿灯亮为准
u8 g_ucYleTime = 5;                 //黄灯亮的时间
bit g_bDirFlag = 0;                 //南北通行与东西通行方向切换标志位,默认为南北通行
bit g_bYledFlag = 0;                //黄灯亮、灭标志位

/ ************************************************************
/ * Task 0 'TaskInit': 初始化                              * /
/ ************************************************************ /
void TaskInit (void) _task_ INIT_ID
{
    GPIO_ConfigInit();              //初始化端口

    os_create_task(SMG_ID);         //创建任务
    os_create_task(LED_ID);
    os_create_task(Time_ID);

    os_delete_task (INIT_ID);
    / * 停止初始任务 (不再需要)      * /
}
/ * ************************************************************
/ * 函数名称: TaskSmg()
/ * 函数功能: SMG_ID 任务函数(任务号为: 1)
/ * 入口参数: 无
```

```
/* 出口参数: 无
   ************************************************************* */
void TaskSmg (void) _task_ SMG_ID
{
    u8 ShiNum,GeNum;

    while(1)
    {
        if(!g_bYledFlag)
        {
            GeNum   = g_ucGreTime % 10;          //分离个位数
            ShiNum = g_ucGreTime /10;            //刷新黄灯亮的时间
        }
        else
        {
            GeNum   = g_ucYleTime % 10;          //分离个位数
            ShiNum = g_ucYleTime /10;            //刷新绿灯亮的通行时间
        }

        P6 = 0xBF;
        HC595_WrOneByte(Disp_Tab[ShiNum]);
        HC595_WrOneByte(0x00);
        P6 = 0x7F;                               //送位选数据
        HC595_WrOneByte(Disp_Tab[GeNum]);        //送段选数据
        HC595_WrOneByte(0x00);                   //消除"鬼影"现象
    }
}
/* *************************************************************
/* 函数名称: TaskLed()
/* 函数功能: SMG_ID任务函数(任务号为: 2)
/* 入口参数: 无
/* 出口参数: 无
   ************************************************************* */
void TaskLed (void) _task_ LED_ID
{
    while(1)
    {
        if(!g_bDirFlag)                          //g_bDirFlag = 0,则南北通行
        {
            if(!g_bYledFlag)
            {
                N_rLed = S_rLed = 1;             //南北红灯灭
                N_gLed = S_gLed = 0;             //南北绿灯亮
                N_yLed = S_yLed = 1;             //南北红灯灭
            }
            else
            {
```

```
                    N_rLed = S_rLed = 1;              //南北红灯灭
                    N_gLed = S_gLed = 1;              //南北绿灯灭
                    N_yLed = S_yLed = 0;              //南北黄灯亮
                }

                E_rLed = W_rLed = 0;                  //东西红灯亮
                E_gLed = W_gLed = 1;                  //东西绿灯灭
                E_yLed = W_yLed = 1;                  //东西黄灯灭
            }
            else                                      //g_bDirFlag = 1,则东西通行
            {
                N_rLed = S_rLed = 0;                  //和南北通行方向同理
                N_gLed = S_gLed = 1;
                N_yLed = S_yLed = 1;

                if(!g_bYledFlag)
                {
                    E_rLed = W_rLed = 1;
                    E_gLed = W_gLed = 0;
                    E_yLed = W_yLed = 1;
                }
                else
                {
                    E_rLed = W_rLed = 1;
                    E_gLed = W_gLed = 1;
                    E_yLed = W_yLed = 0;
                }
            }
        }
    }
}
/* ************************************************************
/* 函数名称: TaskTime()
/* 函数功能: SMG_ID任务函数(任务号为: 3)
/* 入口参数: 无
/* 出口参数: 无
   ************************************************************ */
void TaskTime (void) _task_ Time_ID
{
    static u16 nTime = 0;

    while(1)
    {
        os_wait(K_TMO,200,0);                //等待200个滴答
        nTime++;                             //每过(12÷11059200)×50×200时间,nTime加一次
        if(108 == nTime)                     //(12÷11059200)×50×200×108 ≈ 1s
        {
            nTime = 0;                       //计数变量清零
```

```
        if(!g_bYledFlag)                   //g_bYledFlag = 0,通行状态
        {
            g_ucGreTime -- ;               //通行时间 g_ucGreTime 每过一秒递减一
            if(g_ucGreTime == 0)           //g_ucGreTime = 0,表明通行时间到
            {
                g_bYledFlag = 1;           //切换到黄灯亮模式
                g_ucGreTime = 24;          //为 g_ucGreTime 重新赋初始值
            }
        }
        else                               //g_bYledFlag = 1,黄灯亮状态
        {
            g_ucYleTime -- ;
            //黄灯亮状态,时间 g_ucYleTime 每过一秒递减一
            if(0 == g_ucYleTime)
            //g_ucYleTime = 0,表明黄灯亮时间到
            {
                g_ucYleTime = 5;           //重新赋初始值
                g_bDirFlag = ~g_bDirFlag;  //切换通行方向
                g_bYledFlag = 0;           //切换到黄灯灭状态
            }
        }
    }
  }
}
```

RTX51_Traffic.h 头文件的源码如下,较为简单。

```
# ifndef __RTX51_TRAFFIC_H__
# define __RTX51_TRAFFIC_H__

# include  "STC15_CLKVARTYPE.H"

u8  Disp_Tab[] =
{0x3f,0x06,0x5b,0x4f,0x66,0x6d,0x7d,0x07,0x7f,0x6f};
//0~9 数字显示编码数组

# define INIT_ID   0
# define SMG_ID    1
# define LED_ID    2
# define Time_ID   3

# endif
```

除了以上的源码,还需增加 FsBSP_AllLedFlash.h 头文件,以及建立完整的 RTX51
Tiny 运行环境,建立过程包括:添加 RTX-51 Tiny,包括头文件 rtx51tny.h,以及加入汇编
文件 CONF_TNY.A51。要注意的是,为了能更好地运行该实例,笔者将 INT_CLOCK 默
认的数值 10 000 改为了 50,给任务分配的滴答个数 TIMESHARING 默认的数值 5 改为了 3,

望读者熟知。程序有非常详细的注释,这里不赘述,具体源码在随书附带的光盘中。

16.4　课后学习

1. 利用 RTX51 Tiny 编写一个呼吸灯例程。

2. 参考 Keil5 软件自带的例程"Traffic"(目录: D:Keil5\C51\RtxTiny2\Examples),编写上位机能够控制的交通灯实例。

3. 在实例 16.3.2 的基础上,参考前面所学的知识,编写能够通过按键调节通行时间和控制紧急情况的特殊功能(具体依实际情况而定)。

第 17 章

按图索骥，彗泛画涂：

PCB 的基本知识与软件学习

离开了平台，再好的代码也成了一堆无用之物。那如何让编写的代码发挥作用，当然是为其构建硬件平台，这样软硬通"吃"的人才才是社会急需的。这章将讲述 PCB 的绘制，让读者能掌握基本的 PCB 绘制，为后面的四轴飞行器做硬件准备。

17.1 PCB 设计流程

笔者前面不止一次提到，做任何事都得遵循一定的方法、步骤，否则会败得很惨。

假如现在世界第一高楼——"迪拜塔"由你来设计，你肯定不是什么材料（砖、水泥、钢筋等）都不准备，什么图纸都没有，直接从最低层盖，边盖边设计图纸，边盖边准备材料，或者发现盖到最高层时还需再把楼拆掉去打地基，打好了再盖。正确的顺序应该是：先设计图纸，再按图纸备料，之后是打地基，最后才是盖楼，边盖边来考证自己的图纸设计是否有问题，这样互相改进、互相提高，最后"迪拜塔"就是你的杰作了。

一般 PCB 设计的基本流程可以概括为：前期准备→PCB 结构设计→PCB 布局→布线→布线优化与放置丝印→检查网络、DRC 和结构→制板。接下来，进行具体说明。

1．前期准备

前期准备包括准备元件库和设计原理图。"工欲善其事，必先利其器"，要做出一块好的板子，除了要设计好原理图之外，还需准备好元件库。元件库可以用软件自带的，但一般情况下很难找到合适的，最好是自己根据所选器件的标准尺寸做元件库。原则上先做 PCB 的元件库，再做 SCH 的元件库（当然也可以颠倒过来）。PCB 的元件库要求较高，它直接影响板子的安装；SCH 的元件库要求相对比较松，只要注意定义好引脚属性和与 PCB 元件的对应关系就行。元件库准备好之后就是原理图的设计，原理图的设计也很重要，不能出错，例如 100kΩ 的限流电阻设计成 1kΩ 肯定会烧板子。

2．PCB 结构设计

PCB 结构设计是指根据已经确定的电路板尺寸和各项机械定位，在 PCB 设计环境下绘制 PCB 板面，并按定位要求放置所需的接插件、按键/开关、螺丝孔、装配孔等，并充分考虑和确定布线区域和非布线区域（如螺丝孔周围多大范围属于非布线区域）。这个步骤对于大、中型公司来说，一般是先有结构工程师出结构图(CAD图纸)，硬件工程师再按照结构图纸进行结构的布局。对于小公司来说，无论是结构图，还是PCB图，甚至软件都由硬件工程师一起来完成。

3. PCB布局

PCB布局说白了就是在板子上放置器件。这时如果前面的准备工作都做好了，就可以在原理图上生成网络表(软件不同，过程不同)，在PCB图上导入网络表(各有差异)，就能看见器件全堆上去了，各引脚之间还有飞线提示连接，就可以对器件布局了。PCB布局要遵循如下原则。

(1) 按电气性能合理分区。一般分为：数字电路区(既怕干扰，又产生干扰)、模拟电路区(怕干扰)、功率驱动区(干扰源)。

(2) 具有同一功能的电路，应尽量靠近放置，并调整各元器件以保证连线最为简洁，同时调整各功能块间的相对位置使功能块间的连线最便捷。

(3) I/O驱动器件尽量靠近PCB的板边引出接插件。

(4) 时钟产生器(如晶振或钟振)要尽量靠近用到该时钟的器件。

(5) 在每个集成电路的电源输入引脚和地之间，需加一个去耦电容(一般采用高频且性能好的独石电容)。电路板空间较密时，也可在几个集成电路周围加一个钽电容。

(6) 继电器线圈处要加放电二极管(例如1N4148)。

(7) 布局要均衡，疏密有序，不能头重脚轻或一头沉。需要特别注意，在放置元器件时，一定要考虑元器件的实际尺寸大小(所占面积和高度)、元器件之间的相对位置，以保证电路板的电气性能和生产安装的可行性和便利性，同时在保证以上原则能够体现的前提下，适当修改器件的摆放位置，使之整齐美观(如同种的器件要摆放整齐、方向一致)。这个步骤关系到板子的整体形象和下一步布线的难易程度，所以要花精力去考虑。布局时，对不太肯定的地方可以先作初步布线，等充分考虑后，再决定摆放位置，有些地方还需在布线的过程中作微调，以便能顺利地进行布线。

4. 布线

布线是整个PCB设计中最重要的工序，这将直接影响着PCB板性能的好坏。在PCB的设计过程中，布线一般有三个步骤：首先是布通，这是PCB设计时最基本的要求，如果线路都没布通，到处是飞线，那将是一块不合格的板子；其次是电气性能的满足，这是衡量一块印刷电路板是否合格的标准，这是在布通之后，认真调整布线，使其能达到最佳的电气性能；最后是美观，假如布线布通了，也没有什么影响电气性能的地方，但是板子看上去杂乱无章的、花花绿绿的，那还是垃圾一块，因为这样会给调试和维修带来极大的不便。布线要整齐划一，不能纵横交错是在保证电器性能和满足其他个别要求的情况下实现的，否则就是舍本逐末了。现对布线要求做以下总结，希望读者能不断积累。

(1) 一般情况下，在条件允许的范围内，尽量加宽电源、地线宽度，最好是地线比电源线宽，它们的关系是：地线宽度＞电源线宽度＞信号线宽度，通常信号线宽为0.2～0.3mm，最细宽度也可达0.05～0.07mm，电源线宽度一般为0.5～2.5mm。对数字电路的PCB设计可用宽的地导线组成一个回路,即构成一个地网络来使用(模拟电路的地线则不能这样使用)。

（2）预先对要求比较严格的线(如高频线)进行布线,输入端与输出端的布线应避免相邻层平行以免产生反射干扰,必要时应加地线隔离,两相邻层的布线要互相垂直,平行则容易产生寄生耦合。

（3）振荡器外壳接地,时钟线要尽量短。时钟振荡电路下面、特殊高速逻辑电路部分要加大面积的地线,而不应该走其他信号线,以使周围电场趋近于零。

（4）尽可能采用45°的折线布线,不使用90°折线布线,以减小高频信号的辐射(要求高的线还要用弧线)。

（5）任何信号线都不要形成环路,如不可避免,环路应尽量小。信号线的过孔要尽量少,一条线尽量不要超过两个过孔。

（6）关键的线尽量短而粗,并在两边加上保护地。

（7）通过扁平电缆传送敏感、噪声信号时,要用"地线-信号-地线"的方式引出。

（8）关键信号应预留测试点,以方便调试和维修检测用。

（9）布线完成后,应对布线进行优化,同时,经初步网络检查和DRC检查无误后,对未布线区域进行地线填充,用大面积铜层作地线用,在印制板上把没被用上的地方都与地相连接作为地线用,或是做成多层板,即电源、地线各占用一层。

5. 布线优化与放置丝印

"没有最好的,只有更好的!"不管怎么挖空心思去设计,完成之后,还会觉得有很多地方要修改。一般设计的经验是:优化布线的时间是初次布线时间的两倍。直到感觉没什么地方需要修改之后,就可以铺铜了(软件不同,铺铜过程不同)。铺铜一般铺地线(注意模拟地和数字地的分离),多层板时还可能需要铺电源。对于丝印,要注意不能被器件挡住或被过孔、焊盘给挖空。同时,设计时正视元件面,底层的字符应做镜像处理。

6. 检查网络、DRC 与结构

首先,在确定电路原理图设计无误的前提下,将所生成的 PCB 网络文件与原理图网络文件进行物理连接关系的网络检查,并根据输出文件结果及时对设计进行修正,以保证布线连接关系的正确性。网络检查正确通过后,对 PCB 设计进行 DRC 检查,并根据输出文件结果及时对设计进行修正,以保证 PCB 布线的电气性能。最后进一步对 PCB 的机械安装结构进行检查和确认。

7. 制板

在此之前,最好还要有一个审核的过程。一般公司都有按产品所拟定的 PCB 检查表,可以根据 PCB 检查表一项项去检查、确认,之后将表格和 PCB 板都交给项目组长,让项目组长再检查一遍,最后交由公司负责 PCB 部门的 Layout 工程师来做最后的检测,这样 PCB 板才可以制板了。PCB 设计是一个很考验人的心思是否缜密的工作,谁的心思缜密,经验多,设计出来的板子就好(这就是为何公司的 PCB 部门女同胞受欢迎的原因了)。充分考虑各方面的因素(如是否便于调试、维修等),精益求精,就一定能设计出一块好板子。

17.2　PCB 特性与设计规则

上面简述了 PCB 设计的流程,接下来再为读者讲述一些 PCB 的自身特性、设计规则,以及设计经验方面的内容。

17.2.1　PCB 板材类型

PCB 的基板是由绝缘隔热、不易弯曲的材质制作而成的。选择 PCB 基板,首先要满足所设计产品的性能要求,其次要考虑成本,最后就得从加工效率、质量等方面来综合考虑。选择的时候要兼顾各个方面,以达到最优的配置,一般主要从以下几个方面做综合考虑。

1. PCB 基板的材质选择

PCB 的板材有:FR-5(高 Tg-玻璃化温度)、FR-4、CEM-1、FR1-1/94V0、FR-1/94HB。出于价格的考虑,双面板一般用 FR-4,单面板用 FR-1/94HB。

2. PCB 基板的厚度选择

PCB 基板的厚度是指其标称厚度,即绝缘层+铜箔厚度。一般有:0.5mm、0.7mm、0.8mm、1.0mm、1.5mm、1.6mm、2mm、2.4mm、3.2mm、4.0mm、6.4mm。比较常用的有1.0mm、1.2mm、1.6mm,板厂一般默认的厚度为 1.6mm,除此之外,不同的厚度,价格也会有所不同。

PCB 铜箔厚度是指成品铜箔厚度,图纸上应该明确标注为成品铜箔厚度(Finished Conductor Thickness)。铜箔厚度一般有:2OZ/Ft2($70\mu m$)、1OZ/Ft2($35\mu m$)、0.5OZ/Ft2($18\mu m$)。铜箔厚度的选型主要从价格、线宽/线距等方面考虑,铜箔厚度与线宽/线距的具体匹配关系,读者可自行查阅,一般铜箔厚度为 1OZ。

3. 焊盘表面的处理

焊盘的表面处理是为了防止铜箔氧化。选用时应从成本、耐热性,以及焊锡是否良好等因素考虑。

喷锡分为:有铅喷锡和无铅喷锡。一般采用喷锡铅合金工艺,无铅喷锡后的 PCB 焊接性能较好,缺点是无铅喷锡的生产成本较高。

也可采用有机涂覆工艺(Organic Solderability Preservative,OSP),缺点是可焊保存时间一般仅为 3 个月,重新加工性能差,发粘和不耐焊等。

除以上介绍的焊盘表面处理方法之外,对细间距的可以考虑化学(无电)镍金,对于频繁插拔、耐磨的地方考虑镀硬金,对于要求不高的,可以考虑用松香水处理。

4. 助焊剂颜色的选择

助焊剂一般常用的颜色有:绿色、蓝色、红色、黄色、黑色。具体颜色的选择,依个人爱好,但默认为绿色,除绿色以外的颜色,有些厂家会加费用。切记不要选择太深的颜色,比如黑色,会导致看不清线路,不好调试和维修。

5. 丝印的要求

丝印常用颜色为白色和黑色。颜色选择总的要求是和周围对比度高,易于识别,所以一般选择白色。而对于单面板 FR-1 或者 CEM-1 板材,由于板材颜色较浅,在无铜箔的一面放置丝印时,一般选用黑色丝印。

17.2.2 PCB 布局与布线规则

在布线之前,必须得有好的布局。就像在修路之前,必须得先选好车站。可以说良好的布局是布线成功的有力保证。布局必须得满足结构,以后做产品时,对结构的要求肯定特别严格,事先必须和结构工程师商量好,之后设计板子时,必须按结构走。但是对于初学者来说,刚开始画板,对于结构要求不怎么严格,只要元器件不冲突,看上去美观,连线较近就可以,之后再慢慢提高。以下是笔者总结的 PCB 布局的一些规则。

(1)为了优化工艺流程,在价格差别不大的情况下,尽可能选用表面贴装元器件。

(2)元器件尽可能有规则、均匀地分布排列。在一个平面上的有极性元器件的正极、集成电路的缺口等统一方向放置,应尽量满足在 X、Y 方向上保持一致,如钽电容、电解电容。

(3)器件如果需要点胶,需要在点胶处留出至少 3mm 的空间。

(4)拼板连接处,元件到拼板分离边要大于 1mm(40mil)以上,以免分板时损伤元器件。

(5)需要安装散热器的 SMD 应注意散热器的安装位置,布局时要求有足够大的空间,确保不与其他器件相碰。确保 0.5mm 的距离满足安装空间要求。

(6)热敏器件(如电解电容、晶振、热敏电阻等)应尽量远离高热器件。

(7)元器件之间的距离要满足操作空间的要求,如插拔卡及插拔排线等。

(8)不同属性的金属器件或金属壳体的器件不能相碰,确保最小 1.0mm 的距离以满足安装要求。

(9)需要两面贴片的 PCB,要注意两面均衡,不得设计背面只有很少元器件,避免为了加工背面极少元器件而多增加一倍的工艺。

(10)一般不允许两面插件,因为通常一边只能手工焊接,严重影响效率和质量。

(11)布局是不允许器件相碰、叠放,以满足器件安装的空间要求。

(12)金属壳体的元器件,特别注意不要与别的元器件或印制导线相碰,要留有足够的空间,以免造成短路。

(13)较重的元器件,应该布置在靠近 PCB 支撑点或边缘的位置,以减少 PCB 的翘曲。

(14)由于目前插装元器件的封装不是很标准,各元器件厂家的产品差别较大,设计时一定要留有足够的空间位置,以适应多家供货的情况。

下面再来看布线(layout)的基本规则。

(1) CLK(没时钟,处理器就不工作,或者不能正常工作)。

① CLK 部分不可过其他线,via 不超过两个。

② 不可跨切割,零件两 pad 间不能穿线。

③ Crystal 正面不可过线,反面尽量不过线。

④ CLK 与高速信号线(1394、USB 等)间距要大于 50mil。

(2) VGA(Video Graphics Array)。

① RED、GREEN、BLUE 必须绕在一起,视情况包 GND,R、G、B 时不要跨切割。

② HSYNC、VSYNC 必须绕在一起,视情况包 GND。

(3) LAN(Local Area Network)。

① 同一组线,必须绕在一起。

② Net：RX、TX 必须差分对绕线。

(4) USB(Universal Serial Bus)。

① 差分对绕线,同层,平行,不要跨切割。

② 同一组线,必须绕在一起。

(5) DDR(Double Data Rate)。

① 阻尼电阻和终端电阻(排阻)net:的网络不能共享。

② 同组同层走线,采用四倍间距绕线。

(6) POWER(电源)。

一般用 30：5 走线,线宽 40mil 以上时,间距不小于 10mil,VIA 为 VIA40(40mil),或打 2 个 VIA24(24mil)。

(7) 其他。

① 所有 I/O 线不可跨层。

② COM1、COM2、PRINT(LPT)、GAME 同组走线在一起。

③ COM1、COM2 先经过电容,再拉线出去。

(8) 加测试点。

① 测试以 100％为目标至少要加到 98％以上。

② Pin to pin 间距最好为 75mil,最低不小于 50mil。

③ 测试点 Pad 最小为 27mil,尽量使用 35mil。

④ 单面测试点距同层零件外框的间距大于 50mil。

⑤ CPU 插座包括 ZERO 拉杆,内部不可以放置顶层测试点。

⑥ CLK 前端不用加测试点,后端可将过孔换成测试点(须客户认同)。

⑦ 不可影响差分对绕线。

(9) 修改 DRC。

① 完成 DRC 检查,内层检查,未连接 PIN 的也检查。

② 所有 net 不可短路,不可有多余的线段。

(10) 覆铜箔。需要敷铜箔的零件,net 应正确敷铜箔。

(11) 摆放文字面。

① 文字面由左而右、由上而下标示,方向一致。

② 零件的标示,距离零件越近越好。

③ 正确摆放零件脚位和极性标示。

其实在 PCB 的绘制中,有个重要的知识点,那就是单位换算和常用的几个数值。具体如下:

$$1mm = 39.37mil \qquad 100mil = 2.54mm \qquad 1OZ = 28.35g/ft^2 = 35\mu m$$

17.2.3　PCB 封装元件的线宽

下面总结 PCB 封装元件的过孔的大小、贴片元件引进长度、线宽等具体的数值,以便以后绘制 PCB 板时用。

(1) 孔径=元件直径+ 0.2~0.5mm。

(2) 焊盘外径=内径(孔径)+ 0.5~0.8mm。

(3) 焊盘长度=引脚+ 0.5~1.0mm。

(4) 线宽:理论上,如果在板子允许的情况下,线越宽越好。可太宽了不好布线,同时也是一种浪费,因此一般以电流来决定最小线宽,两者的对应关系如表 17-1 所示。

表 17-1　PCB 设计铜箔厚度、线宽和电流关系对照表

铜厚($35\mu m$)		铜厚($50\mu m$)		铜厚($70\mu m$)	
电流(A)	线宽(mm)	电流(A)	线宽(mm)	电流(A)	线宽(mm)
4.5	2.5	5.1	2.5	6	2.5
4	2	4.3	2	5.1	2
3.2	1.5	3.5	1.5	4.2	1.5
2.7	1.2	3	1.2	3.6	1.2
2.3	1	2.6	1	3.2	1
2	0.8	2.4	0.8	2.8	0.8
1.6	0.6	1.9	0.6	2.3	0.6
1.35	0.5	1.7	0.5	2	0.5
1.1	0.4	1.35	0.4	1.7	0.4
0.8	0.3	1.1	0.3	1.3	0.3
0.55	0.2	0.7	0.2	0.9	0.2
0.2	0.15	0.5	0.15	0.7	0.15

读者需记住一个经验公式:

$$电流(A) = 0.15×线宽(mm)$$

现稍带总结如下几点设计要求,方便读者设计时参考。

(1) 信号线的宽度。

信号线以自己设计板子的空间来定,对于有些 BGA 封装的 IC,有时候都走线 4mil,若空间宽松,那就尽量走线宽一点,推荐一般不要小于 6mil。布线密度较高时,可考虑(但不建议)采用 IC 脚间走两根线,线的宽度为 0.254mm(10mil),线间距不小于 0.254mm(10mil)。特殊情况下,当器件引脚较密,宽度较窄时,可适当减小线宽和线间距。

（2）电源线的宽度。

电源线的宽度一定根据表 17-1 来设置，并留 20％以上的余量，这样才能保证系统的稳定，推荐走线 0.5mm(20mil)以上。

（3）地线的宽度。

地线肯定是越宽越好，所以在 PCB 设计初期，地线先不走，最后直接以地网络（NET）覆铜就行。这里以双面板为例，对地线的处理做简单总结。一般将所有的器件（贴片、插件）放置在顶层，线也主要走在顶层，万不得已才在底层走线，这样，底层线段会"割破"板子完整的地，为给板子提供一个完整的地，最后在合适的地方增加适当的地孔，确保板子阻抗匹配，并为信号提供最短的回流路径。

（4）过孔尺寸。

一般根据合作工厂的加工工艺水平，普通工厂双面板的过孔尺寸最好是 0.4mm/0.7mm以上；四层板为 0.3mm/0.6mm 以上要好。对于 1.6mm 的板厚来说，过孔尺寸最小为：0.3mm(12mil)。当布线密度较高时，过孔尺寸可适当减小，但不宜过小。简单总结如下要求，以便读者参考。

① 信号过孔，过孔结构要求对信号影响最小。

② 电源、地过孔，过孔结构要求过孔的分布电感最小。

③ 散热过孔，过孔结构要求过孔的热阻最小。

至于过孔的通流量，可以粗劣计算。一般厂家的孔壁铜厚度为 $17\mu m(0.5OZ)$，这样孔周长＝$3.14\times$孔径，再乘以 2，就可以粗劣地套用 $35\mu m$ 时的电流量，具体见表 17-1。但对于电源线来说，解决的方法不是无限增加孔径，而是多加几个过孔来增加通流量，上面已经提到用一个 VIA40 或者两个 VIA24 来解决。

（5）焊盘、线、过孔、板边的间距要求。

正常情况下，较密集时间距可适当小。

① 焊盘与过孔：$\geqslant$ 0.3mm(12mil)。

② 焊盘与焊盘：$\geqslant$ 0.3mm(12mil)。

③ 焊盘与走线：$\geqslant$ 0.3mm(12mil)。

④ 走线与走线：$\geqslant$ 0.3mm(12mil)。

⑤ 焊盘、过孔、走线与板边：$\geqslant$ 0.5mm(20mil)。

17.3 绘制 PCB 软件介绍

绘制 PCB 的软件确实很多，选择哪款软件就仁者见仁智者见智了。曾经，笔者刚到公司实习，那时笔者正用 Altium Designer 画图了，有个同事（985 院校毕业的），看笔者用 Altium Designer10（AD10），就说这个软件的封装不行。当初笔者就笑了，封装是自己画的，规格也是按数据手册定的，有什么不行。所以笔者认为，软件无好坏之分，只是是否适合自己而已。

国内用得比较多的是 protel、protel 99se、protel DXP、Altium Designer,这些都是一个公司不断发展、不断升级的软件。当前最新版本是 Altium Designer 2015。该公司的软件使用比较简单,设计比较随意,但是做复杂的 PCB 就力不从心了。该软件除了可绘制 PCB之外,还集成一些语言编译(例如 C 语言、Verilog HDL 等)功能,还具有浏览器功能,以及包括模拟/数字仿真、验证与 FPGA 嵌入式系统实施的功能。

Cadence SPB 是 Cadence 公司的软件,当前版本是 Cadence SPB16.3,其中的 orCAD 原理图设计是国际标准,其中 PCB 设计、仿真很全面,用起来比 Protel 复杂,主要是要求、设置复杂,就是因为为设计做好了规定,所以设计起来就会事半功倍,比 Protel 的功能明显强大。

PADS 软件是 MentorGraphics 公司的电路原理图和 PCB 设计工具软件。当前最新的版本是 PADS9.5,其前身是 PowerPCB。PADS 软件具有高效率的布局、布线功能,是解决复杂的高速高密集度互连问题的理想平台,该软件和 Cadense 一样,比 Protel 难上手,但学会了,其强大的布线功能会加快开发的速度。

EAGLE(Easily Applicable Graphical Layout Editor)是德国 Cadsoft Computer 公司开发的,在欧洲占有很大市场份额。该软件的优点是价格低、界面丰富、人性化、易于学习和使用,并且具有强大的原理图和 PCB 设计功能,并有很多高级功能。

上述所介绍的 PCB 设计软件,其实每个软件都是 PCB 设计的佼佼者,如何选择一款软件,就依个人的爱好和习惯了。笔者在大学期间用的是 Altium Designer,工作以后用的是PADS,感觉 PADS 功能确实比 Altium 强大。

网上曾有专业人士建议:如果是初学 PCB,选择 Cadence 比较好,它可以给设计者养成一个良好的设计习惯,而且能保证良好的设计质量。笔者认为也有道理,因为 Cadence 是这几个软件里最难、功能最强大的软件,虽然给初学者入门带来了不便,但是其强大的各个规则束缚,会让读者一开始就养成良好的习惯。下面笔者将以 Altium Designer14 和 PADS9.5为例来介绍软件的基本用法。

Altium Designer2014 简称 AD14(笔者写稿时用的是 AD14,现最新版为 AD15,只是改进了一些 BUG,功能大致相同,笔者不需深究)。现根据前面 PCB 的设计流程来讲述 AD14和 PADS9.5 这两款软件布局的过程。读者学习本节内容时,最好先浏览一遍本书内容,然后边看书,边上机操作,因为书中所提到的一些专业术语不好理解。

17.3.1 Altium Designer 2014 使用方法

本书主要讲解元件的封装、原理图的设计、PCB 的绘制。这部分的内容比较多,限于篇幅,只能重点讲述,不能做全面的讲解,例如中英文的切换设置、绘制界面大小的设置、添加公司名、如何生成 Gerber 文件等。若读者想全面学习,请关注笔者的博客,那里有实时更新的学习资料。说明,笔者以英文版讲解。

1. 新建工程

绘制 PCB 的软件新建工程的步骤其实都大同小异,都是先建工程,后新建文件,再将文件添加进工程中。AD14 也不例外。双击 AD14 软件的快捷图标打开该软件，AD14 的启动页面如图 17-1 所示。

图 17-1　AD14 的启动界面

在打开的 AD14 主界面中，先新建工程(依次选择菜单命令：File→New→Project→PCB Project)，然后新建两个文件，一个是原理图文件(依次选择菜单命令：File→New→Schematic)，一个是 PCB 板文件(选择菜单命令：File→New→PCB)，最后保存该工程和这两个文件。

紧接着再新建两个库文件(PCB 库文件和 SCH 库文件)：选择菜单命令"File→New→Library→Schematic Library"新建 SCH 库文件，再选择菜单命令"File→New→Library→PCB Library"新建 PCB 库文件，并将其存盘。这时建好工程之后的主界面如图 17-2 所示(这里以飞天三号开发板的工程为例)。

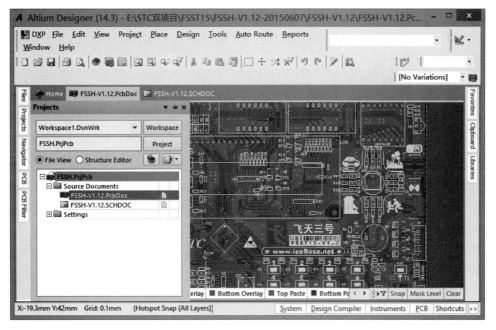

图 17-2　建好工程之后的主界面

2. 新建封装库

在前面新建工程的流程中已经提到,库文件分为两种:SCH Lib 和 PCB Lib。这里以 DS1302(一款时钟芯片)为例,来讲述其新建封装库的过程(以笔者所建的库名称进行讲解)。

1) SCH Lib 的建立过程

单击图 17-2 中的 FSST15.SchLib。选择菜单命令:Tools→New Component,输入元件名:DS1302,再单击 OK 按钮。

选择菜单命令:Place→Rectangle,绘制一个矩形(放好引脚之后再修改大小)。接下来放置引脚,选择菜单命令:Place→Pin。这里需要修改引脚的属性,一般有两种,一种是当鼠标上附着引脚时按键盘上的 TAB 键打开其属性对话框;另一种是放置好引脚之后直接双击打开属性对话框。关于引脚的放置,特别提醒两点。

(1) 引脚的放置是有顺序的,一定要将粘附在鼠标的这头(有个 x)放置在原理矩形框的另一端,因为只有这端才能连线。

(2) 引脚的序号一定要正确(推荐直接从 1 开始到 x,PCB 中也是一样)。

另外,建议读者按数据手册给的引脚顺序放置引脚(当然也可以随便放置,但对于新手不推荐这么做)。

完成的 SCH 封装图如图 17-3 所示,要转方向,只需按键盘的空格键,设置低电平有效引脚时(如图 17-3 的 5 引脚),在待输入的每个字母前加"\"(反斜杠)即可,例如:\R\S\T。

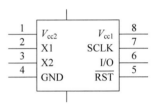

图 17-3　SCH 封装图

2) PCB Lib 的建立过程

单击图 17-2 中的"兰嵌科技.PcbLib"。选择菜单命令:Tools→New Blank Component,这样会在左边 Components 列表中新增一个 PCBComponent_1 元件。关于封装的建立这里介绍两种方法:一种是直接手工放置焊盘法(主要用于插件的封装);另一种是借助软件的向导来绘制封装(只能用于贴片的元件)。强烈推荐用向导法,因为这种方法既快捷又方便。

(1) 直接放置焊盘法。接着上面的操作,双击 PCBComponent_1,将打开一个属性对话框,在 Name 栏输入 DIP2.54P6.1X3.05-8N,Height 栏输入 3.05mm,Description 栏先不填(也可以随便填),最后单击 OK 按钮。

设置栅格为 100mil,选择菜单命令:Place→Pad,按键盘上的 TAB 键打开其属性对话框,在 Properties 下的 Designator 栏输入 1(这里的序号一定要与上面的 SCH 中的序号一一对应),其他的选择默认,当然读者可以自行修改其参数。之后按图 17-4 逆时针方向放置 8 个焊盘,其中 1、2 间距离为 100mil,1、8 间距离为 300mil(具体请参见数据手册)。

最后绘制顶层丝印,为了便于表示元件和第一引脚,一定绘制在 Top Overlay 层(底层的情况先不考虑)。

(2) 向导法。同样先建立一个元件,选择菜单命令:Tools→IPC Compliant Footprint Wizard…,单击 Next 按钮,元件的类型选择"SOP/TSOP",单击 Next 按钮进入封装尺寸对话框,这里的数值填写就是封装的引脚了,读者一定要对照数据手册认真填写,因为数值的对错将直接影响到封装的正确与否。最后不断单击 Next 按钮,直到 PCB 封装图出现在界面中,如图 17-5 所示。特别提醒,元件的参考点(Reference)一定要设置好,否则会给以后的绘制、生成带来诸多的麻烦。

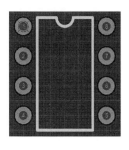

图 17-4　PCB 封装图(DIP8)

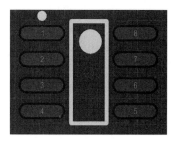

图 17-5　PCB 封装图(SOP8)

最后保存文件。

3. 关联 SCH Lib 和 PCB Lib 封装

单击图 17-2 中的 FSST15. SchLib,回到 SCH Lib 的建立页面,单击左下角的 Add Footprint,进入 PCB Model 选择框,单击 Browse 按钮,从而选择存放库的位置,找到上面新建的 PCB 封装(SOP8,笔者计划用贴片,如果读者用插件,就选择 DIP8),连续两次单击 OK 按钮,保存文件。

这样,一个元件就可以调用了。还有其他的元件封装就留读者自行摸索、研究。

4. 原理图的绘制

原理图的绘制由以下两步来完成。

1) 放置元件

放置元件就是从库中调用元件,从而设计一张完整的原理图。单击图 17-2 右边上侧的 Libraries,在所建立的库中找到所需的元件,单击上侧的 PlacePCF8563 或者直接双击,这时元件会附着在鼠标上,移动鼠标到想放置元件的位置并单击鼠标放置元件。用同样的方法添加其他的元件,整个元件放置完毕后的原理图如图 17-6 所示。

2) 连线

连线有两种方式:直连法、标号法。读者需要铭记一点:电路里,标号相同,表示物理连接相同。

(1) 直连法。选择菜单命令:Place→Wire,在元件 Y2 的 2 引脚处单击,移动鼠标到 U2 的 1 引脚,再单击鼠标,这样就会将他们连接起来。

(2) 标号法。先在 U2 的 3 引脚画一段导线,再在 R5 的下端画一段导线,选择菜单命令:Place→Net Label,这时鼠标上附着一个标号(可能不是读者想要的,需要改动),按 TAB 键,进入网络标号属性对话框,在 Net 处输入 INT#,放置到刚画的两条线段上即可,连完整个线路后的原理图如图 17-7 所示。

其他的,如总线的连接方式,在此就不做介绍了。

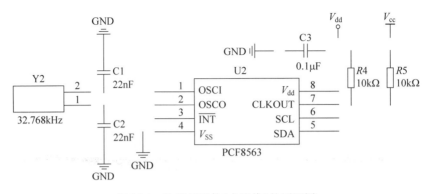

图 17-6　放置好元件(未连线)的原理图

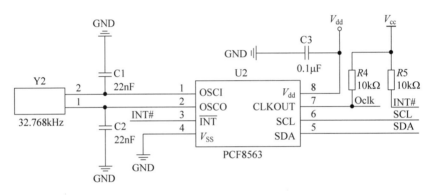

图 17-7　连线完成后的原理图

5. 更新 SCH 到 PCB

更新 SCH 到 PCB 的目的就是将 SCH 网络发送到 PCB 中。具体操作是在打开某个原理图文件(如 xx.SchDoc)的界面中选择菜单命令：Design→Update PCB Document xx. SchDoc，这时出现 Engineering Change Order 对话框，可以先检查是否有错误，若没错误，直接单击 Execute Changes 按钮，稍等片刻，软件会由 xx.SchDoc 原理图文件界面切换到 xx. PcbDoc PCB 板文件界面，如图 17-8 所示(这里只截了部分图)。其中这块红色(见软件)区域为 room 区，具体有何用，读者可先不予理会，直接选中删除即可；白色连线为飞线，帮助走线的。

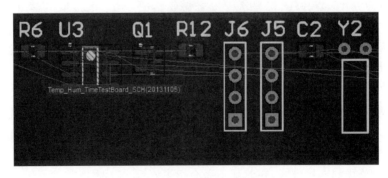

图 17-8　未布局的元件图

6. 布局与定结构

所谓布局就是将元件放置好，"没有最好，只有更好"，要遵循的原则请参考17.2.2节。

具体放置方法为：先选中元件，移动元件到黑色区域（也即画板区）即可，若想转向，按下键盘的空格键，过程就这么简单。

由于现在只是在练习阶段，还涉及不到结构，读者要做的是先将元件排列整齐，再给板子画个边框即可。

给板子画边框的具体操作为：先选择Keep Out Layer（禁止布线层），此选项在AD14软件最下方的选项卡里，这里笔者先不要考虑机械层等，等基本的掌握之后再去深入学习。之后选择菜单命令：Place→Line，接下来就可以画边框了。讲到这里，应该讲述如何挖空覆铜、如何在某一块区域禁止盖油等知识，但是由于篇幅的关系，就不讲述了，请读者关注笔者的视频教程。元件布局和边框画好之后的界面图，请读者参考第2章的相关内容，这里不赘述。注意，笔者这里已经将丝印摆放好了，读者可以等到布线完毕之后再摆放丝印。

7. 设定规则

无规矩则不成方圆。要让软件按要求运行，必须得设定规则。AD14软件有默认的规则设置，例如各个对象直接的间距为10mil，走线宽度为10mil等，那如何将各个规则设置为前面所讲述的数值，例如将V_{cc}改成24mil，各个对象之间的距离改成12mil。方法其实很简单，具体操作如下。

选择菜单命令：Design→Rules（或单击鼠标右键，选择"Design→Rules"命令，或依次按键盘上的键：D→R），打开"规则设置"对话框，如图17-9所示。

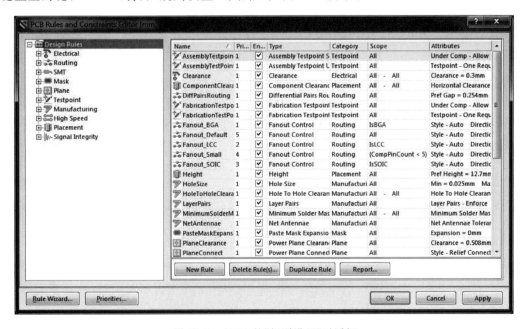

图17-9 AD14的"规则设置"对话框

（1）间距的设置。单击左边窗口中 Electrical 前的"＋"，再单击 Clearance，将其下 Different Nets Only 处的 0.254(10mil)mm 改成 0.3mm。

（2）线宽的设置。单击 Routing 前的"＋"，再单击 Width 前的"＋"，选中下层的 Width，这时的线宽规则对所有的线都有效，这里将其下 Preferred Width 处的数据改为 0.3mm(12mil)，再将 Max Width 处的数据改成 1mm。

以上的修改方法是对所有的线都有效，现在若只想将 V_{cc} 修改为 24mil，其他的数据都不变，这时的操作方法是选中下层的 Width，右键单击，选择 New Rule 命令，这时会多出一个 Width_1，单击选中，再选择右侧 Net 复选框，这时再选择 All 后面的下拉菜单，浏览选择 V_{cc}，同样，设置 Preferred Width 和 Max Width 分别为 24mil、40mil。如果想设置其他的，如 GND 等，可以用同样的方法。最后单击 OK 按钮。

读者应该能看到，图 17-9 左边窗口中能设置的项有很多，笔者就不一一讲述了，读者可以自行摸索。慢慢摸索、慢慢练习，最后将摸索的经验总结下来，日积月累，基本的功能就能掌握了，一些特殊功能，现阶段没必要学，学了也用不到。

8．布线

布线分为两种：自动布线和手动布线。

1）自动布线

自动布线就是先设置好布线规则，再让软件来自动布线。对于笔者强烈反对初学者用自动布线。因为 PCB 设计靠的是方法和经验，要求读者进行大量的画板，不懂的地方要多向老工程师请教，学习其方法，再练习，不断积累经验。如果一上来就用自动布线，那又如何去积累经验呢？

这里讲述自动布线是为了与后面的手动布线作对比。AD14 提供了好几种自动布线的方式，这里以"全部"布线为例讲解。方法比较简单，选择菜单命令：Auto Route→All，打开自动布线对话框，可以设置是以时间换空间还是以空间换时间（指的是过孔和速度的关系），还可以设置其他的，笔者就不一一列举了，对于初学者，直接单击 Route All 按钮开始自动布线，这时会看到一个 Messages 框，实时显示着当前的布线状态。本想来张自动布线的效果图，可是笔者发现，由于布线太密，图打印出来看不到想表达的效果，因此这里图就省略了，读者可以观看笔者录制的视频，里面有详细的讲解。

2）手动布线

许多事说起来容易，做起来难。PCB 的手动布线说起来就是两个字——连线。选择菜单命令：Place→Interactive Routing（或依次按键盘上的键：P→T），鼠标上出现一个"十"字，这时就可以进行手动布线了。说起来简单，可事实一点都不简单。作为初学者，只是练练手，那么这个过程就是从东走线到西，再从北走线到南，走不过去了加几个过孔。但是以后工作了，特别是对一些高速线路板进行布线，一根线会让人头疼 2 小时，也是常有的事。手动布线要遵循如下一些规则。

（1）走线一定要尽量短。

（2）对于双层板来说，尽量在顶层走线，底层少走线。这是为了保证有一个完整的地，防止把地割得支离破碎。对于双层板以上的，例如4、6层，甚至更多层板，因为其中有一层是专门用来铺地的，所以顶层和底层都主要用来走线和放置元器件的，为了便于加工，尽量将所有的元器件放置在其中一层。

（3）两层垂直走线，即顶层走列线，底层就走行线；顶层走行线，底层就走列线。这样一是为了好走线，二是为了防止信号相互干扰。

（4）布线不要有直角，更不能有锐角。若真的遇到直角了，最好要贴铜，贴出两个135°来。对于功能强大的AD14来说，增加焊盘、过孔泪滴时，也可选择在直角、锐角处增加泪滴，以防止产生噪声。

最后，还可用软件自动的规则检查器来检测绘制的板子是否有问题，如有问题则按提示加以改正，如没有则进行后续操作，例如增加泪滴、覆铜、丝印摆放等，这些知识点将会在视频中讲解。

17.3.2　PADS 9.5 的使用过程

讲完了AD14，为何还要讲PADS 9.5？原因是AD比较简单，所以高校学生用得较多，走上工作岗位以后，特别是在珠三角等地，用PADS的人远远多于用AD的人。这个数据来自笔者的不完全统计，统计方法很简单，在几个500人的QQ群，群主要求群成员名称改为：地点＋软件＋昵称，结果一看，90%多的人在用PADS，而且地点主要集中在珠三角。鉴于这种原因，这里简单介绍PADS 9.5的用法，希望读者开始学习这个软件，以便以后能更好地和工作接轨。

PADS软件比AD14要复杂得多，笔者尽量用简单的方法来介绍，用最简单的操作来实现基本的PCB绘制。

PADS 9.5由几个子软件组成，如PADS Logic、PADS Layout、PADS Router等，它们都是以功能来划分的，一般用PADS Logic来设计原理图（还可以用DxDesigner），用PADS Layout来布局、布线等，当然还有专门的布线器PADS Router。本书主要介绍前两个子软件：PADS Logic和PADS Layout。只要初学者会这两个，就足够了。软件读者自行安装即可（如需要软件的安装包，可联系笔者）。

1. 新建元件封装

双击桌面快捷图标，打开PADS Logic、PADS Layout，PADS Logic的界面如图17-10所示，PADS Layout的界面也基本类似。

先来理清几个概念：CAE（原理图符号）、Decal（PCB封装）、Part（元件，将CAE和Decal映射起来）和四个库，即元器件封装库（Decals）、元件类型（Part Type）、逻辑封装库（CAE）、图形库（Lines）。它们的对应关系是CAE用来设计原理图，Decals在绘制PCB时用，一个CAE可以对应好多种Decals，例如一个元器件的CAE，可以有插件和贴片两种Decals。

接着开始新建元件封装，这里就将元件存放于软件自带的库中，当然也可以自己新建库，这里就不做介绍了。

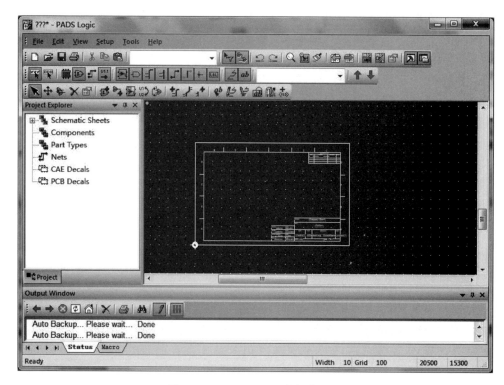

图 17-10　PADS Logic 的操作界面

1）新建 CAE

还是以 DS1302 为例，现回到 PADS Logic 软件的操作界面，选择菜单命令：Tools→Part Editor，进入 CAE 编辑界面，这时，有些书可能会让读者选择 File、New 等命令，笔者告诉大家一个捷径，选择菜单命令：Edit→CAE Decal Editor，此时弹出一个信息对话框，直接单击"确定"按钮，进入图形编辑界面。单击工具栏的 ![按钮](Decal Editing Toolbar)，再单击刚弹出的工具栏中的 ![按钮](CAE Decal Wizard)，弹出 CAE Decal Wizard 对话框，如图 17-11 所示，输入数值，最后单击 OK 按钮。

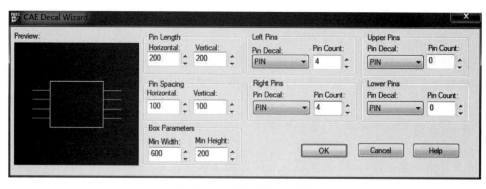

图 17-11　新建 CAE 向导框

这时可以双击修改其每个引脚的属性，如序号、名称，也可以选择如图 17-12 所示的各个工具来修改其属性，读者可以将鼠标放到各个工具图标上了解具体含义。修改完之后的界面如图 17-13 所示。

图 17-12 工具栏图标

图 17-13 DS1302 的 CAE 图

然后选择菜单命令：File→Return to Part，当弹出信息对话框时直接单击"是"，这时又回到元件编辑界面了，按 Ctrl+S 键保存这个 CAE，接着弹出"另存为"对话框，选择存放在哪个库中，并输入元件和 CAE 的名字，读者可以选择默认库(usr)，元件名称输入：DS1302，CAE 的名称也输入：DS1302，完成后单击 OK 按钮，这样就建好了一个 CAE，但还是个半成品，因为没有 Decals，现在开始新建一个。

2) 新建 PCB Decal

最小化 PADS Logic 软件，回到 PADS Layout 软件操作界面，选择菜单命令：Tools→PCB Decal Editor，进入 Decal 编辑界面。这里直接选择菜单命令：View→Toolbars→Decal Editor Drafting Toolbar(或直接单击 ⬛ 按钮)，打开 Drafting 工具栏，接着单击刚弹出的工具栏中的 ⬛ 按钮(Decal Wizard)，弹出 Decal Wizard 对话框，如图 17-14 所示，这个对话框比较复杂，读者一定要一项一项地仔细填写，否则后续的工作只能以失败告终。

(1) DIP 的新建方法。笔者在图 17-14 上做了些标号，以方便讲解。接下来就以标号来讲解其新建步骤。注意，这里以英制(mil)为单位，当然也可以选择公制(mm)单位，单位和数值一定要统一。

① Device Type(器件的类型)选择 Through hole；② Height(器件高度)输入：280；③ Pin(引脚个数)处输入：8；④ Diameter(焊盘直径)和 Drill(孔径)选择默认的 60、35；⑤ Pin Pitch(焊盘列间距)选择默认：100；⑥ Row(焊盘行间距)改为：300；⑦ Pin 1 shape(1 引脚焊盘形状)和 Pin shape(其余引脚焊盘形状)分别选择为 Square 和 Circle，当然读者可以随便选择，怎么好看怎么来。其他的选型统统选择默认值，之后单击 OK 按钮，这样如图 17-15 所示的漂亮封装就会出现在界面中。读者可以选中粉色的矩形框将其删掉，至于原因以后再深入去了解吧。保存文件，按 Ctrl+S 键，在弹出的"另存为"对话框中选择要存盘的位置(也即选择一个库)，选择默认的 usr，名称处输入：DIP254P260X180-8N(这是笔者命名的习惯)，最后单击 OK，这时会弹出一个是否创建新元件的提示对话框，选择"否"。

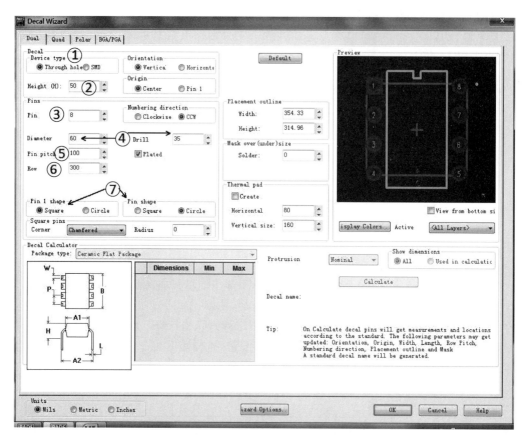

图 17-14　Decal Wizard 对话框(DIP)

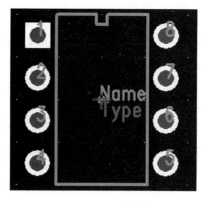

图 17-15　DS1302 的 DIP 图

　　以上所有数值都需参考数据手册,不能乱填,读者需要按此方法,多加练习,若能一口气新建 300 个元件,不但可以掌握此方法,说不定还能发现什么妙招呢。

（2）SMD的新建方法。建立方法与DIP的建立大同小异，同样先来张做了标号的图（见图17-16），方便讲解。注意，这里是以公制（mm）为单位来讲述（单位的设置在该对话框左下角Units处）。

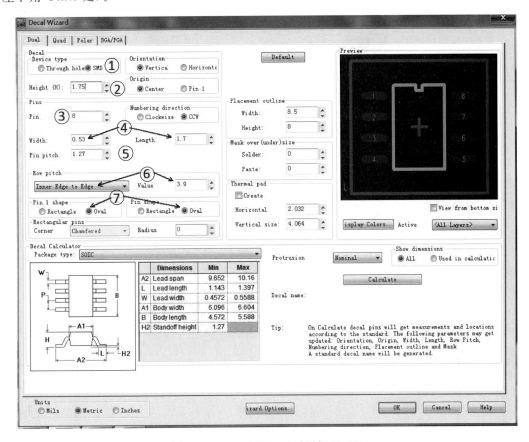

图 17-16　Decal Wizard 对话框（SMD）

接着设置这些数值，与上面DIP的建立类似。

① Device Type（器件类型）选择SMD；②Height（器件高度）设置为：1.75；③Pin（引脚个数）处输入：8；④Width（焊盘宽度）处输入：0.53，Length（长度）处输入：1.7（这里读者记住一个经验公式：焊盘长度＝数据手册给出的长度＋（0.5～0.8），为了上锡用）；⑤Pin Pitch（焊盘间距）设置为：1.27；⑥Row Pitch（行间距）选择Inner Edge to Edge，接着在Value（数值）处输入：3.9；⑦Pin 1 shape（1引脚焊盘形状）和Pin shape（其余引脚焊盘形状）分别选择为Square和Circle。其他的选择默认，最后单击OK按钮，会出现一张PS1302的SMD图，如图17-17所示。保存文件，元件名称处输入：SOP127P150X69-8N，库还是选择usr，最后单击OK按钮。

关于元件的封装，就先讲述这么多，读者需要大量地画封装，多练习，才能掌握PCB技术的真谛。

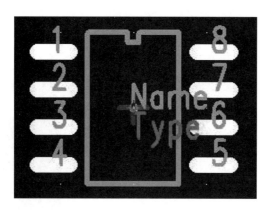

图 17-17　DS1302 的 SMD 图

3）关联 CAE 和 Decal

以上新建了原理图封装和 PCB 封装，但是两者没有关联。

关联这两者，就是建立完整元件的过程。具体操作是回到 PADS Logic 软件操作界面，还记得前面新建完 CAE 之后没有封装，现在就是给其添加 Decal。选择菜单命令：Edit→Part Type Editor，或直接单击工具栏的 ▣ 按钮（Edit Electrical），打开元件属性对话框，如图 17-18 所示。

图 17-18　元件属性对话框

（1）对于 General 选项卡，只需注意右面的 Logic Family 是用于选择元件"家族"的，若想用贴片的，就选择 SOP，若想用插件的，选择 DIP，当然可以单击 Families 按钮，新建一个

NBA 或者 CBA,再选择这两个,都行。

（2）对于 PCB Decals 选项卡,不能乱选,否则肯定出错。首先定位到刚建立的 Decal 封装库下,接着在左边的 Unassigned 列表中选择 DIP254P260X180-8N 或者 SOP127P150X69-8N,单击 Assign 按钮,当然也可以将两个都添加进去,其他的项选择默认就行,当然读者还可以自行研究,最后单击 OK 按钮,这样一个完整的元件就建立完毕,接下来就是设计原理图。

这时一定要将两个软件操作界面回退到原理图设计和 PCB 绘制界面,具体操作分别为选择菜单命令：File→Exit Part Editor 和 File→Exit Decal Editor。

2. 无模式命令和快捷键

将无模式命令和快捷键作为一个小标题进行讲述,是因为 PADS 的无模式命令和快捷键一次又一次地震撼着笔者,相信也会震撼到其他的人。

PADS 为用户提供了一套无模式命令和快捷键。无模式命令和快捷键主要用于在设计过程中频繁更改设定的操作,如改变线宽、Grid、开或关规则等。

快捷键的操作读者很熟就不讲述了。无模式命令(注意该命令的空格很重要)的操作方法为：从键盘上输入命令字符串,或"字符串+数值",然后再按 ENTER 键即可。无论是无模式命令还是快捷键,种类都比较多,笔者这里列举一些常用的。

1) 无模式命令

（1）D：打开/关闭当前层显示。

（2）E：布线终止方式切换(共 3 种)。

（3）L：从当前层切换到低 n 层。

（4）PO：自动覆铜外形线 ON/OFF 切换。

（5）Q：快速测量。

（6）W：改变线宽到<n>,注意单位。

（7）G：设定全局 Grid。其下有好多字无模式命令。

（8）SS：搜索并选中元件参数名,如 SS R13。

（9）DRP：开所有设置的规则。

（10）DRO：关闭系统 DRC。

（11）V：过孔的类型选择。

（12）M：等价于鼠标的右键。

（13）Spacebar(空格键)：等价于鼠标的左键。

（14）UM：将单位切换到英制下(mil)。

（15）UMM：将单位切换到公制下(mm)。

2) 快捷键

（1）Ctrl＋Alt＋F：打开滤波器(Filter)。

（2）Alt＋Enter：打开选定对象的属性对话窗口(Properties)。

（3）Ctrl＋D：刷新当前设计(Redraw)。

（4）Ctrl＋E：移动元件(Move)。

（5）Ctrl＋R：逆时针旋转元件。

（6）Ctrl＋Alt＋N：网络显示设置（Nets）。

（7）Ctrl＋Alt＋C：打开显示颜色对话窗口（Display Color）。

（8）Ctrl＋Enter：停止走线，打开 Options 对话窗口。

（9）F(n)：n＝2 为加布线；n＝3 为动态布线；n＝4 为层对之间切换。n＝7 为自动布线。

页面的放大、缩小除了和 AD14 操作方式一样外，还可以用按住鼠标滚轮，或前后推动鼠标的方式来操作。

3. 绘制原理图

这个过程就有些类似于 AD14 原理图的绘制，就是将元件调出，再连线，完了将原理图导入到 PCB 中的操作。这里以笔者曾经在珠海某公司做的一个小产品（HDMI 切换器）为例，来讲述元件的放置、连线及 PCB 的绘制。具体操作步骤如下。

1）放置元件

回到 PADS 原理图绘制界面，单击工具栏中的 Add Part(📝)按钮，打开"添加元件"对话框，选择元件库（元件放在哪个库就选择哪个库，若不知道，就选 All Libraries），在 Items 选择所需的元件，单击 Add 按钮，这时所选元件会附着在鼠标上，要放置几个元件就单击鼠标几次，放置完毕之后单击鼠标右键，选择 ESC 命令或直接按键盘上的 ESC 键退出。以这样的方式依次放置所需的元件，放置好部分元件的原理图如图 17-19 所示（限于篇幅，只贴电源一小部分）。

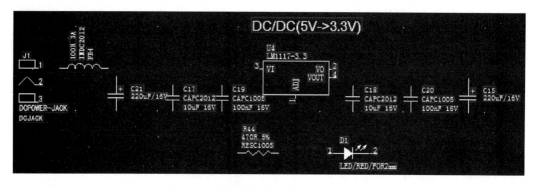

图 17-19　放置好部分元件之后的原理图

2）连线

连线的方法基本类似于 AD14，笔者总结了如下三种方法，只是为了读者好理解，方便记忆。

（1）直接连接法。单击工具栏上的 🔌 按钮（Add Connection），或直接按快捷键 F2，鼠标的"四象限"内会有一个 V 符号，这时就可以开始连线了，连线完毕之后按 ESC 键退出连线操作。

（2）标号法。同样单击 🔌 按钮，单击元件的某个引脚，连接一段距离之后单击鼠标右键，选择 Off-page 命令，这时会出现一个标号符（可以通过 Ctrl＋TAB 键来切换样式），再单击鼠标左键，弹出一个 Add Net Name 对话框，输入网络名，例如 D1、A2 等，然后单击 OK 按钮。其他的引脚连接方法相同。

（3）重复法。该方法在一般的小电路中运用不多，但在复杂的电路设计中，该方法会起到事半功倍的效果，例如 DDR、Flash 中需要连接 D0~D999 根线，若一根一根连，得花费不少时间，要是用该软件提供的重复功能（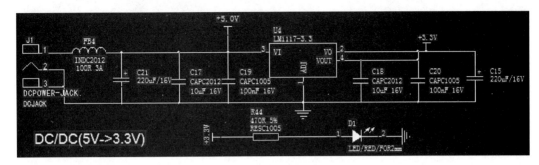），3 秒钟就能完成。具体操作请看笔者录制的视频。连好线之后的原理图如图 17-20 所示。

图 17-20　连好线的原理图

3）更新 SCH 到 PCB

更新 SCH 到 PCB 的具体操作为：选择菜单命令：Tools→PADS Layout，在弹出的对话框中选择 Design 选项卡，选择 ECO To PCB，在弹出的信息对话框中单击 Yes 按钮。这时会有一些工程更改的信息文件，看看是否有错误，如没有直接关掉就行。

4．PCB 布局

布局是指一个个地摆放元件，但是有要求的，需要考虑方方面面的情况，具体要考虑和注意哪些，请读者复习 17.2 节的内容。

切换到 PADS Layout 操作界面，就能看到，元件已经更新过来了，但元件似乎很少。这就对了，AD14 更新到 PCB 界面时元件都是分散开的，而 PADS Layout 是将所有的元件堆积到一起。这时可选择菜单命令：Tools→Disperse Components（分散元件），所有的元件就会分散开。

接着就是给板子画一个边框。具体操作为：单击工具栏中的 按钮（Drafting ToolBar），再单击刚弹出的工具栏中的 按钮（Board Outline and Cut Out），单击鼠标右键，选择 Rectangle 命令，最后画一个矩形框就可以了。最后将这些元件一个个摆放好，整个界面如图 17-21 所示。看上去好多地方是空的，这是有原因的，看了图 17-23 后就会知道是怎么回事了。

5．规则设置

规则的重要性不言而喻。PADS 的规则设置得特别多，也特别复杂，下面仅介绍具体的操作。具体操作时，选择菜单命令：Setup→Design Rules，打开"规则设置"对话框，单击 Default 按钮，选择 Clearance 选项，进入 Clearance Rules 对话框，在各个文本框中分别输入

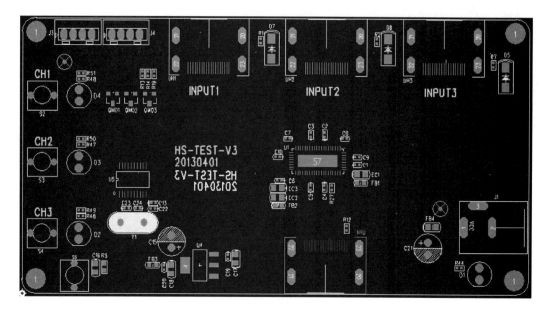

图 17-21　摆放好元件之后的界面图

如图 17-22 所示的数值(当然数值也可以大点或小点)。主要设置线与线(Trace)、线与过孔(Via)、覆铜(Copper)与板边(Board)等间距的最小值。

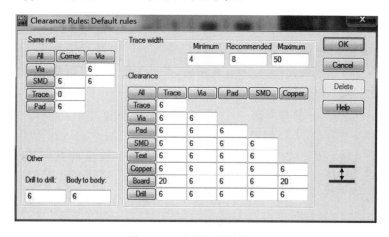

图 17-22　走线间距的设置

6. 布线

图 17-23 是最后布好线的整个板子。毫不隐晦地说,这张板子因为布线和元件选型(出于单片机的考虑)的问题,总共改了 4 次板,这是最后的成品板。

笔者当初不是在 PADS Layout 界面下布线的,而是在 PADS Router 下布线的,这里就不讲述 Router 了,要想深入学习的读者可以去看笔者录制的视频。这里所讲的 PADS Layout 的布线,对于初学者完全够了。

布线的方法很简单,先设置规则,再按 F3 键,开始动态布线。

接下来就开始一根一根地布线吧。若只是为了把线连接起来,那肯定是简单,但是要测试通过,则不简单。如果板子没设计好,结果不是有图像没声音,就是有声音没图像,或者两者都有,或者图形不够清晰(播放高清时)。因为一个 HDMI 接口有 4 对差分信号线,每对差分信号线之间要先用 POLAR 软件计算阻抗(HDMI 要求阻抗为 100 欧姆),之后按要求的线宽、线距进行严格地走线。当然这些细节,笔者录制的视频中都会讲解到,读者可以多关注。这里为了让读者将所布的线看得更清楚,笔者特意隐藏了敷铜,可参见图 17-23。

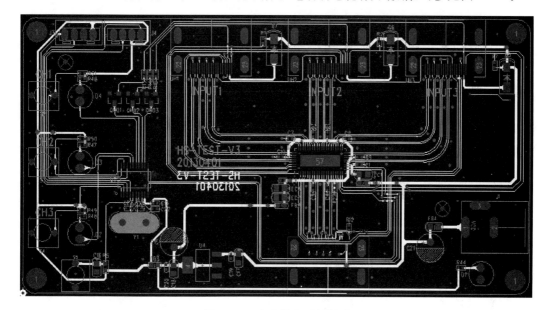

图 17-23　布完线之后的板子

17.4　课后学习

1. 简述 PCB 的设计流程和注意事项。

2. 用 Altium Designer2014 软件自行画一个插件式单片机最小系统板,如果经济允许的情况下,送 PCB 板厂打样,之后自行焊接调试。

3. 用 PADS9.5 软件自行画一个贴片式单片机的最小系统,也可适当增加一些外设,例如数码管、点阵等等,自己喜欢的外设都行,经济允许,最好也送 PCB 板厂打样(这样可发现问题、解决问题的过程,就是在积累经验)。

4. 制作常用元器件的库,为以后画板做基础(笔者在随书附带的光盘中,会提供常用的元器件库,读者可自行保存,以备后用)。

第四部分
高 级 篇

第 18 章　范水模山，双管齐下：串口扩展与一键自动下载项目
第 19 章　地无遗利，心随你动：项目开发与多功能收音机
第 20 章　天上天下，唯它独尊：PID 算法与四轴飞行器的设计

第18章

范水模山，双管齐下：

串口扩展与一键自动下载项目

通过前面的学习，不论是从软件编程的思想、方法及逻辑思维，还是对单片机硬件的认识，以及外围电路的设计，相信读者有了一个实质性的提高。但这些，都是建立在成熟的FSST15开发板上，这个限制有好有坏，方便了读者的学习，但又束缚了读者的自由发挥。接下来，将通过三个项目来帮助读者慢慢跳出飞天三号开发板的限制而自由翱翔。

鉴于串口的重要性，笔者将会扩展串口的相关知识，讲述利用STC15的特性来模拟串口，实现串口通信。在此基础上，再开发一个具有自动下载、冷启动下载双重功能的下载电路，使读者不再为繁琐的冷启动而烦恼。学完本章，读者能达到不看教材，用 I/O 口模拟串口，实现可靠通信，掌握 STC 单片机的下载过程以及飞天三号开发板上一键下载电路的工作原理和编程机制，制作出属于自己的下载模块的目的。

18.1 软件模拟串口应用实例

在实际项目开发中，基于功能和成本的考虑，可能会选择没有硬件串口功能的单片机，或者选择了具有硬件串口功能的单片机，但是项目需要的单片机串口个数比较多，这时，肯定得想办法解决问题，而不是直接放弃项目。例如飞天三号开发板的另外一个单片机芯片——STC15W104E，就不具有硬件串口功能，此时可考虑用软件模拟的方式来获取串口。下面将介绍两种模拟串口方法，分别利用定时器和 PCA 来实现。

18.1.1 使用定时器 0 软件模拟一个全双工串口

在学习该例程之前，读者应先复习第 8 章中关于串口的知识，否则不好理解该例程。提到串口，有一个知识点很关键，必须理解，只有理解了这个关键点，才能正确地使用定时器。这个关键点就是波特率。

波特率的具体含义、计算规则等，第 8 章都有详细的讲述，这里不赘述。这里要讲述定时器初始值的计算。在计算之前，需先理清初始值、波特率和溢出率等概念之间的关系。选择常用的波特率 9600bps（当然选取别的也是可以的），结合前面的定时器等知识，可得初始值的计算公式为：初始值＝定时器最大计数值（65 536）－1/溢出率，公式变形可得，初始

值＝65 536－单片机运行的主频(11.0592)/波特率,代入数值,可计算出定时器的初始值为
"65 536－110 592 / 9600"。有了这个初始值,在定时器正常运行且开启中断的情况下,每经
过一次中断,可在中断里面采样一次单片机发来的数据,刚好满足波特率的要求。

如果真这样设置初始值,将违背采样定律——奈奎斯特定律,其大概内容是在进行模
拟/数字信号的转换过程中,当采样频率 f_{smax} 大于信号中最高频率 f_{max} 的 2 倍时($f_{smax} >$
$2f_{max}$),采样之后的数字信号完整地保留了原始信号中的信息。如果条件允许,一般设置采
样频率为信号最高频率的 4～10 倍。基于此,采取 4 倍的采样率对数据进行采样和发送,这
样便可稳定地收发数据,故初始值则为"65 536－11 059 200/9600/4"。下面学习具体的编
程,源码如下。

(1) 主函数部分的源码(main. c)如下。

```c
# include "BSP_Include. h"

# define BAUDRATE 9600

u8 t, r;
u8 xdata Buf[256];

extern bit TxSta;                         //发送开始标志位
extern bit TxEnd,RxEnd;                   //发送、接收结束标志位
extern u8 TxBuf,RxBuf;                    //待发送、接收缓冲数据

void Timer_ConfigInit(void)
{
    TIM_InitTypeDef    TIM_InitStructure;     //结构定义

    u16 Timer0InitVal;
    Timer0InitVal = (65536 - MAIN_Fosc / BAUDRATE / 4);
    //计算初始值,以 4 倍的采样率进行采样
    TIM_InitStructure.TIM_Mode     = TIM_16BitAutoReload;
    //16 位自动重装模式
    TIM_InitStructure.TIM_Polity    = PolityHigh;
    //指定中断优先级, 设置为 PolityHigh(高优先级中断)
    TIM_InitStructure.TIM_Interrupt = ENABLE;
    //中断是否允许, 设置为 ENABLE(允许)
    TIM_InitStructure.TIM_ClkSource = TIM_CLOCK_1T;
    //时钟源, 设置为 TIM_CLOCK_1T
    TIM_InitStructure.TIM_ClkOut    = DISABLE;
    //是否输出高速脉冲, 设置为 DISABLE(不输出高速脉冲)
    TIM_InitStructure.TIM_Value     = Timer0InitVal;  //初值
    TIM_InitStructure.TIM_Run       = ENABLE;
    //初始化后启动定时器
    Timer_Inilize(Timer0,&TIM_InitStructure); //初始化定时器 0
}
```

```
void main(void)
{
    Delay_ms(10);                      //待上电稳定
    EA = 1;                            //开总中断
    Timer_ConfigInit();                //初始化定时器
    USART_Init();                      //初始化变量

    for(;;)
    {
        if(RxEnd)                      //接收完成,存储数据
        {
            RxEnd = 0;
            Buf[r++] = RxBuf;          //接收到的数据存储到 Buf 中
        }
        if(TxEnd)
        {
            if (t != r)                //如果接收到了数据,则 t 不等于 r
            {
                TxEnd = 0;             //发送结束标志位清 0,也即开始发送数据
                TxBuf = Buf[t++];      //发送数据
                TxSta = 1;             //发送置位,开始发送数据
            }
        }
    }
}
```

(2) 定时器部分的驱动源码(STC15_Timer. c)和头文件(STC15_Timer. h)的源码
如下。

```
# include   "STC15_Timer.h"

u8 TxBuf,RxBuf;                        //待发送、接收缓冲数据
u8 TxDat,RxDat;                        //发送、接收中间数据
u8 TxCnt,RxCnt;                        //发送、接收采样计数
u8 TxBit,RxBit;                        //发送、接收位计数
bit TxSta,RxSta;                       //发送、接收开始标志位
bit TxEnd,RxEnd;                       //发送、接收结束标志位

void USART_Init(void)
{
    TxSta = 0;                         //各个变量的初始化一定要到位
    RxSta = 0;
    TxEnd = 1;
    RxEnd = 0;
    TxCnt = 0;
    RxCnt = 0;
```

```
    }

/ ********************* 定时器 0 中断函数 *********************** /
void Timer0_ISR (void) interrupt TIMER0_VECTOR
{
    if(RxSta)                           //如果接收置位,则开始接收
    {
        if(RxCnt == 0)                  //采样次数为 0 时,开始采样
        {
            RxCnt = 4;                  //重新赋值
            if( -- RxBit == 0)          //采样停止位
            {
                RxBuf = RxDat;
                RxSta = 0;              //停止接收
                RxEnd = 1;              //完成接收标志位置位
            }
            else                        //采样 8 位数据位
            {
                RxDat >>= 1;            //由于先采样低位,所以数据右移
                if(RxIO)                //接收到数据 1
                    RxDat | = 0x80;     //直接或 1
                //注意,如果接收到 0,等价于右移的高位补 0
            }
        }
        RxCnt -- ;                      //采样次数减一,总共是采样了 4 次
    }
    else if(!RxIO)                      //端口为低电平,表示为数据的开始位
    {
        RxSta = 1;                      //开始采样接收数据
        RxCnt = 4;                      //4 倍的采样率,因此赋值为 4
        RxBit = 9;
    }

    if( -- TxCnt == 0)
    {
        TxCnt = 4;                      //4 倍的采样率,因此赋值为 4
        if(RxSta)                       //判断是否发送,此时开始发送数据
        {
            if(TxBit == 0)              //发送起始位
            {
                TxIO = 0;              //低电平
                TxDat = TxBuf;          //将待发送数据赋值给发送变量
                TxBit = 9;              //发送计数赋值 9(8 位数据位 + 1 位停止位)
            }
            else
            {
                TxDat >>= 1;           //右移以后,数据位会移动到 CY 中
```

```
                if( -- TxBit == 0)               //发送停止位
                {
                    TxIO = 1;                    //高电平
                    RxSta = 0;                   //停止发送
                    TxEnd = 1;                   //发送截止
                }
                else
                    TxIO = CY;                   //发送 8 位数据位
            }
        }
    }
}
// ================================================================
//函数：uint8 Timer_Inilize(uint8 TIM, TIM_InitTypeDef * TIMx)
//描述：定时器初始化程序
//参数：TIMx: 结构参数, 请参考 timer.h 里的定义
//返回：成功返回 0, 空操作返回 1, 错误返回 2
//版本：V1.0, 2012 - 10 - 22
// ================================================================
u8 Timer_Inilize(uint8 TIM, TIM_InitTypeDef * TIMx)
{
    if(TIM > Timer4)   return 1;                 //空操作

    if(TIM == Timer0)
    {
        if(TIMx -> TIM_Mode > TIM_16BitAutoReloadNoMask)   return 2;   //错误
        TR0 = 0;                                 //停止计数
        ET0 = 0;                                 //禁止中断
        PT0 = 0;                                 //低优先级中断
        TMOD & = 0xf0;                           //定时模式, 16 位自动重装
        AUXR & = ～0x80;                          //12T 模式
        INT_CLKO & = ～0x01;                      //不输出时钟
        if(TIMx -> TIM_Interrupt == ENABLE)    ET0 = 1;
        //允许中断
        if(TIMx -> TIM_Polity == PolityHigh)    PT0 = 1; //高优先级中断
        TMOD | = TIMx -> TIM_Mode;                          //工作模式, 0: 16 位自动重装
        //1: 16 位定时/计数, 2:8 位自动重装, 3: 16 位自动重装, 不可屏蔽中断
        if(TIMx -> TIM_ClkSource == TIM_CLOCK_1T)    AUXR | =   0x80;
        if(TIMx -> TIM_ClkSource == TIM_CLOCK_Ext)  TMOD | =   0x04;   //对外计数或分频
        if(TIMx -> TIM_ClkOut == ENABLE)   INT_CLKO | =   0x01;        //输出时钟

        TH0 = (u8)(TIMx -> TIM_Value >> 8);
        TL0 = (u8)TIMx -> TIM_Value;
        if(TIMx -> TIM_Run == ENABLE)   TR0 = 1;            //开始运行
        return 0;                                           //成功
    }
```

```
        /* 注意：限于篇幅，这里省略定时器 1、2、3 的初始化 */

        return 2;                                              //错误
    }
    -------------------------------------------------------------
    #ifndef  __STC15_TIMER_H__
    #define  __STC15_TIMER_H__

    #include  "STC15_CLKVARTYPE.H"

    #define   Timer0                      0
    #define   Timer1                      1
    #define   Timer2                      2
    #define   Timer3                      3
    #define   Timer4                      4

    #define   TIM_16BitAutoReload         0
    #define   TIM_16Bit                   1
    #define   TIM_8BitAutoReload          2
    #define   TIM_16BitAutoReloadNoMask   3

    #define   TIM_CLOCK_1T                0
    #define   TIM_CLOCK_12T               1
    #define   TIM_CLOCK_Ext               2

    typedef struct
    {
        u8   TIM_Mode;                    //选择定时器的工作模式为：
        //TIM_16BitAutoReload,TIM_16Bit,TIM_8BitAutoReload,TIM_16BitAutoReloadNoMask
        u8   TIM_Polity;                  //优先级设置，可设置为 PolityHigh,PolityLow
        u8   TIM_Interrupt;               //中断是否允许，可设置为 ENABLE,DISABLE
        u8   TIM_ClkSource;               //时钟源
        TIM_CLOCK_1T,TIM_CLOCK_12T,TIM_CLOCK_Ext
        u8   TIM_ClkOut;                  //可编程时钟输出，可设置为 ENABLE,DISABLE
        u16  TIM_Value;                   //装载初值
        u8   TIM_Run;                     //是否运行，可设置为 ENABLE,DISABLE
    } TIM_InitTypeDef;

    extern u8 Timer_Inilize(u8 TIM, TIM_InitTypeDef * TIMx);

    extern void USART_Init(void);
    sbit RxIO = P3^0;
    sbit TxIO = P3^1;

    #endif
```

最后读者结合前面讲述的定时器和波特率的关系，以及采用定律的应用，先将程序编写完毕，再结合详细的注释，逐渐理解每条语句的含义，最后达到彻底掌握定时器模拟串口的方式、方法。

18.1.2 使用两路 PCA 模拟一个全双工串口

这里笔者只给出 STC 官方提供的 Demo_Code，请读者自行将此实例以库函数和模块编程的方式移植到 FSST15 开发板运行测试，实例源码如下。

```
/ ************** 功能说明 ***************
使用 STC15 系列的 PCA0 和 PCA1 做的模拟串口，PCA0 接收(P2.5)，PCA1 发送(P2.6)
假定测试芯片的工作频率为 11 059 200Hz. 时钟为 5.5296MHz～35MHz
波特率高，则时钟也要选高，优先使用 22.1184MHz，11.0592MHz
测试方法：上位机发送数据，MCU 收到数据后原样返回
串口固定设置：1 位起始位，8 位数据位，1 位停止位，波特率范围为：600～57 600bps

1200～57600bps @ 33.1776MHz
 600 ～ 57600bps @ 22.1184MHz
 600 ～ 38400bps @ 18.4320MHz
 300 ～ 28800bps @ 11.0592MHz
 150 ～ 14400bps @  5.5296MHz

# include < reg52.h >

# define MAIN_Fosc        11059200UL  //定义主时钟
# define UART3_Baudrate   57600UL     //定义波特率
# define RX_Lenth         16          //接收长度

# define PCA_P12_P11_P10_P37 (0 << 4)
# define PCA_P34_P35_P36_P37 (1 << 4)
# define PCA_P24_P25_P26_P27 (2 << 4)
# define PCA_Mode_Capture    0
# define PCA_Mode_SoftTimer  0x48
# define PCA_Clock_1T        (4 << 1)
# define PCA_Clock_2T        (1 << 1)
# define PCA_Clock_4T        (5 << 1)
# define PCA_Clock_6T        (6 << 1)
# define PCA_Clock_8T        (7 << 1)
# define PCA_Clock_12T       (0 << 1)
# define PCA_Clock_ECI       (3 << 1)
# define PCA_Rise_Active     (1 << 5)
# define PCA_Fall_Active     (1 << 4)
# define PCA_PWM_8bit        (0 << 6)
# define PCA_PWM_7bit        (1 << 6)
# define PCA_PWM_6bit        (2 << 6)

# define UART3_BitTime   (MAIN_Fosc / UART3_Baudrate)
```

```c
#define     ENABLE      1
#define     DISABLE     0

typedef     unsigned char   u8;
typedef     unsigned int     u16;
typedef     unsigned long    u32;

sfr AUXR1 = 0xA2;
sfr CCON = 0xD8;
sfr CMOD = 0xD9;
sfr CCAPM0 = 0xDA;              //PCA 模块 0 的工作模式寄存器
sfr CCAPM1 = 0xDB;              //PCA 模块 1 的工作模式寄存器
sfr CCAPM2 = 0xDC;             //PCA 模块 2 的工作模式寄存器

sfr CL      = 0xE9;
sfr CCAP0L = 0xEA;             //PCA 模块 0 的捕捉/比较寄存器低 8 位
sfr CCAP1L = 0xEB;            //PCA 模块 1 的捕捉/比较寄存器低 8 位
sfr CCAP2L = 0xEC;            //PCA 模块 2 的捕捉/比较寄存器低 8 位

sfr CH      = 0xF9;
sfr CCAP0H = 0xFA;            //PCA 模块 0 的捕捉/比较寄存器高 8 位
sfr CCAP1H = 0xFB;            //PCA 模块 1 的捕捉/比较寄存器高 8 位
sfr CCAP2H = 0xFC;            //PCA 模块 2 的捕捉/比较寄存器高 8 位

sbit CCF0   = CCON^0;         //PCA 模块 0 中断标志,由硬件置位,必须由软件清 0
sbit CCF1   = CCON^1;         //PCA 模块 1 中断标志,由硬件置位,必须由软件清 0
sbit CCF2   = CCON^2;         //PCA 模块 2 中断标志,由硬件置位,必须由软件清 0
sbit CR     = CCON^6;         //1: 允许 PCA 计数器计数,0: 禁止计数
sbit CF     = CCON^7;         //PCA 计数器溢出(CH,CL 由 FFFFH 变为 0000H)标志
                             //PCA 计数器溢出后由硬件置位,必须由软件清 0
sbit PPCA   = IP^7;          //PCA 中断优先级设定位

u16     CCAP0_tmp;
u16     CCAP1_tmp;

u8  Tx3_read;                //发送读指针
u8  Rx3_write;               //接收写指针
u8  idata   buf3[RX_Lenth];  //接收缓冲

// ===================== 模拟串口相关 ==========================
sbit P_RX3 = P2^5;           //定义模拟串口接收 I/O
sbit P_TX3 = P2^6;           //定义模拟串口发送 I/O

u8  Tx3_DAT;                 //发送移位变量,用户不可见
u8  Rx3_DAT;                 //接收移位变量,用户不可见
u8  Tx3_BitCnt;             //发送数据的位计数器,用户不可见
u8  Rx3_BitCnt;            //接收数据的位计数器,用户不可见
```

```
u8    Rx3_BUF;                        //接收到的字节，用户读取
u8    Tx3_BUF;                        //要发送的字节，用户写入
bit Rx3_Ring;                         //正在接收标志，低层程序使用，用户程序不可见
bit Tx3_Ting;                         //正在发送标志，用户置1请求发送，底层发送完成清0
bit RX3_End;                          //接收到一个字节，用户查询并清0
// ==============================================================
void    PCA_Init(void);
/ ******************* 主函数 ************************* /
void main(void)
{

    PCA_Init();                       //PCA 初始化
    EA = 1;

    Tx3_read  = 0;
    Rx3_write = 0;
    Tx3_Ting  = 0;
    Rx3_Ring  = 0;
    RX3_End   = 0;
    Tx3_BitCnt = 0;

    while (1)
    {
        if (RX3_End)                  //检测是否收到一个字节
        {
            RX3_End = 0;              //清除标志
            buf3[Rx3_write] = Rx3_BUF;                   //写入缓冲
            if(++Rx3_write >= RX_Lenth) Rx3_write = 0;
            //指向下一个位置，  溢出检测
        }
        if (!Tx3_Ting)                                    //检测是否发送空闲
        {
            if (Tx3_read != Rx3_write)                    //检测是否收到过字符
            {
                Tx3_BUF = buf3[Tx3_read];                 //从缓冲读取一个字符发送
                Tx3_Ting = 1;                             //设置发送标志
                if(++Tx3_read >= RX_Lenth)  Tx3_read = 0;
                                                          //指向下一个位置，  溢出检测
            }
        }
    }
}
// ==============================================================
//函数：void    PCA_Init(void)
//描述：PCA 初始化程序
//参数：none
//返回：none
```

```c
//版本: V1.0, 2013 - 11 - 22
// ================================================================
void    PCA_Init(void)
{
    CR = 0;
    CCAPM0 = (PCA_Mode_Capture | PCA_Fall_Active | ENABLE);
    //16 位下降沿捕捉中断模式
    CCAPM1     = PCA_Mode_SoftTimer | ENABLE;
    CCAP1_tmp = UART3_BitTime;
    CCAP1L     = (u8)CCAP1_tmp;              //将影射寄存器写入捕获寄存器,先写入 CCAP0L
    CCAP1H     = (u8)(CCAP1_tmp >> 8);              //后写入 CCAP0H
    CH = 0;
    CL = 0;
    AUXR1 = (AUXR1 & ~(3 << 4)) | PCA_P24_P25_P26_P27;   //切换 I/O 口
    CMOD  = (CMOD  & ~(7 << 1)) | PCA_Clock_1T;         //选择时钟源
    PPCA  = 1;                                          //高优先级中断
    CR    = 1;                                          //运行 PCA 定时器
}
// ================================================================
//函数: void    PCA_Handler (void) interrupt 7
//描述: PCA 中断处理程序
//参数: None
//返回: none
//版本: V1.0, 2012 - 11 - 22
// ================================================================
void    PCA_Handler (void) interrupt 7
{
    if(CCF0)                                    //PCA 模块 0 中断
    {
        CCF0 = 0;                               //清 PCA 模块 0 中断标志
        if(Rx3_Ring)                            //已收到起始位
        {
            if ( -- Rx3_BitCnt == 0)            //接收完一帧数据
            {
                Rx3_Ring = 0;                           //停止接收
                Rx3_BUF = Rx3_DAT;                      //存储数据到缓冲区
                RX3_End = 1;
                CCAPM0 = (PCA_Mode_Capture | PCA_Fall_Active | ENABLE);
                //16 位下降沿捕捉中断模式
            }
            else
            {
                Rx3_DAT >>= 1;                  //把接收的数据暂存到 RxShiftReg(接收缓冲)
                if(P_RX3) Rx3_DAT |= 0x80; //shift RX data to RX buffer
                CCAP0_tmp += UART3_BitTime;            //数据位时间
                CCAP0L = (u8)CCAP0_tmp;
                //将影射寄存器写入捕获寄存器,先写 CCAP0L
```

```
            CCAP0H = (u8)(CCAP0_tmp >> 8);              //后写 CCAP0H
        }
    }
    else
    {
        CCAP0_tmp = ((u16)CCAP0H << 8) + CCAP0L;        //读捕捉寄存器
        CCAP0_tmp += (UART3_BitTime / 2 + UART3_BitTime);
        //起始位 + 半个数据位
        CCAP0L = (u8)CCAP0_tmp;
        //将影射寄存器写入捕获寄存器，先写 CCAP0L
        CCAP0H = (u8)(CCAP0_tmp >> 8);                  //后写 CCAP0H
        CCAPM0 = (PCA_Mode_SoftTimer | ENABLE);
        //16 位软件定时中断模式
        Rx3_Ring = 1;                                  //标志已收到起始位
        Rx3_BitCnt = 9;                                //初始化接收的数据位数(8 个数据位 + 1 个停止位)
    }
}

if(CCF1)                                               //PCA 模块 1 中断，16 位软件定时中断模式
{
    CCF1 = 0;                                          //清 PCA 模块 1 中断标志
    CCAP1_tmp += UART3_BitTime;
    CCAP1L = (u8)CCAP1_tmp;                            //将影射寄存器写入捕获寄存器，先写 CCAP0L
    CCAP1H = (u8)(CCAP1_tmp >> 8);                     //后写 CCAP0H

    if(Tx3_Ting)                                       //不发送，退出
    {
        if(Tx3_BitCnt == 0)                            //发送计数器为 0，表明单字节发送还没开始
        {
            P_TX3 = 0;                                 //发送开始位
            Tx3_DAT = Tx3_BUF;                         //把缓冲的数据放到发送的缓冲区(buff)
            Tx3_BitCnt = 9;                            //发送数据位数 (8 数据位 + 1 停止位)
        }
        else                                           //发送计数器为非 0，正在发送数据
        {
            if( -- Tx3_BitCnt == 0)                    //发送计数器减为 0，表明单字节发送结束
            {
                P_TX3 = 1;                             //发送停止位数据
                Tx3_Ting = 0;                          //发送停止
            }
            else
            {
                Tx3_DAT >>= 1;                         //把最低位发送到 CY(溢出标志位)
                P_TX3 = CY;                            //发送一个位(bit)数据
            }
        }
    }
}
}
```

18.2　一键自动下载项目的功能要求与设计思想

项目需求：设计电路，默认情况下，不用手动开关机(冷启动)，能够实现对目标单片机程序的自动下载，而且能适应常用的波特率(1200～460 800bps)，同时有指示灯亮，表示自动下载模式运行正常。当按下按键之后，由自动下载模式切换到手动下载，此时下载程序，当STC-ISP软件提示"正在检测目标单片机"时，按下按键，实现冷启动，固化程序到单片机中，同时，指示灯灭，表明此时需要手动实现程序下载。

项目分析：此项目，在软件功能上，可分为两部分："下载码"的检测，外围电路的控制。在硬件设计上，主要是开关电路的设计。开关电路的设计方法很多，例如继电器方案，很典型的"以小控大"，通过控制继电器的闭合，实现电流通路的通断，再如，这里FSST15选择的"三极管＋MOS"方案，通过控制三极管的通断，继而控制MOS管的通断，具体电路后续会有讲述。

要检测"下载码"，首先必须对其"下载码"进行分析，可用前面介绍过的"逻辑分析仪"来分析数据，项目要求能适应常用波特率，由STC-ISP软件可知，其波特率范围为1200～460 800bps，既然这样，取两个临界点1200和460 800，对其进行抓取波形，两种波特率的时间波形图分别如图18-1和图18-2所示。

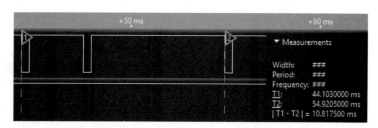

图 18-1　1200bps 波特率对应的时间波形

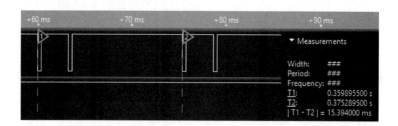

图 18-2　460 800bps 波特率对应的时间波形

由此可见，两个"下载码(0x7F)"的时间间隔范围为10.8～15.4，如果在程序中，可以检查到一个周期内(两个下降沿)的时间范围满足10.8～15.4，则说明是下载信号。从下降沿入手，来检测时间的长短，读者应该不陌生，因为前面笔者教大家用过一次，如果不懂，请读者先去复习红外解码章节，再来学习这章内容。具体的检测过程，本章也会讲述，同理，本章也会涉及采样定律（奈奎斯特定律）的应用，以及为了应对一些温飘、干扰等的干扰处理方法，还会涉及为了系统稳定而适当增加检测次数等解决办法。

特别说明，笔者查阅了大部分网站关于自动下载的帖子、博文，发现大多数是借助波特率来采样数据，极个别提到了脉冲时间之类的方法，但还是通过串口来实现数据的采集及下载信号的判断，用这种方法虽然能成功，但是极为不方便，可靠性也不高。鉴于此原因，笔者对一键自动下载项目做了改进，通过检测一个周期内的时间来判断是否是下载信号。可能读者会问，那如果是上位机给单片机发送数据，会不会理解为下载信号呢？在正常通信时，两个字节的传输间隔不可能相隔 10 多毫秒。如果是巧合，上位机先发送一个 7F，再过 10 毫秒，再发送一个 7F，那又如何判断呢？鉴于这种情况，读者又做了计数器，判断到下载完成以后，计数器加 1，这样判断 10 次，完全可以避免这种巧合。

至此，大致的软件、硬件设计的想法有了，接下来，就是如何将想法变为现实。

18.3 一键自动下载项目的硬件电路设计

根据上面的项目需求和分析可知，硬件电路设计的核心有两部分：一部分是控制核心单片机最小系统，另一部分是开关电路。根据外围电路特性，控制部分选用 STC15W104E 单片机，开关电路部分选择三极管和 MOS 管。

18.3.1 下载模式切换控制核心——STC15W104E

分析可知，I/O 需求数位为 5 个引脚，因此选择 STC 公司的 8 个引脚单片机即可，这里选择 STC15W104E，同时由于它自身具有晶振和复位电路，所以最小系统部分的电路如图 18-3 所示。

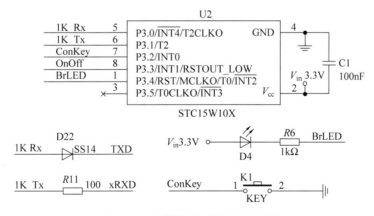

图 18-3 下载模式切换控制电路图

图 18-3 除了有单片机，就是一个 LED 小灯和一个按键，这个读者应该很熟悉了，这里不赘述。读者需要注意的是，该单片机的检测信号是来自于 USB 转串口的数据发送端，也

即 STC15W104 单片机的 P3.0 引脚通过 D22 连接了 USB 的发送端口 TXD。至于单片机的发送端 P3.1,是连接了外扩插座,以便下载调试该单片机。有了这个扩展插座,读者便可自行开发属于自己的下载控制核心。

18.3.2　开关电路的设计

上面分析中提到,开关电路在设计中很重要。下面结合开关电路原理图(见图 18-4),分析开关电路的工作过程和原理。图 18-4 中网络标号 OnOff 接模式切换控制核心单片机的 I/O 口,该电路是通过控制这个网络的高、低电平实现对 MOS 管的通断控制。例如当 OnOff 为低电平时,三极管 Q2 导通,这样 Q2 的发射极就为低电平,继而 Q101、Q1 两个 MOS 管的栅极为低电平,则 MOS 管的源极(S)和漏极(D)导通,继而电源通路导通。相反,如果 OnOff 为高电平,则 Q2 不导通,两个 MOS 管在上拉电阻的作用下,栅极都为高电平,继而电源通路截止。

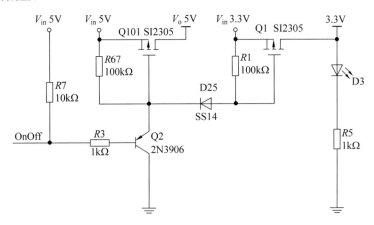

图 18-4　开关电路原理图

顺便提两个问题,以便读者开动大脑进行思考。

(1) R7 上拉电阻,电源为何不是接"V_{in} 3.3V",而接了"V_{in} 5V"?

(2) D25 二极管起什么作用? 可以不加吗?

18.4　一键自动下载项目的软件编程

有了硬件电路,再来思考软件的具体实现。该程序由于用了外部中断、定时器 0 中断、定时器 2 中断,因此在程序执行的流程上,并不是很好理解。没有中断的".c"文件,可直接顺着程序的流程,边执行,边理解,边思考,没有思路上的中断和转折。相反,有了中断和模块化编程,程序执行时,就会在各个中断函数和".c"文件之间不断互相切换,造成思路的短暂性"休克",这样的程序,在理解和编程上难度较大。对于这样的程序,总体流程的把握比程序自身的实现更重要,理解各个子模块之间的互相关联也很重要,只要这样,才能走进程序，深入理解各个子模块以及模块内部的功能函数，否则基本的几个全局变量，都会让读者晕头转向。

下面先给出源码，再来总结。具体源码如下。

（1）主函数（main.c）源码如下。该“.c”文件主要实现了各个子函数的调用和状态机。

```
#include "BSP_Include.h"

sbit LedModel = P3^4;                              //模式灯
sbit KeyOnOff_IO = P3^2;                           //开机按键

extern bit g_bKeyScanFlag;

typedef enum KeyEnum{StateInit,PrsDownOk,KeyOnOff,KeyModel};
/* ================= 未按下、按下、开关、模式 ============= */

void Timer_ConfigInit(void)
{
    TIM_InitTypeDef    TIM_InitStructure;          //结构定义

    TIM_InitStructure.TIM_Mode = TIM_16BitAutoReload; //工作模式为 TIM_16BitAutoReload
    TIM_InitStructure.TIM_Polity    = PolityLow;   //中断优先级设置为 PolityLow(低优先级中断)
    TIM_InitStructure.TIM_Interrupt = ENABLE;      //允许中断
    TIM_InitStructure.TIM_ClkSource = TIM_CLOCK_1T; //时钟源设置为 TIM_CLOCK_1T
    TIM_InitStructure.TIM_ClkOut    = DISABLE;     //不输出高速脉冲
    TIM_InitStructure.TIM_Value     = 65425;       //初值,定时 10μs
    TIM_InitStructure.TIM_Run       = ENABLE;      //启动定时器
    Timer_Inilize(Timer0,&TIM_InitStructure);      //初始化定时器 0

    TIM_InitStructure.TIM_ClkSource = TIM_CLOCK_12T; //时钟源设置为 TIM_CLOCK_12T
    TIM_InitStructure.TIM_Value     = 47104;       //初值,定时 20ms
    Timer_Inilize(Timer2,&TIM_InitStructure);      //初始化定时器 2
}

void Interrupt_ConfigInit(void)
{
    EXTI_InitTypeDef   EXTI_InitStructure;         //结构定义

    EXTI_InitStructure.EXTI_Polity    = PolityHigh;
                                                   //中断优先级设置为 PolityHigh(高优先级中断)
    EXTI_InitStructure.EXTI_Interrupt = ENABLE;    //中断允许
    Ext_Inilize(EXT_INT4,&EXTI_InitStructure);     //初始化 INT0,EXT_INT0
}

void KeyScan(void)                                 //按键扫描
{
    static u8 KeyStateTemp = 0,KeyTime = 0;        //按键动作序号,开关计时,长按计时
```

```
    static bit bModelFlag = 1;                          //自动和手动下载模式切换标志位

switch (KeyStateTemp)
{
    case StateInit:                                  //未按状态
        if(KeyOnOff_IO)
            KeyStateTemp = StateInit;
        else KeyStateTemp = PrsDownOk;
    break;

    case PrsDownOk:                        //有按下的状态(状态未知,有抖动的可能)
        if(KeyOnOff_IO) KeyStateTemp = StateInit;
        else KeyStateTemp = KeyOnOff;//真的被按下,进入开关机状态
    break;

    case KeyOnOff:                        //开关机控制状态
        if(KeyOnOff_IO)
        {
            KeyTime = 0;
            OnOff_IO = ~ OnOff_IO;   //单按一次,切换开机和关机
            KeyStateTemp = StateInit;
        }
        else
        {
            KeyTime++;
            if (KeyTime >= 50)        //长按超过 1s(20ms×50)则切换到模式状态
            {
                KeyTime = 0;
                KeyStateTemp = KeyModel;
            }
        }
    break;

    case KeyModel:                        //模式切换是自动下载还是手动模式
        bModelFlag = ~ bModelFlag;
        if(bModelFlag)                    //自动下载模式
        {
            INT_CLKO | = 0x40;            //开启外部中断 4
            LedModel = 0;                 //模式灯亮,代表是自动下载模式
        }
        else                              //手动模式
        {
            INT_CLKO & = 0xbf;            //关闭外部中断 4
            LedModel = 1;                 //模式灯不亮,代表是冷启动模式
        }
        KeyStateTemp = StateInit;
        IE2 & = 0xfb;                     //关闭定时器 2,防止长按按键时乱闪
```

```
        break;
        default:  KeyStateTemp = StateInit;      break;
    }
}


void main(void)
{
    Delay_ms(10);                       //待上电稳定

    EA = 1;                             //开总中断

    GPIO_ConfigInit();                  //初始化端口
    Timer_ConfigInit();                 //初始化定时器
    Interrupt_ConfigInit();             //初始化中断

    for(;;)
    {
        if(g_bKeyScanFlag == 1)         //在定时器2中置位,作用是每过20s扫描一次按键
        {
            g_bKeyScanFlag = 0;
            KeyScan();
        }
        if(KeyOnOff_IO) IE2 | = 0x04;   //开启定时器2
    }
}
```

（2）定时器底层驱动源码(stc15_timer.c)。该文件主要实现定时器初始化的底层驱动和定时器中断的具体程序。需要注意的是,这里只用了定时器0、2,因此省略了定时器1、3、4的初始化和中断函数。

```
# include  "STC15_Timer.h"

u16 g_uiCnt_Time = 0;                   //时间为 10μs 计数一次
extern bit g_bProgmOK;                  //下载检测完成标准位
bit g_bKeyScanFlag = 0;                 //按键扫描标志位

/ ******************** 定时器 0 中断函数 ************************ /
void Timer0_ISR (void) interrupt TIMER0_VECTOR
{
    g_uiCnt_Time++;                     //时间基准,每过 10μs 加一次!
}


/ ******************** 定时器 2 中断函数 ************************ /
void Timer2_ISR (void) interrupt TIMER2_VECTOR
{
    static u8 uOkPowOnTime = 0;         //下载检测完成到开机的间隔时间,每过 20ms 加一次
    static bit TempFlag = 0;            //开机之后到开外部中断的标志位
```

```c
    static u8 uPowOnInt4Time = 0;           //开机之后到开外部中断的时间,每过 20ms 加一次

    g_bKeyScanFlag = 1;

    if(g_bProgmOK)                          //检测到下载完成之后,开始下面的操作
    {
        g_bProgmOK = 0;                     //下载完成,标志位清零
        uOkPowOnTime++;                     //计数变量每过 20ms 加一次
        if(uOkPowOnTime == 20)              //如果 20×20ms 到了
        {
            uOkPowOnTime = 0;
            OnOff_IO = 1;                   //高电平,开机(实现自动开启电源)
            TempFlag = 1;                   //置位标志位
        }
    }

    if(TempFlag)                            //开机之后,标志已经置位
    {
        uPowOnInt4Time++;                   //开机后,待测变量每过 20ms 加一次
        if(100 == uPowOnInt4Time)           //开机后,延时,防止误触发
        {
            uPowOnInt4Time = 0;
            TempFlag = 0;                   //清零标志位
            INT_CLKO |= 0x40;               //开启外部中断 4
        }
    }
}


// ========================================================================
//函数: uint8 Timer_Inilize(uint8 TIM, TIM_InitTypeDef * TIMx)
//描述: 定时器初始化程序
//参数: TIMx: 结构参数,请参考 timer.h 里的定义
//返回: 成功返回 0, 空操作返回 1,错误返回 2
//版本: V1.0, 2012 - 10 - 22
// ========================================================================
u8 Timer_Inilize(uint8 TIM, TIM_InitTypeDef * TIMx)
{
    if(TIM > Timer4)   return 1;                    //空操作

    if(TIM == Timer0)
    {
        if(TIMx -> TIM_Mode > TIM_16BitAutoReloadNoMask)   return 2;   //错误
        TR0 = 0;                                    //停止计数
        ET0 = 0;                                    //禁止中断
        PT0 = 0;                                    //低优先级中断
        TMOD &= 0xf0;                               //定时模式, 16 位自动重装
        AUXR &= ~0x80;                              //12T 模式
```

```
        INT_CLKO & = ～0x01;                                //不输出时钟
        if(TIMx -> TIM_Interrupt == ENABLE)     ET0 = 1; //允许中断
        if(TIMx -> TIM_Polity == PolityHigh)     PT0 = 1; //高优先级中断
        TMOD | = TIMx -> TIM_Mode;    //工作模式,0:16 位自动重装,1:16 位定时/计数,
                                      //2:8 位自动重装,3:16 位自动重装,不可屏蔽中断
        if(TIMx -> TIM_ClkSource == TIM_CLOCK_1T)    AUXR | =  0x80;  //1T
        if(TIMx -> TIM_ClkSource == TIM_CLOCK_Ext)  TMOD | =  0x04;  //对外计数或分频
        if(TIMx -> TIM_ClkOut == ENABLE)  INT_CLKO | =  0x01;          //输出时钟

        TH0 = (u8)(TIMx -> TIM_Value >> 8);
        TL0 = (u8)TIMx -> TIM_Value;
        if(TIMx -> TIM_Run == ENABLE)  TR0 = 1;                        //开始运行
        return 0;                                                      //成功
    }

    if(TIM == Timer2)          //定时器 2,固定为 16 位自动重装,中断无优先级
    {
        if(TIMx -> TIM_ClkSource > TIM_CLOCK_Ext)  return 2;
        AUXR & = ～0x1c;              //停止计数,定时模式, 12T 模式
        IE2  & = ～(1 << 2);          //禁止中断
        INT_CLKO & = ～0x04;          //不输出时钟
        if(TIMx -> TIM_Interrupt == ENABLE)       IE2  | =  (1 << 2);  //允许中断
        if(TIMx -> TIM_ClkSource == TIM_CLOCK_1T)     AUXR | =  (1 << 2); //1T
        if(TIMx -> TIM_ClkSource == TIM_CLOCK_Ext)AUXR | =  (1 << 3); //对外计数或分频
        if(TIMx -> TIM_ClkOut == ENABLE)  INT_CLKO | =  0x04;          //输出时钟

        TH2 = (u8)(TIMx -> TIM_Value >> 8);
        TL2 = (u8)TIMx -> TIM_Value;
        if(TIMx -> TIM_Run == ENABLE)  AUXR | =  (1 << 4);             //开始运行
        return 0;                                                      //成功
    }
    return 2;                                                          //错误
}
```

（3）定时器头文件（stc15_timer. h）源码如下。这部分的主要功能前面有介绍，读者可自行理解。唯独需要注意的是开关 I/O 口的位定义语句"sbit OnOff_IO = P3 ^3;"。

```
# ifndef __STC15_TIMER_H__
# define __STC15_TIMER_H__

# include "STC15_CLKVARTYPE.H"

# define  Timer0                0
# define  Timer1                1
# define  Timer2                2
# define  Timer3                3
# define  Timer4                4
```

```c
#define   TIM_16BitAutoReload           0
#define   TIM_16Bit                     1
#define   TIM_8BitAutoReload            2
#define   TIM_16BitAutoReloadNoMask     3

#define   TIM_CLOCK_1T                  0
#define   TIM_CLOCK_12T                 1
#define   TIM_CLOCK_Ext                 2

typedef struct
{
    u8   TIM_Mode;              //工作模式,可设置为
    //TIM_16BitAutoReload,TIM_16Bit,TIM_8BitAutoReload,TIM_16BitAutoReloadNoMask
    u8   TIM_Polity;           //优先级设置,可设置为 PolityHigh,PolityLow
    u8   TIM_Interrupt;        //中断允许,可设置为 ENABLE,DISABLE
    u8   TIM_ClkSource;        //时钟源,可设置为 TIM_CLOCK_1T,TIM_CLOCK_12T,TIM_CLOCK_Ext
    u8   TIM_ClkOut;           //可编程时钟输出,可设置为 ENABLE,DISABLE
    u16  TIM_Value;            //装载初值
    u8   TIM_Run;              //是否运行,可设置为 ENABLE,DISABLE
} TIM_InitTypeDef;

extern u8 Timer_Inilize(u8 TIM, TIM_InitTypeDef * TIMx);

sbit OnOff_IO = P3^3;

#endif
```

（4）中断函数的底层驱动源码(stc15_exti.c)。这部分概括地讲就是外部中断的初始化和中断函数的具体实现。需要注意的是,这里只用了外部中断4,因此省略了外部中断0、1、2、3。其源码如下。

```c
#include  "stc15_exti.h"

extern u16 g_uiCnt_Time;                 //变量在 stc15_timer.c 中定义
bit g_bProgmOK = 0;                      //下载检测完成标准位

/ ********************** INT4 中断函数 ********************** /
void Ext_INT4 (void) interrupt INT4_VECTOR
{
    static u8 uIntCnt = 0;               //被中断的次数,一个周期为 2 次
    static u8 uProgmCnt = 0;             //下载软件发送下载码的次数,为稳定,多计数几次

    uIntCnt++;
    if(uIntCnt == 3)
    {
        uIntCnt = 1;
```

```
            if((g_uiCnt_Time > 800) && (g_uiCnt_Time < 2200))
            {
                g_uiCnt_Time = 0;
                if(uProgmCnt++> 10)              //接收到了10个下载码,可以确定是下载信号
                {
                    uProgmCnt = 0;               //清零
                    g_bProgmOK = 1;             //下载确认完成,置位标志位
                    INT_CLKO &= 0xbf;           //关闭外部中断4,防止没重启完
                    //又进去下载冷启动状态
                }
            }
            else                                //不是下载信号,直接清零
            {
                uProgmCnt = 0;
                g_uiCnt_Time = 0;
            }
        }
    }
}


// =====================================================================
//函数: u8  Ext_Inilize(u8 EXT, EXTI_InitTypeDef * INTx)
//描述: 外部中断初始化程序
//参数: INTx: 结构参数,请参考 Exti.h 里的定义
//返回: 成功返回0, 空操作返回1,错误返回2
//版本: V1.0, 2012 - 10 - 22
//注意: 上升、下降沿中断只适用 INT0、1; INT2、3、4 不用设置中断沿,因为是固定的下降沿
// =====================================================================
u8  Ext_Inilize(u8 EXT, EXTI_InitTypeDef * INTx)
{
    if(EXT > EXT_INT4)   return 1;             //空操作

    if(EXT == EXT_INT4)                         //外部中断4, 固定为下降沿低优先级中断
    {
        if(INTx -> EXTI_Interrupt == ENABLE)   INT_CLKO |=   (1 << 6);   //允许中断
        else                     INT_CLKO &= ~(1 << 6);   //禁止中断
        return  0;                             //成功
    }
    return 2;                                   //失败
}
```

(5) 外部中断底层驱动文件(stc15_exti.h),参考第15章,这里略。

特别提醒,这里还包括 stc15_gpio.c 和 stc15_delay.c 以及各自的头文件,这部分代码非常简单,就留读者自行添加,添加完成后,完整的工程如图18-5所示。上面提到,这个程序在结构上,还是比较难懂的,那接下来,给读者进行一些提示,具体的实现过程,读者可参考详细的注释,自行理解。

程序首先执行主函数(main.c),进来之后先是端口、定时器和中断初始化,再接着是一

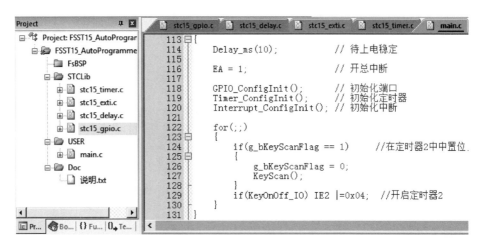

图 18-5　手动和自动模式切换例程的 Keil 5 工程图

个死循环"for(;;)",循环里面主要执行按键的扫描。读者知道,当定时器和外部中断都初始化完成之后,定时器就会开始计数,达到一定值后,产生中断,再装入初始值,再计数,记满再产生中断,这样一直循环。对于外部中断而言,只要外部中断引脚上出现触发沿(低电平触发),就会进入外部中断子函数。这个过程和框架,就是读者需要一直在大脑里浮现的一个模型,只有围绕这个模型,才能进入下面的具体流程分析。

定时器部分,这里用了两个定时器,分别是定时器 0 和定时器 2。定时器 0 只是负责一个变量(g_uiCnt_Time)的计数,计数周期为 $10\mu s$。这个计数的变量,是在外部中断 4 中应用的,就是通过判断外部中断两个下降沿之间的具体时间来确定是下载信号,还是数据。如果是下载信号,则开启后级电源电路,给 IAP15W4K58S4 单片机上电,如果不是,则直接清零,不予理会。

定时器 2 主要实现按键的扫描,扫描过程采用了状态机,状态机相关知识,在前面已经做了详细的讲述,读者可自行查阅。

最后,请读者完成整个程序,并编译下载到 STC15W104E 单片机中。此时,通过 USB 线连接好 PC 机和 FSST15 开发板以后,就可用 STC-ISP 软件为单片机自动下载程序了。具体操作和演示过程,请看随书配套光盘中的视频。

18.5　课后学习

1. 用软件模拟一个 I/O 口的串口发送例程,能实现数据的发送。

2. 用函数的库和模块化编程的方式实现例程 18.1.2,并且能正确收发数据。

3. 在例程 18.4 的基础上,对其 LED 小灯(D4)增加呼吸灯功能,也即单片机开机以后,如果自动功能正常,则能看到 LED 小灯的呼吸灯效果。

4. 编写程序,用检测波特率的方式,实现与实例 18.4 一样的实验结果。

第 19 章

地无遗利，心随你动：

项目开发与多功能收音机

第 4 章讲述模块化编程时，提及了项目开发的流程，这章将详细讲述项目开发的流程以及注意事项。与日常生活中大多数事务一样，项目开发第一步必须明确目标，没有目标，就像一只无头的苍蝇，只能乱撞。

这章要做多功能收音机。该收音机，除了最基本的收听广播电台、切换电台和调节音量的功能以外，还具有万年历功能（能显示时间、日期、星期、温度），以及闹钟功能。闹钟功能的具体实现，就以作业的形式留给读者。

19.1　RDM 项目管理作业流程

一个公司，一般都有一套适合自己的项目开发流程和管理体系，用于规范新项目开发研发流程体系，增加对项目开发全过程的控制，保证产品品质及服务，以满足顾客和有关标准、法令、法规的要求。公司一般会借鉴现有项目开发的较佳实践，或者借鉴其他公司的管理体系，再结合自身现有的实际情况，搭建研发统一流程体系，作为公司今后项目研发活动的参考和指导。

例如世界上流行的青铜器 RDM 管理平台，就是在研发体系结构设计和各种管理理论的基础（集成化产品开发 IPD、能力成熟度模型集成 CMMI、敏捷开发实践 Scrum 等）上，借助信息平台对研发过程中进行的规范化管理，涵盖高层研发决策管理、集成产品管理、集成研发项目管理、研发职能管理、研发流程和质量管理体系，涉及团队建设、流程设计、绩效管理、风险管理、成本管理、需求管理、测试管理、文档管理、规划管理、资源管理、项目管理和知识管理等的一系列协调活动。

19.1.1　项目要求与需求分析

一个公司的项目，一般来自两个方面：一是客户的定制；二是市场的通用。例如笔者曾做过的视频采集卡（将摄像头采集的图像转换为 USB 信号，然后送入 PC 机），就属于客户定制；多功能收音机项目就是通用型的，因为一旦面市，大家都能用。有了这样一个市场需求，接下来就可以开始项目，在开始项目之前，有必要对其功能做一个概括性的分析。

　　既然要做一个多功能收音机,那么最基本的功能必须是能收到广播电台,并且能切换电台和调节音量,除了这些基本的功能之外,为了增加卖点,会附加一些子功能。例如,采用1602液晶屏显示温度和时钟,切换电台、调节音量时显示频点和音量,为了迎合触摸功能的需要,增加触摸按键,负责显示内容的切换,以及配合独立按键调节时间、电台、音量等。具体的功能要求如下。

　　第一次按下触摸按键后,主界面切换到收音机,第一行显示"FM Radio OFF";第二行显示"FP:106.1 Vol:08"。此时 Off 处的光标开始闪烁,可通过按下"↑"独立按键,来打开(On)、关闭(Off)收音机。如果开机,Off 变为 On,此时可通过下面的功能调节电台和音量:如果不开收音机,则"↑"、"↓"、"←"和"→"独立按键都无效;当切换到开机模式以后,按下"↑"独立按键,音量增加,最大值为15;按下"↓"独立按键时,音量减小,最小值为00;当按下"←"独立按键时,向下自动寻台;按下"→"独立按键时,向上自动寻台;第二次触摸按键时,切换到与主界面一样的显示界面,秒所显示处的光标开始闪烁,表示此时可设置秒的时间,按下一次"↑"独立按键,秒时增加1,加到59之后,又从00开始递增;按下"↓"独立按键时,秒时递减,减小到00之后,又从59开始递减;第三次至第八次触摸按键时,可分别调试分钟、小时、星期和日、月、年的数值,道理和秒时的调节类似,只是范围不一样而已,根据实际情况调节便可;第九次触摸按键时,进入显示主界面,调节功能无效。

19.1.2　项目立项与评估

　　在公司里,一般项目的立项和基本的评估是前期一起来做的工作,也即立项评审。立项评审一般的流程大致是:业务发起评审→业务在线评审→助理发起评审→技术在线评审,当这些在线的基本评审完成后,就会进入实质性的评审。

　　市场代表根据市场和客户需求拟制《项目建议书》,务必明确项目的具体要求,填写时,需要找硬件、软件、结构相关技术人员确认,以确保技术的准确性和可行性。再经上级批准以后,便可进入到最为关键的立项会议环节,立项会议与会人员包括项目经理、硬件代表、软件代表、结构代表、工程代表、业务代表、采购代表等,在立项会议上,必须明确立项需求,确保评审意见达成一致并落实到相关负责人。

　　然后编写项目建议书,项目一定要认真分析,确认可行性。立项时,市场需要对价格和销售量进行大体的承诺,研发需要对进度和质量进行承诺。当然项目的偏差也要考虑。另外,项目建议书实际上也是对一种项目的范围定义,关系到整个项目该做什么和不该做什么。市场、客户、研发一定要充分沟通和确认,以免在项目运行中发生变更。

　　最后就是一系列的规划书,需要对项目做个大体的规划,等规划得差不多以后,需要再次评估项目的可发展性,保证项目信息的完善性,并落实项目计划和资源分配。再次评估项目的与会人员有:项目经理、项目管理人员、责任硬件工程师、PCB 工程师、责任软件工程师、责任测试工程师、采购工程师。此项目会议由项目经理和项目管理人员负责召开。等这些流程完成以后,项目便进入到实质性的阶段。

19.1.3　项目分工和总体的结构框架

设计主要包括硬件、软件和结构的设计，由于本书的主题不是结构，因此不赘述，软件设计后面会用大量的篇幅讲述故这里主要讲解硬件的设计。硬件的设计需要经验的积累对于多功能收音机项目，由于笔者已经设计好硬件了，是基于 FSST15 开发板的，因此读者不必花心思设计，但是笔者觉得，还是有必要为读者介绍硬件的设计流程，以便读者能在后续的设计中加以参考和应用。虽然对于不同的公司，可能硬件的设计流程有区别，但是大体的步骤都是类似的。硬件的设计流程大致可分为以下几个步骤。

（1）制定项目硬件设计概要。项目各部分实现方案说明，包含结构设计、电源、需求分配、I/O 规划、元件选型及成本分析，以及 Layout 注意事项等。

（2）制定原理图。硬件工程师依据参考原理图，完成原理图设计。设计周期为三天至五天（依据不同的方案可能周期有所不同）。硬件工程师需提交研发物料申请至项目助理，项目助理再提交"关键物料表"给采购代表，采购代表根据硬件工程师提供的研发关键物料申请单，采购物料，采购周期为 7 天。

（3）审查原理图。硬件工程师将完成的原理图提交至项目经理审查，审查周期为半天。项目经理审查完成后输出"电路原理图检查表"。在原理图定好后即可以导出原始 BOM，再用 BOM 生成工具生成草图 BOM，同时可以提交进行成本核算。

（4）PCB Layout（布局）。原理图完成后，PCB 工程师进行 Layout，周期为三至四天（依据不同的方案可能周期有所不同），硬件工程师在提交 Layout 时需要同时提交 Layout 指导文件，PCB 工程师在画板前需要和硬件工程师充分沟通理解指导中的每项要求。

（5）Layout 评审。硬件工程师将完成的 PCB Layout 提交至项目经理审查，审查周期为半天，然后输出"PCB 检测表"。硬件工程师在提交 Layout 之前还需要同结构工程师对结构部分进行确认，确认端子位置，定位孔位置，装配工艺等。

（6）发板、制板、回板。Layout 完成，由 PCB 工程师发工厂进行制板。有两种打板形式：快板，周期为 48 小时；慢板，周期为五至六天。（打板快慢需结合市场需求、项目计划而定。）

（7）焊板、调试。PCB 板回公司后，由焊接技术员焊板，提交"样板焊接记录表"，焊接周期根据项目进度来定。在手焊板完成后，由硬件部门安排调试，在硬件平台验证的同时，软件部门在此阶段也需要进行初步功能的开发，联合硬件部门一起进行功能和性能调试，适时进行软件测试。

（8）基本测试。由测试代表安排进行基本电气性能的测试，主要结合软件测试，侧重于硬件方面。基本的测试周期为五至七天（复合测试需根据产品具体测试项目的时间而定）。测试完成后输出"基本测试报告"等文件。样机测试及报告，包括认证摸底。需要详细的测试报告。测试问题需要列入硬件更改记录表进行跟踪。同时需要助理对测试的问题进行跟踪处理。

（9）填写硬件更改记录表。其内容包括对已确定的平台规划、产品规划、项目计划、概要设计、原始设计等的更改。这些记录保证项目信息变化的可追溯性,主要用作各部门沟通及以后的样机调试等的参考。

19.2　技术准备与难关突破

在第4章讲述模块编程时,笔者就介绍过,在项目的开发中如遇到一些新技术、知识难点时,获取最直接、最准确、最权威的方法是查阅所用器件的数据手册(也即规格书)。例如所选的单片机芯片为IAP15W4K58S4,就应该到STC的官网获取其数据手册,继而获取自己想要的知识。

再如,时钟芯片PCF8563T、温度传感器芯片LM75A、收音机芯片RDA5807M,操作的方式大都类似。这里以温度传感器LM75A和时钟芯片PCF8563T为例,来介绍如何读芯片的数据手册。等读者掌握了这两种芯片的操作方式以后,RDA5807M的操作与其类似,具体就留给读者自行研究了。

19.3　温度传感器——LM75A

温度测量的方法有很多,例如接触式的、非接触式的;温度传感器式的、热电偶和热敏电阻式的;数字式的、模拟式的。这里以NXP公司的LM75A为例,讲解温度测量原理、过程和温度的处理、应用。

要学习的LM75A温度传感器,在数据手册的开始就有对芯片的概述,如图19-1所示,这样就可以对芯片有个大致的了解,看能否满足设计的需求,如果性能满足要求,还得从价格、采购容易度等方面考虑,最后才能确定是否选用该芯片。原版的数据手册一般是英文版的,掌握英文是学习电子的基本功,没有好的英文基础,那学起来就比较困难。当然有好多器件的数据手册,已经被翻译成了中文,这虽然方便了我们的学习,降低了难度,但是在翻译的过程中,难免会出差错,所以英文原版才是最权威、最正确的资料。这就是笔者这里要提供英文原版图的原因,希望读者从一开始就练习读英文原版数据手册的基本功。下面将详细介绍LM75A的基本操作及如何阅读数据手册。

LM75A是一款内置带隙温度传感器和Σ-Δ模数转换功能的温度数字转换器,它也是温度检测器,可提供过热输出功能,总体功能框架如图19-2所示。LM75A包含多个数据寄存器:配置寄存器(Conf)用来存储器件的某些设置,如器件的工作模式、OS工作模式、OS极性和OS错误队列等;温度寄存器(Temp)用来存储读取的数字温度;过热关断阈值寄存器和设定点寄存器(Tos&Thyst)用来存储可编程的过热关断和滞后限制,器件通过两线的串行I2C总线接口与控制器通信。LM75A还包含一个开漏输出(OS)引脚,当温度超过编程限制的值时该引脚输出有效电平。LM75A有3个可选的逻辑地址引脚,使得同一总线上可同时连接8个器件而不发生地址冲突。

LM75A可配置成不同的工作模式,可设置成在正常工作模式下周期性地对环境温度

1.　General description

The LM75A is a temperature-to-digital converter using an on-chip band gap temperature sensor and Sigma-delta A-to-D conversion technique. The device is also a thermal detector providing an overtemperature detection output. The LM75A contains a number of data registers: Configuration register (Conf) to store the device settings such as device operation mode, OS operation mode, OS polarity and OS fault queue as described in Section 7 "Functional description"; temperature register (Temp) to store the digital temp reading, and set-point registers (Tos and Thyst) to store programmable overtemperature shutdown and hysteresis limits, that can be communicated by a controller via the 2-wire serial I²C-bus interface. The device also includes an open-drain output (OS) which becomes active when the temperature exceeds the programmed limits. There are three selectable logic address pins so that eight devices can be connected on the same bus without address conflict.

The LM75A can be configured for different operation conditions. It can be set in normal mode to periodically monitor the ambient temperature, or in shutdown mode to minimize power consumption. The OS output operates in either of two selectable modes: OS comparator mode or OS interrupt mode. Its active state can be selected as either HIGH or LOW. The fault queue that defines the number of consecutive faults in order to activate the OS output is programmable as well as the set-point limits.

The temperature register always stores an 11-bit 2's complement data giving a temperature resolution of 0.125 °C. This high temperature resolution is particularly useful in applications of measuring precisely the thermal drift or runaway.

The device is powered-up in normal operation mode with the OS in comparator mode, temperature threshold of 80 °C and hysteresis of 75 °C, so that it can be used as a stand-alone thermostat with those pre-defined temperature set points.

图 19-1　原版数据手册中对 LM75A 的概述

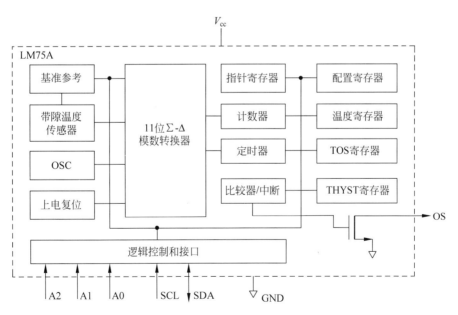

图 19-2　LM75A 功能框图

进行监控, 或进入关断模式将器件功耗降至最低。OS 输出有两种可选的工作模式: OS 比较器模式和 OS 中断模式。OS 输出可选择高电平或低电平有效。错误队列和设定点限制可编程,可以激活 OS 输出。

温度寄存器通常存放着一个 11 位的二进制数的补码,用来实现 0.125℃ 的精度,在需要精确地测量温度偏移或超出限制范围的应用中非常有用。当 LM75A 在转换过程中不产生中断(I2C 总线部分与 Σ-Δ 转换部分完全独立)或 LM75A 不断被访问时,器件将一直更新温度寄存器中的数据。

在正常工作模式下,当器件上电时,OS 工作在比较器模式,温度阈值为 80℃,滞后 75℃,这时,LM75A 就可用作独立的温度控制器,预定义温度设定点。其具有如下一些特性。

(1) 器件可以完全取代工业标准的 LM75,并提供了良好的温度精度(0.125℃)。

(2) 电源电压范围:2.8~5.5V,具有 I2C 总线接口。

(3) 环境温度范围:Tamb=−55~125℃,提供 0.125℃ 的精度的 11 位 ADC。

(4) 为了降低功耗,关断模式下消耗的电流仅为 3.5μA。

LM75A 可设置成工作在两种模式:正常工作模式或关断模式。在正常工作模式中,每隔 100ms 执行一次"温度-数字"的转换,温度寄存器的内容在每次转换后更新。在关断模式中,器件变成空闲状态,数据转换禁止,温度寄存器保存着最后一次更新的结果,但是,在该模式下,器件的 I2C 接口仍然有效,寄存器的读/写操作继续执行。器件的工作模式通过配置寄存器的可编程位 B0 来设定。当器件上电或从关断模式进入正常工作模式时启动温度转换。

另外,为了设置器件 OS 输出的状态,在正常工作模式下的每次转换结束时,Temp 中的温度数据(或 Temp)会自动与 Tos 中的过热关断阈值数据(或 Tos)以及 Thyst 中存放的滞后数据(或 Thyst)相比较。Tos 和 Thyst 都是可读/写的寄存器,两者都是针对一个 9 位的二进制数进行操作。为了与 9 位的数据操作相匹配,Temp 只使用 11 位数据中的高 9 位进行比较。

OS 输出和比较操作的对应关系取决于配置位 B1 选择的 OS 工作模式和配置位 B3 和 B4 用户定义的故障队列。

在 OS 比较器模式中,OS 输出的操作类似一个温度控制器。当 Temp 超过 Tos 时,OS 输出有效;当 Temp 降至低于 Thyst 时,OS 输出复位。读器件的寄存器或使器件进入关断模式都不会改变 OS 输出的状态。这时,OS 输出可用来控制冷却风扇或温控开关。

在 OS 中断模式中,OS 输出用来产生温度中断。当器件上电时,OS 输出在 Temp 超过 Tos 时首次激活,然后无限期地保持有效状态,直至通过读取器件的寄存器来复位。一旦 OS 输出已经在经过 Tos 时被激活然后又被复位,它就只能在 Temp 降至低于 Thyst 时才能再次激活,然后,它就无限期地保持有效,直至通过一个寄存器的读操作被复位。OS 中断操作以这样的序列不断执行:Tos 跳变、复位、Thyst 跳变、复位、Tos 跳变、复位、Thyst 跳变、复位……器件进入关断模式也可复位 OS 输出。

在 OS 比较器模式和中断模式两种情况下,只有碰到器件故障队列定义的一系列连续故障时,OS 输出才能被激活。故障队列可编程,存放在配置寄存器的 2 个位(B3 和 B4)中。而且,通过设置配置寄存器位 B2,OS 输出还可选择是高电平还是低电平有效。

上电时,器件进入正常工作模式,Tos 设为 80℃,Thyst 设为 75℃,OS 有效状态选择为低电平,故障队列等于 1。从 Temp 读出的数据不可用,直至第一次转换结束。

19.3.1　LM75A 的寄存器列表

除了指针寄存器外，LM75A 还包含 4 个数据寄存器，见表 19-1。表中给出了寄存器的指针值、读/写能力和上电时的默认值。

表 19-1　寄存器列表

寄存器名称	指针值	R/W	POR 状态	描　　述
Conf	01h	R/W	00h	配置寄存器 包含 1 个 8 位的数据字节，用来设置器件的工作条件，默认值＝0
Temp	00h	只读	N/A	温度寄存器 包含 2 个 8 位的数据字节，用来保存测得的 Temp 数据
Tos	03h	R/W	50 00h	过热关断阈值寄存器 包含 2 个 8 位的数据字节，用来保存过热关断 Tos 限制值，默认值＝80℃
Thyst	02h	R/W	4B 00h	滞后寄存器（设定点寄存器） 包含 2 个 8 位的数据字节，用来保存滞后的 Thyst 限制值，默认值＝75℃

1. 指针寄存器

指针寄存器有一个字节（8 位的数据），低 2 位是其他 4 个数据寄存器的指针值，高 6 位等于 0，见指针寄存器（表 19-2）和指针值（表 19-3）。指针寄存器对于用户来说是不可访问的，但通过将指针数字节包含到总线命令中可选择进行读/写操作的数据寄存器。

表 19-2　指针寄存器

位	B7	B6	B5	B4	B3	B2	B[1:0]
值	0	0	0	0	0	0	指针值

表 19-3　指针值

B1	B0	选择的寄存器
0	0	温度寄存器（Temp）
0	1	配置寄存器（Conf）
1	0	滞后寄存器（Thyst）
1	1	过热关断寄存器（Tos）

由于当包含指针字节的总线命令执行时指针值被锁存到指针寄存器中，因此读 LM75A 操作的语句中可能包含，也可能不包含指针字节。如果要再次读取一个刚被读取且指针已经预置好的寄存器，指针值必须重新包含。要读取一个不同寄存器的内容，指针字节也必须包含。但是，写 LM75A 操作的语句中必须一直包含指针字节。

上电时，指针值等于 0，选择温度寄存器。这时，用户无须指定指针字节就可以读取 Temp 数据。

2. 配置寄存器(Conf)

配置寄存器是一个读/写寄存器,包含一个 8 位的非补码数据字节,用来配置器件不同的工作条件。配置寄存器(见表 19-4)给出了寄存器的位分配。

表 19-4 配置寄存器

位	名　称	R/W	POR	描　述
B7~B5	保留	R/W	00	保留给制造商使用
B4~B3	OS 故障队列	R/W	00	用来编程 OS 故障队列 可编程的队列数据=0,1,2,3,分别对应于队列值=1,2,4,6,默认值=0
B2	OS 极性	R/W	0	用来选择 OS 极性 OS=1,表示高电平有效,OS=0,表示低电平有效(默认)
B1	OS 比较器/中断模式	R/W	0	用来选择 OS 工作模式 OS=1,表示为中断模式,OS=0,表示为比较器模式(默认)
B0	关断	R/W	0	用来选择器件工作模式 为 1 表示关断模式,为 0 表示正常工作模式(默认)

3. 温度寄存器(Temp)

Temp 存放着每次 A/D 转换测得的或监控到的数字结果。它是一个只读寄存器,包含 2 个 8 位的数据字节,由一个高位字节(MS)和一个低位字节(LS)组成。但是,这两个字节中只有 11 位用来存放分辨率为 0.125℃ 的 Temp 数据(以二进制补码数据的形式)。温度寄存器表(表 19-5)给出了数据字节中 Temp 数据的位分配。

表 19-5 温度寄存器

MSB 字节								LSB 字节							
MS							LS	MS							LS
B7	B6	B5	B4	B3	B2	B1	B0	B7	B6	B5	B4	B3	B2	B1	B0
Temp 数据(11 位)											未使用				
MS										LS					
D10	D9	D8	D7	D6	D5	D4	D3	D2	D1	D0	×	×	×	×	×

注意: 当读 Temp 时,所有的 16 位数据都提供给总线,而控制器会收集全部的数据来结束总线的操作,但是,只有高 11 位被使用,LS 字节的低 5 位为 0 应当被忽略。根据 11 位的 Temp 数据来计算 Temp 值的方法如下。

(1) 如果 Temp 数据的 MSB 位 D10=0,则温度是一个正数温度值(℃)=+(Temp 数据)×0.125℃。

(2) 如果 Temp 数据的 MSB 位 D10=1,则温度是一个负数温度值(℃)=-(Temp 数据的二进制补码)×0.125℃。

Temp 表（见表 19-6）给出了一些 Temp 数据和温度值的例子。

表 19-6　Temp 表

Temp 数据			温　度　值
11 位二进制数（补码）	3 位十六进制	十进制值	
0111 1111 000	3F8h	1016	+127.000℃
0111 1110 111	3F7h	1015	+126.875℃
0111 1110 001	3F1h	1009	+126.125℃
0111 1101 000	3E8h	1000	+125.000℃
0001 1001 000	0C8h	200	+25.000℃
0000 0000 001	001h	1	+0.125℃
0000 0000 000	000h	0	0.000℃
1111 1111 111	7FFh	−1	−0.125℃
1110 0111 000	738h	−200	−25.000℃
1100 1001 001	649h	−439	−54.875℃
1100 1001 000	648h	−440	−55.000℃

显然，对于代替工业标准的 LM75A 使用 9 位的 Temp 数据的应用，只需要使用 2 个字节中的高 9 位，低字节的低 7 位丢弃不用。与下面要描述的 Tos 和 Thyst 类似。

4. 滞后寄存器（Thyst）

滞后寄存器是读/写寄存器，也称为设定点寄存器，提供了温度控制范围的下限温度。每次转换结束后，Temp 数据（取其高 9 位）将会与存放在该寄存器中的数据相比较，当环境温度低于此温度的时候，LM75A 将根据当前模式（比较器模式、中断模式）控制 OS 引脚作出相应反应。

该寄存器包含 2 个 8 位的数据字节，但 2 个字节中，只有 9 位用来存储设定点数据（分辨率为 0.5℃ 的二进制补码），其数据格式如表 19-7 所示，默认为 75℃。

表 19-7　滞后寄存器数据格式

D15	D14～D8							D7	D6～D0
T8	T7	T6	T5	T4	T3	T2	T1	T0	未定义

5. 过热关断阈值寄存器（Tos）

过热关断寄存器提供了温度控制范围的上限温度。每次转换结束后，Temp 数据（取其高 9 位）将会与存放在该寄存器中的数据相比较，当环境温度高于此温度的时候，LM75A 将根据当前模式（比较器模式、中断模式）控制 OS 引脚作出相应反应。其数据格式表 19-7 所示，默认为 80℃。

关于滞后寄存器、过热关断阈值寄存器两个寄存器，其实就是一个提供上线、一个提供下线,当需要配置的寄存器设置好之后,若在范围之内则可以,否则不行,且 OS 引脚有相应的反应。

OS 输出是一个开漏输出,其状态是器件监控器工作得到的结果(请参考 19.3 节中的描述)。为了观察到这个输出的状态,需要一个外部上拉电阻。电阻的阻值应当足够大(高达200kΩ),目的是为了减少温度读取误差,该误差是由高 OS 吸入电流产生的内部热量造成的。

通过编程配置寄存器的位 B2,OS 输出有效状态可选择高电平或低电平有效:B2 为 1时,OS 高电平有效;B2 为 0 时,OS 低电平有效。上电时,B2 位为 0,OS 低电平有效。

19.3.2 LM75A 的 I2C 硬件接口电路

在控制器或主控器的控制下,利用两个端口 SCL 和 SDA,LM75A 可以作为从器件连接到兼容 2 线串行接口的 I2C 总线上。控制器必须提供 SCL 时钟信号,并通过 SDA 端读出器件的数据或将数据写入到器件中。LM75A 的硬件设计就是将器件 LM75A 与单片机进行连接,具体如何连接,读者可以参考 LM75A 的数据手册,也可以参考笔者的设计。FSST15 开发板上 LM75A 的原理图如图 19-3 所示。

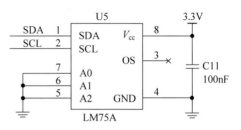

图 19-3 LM75A 温度传感器的硬件原理图

现对 LM75A 引脚做简要说明。引脚 1、2 分别为数据、时钟总线,都需要接上拉电阻(10kΩ),因为上拉电阻和 E²PROM 共用(前面有所介绍),因此这里不赘述;引脚 3 为 OS 端,需要接上拉电阻,这里直接悬空;由于引脚 5、6、7为从器件地址选择端,都接地,则 A2、A1、A0 就为 000。

LM75A 在 I2C 总线的从地址的一部分由应用到器件地址引脚 A2、A1 和 A0 的逻辑来定义。这 3 个地址引脚连接到 GND(逻辑 0)或 V_{cc}(逻辑 1)。它们代表了器件 7 位地址中的低 3 位。地址的高 4 位由 LM75A 内部的硬连线预先设置为 1001。表 19-8 给出了器件的完整地址,从表中可以看出,同一总线上可连接 8 个器件而不会产生地址冲突。由于输入A2~A0 内部无偏置,因此在任何应用中它们都不能悬空(这一点很重要)。

表 19-8 LM75A 从地址表

MSB						LSB
1	0	0	1	A2	A1	A0

注:1—高电平 0—低电平。

19.3.3 LM75A 的通信协议与时序特性

主机和 LM75A 之间的通信必须严格遵循 I2C 总线管理定义的规则。LM75A 寄存器读/写操作的协议通过下列描述来说明。

（1）通信开始之前，I2C 总线必须空闲或者不忙。这就意味着总线上的所有器件都必须释放 SCL 和 SDA 线，并且 SCL 和 SDA 线被总线的上拉电阻拉高。

（2）由主机来提供通信所需的 SCL 时钟脉冲。在连续的 9 个 SCL 时钟脉冲作用下，数据（8 位的数据字节以及紧跟其后的 1 个应答状态位）被传输。

（3）在数据传输过程中，除起始和停止信号外，SDA 信号必须保持稳定，而 SCL 信号必须为高。这就表明 SDA 信号只能在 SCL 为低时改变。

（4）S：起始信号，主机启动一次通信的信号，SCL 为高电平，SDA 从高电平变成低电平。

（5）RS：重复起始信号，与起始信号相同，用来启动一个写命令后的读命令。

（6）P：停止信号，主机停止一次通信的信号，SCL 为高电平，SDA 从低电平变成高电平，然后总线变成空闲状态。

（7）W：写位，在写命令中写/读位＝0。

（8）R：读位，在读命令中写/读位＝1。

（9）A：器件应答位，由 LM75A 返回。当器件正确工作时该位为 0，否则为 1。为了使器件获得 SDA 的控制权，这段时间内主机必须释放 SDA 线。

（10）A：主机应答位，不是由器件返回，而是在读两个字节的数据时由主控器或主机设置的。在这个时钟周期内，为了告知器件的第一个字节已经读完并要求器件将第二个字节放到总线上，主机必须将 SDA 线设为低电平。

（11）NA：非应答位。在这个时钟周期内，数据传输结束时器件和主机都必须释放 SDA 线，然后由主机产生停止信号。

（12）在写操作协议中，数据从主机发送到器件，由主机控制 SDA 线，但在器件将应答信号发送到总线的时钟周期内除外。

（13）在读操作协议中，数据由器件发送到总线上，在器件正在将数据发送到总线和控制 SDA 线的这段时间内，主机必须释放 SDA 线，但在主器件将应答信号发送到总线的时间周期内除外。

限于篇幅，笔者删除了一些读（写）配置寄存器、读（写）预置指针等的时序图，这里只保留了读取温度的时序图（如图 19-4 所示）。若读者想更深入地研究 LM75A，可参考相关数据手册。

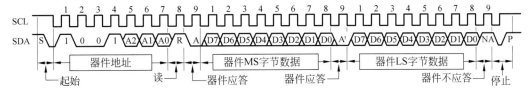

图 19-4　读预置指针的 Temp、Tos 或 Thyst（两个字节）

19.3.4 LM75A 的应用实例与软件分析

说到软件分析,因为软件是基于 I2C 协议的,I2C 协议的知识,第 12 章有很详细的介绍,若读者觉得陌生,可先复习。本节主要介绍温度的处理,这里以温度转换函数为例,简述其转换的原理。具体代码如下。

```
1.   /* ****************************************************** */
2.   /* 函数名称:LM75A_TempConv()
3.   /* 函数功能:温度转换
4.   /* 入口参数:无
5.   /* 出口参数:无
6.   /* ****************************************************** */
7.   void LM75A_TempConv(void)
8.   {
9.       u8 TempML[2] = {0};                //临时数值,用于存放 Temp 的高、低位字节
10.      U16 uiTemp;                        //用于存放 Temp 的 11 位字节数据
11.      LM75A_ReadReg(0x00,TempML,2);      //读出温度,并存于数组 TempML 中
12.      uiTemp = (uInt16)TempML[0];        //将高字节存入变量 uiTemp 中
13.      uiTemp = (uiTemp << 8 | TempML[1]) >> 5;
14.      //接着并入后 3 位,最后右移 5 位就是 11 位补码数(8 + 3 共 11 位)
15.      /* ***** 首先判断温度是 0℃ 以上还是 0℃ 以下 ***** */
16.      if(!(TempML[0] & 0x80))            //最高位为 0 则为 0℃ 以上
17.      {
18.          p_bHOL_Flag = 0;
19.          p_fLM75ATemp = uiTemp * 0.125;
20.      }
21.      else                              //这时为 0℃ 以下(p_fLM75ATemp)
22.      {
23.          p_bHOL_Flag = 1;
24.          p_fLM75ATemp = (0x800 - uiTemp) * 0.125;
25.          //由于计算机中负数是以补码形式存在的,所以有这样的算法
26.      }
27.  }
```

代码第 9 行定义了一个数组,包含两个元素,TempML[0]、TempML[1]分别用来存放表 19-5 中 Temp 的高、低位字节。这样做的好处是函数 LM75A_ReadReg()中读出的变量值是以指针形式存在的,所以调用函数时直接给数组的首地址,且函数是连续读取数值的,这样毫无间断地读取并存储,一举两得;第 11 行调用函数,读取 LM75A 的实时温度值;第 13 行语句的目的是将温度的高位字节(8 位)和低位字节(有用的是 3 位)合并,合并之后右移 5 位,从而得到表 19-7 所示的二进制补码,有了这些补码,计算温度还难吗?第 16 行用于判断此时温度为“正”还是为“负”(确切地说应该是 0℃ 以上还是 0℃ 以下!),若为“正”,那

就直接计算(乘以 0.125)，相反，计算中的负数是以补码的形式存在的。例如，温度为 −1，则存储形式为 0b1111 1111 111，因此，这里用 0x800(1000 0000 0000)一减，刚好就是 1，这里只需知道此时的 1 是负数就可以了，笔者这里没有把负号代入运算，取而代之的是"正"、"负"标志位(p_bH0L_Flag)。

19.4　实时时钟——PCF8563T

时钟的制作方法，有很多种。例如可以直接用单片机定时器来做，也可以用时钟芯片来制作，时钟芯片又有很多，例如 DS1302、DS1307、DS12C887、PCF8485、SB2068、PCF8563T 等。笔者以 NXP 公司的 PCF8563T 为例，讲解实时时钟的工作原理、过程和对时间的处理、应用等。

19.4.1　PCF8563T 的功能特点

PCF8563T 是 Philips 公司推出的一款工业级内含 I2C 总线接口功能的具有极低功耗的 CMOS 多功能时钟/日历芯片。PCF8563T 具有多种报警、定时器、时钟输出以及中断输出等功能，能完成各种复杂的定时服务，甚至可为单片机提供看门狗功能。内部时钟电路、内部振荡电路、内部低电压检测电路(1.0V)以及两线制 I2C 总线通信方式，不但使外围电路极其简洁，而且也增加了芯片的可靠性，同时每次读写数据后，内嵌的字地址寄存器会自动产生增量。因而，PCF8563T 是一款性价比极高的时钟芯片，已被广泛用于电表、水表、气表、电话、传真机、便携式仪器以及电池供电的仪器仪表等产品领域。

PCF8563T 能有广泛的应用，与其具备的一些特性有着密不可分的联系。其具有大工作电压范围(1.0~5.5V)和低工作电流，典型值为 0.25μA；具有 400kHz 的 I2C 总线接口，同一总线上可连接多达 8 个器件；可编程时钟输出的频率为 32.768kHz、1024Hz、32Hz、1Hz，该特点在做一些可调的控制系中，非常有效；具有报警和定时器掉电检测器；具有开漏中断引脚，可应用到与逻辑电平兼容、但电压不同的系统中。其总体功能框图如图 19-5 所示。

PCF8563T 有 16 个 8 位寄存器：一个可自动增量的地址寄存器，一个内置 32.768kHz 的振荡器(带有一个内部集成的电容)，一个分频器(用于给实时时钟 RTC 提供源时钟)，一个可编程时钟输出，一个定时器，一个报警器，一个掉电检测器和一个 400kHz 的 I2C 总线接口。

所有 16 个寄存器设计成可寻址的 8 位并行寄存器，但不是所有位都有用。前两个寄存器(内存地址 00H、01H)用于控制寄存器和状态寄存器，内存地址 02H~08H 用于计数器(秒~年计数器)，地址 09H~0CH 用于报警寄存器(定义报警条件)，地址 0DH 控制 CLKOUT 引脚的输出频率，地址 0EH 和 0FH 分别用于定时器控制寄存器和定时器寄存

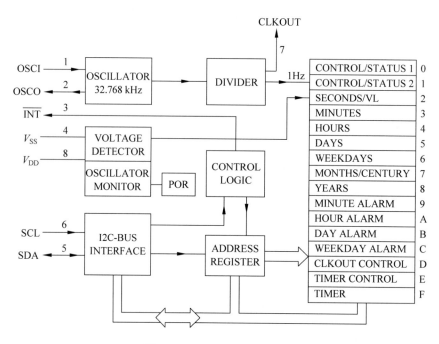

图 19-5　PCF8563T 功能框图

器。秒、分钟、小时、日、月/世纪、年、分钟报警、小时报警、日报警寄存器,编码格式为 BCD 码,星期报警寄存器不以 BCD 格式编码。

当一个 RTC 寄存器被读时,所有计数器的内容被锁存,因此,在传送条件下,可以禁止对时钟/日历芯片的错读。

一个或多个报警寄存器 MSB(AE＝Alarm Enable 报警使能位)清 0 时,相应的报警条件有效,这样,一个报警将在每分钟至每星期范围内产生一次。设置报警标志位 AF(控制/状态寄存器 2 的位 3)用于产生中断,AF 只可以用软件清除。

8 位的倒计数器(地址 0FH)由定时器控制寄存器(地址 0EH)控制,定时器控制寄存器用于设定定时器的频率(4096、64、1 或 1/60Hz),以及设定定时器有效或无效。定时器从软件设置的 8 位二进制数倒计数,每次倒计数结束,定时器设置标志位 TF,定时器标志位 TF 只可以用软件清除,TF 用于产生一个中断(/INT),每个倒计数周期产生一个脉冲作为中断信号。TI/TP 控制中断产生的条件。当读定时器时,返回当前倒计数的数值。

引脚 CLKOUT 可以输出可编程的方波。CLKOUT 频率寄存器(地址 0DH)决定方波的频率,CLKOUT 可以输出 32.768kHz(默认值)、1024Hz、32Hz、1Hz 的方波。CLKOUT 为开漏输出引脚,上电时有效,无效时为高阻抗。

19.4.2 PCF8563T 的内部寄存器

1. BCD 格式寄存器概况（见表 19-9）

表 19-9 BCD 格式寄存器

地　址	寄存器名称	B7	B6	B5	B4	B3	B2	B1	B0
02H 秒	秒	VL	00～59BCD 码格式数						
03H 分	分钟		00～59BCD 码格式数						
04H 小	小时			59BCD 码格式数					
05H 日	日			31BCD 码格式数					
06H 星	星期						0～6		
07H 月	月/世纪	C		01～12BCD 码格式数					
08H 年	年	00～99BCD 码格式数							
09H 分	分钟报警	AE	00～59BCD 码格式数						
0AH 小	小时报警	AE		00～23BCD 码格式数					
0BH 日	日报警	AE		01～31BCD 码格式数					
0CH 星	星期报警	AE					0～6		

2. 秒/VL 寄存器位描述（见表 19-10）

表 19-10 秒/VL 寄存器位描述（地址 02H）

位（Bit）	符　号	描　述
7	VL	VL＝0,保证准确的时钟/日历数据；VL＝1,不保证准确的时钟/日历数据
6～0	＜秒＞	BCD 格式的当前秒数值（00～59），例如：＜秒＞＝1011001,代表 59 秒

3. 分钟寄存器位描述（见表 19-11）

表 19-11 分钟寄存器位描述（地址 03H）

位（Bit）	符　号	描　述
7		无效
6～0	＜分钟＞	代表 BCD 格式的当前分钟数值,值为 00～59

4. 小时寄存器位描述（见表 19-12）

表 19-12 小时寄存器位描述（地址 04H）

位（Bit）	符　号	描　述
7～6		无效
5～0	＜小时＞	代表 BCD 格式的当前小时数值,值为 00～23

5. 日寄存器位描述(见表 19-13)

表 19-13　日寄存器位描述(地址 05H)

位(Bit)	符　号	描　述
7～6		无效
5～0	＜日＞	代表 BCD 格式的当前日数值,值为 01～31。当年计数器的值是闰年时,PCF8563T 自动给二月增加一个值,使其成为 29 天

6. 星期寄存器位描述(见表 19-14)

表 19-14　星期寄存器位描述(地址 06H)

位(Bit)	符　号	描　述
7～3		无效
2～0	＜星期＞	代表当前星期数值 0～6,格式为:000～110,所对应的星期数为:星期天～星期六,这些位也可由用户重新分配

7. 月/世纪寄存器位描述(见表 19-15)

表 19-15　月/世纪寄存器位描述(地址 07H)

位(Bit)	符　号	描　述
7	C	世纪位,C＝0 指定世纪数为 20xx,C＝1 指定世纪数为 19xx,xx 为年寄存器中的值。当年寄存器中的值由 99 变为 00 时,世纪位会改变
6～5		无效
4～0	＜月＞	代表 BCD 格式的当前月份,值为 01～12 (00001～10010)

8. 年寄存器位描述(见表 19-16)

表 19-16　年寄存器位描述(地址 08H)

位(Bit)	符　号	描　述
7～0	＜年＞	代表 BCD 格式的当前年数值,值为 00～99

限于篇幅,其他的寄存器(报警寄存器、倒计数定时器寄存器、CLKOUT 频率寄存器等)就不一一列举,读者可以自行查阅数据手册(光盘中也有介绍)。

19.4.3　PCF8563F 的 IC 硬件接口电路

这里的硬件设计应该就是器件 PCF8563T 与单片机的硬件接口电路了,具体如何设计,可以参考 PCF8563T 的数据手册,也可参考笔者的设计。FSST15 开发板上的 PCF8563T 原理图如图 19-6 所示。

现对 PCF8563T 引脚做简要说明。引脚 1、2 为晶振的输入、输出引脚,其中引脚 1 还接了一个负载电容,功能前面有所介绍;引脚 3 为中断引脚(开漏,低电平有效),引脚 7 为

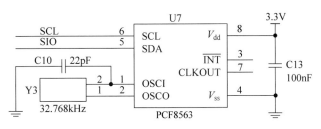

图 19-6 PCF8563T 的原理图

CLKOUT 引脚；引脚 5、6 分别为数据、时钟总线，都需要接上拉电阻（10kΩ），由于和 AT24C02 共用了部分总线，详见第 12 章，这里不赘述，同时 SCL、SIO 分别接了单片机的引脚 P2.0 和 P2.3；引脚 8、4 分别为电源的正、负极。

19.4.4 PCF8563F 的通信协议与时序特性

单片机与 PCF8563T 之间的通信严格遵循 I2C 协议，因此若读者前面章节掌握了，这里是很容易理解的。官方数据手册上也给出了通信协议图，读者可自行查阅 PCF8563T 的数据手册。具体的软件代码的编写，后面实例中会做讲述。

19.5 程序总体框架和功能划分

前面，已完成了项目的立项、评估和总体功能的分析，同时还介绍了硬件开发的流程，以及补充了不足的知识，有了这些做基础，接下来要做的就是软件程序的实现，只有软件、硬件完美结合，才能实现系统的完美呈现。

一个项目，首先得有总体的框架图，然后围绕这个总体的框架图划分成各个子功能模块，再具体实现各个子功能，子功能全部实现后再进行综合调试，调试通过，还可能需要做老化、抗震等测试。由前面的功能可知，该项目主要有液晶（LCD）、按键、传感器等模块，因此，可画出框架图，如图 19-7 所示。

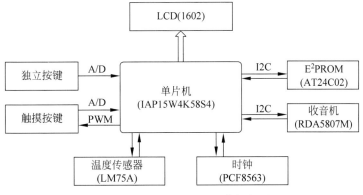

图 19-7 多功能收音机总体框架图

有了硬件平台,接下来就是编写程序,实现具体的功能。在实现编程之前,需了解一个很重要步骤:首先对整个程序得有一个规划,也即要绘制总体的流程图,按流程图,先搭建主模块,再一个功能一个功能地添加子模块,并分步调试通过,绝对不是将所有的底层驱动堆积到一起,像无头苍蝇一样,很混乱、很烦躁地找问题所在。多功能收音机的总体流程图如图19-8所示。

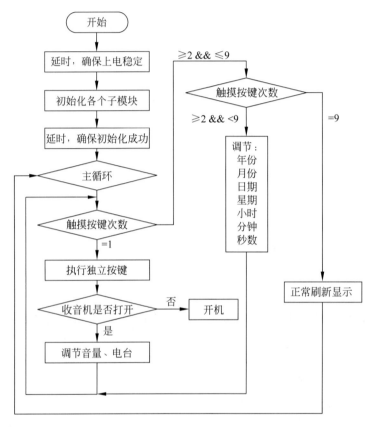

图 19-8　多功能收音机总体流程图

19.6　各个子功能和总体程序的编写

下面按照图19-8所示的总流程图开始搭建程序框架,搭建好之后,在开始子模块编程之前,读者还应该画子流程图,只有这样,一步一步地走稳,才能编写出好的程序。分析可知,主要的驱动包括:1602液晶、基于A/D采样的独立按键、基于PWM和A/D采样的触摸按键、用于刷新管理程序的定时器、基于I2C总线的有 E^2PROM、收音机、温度传感器、时钟。

以上这些模块,除了收音机(RDA5807M)模块,其他的前面全部已经讲述过,限于篇幅,总程序先由读者自行完成,这里笔者只给出调试板的收音机(RDA5807M)底层驱动代码,笔者希望读者先自己用心编写。该例程的收音机(RDA5807M)的底层源码驱动如下。
注意:总程序读者可详见随书附带的光盘,以下程序中用到了 stc15_iic.c 和 stc15_iic.h 驱动,这两部分的源码,前面章节已经用过不止一次,读者可自行参考。

```c
#include "FsBSP_RDA5807M.h"

//待写入 RDA5807M 寄存器的数据
u8 xdata RDA5807_WrRegDat[8] =
{
    0xd0,0x00,                              //02H
    0x00,0x00,                              //03H
    0x00,0x40,                              //04H
    0x90,0x88,                              //05H
};
//待读出 RDA5807M 寄存器的数据
u8 xdata RDA5807_RdRegDat[4] =
{
    0x00,0x00,                              //0AH
    0x00,0x00,                              //0BH
};

/* ******************************************************* */
//函数名称: RDA5807M_WrReg()
//函数功能: 连续向 RDA5807M 中写入 N 个数据
//入口参数: *p(待写入的数据),ucLenVal 写入数据的个数
//出口参数: 无
/* ******************************************************* */
void RDA5807M_WrReg(u8 *p,u8 ucLenVal)
{
    u8 iCount;

    IIC_Start();                            //发送开始信号
    InputOneByte(RDA5807M_WrDevAddr);       //输入器件地址(写操作)
    IIC_RdAck();                            //读应答位
    for(iCount = 0;iCount < ucLenVal;iCount++)
    {
        InputOneByte(*p++);                 //写入数据
        IIC_RdAck();                        //读应答位
    }
    IIC_Stop();                             //产生停止信号
}


/* ******************************************************* */
//函数名称: RDA5807M_RdReg()
//函数功能: 连续向 RDA5807M 读取 N 个数据
```

```c
//入口参数: *p(待读出的数据),ucLenVal 读出数据的个数
//出口参数: 无
/* *************************************************** */
void RDA5807M_RdReg(u8 * p,u8 ucLenVal)
{
    u8 iCount;

    IIC_Start();                                //发送开始信号
    InputOneByte(RDA5807M_RdDevAddr);           //输入器件地址
    IIC_RdAck();                                //读应答位
    for(iCount = 0;iCount < ucLenVal;iCount++)
    {
        *p++ = OutputOneByte();
        if(iCount != (ucLenVal - 1))
            IIC_Ack();
    }
    IIC_Nack();
    IIC_Stop();                                 //产生停止信号
}


/* *************************************************** */
//函数名称: RDA5807M_PowerOnAndInit()
//函数功能: 给 RDA5807M 收音机上电,并初始化收音机
//入口参数:
//出口参数:
/* *************************************************** */
void RDA5807M_PowerOnAndInit(void)
{
    Delay_ms(5);
    RDA5807_WrRegDat[0] = 0x00;
    RDA5807_WrRegDat[1] = 0x02;                 //发送软件复位指令
    RDA5807M_WrReg(RDA5807_WrRegDat,2);
    Delay_ms(5);
    RDA5807_WrRegDat[0] = 0xd0;
    RDA5807_WrRegDat[1] = 0x01;                 //为收音机上电,并初始化
    RDA5807M_WrReg(RDA5807_WrRegDat,8);
}


/* *************************************************** */
//函数名称: RDA5807M_AutoSeek()
//函数功能: RDA5807M 收音机自动寻台模式
//入口参数: bit(bUpAndDown),1: 向下寻台,0: 向上寻台
//出口参数:
/* *************************************************** */
void RDA5807M_AutoSeek(bit bUpAndDown)
{
    u16 CurFreqPoint;                           //当前工作频点

    RDA5807_WrRegDat[3] &= ~(1 << 4);           //禁用调谐,Tune 位清零
```

```
    if(bUpAndDown)
        RDA5807_WrRegDat[0] &= ~(1 << 1);              //向下自动寻台
    else
        RDA5807_WrRegDat[0] |= (1 << 1);               //向上自动寻台

    RDA5807_WrRegDat[0] |= (1 << 0);                   //SEEK 位置 1,内部自动寻台使能
    RDA5807M_WrReg(RDA5807_WrRegDat,4);                //将设置好的数据写入寄存器

    //等待 STC 标志置位
    while(0 == (RDA5807_RdRegDat[0] & 0x40))
    {
        Delay_ms(20);
        RDA5807M_RdReg(RDA5807_RdRegDat,4);            //获取当前工作频点
    }

    Delay_ms(5000);                                    //两个延时只是用于调试
    Delay_ms(5000);                                    //当自动收到电台时,停顿 10s

    CurFreqPoint = RDA5807_RdRegDat[0] & 0x03;         //读取的频点为【9:0】
    CurFreqPoint = RDA5807_RdRegDat[1] | (频点 << 8);
    CurFreqPoint = CurFreqPoint << 6;                  //保存频点的寄存器为【15:9】

    RDA5807_WrRegDat[2] = (频点 >> 8) & 0xff;
    //保存当前工作频点
    RDA5807_WrRegDat[3] = (CurFreqPoint & 0xff);
}

/* ******************************************************** */
//函数名称: RDA5807M_AutoSeek()
//函数功能: 设置 RDA5807M 收音机的声音
//入口参数: bit(bUpAndDown),1: 声音递增,0: 声音减小
//出口参数:
/* ******************************************************** */
void RDA5807M_SetVolume(bit bUpAndDown)
{
    if(bUpAndDown)
    {
        if((RDA5807_WrRegDat[7] & 0x0f) < 0x0f)
        //只有音量不是最大时,才可加大音量
        {
            RDA5807_WrRegDat[0] = 0xd0;
            RDA5807_WrRegDat[1] = 0x01;
            RDA5807_WrRegDat[3] &= ~(1 << 4);          //禁用调谐,Tune 位清零

            RDA5807_WrRegDat[7]++;                     //音量递增
            RDA5807M_WrReg(RDA5807_WrRegDat,8);
        }
    }
    else
```

```
        {
            if((RDA5807_WrRegDat[7] & 0x0f) > 0x00)
            //只有音量不是最小时,才可递减音量
            {
                RDA5807_WrRegDat[0] = 0xd0;
                RDA5807_WrRegDat[1] = 0x01;
                RDA5807_WrRegDat[3] &= ~(1 << 4);           //禁用调谐,Tune 位清零

                RDA5807_WrRegDat[7]-- ;                     //音量递减
                RDA5807M_WrReg(RDA5807_WrRegDat,8);
            }
        }
}
================================================================
#ifndef __FSBSP_RDA5807M_H__
#define __FSBSP_RDA5807M_H__

#include "stc15_delay.h"
#include "stc15_iic.h"

#define RDA5807M_WrDevAddr      0x20
#define RDA5807M_RdDevAddr      0x21

extern void RDA5807M_PowerOnAndInit(void);
extern void RDA5807M_AutoSeek(bit bUpAndDown);
extern void RDA5807M_SetVolume(bit bUpAndDown);

#endif
```

程序中有详细的注释,读者可结合注释和官方的数据手册来理解。笔者在写作中,一直在提官方的数据手册,因为官方的数据手册才是了解器件、设计电路、编写驱动源码最权威、直接、正确的资料,因此读者一定要养成看数据手册解决问题的基本功。

19.7 课后学习

1. 简述项目开发的基本流程(笔者推荐读者用思维导图来梳理项目)。

2. 以 LM75A 为基础,完成一个小工程项目(加深对库函数、IIC 协议、PID 算法、显示等功能的理解)。

3. 以 PCF8563 为例,做一个小工程项目,用 RTX51 Tiny 实时操作系统来处理各个子任务。

4. 优化该章节的总实例(只有更好,没有最好),并移植到 RTX51 Tiny 实时操作系统上,在此基础上,增加闹钟(蜂鸣器)、遥控(红外遥控)对时功能。

第 20 章 天上天下，唯它独尊：

PID 算法与四轴飞行器的设计

本章先来介绍自动调节系统。自动调节系统说复杂其实也很简单，因为每个人从生下来以后，就逐渐地从感性上掌握了自动调节系统。

例如，桌子上放个巴掌大小的物体，像块金属。你心里会觉得这个物体比较重，就会用较大力量去拿，手却"拿空了"，这个物体其实是海绵做的，外观被加工成了金属的样子。因为看到这个物体，人的心里会预设比例，但比例作用太强了，导致大脑发出让手输出较大力矩的指令，即"过调"。

还是那个桌子，还放着一块相同样子的物体，这一次你会用较小的力量去拿。可是东西纹丝不动。原来这个物体却是钢铁做的。刚才你调整小了比例，导致比例作用过弱，从而导致大脑发出命令手输出较小的力矩指令，即"欠调"。

还是那个桌子，第三块物体的样子跟前两块相同，这一次你一定会小心，开始力量比较小，感觉物体比较沉重了，再逐渐增加力量，最终顺利拿起这个东西。因为这时候你不仅使用了比例作用，还使用了积分作用，根据使用的力量和物体重量之间的偏差，逐渐增加手的输出力量，直到拿起物品以后，你增加力量的趋势才停止。这三个物品被拿起来的过程，就是一个很好的整定自动调节系统参数的过程。

同样的道理，在调节四轴的时候，也是需要比例、微积分同时作用，否则四轴要么飞行不稳，要么直接坠机。在讲述四轴之前，先简单介绍 PID 算法，只有对 PID 算法有个大概的认识，在学习四轴的时候，才会得心应手。

20.1 PID 算法

当今的自动控制技术都是基于反馈的概念。反馈理论的三要素包括：测量、比较和执行，即测量关心的变量，与期望值相比较，用这个误差纠正调节控制系统的响应。

20.1.1 PID 算法概述

四轴的难点就在于 PID 算法，在开始讲述之前，先来认识 PID 的具体含义。

P：Proportion（比例），就是输入偏差乘以一个常数。

I：Integral(积分)，就是对输入偏差进行积分运算。

D：Differential(微分)，当然是对输入偏差进行微分运算了。

其中，输入偏差＝被调量－设定值(有时候也用：设定值－被调量，依个人习惯而定)。

自动控制系统一般分为：开环控制系统和闭环控制系统。开环控制系统(Open-Loop Control System)是指控制对象的输出(被控制量)对控制器(Controller)的输入没有影响，也即系统的输出端与输入端之间不存在反馈。闭环控制系统(Closed-Loop Control System)是指被控对象的输出(被控制量)会反送回来，影响控制器的输入，形成一个或多个闭环。闭环控制系统有正反馈和负反馈，若反馈信号与系统给定值信号相反，则称为负反馈(Negative Feedback)，若极性相同，则称为正反馈，一般闭环控制系统均采用负反馈，又称为负反馈控制系统。闭环控制系统的例子很多，比如人就是一个具有负反馈的闭环控制系统，眼睛便是传感器，人体系统能通过不断的修正最后做出各种正确的动作。如果没有眼睛，就没有了反馈回路，也就成了一个开环控制系统。再如空调，就是一个闭环控制系统，借助温度传感器将环境温度实时控制在一定范围之内。

PID控制器的参数整定是控制系统设计的核心内容。它是根据被控过程的特性确定PID控制器的比例系数、积分时间和微分时间的大小。正如《由入门到精通吃透PID》一书的作者所说的：在自动专业，水平的高低最直接的衡量办法——会不会自动控制，也就是看会不会整定参数。整定参数的方法分为理论计算法和经验试凑法。理论计算法需要大量的计算，对于初学者和数学底子薄的人只能望而止步。接下来主要介绍两种经验试凑法。

1. 口诀法

参数整定找最佳，从小到大顺序查。先是比例后积分，最后再把微分加。

曲线振荡很频繁，比例度盘要放大。曲线漂浮绕大弯，比例度盘往小扳。

曲线偏离回复慢，积分时间往下降。曲线波动周期长，积分时间再加长。

曲线振荡频率快，先把微分降下来。动差大来波动慢，微分时间应加长。

理想曲线两个波，前高后低四比一。一看二调多分析，调节质量不会低。

2. 经验值法

温度 T：$P=20\sim60\%$，$T=180\sim600s$，$D=3\sim180s$；

压力 P：$P=30\sim70\%$，$T=24\sim180s$；

液位 L：$P=20\sim80\%$，$T=60\sim300s$；

流量 F：$P=40\sim100\%$，$T=6\sim60s$。

有了上面大致的理论概述，接下来以一个实例[①]来解释PID的模型建立。

控制模型：控制一个人，让他以PID控制的方式走110步后停下，则模型的建立过程如下。

(1) 比例(P)控制，是指让这个人走110步，他按照一定的步伐走到100多步(如108

步)或 110 多步(如 112 步)就停了。

说明:比例(P)控制是一种最简单的控制方式。其控制器的输出与输入误差信号成比例关系。当仅有比例控制时系统输出存在稳态误差(Steady-State Error)。

(2) 积分(I)控制,是指这个人按照一定的步伐走到 112 步,然后回头接着走,走到 108 步位置时,又回头向 110 步位置走,在 110 步的位置处来回几次,最后停在 110 步的位置。

说明:在积分(I)控制中,控制器的输出与输入误差信号的积分成正比关系。对一个自动控制系统来说,如果在进入稳态后存在稳态误差,则称这个控制系统是有稳态误差的,即简称为有差系统(System with Steady-State Error)。为了消除稳态误差,在控制器中必须引入"积分项"。积分项对误差的控制取决于时间的积分,随着时间的增加,积分项会增大,这样,即便误差很小,积分项也会随着时间的增加而加大,推动控制器的输出增大使稳态误差进一步减小,直到等于零。因此,"比例＋积分"(PI)控制器,可以使系统在进入稳态后无稳态误差。

(3) 微分(D)控制,是指这个人按照一定的步伐走到 100 多步后,再慢慢地向 110 步的位置靠近,如果最后能精确停在 110 步的位置,就是无静差控制;如果停在 110 步附近(如109 步或 111 步位置),就是有静差控制。

说明:在微分(D)控制中,控制器的输出与输入误差信号的微分(即误差的变化率)成正比关系。

自动控制系统在克服误差的调节过程中可能会出现振荡甚至失稳,其原因是存在较大惯性组件(环节)或滞后(Delay)组件,具有抑制误差的作用,其变化总是落后于误差的变化。解决的办法是使抑制误差作用的变化"超前",即在误差接近零时,抑制误差的作用就应该是零。这就是说,在控制器中仅引入比例(P)项往往是不够的,比例项的作用仅是放大误差的幅值,而目前需要增加的是微分项,它能预测误差变化的趋势。这样,具有"比例＋微分"的控制器,就能够提前使抑制误差的控制作用等于零,甚至为负值,从而避免了被控量的严重超调。所以对有较大惯性或滞后的被控对象,"比例＋微分"(PD)控制器能改善系统在调节过程中的动态特性。

PID 算法模型的建立过程一直是一个难点,上面举的走路的例子或许还不够通俗和直接,下面再举个更简单易懂的例子进行说明。因为只有掌握了 PID 模型的建立过程,才能够熟练应用 PID 算法。

例如,小明接到一个任务:有一个水缸底漏水(而且漏水的速度还不一定固定不变),要求维持水面高度在某个位置,一旦发现水面高度低于要求位置,就要往水缸里加水。

小明接到任务后就一直守在水缸旁边,时间长觉得无聊,就跑到房里看小说了,每 30 分钟来检查一次水面高度。水漏得太快,每次小明来检查时,水都快漏完了,离要求的高度相差很远,小明改为每 3 分钟来检查一次,结果每次来水都没怎么漏,不需要加水,来得太频繁做的都是无用功。几次试验后,小明确定每 10 分钟来检查一次。这个检查时间就称为采样周期。

开始小明用瓢加水,水龙头离水缸有十几米的距离,经常要跑好几趟才加够水,于是小明又改为用桶加水,一加水就是一桶,跑的次数少了,加水的速度也快了,但好几次将缸加得溢出了,不小心弄湿了鞋,小明又动脑筋,不用瓢也不用桶,改用盆,几次下来,发现刚刚好,不用跑太多次,也不会让水溢出。这个加水工具的大小就称为比例系数。

小明又发现水虽然不会加过量溢出了,有时会高过要求位置比较多,还是有打湿鞋的危险。他又想了个办法,在水缸上装一个漏斗,每次加水不直接倒进水缸,而是倒进漏斗让它慢慢加。这样溢出的问题解决了,但加水的速度又慢了,有时还赶不上漏水的速度。于是他试着变换不同大小口径的漏斗来控制加水的速度,最后终于找到了满意的漏斗。漏斗漏水的时间就称为积分时间。

小明终于喘了一口,但任务的要求突然严格了,水位控制的及时性要求大大提高,一旦水位过低,必须立即将水加到要求位置,而且不能高出太多,否则不给工钱。于是他又开动脑筋,终于想到一个办法,常放一盆备用水在旁边,一发现水位低了,不经过漏斗就是一盆水倒下去,这样及时性是保证了,但水位有时会高出许多。他又在距离要求的水面位置上面一点处将水缸凿一个孔,再接一根管子到下面的备用桶里,这样多出的水会从上面的孔里漏出来。这个水漏出的快慢就称为微分时间。

20.1.2 PID 算法的分类与应用实例

将偏差的比例(Proportion)、积分(Integral)和微分(Differential)通过线性组合构成控制量,用这一控制量对被控对象进行控制,这样的控制器称为 PID 控制器。PID 算法按其控制量可分为:模拟 PID 控制算法和数字 PID 控制算法,其中数字 PID 控制算法又分为位置式 PID、增量式 PID 控制和微分先行算法,但是无论哪种分类,都大致符合如图 20-1 所示的 PID 模型。

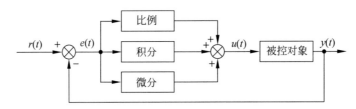

图 20-1　PID 控制系统原理图

现以计算量最小的增量式 PID 控制算法为例,来介绍 PID 算法。

在讲述实例之前,读者需要了解增量式 PID 控制的运算公式(公式比较多,这里为常用的),即

$$PID = U(k) + KP * [E(k) - E(k-1)] + KI * E(k) + KD * [E(k) - 2E(k-1) + E(k-2)];$$

在单片机中运用 PID 算法,出于速度和 RAM 的考虑,一般不用浮点数,这里以整型变量为例来讲述 PID 算法在单片机中的应用,等读者学了类似 STM32F4 的 M4 核处理器以后,就可以考虑用浮点数来计算了。由于是用整型变量来做计算的,所以结果不是很精确,但是对于一般的场合来说,这个精度也够了。本例中关于系数和温度笔者都放大了 10 倍,

所以精度不是很高，但也不是那么低。实在觉得精度不够，可以再放大 10 倍或者 100 倍处理，但是要注意不能超出整型数据类型的范围就可以了。本程序包括 PID 计算和输出两部分，当偏差＞10℃，全速加热，偏差在 10℃ 以内为 PID 计算输出。具体的参考代码如下（该实例以飞天一号开发板为硬件平台）。

```c
#include < reg52.h >
typedef  unsigned char   uChar8;
typedef  unsigned int     uInt16;
typedef  unsigned long int    uInt32;
sbit ConOut = P1 ^1;                    //假如功率电阻接 P1.1 口
typedef struct PID_Value
{
    uInt32 liEkVal[3];                  //差值保存,给定和反馈的差值
    uChar8 uEkFlag[3];                  //符号,1 则表示对应的为负数,0 表示对应的为正数
    uChar8 uKP_Coe;                     //比例系数
    uChar8 uKI_Coe;                     //积分常数
    uChar8 uKD_Coe;                     //微分常数
    uInt16 iPriVal;                     //上一时刻值
    uInt16 iSetVal;                     //设定值
    uInt16 iCurVal;                     //实际值
} PID_ValueStr;
PID_ValueStr PID;                       //定义一个结构体
bit g_bPIDRunFlag = 0;                  //PID 运行标志位
/* **********************************************************
/* 函数名称: PID_Operation()
/* 函数功能: PID 运算
/* 入口参数: 无(隐形输入,系数、设定值等)
/* 出口参数: 无(隐形输出,U(k))
/* 函数说明: U(k) + KP * [E(k) - E(k-1)] + KI * E(k) + KD * [E(k) - 2E(k-1) + E(k-2)]
********************************************************** */
void PID_Operation(void)
{
    uInt32 Temp[3] = {0};               //中间临时变量
    uInt32 PostSum = 0;                 //正数和
    uInt32 NegSum = 0;                  //负数和
    if(PID.iSetVal > PID.iCurVal)       //设定值是否大于实际值
    {
        if(PID.iSetVal - PID.iCurVal > 10)      //偏差是否大于 10
            PID.iPriVal = 100;          //偏差大于 10 为上限幅值输出(全速加热)
        else                            //否则慢慢来
        {
            Temp[0] = PID.iSetVal - PID.iCurVal; //偏差≤10,计算 E(k)
            PID.uEkFlag[1] = 0;                  //E(k)为正数,因为设定值大于实际值
            /* 数值进行移位,注意顺序,否则会覆盖掉前面的数值 */
            PID.liEkVal[2] = PID.liEkVal[1];
            PID.liEkVal[1] = PID.liEkVal[0];
```

```
            PID.liEkVal[0] = Temp[0];
/* ============================================================ */
            if(PID.liEkVal[0] > PID.liEkVal[1])   //E(k)>E(k-1)否?
            {
                Temp[0] = PID.liEkVal[0] - PID.liEkVal[1];
                //E(k)>E(k-1)
                PID.uEkFlag[0] = 0;                //E(k)-E(k-1)为正数
            }
            else
            {
                Temp[0] = PID.liEkVal[1] - PID.liEkVal[0];
                //E(k)<E(k-1)
                PID.uEkFlag[0] = 1;                //E(k)-E(k-1)为负数
            }
/* ============================================================ */
            Temp[2] = PID.liEkVal[1] * 2;          //2E(k-1)
            if((PID.liEkVal[0] + PID.liEkVal[2]) > Temp[2])
            //E(k-2)+E(k)>2E(k-1)否?
            {
                Temp[2] = (PID.liEkVal[0] + PID.liEkVal[2]) - Temp[2];
                PID.uEkFlag[2] = 0;                //E(k-2)+E(k)-2E(k-1)为正数
            }
            else                                   //E(k-2)+E(k)<2E(k-1)
            {
                Temp[2] = Temp[2] - (PID.liEkVal[0] + PID.liEkVal[2]);
                PID.uEkFlag[2] = 1;                //E(k-2)+E(k)-2E(k-1)为负数
            }
/* ============================================================ */
            Temp[0] = (uInt32)PID.uKP_Coe * Temp[0];
            //KP*[E(k)-E(k-1)]
            Temp[1] = (uInt32)PID.uKI_Coe * PID.liEkVal[0]; //KI*E(k)
            Temp[2] = (uInt32)PID.uKD_Coe * Temp[2];
            //KD*[E(k-2)+E(k)-2E(k-1)]
            /* 以下部分代码是将所有的正数项叠加,负数项叠加 */
            /* ========= 计算KP*[E(k)-E(k-1)]的值 ========= */
            if(PID.uEkFlag[0] == 0)
                PostSum += Temp[0];                //正数和
            else
                NegSum += Temp[0];                 //负数和
            /* ========= 计算KI*E(k)的值 ========= */
            if(PID.uEkFlag[1] == 0)
                PostSum += Temp[1];                //正数和
            else
                ;    /* 空操作
                    就是因为 PID.iSetVal > PID.iCurVal(即 E(K)>0)才进入 if 语句的,那么就没
                    可能为负,所以打个转回去就是了 */
            /* ======= 计算KD*[E(k-2)+E(k)-2E(k-1)]的值 ======= */
```

```
            if(PID.uEkFlag[2] == 0)
                PostSum += Temp[2];                //正数和
            else
                NegSum += Temp[2];                 //负数和
            /* ========= 计算 U(k) ========= */
            PostSum += (uInt32)PID.iPriVal;
            if(PostSum > NegSum)                   //是否控制量为正数
            {
                Temp[0] = PostSum - NegSum;
                if(Temp[0] < 100)                  //小于上限幅值,则为计算值输出
                    PID.iPriVal = (uInt16)Temp[0];
                else PID.iPriVal = 100;            //否则为上限幅值输出
            }
            else                        //控制量输出为负数,则输出 0(下限幅值输出)
                PID.iPriVal = 0;
        }
    }
    else PID.iPriVal = 0;              //同上
}
/* ****************************************************** */
/* 函数名称: PID_Output() */
/* 函数功能: PID 输出控制 */
/* 入口参数: 无(隐形输入,U(k)) */
/* 出口参数: 无(控制端) */
/* ****************************************************** */
void PID_Output(void)
{
    static uInt16 iTemp;
    static uChar8 uCounter;
    iTemp = PID.iPriVal;
    if(iTemp == 0)  ConOut = 1;   //不加热
    else  ConOut = 0;             //加热
    if(g_bPIDRunFlag)             //定时中断为100ms(0.1s),加热周期10S(100 份 * 0.1S)
    {
        g_bPIDRunFlag = 0;
        if(iTemp) iTemp--;        //只有 iTemp > 0,才有必要减 1
        uCounter++;
        if(100 == uCounter)
        {
            PID_Operation();      //每过 0.1×100s 调用一次 PID 运算
            uCounter = 0;
        }
    }
}
/* ****************************************************** */
/* 函数名称: PID_Output() */
/* 函数功能: PID 输出控制 */
/* 入口参数: 无(隐形输入,U(k)) */
/* 出口参数: 无(控制端) */
```

```
 ************************************************************* */
void Timer0Init(void)
{
    TMOD | = 0x01;                    //设置定时器 0 工作在模式 1 下
    TH0 = 0xDC;
    TL0 = 0x00;                       //赋初始值
    TR0 = 1;                          //开定时器 0
    EA = 1;                           //打开总中断
    ET0 = 1;                          //开定时器中断
}
void main(void)
{
    Timer0Init();
    while(1)
    {
        PID_Output();
    }
}
void Timer0_ISR(void) interrupt 1
{
    static uInt16 uiCounter = 0;
    TH0 = 0xDC;
    TL0 = 0x00;
    uiCounter++;
    if(100 == uiCounter)
    {
        g_bPIDRunFlag = 1;
    }
}
```

上面程序中,难理解的加了注释,剩下的就是将温度传感器部分的子程序综合进来,再自己动手做实物,调试程序,只有多实践,才能"玩"好单片机。强烈建议读者以 FSST15 开发板为平台,同时借助 LM75A 温度传感器,搭建一个温控设备,亲自进行试验,在实践中不断提高能力。

需要注意,前面讲述的口诀法和经验值法似乎没用到,那是因为 PID 算法除了增量式以外,还有两种:位置式和微分先行算法,这些知识,才是后面四轴控制的核心,后面会讲述,感兴趣的读者可以先阅读以下链接的博文,写得甚好,通俗易懂:http://blog. sina. com. cn/s/blog_7c7e2d5a01011ta9. html。

20.1.3　位置式 PID 算法[①]

下面提供一个外国人编写的外置式 PID 算法的例程。平心而论,外国人编写的代码确实很独特,思路也很清晰,源码如下。具体含义留读者慢慢研究了,这里不赘述。

---

① 该 PID 算法例程摘自网络,作者不详,版权归原创作者所有。为了保持地道,笔者没有做一点点改动,其中中文注释为笔者所加。

```
# include < stdio. h >
# include < math. h >
struct _pid
{
    int pv;                         //integer that contains the process value 过程量
    int sp;                         //integer that contains the set point    设定值
    float integral;                 //积分值 -- 偏差累计值
    float pgain;
    float igain;
    float dgain;
    int deadband;                   //死区
    int last_error;
};
struct _pid warm, * pid;
int process_point, set_point,dead_band;
float p_gain, i_gain, d_gain, integral_val,new_integ;
// -----------------------------------
//pid_init DESCRIPTION This function initializes the pointers in the _pid structure to the
//process
//variable and the setpoint. * pv and * sp are integer pointers.
// -----------------------------------
void pid_init(struct _pid * warm, int process_point, int set_point)
{
    struct _pid * pid;
    pid = warm;
    pid - > pv = process_point;
    pid - > sp = set_point;
}
// -----------------------------------
//pid_tune DESCRIPTION Sets the proportional gain (p_gain), integral gain (i_gain),
//derivitive gain (d_gain), and the dead band (dead_band) of a pid control structure _pid.
//设定 PID 参数 ---- P,I,D,死区
// -----------------------------------
void pid_tune(struct _pid * pid, float p_gain, float i_gain, float d_gain, int dead_band)
{
    pid - > pgain =  p_gain;
    pid - > igain =  i_gain;
    pid - > dgain =  d_gain;
    pid - > deadband =  dead_band;
    pid - > integral = integral_val;
    pid - > last_error = 0;
}
// -----------------------------------
//pid_setinteg DESCRIPTION Set a new value for the integral term of the pid equation.
//This is useful for setting the initial output of the pid controller at start up.
//设定输出初始值
// -----------------------------------
```

```
void pid_setinteg(struct _pid * pid,float new_integ)
{
    pid->integral = new_integ;
    pid->last_error = 0;
}
//---------------------------------
//pid_bumpless DESCRIPTION Bumpless transfer algorithim. When suddenly changing
//setpoints, or when restarting the PID equation after an extended pause, the derivative of
//the equation can cause a bump in the controller output. This function ill help smooth out
//that bump.
//The process value in * pv should be the updated just before this function is used.
//pid_bumpless 实现无扰切换
//当突然改变设定值时,或重新启动后,将引起扰动输出。这个函数将能实现平顺扰动,在调用该函
//数之前需要先更新 PV 值
//---------------------------------
void pid_bumpless(struct _pid * pid)
{
    pid->last_error = (pid->sp) - (pid->pv);   //设定值与反馈值偏差
}
//---------------------------------
//pid_calc DESCRIPTION Performs PID calculations for the _pid structure * a.
//This function uses the positional form of the pid equation, and incorporates an integral
//windup prevention algorithim. Rectangular integration is used, so this function must be
//repeated on a consistent time basis for accurate control.
//RETURN VALUE The new output value for the pid loop. USAGE # include "control.h"
//本函数使用位置式 PID 计算方式,并且采取了积分饱和限制运算
//---------------------------------
float pid_calc(struct _pid * pid)
{
    int err;
    float pterm, dterm, result, ferror;
    err = (pid->sp) - (pid->pv);                //计算偏差
    if (abs(err) > pid->deadband)               //判断是否大于死区
    {
        ferror = (float) err;                   //do integer to float conversion only
        //once 数据类型转换
        pterm = pid->pgain * ferror;            //比例项
        if (pterm > 100 || pterm < -100)
        {
            pid->integral = 0.0;
        }
        else
        {
            pid->integral += pid->igain * ferror;   //积分项
            if (pid->integral > 100.0)              //输出为 0~100%
            {
                pid->integral = 100.0;              //如果结果大于 100,则等于 100
```

```
            }
            else if (pid->integral < 0.0)
            //如果计算结果小于0.0,则等于0
                pid->integral = 0.0;
        }
        dterm = ((float)(err - pid->last_error)) * pid->dgain;
        //微分项
        result = pterm + pid->integral + dterm;
    }
    else
    result = pid->integral;                      //在死区范围内,保持现有输出
    pid->last_error = err;                        //保存上次偏差
    return (result);                             //输出 PID 值(0~100)
}
void main(void)
{
    float display_value;
    int count = 0;
    pid = &warm;
    //printf("Enter the values of Process point, Set point, P gain, I gain, D gain \n");
    //scanf("%d%d%f%f%f", &process_point, &set_point, &p_gain, &i_gain, &d_gain);
    //初始化参数
    process_point = 30;
    set_point = 40;
    p_gain = (float)(5.2);
    i_gain = (float)(0.77);
    d_gain = (float)(0.18);
    dead_band = 2;
    integral_val = (float)(0.01);
    printf("The values of Process point, Set point, P gain, I gain, D gain \n");
    printf(" %6d %6d %4f %4f %4f\n", process_point, set_point, p_gain, i_gain, d_gain);
    printf("Enter the values of Process point\n");
    while(count <= 20)
    {
        scanf("%d",&process_point);
        //设定 PV,SP 值
        pid_init(&warm, process_point, set_point);
        //初始化 PID 参数值
        pid_tune(&warm, p_gain,i_gain,d_gain,dead_band);
        //初始化 PID 输出值
        pid_setinteg(&warm,0.0);
        //pid_setinteg(&warm,30.0);
        //Get input value for process point
        pid_bumpless(&warm);
        //how to display output
        display_value = pid_calc(&warm);
        printf("%f\n", display_value);
```

```
//printf("\n%f%f%f%f",warm.pv,warm.sp,warm.igain,warm.dgain);
            count++;
        }
    }
```

20.2　四轴飞行器硬件模型的建立

要让四轴飞行器飞起来,建立合适的硬件模型是必需的,这个模型包括四轴飞行器的主板和遥控器,有大有小,形状也比较自由,但是四轴飞行器尽量做到四轴对称,至少两两对称。下面学习四轴飞行器的主板和遥控器的硬件电路设计。

20.2.1　搭建四轴飞行器的主板

要搭建四轴飞行器的四轴主板,首先得从要实现的功能入手,正如前面章节所讲述的,先提出项目需求,再根据项目需求来划分功能,之后再具体实现各个子功能,最后综合各个子功能,即联调实现整个系统。为了让读者有个宏观的认识,这里先给出四轴主板的总体框架图,再对其进行拆分讲解。四轴主板的总体框架如图 20-2 所示。

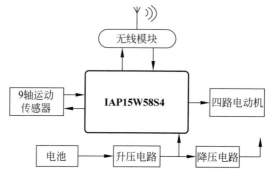

图 20-2　四轴主板的总体框架

1. 电源部分电路的设计

电源对于系统的作用犹如心脏对人的作用,实时提供着系统运行的稳定电源,如果一个系统没有稳定电源,就如同人体没有新鲜的血液。充满 SARS、H7N9 病毒的血液可以使人瘫痪,甚至死亡,同样如果一个四轴飞行器的电源不够稳定,那么四轴飞行器必然也会飞不起来,或者直接坠机"身亡"。由此可见,电源的稳定性是多么的重要。下面为四轴飞行器设计一个稳定电源。

四轴飞行器的电源,采用 3.7V 的锂电池来供电。需要注意的是,这个 3.7V,事实上并不是稳定的 3.7V,该电池在充满电之后的电压为 4.2V 左右,随着电池的消耗,电压会降到 3.7V 左右,甚至更低。这时读者需要考虑一个问题,如果四轴飞行器在空中飞行,飞了几分钟之后,电量耗尽,突然坠机,发生这种情况该如何避免? 鉴于这种情况,在电路中加入了电池电量检测电路，用于电池电量的检测，当电量不足时，提前报警，让操作者此时开始操作返航，从而避免了坠机等特殊情况的发生。

由图20-2可知，需要用到电源的器件有主控单片机、传感器、无线模块、电动机。其中单片机需求的电压由STC官方的数据手册第185页可知，电压范围是2.5～5.5V，这样直接用电池给单片机供电在理论上是可行的；再者由传感器（MPU6050）的规格书可知，其电压范围是2.375～3.46V；最后无线模块（NRF24L01）的电压范围是1.9～3.6V。这样综合三者的电压需求，如果采用先将电池电源用LDO电路进行降压，降到3.3V，再为单片机、传感器、无线模块供电，理论上，应该是很完美的，但是，理论终归是理论，与实际有很大的区别，为何这么说了？

要知道，电动机在启动的一瞬间，电流是很大的，高达几安培的电流，势必瞬间会拉低电压，这样，在实际调试时发现，3.3V的理论电压会被拉低到2.8V左右，这个电压，按单片机官方的数据手册给出的数据分析，单片机应该还是能正常工作，可实际上，单片机在2.8V的电压下，是不能够正常工作，这样，就会造成单片机不断重启，从而无法正常控制该系统。鉴于这种情况，笔者对电源做了处理，先对其电池电源进行升压，升到5V，再对单片机进行供电，升压电路如图20-3所示，这里的升压芯片，笔者选用了BL8530，当然还可以选用QX2303等，道理大都类似。如果读者以后设计电路，需要大电流的升压芯片，例如2A，还可以选用MP1542这样的芯片，其典型应用如图20-4所示。

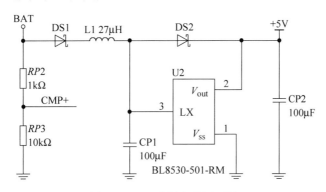

图 20-3　5V升压电路原理图

有了5V的电压之后，再经降压芯片XC6206进行降压，降到3.3V，供传感器和无线模块使用，降压电路如图20-5所示。同样，这样的降压芯片类型很多，例如ME6219、LY2508等，这些降压芯片都是小电流、小电压芯片，如果读者要用大电流、大电压的降压芯片，可以采用MP1482，其电压转换电路如图20-6所示。

这里顺便为读者扩展一些有关PCB的知识。在PCB绘制中，为了减小纹波和噪声，要仔细地考虑对地的处理。一般包括三种基本的信号接地方式：铺地、单点接地、多点接地。对于以上的接地方式，各自有自己的好处，需要依情况综合运用。限于篇幅，不做太深入的讲解，简单说明一个知识点——单点接地。单点接地是指线路中只有一个物理点被定义为接地参考点，凡需要接地均接于此。

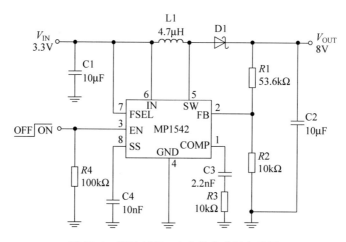

图 20-4　基于 MP1542 芯片的升压电路图

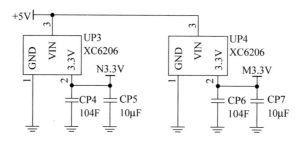

图 20-5　3.3V 降压电路图

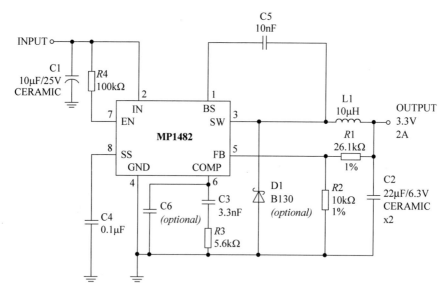

图 20-6　MP1482 电压转换电路图

图 20-6 是笔者曾经用过的一个 12V 转 3.3V 的电路图，其中转换效率为 93%，输出电流高达 2A。当然该 IC 不是只能输出 3.3V，而是只要输入端满足 4.75~18V 的范围，输出端就可以通过配置电阻来输出 0.923~15V 的电压。其中，$V_{OUT}=0.923\times(R1+R2)/R2$，这样，不同的电阻，就可以输出不同的电压了，例如图 20-6 中：$V_{OUT}=0.923\times[(R1+R2)/R2]=0.923\times[(26.1+10)/10]\approx3.332\,06V$。

以上不是笔者要说的重点，重点是下面的 PCB 图，笔者就将两面的 PCB 图都贴到这里，以便说明，其中顶层（TOP Layer）和底层（Bottom Layer）分别如图 20-7 和图 20-8 所示。

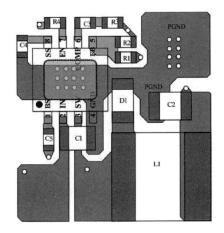
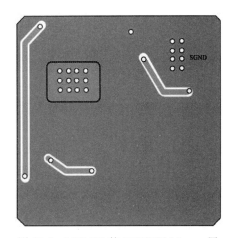

图 20-7　MP1482 的 TOP Layer 图　　　　　图 20-8　MP1482 的 BOTTOM Layer 图

关于此图这里只说以下两点：

（1）输入端滤波电容的地、转换 IC 的地、输出端滤波电容的地要用最短、最宽的地线来连接。

（2）将上面这些地不要一出来就接到底层的地上，因为此时的输出端纹波、噪声、干扰最大，等经过滤波、旁路电容和电感等之后，再与底层地相连。同时在底层画出一块专门的地（不能与别的地连接）用于散热。

2. 传感器——MPU6050

在四轴飞行器的飞行过程中，肯定希望其平稳飞行，而不是东倒西斜，甚至坠机。那该如何检测其是否平稳飞行？或者该用什么器件来检测呢？可用传感器——陀螺仪 MPU6050，其电路图比较简单，如图 20-9 所示。

现对图 20-9 做简单说明，基本的应用，读者可参考 MPU6050 的规格书。这里主要说明两点：磁珠和限流电阻。何为磁珠？FB1、FB2 是磁珠，笔者的理解是，磁珠≈电阻＋电感，只是电阻值和电感值都随频率变化而变化。磁珠的表示符号和电感的类似，因为在电路功能上，磁珠和电感原理相同，只是频率特性不同。但其单位是欧姆，而不是亨特，因为磁珠的单位是按照它在某一频率产生的阻抗来标称的，阻抗的单位是欧姆。例如通常说的 100Ω 是指磁珠在 100MHz 下的阻抗，要是直接测试磁珠的阻值，一般为 0.4Ω 左右。这里用磁

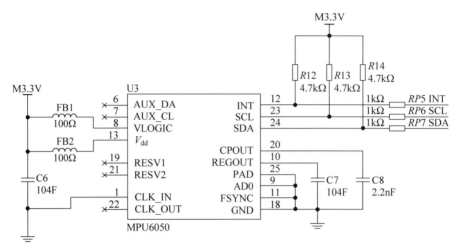

图 20-9　MPU6050 应用原理图

珠，主要是为了减小高频干扰。

限流电阻 $RP5$、$RP6$、$RP7$，也即匹配电阻。前面已经提到了，单片机采用了 5V 的逻辑电平，可是 MPU6050 采用的是 3.3V 的逻辑电平，这两个电压的逻辑电平是匹配的，因此不用考虑电平匹配，可是 MPU6050 数据端口的电压要求是不超过 V_{dd}，因此这里加了限流电阻 $RP5$、$RP6$、$RP7$。

3. 无线模块——NRF24L01

在四轴飞行器的飞行过程中，读者肯定需要对其控制，例如，控制其什么时候起飞，飞到哪里等是否可以接一根长长的尾巴线到控制器上，实现控制？这不现实。因此引入了无线模块，用无线进行控制。无线模块部分，笔者采用了现成的无线模块，其接口电路和无线模块实物图分别如图 20-10 和图 20-11 所示。

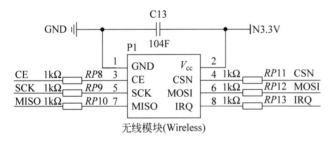

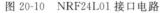

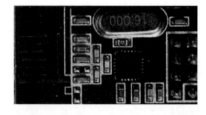

图 20-10　NRF24L01 接口电路　　　　　图 20-11　NRF24L01 无线模块实物图

飞蜓二号采用了无线模块，读者可以采用将无线模块连接到板子上的方法，这样，正确的原理图是必须要有的。结合 NRF24L01 的数据手册(第 32 页)，可以得到如图 20-12 所示的 NRF24L01 应用原理图。

4. 电动机驱动电路

前面介绍单片机 I/O 口时，提到过，单片机是不能直接驱动大电路器件的，因此，驱动电

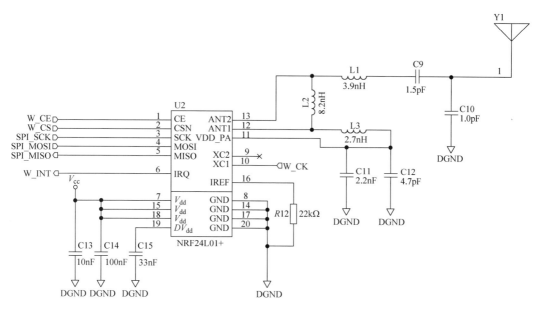

图 20-12　NRF24L01 的应用原理图

路的设计也是必须要有的，飞蜓二号采用 SI2302(NMOS 管)来驱动电动机，电路如图 20-13 所示。MOS 管的具体应用，前面章节有所讲述，请读者自行查阅，该 NMOS 管的驱动电路的电流可达 3A，完全满足设计需求。

5．控制核心——单片机(IAP15W4K58S4)

由于该系列的单片机内部集成了 RC 晶振和复位电路，所以最小系统的搭建相当简单，这里不赘述。

有了电路的分析，读者只需按前面第 17 章讲述的 PCB 知识，先画原理图和 PCB 封装，然后进行原理图绘制，再导入到 PCB 界面，进行 PCB 的绘制，最后送工厂打板，板子完成之后再焊接相应的元器件，并进行电池、电动机、防撞圈的组装，这样就有了如图 20-14 所示的实物图。

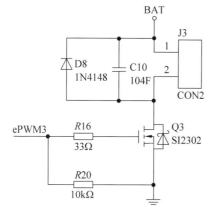

图 20-13　电动机驱动电路

图 20-14　飞蜓二号(FTST15-V1.0)实物图

20.2.2 搭建四轴飞行器的遥控器

有了四轴飞行器主板的硬件电路设计基础,其遥控器的硬件电路设计就很简单了,唯一的区别是充电电路。读者应该能想到,无论是主板,还是遥控器的电池,随着不断的使用,电池电量终会被耗尽,这时就得考虑给电池充电,为了便于给电池充电,笔者在遥控器上设计了充电电路,如图20-15所示。

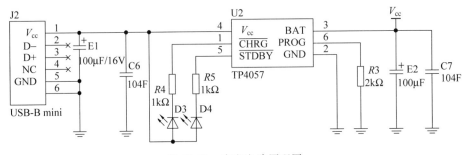

图20-15 充电电路原理图

20.3 四轴飞行器的软件算法

四轴飞行器的难点,不在于硬件电路的设计上,而在于软件算法上。下面对其软件算法进行简单的介绍。

20.3.1 四轴飞行器的运行状况与电动机转动的关系

在讲述调节PID之前,先来了解四轴飞行器电动机的转动与运行的情况。

1. 上下运动(垂直运动)

通过控制四个螺旋桨(1~4)同时增加(减小)转速,分别实现四轴飞行器的上(下)运动,运行关系图如图20-16所示。这点比较好理解,在图20-16中,因有两对电动机转向相反,可以平衡其对机身的反扭矩,当同时增加四个电动机的输出功率,旋翼转速增加使得总的拉力增大,当总拉力足以克服整机的重量时,四轴飞行器便离地垂直上升;反之,同时减小四个电动机的输出功率,四轴飞行器则垂直下降,直至平衡落地,实现了沿z轴的垂直运动。当外界扰动量为零时,旋翼产生的升力等于飞行器的自重时,飞行器便保持悬停状态。保证四个旋翼的转速同步增加或减小是垂直运动的关键。

2. 俯仰运动

在图20-17中,电动机1的转速上升,电动机3的转速下降,电动机2、电动机4的转速保持不变。为了不因为旋翼转速的改变引起四轴飞行器整体扭矩及总拉力的改变,旋翼1与旋翼3转速的大小应相等。由于旋翼1的升力上升,旋翼3的升力下降,产生的不平衡力矩使机身绕y轴旋转(方向如图20-17所示),同理,当电动机1的转速下降,电动机3的转速上升,机身便绕y轴向另一个方向旋转,实现飞行器的俯仰运动。

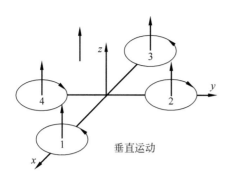

图 20-16　四轴飞行器的上下运动与螺旋桨
　　　　　转动的关系图

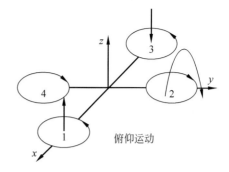

图 20-17　四轴飞行器的俯仰运动与螺旋桨
　　　　　转动的关系图

3. 滚转运动

与图 20-17 的原理相同，在图 20-18 中，改变电动机 2 和电动机 4 的转速，保持电动机 1 和电动机 3 的转速不变，则可使机身绕 x 轴旋转（正向和反向），实现飞行器的滚转运动。

4. 偏航运动

四轴飞行器的偏航运动可以借助旋翼产生的反扭矩来实现。旋翼转动过程中由于空气阻力的作用会形成与转动方向相反的反扭矩，为了克服反扭矩的影响，可使四个旋翼中的两个正转，两个反转，且对角线上的各个旋翼转动方向相同。反扭矩的大小与旋翼转速有关，当四个电动机转速相同时，四个旋翼产生的反扭矩相互平衡，四轴飞行器不发生转动；当四个电动机转速不完全相同时，不平衡的反扭矩会引起四轴飞行器转动。在图 20-19 中，当电动机 1 和电动机 3 的转速上升，电动机 2 和电动机 4 的转速下降时，旋翼 1 和旋翼 3 对机身的反扭矩大于旋翼 2 和旋翼 4 对机身的反扭矩，机身便在反扭矩的作用下绕 z 轴转动，实现飞行器的偏航运动，转向与电动机 1、电动机 3 的转向相反。

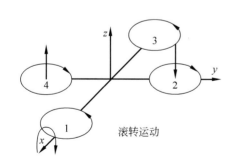

图 20-18　四轴飞行器的滚转运动与螺旋桨
　　　　　转动的关系图

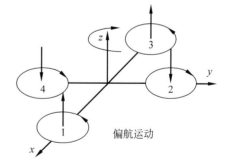

图 20-19　四轴飞行器的偏航运动与螺旋桨
　　　　　转动的关系图

5. 前后运动

要想实现飞行器在水平面内前后、左右的运动，必须在水平面内对飞行器施加一定的力。图 20-20 中,增加电动机 3 的转速,使拉力增大,相应减小电动机 1 的转速,使拉力减小,同时保持其他两个电动机转速不变,反扭矩仍然要保持平衡。按图 20-17 的理论,飞行器首先发生一定程度的倾斜,从而使旋翼拉力产生水平分量,因此可以实现飞行器的前飞运动。向后飞行与向前飞行正好相反。当然在图 20-17、图 20-18 中,飞行器在产生俯仰、滚转运动的同时也会产生沿 x、y 轴的水平运动。

6. 侧向运动

在图 20-21 中,由于结构对称,所以侧向飞行的工作原理与前后运动完全一样。

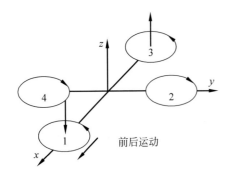

图 20-20　四轴飞行器的前后运动与螺旋桨
　　　　　转动的关系图

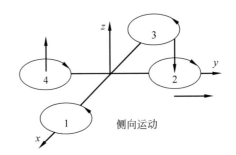

图 20-21　四轴飞行器的侧向运动与螺旋桨
　　　　　转动的关系图

20.3.2　PID 控制电动机的参数整定

四轴飞行器的 PID 调试,过程比较复杂,这里以飞蜓二号的调试为准,介绍其调试的过程,不是直接告诉 PID 调试的结果,主要说明一些思路和经验,具体的源码后面会讲述。以下部分内容参考了博主 super_mice 的博文,在此表示感谢。

软件方面最主要的是姿态解算,最终用的是 MPU6050 的 DMP(Digital Motion Process)输出,遥控器控制的目标姿态也是四元数表示的。为了有较好的线性度,将两者的姿态差转换为欧拉角后再进行 PID 的控制。

四轴飞行器的 PID 算法很大程度上参考了 APM(国外成熟开源飞控项目)的控制算法。它是采用的角度 P 和角速度 PID 的双闭环 PID 算法。角度的误差被作为期望输入到角速度控制器中。双闭环 PID 算法相比传统的单环 PID 算法来说性能有了极大的提升,笔者也曾经调试过传统的单环 PID 控制算法,即便参数经过了精心调整,和双环控制算法相比,传统的单环 PID 算法在控制效果上的差距依旧很大,无论是悬停的稳定性,还是打舵时的快速跟随性和回正时的快速性,双环 PID 算法的效果明显优于传统的单环 PID 算法。

有关欧拉角、四元数的知识,后续再叙。横滚(Roll)和俯仰(Pitch)的控制算法是一样的,控制参数也比较接近。首先得到轴姿态的角度差(Angle Error),将这个值乘以角度系数 P 后限幅(限幅必须有,否则剧烈打舵时容易引发振荡),作为角速度控制器的期望值(Target_Rate)。Target_Rate 与陀螺仪得到的当前角速度作差运算,得到角速度误差(Rate_

Error)乘以 Kp 得到 P。在 L 值小于限幅值(这个值大概在 5％油门)或者 rate_error 与 i 值异号时，将 rate_error 累加到 L 中。前后两次 rate_error 的差作为 D 项，值得注意的是，需要加入 20Hz(也可以采用其他合适频率)滤波，以避免震荡。将 P、I、D 三者相加并限幅(50％油门)，得到最终 PID 输出。

偏航(Yaw)的控制算法和前两者略有不同，是将打舵量和角度误差的和作为角速度内环的期望值，这样可以获得更好的动态响应。角速度内环和横滚、俯仰的控制方法一致，只是参数(积分限幅值会很小，默认只有 8/10000)的设置上有不同。

把 APM 的算法移植过来，限幅值也移过来之后就可以进行 PID 参数调整了。一般先进行横滚或俯仰方向的调整。把四轴飞行器固定起来，只留一个待调整方向的旋转自由度，这样就可以减少一个轴的分量，以便于调试。不同的人，可能采用的方法和步骤也不同。这里笔者总结如下几点调试流程，仅供读者参考。

(1) 估计大概的起飞油门，以便有个参考基准。

(2) 调整角速度内环参数。

(3) 将角度外环加上，调整外环参数。

(4) 横滚俯仰参数一般可取一致，将飞机解绑，抓在手中测试两个轴混合控制的效果(注意安全)，有问题则回到"单轴"继续调整，直至飞行器不会"抽搐"。

(5) 大概设置偏航参数(不追求动态响应，起飞后"头"不偏即可)，起飞后再观察横滚和俯仰轴向打舵的反应，如有问题再回到"单轴"调试模式。

(6) 横滚和俯仰都可以以后，再调整偏航轴参数以达到好的动态效果。

有了以上大概的调试流程，下面再来详细讲述调试过程中的注意事项，以及部分参数的定论。

(1) 要在飞机起飞油门的基础上进行 PID 参数的调整，否则"单轴"的时候调试稳定了，飞起来很可能又会晃荡。

(2) 内环的参数最为关键。理想的内环参数能够很好地跟随打舵(角速度控制模式下的打舵)控制量。在平衡位置附近(正负 30 度左右)，打舵量突加，四轴飞行器快速响应；打舵量回中，飞机立刻停止运动(几乎没有回弹和振荡)。

① 首先改变程序，将角度外环去掉，将打舵量作为内环的期望(角速度模式，在 APM 中称为 ACRO 模式，在大疆公司产品中称为手动模式)。

② 加上 P 值。P 值太小，不能修正角速度误差，表现为很"软"，倾斜后难以修正，打舵响应也差；P 值太大，在平衡位置容易振荡，打舵回中或给干扰(用手突加干扰)时会振荡。合适的 P 值能较好地对打舵进行响应，又不太会振荡，但是舵量回中后会回弹好几下才能停止(没有 D 值)。

③ 加上 D 值。D 值的效果十分明显，即加快打舵响应，最大的作用是能很好地抑制打舵量回中后的振荡，效果可谓立竿见影。太大的 D 值会在横滚、俯仰混控时表现出来(尽管在"单轴"调试时的表现可能很好)，具体表现是四轴飞行器抓在手里推油门会"抽搐"。如果这样，只能回到"单轴"调试降低 D 值，同时 P 值也只能跟着降低。D 值调整完后可以再次加大 P 值，以能够跟随打舵为判断标准。

④ 加上 I 值。加上 I 值会发现手感变得柔和了些。由于笔者"单轴"的装置中四轴的重心高于旋转轴,这决定了在四轴飞行器偏离水平位置后会有重力分量使得四轴飞行器会继续偏离平衡位置。I 值的作用就可以使得在一定角度范围内(30 度左右)可以修正重力带来的影响。表现打舵使得飞机偏离平衡位置,打舵量回中后飞机立刻停止转动,若没有 I 值或 I 值太小,飞机会由于重力继续转动。

(3)角度外环只有一个参数 P。将外环加上(在 APM 中称为 Stabilize 模式,在大疆公司产品中称为姿态模式),打舵会对应到期望的角度。P 的参数比较简单。P 值太小,打舵不灵敏;P 值太大,打舵回易振荡,以合适的打舵反应速度为准。

(4)"单轴"调试的效果应该会很好了,但是两个轴混控的效果如何,还不一定,有可能会"抽搐"(两个轴的控制量叠加起来,特别是较大的 D 值,会引起"抽搐")。如果"抽搐"了,降低 P、D 的值,I 值基本不用变。

(5)加上偏航的修正参数后(直接给双环参数,角度外环参数 P 和横滚差不多,内环参数 P 比横滚大些,I 值和横滚差不多,D 值可以先不加),拿在手上试过修正和打舵方向正确后可以试飞了。

试飞很危险,选择在宽敞、无风、避开人群的室内比较适合,要有 1 米的高度(因高度太低会有地面效应干扰,太高不容易看清姿态且容易摔坏),如有意外情况,立刻关闭油门。试飞时主要观察如下几个方面的情况。

① 在平衡位置有没有小幅度振荡如有,可能是由于机架震动太大导致姿态解算错误造成,也可能是角速度内环参数 D 值的波动过大造成的。前者可以加强减振措施,传感器下贴上 3M 泡沫胶,必要时在两层 3M 泡沫胶中夹上"减振板",注意,铁磁性的减振板会干扰磁力计读数,后者可以尝试降低 D 项滤波的截止频率。

② 观察打舵响应的速度和打舵量回中后飞机的回复速度。

③ 各个方向(记得测试右前、左后等方向)打舵量突加输入并回中时是否会引起振荡,如有,尝试减小内环参数 P、D 值,也可能是由于"右前"等混控方向上的打舵量太大造成。

(6)横滚和俯仰调好后就可以调整偏航的参数了。合适参数的判断标准和之前一样,即打舵快速响应,舵量回中飞机立刻停止转动(参数 D 的作用)。

20.3.3 四元数与滤波算法

重力加速度计可以换算成角度值,角速度计输出的是角速度。要获取飞行器的姿态就需要知道角度和角速度,角度和角速度输出的波形分别如图 20-22、图 20-23 所示。

便于分析滤波,下面再来看两者的对比图,如图 20-24 所示。

由图 20-24 可以看出,角速度相对平滑、动态特性好、静态特性差,角度动态特性差、抗干扰能力低。直接利用传感器输出的角度值不能满足控制要求,因为干扰太大,利用角速度积分也不可以,因为积分会导致误差的累积,最终导致系统崩溃,因此需要一种滤波算法来对角度值进行滤波。这里有个很重要的知识——四元数和欧拉角的换算,关于换算公式和论证,读者可自行查阅资料,网上可以查到,这里不再赘述。

接下来以角度为例,介绍滤波的作用。角度波形在没有滤波之前,波形有明显的毛刺,

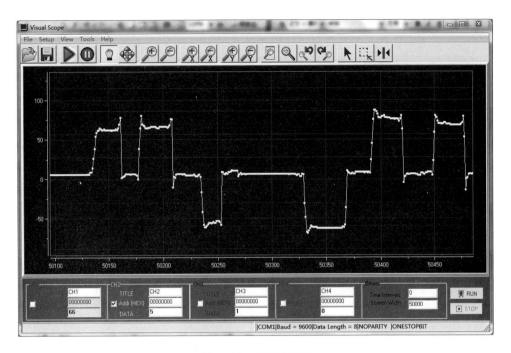

图 20-22 角度波形图

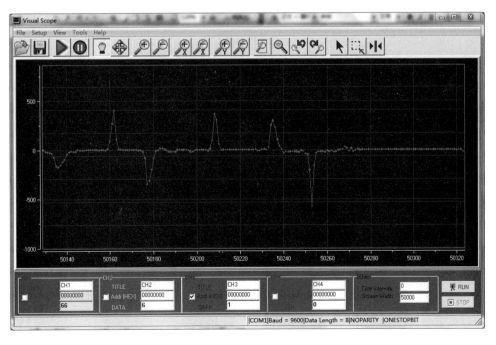

图 20-23 角速度波形图

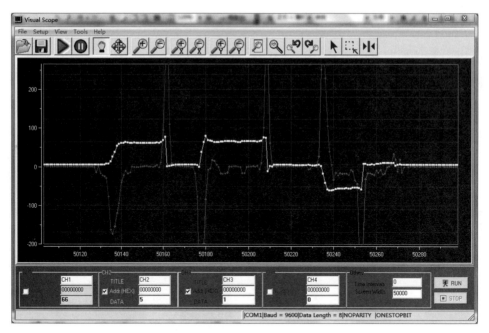

图 20-24　角度和角速度对比图

如图 20-25 所示。经滤波之后的角度波形如图 20-26 所示，对比发现滤波后的波形去除了尖峰，抗干扰能力明显增强，可以满足设计的要求。

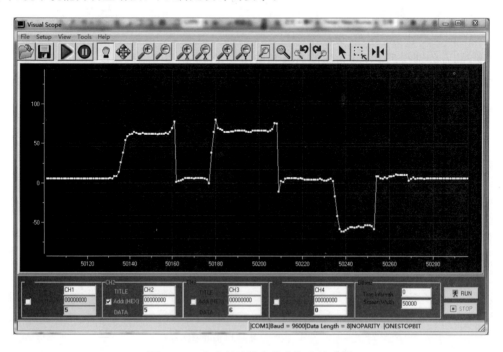

图 20-25　未进行滤波之前的角度波形图

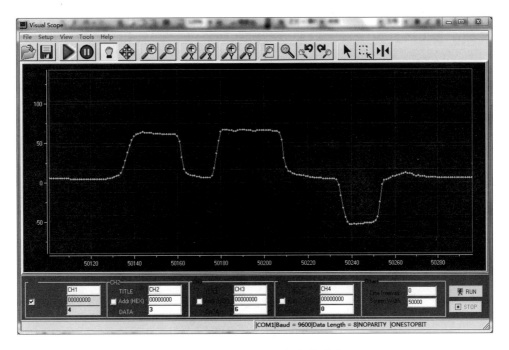

图 20-26 滤波之后的角度波形图

最后再来介绍滤波参数的调节。滤波参数调到什么程度为好？这个度量又是什么？飞蜒二号程序中的接口函数为 void IMUupdate(float gx，float gy，float gz，float ax，float ay，float az)，其中 gx、gy、gz 分别对应 x、y、z 三轴的角速度，ax，ay，az 分别对应 x、y、z 三轴的角度，最后分别得到 Pitch 为滤波后 x 轴的角度，Roll 作为 y 轴的角度。

注意：参数是在 10ms 控制周期下的，若改变了控制周期，参数要自行重新调试。为了便于讲解，再来看三个滤波参数。

```
# define Kp        10.1f          //10.1f
# define Ki        0.001f         //0.011f
# define halfT     0.0035f        //0.0035f
```

Kp 参数调节跟随原波形相应的速率。Kp 数值越大，滤波后的波形跟随原波形的程度越大，但 Kp 数值过大会导致滤波效果降低，数值过小会导致跟随缓慢。不同的 Kp 值，将有不同的滤波效果，这里分别取三个 Kp 值（100、1 和 10），观察不同的滤波效果。滤波之后的效果分别如图 20-27、图 20-28 和图 20-29 所示。其中黄色为滤波前的波形图，红色为滤波后的波形图，读者需要注意的是，由于纸质书为黑白色，看不出红、黄，因此这里笔者将其幅度值大的规定为滤波前的波形图，幅度值小的就为滤波后的波形图。

对比图 20-27、图 20-28 可知，Kp 为 100 时，跟随程度几乎和原波形一致，但明显没有滤除干扰；Kp 为 1 时，波形变化明显跟随不上原波形，因此 Kp 要适当增加，这就有了下面的

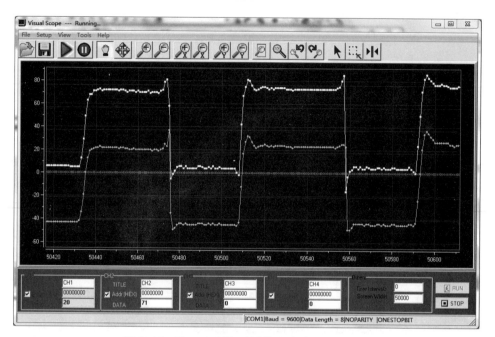

图 20-27　Kp＝100 时,滤波前和滤波后的波形图

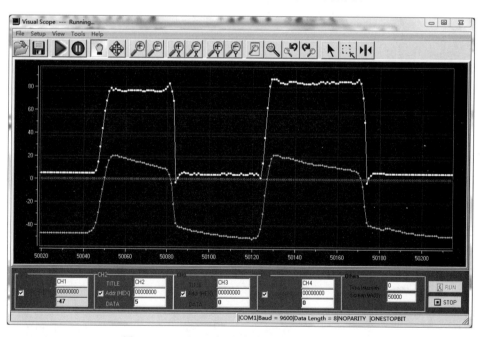

图 20-28　Kp＝1 时,滤波前和滤波后的波形图

Kp 值的调节。

　　由图 20-29 可知,Kp 为 10 时,既滤除了干扰毛刺,又有很好的跟随动态特性,因此可满足设计要求。

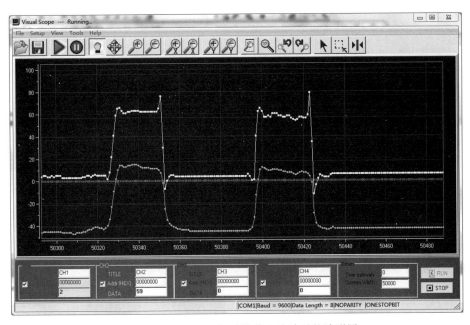

图 20-29　Kp＝10 时，滤波前和滤波后的波形图

有了 Kp 值的研究，下面再来研究 Ki、halfT 值，这些参数的道理类似，只是所体现的功能有区别。限于篇幅，这里只给出比较合适的 Ki、halfT 值的参考图，分别如图 20-30 和图 20-31 所示。具体的调试过程留给读者自行动手。单片机的学习，就是要在不断的调试中积累经验，增长技术。

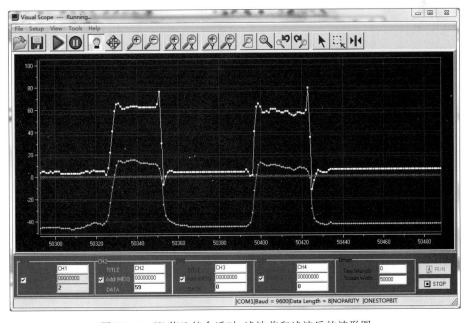

图 20-30　Ki 值比较合适时，滤波前和滤波后的波形图

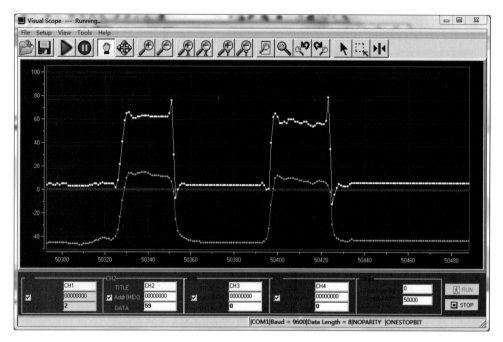

图 20-31　halfT 值比较合适时,滤波前和滤波后的波形图

20.4　四轴飞行器主板的综合程序

本例程比较复杂,这里采用了模块化编程的思路,按功能将其各个函数进行分类。笔者开始时计划这部分的例程不全部提供,但又怕开源不够,于是现提供一套完整的四轴源码,做到真正的开源,方便读者学习。需要注意的,该例程不像前面的小实例那样简单,读者在学习的时候,要静下心来,边读例程,边理解,同时一定要做记录,达到真正的理解。为了便于读者调试,这里保留了笔者调试时所用的串口示波器源码,可大大降低读者调试的难度,同时,所有.c 文件对应的头文件(.h 文件),因其主要是对变量和函数的声明,这里全部省略。

```
    /* ============  1　STC 四轴飞行器正式版程序.c    */
#include "includes.h"
#include "main.h"

#define Check2401  1              //2401 与 MCU 通信检测,置 0 屏蔽,置 1 开启
#define ReseveData 1              //飞行器接收数据
#define OutData    1              //飞行器内部数据输出

void main()
{
```

```
    FlyAllInit();                       //飞行器各模块初始化

# if Check2401
    Check24L01();                       //检测2401是否正常,不正常,串口输出错误(error)
# endif
    while(1)
    {
        # if ReseveData
            Reseve2401();               //接收2401数据
        # endif

        # if  OutData
        OutPutData();                   //输出飞机内部调试数据
        # endif
    }
}
    / * ============ 2 filtering.c    * /
# include < STC15W4K60S4.H >
# include < intrins.h >
# include < NRF24L01.H >
# include < MPU6050.H >
# include < math.h >
# include < STC15W4KPWM.H >
# include < Timer.h >
# include < EEPROM.h >
# include < USART.h >
# include < IMU.H >
# include "outputdata.h"
# include "stdio.h"
# include "filtering.h"

/ * -- 3 - axis accelerometer data collected from MPU -- * /
 short Z_angle,Y_angle,X_angle;
/ * -- Y - axis gyroscope    data collected from MPU -- * /
 short Y_gyro,X_gyro,Z_gyro;
/ * - The final angular data filtered by Kalman Filter -- * /
short  X_gyroInit, Y_gyroInit, Z_gyroInit;

/ * ------- Data collection ------- * /
void Read_MPU()
{

    Z_angle = GetData(ACCEL_ZOUT_H);;
    //Z_angle = (Z_angle/8192) * 9.807; //Z轴加速度计

    Y_angle = GetData(ACCEL_YOUT_H);
    //Y_angle = (Y_angle/8192) * 9.807; //Y轴加速度计
```

```
        X_angle = GetData(ACCEL_XOUT_H);
        //X_angle = (X_angle/8192) * 9.807;
        X_gyro = xgy();
        Y_gyro = ygy();
        Z_gyro = zgy();

}

static short xgy(void)
{

        short i,j,k;
        short tmp;

        X_gyro = GetData(GYRO_XOUT_H);;
        X_gyro/ = 16.4;                        //X轴加速度计
        i = X_gyro;

        X_gyro = GetData(GYRO_XOUT_H);;
        X_gyro/ = 16.4;                        //X轴加速度计
        j = X_gyro;

        X_gyro = GetData(GYRO_XOUT_H);
        X_gyro/ = 16.4;                        //X轴加速度计
        k = X_gyro;
        if (i > j)
        {
            tmp = i; i = j; j = tmp;
        }
        if (k > j)
          tmp = j;
        else if(k > i)
          tmp = k;
        else
          tmp = i;
        return tmp;
}

short ygy(void)
{

        short i,j,k;
        short tmp;

        Y_gyro = GetData(GYRO_YOUT_H);
        Y_gyro/ = 16.4;                            //Y轴加速度计
```

```
    i = Y_gyro;

    Y_gyro =   GetData(GYRO_YOUT_H);
    Y_gyro/ = 16.4;                    //Y 轴加速度计
    j = Y_gyro;

    Y_gyro =   GetData(GYRO_YOUT_H);;
    Y_gyro/ = 16.4;                    //Y 轴加速度计
    k = Y_gyro;
    if (i > j)
    {
        tmp = i; i = j; j = tmp;
    }
    if (k > j)
      tmp = j;
    else if(k > i)
      tmp = k;
    else
      tmp = i;
    return tmp;
}

short zgy(void)
{

    short i,j,k;
    short tmp;

    Z_gyro =   GetData(GYRO_ZOUT_H);;
    Z_gyro/ = 16.4;
    i = Z_gyro;

    Z_gyro =   GetData(GYRO_ZOUT_H);
    Z_gyro/ = 16.4;
    j = Z_gyro;

    Z_gyro =   GetData(GYRO_ZOUT_H);
    Z_gyro/ = 16.4;
    k = Z_gyro;
    if (i > j)
    {
        tmp = i; i = j; j = tmp;
    }
    if (k > j)
      tmp = j;
    else if(k > i)
      tmp = k;
```

```c
        else
            tmp = i;
        return tmp;
}
void Delay1ms()                              //@30.000MHz
{
    unsigned char i, j;

    i = 30;
    j = 43;
    do
    {
        while (--j);
    } while (--i);
}
void gyro_init(void)
{
    int i = 0;
    int x, y, z;
    short a, b, c;
    for(i = 0; i < 100; i++)
    {
        a = xgy();
        b = ygy();
        c = zgy();
        x = x + a;
        y = y + b;
        z = z + c;
        Delay1ms();
    }
    X_gyroInit = x/100;
    Y_gyroInit = y/100;
    Z_gyroInit = z/100;
}
        /* ============= 3  control.c    */
#include <STC15W4K60S4.H>
#include <intrins.h>
#include <NRF24L01.H>
#include <MPU6050.H>
#include <math.h>
#include <STC15W4KPWM.H>
#include <Timer.h>
#include <EEPROM.h>
#include <USART.h>
#include <IMU.H>
#include "outputdata.h"
#include "stdio.h"
```

```c
#include "filtering.h"
#include "control.h"
#include "includes.h"

extern    unsigned char RXBUF[8];
extern    float Pitch;                          //x
extern    float Roll;                           //y
extern    float Average_Gx,Average_Gy,Average_Gz;
extern    int key;
unsigned int Controldata_THROTTLE_Set = 0;      //1880 - 50 - 50 - 100 + 30
// ****************************************************
 int   Controldata_THROTTLE = 0   ;
 int   Controldata_PITCH     = 0   ;
 int   Controldata_ROLL      = 0   ;
 int   Controldata_YAW       = 0   ;
 int   Controldata_OFFSET    = 0   ;
 unsigned int    ControlNum = 0   ;
// ****************************************************
float   IUX = 0.0, IUY = 0.0;
float   COUT_PITCHZ, COUT_PITCHF, COUT_ROLLZ, COUT_ROLLF;

float PWM_XZ, PWM_XF, PWM_YZ, PWM_YF;
float Yaw1 = 0;


// ****************************************************
void MainControl()
{
    Get_Control_Data();
    Control();
}
// ============================================================
float Controldata_ROLLleft = 0, Controldata_ROLLright = 0;
float   Controldata_PITCHfront = 0, Controldata_PITCHback = 0;
int error = 0;
extern int keyk;
extern unsigned int s;
int ss = 0;

void Get_Control_Data()
{
    float a = 0, b = 530, c = 521, d = 527;
    if(keyk == 1)
    {
        d =     RXBUF[0] * 16 + RXBUF[1];
        b =     RXBUF[2] * 16 + RXBUF[3];
        c =     RXBUF[4] * 16 + RXBUF[5];
        a =     RXBUF[6] * 16 + RXBUF[7];
```

```c
// ********************** 脱控保护 **********************
    if(error == 1)
    {
        if(ss == 0)
        {ss = s;}
        a = a - (s - ss) * 20;
    }
    else
    ss = 0;
}
// **************************************************
if(a > 1024)
{a = 1024;}
a = a/1024.0;

if((b >= 530&b <= 540)||(b <= 530&b >= 520))
{b = 530;}
b = b - 530;
if(b > 0)
{b = b/494.0;}
else
{b = b/530.0;}

if((c >= 521&c <= 531)||(c <= 521&c >= 511))
{c = 521.0;}
c = c - 521;
if(c > 0)
{c = c/523.0;}
else
{c = c/521.0;}

if((d >= 517&d <= 527)||(d <= 537&d >= 527))
{d = 527;}
d = d - 527;
if(d > 0)
{d = d/507.0;}
else
{d = d/527.0;}

if(b > 1)
 b = 1;
else if(b < -1)
 b = -1;
// -------------
if(c > 1)
 c = 1;
else if(c < -1)
```

```
      c =- 1;
    //-------------
    if(d > 1)
     d = 1;
    else if(d < - 1)
     d =- 1;
    /***************************/
    Controldata_THROTTLE = a * 2400;
    Controldata_PITCH =    b * 20;
    Controldata_YAW =    c * 180;
    Controldata_ROLL =    d * 20;

    if(Controldata_PITCH > 0)
    {Controldata_PITCHfront = 0, Controldata_PITCHback = Controldata_PITCH;}
    else
    {Controldata_PITCHfront = Controldata_PITCH, Controldata_PITCHb   ack = 0;}

    if(Controldata_ROLL > 0)
    {
        Controldata_ROLLleft = 0;
        Controldata_ROLLright = Controldata_ROLL;
    }
    else
    {
        Controldata_ROLLleft = Controldata_ROLL;
        Controldata_ROLLright = 0;
    }
}


extern float IntegralZ;
#define MINPWM 0
#define MAXPWM 2699

void Control(void)
{
    float   EX0 = 0.0, EX1 = 0.0, EY0 = 0.0, EY1 = 0.0;
    //----------------------------
    float PID_P_Y, PID_D_Y;           //PID_I_Y;
    float PID_P_X, PID_D_X;           //PID_I_X;
    float PID_P_Z, PID_D_Z;
    /********************** 整定 PID ************************/
    EX0 = Pitch;

    EY0 = Roll;
    //****************************************************
    PID_P_Y = 3.2;          //4;  //4.0;  //3.1;
    PID_D_Y = 1.2;          //0.4;0.45;0.43;2.85;0.6;0.815 + 0.1; 0.86;
```

```
   PID_P_X = 3.2;              //3.2;;   //4;   //3.0;   //9.41;   //15 - 1 - 1 - 0.4;
   PID_D_X = 1.2;              //1.2;   //1.2;   //0.4;   //0.4;   //0.45;   //0.6;   //2.85;
   //0.6;   //2.515;   //1.555 + 1 + 0.3 + 0.2;

   PID_P_Z = 0;               //5;   //0.2;
   PID_D_Z = 0;               //0.03;
   / * * * * * * * * * * * * * * * * * * * * * * * * * * * * * * * * * * * * * * * * * * * * * * /
   Yaw1 = PID_P_Z * (IntegralZ - Controldata_YAW) + PID_D_Z * Average_Gz;
   if(Yaw1 > 300)
   {Yaw1 = 300;}
   else if(Yaw1 < - 300)
   {Yaw1 = - 300;}
   / * * * * * * * * * * * * * * * * * * * * * * * * * * * * * * * * * * * * * * * * * * * * * * /
   PWM_XF = (float)(Controldata_THROTTLE) - (EX0 -
   Controldata_PITCHfront) * PID_P_X + (Average_Gy) * PID_D_X   -
   (EY0 - Controldata_ROLLleft) * PID_P_Y - (Average_Gx) * PID_D_Y + Yaw1;
   PWM_YF = (float)(Controldata_THROTTLE) - (EX0 -
   Controldata_PITCHfront) * PID_P_X + (Average_Gy) * PID_D_X   + (EY0 -
   Controldata_ROLLright) * PID_P_Y + (Average_Gx) * PID_D_Y - Yaw1;
   PWM_XZ = (float)(Controldata_THROTTLE) + (EX0 -
   Controldata_PITCHback) * PID_P_X - (Average_Gy) * PID_D_X   - (EY0 -
   Controldata_ROLLleft) * PID_P_Y - (Average_Gx) * PID_D_Y   - Yaw1;
   PWM_YZ = (float)(Controldata_THROTTLE) + (EX0 -
   Controldata_PITCHback) * PID_P_X - (Average_Gy) * PID_D_X + (EY0 -
   Controldata_ROLLright) * PID_P_Y + (Average_Gx) * PID_D_Y + Yaw1;
   // * * * * * * * * * * * * * * * * * * * * * * * * * * * * * * * * * * * * * * * * * * * * * *
   # if 1                    //方便调试
     if(Controldata_THROTTLE < 30)
     {
        PWM_XF = PWM_YF = PWM_XZ = PWM_YZ = 0;
        IntegralZ = 0;
        PWM(0,0,0,0);
     }
   # endif

   if(PWM_XZ < MINPWM)
    PWM_XZ = MINPWM;
   else if(PWM_XZ > MAXPWM)
    PWM_XZ = MAXPWM;

   if(PWM_XF < MINPWM)
    PWM_XF = MINPWM;
   else if(PWM_XF > MAXPWM)
    PWM_XF = MAXPWM;

   if(PWM_YZ < MINPWM)
```

```
        PWM_YZ = MINPWM;
    else if(PWM_YZ > MAXPWM)
     PWM_YZ = MAXPWM;

    if(PWM_YF < MINPWM)
     PWM_YF = MINPWM;
    else if(PWM_YF > MAXPWM)
     PWM_YF = MAXPWM;
    /***********************************************/
    PWM(PWM_XZ,PWM_XF,PWM_YF,PWM_YZ);
}
    /* ============   4  spi.c    */
#include "includes.h"
#include "spi.h"
#include <STC15W4K60S4.H>
typedef bit BOOL;
typedef unsigned char BYTE;
typedef unsigned short WORD;
typedef unsigned long DWORD;

#define FOSC            11059200L
#define BAUD            (65536 - FOSC / 4 / 115200)

#define null           0
#define FALSE           0
#define TRUE            1

//sfr  AUXR       =    0x8e;      //辅助寄存器
//sfr P_SW1       =    0xa2;      //外设功能切换寄存器1
#define SPI_S0          0x04
#define SPI_S1          0x08

//sfr SPSTAT        =    0xcd;      //SPI 状态寄存器
#define SPIF           0x80        //SPSTAT.7
#define WCOL           0x40        //SPSTAT.6
//sfr SPCTL         =    0xce;      //SPI 控制寄存器
#define SSIG           0x80        //SPCTL.7
#define SPEN           0x40        //SPCTL.6
#define DORD           0x20        //SPCTL.5
#define MSTR           0x10        //SPCTL.4
#define CPOL           0x08        //SPCTL.3
#define CPHA           0x04        //SPCTL.2
#define SPDHH          0x00        //CPU_CLK/4
#define SPDH           0x01        //CPU_CLK/16
#define SPDL           0x02        //CPU_CLK/64
#define SPDLL          0x03        //CPU_CLK/128
//sfr SPDAT         =    0xcf;      //SPI 数据寄存器
```

```c
//sbit SS              =  P2 ^4;        //SPI 的 SS 脚,连接到 Flash 的 CE

# define SFC_WREN       0x06           //串行 Flash 命令集
# define SFC_WRDI       0x04
# define SFC_RDSR       0x05
# define SFC_WRSR       0x01
# define SFC_READ       0x03
# define SFC_FASTREAD   0x0B
# define SFC_RDID       0xAB
# define SFC_PAGEPROG   0x02
# define SFC_RDCR       0xA1
# define SFC_WRCR       0xF1
# define SFC_SECTORER   0xD7
# define SFC_BLOCKER    0xD8
# define SFC_CHIPER     0xC7

void InitSpi();
BYTE SpiShift(BYTE dat);

void InitSpi()
{
  ACC = P_SW1;                         //切换到第一组 SPI
  ACC &= ~(SPI_S0 | SPI_S1);           //SPI_S0 = 0,SPI_S1 = 0
  P_SW1 = ACC;                         //(P1.2/SS, P1.3/MOSI, P1.4/MISO, P1.5/SCLK)

    SPSTAT = SPIF | WCOL;              //清除 SPI 状态
    SPCTL = SSIG | SPEN | MSTR;        //设置 SPI 为主模式
    IE2&= 0XFC;
}


/ * * * * * * * * * * * * * * * * * * * * * * * * * * * * * * * * * * * * * *
使用 SPI 方式与 Flash 进行数据交换
入口参数:
    dat : 准备写入的数据
出口参数:
    从 Flash 中读出的数据
 * * * * * * * * * * * * * * * * * * * * * * * * * * * * * * * * * * * * * * /
BYTE SpiShift(BYTE dat)
{
    SPDAT = dat;                       //触发 SPI 发送
    while (!(SPSTAT & SPIF));           //等待 SPI 数据传输完成
    SPSTAT = SPIF | WCOL;              //清除 SPI 状态

    return SPDAT;
}
    / * ============  5  NRF24L01.c    * /
```

```c
# include <STC15W4K60S4.H>
# include "nrf24l01.h"
# include "spi.h"

const unsigned char TX_ADDRESS[TX_ADR_WIDTH] =
                    {0x34,0x43,0x10,0x10,0x01};
const unsigned char RX_ADDRESS[RX_ADR_WIDTH] =
                    {0x34,0x43,0x10,0x10,0x01};

void NRF24L01_Init(void)
{
    InitSpi();
    NRF24L01_CE = 0;
    NRF24L01_CSN = 1;
}

unsigned char NRF24L01_Check(void)
{
    unsigned char buf[5] = {0XA5,0XA5,0XA5,0XA5,0XA5};
    unsigned char i;

    NRF24L01_Write_Buf(WRITE_REG1 + TX_ADDR,buf,5);
    NRF24L01_Read_Buf(TX_ADDR,buf,5);
    for(i = 0;i < 5;i++) if(buf[i]!= 0XA5) break;

    if(i!= 5) return 1;
    return 0;
}

unsigned char  NRF24L01_Write_Reg(unsigned char  reg,unsigned char  value)
{
    unsigned char  status;
    NRF24L01_CSN = 0;
    status = SpiShift(reg);
    SpiShift(value);
    NRF24L01_CSN = 1;
    return (status);
}

unsigned char NRF24L01_Read_Reg(unsigned char reg)
{
    unsigned char  reg_val;
    NRF24L01_CSN = 0;
    SpiShift(reg);
    reg_val = SpiShift(0XFF);
    NRF24L01_CSN = 1;
    return(reg_val);
}
```

```c
unsigned char NRF24L01_Read_Buf(unsigned char  reg, unsigned char  * pBuf, unsigned char
len)
{
    unsigned char  status,u8_ctr;
    NRF24L01_CSN = 0;
    status = SpiShift(reg);
    for(u8_ctr = 0;u8_ctr < len;u8_ctr++)pBuf[u8_ctr] = SpiShift(0XFF);
    NRF24L01_CSN = 1;
    return status;
}

unsigned char  NRF24L01_Write_Buf(unsigned char  reg, unsigned char  * pBuf, unsigned char
len)
{
    unsigned char  status,u8_ctr;
    NRF24L01_CSN = 0;
    status = SpiShift(reg);
    for(u8_ctr = 0; u8_ctr < len; u8_ctr++)SpiShift( * pBuf++);
    NRF24L01_CSN = 1;
    return status;
}

unsigned char  NRF24L01_TxPacket(unsigned char  * txbuf)
{
    unsigned char  sta;

    NRF24L01_CE = 0;
    NRF24L01_Write_Buf(WR_TX_PLOAD,txbuf,TX_PLOAD_WIDTH);
    NRF24L01_CE = 1;
    while(NRF24L01_IRQ!= 0);
    sta = NRF24L01_Read_Reg(STATUS);
    NRF24L01_Write_Reg(WRITE_REG1 + STATUS,sta);
    if(sta&MAX_TX)
    {
        NRF24L01_Write_Reg(FLUSH_TX,0xff);
        return MAX_TX;
    }
    if(sta&TX_OK)
    {
        return TX_OK;
    }
    return 0xff;
}

unsigned char  NRF24L01_RxPacket(unsigned char  * rxbuf)
{
```

```
    unsigned char   sta;

    sta = NRF24L01_Read_Reg(STATUS);
    NRF24L01_Write_Reg(WRITE_REG1 + STATUS,sta);
    if(sta&RX_OK)
    {
        NRF24L01_Read_Buf(RD_RX_PLOAD,rxbuf,RX_PLOAD_WIDTH);
        NRF24L01_Write_Reg(FLUSH_RX,0xff);
        return 0;
    }
    return 1;
}

void RX_Mode(void)
{
    NRF24L01_CE = 0;
    NRF24L01_Write_Buf(WRITE_REG1 + RX_ADDR_P0,(unsigned
    char * )RX_ADDRESS,RX_ADR_WIDTH);

    NRF24L01_Write_Reg(WRITE_REG1 + EN_AA,0x01);
    NRF24L01_Write_Reg(WRITE_REG1 + EN_RXADDR,0x01);
    NRF24L01_Write_Reg(WRITE_REG1 + RF_CH,40);
    NRF24L01_Write_Reg(WRITE_REG1 + RX_PW_P0,RX_PLOAD_WIDTH);
    NRF24L01_Write_Reg(WRITE_REG1 + RF_SETUP,0x0f);
    NRF24L01_Write_Reg(WRITE_REG1 + CONFIG1, 0x0f);
    NRF24L01_CE = 1;
}

void TX_Mode(void)
{
    NRF24L01_CE = 0;
    NRF24L01_Write_Buf(WRITE_REG1 + TX_ADDR,(unsigned   char * )TX_ADDRESS,TX_ADR_WIDTH);
    NRF24L01_Write_Buf(WRITE_REG1 + RX_ADDR_P0,(unsigned
    char * )RX_ADDRESS,RX_ADR_WIDTH);

    NRF24L01_Write_Reg(WRITE_REG1 + EN_AA,0x01);
    NRF24L01_Write_Reg(WRITE_REG1 + EN_RXADDR,0x01);
    NRF24L01_Write_Reg(WRITE_REG1 + SETUP_RETR,0x1a);
    NRF24L01_Write_Reg(WRITE_REG1 + RF_CH,40);
    NRF24L01_Write_Reg(WRITE_REG1 + RF_SETUP,0x0f);
    NRF24L01_Write_Reg(WRITE_REG1 + CONFIG1,0x0e);
    NRF24L01_CE = 1;
}
    /* =============   6  AllInit.c    */
# include "includes.h"
# include "AllInit.h"
# include "main.h"
```

```c
#define RemoteControlData 0              //串口输出遥控器发送数值使能
#define AttitudeData     1              //串口输出姿态值使能
#define RollData         1              //输出 y 轴姿态
#define PitchData        0              //输出 x 轴姿态

unsigned char RXBUF[33] = {0,0,0,0,0,0,0,0,0};    //NRF24L01 数据存储区
int keyk = 0;
int ee = 0;

/*****************************************************
函数功能:检测 NRF24L01 与单片机通信是否正常
*****************************************************/
void Check24L01()
{
    while(NRF24L01_Check())
    {
        printf("24l01 is error,please replacement 24l01 module! \n");
        delayms__(100);
    }
    printf("24l01 is ok!\n");
}
/*****************************************************
函数功能:初始化飞行器各个模块
*****************************************************/
void FlyAllInit()
{
    delayms__(100);
    InitMPU6050();                       //初始化 MPU6050
    Usart_Init();                        //初始化串口
    PWMGO();                             //初始化 PWM
    NRF24L01_Init();                     //初始化 NRF24L01
    RX_Mode();                           //设为接收模式
    Time0_Init();                        //初始化定时器
    printf ("All module is ok!\n Get ready to fly!\n");
}
/*****************************************************
函数功能:飞行器接收 NRF24L01 数据
*****************************************************/
void Reseve2401(void)
{
    if(NRF24L01_RxPacket(RXBUF) == 0)
    {
        if((RXBUF[6] * 16 + RXBUF[7])< 30)
        {keyk = 1;}
        ee = 0;error = 0;
        RXBUF[32] = 0;
```

```
        }
        else
        {
            if(keyk == 1)
            ee++;
        }
        if(ee >= 200)
        {error = 1;}
}


/ * * * * * * * * * * * * * * * * * * * * * * * * * * * * * * * * * * * * * * * *
函数功能:飞行器输出内部数据
* * * * * * * * * * * * * * * * * * * * * * * * * * * * * * * * * * * * * * * * /
void OutPutData()
{
//遥控器数值输出
# if RemoteControlData
    OutData[0] =    RXBUF[0] * 16 + RXBUF[1];      //横滚
    OutData[1] =    RXBUF[2] * 16 + RXBUF[3];      //俯仰
    OutData[2] =    RXBUF[4] * 16 + RXBUF[5];      //偏航
    OutData[3] =    RXBUF[6] * 16 + RXBUF[7];      //油门
    OutPut_Data();
# endif
//姿态输出
# if AttitudeData
    # if   PitchData
        OutData[0] = Pitch;
        OutData[1] = X_angle;
        OutData[2] = Average_Gy;
        //OutData[3] = A_angle_Y;;
        OutPut_Data();
    # endif
    # if RollData
        OutData[0] = Roll;
        OutData[1] = Y_angle;
        OutData[2] = Average_Gx;
        //OutData[3] = A_angle_Y;;
        OutPut_Data();
    # endif
# endif
}
/ * * * * * * * * * * * * * * * * * * * * * * * * * * * * * * * * * * * * * * * *
函数名称:MotorTest()
函数功能:飞行器电动机测试
* * * * * * * * * * * * * * * * * * * * * * * * * * * * * * * * * * * * * * * * /
void MotorTest(void)
{
```

```c
                                    //数值设定范围为 0～2700,同时要屏蔽 IMU.c 中断里面的 MainControl
    PWM(0,0,0,0);
}

void Delay100us()                              //@30.000MHz
{
    unsigned char i, j;

    i = 3;
    j = 232;
    do
    {
        while ( -- j);
    } while ( -- i);
}

void delayms__(int ms)
{
  int x,y;
  for(x = ms;x > 0;x -- )
  {
   for(y = 1000;y > 0;y -- )
    ;
  }
}
/* =============  7  MPU6050.c      */
# include < STC15W4K60S4.H >
# include < intrins.h >
# include < MPU6050.H >
# include < NRF24L01.H >
# define   uchar   unsigned char
sbit     SCL = P3 ^4;                          //I2C 时钟引脚定义,Rev8.0 硬件
sbit     SDA = P3 ^5;                          //I2C 数据引脚定义
void    InitMPU6050();                         //初始化 MPU6050
void    Delay2us();
void    I2C_Start();
void    I2C_Stop();

bit    I2C_RecvACK();

void    I2C_SendByte(unsigned char dat);
uchar I2C_RecvByte();

void    I2C_ReadPage();
void    I2C_WritePage();
uchar Single_ReadI2C(uchar REG_Address);       //读取 I2C 数据
void    Single_WriteI2C(uchar REG_Address,uchar REG_data);
```

```
//向 I2C 写入数据
//I2C 时序中延时设置,具体参见各芯片的数据手册,MPU6050 推荐最小延时为 1.3μs,但是会出问
//题,这里实际延时为 1.9μs 左右
void Delay2us()                              //@27.000MHz
{
    unsigned char i;

    i = 11;
    while ( -- i);
}
// ****************************************
//I2C 起始信号
// ****************************************
void I2C_Start()
{
    SDA = 1;                                 //拉高数据线
    SCL = 1;                                 //拉高时钟线
    Delay2us();                              //延时
    SDA = 0;                                 //产生下降沿
    Delay2us();                              //延时
    SCL = 0;                                 //拉低时钟线
}
// ****************************************
//I2C 停止信号
// ****************************************
void I2C_Stop()
{
    SDA = 0;                                 //拉低数据线
    SCL = 1;                                 //拉高时钟线
    Delay2us();                              //延时
    SDA = 1;                                 //产生上升沿
    Delay2us();                              //延时
}
// ****************************************
//I2C 接收应答信号
// ****************************************
bit I2C_RecvACK()
{
    SCL = 1;                                 //拉高时钟线
    Delay2us();                              //延时
    CY = SDA;                                //读应答信号
    SCL = 0;                                 //拉低时钟线
    Delay2us();                              //延时
    return CY;
}
// ****************************************
//向 I2C 总线发送一个字节数据
```

```
// *********************************
void I2C_SendByte(uchar dat)
{
    uchar i;
    for (i = 0; i < 8; i++)                    //8 位计数器
    {
        dat <<= 1;                             //移出数据的最高位
        SDA = CY;                              //送数据口
        SCL = 1;                               //拉高时钟线
        Delay2us();                            //延时
        SCL = 0;                               //拉低时钟线
        Delay2us();                            //延时
    }
    I2C_RecvACK();
}
// *********************************
//从 I2C 总线接收一个字节数据
// *********************************
uchar I2C_RecvByte()
{
    uchar i;
    uchar dat = 0;
    SDA = 1;                                   //使能内部上拉,准备读取数据
    for (i = 0; i < 8; i++)                    //8 位计数器
    {
        dat <<= 1;
        SCL = 1;                               //拉高时钟线
        Delay2us();                            //延时
        dat |= SDA;                            //读数据
        SCL = 0;                               //拉低时钟线
        Delay2us();                            //延时
    }
    return dat;
}
// *********************************
//向 I2C 设备写入一个字节数据
// *********************************
void Single_WriteI2C(uchar REG_Address, uchar REG_data)
{
    I2C_Start();                               //起始信号
    I2C_SendByte(SlaveAddress);                //发送"设备地址＋写信号"
    I2C_SendByte(REG_Address);                 //发送内部寄存器地址
    I2C_SendByte(REG_data);                    //发送内部寄存器数据
    I2C_Stop();                                //发送停止信号
}
// *********************************
//从 I2C 设备读取一个字节数据
```

```
// *************************************
uchar Single_ReadI2C(uchar REG_Address)
{
    uchar REG_data;
    I2C_Start();                            //起始信号
    I2C_SendByte(SlaveAddress);             //发送"设备地址+写信号"
    I2C_SendByte(REG_Address);              //发送存储单元地址,从0开始
    I2C_Start();                            //起始信号
    I2C_SendByte(SlaveAddress + 1);         //发送"设备地址+读信号"
    REG_data = I2C_RecvByte();              //读出寄存器数据

    SDA = 1;                                //写应答信号
    SCL = 1;                                //拉高时钟线
    Delay2us();                             //延时
    SCL = 0;                                //拉低时钟线
    Delay2us();                             //延时

    I2C_Stop();                             //停止信号
    return REG_data;
}


// *************************************
//初始化MPU6050
// *************************************
void InitMPU6050()
{
    Single_WriteI2C(PWR_MGMT_1, 0x00);      //解除休眠状态
    Single_WriteI2C(SMPLRT_DIV, 0x07);      //陀螺仪125Hz
    Single_WriteI2C(CONFIG, 0x06);          //21Hz滤波,延时A8.5ms,G8.3ms
    //此处取值应相当注意,延时与系统周期相近为宜
    Single_WriteI2C(GYRO_CONFIG, 0x18);     //陀螺仪500度/S,65.5LSB/g
    Single_WriteI2C(ACCEL_CONFIG, 0x01);    //加速度+-4g,8192LSB/g
}
// *************************************
//合成数据
// *************************************
int GetData(uchar REG_Address)
{
    char H,L;
    H = Single_ReadI2C(REG_Address);
    L = Single_ReadI2C(REG_Address + 1);
    return (H << 8) + L;                    //合成数据
}
/* ============ 8  IMU.c    */
#include <STC15W4K60S4.H>
#include "includes.h"
#include "IMU.H"
```

```
# include "math.H"

// # define Kp   28.1f    //10.1f
// # define Ki   0.001f//0.011f
// # define halfT 0.0020f
# define Kp   15.1f  //10.1f
# define Ki    0.001    //0.001f//0.011f
# define halfT 0.001    //0.0019f
float idata q0 = 1, q1 = 0, q2 = 0, q3 = 0;
float idata exInt = 0, eyInt = 0, ezInt = 0;
float   Pitch ,  Roll;
float a, b, c;
float IntegralZ;
/ ******************************* /
# define KALMAN_Qy        0.015
# define KALMAN_Ry       10.0000
# define KALMAN_Qx        0.015
# define KALMAN_Rx       10.0000
# define KALMAN_Qz        0.015
# define KALMAN_Rz       10.0000

static double KalmanFilter_x(const double ResrcData, double ProcessNiose_Q, double MeasureNoise_R)
{
    double R = MeasureNoise_R;
    double Q = ProcessNiose_Q;
    static double x_last;
    double x_mid = x_last;
    double x_now;
    static double p_last;
    double p_mid;
    double p_now;
    double kg;

    x_mid = x_last;                         //x_last = x(k-1|k-1), x_mid = x(k|k-1)
    p_mid = p_last + Q;                     //p_mid = p(k|k-1), p_last = p(k-1|k-1)
    kg = p_mid/(p_mid + R);
    x_now = x_mid + kg * (ResrcData - x_mid);

    p_now = (1 - kg) * p_mid;
    p_last = p_now;
    x_last = x_now;
    return x_now;
}
    static double KalmanFilter_y(const double ResrcData, double ProcessNiose_Q, double MeasureNoise_R)
{
    double R = MeasureNoise_R;
    double Q = ProcessNiose_Q;
```

```
    static double y_last;
    double y_mid = y_last;
    double y_now;
    static double p_last;
    double p_mid;
    double p_now;
    double kg;

    y_mid = y_last;              //x_last = x(k-1|k-1), x_mid = x(k|k-1)
    p_mid = p_last + Q;          //p_mid = p(k|k-1), p_last = p(k-1|k-1)
    kg = p_mid/(p_mid + R);
    y_now = y_mid + kg * (ResrcData - y_mid);

    p_now = (1 - kg) * p_mid;
    p_last = p_now;
    y_last = y_now;
    return y_now;
}
static double KalmanFilter_z(const double ResrcData, double ProcessNiose_Q, double MeasureNoise_R)
{
    double R = MeasureNoise_R;
    double Q = ProcessNiose_Q;
    static double z_last;
    double z_mid = z_last;
    double z_now;
    static double p_last;
    double p_mid;
    double p_now;
    double kg;

    z_mid = z_last;              //x_last = x(k-1|k-1), x_mid = x(k|k-1)
    p_mid = p_last + Q;
    kg = p_mid/(p_mid + R);
    z_now = z_mid + kg * (ResrcData - z_mid);

    p_now = (1 - kg) * p_mid;
    p_last = p_now;
    z_last = z_now;
    return z_now;
}


void IMUupdate(float gx, float gy, float gz, float ax, float ay, float az)
{
    float norm;
    //float hx, hy, hz, bx, bz;
    float vx, vy, vz;           //wx, wy, wz;
    float ex, ey, ez;
```

```
            float q0q0 = q0 * q0;
            float q0q1 = q0 * q1;
            float q0q2 = q0 * q2;
            //float q0q3 = q0 * q3;
            float q1q1 = q1 * q1;
            //float q1q2 = q1 * q2;
            float q1q3 = q1 * q3;
            float q2q2 = q2 * q2;
            float q2q3 = q2 * q3;
            float q3q3 = q3 * q3;


            norm = sqrt(ax * ax + ay * ay + az * az);
            ax = ax / norm;
            ay = ay / norm;
            az = az / norm;


            vx = 2 * (q1q3 - q0q2);
            vy = 2 * (q0q1 + q2q3);
            vz = q0q0 - q1q1 - q2q2 + q3q3;


            ex = (ay * vz - az * vy) ;
            ey = (az * vx - ax * vz) ;
            ez = (ax * vy - ay * vx) ;


            exInt = exInt + ex * Ki;
            eyInt = eyInt + ey * Ki;
            ezInt = ezInt + ez * Ki;


            gx = gx + Kp * ex + exInt;
            gy = gy + Kp * ey + eyInt;
            gz = gz + Kp * ez + ezInt;


            q0 = q0 + (-q1 * gx - q2 * gy - q3 * gz) * halfT;
            q1 = q1 + (q0 * gx + q2 * gz - q3 * gy) * halfT;
            q2 = q2 + (q0 * gy - q1 * gz + q3 * gx) * halfT;
            q3 = q3 + (q0 * gz + q1 * gy - q2 * gx) * halfT;


            norm = sqrt(q0 * q0 + q1 * q1 + q2 * q2 + q3 * q3);
            q0 = q0 / norm;
            q1 = q1 / norm;
            q2 = q2 / norm;
            q3 = q3 / norm;


            b = asin(-2 * q1 * q3 + 2 * q0 * q2) * 57.3;  //pitch
```

```
    c = atan2(2 * q2 * q3 + 2 * q0 * q1, q0 * q0 - q1 * q1 - q2 * q2 + q3 * q3) * 57.3;
//roll
    //d = atan2(2 * q1 * q2 + 2 * q0 * q3,q0 * q0 + q1 * q1 - q2 * q2 - q3 * q3) * 57.3;

    Pitch = b;
    Roll = c;

}
/ ************************************************************** /
extern    short Y_gyro,X_gyro,Z_gyro;
extern    short Z_angle,Y_angle,X_angle;
extern    short  X_gyroInit, Y_gyroInit, Z_gyroInit;
float    Average_Gx,Average_Gy,Average_Gz,Average_Ax,Average_Ay,
         Average_Az = 0;
float Average_Ax_old[4],Average_Ay_old[4],Average_Az_old[4];
float A_angle_X,A_angle_Y,A_angle_Z;
/ * ------- Data processing ------- * /
void MPU_pro()
{
    Average_Gx = X_gyro;         // + 15;    // - X_gyroInit;
    Average_Gy = Y_gyro;         // + 15;    // - Y_gyroInit;
    Average_Gz = Z_gyro;         // - Z_gyroInit;

    Average_Ax = X_angle;
    Average_Ay = Y_angle;
    Average_Az = Z_angle;

    Average_Ax_old[2] = Average_Ax_old[1];
    Average_Ay_old[2] = Average_Ay_old[1];
    Average_Az_old[2] = Average_Az_old[1];
    Average_Ax_old[1] = Average_Ax_old[0];
    Average_Ay_old[1] = Average_Ay_old[0];
    Average_Az_old[1] = Average_Az_old[0];
    Average_Ax_old[0] = Average_Ax;
    Average_Ay_old[0] = Average_Ay;
    Average_Az_old[0] = Average_Az;
// ************************************************
    if(Average_Ay_old[2]!= 0)
    {
        IntegralZ += Average_Gz * 0.01;
        if(IntegralZ > = 359)
        IntegralZ = 0;
        if(IntegralZ < =- 359)
        IntegralZ = 0;

        Average_Ax = MidFilter(Average_Ax_old[0],Average_Ax_old[1],Average_Ax_old[2]);
        Average_Ay = MidFilter(Average_Ay_old[0],Average_Ay_old[1],Average_Ay_old[2]);
```

```
        Average_Az = MidFilter(Average_Az_old[0],Average_Az_old[1],Average_Az_old[2]);

        A_angle_X = atan((float)(Average_Ax/sqrt(Average_Ay *
        Average_Ay + Average_Az * Average_Az))) * 57.3;
        A_angle_Y = atan((float)(Average_Ay/sqrt(Average_Ax *
        Average_Ax + Average_Az * Average_Az))) * 57.3;
        A_angle_Z = atan((float)(Average_Az/sqrt(Average_Ax *
        Average_Ax + Average_Ay * Average_Ay))) * 57.3;
        //IMUupdate(Average_Gx * 0.05044,Average_Gy * - 0.05044,
        //Average_Gz * 0.03744, - Average_Ax,Average_Ay, Average_Az);
        IMUupdate(Average_Gx * 0.05544,Average_Gy * - 0.05544,
        Average_Gz * 0.05544, - Average_Ax,Average_Ay, Average_Az);
    }
}


float MidFilter(float a,float b,float c)
{

    float i,j,k;
    float tmp;

    i = a;
    j = b;
    k = c;
    if (i > j)
    {
        tmp = i; i = j; j = tmp;
    }
    if (k > j)
      tmp = j;
    else if(k > i)
      tmp = k;
    else
      tmp = i;
    return tmp;
}
extern int   Controldata_THROTTLE;
int mmms = 0;
int s = 0;

void Angle_Calculate() interrupt 1
{
    Read_MPU();              //读取 MPU6050 数据
    MPU_pro();               //进行 IMU 数据转换
    MainControl();           //进行姿态控制
}
    /* ============= 9 USART.c    */
```

```c
# include < STC15W4K60S4.H >
# include < USART.h >
# include < intrins.h >
bit busy;
void Usart_Init()                //30m,波特率为 9600bps
{
    SCON = 0x50;                  //8 位数据,可变波特率
    AUXR |= 0x40;                 //定时器 1 时钟为 Fosc,即 1T
    AUXR &= 0xFE;                 //串口 1 选择定时器 1 为波特率发生器
    TMOD &= 0x0F;                 //设定定时器 1 为 16 位自动重装方式
    TL1 = 0x41;                   //设定定时初值
    TH1 = 0xFD;                   //设定定时初值
    ET1 = 0;                      //禁止定时器 1 中断
    TR1 = 1;                      //启动定时器 1
    REN = 1;
    ES = 1;
    EA = 1;
    TI = 1;
}
void Uart() interrupt 4 using 1
{
    if (RI)
    {
        RI = 0;
    }
    if (TI)
    {
        TI = 0;
        busy = 0;
    }
}
void SendData(unsigned char dat)
{
    SBUF = dat;
    while(!TI);
    TI = 0;
}
void Send(int Ax, int Ay, int Az, int Gx, int Gy, int Gz)
{
    unsigned char sum = 0;
    ES = 1;                       //打开串口中断
    SendData(0xAA);               //帧头
    SendData(0xAA);               //帧头
    SendData(0x02);               //功能字
    SendData(12);                 //发送的数据长度
    SendData(Ax);                 //低 8 位
    SendData(Ax >> 8);            //高 8 位
```

```
        SendData(Ay);
        SendData(Ay >> 8);
        SendData(Az);
        SendData(Az >> 8);
        SendData(Gx);
        SendData(Gx >> 8);
        SendData(Gy);
        SendData(Gy >> 8);
        SendData(Gz);
        SendData(Gz >> 8);
        sum += 0xAA; sum += 0xAA; sum += 0x02; sum += 12;
        sum += Ax >> 8; sum += Ax; sum += Ay >> 8; sum += Ay; sum += Az >> 8; sum += Az;
        sum += Gx >> 8; sum += Gx; sum += Gy >> 8; sum += Gy; sum += Gz >> 8; sum += Gz;
        SendData(sum);                  //校验和
        ES = 0;                         //关闭串口中断
}
        /* ============  10  outputdata.c     */
# include "outputdata.h"
# include "USART.h"

float OutData[4] = { 0 };

unsigned short CRC_CHECK(unsigned char * Buf, unsigned char CRC_CNT)
{
        unsigned short CRC_Temp;
        unsigned char i, j;
        CRC_Temp = 0xffff;

        for (i = 0; i < CRC_CNT; i++){
            CRC_Temp ^ = Buf[i];
            for (j = 0; j < 8; j++) {
                if (CRC_Temp & 0x01)
                    CRC_Temp = (CRC_Temp >> 1 ) ^ 0xa001;
                else
                    CRC_Temp = CRC_Temp >> 1;
            }
        }
        return (CRC_Temp);
}


void OutPut_Data(void)
{
        int temp[4] = {0};
        unsigned int temp1[4] = {0};
        unsigned char databuf[10] = {0};
        unsigned char i;
        unsigned short CRC16 = 0;
```

```c
    for(i = 0;i < 4;i++)
    {
        temp[i] = (int)OutData[i];
        temp1[i] = (unsigned int)temp[i];
    }

    for(i = 0;i < 4;i++)
    {
        databuf[i * 2]     = (unsigned char)(temp1[i] % 256);
        databuf[i * 2 + 1] = (unsigned char)(temp1[i]/256);
    }

    CRC16 = CRC_CHECK(databuf,8);
    databuf[8] = CRC16 % 256;
    databuf[9] = CRC16/256;

    for(i = 0;i < 10;i++)
        SendData(databuf[i]);
}
/ *********************************************************
 * 功能：串口示波器放数据用
 ********************************************************* /
void uart_putstr(char ch[])
{
    unsigned char ptr = 0;
    while(ch[ptr]){
    SendData((char)ch[ptr++]);
}
}
    / * ============ 11 Timer.c   * /
# include < STC15W4K60S4.H >
# include < Timer.h >
void Time0_Init()              //10ms@27MHz 定时器 0,16 位 12T 自动重载
{
    AUXR & = 0x7F;             //设置定时器时钟 12T 模式
    TMOD & = 0xF0;             //设置定时器模式
    TL0 = 0x1C;                //设置定时初值
    TH0 = 0xA8;                //设置定时初值
    TF0 = 0;                   //清除 TF0 标志
    TR0 = 1;                   //定时器 0 开始计时
    IE = 0X82;
    EA = 1;
}

void Timer1Init(void)
{
    //  AUXR | = 0x40;
```

```
    TMOD &= 0x0F;
    IE  = 0x8a;
    TL1 = 0x54;
    TH1 = 0xF2;
    TF1 = 0;
    TR1 = 1;
}
    /* ============  12  STC15W4KPWM.c      */
# include <STC15W4K60S4.H>
# include <STC15W4KPWM.H>
# include <NRF24L01.H>
# include <Timer.h>
extern unsigned char RxBuf[20];
void PWMGO()
{
    //所有 I/O 口全设为准双向,弱上拉模式
    P0M0 = 0x00;P0M1 = 0x00;
    P1M0 = 0x00;P1M1 = 0x00;
    P2M0 = 0x00;P2M1 = 0x00;
    P3M0 = 0x00;P3M1 = 0x00;
    P4M0 = 0x00;P4M1 = 0x00;
    P5M0 = 0x00;P5M1 = 0x00;
    P6M0 = 0x00;P6M1 = 0x00;
    P7M0 = 0x00;P7M1 = 0x00;
    //设置需要使用的 PWM 输出口为强推挽模式
    P2M0 = 0x0e;
    P2M1 = 0x00;
    P3M0 = 0x80;
    P3M1 = 0x00;

    P_SW2 = 0x80;               //最高位置 1 才能访问和 PWM 相关的特殊寄存器

    PWMCFG = 0xb0;              //7 位,6 位,5 位,4 位,3 位,2 位,1 位,0 位
    //置 0,1 表示计数器归零触发 ADC,C7INI,C6INI,C5INI,C4INI,C3INI,C2INI
    //0 表示归零时不触发 ADC   (值为 1 时上电高电平,为 0 时上电低电平)

    PWMCKS = 0x10;             //置 0,0 表示系统时钟分频,可进行分频参数设定
                              //1 表示定时器 2 溢出,时钟 = 系统时钟/([3:0] + 1)

    PWMIF = 0x00;             //置 0,计数器归零中断标志,相应 PWM 端口中断标志

    PWMFDCR = 0x00;           //7 位,6 位,5 位,4 位
    //置 0,置 0 为外部异常检测开关,外部异常时,0 表示无反应,1 表示高阻状态
    //3 位        2 位              1 位              0 位
    //PWM 异常中断,比较器与异常的关系,P2.4 与异常的关系,PWM 异常标志

    PWMCH = 0x0b;             //15 位寄存器,决定 PWM 周期,数值为 1~32767,单位为脉冲时钟
```

```
    PWMCL = 0xb9;

    //以下为每个 PWM 输出口单独设置
    PWM2CR = 0x00;                    //7 位,6 位,5 位,4 位,3 位,2 位,1 位,0 位
                                      //置 0,输出切换,中断开关 T2 中断开关 T1 中断开关
    PWM3CR = 0x00;
    PWM4CR = 0x00;
    PWM5CR = 0x00;


    PWM2T1H = 0x0a;
    //15 位寄存器第一次翻转计数(第一次翻转是指从低电平翻转到高电平的计时)
    PWM2T1L = 0x8c;
    PWM2T2H = 0x0a;
    //15 位寄存器第二次翻转计数(第二次翻转是指从高电平翻转到低电平的计时)
    PWM2T2L = 0x8d;          //第二次翻转应比第一次翻转的精度等级要高,否则寄存器会工作不正常
    //比如第一次翻转的精度 1000,第二次翻转就必须小于 1000

    PWM3T1H = 0x0a;
    PWM3T1L = 0x8c;
    PWM3T2H = 0x0a;
    PWM3T2L = 0x8d;


    PWM4T1H = 0x0a;
    PWM4T1L = 0x8c;
    PWM4T2H = 0x0a;
    PWM4T2L = 0x8d;


    PWM5T1H = 0x0a;
    PWM5T1L = 0x8c;
    PWM5T2H = 0x0a;
    PWM5T2L = 0x8d;
    //以上单独设置,每个 PWM 输出口
    PWMCR = 0x8f;
    //7 位/6 位,5 位,4 位,3 位,2 位,1 位,0 位        10001111
    //PWM 开关,计数归零中断开关,相应 I/O 为 GPIO 模式(0)或 PWM 模式(1)
    PWMCKS = 0x00;

    PWM(0,0,0,0);
}
//本函数输入的 4 个值的取值范围为 0~3000,0 表示电动机停止,1000 表示电动机的转速最高
//输入数据不能超过取值范围;
void PWM(unsigned int PWMa,unsigned int PWMb,unsigned int PWMc,unsigned int PWMd)
{
    PWMa = 2700 - PWMa;
    PWMb = 2700 - PWMb;
    PWMc = 2700 - PWMc;
    PWMd = 2700 - PWMd;
```

```
    PWM2T1H = PWMa >> 8;
    //15 位寄存器第一次翻转计数(第一次翻转是指从低电平翻转到高电平的计时)
    PWM2T1L =   PWMa;

    PWM3T1H = PWMb >> 8;
    PWM3T1L =   PWMb;

    PWM4T1H = PWMc >> 8;
    PWM4T1L =   PWMc;

    PWM5T1H = PWMd >> 8;
    PWM5T1L =   PWMd;
}
```

20.5 四轴飞行器遥控器的综合程序

限于篇幅,遥控器程序见配书学习资料,这里不再赘述。

20.6 课后学习

1. 复习 PID 的调制机制,自行搭建一个简易空调装置,包括加热、降温设备,制作一个基于 PID 算法的建议空调(主板可用 FSST15 开发板,因为上面已经包含了温度传感器等)。

2. 自行查阅资料,掌握四元数和欧拉角的换算关系,并将其转换为 C 语言算法,用伪代码的方式书写。

3. 复习滤波算法和参数整定,优化该章的四轴主板实例。

4. 综合调试四轴飞行器的主板和遥控器,在实现基本的飞行基础上,增加空翻、抛飞等功能。

5. 自行设计电路,为遥控器增加 TFT 彩屏,并编写程序,实现电池电量、控制菜单和飞行状态等的显示。

附录 A 飞天三号(STC15 单片机)开发板原理图

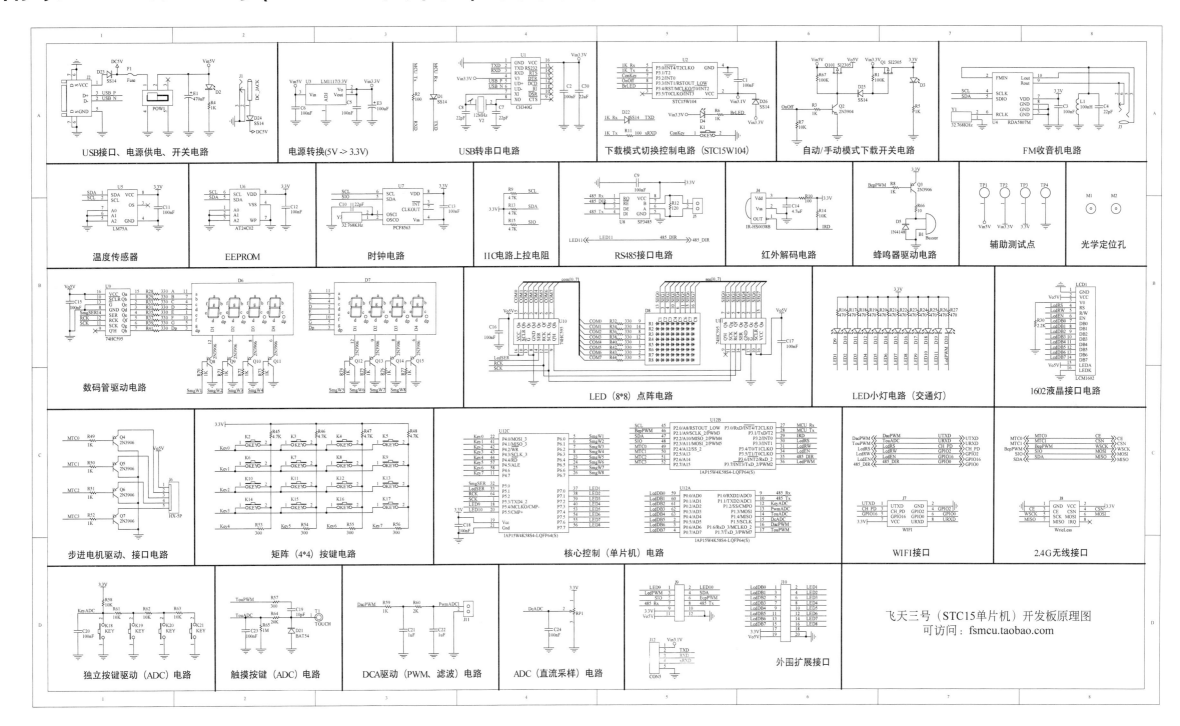

飞天三号（STC15单片机）开发板原理图

USB接口、电源供电、开关电路

电源转换(5V -> 3.3V)

USB转串口电路

下载模式切换控制电路 (STC15W104)

自动/手动模式下载开关电路

FM收音机电路

温度传感器

EEPROM

时钟电路

IIC电路上拉电阻

RS485接口电路

红外解码电路

蜂鸣器驱动电路

辅助测试点

光学定位孔

数码管驱动电路

LED（8*8）点阵电路

LED小灯电路（交通灯）

1602液晶接口电路

步进电机驱动、接口电路

矩阵（4*4）按键电路

核心控制（单片机）电路

WIFI接口

2.4G无线接口

独立按键驱动（ADC）电路

触摸按键（ADC）电路

DCA驱动（PWM、滤波）电路

ADC（直流采样）电路

外围扩展接口

飞天三号（STC15单片机）开发板原理图
可访问：fsmcu.taobao.com

附录 B 飞蜓二号(FTST15)主轴主挥原理图

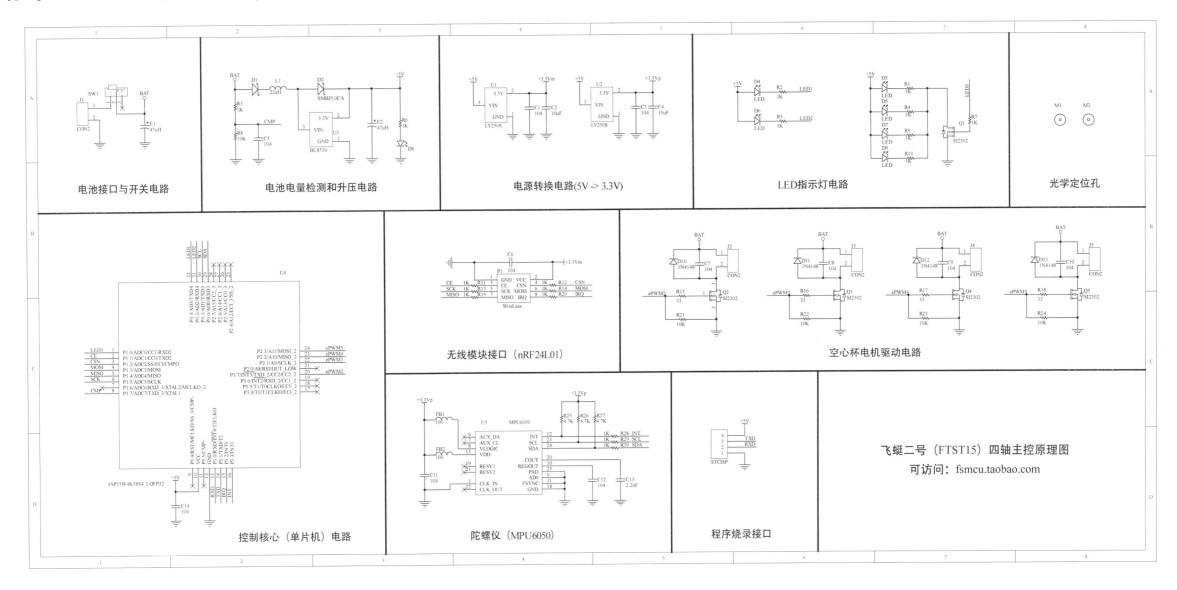

电池接口与开关电路

电池电量检测和升压电路

电源转换电路(5V -> 3.3V)

LED指示灯电路

光学定位孔

无线模块接口（nRF24L01）

空心杯电机驱动电路

控制核心（单片机）电路

陀螺仪（MPU6050）

程序烧录接口

飞蜓二号（FTST15）四轴主控原理图

可访问：fsmcu.taobao.com

附录 C 飞蜓二号(FTST15)四轴遥控原理图

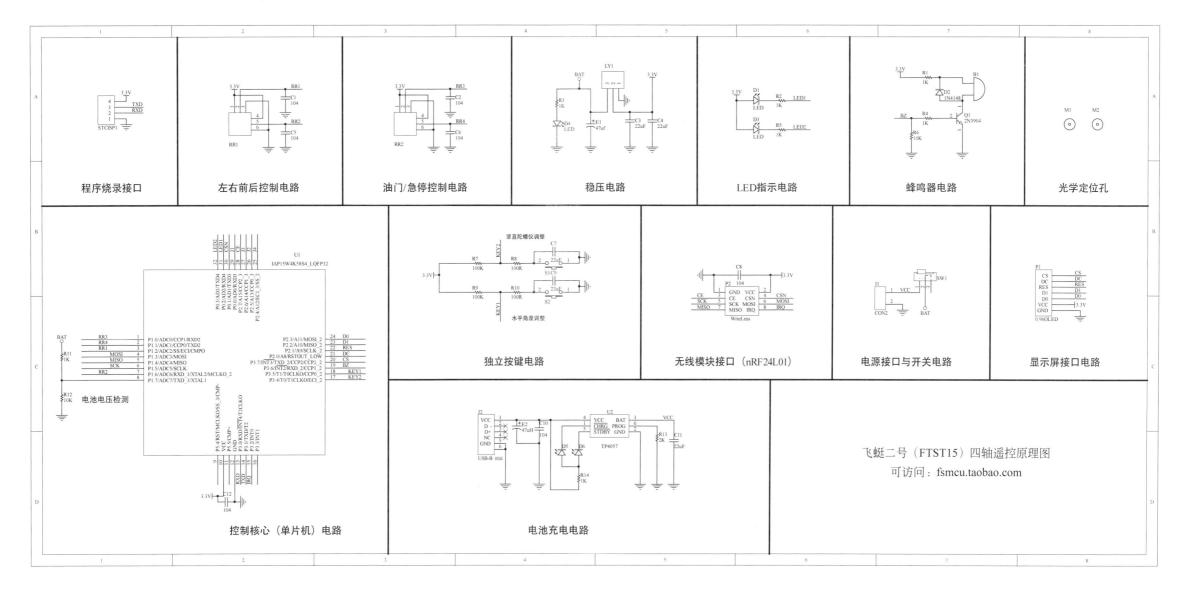

程序烧录接口　　左右前后控制电路　　油门/急停控制电路　　稳压电路　　LED指示电路　　蜂鸣器电路　　光学定位孔

电池电压检测　　控制核心（单片机）电路　　独立按键电路　　无线模块接口（nRF24L01）　　电源接口与开关电路　　显示屏接口电路

电池充电电路

飞蜓二号（FTST15）四轴遥控原理图
可访问：fsmcu.taobao.com